PUHUA BOOKS

我
们
一
起
解
决
问
题

人格理论

从心理动力学理论到学习-认知理论

第 9 版

杰斯·费斯特（Jess Feist）
[美] 格雷戈里·J. 费斯特（Gregory J. Feist）著
托米-安·罗伯茨（Tomi-Ann Roberts）

徐 说 译　　张沛超 审校

人民邮电出版社
北　京

图书在版编目（CIP）数据

人格理论 ：从心理动力学理论到学习-认知理论 ：第9版 / （美）杰斯·费斯特（Jess Feist），（美）格雷戈里·J.费斯特（Gregory J. Feist），（美）托米 - 安·罗伯茨（Tomi-Ann Roberts）著 ；徐说译. -- 北京 ：人民邮电出版社，2023.5

ISBN 978-7-115-59681-9

Ⅰ. ①人… Ⅱ. ①杰… ②格… ③托… ④徐… Ⅲ. ①人格心理学一研究 Ⅳ. ①B848

中国版本图书馆CIP数据核字(2022)第117969号

内容提要

本书阐述了人格理论的基础及研究成果，从心理动力学、人本 - 存在主义、特质理论、生物 - 进化理论和学习 - 认知理论的角度阐述了不同理论对人格的理解。每一种大理论又具体包括了该理论下不同取向的人格理论，每一种理论取向都包含了理论家的传记、相关研究及该理论取向在现实生活中的应用。本书新一版加入了自我同一性、正念和自我实现等主题的研究成果。

本书对各种人格理论都做了尽可能详细的梳理，让我们看到每种解释的长处与不足，便于我们从不同的角度看待自己和他人，对周围的人形成更加立体和丰满的认识，从而可以理解各种“怪人”“难相处的人”，让自己的工作和生活更加和谐。

本书适合心理学研究者、心理工作者、心理学爱好者，以及相关教师和人力资源工作者阅读。

◆ 著 ［美］杰斯·费斯特（Jess Feist）
［美］格雷戈里·J. 费斯特（Gregory J. Feist）
［美］托米 - 安·罗伯茨（Tomi-Ann Roberts）
译 徐 说
责任编辑 柳小红
责任印制 彭志环

◆ 人民邮电出版社出版发行 北京市丰台区成寿寺路 11 号
邮编 100164 电子邮件 315@ptpress.com.cn
网址 https://www.ptpress.com.cn
固安县铭成印刷有限公司印刷

◆ 开本：787×1092 1/16
印张：34.75 2023 年 5 月第 1 版
字数：756 千字 2024 年 11 月河北第 4 次印刷

著作权合同登记号 图字：01-2019-3960 号

定 价：168.00 元

读者服务热线：（010）81055656 印装质量热线：（010）81055316

反盗版热线：（010）81055315

广告经营许可证：京东市监广登字20170147号

推荐序一

人生的答案

许燕
北京师范大学心理学部 二级教授
中国社会心理学会人格心理学专业委员会主任

人格心理学是人生的哲学，基于这一特点，它以理论而著称，它是用哲学的思想深度来解答人生的林林总总的问题。在心理学的各个分支领域中，人格心理学是汇聚心理学大师最齐全的领域，这些名冠世界大师的心理学家都不约而同地把他们的思想贡献给了人格心理学。人格心理学为什么是一个具有理论高度和应用广度的领域呢？在了解人格心理学之前，可以先思考以下两个问题。

为什么心理学家要把自己的智慧精华贡献给人格心理学？

为什么人格理论会给我们带来人生智慧？

一、人格提升是人类文明的进步

心理学初创者们的思想曾经不只影响了学术界，甚至震撼了世界。但是，更重要的是他们的思想对人类文明的推进作用。人类社会是摆脱野蛮走向文明的发展进程，文明是一种社会进步状态。心理学作为研究人类自身的一门学科，其不同分支涉及人类的不同方面与层次，而人格心理学则是涉及人类精神层面的分支，体现了人类精神追求的境界。因此，各个心理学派的领军人物都聚焦于人格心理学，将他们对人生的思考凝聚成人格心理学的理论观点。人格心理学为我们带来心理学家对各种人生问题的解答与指导。人格心理学家们给了我们如下人生建议。

1. 人格塑造是未来人生之基石

心理学家非常重视童年时期，因为此刻是人格塑造的关键期。弗洛伊德指出，童年经历是成年人产生心理问题的根源。童年初期是人格形成的阶段，儿童人格的塑造因家长、学校或社会的影响性质不同而有所差异，有积极性格也有消极性格。而人格特征一旦形成便具有稳定性，所以不同性格会决定人们未来的命运走向。正如古希腊哲人赫拉克利特所说：“一个人的性格就是他的命运。”不同人格对人生有不同的影响，例如，希望决定卓越人生，乐观决定幸福人生，坚韧决定成功人生。如果一个人在童年受到良好的人格教育，那么其未来就可能有更好的人生选择。

2. 人格成长是自我完善之途径

自我完善是人一生的任务，人格成长有一个重要条件就是自我反思能力。弗洛伊德曾说：“把你的眼光向内转，看看自己的内心深处，先学习了解自己。”自我反思能力是修正人格的必经之路，缺少自知之明是自我发展的屏障。人格决定了一个人的人生能够走多远，同时，一个人的生命宽度也取决于其对自己的觉醒程度。

3. 人格重构是绝地重生之创造

面对人生苦难，人的心理会受伤，这如同诗人桑德堡将生命比喻为洋葱一样，剥开伤痛，就会触动心灵，使人流泪。经历成长的痛是一个让人痛定思痛的过程。人生失败可能源于人格结构的错组或缺陷，重构人格可以逆转人生，打破原有人格结构是自我再生的有效方法。正如人格心理学家凯利所说：“人类是命运的创造者而不是受害者。”因此，重构人格是绝地重生的一种创造力。

4. 人格魅力是自我展现之光彩

很多人希望成为有魅力的人，有魅力的人会展现出积极、光明的人格特征。人格心理学大师们有一个共同的特点：人格不暗黑。因为他们将良好的人格品质确立为人生追求的目标，他们通过自己的言行来示范什么是优良人格，他们的文雅与聪慧、善良与坚韧、乐观与尽责、诚信与通达等品质，吸引了大量学术界内外的追随者，这就是其人格魅力。学习人格心理学可以让人们善解人意、心理通透。

总之，人格心理学家通过答疑解惑来提升人们的生活品质与精神境界，进而推进人类文明的发展。

二、人格理论是人类精神的表征

人格理论浓缩了心理学家有关人生思考的精华，如同一本人生解惑的手册。人格理论体现了如下特点。

1. 人格理论投射出人格心理学家的人生色彩

人格心理学是关于人生的学问。理论中也折射出人格心理学家的人生。正如书中所说，每种理论都反映了人格理论家的个人背景、童年经历、人际关系、生活哲学及独特的看世界的方式。观察者运用自己的参照系对观察结果加以过滤，得出不同的理论观点。要比较不同理论取向的差异，就要从他们的人生经历、学科背景、社会环境出发加以解读，例如，弗洛伊德关于性心理的理论被人诟病，但是这一理论是维也纳时代男尊女卑观念对女性心理压抑这样社会状况下的产物。了解理论产生的背景，我们就不会将污名按在弗洛伊德身上。

2. 人格理论引导着我们思考人生与社会万象

不同人格理论取向从不同的视角解读人生万象。精神分析学派（如弗洛伊德）从临床取向诠释人格的病理特征，社会文化学派（如霍妮）从时代背景解读社会心理的共振，行为主义（如斯金纳）从行为塑造的外部环境分析学习的力量，人本主义取向（如马斯洛）从健康的视角看人类积极向上的奋斗动力，特质理论（如卡特尔）通过分解人格结构元素评估心理差异，认知心理学取向（如凯利）则强调人的认知差异决定了人的心理风格，生物进化理论（如布斯）从人类发展长河中理解人格的发展进程。多元理论的分歧如同万花筒，呈现出绚丽画面，为我们理解多彩人生展现了多维视角，丰富了我们的思考维度。

3. 人格理论融合了传统大理论与现代小理论

人格心理学理论的发展表现出两个规律。一是传统理论向现代理论的发展，精神分析、行为主义、人本主义构成了传统人格理论的“三驾马车”，特质理论、认知心理学、生物进化理论构成了现代人格理论。二是由大理论向小理论的转变，早期形成的大理论强调理论框架的完整性，对人性哲学、人格结构、人格动力、人格成因、人格发展、人格变化、人格测量、人格变态八大主题进行全面阐述，如弗洛伊德等，传统理论更多体现了哲学思辨的特点，对我们思考人生具有重要价值。而现代风格的小理论不求理论的宏大完整，而是强调小观点的独特效应，如罗特的内外控理论、全特质理论等，现代小人格理论具有可操作性，常常是奠定实证研究的科学基础。

总之，人格理论集哲学家的思维和科学家的技术于一体，而本书凸显了这一特征。

此书可供心理学专业人士和哲学、教育学、社会学、管理学等其他相关学科的专业者学习，同样适合正在寻求人生答案、希望走出迷茫误区、摆脱疾病困扰的人士阅读。

于北京师范大学后主楼 1309
2022 年 12 月 27 日

推荐序二

人大于“格”

张沛超　博士
中国心理学会临床心理注册系统　注册督导师
中国心理卫生协会精神分析专业委员会　委员

“人格心理学”恐怕是心理学课程体系里唯一“人”字头的分支，从某些方面来说，它可以作为心理学学科体系的“拱顶石”。优秀的人格心理学教材可以激发学生对人性和人心的兴趣，这很有可能是广大心理学学子选择该学科的“初心”。

摆在各位面前的《人格理论》一书是一部优秀的人格心理学教材。在笔者看来，本书适合作为心理学专业及应用心理学专业本科生“人格心理学”的辅助教材，供学有余力者深化理解人格理论的部分；作为心理学硕士的“人格心理学专题”或“高等人格心理学”课程教材，可以和人格心理学文献阅读相结合，建议从每一章的参考文献中选择一到两篇，供研究生们结合理论进行精读。

然而在笔者看来，本书最重要的特色是尤其适合广大心理咨询与心理治疗的学习者、从业者系统学习人格理论。书中主要介绍了 20 位人格理论家的生平和思想，其中 10 位都是临床心理学实践者，即便是未从事临床实践的人，如班杜拉、罗特等，也具有临床心理学的研究背景。而且，用一种理论的介绍都包含“心理治疗”版块，以阐明该理论对临床心理的启示和意义，无论你以前有没有学习过人格心理学，本书都是有营养的读物。

人格心理学理论与生理心理学理论和认知心理学理论，不同人格理论与理论家本人的人格是密不可分的。作为精神分析和人本主义整合取向的实践者，笔者对弗洛伊德、荣格、罗杰斯等人的生平乃至八卦都如数家珍，甚至其家人、学生和朋友的故事都能讲出一二，所以笔者对于弗洛伊德会重视“俄狄浦斯情结”而荣格会重视“原型”有着较为深刻的理解。但对于较重视认知行为治疗的斯金纳、班杜拉等人的生平则较为模糊，此番正好借机“补课”。本书的另一个特色就是扼要而不失详尽地介绍了每一位人格理论家的“故事”或“事故”，而且暗示了这些理论家为何会产生迥异于精神分析的人格理论。这可以说是人格理论受创立者人格深度影响的绝佳证据了，而这恰好又证明人格的精神动力学起源。

本书还有一个近乎“独一无二”的特色——书中提到的人格理论家中，有七位当事人本人对介绍各自理论的内容提出过修改意见，而其中截止笔者写作此篇序言时已经有五位离世（阿尔波特·班杜拉于 2021 年 7 月 26 日离世）。写作教材需要重视“文献”，而今人多不知文献不仅仅是文字材料。朱熹在《论语集注》中阐述道：“文，典籍也。献，贤也。”由此可见，本书的顾问指导团队可以说是“群贤毕至”，恐怕今后不会再有这样豪华的阵容了。

末了，逸论几句。人格心理学教材体系基本上编译自北美，北美所继承的是西方的人性论，而西方人性论内隐地包含视人格为“实体”的观点，所以才会默认人格具有跨情境的统一性，是可以被测量的。多年的临床实践让我越来越怀疑这个“理论内核”。尽管需要“格物致知”，但人不是“物”，人大于“格”。当年我在一家精神心理医院的心理测量室工作时，有时候需要用超过 4 个人格测量工具，但我很少感到这些量表的结果对我深刻地理解这些“受苦的人”到底有多大帮助。当然这个不过是我的一孔之见，与我本人的经历密切相关。

作为本书的审校者，通读译稿时感觉基本准确流畅，只是与精神分析相关的术语与国内学界不甚统一，故略作调整，个别哲学术语也按国内通行译法进行了统改，乐意向各位学友同道推荐本书，祝开卷有益！

于深圳

2022 年 12 月 27 日

序言

人们为什么会做出各种各样的行为？人们的行为通常是自知的，还是由隐藏的、无意识的动机所推动的？是有的人天生善良、有的人本质邪恶，还是所有人都具有善与恶的潜能？人类行为是自然发展的产物，还是主要受环境的影响？人格是由人们的自由选择所塑造的，还是由无法控制的力量所决定的？想要描述人类的主导性特征，最好的办法是从相似性出发，还是从独特性出发？是什么导致一些人罹患人格障碍，另一些人却身心健康？

在数千年的时间里，有无数哲学家、思想家和宗教学者提出并讨论过上述问题，但是这些讨论大多基于个人观点，并带有政治、经济、宗教和社会色彩。到19世纪末，人们在组织、解释和预测人类行为方面取得了一些进展。心理学是关于人类行为的科学研究，它的出现标志着对人格的系统研究的开始。

早期的人格理论学家，如西格蒙德·弗洛伊德（Sigmund Freud）、阿尔弗雷德·阿德勒（Alfred Adler）和卡尔·荣格（Carl Jung），主要依靠临床观察来构建人类行为模型。尽管他们的研究资料比之前的观察者更加系统、可靠，但是这些理论家仍然依赖其个人的观察方式，因此他们得到的人格概念也各有不同。

之后的人格理论家更多地依赖实证研究来了解人类行为。这些理论家建立了试验性的假设，然后检验假设，并重新制定模型。换言之，他们将科学探究和科学理论等应用于人格研究中。值得注意的是，科学与推测、想象力和创造力并不是完全脱离的，推测、想象力和创造力都是形成理论所必需的。本书中讨论的每一位人格理论家都根据实证观察和想象推测发展出自己的一套理论，并且每一种理论都反映了理论家自身的人格特点。

因此，本书讨论的各种理论都带有理论家独特的文化背景、家庭经历和专业训练色彩。但是，在评价各种理论是否有用时，评价标准与理论家的人格无关，而是关乎理论的以下六个方面：（1）能否引发研究；（2）是否可以证伪；（3）是否可以整合已有实证知识；（4）能否为实践者解决日常问题提供答案；（5）是否具有内部一致性；（6）简约性如何。此外，一些人格理论还在社会、教育、心理治疗、广告、管理、咨询、艺术、文学和宗教信仰等其他领域得到了应用。

《人格理论》第9版延续了之前版本的长处与特色，保留了每一章开头的概要、生动活泼的写作风格、每位理论家对人性的发人深省的构想，以及结构化的理论评价。与以前的版本一样，《人格理论》第9版也以理论的原始文献和最新进展为基础。而那些较早的概念和模型，只有当它们在后来的理论发展中仍然具有重要性，或者它们构成理解最终理论的重要基础时，才被保留在本书中。

《人格理论》第 9 版的语言清晰、简洁、便于理解，写作风格平易近人，因此理解本书内容并不需要具备多少心理学背景知识。与此同时，我们尽量不简化理论家的观点。我们对不同的理论家进行了充分比较，并举例说明这些理论如何应用于日常情境。本书词汇表给出了专业术语的定义，扫描二维码获得。这些术语在正文中以粗体显示。

《人格理论》第 9 版囊括了最有影响力的人格理论家。本书的讨论重点是正常人格，不过也对异常人格和心理治疗进行了简要讨论。由于每一种理论都传达了理论家对世界和人性的独特观点，因此本书包含了每一位理论家的小传。小传内容丰富，让读者有机会在了解理论的同时认识这些理论家。

在《人格理论》第 9 版中，我们做了一些修订，在之前版本的基础上增加了一些内容。为了更全面、更概要地描述整本书，我们在第 1 章中添加了新的概要小节，描述并总结了五种主要的理论观点：心理动力学、人本－存在主义、特质、生物－进化和学习－认知。该小节为读者提供了本书的路线图，可以帮助读者“全面了解”什么是人格理论，以及不同理论在基本假设上的差异。心理动力学理论家包括弗洛伊德、阿德勒、荣格、克莱因（Klein）、霍妮（Horney）、弗洛姆（Fromm）和埃里克森（Erikson），人本－存在主义理论家包括马斯洛（Maslow）、罗杰斯（Rogers）和梅（May），特质理论家包括奥尔波特（Allport）、麦克雷（McCrae）和科斯塔（Costa），生物－进化理论家包括艾森克（Eysenck）和布斯（Buss），学习－认知理论家包括斯金纳（Skinner）、班杜拉（Bandura）、罗特（Rotter）、米歇尔（Mischel）和凯利（Kelly）。本书对这五种理论的讨论是根据历史顺序排列的，从最早出现的理论开始，一直到最近的理论，为读者展示了人格理论的变化和发展过程。

与每个新版本一样，我们还更新了每种理论的“相关研究”部分。例如，一项最近的研究考察了佛教徒所持的正念概念是否与其自我实现有关，结果显示，非判断、非自我批判（正念的组成部分）的能力预测了个体的自我实现水平；此外，最近的研究为艾森克的理论提供了支持，证实了高神经质者与低神经质者的大脑边缘系统（尤其是杏仁核）存在系统性差异；还有，班杜拉的理论引发的研究显示，欺凌他人的儿童最有可能具有“道德脱离”。也就是说，他们将自己的行为后果最小化，并且不认为自己的所作所为是有害的。

最后，我们衷心感谢那些为本书的出版做出贡献的人们。首先，我们向《人格理论》之前版本的审阅者表示由衷的感谢，他们的评价与建议为新版本的编写提供了极大的帮助。这些审阅者包括：北佛罗里达大学的罗伯特·J. 德拉蒙德（Robert J. Drummond）、西华盛顿大学的莉娜·K. 埃里克森（Lena K. Ericksen）、威廉·雷尼·哈珀学院的查尔斯·S. 约翰逊（Charles S. Johnson）、乔治·华盛顿大学的艾伦·李普曼（Alan Lipman）、埃弗雷特社区学院的约翰·费伦（John Phelan）和埃里克·雷延杰（Eric Rettinger）、斯托克顿大学的琳达·塞耶斯（Linda Sayers）、玛丽埃塔学院的马克·E. 西比奇（Mark E. Sibicky）、伊利诺伊学院的康妮·维尔丁克（Connie Veldink）、康考迪亚大学的丹尼斯·沃纳梅克（Dennis Wanamaker）、凯文·辛普森（Kevin Simpson）、德州农工大学金斯维尔分校的莉萨·洛克哈特（Lisa Lockhart）、爱荷华大学医院和诊所的纳塔莉·登堡（Natalie Denburg）、南康涅狄格州立大学的克里斯蒂安·安西斯（Kristine Anthis）、伊利诺伊州立大学的厄洛斯·德苏扎（Eros DeSouza）、内布拉斯加州大学卡尼分校的尤赞·D. 莫西格（Yozan D. Mosig）、弗吉尼亚·卫斯理学院的安吉·福尼尔（Angie Fournier）、博伊西州立大学的阿塔拉·麦克纳马拉（Atara Mcnamara）、丹佛大都会州立学院的兰迪·史密斯（Randi Smith）和佛罗里达国际大学迈阿密分校的迈拉·斯平德尔（Myra Spindel）。感谢俄亥俄州迈阿密大学的卡丽·霍尔（Carrie Hall）、纽约州立大学奥尼翁塔分校的肯尼恩·沃尔特斯（Kenneth Walters）和西北维斯塔学院的梅莉萨·赖特（Melissa Wright）。同时，感谢科罗拉多大学的学生吉妮·伍尔（Jenny Wool）和埃玛·阿格纽（Emma Agnew）在更新相关研究内容时所提供的帮助。

此外，我们也要感谢在编写新版本的过程中给我们提供反馈的审阅者：加拿大康考迪亚大学的珍妮弗·科斯格罗夫（Jennifer Cosgrove）、缅因大学的凯莉·G. 科尔（Kylie G. Cole）、格里斯兰大学爱荷华分校的戴维·德文尼斯（David Devonis）、杨哈里斯学院佐治亚分校的威廉·布拉德利·代尔茨（William Bradley Goeltz）、南弗吉尼亚社区学院的约翰·海斯（John Hays）教授、犹他谷州立大学的卡梅伦·约翰（Cameron John）、阿尔贝图斯马格纳斯学院的斯蒂芬·P. 乔伊（Stephen P. Joy）、纽约北国社区学院的威廉·普赖斯（William Price）、北卡罗来纳州立大学的格蕾斯·瑟格利（Grace Srigley）、帕洛阿尔托学院的威廉·G. 瓦斯克斯（William G. Vasquez）和纽约伦斯勒理工学院的克里斯托费·维维斯（Christopher VerWys）。

感谢出版社的大力支持。特别感谢产品经理杰米·拉费雷拉（Jamie Laferrera）和编辑协调员贾丝明·斯塔顿（Jasmine Staton），以及由安妮·希罗夫（Anne Sheroff）和瑞西米·拉吉什（Reshmi Rajeesh）领导的编辑团队。

感谢阿尔伯特·班杜拉（Albert Bandura）对社会认知理论一章的点评，也感谢以下人格理论家曾不吝赐教地指正之前版本的相应内容，他们是阿尔伯特·班杜拉（已故）、汉斯·J. 艾森克（Hans J. Eysenck）（已故）、罗伯特·麦克雷（Robert McCrae）、小保罗·T. 科斯塔（Paul T. Costa）、卡尔·R. 罗杰斯（Carl R. Rogers）（已故）、朱利安·B. 罗特（Julian B. Rotter）（已故）和 B. F. 斯金纳（B. F. Skinner）（已故）。

最后，作者杰斯和格雷戈里特别感谢玛丽·约·费斯特（Mary Jo Feist）（已故）、琳达·布兰农（Linda Brannon）和埃里卡·罗森伯格（Erika Rosenberg），作者托米－安特别感谢安妮卡（Annika）和米娅·戴维斯（Mia Davis）的情感支持和其他重要贡献。

我们一如既往地欢迎并感激读者的评论，这些评论将帮助我们继续完善《人格理论》一书。

杰斯·费斯特，

路易斯安那州莱克查尔斯市

格雷戈里·J. 费斯特，

加利福尼亚州奥克兰市

托米 - 安·罗伯茨，

科罗拉多州科泉市

目录

第一部分

绪论 /1

第1章 人格理论绪论 /3

什么是人格 /4

什么是理论 /5

» 理论的定义 /5

» 理论及相关词 /6

哲学 /6

推测 /6

假设 /7

分类法 /7

» 为什么要有不同的理论 /7

» 人格理论的视角 /8

心理动力学理论 /8

人本主义–存在主义理论 /9

特质理论 /9

生物–进化理论 /9

学习–（社会）认知理论 /9

» 理论家的人格及其人格理论 /9

» 什么样的理论是有用的 /10

引发研究 /10

可以证伪 /11

组织资料 /12

指导行动 /12

内部一致性 /12

简约性 /13

对人性的构想有哪些维度 /13

关于人格理论的研究 /14

重点术语及概念 /15

第二部分

心理动力学理论 /17

第2章 弗洛伊德：精神分析 /19

精神分析理论概要 /20

西格蒙德·弗洛伊德小传 /21

精神生活的层次 /26

» 潜意识 /26

» 前意识 /27

» 意识 /27

精神区划 /28

» 本我 /29

» 自我 /30

» 超我 / 31
人格动力学 / 32
» 驱力 / 32
性驱力 / 32
攻击驱力 / 33
» 焦虑 / 34
防御机制 / 35
» 压抑 / 35
» 反向形成 / 36
» 置换 / 36
» 固着 / 36
» 退行 / 36
» 投射 / 37
» 内摄 / 37
» 升华 / 38
发展阶段 / 38
» 婴幼儿阶段 / 38
口欲期 / 39
肛欲期 / 39
性器期 / 39
» 潜伏期 / 40
» 生殖期 / 40
» 成熟期 / 40
精神分析理论的应用 / 41
» 弗洛伊德早期的治疗技术 / 41
» 弗洛伊德后期的治疗技术 / 42
» 梦的分析 / 43
» 弗洛伊德式失误 / 45
相关研究 / 45
» 潜意识心理加工 / 47
» 快乐和本我、抑制和自我 / 47
» 压抑、抑制和防御机制 / 48
» 梦的研究 / 49
对弗洛伊德的评价 / 50
» 弗洛伊德是否了解女性、性别和性欲 / 50
» 弗洛伊德是科学家吗 / 53
对人性的构想 / 54
重点术语及概念 / 56

第 3 章 阿德勒：个体心理学 / 57
个体心理学概要 / 58
阿尔弗雷德·阿德勒小传 / 59
阿德勒理论绪论 / 61
追求成功或卓越 / 62
» 最终目标 / 62
» 作为补偿的奋斗力 / 63
» 追求个人卓越 / 64
» 追求成功 / 64
主观知觉 / 65
» 虚构主义 / 65
» 身体缺陷 / 65
人格的整体性和自我一致性 / 66
» 器官用语 / 66
» 意识和潜意识 / 67
社会兴趣 / 67
» 社会兴趣的起源 / 68
» 社会兴趣的重要性 / 68
生活方式 / 69
创造性力量 / 70
异常发展 / 70
» 概述 / 71
» 适应不良的外部因素 / 71
严重的生理缺陷 / 71
放纵的生活方式 / 71
被忽视的生活方式 / 72

» 保护倾向 / 72
借口 / 72
攻击 / 73
退缩 / 73
» 男性倾慕 / 74
男性倾慕的起源 / 75
阿德勒、弗洛伊德与男性倾慕 / 75
个体心理学的应用 / 75
» 家庭序位排列 / 75
» 早期记忆 / 76
» 梦 / 78
» 心理治疗 / 78
相关研究 / 79
» 出生顺序效应 / 79
» 早期记忆与职业选择 / 81
» 区分自恋（追求卓越）与自尊（追求成功）/ 82
对阿德勒的评价 / 83
对人性的构想 / 84
重点术语及概念 / 85

第 4 章 荣格：分析心理学 / 87
分析心理学概要 / 88
卡尔·荣格小传 / 89
心理结构 / 92
» 意识 / 93
» 个体无意识 / 93
» 集体无意识 / 93
» 原型 / 94
人格面具 / 95
阴影 / 96
阿尼玛 / 96
阿尼姆斯 / 97
大母神 / 97
智慧老人 / 98
英雄 / 98
自性 / 99
人格动力学 / 101
» 因果论和目的论 / 101
» 前行和退行 / 101
心理类型 / 102
» 态度 / 102
内倾 / 102
外倾 / 102
» 功能 / 103
思维 / 103
情感 / 104
感觉 / 104
直觉 / 104
人格发展 / 105
» 发展阶段 / 105
童年 / 106
青年 / 106
中年 / 106
老年 / 107
» 自我实现 / 107
荣格的调查方法 / 108
» 字词联想测试 / 108
» 梦的分析 / 109
» 积极想象 / 110
» 心理治疗 / 111
相关研究 / 112
» 人格类型与领导力 / 112
» 牧师和礼拜者的人格类型 / 113
» 审视“迈尔斯 - 布里格斯类型指标” / 114
对荣格的评价 / 115
对人性的构想 / 116

重点术语及概念 / 117

第5章 克莱因：客体关系理论 / 119

客体关系理论概要 / 120
梅兰妮·克莱因小传 / 121
客体关系理论绪论 / 123
婴幼儿的精神生活 / 124
» 幻想 / 124
» 客体 / 124
位态 / 125
» 偏执－分裂位态 / 125
» 抑郁位态 / 126
精神防御机制 / 126
» 内摄 / 127
» 投射 / 127
» 分裂 / 127
» 投射性认同 / 128
内化 / 128
» 自我 / 128
» 超我 / 129
» 俄狄浦斯情结 / 130
客体关系的后续观点 / 130
» 玛格丽特·马勒的观点 / 130
» 海因茨·科胡特的观点 / 132
» 约翰·鲍尔比的依恋理论 / 133
» 玛丽·安斯沃思与陌生情境实验 / 134
心理治疗 / 135
相关研究 / 136
» 童年创伤与成年客体关系 / 136
» 依恋理论与成年人的关系 / 137
对客体关系理论的评价 / 139

对人性的构想 / 140

重点术语及概念 / 141

第6章 霍妮：精神分析社会理论 / 143

精神分析社会理论概要 / 144
卡伦·霍妮小传 / 145
精神分析社会理论绪论 / 146
» 霍妮和弗洛伊德的比较 / 147
» 文化的影响 / 147
» 童年经历的重要性 / 148
基本敌意与基本焦虑 / 148
强迫驱力 / 149
» 神经症需要 / 150
» 神经症倾向 / 151
接近人的倾向 / 152
对抗人的倾向 / 152
远离人的倾向 / 153
心理内部冲突 / 154
» 理想化的自我形象 / 154
对荣耀的神经症追求 / 154
神经症要求 / 155
神经症自豪 / 156
» 自我憎恨 / 156
女性心理学 / 157
心理治疗 / 159
相关研究 / 160
» 霍妮神经症倾向的新测量方法的开发和效度验证 / 161
» 神经症可以成为一件好事吗 / 162
对霍妮的评价 / 163

对人性的构想 / 164

重点术语及概念 / 165

第 7 章　埃里克森：后弗洛伊德理论 / 167

后弗洛伊德理论概要 / 168

埃里克·埃里克森小传 / 169

后弗洛伊德理论中的自我 / 171

» 社会的影响 / 172

» 渐成原理 / 172

社会心理发展阶段 / 173

» 婴儿期 / 174

1. 口欲－感觉模式 / 175
2. 基本信任与基本不信任 / 176
3. 希望：婴儿期的基本力量 / 176

» 幼儿期 / 176

1. 肛欲－尿道－肌肉模式 / 177
2. 自主与羞耻和怀疑 / 177
3. 意志：幼儿期的基本力量 / 177

» 游戏期 / 178

1. 生殖器－运动模式 / 178
2. 主动与内疚 / 178
3. 目标：游戏期的基本力量 / 179

» 学龄期 / 179

1. 潜伏期 / 179
2. 勤奋与自卑 / 179
3. 能力：学龄期的基本力量 / 180

» 青春期 / 180

1. 发育期 / 180
2. 自我身份认同与自我身份认同混乱 / 180
3. 忠诚：青春期的基本力量 / 181

» 青年期 / 182

1. 生殖力 / 182
2. 亲密与孤独 / 182
3. 爱：青年期的基本力量 / 183

» 成年期 / 183

1. 繁衍 / 183
2. 生产与停滞 / 183
3. 照顾：成年期的基本力量 / 184

» 老年期 / 184

1. 广义的感官享受 / 185
2. 完整无缺与绝望 / 185
3. 智慧：老年期的基本力量 / 185

» 生命周期小结 / 186

埃里克森的调查方法 / 186

» 人类学研究 / 187

» 心理历史学 / 187

相关研究 / 189

» 青少年自我身份认同状态的跨文化研究 / 189

» 身份认同先于亲密吗 / 190

对埃里克森的评价 / 191

对人性的构想 / 192

重点术语及概念 / 193

第 8 章　弗洛姆：人本主义精神分析 / 195

人本主义精神分析概要 / 196

埃里希·弗洛姆小传 / 197

弗洛姆的基本假设 / 199

人类的需要 / 200

» 关联 / 200

» 超越 / 201

» 植根 / 201

» 认同感 / 202

» 定向框架 / 203

» 人类需要小结 / 203

自由的负担 / 204

» 逃避的机制 / 204

威权主义 / 204

破坏 / 205

从众 / 205
» 积极自由 / 205
性格取向 / 205
» 非生产性取向 / 206
被动接受性格取向 / 206
剥削性格取向 / 206
囤积性格取向 / 206
营销性格取向 / 207
» 生产性取向 / 207
人格障碍 / 208
» 恋尸癖 / 208
» 恶性自恋 / 209
» 乱伦共生 / 209
心理治疗 / 210
弗洛姆的调查方法 / 211
» 墨西哥村庄里的社会角色 / 211
» 希特勒的心理历史研究 / 212
相关研究 / 213
» 验证弗洛姆的营销性格假设 / 214
» 与文化的疏离和幸福感 / 214
» 威权主义与恐惧 / 215
对弗洛姆的评价 / 216
对人性的构想 / 217
重点术语及概念 / 218

第三部分
人本主义 – 存在主义理论 / 221

第 9 章 马斯洛：整体动力理论 / 223
整体动力理论概要 / 224
亚伯拉罕·H. 马斯洛小传 / 225
马斯洛的动机理论 / 228
» 需要层次 / 229
生理需要 / 229
安全需要 / 230
爱和归属需要 / 230
尊重需要 / 231
自我实现需要 / 231
» 审美需要 / 232
» 认知需要 / 232
» 神经症需要 / 233
» 关于需要的综合讨论 / 233
需要顺序的颠倒 / 233
无动机的行为 / 233
表达行为和应对行为 / 234
需要的剥夺 / 234
需要的类本能性质 / 234
较高层次与较低层次的需要 / 235
自我实现 / 235
» 马斯洛对自我实现者的探求 / 236
» 自我实现的标准 / 237
» 自我实现者的价值观 / 237
» 自我实现者的特征 / 238
1. 能够更高效地感知现实 / 238
2. 接受自己、他人和自然 / 239
3. 自发、朴素和自然 / 239
4. 以问题为中心 / 239
5. 隐私需要 / 239
6. 自主 / 239
7. 永远充满感激之情 / 240
8. 高峰体验 / 240

9. 社会兴趣 / 241
10. 深厚的人际关系 / 241
11. 民主的性格结构 / 241
12. 区分途径和目的 / 242
13. 哲学幽默感 / 242
14. 创造力 / 242
15. 对文化适应的抵制 / 242

» 爱、性与自我实现 / 243

马斯洛心理学与科学哲学 / 243
如何测量自我实现 / 244
约拿情结 / 246
心理治疗 / 247
相关研究 / 247

» 正念与自我实现 / 247
» 积极心理学 / 248

对马斯洛的评价 / 250

对人性的构想 / 251

重点术语及概念 / 252

第 10 章 罗杰斯：以人为中心的理论 / 255

以来访者为中心的理论概要 / 256
卡尔·罗杰斯小传 / 257
以人为中心的理论 / 259

» 基本假设 / 260
形成倾向 / 260
实现倾向 / 260
» 自我和自我实现 / 261
自我概念 / 261
理想自我 / 262
» 觉知 / 262
觉知的水平 / 262
否认积极经历 / 263
» 成为人 / 263
» 心理健康的障碍 / 264
价值条件化 / 264
不一致 / 264
防御 / 265
整合失败 / 266

心理治疗 / 266

» 条件 / 267
咨询师的真诚一致 / 267
无条件的积极关注 / 268
共情性倾听 / 269
» 过程 / 270
治疗性改变的七个阶段 / 270
治疗性改变的理论解释 / 271
» 结果 / 271

明天的人 / 272
科学哲学 / 274
芝加哥研究 / 274

» 假设 / 275
» 方法 / 275
» 发现 / 276
» 结论 / 277

相关研究 / 277

» 自我差异理论 / 277
» 动机与追求目标 / 278

对罗杰斯的评价 / 281

对人性的构想 / 282

重点术语及概念 / 283

第 11 章 梅：存在主义心理学 / 285

存在主义心理学概要 / 286
罗洛·梅小传 / 287
存在主义的背景资料 / 290

» 什么是存在主义 / 290

» 基本概念 / 291
在世存有 / 291
非存有 / 292
菲利普案例 / 293
焦虑 / 294
» 正常焦虑 / 294
» 神经症焦虑 / 295
内疚 / 295
意向性 / 296
关心、爱和意志 / 297
» 爱与意志的统一 / 297
» 爱的形式 / 298
性欲 / 298
爱欲 / 298
友爱 / 298
神爱 / 299
自由与命运 / 299
» 自由的定义 / 299
» 自由的形式 / 299
存在自由 / 299
实体自由 / 300
» 命运是什么 / 300
» 菲利普的命运 / 300
神话的力量 / 301
精神病理学 / 302
心理治疗 / 303
相关研究 / 304
» 环境世界中的威胁：死亡提醒与否认动物本性 / 305
» 在共在世界中寻找意义：依恋与亲密关系 / 306
» 自有世界中的成长：死亡觉知的积极面 / 307
对梅的评价 / 308
对人性的构想 / 309
重点术语及概念 / 311

第四部分 特质理论 / 313

第 12 章 奥尔波特：个体心理学 / 315
奥尔波特个体心理学概要 / 316
戈登·奥尔波特小传 / 317
奥尔波特研究人格理论的方法 / 318
» 什么是人格 / 319
» 意识动机有什么作用 / 319
» 心理健康者有哪些特征 / 320
人格结构 / 321
» 个人特质 / 321
个人特质的水平 / 322
动机特质和风格特质 / 323
» 个人本性 / 323
动机 / 324
» 一种关于动机的理论 / 324
» 功能自主 / 325
持续的功能自主 / 326
个人本性的功能自主 / 327
功能自主的标准 / 327
非功能自主的过程 / 327

对个体的研究 / 328
» 形态形成科学 / 328
» 玛丽恩·泰勒的日记 / 329
» 珍妮的来信 / 329
相关研究 / 332
» 理解及减轻偏见 / 332
» 内部和外部宗教取向 / 334
宗教动机与心理健康 / 335
宗教动机与身体健康 / 335
对奥尔波特的评价 / 336
对人性的构想 / 337
重点术语及概念 / 339

第 13 章 麦克雷和科斯塔：大五人格特质理论 / 341

特质和因素理论概要 / 342
雷蒙德·B. 卡特尔的先驱性工作 / 343
因子分析基础 / 343
大五人格：是分类法还是理论 / 345
罗伯特·麦克雷和小保罗·科斯塔小传 / 345
搜寻大五人格 / 347
» 找到五因素 / 347
» 对五因素的描述 / 348
五因素理论的演变 / 350
» 五因素理论的单元 / 350
人格的核心组成部分 / 351
外周组成部分 / 352
» 基本假设 / 353
基本倾向的假设 / 353
特征适应的假设 / 354
相关研究 / 355
» 人格与学业成绩 / 355
» 人格特质、互联网的使用与幸福感 / 356
» 人格特质与情绪 / 357
对特质和因素理论的评价 / 360
对人性的构想 / 361
重点术语及概念 / 361

第五部分

生物–进化理论 / 363

第 14 章 艾森克：基于生物学的因素理论 / 365

基于生物学的特质理论概要 / 366
汉斯·尤尔根·艾森克小传 / 367
艾森克的因素理论 / 370
» 因素的鉴定标准 / 370
» 行为结构的层次 / 370
人格的维度 / 371
» 外向性维度 / 373
» 神经质维度 / 373
» 精神质维度 / 374
人格的测量 / 375
人格的生物学基础 / 376
人格作为预测指标 / 377

» 人格与行为 / 377
» 人格与疾病 / 377
相关研究 / 378
» 外向性的生物学基础 / 378
» 神经质的生物学基础 / 380
对艾森克基于生物学的理论的评价 / 381
对人性的构想 / 382
重点术语及概念 / 383

第 15 章 布斯：人格的进化理论 / 385
进化理论概要 / 386
大卫·布斯小传 / 388
进化心理学原理 / 389
人格的进化理论 / 390
» 人格的自然与养育问题 / 391
» 适应性问题及其解决方案（机制）/ 391
» 进化而来的机制 / 393
动机和情绪是进化而来的机制 / 393
人格特质是进化而来的机制 / 394
» 个体差异的起源 / 396
环境来源 / 396
遗传或基因来源 / 396
非适应性来源 / 397
适应不良性来源 / 397
» 新布斯式人格进化理论 / 397
对进化理论的常见误解 / 398
» 常见误解一：进化暗示了基因决定论 / 398
» 常见误解二：适应的实现依赖于意识机制 / 399
» 常见误解三：机制是最优的设计 / 399
相关研究 / 400
» 气质与产前产后环境 / 400
» 遗传学与人格 / 401
» 动物的“人格” / 402
对人格进化理论的评价 / 404
对人性的构想 / 405
重点术语及概念 / 406

第六部分
学习 – 认知理论 / 409

第 16 章 斯金纳：行为分析 / 411
行为分析概要 / 412
B. F. 斯金纳小传 / 413
斯金纳科学行为主义的前身 / 416
科学行为主义 / 417
» 科学哲学 / 417
» 科学的特征 / 418
条件反射 / 419
» 经典条件反射 / 419
» 操作性条件反射 / 420
塑造 / 420
强化 / 421
惩罚 / 422
条件强化物和泛化强化物 / 423

强化程序 / 424
消退 / 425
人类有机体 / 426
» 自然选择 / 426
» 文化进化 / 427
» 内在状态 / 427
自我觉察 / 427
内驱力 / 428
情绪 / 428
目标和意图 / 428
» 复杂行为 / 429
更高级的心理过程 / 429
创造力 / 429
潜意识行为 / 430
梦 / 430
社会行为 / 430
» 人类行为的控制 / 430
社会控制 / 431
自我控制 / 432
不健康的人格 / 432
» 反控制策略 / 432
» 不当行为 / 433
心理治疗 / 433
相关研究 / 434
» 条件反射如何影响人格 / 434
» 人格如何影响条件反射 / 435
» 人格与条件反射之间的相互影响 / 436
对斯金纳的评价 / 438
对人性的构想 / 438
重点术语及概念 / 440

第 17 章 班杜拉：社会认知理论 / 441
社会认知理论概要 / 442
阿尔伯特·班杜拉小传 / 443
学习 / 444
» 观察学习 / 444
榜样作用 / 444
控制观察学习的过程 / 445
» 亲历学习 / 446
三元交互因果论 / 447
» 三元交互因果论的一个例子 / 448
» 偶然相遇和偶然事件 / 448
人类能动性 / 449
» 人类能动性的核心特点 / 449
» 自我效能 / 450
什么是自我效能 / 450
什么促成了自我效能 / 451
» 代理能动性 / 453
» 集体效能 / 453
自我调节 / 454
» 自我调节的外部因素 / 455
» 自我调节的内部因素 / 455
自我观察 / 455
判断过程 / 456
自我反应 / 456
» 通过道德能动性进行自我调节 / 457
重新定义行为 / 458
忽略或扭曲行为的后果 / 458
责备或贬低受害者 / 458
转移或分散责任 / 459
功能障碍行为 / 459
» 抑郁 / 459
» 恐惧症 / 459

» 攻击 / 460
治疗 / 461
相关研究 / 462
» 自我效能与糖尿病 / 462
» 道德脱离和欺凌 / 463
» 社会认知理论"走向全球" / 464
对班杜拉的评价 / 465
对人性的构想 / 466
重点术语及概念 / 468

第 18 章 罗特和米歇尔：社会认知学习理论 / 469
社会认知学习理论概要 / 470
朱利安·B. 罗特小传 / 471
罗特的社会学习理论绪论 / 472
预测具体行为 / 473
» 行为潜能 / 473
» 期望 / 473
» 强化值 / 474
» 心理情境 / 475
» 基础预测公式 / 475
预测一般行为 / 476
» 泛化期望 / 476
» 需要 / 476
需要的类别 / 477
需要的构成要素 / 478
» 一般预测公式 / 479
» 强化的内部控制和外部控制 / 480
» 人际信任量表 / 481
适应不良行为 / 483
心理治疗 / 483
» 改变目标 / 484
» 消除低期望 / 484
米歇尔的人格理论绪论 / 486
沃尔特·米歇尔小传 / 486
认知－情感人格系统的背景 / 488
» 一致性悖论 / 488
» 人－情境交互作用 / 489
认知－情感人格系统 / 489
» 行为预测 / 490
» 情境变量 / 490
» 认知－情感单元 / 491
编码策略 / 492
能力和自我调节策略 / 492
期望和信念 / 493
目标和价值观 / 494
情感反应 / 494
相关研究 / 495
» 控制源和大屠杀中的英雄行为 / 495
» 人－情境交互作用 / 496
» 棉花糖与终生自我调节 / 497
对社会认知学习理论的评价 / 499
对人性的构想 / 500
重点术语及概念 / 501

第 19 章 凯利：个人构念心理学 / 503
个人构念理论概要 / 504
乔治·凯利小传 / 505
凯利的哲学立场 / 506
» 作为科学家的人 / 507
» 作为人的科学家 / 507
» 构念替换论 / 507
个人构念 / 508
» 基本假设 / 509
» 辅助推论 / 510
事件之间的相似性 / 510

人之间的差异 / 510
构念之间的关系 / 511
构念的二分 / 511
二分之间的选择 / 511
便利范围 / 512
经历与学习 / 513
适应经历 / 513
不相容的构念 / 514
人与人之间的相似性 / 514
社会过程 / 515
个人构念理论的应用 / 515
» 异常发展 / 516
威胁 / 516
恐惧 / 517
焦虑 / 517
内疚 / 517
» 心理治疗 / 517
» Rep 测验 / 518
相关研究 / 520
» 性别作为个人构念 / 521
» 将个人构念理论应用于自我身份认同 / 521
通过个人构念理论理解内化的偏见 / 522
降低对女性主义者身份认同的威胁 / 523
» 个人构念与大五人格 / 524
对凯利的评价 / 524
对人性的构想 / 526
重点术语及概念 / 527

第一部分

绪论

第 1 章　人格理论绪论

CHAPTER 01

第 1 章

人格理论绪论

© Purestock/SuperStock

- 什么是人格
- 什么是理论
  - 理论的定义
  - 理论及相关词
  - 为什么要有不同的理论
  - 人格理论的视角
  - 理论家的人格及其人格理论
  - 什么样的理论是有用的
- 对人性的构想有哪些维度
- 关于人格理论的研究
  - 重点术语及概念

人们为什么会表现出各种各样的行为？人们能够自由地塑造自己的个性吗？是什么导致了人与人之间的异同？为什么人们的行为有时可以预测，有时又难以预测？人们的行为是被隐藏的、无意识的力量所控制的吗？是什么导致了精神障碍？人们的行为是由遗传所塑造的，还是由环境所塑造的？

几个世纪以来，无数哲学家、思想家和神学家在思考人性的本质时都曾问过上述问题，甚至有人怀疑人类是否具有共同的本性。近代的伟大思想家们在这些问题上也都没有找到合理的答案。直到 100 多年前，西格蒙德·弗洛伊德将哲学思辨与简单的科学方法结合起来，才改变了这种状况。作为一位接受过科学训练的神经病学家，弗洛伊德倾听患者的诉说，以找出各种症状背后隐藏的冲突。对弗洛伊德来说，倾听不仅是一门艺术，更是一种方法、一条道路—— 一条由患者为他规划的、通往知识的道路。

事实上，弗洛伊德从临床观察出发，首次提出了真正意义上的现代人格理论。他发展出的是一种“大理论”（grant theory），即一种试图解释所有人的人格理论。正如本书通篇所展示的那样，还有许多理论家从不同的角度提出了其他大理论。在 20 世纪，这些大理论发展的总体趋势是将研究重心从临床观察转向科学观察。不论是临床观察还是科学观察，它们都是人格理论的有效基础。

什么是人格

个体的独特性与个体之间的差异性并不是人类这一物种所独有的。每个物种的个体都各有不同，各有差异。章鱼、鸟、猪、马、猫和狗等动物在其物种内部也存在着行为上的个体差异，或者说“人格”差异。但是，人类个体之间的差异程度——不论是生理上的还是心理上的——是相当惊人的，并在某种程度上与其他物种区分开来。一些人安静而内向，另一些人则渴望社交和刺激；一些人心态平稳、行事稳健，另一些人则高度紧张，一直处于焦虑之中。在本书中，我们将探讨人们是如何解释和看待人格差异的。

没有哪两个人会有完全相同的人格，即使同卵双生子的人格也是不同的。

© by golf9c9333/Getty Images

心理学家在人格的含义上各执一词。大多数心理学家同意“人格”（personality）一词来自拉丁语中的“**面具**”（persona），即古罗马演员在表演古希腊戏剧时所佩戴的面具。这些古罗马演员戴着面具来扮演或乔装成某个角色。当然，这种关于人格的解释过于肤浅，不足以成为人格的定义。在使用“人格”一词时，心理学家所指的不仅仅是人扮演的角色。

人格理论家们尚未就人格定义达成共识。不仅如此，由于无法就人性的本质达成共识，且在审视人格时有各自的参照系，人格理论家们纷纷提出了自己独特而生动的理论。本书所提到的人格理论家们拥有各自不同的背景。有的出生在欧洲，一辈子生活在欧洲；有的出生在欧洲，但后来移居到了其他国家，如美国；有的出生在北美，一辈子没有离开过北美。不少人都有早期的宗教经历，也有些人没有宗教经历。他们中的大多数（但不是全部）都接受过精神病学或心理学方面的培训，许多人借鉴了自己作为心理治疗师的经验，另一些人则更依赖于用实证研究收集关于人格的资料。人格是一个整体性概念，人格理论家们都以某种方式研究了我们所说的人格，但每个人探讨人格的角度各不相同。有的人试图建立一种综合性的理论；另一些人的想法则没有那么宏大，只针对人格的几个方面进行了探讨。很少有人格理论家对人格给出正式的定义，但每位理论家对此都有自己的看法。

尽管没有一个能让所有人格理论家都接受的统一的定义，但大多数人都认同，**人格**是由终身的特质（trait）和独一无二的特征（characteristic）所构成的一种模式，它使人的行为具有一致性和个体性。**特质**使行为具有个体差异及跨时间的一致性和跨情境的稳定性。特质可以是独一无二的，可以是某一群体所共有的，也可以是整个物种所共有的；但是，同样的特质放到个体身上，其表现模式是不同的。因此，尽管每个人都与他人有相似之处，但每个人的人格都是独一无二的。**特征**是个体独特的品质，包括气质、体格和智力等属性。

什么是理论

“理论”（theory）一词含混不清，是英语里最容易被误用、被误解的词之一。有人对比了理论与真理（truth）、事实（fact）的区别，然而，人们将这些词放在一起比较恰恰说明他们对这几个词缺乏基本的理解。在科学中，理论是用于研究和归纳观察结果的术语，而“真理”和“事实”并不是科学术语。

理论的定义

在科学中，**理论**是指*一组互相关联的假设，科学家使用合乎逻辑的演绎推理，可以根据理论提出可检验的假设*。具体从以下五个方面加以阐述。

第一，理论是*一系列假设*。单个的假设永远无法成为合格且充分的理论。例如，单个的假设不能把几种观察结果合并在一起，但一种有用的理论能够做到这一点。

第二，理论是一组*互相关联*的假设。彼此无关的假设既不能产生有意义的假设，也不具备内部一致性。而这两点也是有用的理论的标准。

第三，理论就是*假设*。理论的构成要素不是已被证明的事实，换句话说，理论的构成要素的有效性尚未完全得到证实。但是，这些构成要素为人们所认可，并暂时*认为*它们就是事实。这种方法是切实可行的，科学家可以进行有用的研究，再用研究结果重塑原来的理论或建立新的理论。

第四，研究者通过符合逻辑的推理演绎出假设。理论的基本原则必须用足够精确且逻辑一致的语言表述，让科学家可以演绎出表述清晰的假设。假设不是理论的组成部分，而是由理论产生的。科学家的任务就是从一般的理论开始，并通过演绎推理得出可以检验的特定假设。如果一般的理论命题不符合逻辑，那么它们就没有生命力，无法产生假设。此外，如果研究者在假设的演绎过程中使用了错误的逻辑，那么得出的研究将毫无意义，也无法为理论的构建做出贡献。

第五，理论的定义还包括限定词是可检验的。一种假设若不能以某种方式被检验，它就没有价值。假设不需要马上被检验，但科学家将来一定可以提出检验它所必需的方法。

理论及相关词

人们有时会将理论与哲学、推测、假设或分类法相混淆。尽管理论与这些概念中的每一个都有关，但与它们中的任何一个都不同。

哲学

理论与哲学是相关的，但理论一词比哲学的含义窄得多。哲学意味着对智慧的热爱，而哲学家是通过思考和推理追求智慧的人。哲学家不是科学家，他们通常不会在追求智慧的过程中进行对照研究。哲学包含若干分支，其中一个分支是**认识论**（epistemology），讨论的是关于认识的本质。理论与哲学的这一分支关系最为密切，因为理论是科学家追求知识的工具。

理论不处理“应当”或“应该”的问题。因此，涉及一个人应该如何生活的一系列原则都不是理论。这类原则都涉及价值观，是哲学关心的问题。尽管理论与价值观并非毫无关系，但理论主要建立在以相对客观的方式获取的科学证据之上。因此，理论不涉及“社会为什么应该帮助无家可归的人”“什么是伟大的艺术”等这类问题。

哲学讨论应当怎样或应该怎样的问题，而理论则不然。理论主要讨论的是“如果……那么……”的陈述，至于这些陈述的后果是好还是坏，就超出了理论的范围。例如，一种理论可能会告诉我们，如果儿童在隔离的环境中被抚养长大，完全不与人类接触，那么他们就学不会人类的语言，也不会表现出正常的行为，等等。但是，这一陈述并不涉及这种儿童抚养方法是否道德的问题。

推测

理论依赖于推测，但理论不只是简单的推测。理论不会从与实证观察无关的伟大思想家的思想中涌现出来，而是与通过实验收集的资料紧密相关，与科学紧密相关。

理论和科学之间的关系是怎样的？**科学**（science）是一门涉及资料的收集与分类、通过检验假设来验证普遍规律的学问。理论是科学家为观察赋予意义、整合观察的有用工具。此外，理论为产生可检验的假设提供了基础。如果没有某种理论将观察结果整合在一起并指出可能的研究方向，那么就没有科学的发展。

理论并非某些不切实际的学者的无用幻想。实际上，理论本身是相当实用的，对任何学科的进步都必不可少。推测和实证观察是构建理论的两大基石，但是推测不能脱离实证观察而独立存在。

假设

理论的概念比哲学的更狭义，但比假设的更广义。一种好的理论能够衍生出许多假设。**假设**（hypothesis）是在科学的基础上产生的猜测或预测，它必须是具体的，可以通过科学方法来进行检验。理论是笼统的，无法直接进行验证。一种综合的理论能够产生成千上万的假设。因此，假设比理论更加具体。但是，假设只是理论的产物，不应把二者混为一谈。

理论与假设之间存在密切的关系。使用*演绎推理*（从一般到特殊），科学研究者可以从有用的理论中得到可检验的假设，然后再检验这些假设。检验的结果——无论它们是支持还是反对假设——会影响理论。使用*归纳推理*（从特殊到一般），科学研究者可以修改理论来反映这些结果。随着理论的发展和变化，我们可以从中得出其他假设，而在经过检验后，新的假设又可以重塑理论。

分类法

分类法（taxonomy）是根据事物间的自然关系对事物进行分类的方法。分类法对于科学的发展至关重要；不对资料进行分类，科学就无法发展。但是，单纯的分类无法构成理论。当分类法能够产生可检验的假设且能够解释研究结果时，它就可以演变为理论。例如，罗伯特・麦克雷（Robert McCrae）和保罗・科斯塔（Paul Costa）的研究把人们稳定的人格特质划分为五种，后来，对大五人格的分类研究超越分类的范畴，形成了一种理论，且该理论能够产生假设，为研究结果提供解释。

为什么要有不同的理论

如果人格理论是真正的科学，那么为什么会有这么多不同的理论？之所以存在这么多种理论，是因为理论的本质允许理论家从特定的角度进行推测。理论家在收集资料时必须尽可能地客观，但收集哪些资料及如何解释这些资料，决定权在个人。理论不是一成不变的定律，理论建立的基础不是已被证明的事实，而是任由个人进行解释的假设。

每种理论都反映了理论家的个人背景、童年经历、生活哲学、人际关系及独特的看待世界的方式。每位观察者都会运用自己的参照系对观察结果加以过滤，因此可以得出许多不同的理论。理论的多样化是十分有用的。一种理论是否有用，不取决于它的常识价值或它与其他理论的一致性，而是取决于它产生研究、解释研究资料和其他观察结果的能力。

人格理论的视角

科学理论要能描述和解释世界是如何运转的，而心理学家试图解释人类的思想、情绪、动机和行为是如何运转的。人格是极其复杂的，人们就如何更好地解释它产生了分歧，并从不同的视角提出了不同的假设，分别关注行为的不同方面。在心理学中，关于什么是人格和人格如何发展，至少有五种主要的理论视角。我们围绕这五种视角撰写了本书，书中每一部分分别针对其中的一种视角（见表 1.1）。

表 1.1　人格心理学的五种主要理论视角之概要

理论视角	基本假设	重点术语	关键人物
心理动力学	• 生命的前五年是塑造人格的关键期 • 潜（无）意识的力量是最重要的 • 神经症是由不健康地接近他人、对抗他人或远离他人导致的	潜意识 早期记忆 集体无意识 原型 客体关系 身份认同危机 关系	弗洛伊德 阿德勒 荣格 克莱因 霍妮 埃里克森 弗洛姆
人本主义 – 存在主义	• 人们努力过着有意义的、幸福的生活 • 人们的动机是成长和心理健康 • 人格是由选择的自由、对焦虑的反应和对死亡的觉知形成的	有意义的人生 心理幸福感和成长	马斯洛 罗杰斯 梅
特质	• 人们倾向于以独特的、一致的方式行事；人们有独有的特质 • 人格共有五种主要特质	特质，动机	奥尔波特 麦克雷和科斯塔
生物 – 进化	• 思想和行为的基础是生物和遗传力量 • 人类的思想和行为被进化力量（自然选择和性别选择）所塑造	大脑结构、神经化学物质和基因 适应机制	艾森克 布斯
学习 –（社会）认知	• 对行为的唯一解释是创造行为的条件 • 学习可以通过行为的联想和后果发生 • 学习也可以通过成功、失败以及观察他人的成功或失败而发生 • 人格发展就是一个人的内部特征和外部特征之间的互动 • 我们用来感知世界和他人的认知结构塑造了我们的人格	条件反应，塑造，强化 观察学习 榜样作用，自我效能 认知 – 情感单元 建构	斯金纳 班杜拉 罗特 米歇尔 凯利

心理动力学理论

该理论始自弗洛伊德，最初侧重于精神分析方法，后来侧重于心理动力学方法，不论哪种方法，都将重点放在个体童年的早期经验及其与父母的关系上，并认为这些是塑造人格的引导力量。此外，该理论认为潜意识层面的精神和动机比意识层面的觉知强大得多。传统的精神分析方法使用梦的解释来揭示潜意识层面的思想、情感和冲动，并将其作为治疗神经症和精神疾病的主要方法。在弗洛伊德之后，理论家们把重点从对性的强调转向了对社会和文化力量的强调。

人本主义 – 存在主义理论

人本主义（目前也称为“积极心理学”）方法的主要假设是，人们努力追求意义、成长、安康、幸福和心理健康，积极情绪和幸福状态会促进心理健康和亲社会行为。理解人类行为的积极方面与理解人类行为的病理方面能够提供对人性的洞察。存在主义理论家假定，人类不仅受追求意义的目标所驱动，而且构成人类生存状况一部分的（诸如失败、对死亡的觉知、失去所爱之人和焦虑等）消极经历也可以促进人类的心理成长。

特质理论

特质理论家认为，人格的实质是以特定方式行事的独特而长期的倾向。这些独特的倾向，如外倾或焦虑，被称为特质。这一领域的共识是，人格共有五种主要特质，特质的功能在于使某些人更容易做出某些行为。

生物 – 进化理论

个体在基本遗传、表观遗传和神经系统等方面的差异影响着其行为、思想、情感和人格。人们之所以具有不同的特质、性情和思维方式，是由于其基因型和中枢神经系统（大脑结构和神经化学）存在差异。

由于这一切都依赖于进化后的大脑系统，因此在数百万年间，进化（自然选择和性别选择）塑造着人类的思想、行为和人格。身体、大脑和环境共存且共同发展，因此，与其他的心理学视角相比，这种视角强调人的思维、情感和行为是天性（生物）与养育（环境）相互作用的结果。

学习 –（社会）认知理论

如果想了解行为，那么就关注行为，而不必关注假设的、不可观察的内部状态，如思想、情感、驱力或动机等。但是，所有行为都是通过联想其后果（无论是强化的还是惩罚的）而习得的。想要塑造理想中的行为，必须先理解导致特定行为的条件，而后建立这些条件。

学习 –（社会）认知理论认为，我们如何看待自己和他人，以及我们所做的假设和用于解决问题的策略，是理解人与人之间差异的关键。我们是否相信自己能成功完成某件事影响着我们的行为和我们的人格。简言之，我们的人格取决于我们如何思考和感知这个世界。

理论家的人格及其人格理论

由于人格理论源于理论家自身的人格，因此研究理论家的人格是十分必要的。近年来，心理学发展出一个子学科，即**科学心理学**（Psychology of science），它主要研究科学家的个人特质。科学心理学研究科学家的行为，也就是说，它考察单个科学家的心理过程和个人特征对其科学理论和研究有何影响。换言之，科学心理学考察科学家的人格、认知过程、成长经历和社会经验如何影响其所从事的科学研究和所创建的理论。许多研究证明，人格差异会影响一个人的理论取向，在其倾向于该学科的“硬”（定量）的方面还是“软”（定性）的方面也具有影响力。

想要理解人格理论，我们就必须了解理论家在构建理论时的历史背景、社会环境和心理状态。由于人格理论反映了理论家自身的人格，因此本书每一章都包含了充实的理论家的传记内容。实际上，理论家之间的人格差异能够解释倾向于心理学的定量方面（行为主义、社会学习理论和特质理论）的理论家与倾向于心理学的临床和定性方面（精神分析、人本主义和存在主义）的理论家之间的根本分歧。

尽管理论家的人格在一定程度上决定了其理论，但它并不是唯一的决定因素。同样，我们对一种理论的认可程度也不应该仅仅取决于个人的价值观和偏爱。在评价和选择一种理论时，应该承认理论家的个人经历对该理论的影响，但归根结底，评价要基于独立于其个人经历的科学标准。*科学过程*与*科学产物*是不同的。科学过程可能受科学家个人特征的影响，但是评价科学产物是否有用则应该且必须独立于科学过程。因此，我们在评价本书介绍的各种理论时，着重基于客观标准，而非主观好恶。

什么样的理论是有用的

有用的理论与研究资料之间存在互相的、动态的交流。

第一，理论能产生许多可以通过研究加以验证的假设，从而产生研究资料。这些资料反过来影响理论，并重构理论。根据重构的新理论，科学家可以提出其他假设，引发更多的研究，获取更多的研究资料，从而进一步重构和扩展该理论。只要理论是有用的，这种循环就不会中断。

第二，有用的理论将研究资料组织成有意义的结构，为科学研究的结果提供解释。理论和研究资料之间的关系如图 1.1 所示。当理论不再能够引发更多的研究，或者不再能解释相关的研究资料时，它就丧失了有用性，人们就会将其淡忘，转而支持更有用的理论。

除了引发研究和解释研究资料之外，有用的理论还必须引发导致自身被肯定或否定的研究、为实践者提供行动指南、保持自身的一致性并尽可能简单。因此，我们根据六条标准对本书介绍的每种理论进行了评价：（1）能否引发研究；（2）是否可以证伪；（3）是否可以组织资料；（4）能否指导行动；（5）是否具有内部一致性；（6）简约性如何。

引发研究

有用的理论最重要的标准是其能够引发和指导进一步的研究。没有适当的理论指导，就没有目前诸多的科学实证。例如，在天文学中，人们能够发现海王星是因为根据运动理论产生了一个假设，即天王星运行的不规则性一定是由另一颗行星的存在引起的。有用的理论为天文学家提供了指引，引导他们寻找并发现了新的行星。

有用的理论可以引发两种不同类型的研究：描述性研究和假设检验。*描述性研究*可以扩展现有的理论，涉及对理论构建素材的测量、标记和分类。描述性研究与理论具有共生关系：一方面，描述性研究为理论提供了构建素材；另一方面，它从动态的、不断扩展的理论中获得推动力。理论越有用，它引发的研究就越多；描述性研究的数量越多，理论就越完整。

有用的理论所引发的第二种研究是*假设检验*，它间接验证了理论的有用性。正如前文所述，有用的理论将产生许多假设，这些假设在经过检验后，成为理论资料，被用于重构和扩展原有的理论（见图 1.1）。

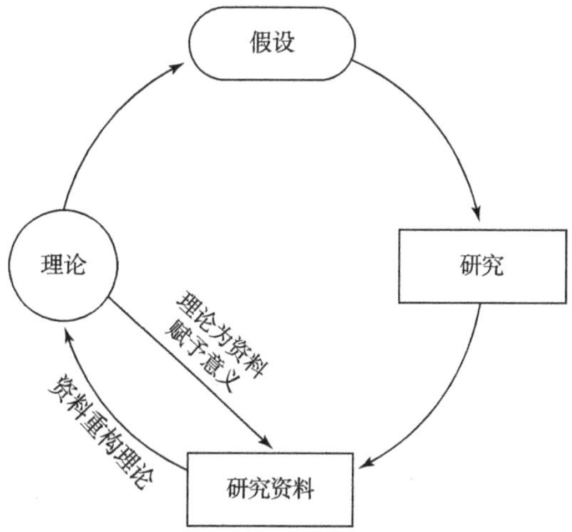

图 1.1　理论、假设、研究和研究资料之间的相互作用

可以证伪

在评价理论时，应当考量它是否能被肯定或否定，也就是说，它必须是**可以证伪**（falsifiable）的。要想可以证伪，理论必须足够精确，能够引发支持或不支持其基本原则的研究。如果一种理论过于含混模糊，以至于正面和负面的研究结果都可以被解释为支持，那么这种理论就是不可证伪的，也就不是一种有用的理论。但是，可以证伪并不等同于错误，它只是意味着负面的研究结果能够否定理论，致使理论家要么放弃它，要么对它加以修正。

一种可以证伪的理论应当对实验结果负责。图 1.1 描绘了理论与研究之间相互循环、互为加强的关系，它们为彼此提供基础。科学与非科学的区别在于，科学否认实证研究所不支持的观点，即使这些观点看似合理并符合逻辑。例如，亚里士多德（Aristotle）使用逻辑论证说，较轻的物体掉落的速度比较重的物体慢。尽管这一论证符合“常识”，但存在一个问题：实证研究并不支持它。

那些非常依赖潜意识中不可观察的转变的理论，是极难被证实或被证伪的。例如，弗洛伊德的理论称，我们的许多情绪和行为都是由潜意识倾向所驱动的，而潜意识倾向与我们表现出的情绪和行为恰好相反。具体来说，潜意识层面的仇恨可能表现为意识层面的爱，潜意识层面对自己同性恋倾向的恐惧，可能表现为意识层面对同性恋者的仇恨。由于弗洛伊德的理论让这种转变发生在潜意识层面，因此几乎不可能对其进行证实或证伪。一种理论如果什么都能解释，也就什么都解释不了。

组织资料

有用的理论能够将彼此矛盾的研究资料组织起来。如果不对研究资料进行适当的组织或分类，研究结果就是孤立的、无意义的。除非将研究资料用一种可理解的框架组织起来，否则科学家就没有明确的方向，无法追寻进一步的知识。如果没有一种能够组织信息的理论框架，科学家就提不出理性的问题，这会限制其进一步开展研究。

一种有用的人格理论必须能够整合当前有关人类行为和人格发展的知识。它必须能够将尽可能多的信息组织成有意义的模式。人格理论应该至少能为几种行为提供合理的解释，否则它就不是有用的理论。

指导行动

有用的理论的第四个标准是能够指导实践者解决日常问题。例如，父母、老师、企业管理者和心理治疗师都会不断遇到大量的问题，他们需要找到可行的答案。良好的理论可以提供一个框架，能够帮助他们找到这些答案。如果缺乏有用的理论，实践者将迷失在不断试错之中；而在良好理论的指导下，他们将能够分辨出合适的行动方案。

对精神分析学派的治疗师与罗杰斯学派的治疗师来说，同一个问题可能有截然不同的答案。例如，针对“我该怎样给予这位患者最好的治疗”这样的问题，精神分析学派的治疗师可能会这样回答：既然精神神经症是由于童年时期的性冲突引起的，那么为了更好地帮助这位患者，我可以探讨这些压抑，让患者在没有冲突的情况下重温这些经验。对于同样的问题，罗杰斯学派的治疗师可能会这样回答：为了促进心理成长，人们需要设身处地地被给予无条件的积极关注，并与合适的治疗师建立关系，那么为了更好地帮助这位患者，我可以营造一种接纳的、安全的环境。请注意，尽管这两个答案所提供的是截然不同的行动方案，但是这两位治疗师在构建答案时都采用了“*如果……那么……*”框架。

这一标准还包括理论能够激发其他学科的思想和行动，如艺术、文艺（包括电影和电视剧）、法律、社会学、哲学、宗教、教育、企业管理和心理治疗等。本书所讨论的大多数理论都对心理学以外的领域产生了影响。例如，弗洛伊德的理论推动了人们对记忆恢复的研究，这对法律界来说非常重要；卡尔·荣格的理论引起了神学家的兴趣，激发了约瑟夫·坎贝尔（Joseph Campbell）等著名作家的想象力；同样，阿尔弗雷德·阿德勒、埃里克·埃里克森（Erik Erikson）、B. F. 斯金纳（B. F. Skinner）、亚伯拉罕·马斯洛（Abraham Maslow）、卡尔·罗杰斯（Carl Rogers）、罗洛·梅（Rollo May）等人格理论家的思想也在其他学术领域激起了人们广泛的兴趣和行动。

内部一致性

有用的理论不必与其他理论相一致，但必须在其自身内部保持一致性。具有内部一致性的理论的各个组成部分在逻辑上是兼容的，它的研究范围是经过仔细界定的，它所提供的解释不可以超出其研究范围。此外，具有内部一致性的理论在语言的使用上具有前后一致性，也就是说，它既不会用一个术语代指两种事物，也不会用两个术语代指同一个概念。

有用的理论所使用的概念和术语都具有清晰的操作性定义。**操作性定义**（operational definition）是指用可观察的事件或可测量的行为对某一概念进行定义。例如，外倾者的操作性定义可以是填写特定的人格调查表时达到了某个预设分数的人。

简约性

如果两种理论在引发研究、可以证伪、组织资料、指导行动和内部一致性等方面不分伯仲，那么首选更加简单的那种。这就是**简约性**（parsimony）原则，或称奥卡姆剃刀原则。在现实中，虽然不会有两种在各个方面完全相同的理论，但总体而言，简单、直接的理论比那些因为概念复杂、语言深奥而难以理解的理论更有用。

在建立人格理论时，心理学家应从有限的范围入手，避免那种解释人类所有行为的笼统的概括。本书所讨论的大多数理论家都遵循了这一行动方针。例如，弗洛伊德最初的人格理论主要基于歇斯底里神经症，经过多年的发展，逐渐发展为更加全面的人格理论。

对人性的构想有哪些维度

人格理论对涉及人性的基本问题有不同的处理。每一种人格理论都反映了理论家对人性的假设。不同的理论家对人性有不同的假设，可以从不同的维度予以考量。我们选出了六个维度，用以衡量每一位理论家对人性的构想。

第一个维度是*决定论还是自由选择*。人的行为是由不可控的力量决定的，还是由人按照自己的心意选择的？行为是否可以部分由自由意志决定，部分由不可控的力量决定？决定论与自由选择的维度似乎偏向哲学而非科学，而理论家在该问题上的立场决定了其看待人的方式，使其对人性的构想具有了个人色彩。

第二个维度是*悲观主义还是乐观主义*。人注定要过痛苦、冲突和困顿的生活，还是可以做出改变，成长为心理健康、身心愉快、功能健全的人？一般而言，相信决定论的人格理论家往往是悲观主义者（斯金纳是一个明显的例外），而那些相信自由选择的人格理论家通常是乐观主义者。

第三个维度是*因果论还是目的论*。简言之，**因果论**（causality）认为行为是过去经验的结果，**目的论**（teleology）则从未来的目标或目的出发解释行为。人们之所以会表现出当下的行为，是因为过去发生的事情，还是因为对未来将要发生的事情的预料？

第四个维度是人格理论家对*行为是由意识还是潜意识决定*的态度。人们能够觉知自己在做什么和为什么要这么做，还是潜意识的力量在不知不觉地驱动着他们，使他们在没有觉知的情况下做出行动的？

第五个维度是*人格受生物因素影响还是社会因素影响*。人格是生物塑造的，还是在很大程度上由社会关系塑造的？这个问题如果说得更具体些，就是遗传塑造或环境塑造，也就是说，个人的特征主要是由遗传决定的，还是由环境决定的？

第六个维度是*独特性还是相似性*。人的显著特点是个体独有的，还是群体共有的？对人格的研究是应该关注人与人之间共有的特质，还是应该着眼于使个体与众不同的特质？

不同人格理论是基于人格理论家对上述基本问题的不同回答而形成的，并不仅仅体现为人格术语上的差异。即使将所有人格理论的术语统一起来，也无法消除不同理论之间的差异。这些差异是哲学上的，也是根深蒂固的。每一种人格理论都反映了理论家的人格，每一位理论家都有其独特的哲学取向，这在某种程度上受其童年经历、出生顺序、性别、接受的训练、接受的教育及其人际关系模式所影响。这些差异有助于我们确定理论家信奉的是决定论还是自由选择、是悲观主义还是乐观主义、解释问题时会采用因果论还是目的论，还有助于确定理论家更强调意识还是潜意识、生物因素还是社会因素、人的独特性还是相似性。即便两位人格理论家在每一个维度上都持相反的意见，他们在收集资料、构建理论时采取的方法也可能同样是科学的。

关于人格理论的研究

正如前文所述，有用的理论的首要标准是其引发研究的能力。此外，我们还讨论了理论和研究资料之间的循环关系：理论赋予资料意义，资料来自实验研究，实验研究是为了检验假设，假设由理论产生。但是，并非所有资料都来自实验研究。很多资料来自我们每个人的日常观察。观察是指留意到某样事物并为其分配注意力。

只要人活着，就一直在进行人格观察。你会留意到一些人健谈而外向，另一些人则安静而内向，你甚至可能给他们分别贴上外倾者和内倾者的标签。这些标签准确吗？所有外倾者都是一样的吗？外倾者不论何时都表现得健谈而外向吗？所有人都可以归为内倾者或外倾者吗？

在进行观察和提出问题时，你做的事其实和心理学家所做的事是一样的，即观察人类行为并试图赋予观察结果以意义。区别在于，心理学家和其他科学家一样，试图建立一套*系统*，以使他们的*预测*保持前后一致和准确。

为了提高预测能力，人格心理学家开发了多种评估技术，其中包括人格量表。本书介绍的大多数研究都基于各种用来测量人格的不同维度的评估工具。这些工具如果是有用的，那么它们就必须可信而有效。一种测量工具的**信度**（reliability）是指它在多大程度上能产生一致的结果。

人格量表可能是可信的，但却不够有效或准确。**效度**（validity）或准确度（accuracy）

是指一种测量工具在多大程度上能够测量其想要测量的对象。人格心理学家主要关注两种类型的效度：建构效度（construct validity）和预测效度（predictive validity）。*建构效度*是指一种测量工具能够在多大程度上测量假设的建构。诸如外倾、攻击性、智力和情绪稳定性等建构都不是物理的存在，它们都是假设的建构，应该与可观察的行为相关。建构效度又分为三类，分别是*聚合效度*（convergent validity）、*分歧效度*（divergent validity）和*区别效度*（discriminant validity）。如果一种测量工具的评分与一系列有效的、测量同一建构的工具的评分高度相关（聚合），那么该测量工具就具有聚合效度。例如，一个用来测量外倾的人格量表，应该与其他测量外倾的量表或已知与外倾具有相似属性的因素（如社会性和自信等）相关。如果一个人格量表与其他不测量该建构的量表相关性较弱或不相关，那么该量表具有分歧效度。例如，一个用来测量外倾的量表不应该与社会期许、情绪稳定性、诚实或自尊高度相关。如果一个人格量表在测量两组已知不同的人时能够将两组人区分开，那么该量表具有区别效度。例如，一个用来测量外倾的人格量表，用于外倾者时其评分应该比用于内倾者时高。

*预测效度*是指一个测验在多大程度上能够预测未来的行为。例如，一个外倾测验如果与未来的行为相关，那么该测验具有预测效度。任何测量工具的终极价值都取决于其在多大程度上可以预测未来的某种行为或状况。

大多数早期的人格理论学家并未使用标准化的评估量表。尽管弗洛伊德、阿德勒和荣格都开发了某种投射工具，但他们使用这些工具时不够精确，没有验证其信度和效度。但是，弗洛伊德、阿德勒和荣格的理论催生了许多标准化的人格量表，这些量表是研究者和临床工作者在试图测量这些理论家所提出的人格元素时开发的。后期的人格理论家，特别是朱利安·罗特（Julian Rotter）、汉斯·艾森克（Hans Eysenck）和提出大五人格理论的理论家们，开发并使用了许多人格量表，他们在构建理论模型时也十分依赖这些量表。

重点术语及概念

- “人格”一词来自拉丁语的“面具”，即人们向外界展示的自己。但是心理学家认为，人格远不止于人们外在展示的那样。
- 人格由贯穿个体一生的特质或特征构成，它使人的行为具有一致性。
- 理论是一组互相关联的假设，科学家可以根据理论提出可检验的假设。
- 理论不应与哲学、推测、假设和分类法相混淆，尽管它与这些都有关联。
- 人格理论至少包括五种不同的视角：心理动力学、人本主义–存在主义、特质、生物–进化和学习–认知。
- 科学理论是否有用，取决于六个标准：（1）能否引发研究，（2）是否可以证伪，（3）是否可以组织和解释知识，（4）能否就日常问题给出了解决方案，（5）是否具有内部一致性，

（6）简约性如何。

- 每一位人格理论家都有关于人性的构想，它可能是内隐的，也可能是外显的。
- 关于人性的构想可以从六个维度进行讨论：

（1）决定论还是自由选择；

（2）悲观主义还是乐观主义；

（3）因果论还是目的论；

（4）由意识决定还是由潜意识决定；

（5）生物因素还是社会因素；

（6）人的独特性还是相似性。

第二部分

心理动力学理论

第 2 章　弗洛伊德：精神分析
第 3 章　阿德勒：个体心理学
第 4 章　荣格：分析心理学
第 5 章　克莱因：客体关系理论
第 6 章　霍妮：精神分析社会理论
第 7 章　埃里克森：后弗洛伊德理论
第 8 章　弗洛姆：人本主义精神分析

CHAPTER 02

第 2 章

弗洛伊德：精神分析

Freud © Ingram Publishing

- **精神分析理论概要**
- **西格蒙德·弗洛伊德小传**
- **精神生活的层次**
  - 潜意识
  - 前意识
  - 意识
- **精神区划**
  - 本我
  - 自我
  - 超我
- **人格动力学**
  - 驱力
  - 焦虑
- **防御机制**
  - 压抑
  - 反向形成
  - 置换
  - 固着
  - 退行
  - 投射
  - 内摄
  - 升华
- **发展阶段**
  - 婴幼儿阶段
  - 潜伏期
  - 生殖期
  - 成熟期
- **精神分析理论的应用**
  - 弗洛伊德早期的治疗技术
  - 弗洛伊德后期的治疗技术
  - 梦的分析
  - 弗洛伊德式失误
- **相关研究**
  - 潜意识心理加工
  - 快乐和本我，抑制和自我
  - 压抑、抑制和防御机制
  - 梦的研究
- **对弗洛伊德的评价**
  - 弗洛伊德是否了解女性、性别和性欲
  - 弗洛伊德是科学家吗
- **对人性的构想**

重点术语及概念

从古至今，人们一直在寻找能够减轻痛苦、增强机能的灵丹妙药。一位雄心勃勃的年轻内科医生也曾经历这样的寻寻觅觅，他相信自己发现了一种具有奇妙特性的“药物”。在听说这种药物能使精疲力竭的士兵们重新振作后，他决定给自己的患者、同事和朋友也试一试。如果真如他所料，那么这种“药物”的发现会让他得偿所愿、一举成名。

在得知这种“药物”已经被成功地应用于心脏病、神经疲劳、酒精成瘾和吗啡成瘾等一系列心理问题和生理问题的治疗之后，年轻的医生决定亲自尝试。尝试的结果让他感到非常满意。对他来说，这种药物散发着令人愉悦的香气，对嘴唇和口腔都有奇特的作用。更重要的是，这种“药物”对他严重的抑郁症状有明显的疗效。在给已经一年未见的未婚妻的一封信中，他说在上次严重的抑郁发作期间，他服用了少量这种“药物”，效果好得惊人。他写道，下一次见到她时，在这种药物的作用下，他将变得生龙活虎。他还告诉未婚妻，他也会给她一点儿这种“药”，但目的在于帮她增加体重，让她更加强壮。

这位年轻的医生写了一本小册子，宣扬该“药”的益处，但他尚未完成证明该“药”的止痛效果的必要实验。由于迫切地想和未婚妻见面，他推迟了实验，专程跑去见她。在此期间，他的一位同事而不是他完成了这个实验，将结果发表，并且获得了这位年轻医生一直梦寐以求的名誉。

这个故事发生在 1884 年，故事里的“药物”是可卡因，年轻的医生就是西格蒙德・弗洛伊德。

精神分析理论概要

弗洛伊德很幸运，他的名字并没有和可卡因扯上剪不断的关系。相反，他的名字与最著名的人格理论——**精神分析**（psychoanalysis）紧密相连。

是什么让弗洛伊德的理论如此重要？首先，精神分析的两大基石——性和攻击，是两个长盛不衰的研究主题；其次，一群热情忠诚的追随者将精神分析理论从其起源地维也纳传播出去，其中许多人将弗洛伊德浪漫化地塑造为近乎神话般的孤独英雄；最后，弗洛伊德是语言大师，他陈述理论的文笔十分精彩，让其作品引人入胜。

弗洛伊德对人格的理解基于他与患者交流的经验、对自己的梦的分析及对各种科学和人文科学领域的广泛涉猎。这些为他的理论的发展提供了基础资料。在他眼中，理论从观察而来，他的人格概念在他去世前的 50 年中不断得到修改。尽管其理论不断发展，但弗洛伊德坚持精神分析不应屈服于折中主义，那些偏离了他的基本思想的弟子很快就会被他从生活中和学术上逐出。

尽管弗洛伊德把自己视为科学家，但他对科学的定义与当今大多数心理学家对科学的定义有所不同。弗洛伊德更多地依靠演绎推理，而非严格的实证方法；他的观察颇为主观，而且观察的样本量相对较小，且观察的对象都是他的患者，其中大多来自中上阶层；他没有量化他取得的数据，也没有在有对照的条件下进行观察；他几乎只用了个案研究方法，通常在了解了个案的事实之后才提出假设。

西格蒙德 · 弗洛伊德小传

西吉斯蒙德·西格蒙德·弗洛伊德（Sigismund Sigmund Freud）于 1856 年 3 月 6 日或 5 月 6 日出生于摩拉维亚的弗莱贝格（学者们没有就他的出生日期达成一致意见——第一个日期距他父母的婚期只过了 8 个月）。弗洛伊德是雅各布（Jacob）和阿马莉·纳坦松（Amalie Nathanson）的长子，但他的父亲在前一段婚姻中已育有两个当时已经成年的儿子——伊曼纽尔（Emanuel）和菲利普（Philipp）。雅各布和阿马莉在此后的 10 年里又生了七个孩子，但西格蒙德始终是那个溺爱孩子的母亲最宠爱的孩子，这可能在一定程度上树立了贯穿他一生的自信。弗洛伊德小时候博闻强识，举止严肃，与每一个弟弟妹妹都没有建立亲近的关系。但他享受着来自母亲的温暖和溺爱，这使他在后来的研究中认为，母子关系是所有人类关系中最完美、最不受矛盾情绪影响的一种关系。

在弗洛伊德 3 岁时，全家人都离开了弗莱贝格。伊曼纽尔与菲利普搬去了英国，雅各布一家先搬到莱比锡，然后移居维也纳。在此后的近 80 年里，奥地利的首都一直都是西格蒙德·弗洛伊德的家，直到 1938 年德国入侵，他不得不移居伦敦并一直在此居住，直到 1939 年 9 月 23 日去世。

在弗洛伊德一岁半时，他的母亲生下了第二个儿子朱利叶斯（Julius），这对弗洛伊德的心理发展产生了重大的影响。弗洛伊德对他的弟弟充满敌意，潜意识里希望对方死去。朱利叶斯在 6 个月大时夭折了，弗洛伊德认为是自己造成了弟弟的死亡，因而感到内疚。到了中年，弗洛伊德才明白，儿童通常都会怀有希望弟弟或妹妹死亡的愿望，他的愿望并没有真正造成弟弟的死亡。这一发现让弗洛伊德摆脱了从小到大的内疚，按照他自己的说法，这影响了他后来的心理发展。

弗洛伊德被医学吸引并不是因为他喜欢医疗实践，而是因为他对人性充满了好奇。他进入维也纳大学医学院学习时，并没打算将来要行医。相反，他更喜欢在生理学领域开展教学和研究工作，即便在他从大学的生理学研究所毕业后依然如此。

如果不是因为两个因素，弗洛伊德可能会一直将这项工作持续下去。首先，他认为（也许真有一定的理由），作为犹太人，他的学术发展机会将受到限制；其次，为他支付医学院学费的父亲在此时无法继续给他经济上的支援。弗洛伊德很不情愿地从实验室工作转向了医疗实践。他在维也纳综合医院工作了 3 年，逐渐熟悉了各个医学分支的实践工作，包括精神疾病和神经疾病。

1885 年，他获得了维也纳大学的旅行津贴，于是决定前往巴黎，跟随法国著名的神经疾病学家让 - 马丁·沙可（Jean-Martin Charcot）学习。他在沙可那里待了 4 个月，学习了治疗

癔症（hysteria）的催眠技术。癔症是一种通常以瘫痪或身体某些部位功能失常为特征的病症。通过催眠术，弗洛伊德逐渐相信了癔症症状起源于心理方面和性方面的问题。

在还是一名医学生时，弗洛伊德就创立了一个组织严密的专业协会，并与约瑟夫·布洛伊尔（Josef Breuer）建立了密切的个人友谊。布洛伊尔比弗洛伊德大 14 岁，当时已经在科学界小有名气。布洛伊尔传授给弗洛伊德关于**宣泄**（Catharsis）的知识，即通过“说出来”消除癔症症状。在使用宣泄疗法时，弗洛伊德逐渐发展出**自由联想**技术，该技术很快取代催眠术而成为他主要使用的治疗技术。

早在青春期，弗洛伊德就梦想着有一天能做出重大发现，可以因此一举成名。在 19 世纪 80 年代和 90 年代，有好几次他都相信自己差点儿就成功了。他的第一次可能成名的机会是 1884 年至 1885 年关于可卡因的实验，我们在开篇的小故事里已经介绍过了。

西格蒙德·弗洛伊德和他的女儿安娜——她也是一位精神分析学家。

©Mary Evans Picture Library/Alamy Stock Photo

弗洛伊德的第二次可能成名的机会出现在 1886 年他刚从巴黎回来时，他从沙可那里了解了关于**男性**癔症的知识。他认为，这一知识将使他得到维也纳皇家医师学会的尊重和认可，他误以为学会成员都会因年轻的自己居然了解男性癔症而对自己刮目相看。早期的医生认为，癔症是一种女性疾病，因为这个词与子宫一词同源，它被认为是“子宫游移”的结果，是子宫在女性体内游移而导致的身体各部位的失调。但是在 1886 年，弗洛伊德在学会发表有关男性癔症的论文演讲时，在场的大多数医生都已经熟悉这种疾病了，知道它也可能发生在男性身上。由于学会期待大家提交的论文具有独创性，而弗洛伊德的论文只是对已有知识的重新诠释，因此维也纳的医生们对他的演讲反响平平。而且，弗洛伊德对沙可大加称赞，而沙可是法国人，这也令维也纳的医生们态度冷淡。遗憾的是，弗洛伊德在他的自传中并没有如实地记录这件事，他声称自己的演讲之所以反响平平，是因为该学会的成员无法理解男性癔症的概念。现在我们知道，弗洛伊德对这起事件的描述是错误的，但是它已经流传了多年，正如萨洛韦所指出的那样，这只是弗洛伊德及其追随者创作的许多虚构故事之一，目的是神话化精神分析的创始人，塑造一个孤独的英雄。

由于追求名声未果，弗洛伊德感到失望，又由于他为可卡因辩护和对神经症的性起源的坚持，他饱受专业上的批评（一部分是合理的，一部分则不然），弗洛伊德认为他有必要与一个更加受人尊敬的同道合作。于是，他求助于布洛伊尔，后者在他还是医学院学生时曾与他一起工作，并一直与他保持着稳定的个人和专业关系。布洛伊尔曾与弗洛伊德详细讨论过安

娜 · O（Anna O）的个案，他曾在数年前用了很长时间治疗她的癔症，但弗洛伊德从未见过这位年轻女子。由于受到皇家医师学会的排斥，但又渴望建立自己的声誉，因此弗洛伊德希望布洛伊尔与他合作发表安娜 · O 和其他癔症的案例研究。然而，布洛伊尔不是年轻且更具革新精神的弗洛伊德，他不急于发表仅基于几个案例研究的癔症著作，他也不能接受弗洛伊德关于童年的性经历是成年后癔症的根源的观点。最后，虽然不情愿，布洛伊尔还是同意与弗洛伊德一起出版了《癔症研究》（*Studies on Hysteria*）。在这本书中，弗洛伊德引入了“精神的分析”这一词组，并于次年开始将自己的方法称为“精神分析”。

大约在《癔症研究》出版的时候，弗洛伊德和布洛伊尔由于专业上的分歧而渐行渐远。随后，弗洛伊德求助于他的朋友威廉 · 弗利斯（Wilhelm Fliess）。弗利斯是柏林的一名内科医生，他成为弗洛伊德产生新观点后与之探讨的对象。弗洛伊德写给弗利斯的信成了研究精神分析初创情况的一手资料，记录了处于萌芽阶段的弗洛伊德理论。弗洛伊德和弗利斯相识于 1887 年，但在弗洛伊德与布洛伊尔决裂后，他们的关系才变得亲密起来。

在 19 世纪 90 年代后期，弗洛伊德在专业上被孤立，个人生活也遇到了危机。他开始分析自己的梦，并且在 1896 年他的父亲去世后，每天对自己进行分析。弗洛伊德的自我分析贯穿了一生，但在 19 世纪 90 年代后期，自我分析对他来说极其困难。在这段时间，弗洛伊德把自己当成了自己最好的患者。1897 年 8 月，他写信给弗利斯道：“让我全神贯注的最重要的患者是我自己……自我分析比为任何其他人提供分析更困难。实际上，自我分析让我发挥不了精神力量。”

另一个个人危机是他意识到自己已届中年，却还没有获得自己一直渴望的专业声誉。在这段时间里，他在试图做出重大科学贡献时又一次受挫。他之所以相信自己又一次处于做出重大突破的边缘，是因为他“发现”神经症的病因在于童年时期受到了父母的诱惑。弗洛伊德把这个发现比作发现了尼罗河的源头。但是，在 1897 年，他放弃了诱惑理论，不得不再次推迟能让他一举成名的大发现。

弗洛伊德为什么会放弃他曾经一度如获至宝的诱惑理论呢？在 1897 年 9 月 21 日写给弗利斯的信中，他给出了四个令他不得不放弃诱惑理论的理由。首先，他尝试用诱惑理论治疗患者，却连一个患者都没治好；其次，许多父亲，包括他自己的父亲，都被这一理论指控为性变态，因为癔症十分普遍，连弗洛伊德的弟弟妹妹都患有癔症；再次，弗洛伊德认为，潜意识的精神层面可能无法区分现实与虚构，这一观点后来演变成了俄狄浦斯情结；最后，他发现严重的精神疾病患者的潜意识记忆几乎从未揭示过童年早期的性经历。弗洛伊德放弃了诱惑理论且没有用俄狄浦斯情结取代它，他的中年危机愈演愈烈。

弗洛伊德的官方传记作者欧内斯特 · 琼斯（Ernest Jones）认为，弗洛伊德在 19 世纪 90 年代后期患了严重的精神神经病；不过弗洛伊德死前最后 10 年的私人医生马克斯 · 舒尔（Max Schur）认为，他的病是由于尼古丁成瘾加重导致的心脏病变引起的。彼得 · 盖伊（Peter Gay）提出，在弗洛伊德的父亲去世后的这段时间里，弗洛伊德特别猛烈地重温了他的恋母情结。但是，亨利·埃伦伯格（Henri Ellenberger）将弗洛伊德一生中的这段时期描述为“创造性疾病”时期，这种病症的特征是抑郁、**神经症**（neurosis）、心身疾病及对某种形式的创造性活动的强烈关注。无论如何，弗洛伊德在中年时期承受着自我怀疑、抑郁和对自己的死亡的**强迫观念**（obsession）所带来的痛苦。

尽管面对着这些困难，弗洛伊德在此期间还是完成了他最伟大的作品《释梦》（*Interpretation of Dreams*）。这本书完成于 1899 年，是弗洛伊德自我分析的产物，其中绝大部分内容他早已告诉过他的朋友弗利斯。这本书中包含了弗洛伊德自己的许多梦，其中有些放到了虚构人物身上。

几乎就是在《释梦》刚出版时，他与弗利斯的友谊开始淡化，并最终于 1903 年破裂。这种破裂与弗洛伊德和布洛伊尔的疏远很相似——他和布洛伊尔的关系破裂是紧跟在他们共同发表《癔症研究》之后发生的。这也预示着他将会与阿尔弗雷德·阿德勒、卡尔·荣格和其他几位密友决裂。为什么弗洛伊德会和这么多曾经的朋友难以维系关系呢？弗洛伊德本人回答了这个问题，他认为：“重要的不是科学上的分歧，而是另外的某种憎恶、嫉妒或仇恨使彼此之间萌生了敌意。科学上的分歧是后来才出现的。”

尽管《释梦》没有像弗洛伊德所希望的那样立即风靡全球，但它最终还是为他赢得了他所追求的名誉和认可。在这本书出版后的五年间，弗洛伊德满怀自信，围绕精神分析又撰写了几部重要的著作，其中包括《论梦》（*On Dreams*）——因为《释梦》在最开始没能吸引人们的兴趣他才写了《论梦》，《日常生活的精神病理学》（*Psychopathology of Everyday life*）——向世界介绍了弗洛伊德式失误，《性学三论》（*Three Essays on the Theory of Sexuality*）——确立了性是精神分析的基石，《笑话及其与潜意识的关系》（*Jokes and Their Relation to the unconscious*）——提出了笑话就像梦和弗洛伊德式失误一样，有潜意识层面的含义。这些著作让弗洛伊德在科学和医学界赢得了一定的知名度。

1902 年，弗洛伊德邀请了一批年轻的维也纳内科医生来自己家做客，一起讨论心理学问题。同年秋天，弗洛伊德、阿尔弗雷德·阿德勒、威廉·斯泰克尔（Wilhelm Stekel）、马克斯·卡亨（Max Kahane）和鲁道夫·雷特勒（Rudolf Reitler）五人组成了星期三心理学会，弗洛伊德担任讨论的主持人。1908 年，这个组织换了一个更正式的名称——维也纳精神分析学会（Vienna Psychoanalytic Society）。

1910 年，弗洛伊德及其追随者成立了国际精神分析协会（International Psychoanalytic Association），由苏黎世的卡尔·荣格（Carl Jung）担任会长。弗洛伊德之所以被荣格吸引，是因为他才思敏捷，且既不是犹太人也不是维也纳人。在 1902 年至 1906 年，弗洛伊德的所有弟子都是犹太人，弗洛伊德有意识地增加精神分析组织成员国际化的程度。尽管荣格是弗洛伊德学派圈子里受欢迎的成员，并被视为“王储”和“未来接班人”，但他像之前的阿德勒和斯泰克尔一样，最终也与弗洛伊德发生了激烈的争吵，并退出了精神分析领域。荣格和弗洛伊德之间分歧的种子可能是在 1909 年他们和桑多尔·费伦齐（Sandor Ferenczi）一起前往美国波士顿附近的克拉克大学进行系列讲座时播下的。为了在旅行中打发时间，弗洛伊德和荣格分析彼此的梦，这种做法很容易引发争论，最终导致他们的关系在 1913 年决裂。

第一次世界大战期间，弗洛伊德过得十分艰难。他与忠实追随者之间的交流被切断了，精神分析实践也减少了，他的家有时没有暖气，一家人只能分享很少的食物。第一次世界大战之后，尽管年事已高，还承受着 33 次口腔癌手术带来的痛苦，弗洛伊德仍然对自己的理论做了重要的修改。其中最重要的是将攻击驱力提高到与性驱力相同的高度，把压抑加入自我的防御措施之中，而且他还试图阐明女性的俄狄浦斯情结，但是这项工作他没来得及完成。

关于弗洛伊德生平的书籍有数十种。弗洛伊德是一个敏感、激昂的人，他有能力建立亲密的且几乎是秘密的友谊。但这些亲密的友谊大多以不愉快的结局而告终，弗洛伊德经常感到被曾经的朋友伤害，并视他们为敌人。朋友和敌人，他似乎对这两种关系都有需求。在《释梦》中，弗洛伊德解释并预言了人际关系的不断破裂："为了满足我的情感生活，我应该有一个亲密的朋友和一个讨厌的敌人。我一直不愁为自己找出这两种人。"直到过了知天命之年，他的所有关系都是与男人建立的。有趣的是，弗洛伊德似乎一直在思考性，他本人却很少有性生活。

除了在亲密的朋友和讨厌的敌人之间平衡自己的情感生活之外，弗洛伊德还拥有出色的写作才能，这是一种天赋，帮助他成了 20 世纪思想的主要贡献者。他精通德语，还懂其他几种语言。尽管他从未获得令人垂涎的诺贝尔科学类奖项，但是他在 1930 年被授予歌德文学奖。

弗洛伊德还具有强烈的好奇心；不寻常的道德勇气（从他日常的自我分析中可以看出）；对包括他的父亲在内的所有父亲有着非常矛盾的感情；对他人有意无意的冒犯抱持不成比例的怨恨；雄心勃勃，尤其是年轻的时候；即使被许多追随者围绕着，也有强烈的孤独感；对美国和美国人持有强烈的非理性厌恶，这种态度在他 1909 年访问美国后变得更加强烈。

为什么弗洛伊德对美国人如此厌恶？也许最重要的原因是他相信美国人会试着让精神分析变得流行，从而导致精神分析变得平庸。此外，他的美国之旅中还曾有过几次让这位维也纳绅士看不惯的经历。在登上乔治·华盛顿号邮轮前，他就发现旅客名单上自己的名字被错拼成了"弗洛因德"（Freund）。一系列诸如此类的事件——其中一些似乎不乏幽默——使弗洛伊德的访问变得越来越不愉快。首先，弗洛伊德在整个访问期间遭受着慢性消化不良和腹泻的折磨，可能是因为他的身体适应不了当地的饮用水；而且美国城市的街角没有公共厕所；这既奇怪又很成问题，由于他的慢性消化不良，他不得不经常到处找公共厕所。其次，有几个美国人在向他的理论发起质疑时，直接叫他大夫或西格蒙德，还有一个人试图——当然没有成功——制止他在禁烟区抽雪茄。最后，当弗洛伊德和费伦齐、荣格一同来到马萨诸塞州西部的一个私人营地时，欢迎他们的人挂出了一排德意志帝国的国旗，但事实上他们三个都不是德国人，而且各自都有不喜欢德国的理由；还是在这个营地时，主人在木炭上烤牛排，并让弗洛伊德和其他人一起坐在地上，这一行为被弗洛伊德认为野蛮且粗鲁。

精神生活的层次

弗洛伊德对人格理论的最大贡献是他对潜意识的探索，以及他坚持认为人主要是由自己很少或根本没有意识到的驱力所推动的。在弗洛伊德看来，精神生活分为**潜意识**（unconscious）和**意识**（conscious）。潜意识又分为完全的潜意识和**前意识**（preconscious）。在弗洛伊德心理学中，精神（心理）生活的上述三个层次既指其过程，也指其位置。当然，说它们有特定的位置仅是一种假设，它们并非真实存在于人体内，但弗洛伊德还是讨论了潜意识及其过程。

潜意识

潜意识是未被我们觉知的驱力、冲动或本能，决定着我们大多数的言语、情感和行动。尽管我们可能意识到了自己外在的行为，但我们通常都没有觉知其背后的精神过程。例如，一位男性可能知道自己被一位女性吸引，却不完全理解自己被吸引的原因，其中某些原因甚至看起来极不合理。

意识无法感知潜意识，那么我们如何知道潜意识是否真的存在呢？弗洛伊德认为，它的存在只能被间接证明。弗洛伊德认为，潜意识解释了梦、口误和某些遗忘（即所谓的*压抑*）中深藏的含义。梦是潜意识的主要来源。例如，弗洛伊德认为，童年经历可能会出现在成年人的梦中，即使做梦者对这些经历并无意识层面的记忆。

潜意识的过程时常进入意识，但只有在被伪装或扭曲到足以逃避稽查（censorship）后才能进入意识。弗洛伊德使用监视者或稽查者来形容潜意识和前意识之间的阻隔，阻隔的目的是避免令人不快的、会引发焦虑的记忆进入意识。为了进入精神的意识层面，这些潜意识的意象必须进行伪装，以便通过*初级稽查者*（primary censor）的审查，还要躲过位于前意识和意识之间的*终极稽查者*（final censor）。当这些记忆进入意识层面时，我们辨识不出它们本来是什么，我们会以为它们是相对愉快、毫无威胁的经历。在大多数情况下，这些意象具有强烈的性或攻击倾向，因为童年时期的性和攻击行为经常受到惩罚或抑制。惩罚和**抑制**（suppression）通常会引发焦虑感，而焦虑感又会导致**压抑**（repression），即迫使不受欢迎的、充满焦虑的经历进入潜意识，以防御焦虑引发的痛苦。

然而，并非所有潜意识的过程都源于对童年事件的压抑。弗洛伊德认为，我们的一部分潜意识源于祖先的经历，这些经历通过数百代人的重复而遗传到了我们身上。他称这些遗传的潜意识意象为*系统发生的禀赋*（phylogenetic endowment）。弗洛伊德的“系统发生的禀赋”概念与卡尔·荣格的“集体无意识”概念非常相似（见第 4 章）。不过，这两个概念之间有一个重要区别。荣格很重视集体无意识概念，而弗洛伊德仅在万不得已时才搬出“系统发生的禀赋”这个概念。也就是说，当从个人经历出发得到的解释不够充分时，弗洛伊德才会使用集体遗传的经历来填补个人经历的空白。稍后，我们将介绍弗洛伊德是如何使用系统发生的禀赋这一概念来解释俄狄浦斯情结、阉割焦虑等重要概念的。

潜意识的驱力可能会出现在意识中，但必须经过某种伪装。一个人可能会通过戏弄他人或开他人玩笑的方式来展现色情冲动或敌对冲动。于是，原始驱力（性驱力或攻击驱力）被掩盖，双方都没有意识到这种驱力。但是，一方的潜意识直接影响了另一方的潜意识。两个人的性或攻击的冲动都得到了些许满足，但双方都不知道戏弄或开玩笑背后潜藏的动机。因此，一个人的潜意识可以与另一个人的潜意识交流，而双方无须意识到这一过程。

潜意识并不意味着不活跃或处于休眠状态。潜意识一直在试图进入意识，并且不少都成功了，尽管它们的样貌可能与最初的形式大不相同。潜意识层面的观点能够且确实对人有推动作用。例如，一个儿子对父亲的敌对情绪可能会伪装成夸张的感情。如果不加掩饰，敌对情绪会让儿子感到过分焦虑。因此，他精神的潜意识层面推动他间接通过夸张的爱与惹人注意的方式表达敌对情绪。伪装要想成功地骗过意识，通常会采取与最初的感觉相反的形式，但几乎总是用力过度、过于夸张。这种机制被称为*反向形成*（reaction formation），稍后在“防御机制”一节中我们将会对此进行讨论。

前意识

精神的前意识层面包含一切没有被意识到但可以相对容易进入意识层面的元素。

前意识的内容有两个来源。第一个来源是意识层面的感知。感知是指稍纵即逝的意识；当注意力被转移到另一个想法上时，感知到的内容就会迅速进入前意识。这些很容易在意识和前意识之间转换的想法通常都与焦虑无关。实际上，这些想法与意识层面的意象更相似，而与潜意识层面的冲动则没有那么相似。

前意识内容的第二个来源是潜意识。弗洛伊德认为，一些想法能够躲过警觉的初级稽查者，以伪装的形式进入前意识。在这些意象中，有的永远不会进入意识，因为如果人们辨识出它们是潜意识的衍生物，将感到更加焦虑，而这会导致终极稽查者出面压抑这些引发过度焦虑的意象，迫使它们重新潜入潜意识之中。来自潜意识的有些意象确实可以进入意识，但这仅仅是因为它们的真实本质被掩饰了，如通过梦的加工、口误或复杂的防御机制等。

意识

意识在精神分析理论中的作用相对较小，可以定义为在任何时间点上被觉知到的精神元素。意识是人们可以直接接触到的唯一的精神生活层面。思想可以从两个方向进入意识。首先，思想通过**知觉意识系统**（perceptual conscious system）进入意识。这个系统朝向外部世界，是人们感知外部刺激的媒介。换言之，人们通过感觉器官感知到的事物，如果威胁性不是太强，就能进入意识。

其次，思想来自精神结构内部，包括来自前意识的没有威胁性的思想，以及来自潜意识的险恶但巧妙伪装过的意象。如前文所说，来自潜意识的意象先将自己伪装成无害的元素，躲开初级稽查者进入前意识。进入前意识后，它们还需要躲避终极稽查者，才能进入意识。当这些意象到达意识层面时，已经经过了极大的扭曲和伪装，通常会表现为防御行为或梦的元素。

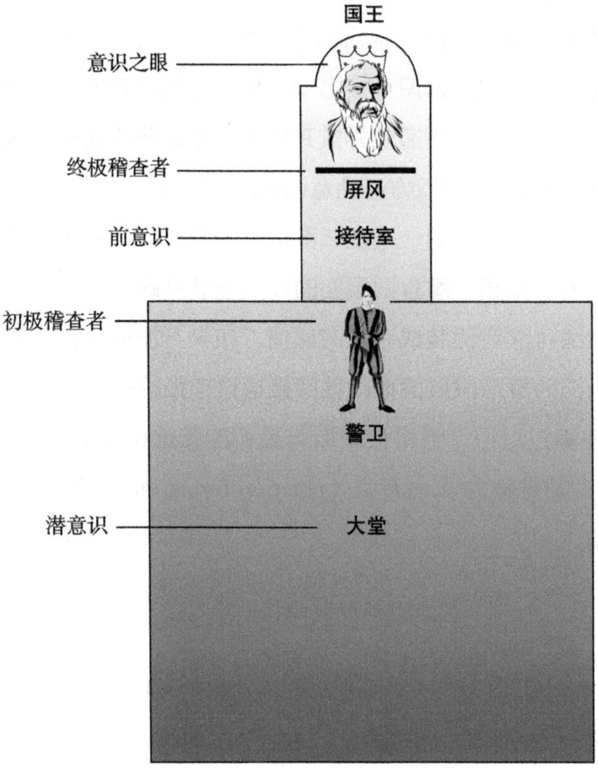

图 2.1　精神生活的层面

总之，弗洛伊德将潜意识比作一个宽敞的大堂，里面有形形色色、充满活力的三教九流的人士在到处转悠、推推搡搡，不断使劲儿想逃到隔壁面积较小的接待室中。但是，一名机警的警卫把守着大堂与小接待室之间的入口。这名警卫有两种方式可以让不受欢迎的人离开大堂——在门口将他们堵住，或者把已经偷偷溜进接待室的人赶回大堂。两种方式的效果相同；把那些气势汹汹、不讲秩序的人拦住，不让坐在接待室尽头屏风后面的重要客人看见。这个比喻的含义显而易见。挤在大堂里的人代表着潜意识意象；小接待室是前意识，里面的人代表着前意识的思想；小接待室（前意识）里的人可能会也可能不会出现在重要客人的视线中，重要客人代表着意识；守卫在大堂到接待室入口的警卫代表着初级稽查者，负责阻止潜意识意象进入前意识，并负责把前意识意象扔回潜意识中；挡在重要客人前面的屏风是终极稽查者，负责阻止大多数（但不是全部）前意识元素进入意识。图 2.1 以图画的形式展现了这个比喻。

精神区划

在将近 20 年的时间里，弗洛伊德理论的唯一精神模型关乎上述精神生活的层面，即地形学模型，他对精神冲突的唯一解释是意识和潜意识之间的冲突。20 世纪 20 年代，弗洛伊德提出了一个由三部分构成的结构模型。对精神进行区划，不是为了取代地形学模型，而是为了从功能或目的的角度对精神意象进行解释。

在弗洛伊德看来，精神中最原始的部分在德语中叫作“das Es”，意思是“它”，这一术语通常翻译成英语的为“id”，中文译为“**本我**”；精神的第二个部分在德语里叫“das Ich”，意思是“我”，在英语里译为“ego”，中文译为“**自我**”；精神的最后一个部分在德语里叫“das Uber-Ich”，意思是“在我之上”，英文译为“superego”，中文译为“**超我**”。需要注意的是，这些区划或部分并非是土地上的疆域，而仅仅是假设的结构。精神的三部分区划与精神生活的三个层面相互作用——自我跨越了各个层面，具有意识、前意识和潜意识的成分；超我具有前意识和潜意识成分；本我则完全是潜意识的。图 2.2 展示了精神的区划与精神生活的层面之间的关系。

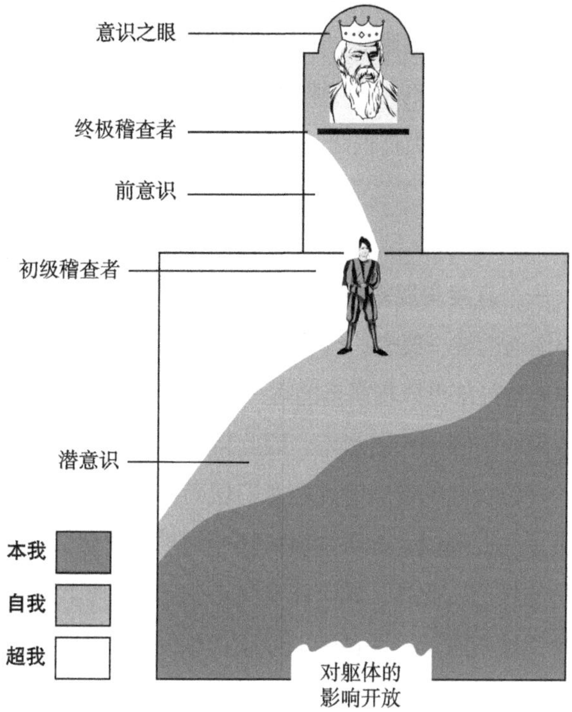

图 2.2 精神生活的层面与精神区划

本我

在人格核心、完全的潜意识中，有一个心理区域叫作本我，这一术语源自非人称代词“它”，是人格中尚未被拥有的组成部分。本我与现实没有联系，它通过满足基本欲望来缓解焦虑。由于本我的唯一功能是寻求快乐，因此本我服从于**快乐原则**（pleasure principle）。

新生儿是本我在未受到自我和超我约束时的人格化形象。婴儿在寻求需要的满足时，并不考虑其是否可行（即自我的要求），或者是否恰当（即超我的约束）。不论乳头是否存在，婴儿都会吮吸，并从中获得快乐。虽然婴儿只能通过吮吸有乳汁的乳头来获取维持生命的食物，但由于婴儿的本我与现实没有联系，因此婴儿会吮吸一切东西，婴儿不会意识到吮吸拇指的行为无法维持生命。由于本我与现实没有直接联系，因此它不会随着时间的推移或人的发展而改变。童年时期的愿望和冲动一直留在本我中，数十年都不会改变。

除了无关现实和寻求快乐之外，本我还是没有逻辑的，可以同时容纳互不兼容的想法。例如，一位女性可能在潜意识层面想毁掉自己的母亲，在意识层面却表现出对母亲的爱。这种对立的欲望之所以能够存在，是因为本我没有道德，也就是说，它无法做出价值判断或区分善与恶。但是，本我并非不道德的，它只是与道德无关。本我的所有力量都服务于一个目的，即寻求快乐，而不论它是否可行或正当。

本我是原始的、混乱的，无法到达意识层面，它不会发生改变，与道德无关，没有逻辑，没有组织，从基本驱力中获得能量并为了满足快乐原则而释放这些能量。

本我受基本驱力（初级动机）的驱动，通过**初级过程**（primary process）发挥功能。因为本我盲目地遵循快乐原则，所以它的生存依赖**次级过程**（secondary process）的发展，让它可以与外部世界产生联系。而这一次级过程通过自我发挥功能。

自我

自我或我，是唯一一个直接与现实联系的精神区划。从婴儿时期开始，自我从本我中分化出来，成为人与外界沟通的唯一渠道。自我受**现实原则**（reality principle）支配，而非受本我的快乐原则支配。作为与外部世界相联系的唯一精神区域，自我在人格中负责决策和执行。但是，由于自我横跨意识、前意识和潜意识，因此自我所进行的决策可以发生在三者中的任何一个层面上。例如，一位女性的自我可能在意识层面推动她选择精致、合体的衣服，因为精心打扮让她感觉舒服。与此同时，她可能模模糊糊地（即前意识层面）记得从前因为穿了漂亮的衣服而被人称赞的经历。此外，她可能受潜意识层面动机的驱动，表现得过于注重整洁和秩序，而这可能源于她在童年早期接受的如厕训练经历。因此，一位女性的精心打扮的决策可能同时发生在精神生活的三个层面上。

当执行认知和智力功能时，自我必须同时考虑本我和超我互不相容、不切实际的要求。除了这两位“暴君”之外，自我还必须服务于第三位主人——外部世界。因此，自我不断试图调和本我和超我的盲目、非理性的主张，以及外部世界的现实要求。当自我发现它被分歧严重且充满敌意的三股力量包围时，它的反应是可以预测的——变得焦虑。然后，它会使用压抑和其他防御机制来抵抗焦虑。

根据弗洛伊德的观点，当婴儿学会区分自己与外部世界时，自我就开始从本我中分化出来了。在本我保持不变的同时，自我发展出各种策略，来处理本我对快乐的不顾现实、贪得无厌的要求。自我有时可以控制强大的、寻求快乐的本我，有时却无法控制。在比较自我与本我时，弗洛伊德使用了一个人骑马的比喻。马的力量比人大，人抑制并约束马的力量，但归根结底还要看马是否愿意妥协。同理，自我抑制并约束本我的冲动，但是它始终依赖更强大、更不受束缚的本我的妥协。自我没有自己的力量，需要从本我那里汲取能量。尽管依赖于本我，但自我有时仍然能够取得对本我的完全控制，尤其是当一个心理成熟的人处于生命的全盛期时。

儿童从父母那里得到奖励和惩罚，在上述过程中，他们学会了如何做才能获得快乐并避免痛苦。在童年早期，快乐和痛苦是自我的功能，因为儿童还没有发展出良心和自我理想，即超我。当儿童成长到五六岁时，他们会对父母产生认同，并开始学习应该做什么和不应该做什么。这就是超我的开端。

超我

在弗洛伊德心理学中，超我或在我之上，代表了人格具有道德和理想的一面，区别于本我的快乐原则和自我的现实原则，它受到**道德主义和理想主义原则**（moralistic and idealistic principles）的引导。超我是从自我中分化出来的，和自我一样，超我没有自己的能量。但是，超我与自我有一个重要区别，即它与外部世界没有直接联系，因此它对完美的追求是不现实的。

超我有两个子系统——**良心**（conscience）和**自我理想**（ego-ideal）。弗洛伊德没有清楚地区分这两者，但总体而言，良心源自因不当行为受到惩罚的经历，让人们知道*不应该怎样做*；自我理想源自因适当行为得到奖励的经历，让人们知道*应该怎样做*。当儿童由于害怕失去爱或认可而遵守父母提出的标准时，原始的良心就产生了。在儿童发展到俄狄浦斯情结阶段时，通过对母亲或父亲的身份认同，这些理想得到了内化。我们会在后面的“发展阶段”部分讨论俄狄浦斯情结。

得到充分发展的超我通过压抑来控制性或攻击的冲动。它无法主动产生压抑，但可以命令自我这样做。超我密切地注视着自我，判断其行动和意图。当自我的行动——或行动意图——违背超我的道德标准时，超我就会让人产生内疚感。当自我无法达到超我的完美标准时，超我就会让人产生自卑感。内疚感基于良心，自卑感则基于自我理想。

超我不关心自我是否幸福，它盲目地、不切实际地追求完美。从某种意义上说，超我并不考虑自我在执行它的命令时面临的困难及能否实现。当然，并不是超我的所有要求都无法实现，就像并不是父母或其他权威人物的所有要求都无法达到一样。但是，超我就像本我一样，完全不了解，也不关心其要求的可行性。

弗洛伊德指出，精神的不同区域之间的划分并不是清晰无误、轮廓分明的。本我、自我和超我的发展因人而异。有些人的超我在童年时期不会得到发展；有些人的超我则可能会主导人格，表现为内疚或自卑；还有些人的自我和超我可能会轮流控制人格，导致情绪的极大波动及自信和自卑的交替循环。健康个体的本我和超我被整合到平稳运行的自我之中，并以和谐的方式运作，冲突被降到最低。图 2.3 展示了在三种假想的人

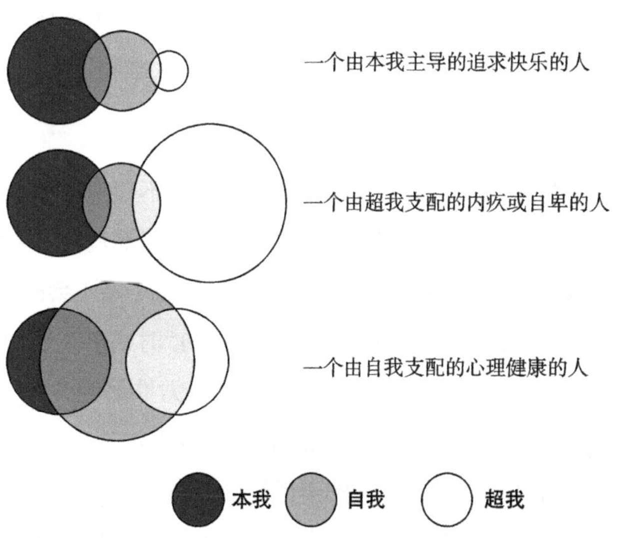

图 2.3　在三个假想的人格中本我、自我和超我之间的关系

格中本我、自我和超我之间的关系。在第一种人格中，本我主宰着弱小的自我和虚弱的超我，形成对自我贪得无厌的需求的限制，这类人一味地追求快乐，无论其是否可行、是否恰当；在第二种人格中，弱小的自我怀有强烈的内疚或自卑，这类人会体验到许多冲突，因为自我不能调和超我与本我之间强烈又互相对立的需求；第三种人格具有强大的自我，能够调和本我与超我的诸多需求，这类人在心理上是健康的，并且可以控制遵从快乐原则的本我和遵从道德原则的超我。

人格动力学

精神生活的层面和精神区划都是在表明人格是什么，有怎样的*结构*或成分。除了人格是什么之外，弗洛伊德还讨论了人格能做什么。他提出了一套*动力学*的（或动机的）原则，以便解释人们行动背后的驱动力量。在弗洛伊德看来，动机驱动着人们寻求快乐或降低紧张和焦虑。动机来自精神的和生理的能量，而这种能量源于人的基本驱力。

驱力

弗洛伊德使用德语里的“trieb”一词来指代人内在的驱力（或称刺激）。弗洛伊德将这个词理解为“*本能*”（instinct），但更准确地说，这个词应该翻译为“驱力”（drive）或“冲动”（impulse）。驱力是一种内部刺激，它和外部刺激的区别在于无法逃避。

根据弗洛伊德的观点，驱力可以归为两大类，即性（又称厄洛斯）和攻击（破坏，又称桑纳托斯）。驱力起源于本我，但是受自我的控制。每种驱力都具备其独有的精神能量：弗洛伊德使用“**力比多**”（libido）一词表示性驱力的能量，不过他没有给攻击驱力的能量命名。

每种基本驱力都有其特定的推动力、来源、目的和客体。*推动力*是指它能够施加的力量的多少，*来源*是指处于兴奋或紧张状态的身体区域，*目的*是指通过消除兴奋或降低紧张来寻求快乐，*客体*是指为满足目的而用到的人或物。

性驱力

性驱力的目的是快乐，这里的快乐不只是生殖器官的满足。弗洛伊德认为，力比多遍布整个人体。除了生殖器之外，口腔和肛门都具有产生性快感的能力，也是**性欲区**（erogenous zones）。性驱力的终极目的（缓解性紧张）是不会改变的，可以改变的是达到目的的途径。途径可以是主动的或被动的，也可以被暂时或永久地抑制。由于途径很多，而且性愉悦可以来自除生殖器以外的器官，因此由性驱力推动的许多行为很难被辨别。但是在弗洛伊德看来，所有令人快乐的活动都可以追溯到性驱力。

性的*客体*（或人）的灵活性给厄洛斯提供了进一步的伪装。厄洛斯的对象很容易被转变或置换。力比多可以从一个人身上移开，处于一种自由的紧张状态；也可以再投向另一个人，包括自己。

性有多种形式，包括自恋、爱、施虐和受虐，而后两者同时包含着大量的攻击驱力。

婴儿主要以自我为中心，他们的力比多几乎完全投向他们的自我。这种情况是普遍的，被称为**原初自恋**（primary narcissism）。随着自我的发展，儿童一般会放弃原初自恋，对他人发展出更多兴趣。用弗洛伊德的话来说，自恋力比多此时被转化成了客体力比多。然而到了青春期，青少年经常将力比多重新导向自我，沉迷于个人外表和其他自我兴趣。这种显著的**继发自恋**（secondary narcissism）不是普遍的，但是适度的自爱几乎是所有人普遍具有的。

厄洛斯的第二种表现形式是爱，当人们将力比多投向除自己以外的客体（或人）时，爱就产生了。儿童的首要的爱的客体是照顾他们的人，通常是母亲。在婴儿期，不论男孩还是女孩，都会体验到对母亲的爱，这种爱是由厄洛斯推动的。然而，这种对家人的爱通常是被压抑的，于是就分化出第二种类型的爱。弗洛伊德称第二种爱是目的被抑制的爱，因为降低性紧张的最初目的被抑制或压抑了。人们对父母和兄弟姐妹的爱通常都是目的被抑制的。

显然，爱与自恋密切相关。自恋涉及对自己的爱，而爱通常伴随着自恋的倾向，就像当一个人爱上另一个人时，被爱的人往往代表着爱人者想成为的典范或榜样。

施虐狂和受虐狂也是密切相关、彼此交织的驱力。**施虐狂**（sadism）需要通过使他人痛苦或感到屈辱来获得愉悦。如果过于极端，施虐狂就成了性变态；如果程度适中，施虐狂就比较常见了，并且或多或少地存在于任何性关系中。性愉悦的目的如果屈从于破坏目的之下，那么就成了性变态。

像施虐狂一样，**受虐狂**（masochism）也是常见的需要，但是如果厄洛斯屈从于破坏驱力之下，也会成为性变态。受虐者通过承受自己或他人施加的痛苦和屈辱而获得性愉悦。由于受虐狂可以自己施加痛苦，因此他们不依赖另一个人来满足受虐的需要。相比之下，施虐狂必须寻找并找到另一个人才能施加痛苦或屈辱。在这方面，他们比受虐狂更依赖他人。

攻击驱力

由于第一次世界大战期间的不愉快经历及痛失心爱的女儿索菲（Sophie），弗洛伊德写了《超越快乐原则》（*Beyond the pleasure principle*）一书，本书将**攻击驱力**（aggression）提高到与性驱力比肩的程度。和对其他许多概念的态度一样，弗洛伊德在提出这一观点时较为谨慎，带有尝试性。不过，随着时间的推移，和其他尝试性概念一样，攻击驱力也转变为成形的概念。

根据弗洛伊德的说法，攻击驱力的目的是使有机体恢复到无机状态。而由于终极的无机状态就是死亡，因此攻击驱力的最终目的是自我毁灭。与性驱力一样，攻击驱力的形式灵活多变，如嘲弄、八卦、讽刺、羞辱、戏谑和以他人的痛苦为乐等。每个人都有攻击倾向，这解释了战争、暴行和宗教迫害的原因。

攻击驱力也解释了人们为何需要为遏制攻击而设置障碍。例如，弗洛伊德认为，诸如

“爱邻如己”的原则在抑制强大的——尽管通常是潜意识的——对他人施加伤害的驱力时是必要的。这些原则实际上是种*反向形成*。反向形成包括压抑强烈的敌对冲动，以及公开而明显地表达相反情感的倾向。

在人的一生中，生的冲动与死的冲动不断争夺支配地位，但与此同时，两者都必须屈从于外部世界的现实原则。现实世界的要求阻止了性或攻击的直接、隐秘、如入无人之境的实现。它们常常引发焦虑，焦虑则把关于性和攻击的欲望赶到了潜意识领域。

焦虑

弗洛伊德的动力学理论的核心概念不仅包含性驱力与攻击驱力，还包含**焦虑**（anxiety）。在焦虑的定义上，弗洛伊德强调，它是一种感知的、情感的和令人不快的状态，伴随生理上的不安感，提醒人们即将来临的危险。令人不快的感觉通常是模糊且很难形容的，而焦虑本身却是能被感觉到的。

只有自我可以引发或感觉到焦虑，本我、超我和外部世界则会分别参与三种焦虑：神经症焦虑、道德焦虑和现实焦虑。自我对本我的依赖形成神经症焦虑，自我对超我的依赖引发道德焦虑，自我对外部世界的依赖则产生现实焦虑。

第一类焦虑是**神经症焦虑**（neurotic anxiety），是指对未知危险的忧虑。这种感觉本身存在于自我中，但它源于本我的冲动。人们可能会在老师、上司或其他权威人士在场的情况下体验到神经症焦虑，因为他们以前曾对父母双方或一方产生过敌对的潜意识情感。在儿童时期，这些敌对情感常常伴随着对惩罚的恐惧，这种恐惧被普遍化为潜意识的神经症焦虑。

第二类焦虑是**道德焦虑**（moral anxiety），源于自我与超我之间的冲突。在儿童建立超我之后——通常五六岁时——他们可能会感到焦虑，这是现实的需要与超我的要求之间冲突的产物。例如，如果一个孩子认为屈从于性诱惑是道德上的错误，那么性诱惑就会引发道德焦虑。同理，如果一个人无法按照自己所认为的道德规则行事，如未能照顾年迈的父母等，那么也会产生道德焦虑。

第三类焦虑是**现实焦虑**（realistic anxiety），与恐惧密切相关。现实焦虑是个体在面对可能的危险时产生的一种不愉快的、非特定的感觉。当我们身处真实、客观的危险情境中时，如我们于一座不熟悉的城市驾车行驶在繁忙快速的车流中时，我们就会体验到现实焦虑。不过，现实焦虑不同于恐惧，因为它不涉及特定的恐惧对象。如果我们驾车行驶在结冰的高速公路上，汽车突然失控滑行，那么这时的感觉就是恐惧。

这三种类型的焦虑之间没有清晰的界限，不容易区分，通常是共存的。我们以对水的恐惧为例：一方面，水是一种真正的危险；另一方面，如果恐惧的程度与情境不相称，就会产生神经症焦虑和现实焦虑。上述情况一般发生在未知的危险与外部的危险相交织时。

焦虑是一种自我保护机制，它向我们发出信号，提醒我们即将到来的危险。一个焦虑的梦是在提醒稽查者即将到来的危险，应该为梦中的意象披上更好的伪装。焦虑让始终保持着警惕的自我警觉威胁和危险的迹象。即将到来的危险信号促使我们行动起来：要么逃跑，要么防御。

焦虑能够自我调节，因为它能够促进压抑，从而减轻焦虑造成的痛苦。如果自我无法调和防御行为，那么焦虑就会变得难以忍受。因此，能够保护自我不受焦虑之苦的防御行为就变得十分重要。

防御机制

1926 年，弗洛伊德首次阐述了**防御机制**（defense mechanisms）的概念，他的女儿安娜进一步梳理并完善了这一概念。尽管防御机制是正常且普遍存在的，但如果防御机制超出了一定的限度，就会导致强迫的、重复的和神经症的行为。由于我们必须花费精神能量来建立和维护防御机制，因此我们越花费精神能量来防御，剩余的精神能量就越难以满足本我的冲动。而这恰恰是自我建立防御机制的目的——避免直面性和攻击性，并抵御随之而来的焦虑。

弗洛伊德所提出的主要防御机制包括压抑、反向形成、置换、固着、退行、投射、内摄和升华。

压抑

压抑（repression）是最基本的防御机制，是其他防御机制的基础。每当自我受到本我冲动的威胁时，自我就会抑制这些冲动来保护自己，也就是说，它迫使具有威胁性的情感回到潜意识中。在很多情况下，这种压抑会持续一生。例如，一位年轻女性可能会长久地压抑对妹妹的敌意，因为她的仇恨情感会引发过度的焦虑。

任何社会都不允许个人完全地、不受限制地表达性和攻击性。当儿童因为敌对行为或关于性的行为受到惩罚，或者这些行为以其他方式受到抑制时，他们就会在再次体验这些冲动时感到焦虑。这种焦虑不会导致对攻击驱力和性驱力的完全压抑，但通常会造成部分压抑。

当这些冲动进入潜意识后，会发生什么？弗洛伊德认为有几种可能性：第一，冲动进入潜意识后可能仍保持不变；第二，冲动可能会换一种形式，再次进入意识，在这种情况下，它们会引发超出个体承受力的焦虑，使个体被焦虑压倒；第三，冲动以置换或伪装的形式表达出来，这也是最常见的情况。这种置换或伪装必须足够聪明，能够骗过自我。被压抑的驱力可能会伪装成身体症状，例如，因性而感到内疚的男性可能表现为性无能。性无能让这位男性无须再面对正常、愉快的性行为所引发的内疚和焦虑。被压抑的驱力也可以在梦、口误和其他防御机制中找到出路。

反向形成

被压抑的冲动还可能通过一种方式进入意识，那就是披上与原有形式相反的伪装。这种防御机制被称为**反向形成**（reaction formation）。反向形成行为的标志是夸张的风格和强迫性的形式。例如，一位女青年深深地憎恨自己的母亲，但由于她知道社会要求人们关爱父母，因此，如果在意识层面憎恨自己的母亲将让她过度焦虑。为了避免痛苦的焦虑情绪，这位女青年表现出相反的冲动——爱。然而，她对母亲的“爱”并不是真诚的，而是虚浮、夸张和过度的。外人或许很容易就能看穿这种爱的本质，但女青年必须欺骗自己，坚持反向形成，因为这有助于掩饰她在潜意识中因憎恨母亲而引发焦虑的事实。

置换

弗洛伊德认为，反向形成只适用于单个客体。例如，一个人的爱若出于反向形成，则只会倾注在其潜意识中憎恶的某个人身上。而通过**置换**（displacement），人们可以将自己无法接受的冲动投射到不同的人或客体上，从而伪装或隐藏原本的冲动。例如，一位女性对室友感到愤怒时，可能把自己的愤怒置换到自己的员工、宠物猫或毛绒玩具上。她对室友依然态度友好，但和反向形成的运作方式不同的是，她不会表现出夸张或过分的友好。

弗洛伊德在他的著作中使用“置换”一词时有几种用法。在前文关于性驱力的讨论中，我们看到性的对象可以被置换或转变为其他对象，甚至包括自己。弗洛伊德有时也使用置换指代一种神经症症状取代另一种神经症症状，如强迫性的手淫冲动可能会被强迫性的洗手冲动代替。置换也会参与梦的形成，例如，做梦者对父母的敌对冲动可能投射在狗或狼的身上，如果在梦中狗被汽车撞了，反映的就是做梦者在潜意识层面希望看到父母被撞。我们将在梦的分析中更全面地介绍梦的形成。

固着

精神成长通常会按照一种较为连续的方式进行，经历不同的发展阶段。而这个过程有时也伴随着压力和焦虑。如果因要进入下一个阶段而变得焦虑，自我可能会选择停留在目前更舒适的阶段。这种防御机制即**固着**（fixation）。从定义上来说，固着是指力比多长久地固定于更早、更原始的发展阶段。和其他防御机制一样，固着是普遍的。有的人会从进食、吸烟或谈话中获得快乐，他们可能就是口欲固着。

退行

力比多已经经历了诸多发展阶段，但在感到压力和焦虑时，它可能会退回较早的发展阶段。这种倒退被称为**退行**（regression）。退行相当普遍，尤其是在儿童身上。例如，在弟弟或妹妹出生后，一个完全断奶的儿童可能会发生退行，重新对奶瓶或乳头产生需求。父母对新生婴儿的关注使较大的儿童感到了威胁。退行在青少年和成年人中也很普遍。成年人对引发焦虑的情境做出反应的常见方式是退回更早、更安全、更稳定的行为模式，并将力比多投向更初级、更熟悉的对象上。在极端的压力下，有的成年人可能会做出婴儿式行为，有的成年人可能会回到母亲身边，还有的成年人可能会整天躺在床上，盖好被子，以躲避寒冷的、充满威胁的世界。退行行为与固着行为的相似之处在于它们都是僵化、幼稚的，但退行通常是暂时的，而固着则会长久地消耗精神能量。

投射

内部冲动有时会引发过多的焦虑，自我可以通过将不想要的冲动归咎于外部客体（通常是另一个人）的方式来缓解焦虑。这种防御机制被称为**投射**（projection），它的定义是从他人身上看到的、实际存在于自己无意识中的、不被接受的感觉或倾向。例如，一位男性总是将比自己年长的女性的行为解释为对自己的诱惑。在意识层面，他可能感觉与年长的女性发生性行为的想法难以接受，但在潜意识深处，他却对年长女性有强烈的性欲。在上述例子中，这位男性欺骗了自己，以为自己对年长的女性没有性欲。

投射的一种极端类型是**妄想症**（paranoia），是一种以被嫉妒和被迫害的强烈妄想为特征的精神障碍。妄想症不是投射的必然结果，只是它的一种极端形式。根据弗洛伊德的说法，妄想症与投射的关键区别在于，妄想症始终有一个标志，即压抑对迫害者的同性恋情感。弗洛伊德认为，迫害者必定是妄想者以前的同性别的朋友，尽管有时人们也会把妄想转移给异性。当同性恋冲动变得过于强大时，被迫害的妄想者会颠倒这种感觉，然后将其投射到原本的客体上，以此保护自己。对男性来说，这种转变过程如下：妄想者不说“我爱他”，而是说“我恨他”；由于这样说也会产生很多焦虑，他又说“他恨我”；此时，妄想者已经推卸了所有责任，会说“我挺喜欢他，但是他存心对付我”。所有妄想症的核心机制都是投射，并伴随着被嫉妒和被迫害的妄想。

内摄

作为一种防御机制，投射是指将不受欢迎的冲动归咎于外部客体，而内摄是指将他人的积极品质融入自我。例如，青少年可能会内摄或模仿某个电影明星的言行举止、价值观或生活方式。这种内摄让青少年获得一种夸大的自我价值感，并降低其自卑感。人们向内投射自己认为有价值的、能让自己感觉良好的品质。

弗洛伊德认为，俄狄浦斯情结的消退是内摄的原型。在俄狄浦斯时期，年幼的儿童将父母双方或一方的权威和价值观向内投射——这种内摄导致了超我的产生。当儿童向内投射自己所理解的父母的价值观时，他们就不用花精力评估和选择自己的信念和行为标准了。当儿童度过了发展的潜伏期（一般为 6～12 岁），他们的超我变得更具个性，也就是说，他们的超我不再完全认同父母。其实，任何年龄的人都可以通过模仿或向内投射他人的价值观、信念和言行举止的方式来缓解由于能力不足而引发的焦虑。

升华

上述防御机制都能帮助个体保护自我免受焦虑之苦，但是从社会的角度来看，这些机制都没有明确的价值。根据弗洛伊德的看法，有一种防御机制，即升华，对个体和社会都有意义。**升华**（sublimation）指用文化或社会的目的取代性心理的目的，对性驱力进行压抑。升华的最明显的体现是创造性的文化成就，如艺术、音乐和文学等；它还有一个不太明显的体现，即它是一切人类关系和一切社会追求的组成部分。弗洛伊德认为，米开朗琪罗在绘画和雕刻中找到了力比多的直接出口，其艺术作品是升华的绝佳示例。对大多数人来说，升华与性驱力相结合，在社会成就和个人快乐之间达成某种平衡。绝大多数人都能将力比多的一部分加以升华，服务于更高的文化价值，同时保留足够的性驱力，来追求个人的性愉悦。

总而言之，所有的防御机制都是为了保护自我免受焦虑之苦。它们是普遍的，每个人都会在某种程度上做出防御行为。每一种防御机制都与压抑相关，任何一种机制如果过于极端，都将是病态的。通常来说，防御机制对个体是有利的，对社会也无害。此外，升华这种防御机制一般来说对个体和社会都有利。

发展阶段

尽管弗洛伊德关于儿童（包括他自己的孩子）的第一手经验很少，但他的发展理论几乎都是关于童年早期的讨论。在弗洛伊德看来，生命的前四五年，即**婴幼儿阶段**（infantile stage），对人格的形成至关重要；在这一阶段之后，是六七年的**潜伏期**（latency stage），在这一时期，性的成长很少或没有；等到了青春期，性再度活跃，并进入**生殖期**（genital stage）；最后，性心理的发展结束于**成熟期**（maturity）。

婴幼儿阶段

弗洛伊德的最重要的假设是，婴幼儿在出生后的四五年内经历生殖器发育前的性发展时期。弗洛伊德最初撰写有关婴幼儿性欲的文章时，虽然这个概念并不新鲜，但仍然遭到了抵制。但是现在，几乎所有研究者都接受这样的观念，即儿童对生殖器表现出兴趣。童年时期的性欲与成年时期的性欲的不同之处在于，它没有生殖功能，并且完全是自体性欲。

弗洛伊德根据口腔、肛门和生殖器哪一个正在经历最明显的发育，将婴幼儿阶段分为三个时期，即口欲期、肛欲期及性器期。婴幼儿阶段的三个时期相互重叠，在后一个时期开始后，前一个时期仍在继续发展。

口欲期

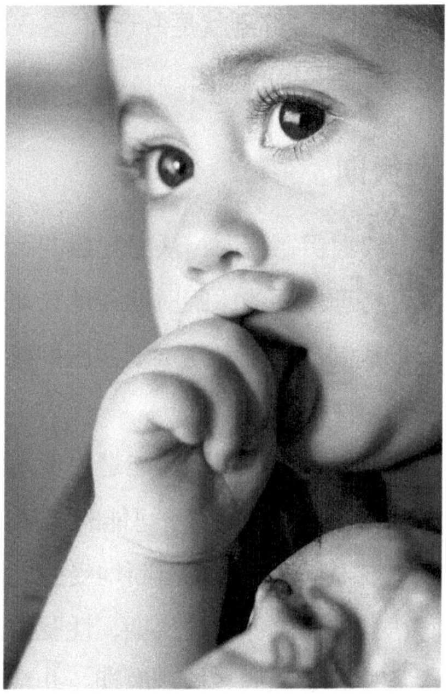

婴儿以多种方式满足口欲需要。
©Ingram Publishing/AGE Fotostock

因为口腔是第一个使婴幼儿感到愉悦的器官，所以弗洛伊德认为婴幼儿阶段最先发展的是**口欲期**（oral phase）。婴幼儿通过口腔获得维持生命的营养，除此之外，他们还通过吮吸行为获得愉悦感。

*早期口欲*活动的目的是将选择的客体（即乳头）纳入体内。在*口欲接受期*（oral-receptive phase），婴儿对令人愉悦的客体不会感到任何矛盾，其需要通常可以得到满足，其挫败和焦虑处于最低水平。但是，随着年龄的增长，由于定时喂食、两次喂食之间的间隔变长、断奶，婴幼儿可能会感到挫败和焦虑。这些焦虑使婴幼儿对其爱的客体（母亲）产生矛盾情感。与此同时，他们的自我保护、防御环境、抵抗焦虑的能力也越来越强。

牙齿的出现极大地提高了婴幼儿对环境的防御能力。此时，婴幼儿就进入了口欲期的第二个阶段，弗洛伊德称之为*口欲施虐期*（oral-sadistic period）。在口欲施虐期，婴儿通过咬东西、发出喔啊声、闭嘴、微笑和哭泣来回应他人。他们的第一次自体性欲经历是吮吸拇指，这是对焦虑的抵抗，目的是满足性需要，而非营养需要。

等到成年后，人们还可以用各种方式满足其口欲需要，这些方式包括含颗糖、嚼口香糖、咬铅笔、暴食，还有抽香烟、烟斗和雪茄，以及发表尖酸刻薄的言论。

肛欲期

这一时期的特征是儿童通过攻击行为和排泄功能获得满足，因此弗洛伊德将这一发展阶段命名为*肛欲施虐期*（anal-sadistic phase），简称**肛欲期**（anal phase）。

在*肛欲早期*，儿童通过破坏或丧失客体获得满足感。这时，施虐驱力中破坏性的一面强于性的一面。由于儿童往往因为*如厕训练*而感到挫败，因此他们会对父母表现出攻击行为。

在口欲期和肛欲期，男孩和女孩的性心理成长并没有本质区别。男孩和女孩都可以发展出主动或被动的顺应。主动顺应通常以弗洛伊德所说的支配和施虐的男性气质为特征，被动顺应则通常以偷窥和受虐的女性气质为特征。不过，无论男孩还是女孩，都可以发展出主动顺应、被动顺应或二者的结合。

性器期

大约在三四岁时，儿童开始进入婴幼儿发展的第三阶段——**性器期**（phallic phase），此时生殖器成为主要的性欲区。这一阶段首次出现男性发展和女性发展的不同，弗洛伊德认为，这是由两性的解剖学差异造成的。弗洛伊德借用拿破仑（Napoleon）的名言“历史就是命运”，认为“解剖就是命运”。这表明，弗洛伊德相信男性和女性的生理差异是两者之间许多重要心理差异的原因。

潜伏期

弗洛伊德认为，从出生后的第四五年到青春期，男孩和女孩通常（但不总是）会经历一段性心理发展的休眠时期。*潜伏期*的出现可能是由于父母对儿童进行了惩罚或阻止。如果父母的压制成功了，儿童就会压抑自己的性驱力，将他们的精神能量投入学习、友谊、爱好或其他与性无关的行为上。

不过，潜伏期也可能是由于人们的种系发育天性在起作用。弗洛伊德对俄狄浦斯情结和随后的性潜伏期提出了可能的解释。

在潜伏期，儿童不断地受到父母和老师的压制，以及来自其自身内部的羞耻、内疚和道德强化的压制。在潜伏期，性驱力依然存在，只是其目的被抑制了。升华的力比多体现在社会和文化方面。在这一时期，儿童间形成了小组或小群体，这在性驱力完全投向自体的婴幼儿期是绝不可能发生的。

生殖期

进入青春期，性目的被重新唤醒，并昭示着生殖期的开始。在青春期，性进入了新阶段，这个阶段与婴幼儿阶段有着根本的不同：第一，青少年放弃了自我性欲，将性的能量引向了他人，而非自己；第二，生殖已经变得可行；第三，性驱力变得更加完整，婴幼儿早期在某种程度上独立运作的性驱力在青春期得到了整合。

成熟期

生殖期始于青春期，并贯穿人的一生。一个人只要生理上发育成熟，就会进入生殖期。除了生殖期之外，弗洛伊德还提到了一个概念（虽然没有完全地概念化），即*心理成熟期*。一个人用理想的方式经历了上述所有发展时期之后，才能进入心理成熟期。遗憾的是，心理成熟很少发生，因为人们太容易发展出病理性障碍或神经症倾向。

尽管弗洛伊德从没有完整地阐述心理成熟的概念，但我们可以大致描述一个心理成熟的人是什么样的。一个心理成熟的人，其精神的各个部分是平衡的，自我控制着本我和超我，但同时又允许合理欲望和需求的表达（见图 2.3）。因此，其本我冲动能够诚实且有意识地表达，而不令其感到羞耻或内疚。其超我会超越对父母的认同和父母的控制，不会发展为敌对或乱伦。其自我理想是现实的并与自我保持一致。实际上，其超我和自我之间的界限已变得几乎不可察觉。

在一个心理成熟的人的行为中，意识起着更重要的作用，他对压抑性冲动和攻击冲动的需要微乎其微。对一个心理成熟的人而言，其大部分压抑都会以升华而非神经症症状的形式表现出来。由于一个心理成熟的人的俄狄浦斯情结已经完全或近乎完全地消散了，个体之前一直用在父母身上的力比多现在已经被释放出来，开始寻求既温柔又能令感官愉悦的爱。简而言之，在经历童年期和青春期发展后，一个心理成熟的人能够控制自己的精神能量，而且其自我也一直处于不断扩大的意识世界的中心。

精神分析理论的应用

弗洛伊德是一位具有创新精神的理论家，与治疗患者相比，他更关心理论的构建。但他也花了很多时间治疗患者，这不仅是为了帮助患者，也是为了深入理解人格，以便阐述精神分析理论。本节将介绍弗洛伊德早期的治疗技术、后期的治疗技术及其对梦和弗洛伊德式失误的看法。

弗洛伊德早期的治疗技术

在采用更被动的精神分析技术（即自由联想）之前，弗洛伊德使用的是一种更主动的方法。在《癔症研究》中，弗洛伊德描述了他用来提取患者被压抑的童年记忆的技术。

> 我将手放在患者的额头上，或者用两只手扶住她的头，然后说："在我的手的压力下，你会想起来的。在我松开手的那一刻，你会看到你的面前有一些东西，或者有一些东西进入了你的头脑。捕捉它们，这就是我们正在寻找的东西。那么，你看到了什么或想起了什么？"
>
> 我第一次使用这种方法的时候……我发现它提供的正是我所需要的结果，连我自己都对此感到十分惊讶。

的确，这种高度暗示性的方法很可能会产生弗洛伊德所需要的结果，即承认儿童时期曾受到性诱惑。此外，在使用释梦或催眠术时，弗洛伊德也会告诉患者，要做好看到童年性经历场景的准备。

弗洛伊德的诊室。© Heeb Christian/Prisma Bildagentur AG/Alamy Stock Photo

在他放弃诱惑理论差不多 30 年后，弗洛伊德写了一部自传，他说在用手施加压力之后，他的大多数患者都回想起了童年时期被某个成年人性诱惑的场景。他承认"这些诱惑的场景其实从未发生过，而只是我的患者制造的幻想，或者可能是我本人强塞给他们的幻想，我有一段时间完全不知道该怎么办了"。他确实曾经不知道该怎么办，但这只持续了很短的时间。没过多久，在 1897 年 9 月 21 日写给弗利斯的信中，他得出了以下结论："神经症症状与实际事件并不直接相关，而是与幻想有关……在这一过程中，我偶然发现了俄狄浦斯情结的存在。"

慢慢地，弗洛伊德开始意识到，高度暗示性的、甚至是强制性的方法可能让患者"想起"被性诱惑的记忆，但他没有明确的证据可以证明这些记忆是真实的。弗洛伊德越来越相信，神经症症状与童年时期的幻想有关，而非与现实有关，因此他转而采用一种更被动的精神分析技术。

弗洛伊德后期的治疗技术

弗洛伊德后期的精神分析治疗的主要目的是通过自由联想和对梦的分析来发掘被压抑的记忆。他说："我的治疗方法是通过将潜意识中的内容转变为意识的内容而发挥作用，并且只有在能够促成这种转变发生时，治疗方法才能起效。"具体来说，精神分析的目标是"强化自我，使其独立于超我，拓宽其感知范围，扩大其组织，使其能够主宰本我。凡有本我之处，就应该有自我"。

在**自由联想**（free association）时，患者要说出自己的每一个想法，无论其是否重要、是否相关或是否令人讨厌。自由联想的目标是从当下意识层面的想法开始，通过一系列联想，追溯源头，抵达潜意识层面。这个过程并不容易，有些患者始终无法抵达。因此，对梦的分析才是弗洛伊德最喜欢的治疗技术（我们将在下一节中讨论梦的分析）。

精神分析治疗要想起效，就要把曾经消耗在神经症症状上的力比多释放出来，为自我服务。这个过程分为两个阶段。在第一阶段，力比多被从症状中驱逐出来，投入移情中；在第二阶段，围绕着新的对象，力比多被全部释放出来。

移情（transference）在精神分析中至关重要，是指患者在治疗过程中对治疗师产生的强烈的性或攻击的情感，它可能是正向的，也可能是负向的。移情的情感并不是针对治疗师的，而是患者把早期经历（通常是与父母亲的经历）中的情感转移到了治疗师的身上。也就是说，患者对治疗师的感情与他们从前对父母双方或一方的感情是相同或类似的。只要这些感情表现为兴趣或爱，移情就不会干扰治疗过程，反而会推动治疗向前发展。**正向移情**（positive transference）为患者的分析治疗营造了没有威胁的氛围，让患者可以在这种氛围中重温童年经历。但是，**负向移情**（negative transference）带有敌意，治疗师必须识别出负向移情，并向患者解释，这样患者才能克服对治疗的**阻抗**（resistance）。阻抗是指患者的无意识反应，会阻碍自己的治疗向前进展。阻抗是一个积极的信号，表明治疗已经有所进展，发挥了实质作用。

弗洛伊德指出了精神分析治疗的一些局限。首先，不是所有的儿时记忆都能够或应该被带入意识层面；其次，精神分析治疗对恐惧症、癔症和强迫观念的治疗效果较好，对**精神病**（psychoses）或体质性疾病的治疗效果并不好；最后，患者一旦治愈，可能会在稍后出现另一种精神问题，这一点并不是精神分析所独有的局限。认识到这些局限性后，弗洛伊德认为，精神分析可以与其他疗法结合使用。但是，他坚持认为，在结合使用的过程中不能改变精神分析的本质。

在理想情况下，成功的分析治疗将使患者不再受精神症症状的困扰，他们将拥有精神能量来执行自我的功能，并拥有被拓宽的、包含了以前被压抑的经历的自我。他们并不会经历重大的人格变化，但他们变成了更好的自己。

梦的分析

梦的分析是将**显梦**（manifest content）转变为更重要的**隐梦**（latent content）。显梦是做梦者对梦的表面意义或意识层面的描述，而隐梦则是梦的潜意识解释。

梦的分析的基本假设是：梦是愿望的满足。一些愿望是明显的，并且通过显梦表达出来，如一个人饿着肚子睡觉时梦见自己在吃美味的食物。然而，大多数愿望的满足都是通过梦隐意表达的，只有通过解释梦才能将其揭示出来。但“梦是愿望的满足”有一个例外，是经历了创伤的患者的梦。这类患者的梦遵循**强迫性重复**（repetition compulsion）原则，而非愿望满足原则。这种梦常常出现在罹患**创伤后应激障碍**（posttraumatic stress disorder）的患者身上，他们一再梦到令他们恐惧的、创伤性的经历。

弗洛伊德相信，梦是在潜意识中形成的，同时梦也努力想要进入意识。为了进入意识，梦必须躲避初级稽查者和终极稽查者（见图 2.1）。即使在睡觉时，这两个稽查者也保持着警惕，迫使无意识中的精神材料采取伪装。伪装可以通过两种基本方式——凝缩（condensation）和置换（displacement）——实现。

凝缩是指显梦的内容不如隐梦的丰富，这表明，出现在显梦层面的无意识材料是被削减或凝缩的。置换是指梦的意象被其他并不相似性的内容替换了。内容的凝缩和置换都是通过象征（symbols）实现的。一些意象普遍地通过另一些形象来表现。父母亲以总统、老师或老板的形象出现；阉割焦虑则在谢顶、掉牙或有关切割行为的梦中表达。

梦也可以通过抑制或反转做梦者的情感来欺骗做梦者。例如，对父亲怀有杀意的一位男性梦见父亲去世，但是在显梦中，他既不感到喜悦，也不感到悲伤，也就是说，他的感情被抑制了。不愉快的情感在显梦的层面上还可能被反转。例如，在潜意识中憎恨母亲并乐于接受母亲消失的一位女性梦见母亲去世，但是她在潜意识层面感到的喜悦和憎恨在显梦中表现为悲伤和爱。因此，她误以为憎恨其实是爱，喜悦其实是悲伤。

当隐梦（无意识内容）被扭曲，感情被抑制或反转后，它以显梦的形式出现，并被做梦者记住。显梦几乎总是与前一天的意识或前意识层面的经历有关，在精神分析中几乎没有意义；在精神分析中，只有隐梦才是有意义的。

在释梦时，弗洛伊德通常采用以下两种方法。第一种方法是要求患者叙述自己的梦及与梦有关的一切联想，无论这些联想是否与梦有关，或者是否符合逻辑。弗洛伊德认为，这种联想能够揭示梦背后的潜意识愿望。如果做梦者无法联想到相关材料，弗洛伊德就会采用第二种方法（梦的象征）来发掘显梦背后的潜意识元素。这两种方法（联想和象征）的目标都是追溯梦的形成，抵达隐梦（即寻找到潜意识元素）。弗洛伊德认为，释梦是研究无意识过程的最可靠途径，因此将其称为通向潜意识知识的“坦途”。

焦虑的梦与“梦是愿望的满足”这一原则之间不存在矛盾。对此的解释是，焦虑属于前意识，而愿望属于潜意识。弗洛伊德指出了三种典型的焦虑的梦：梦见因赤身裸体而尴尬、梦见心爱的人死亡，以及梦见考试不及格。

首先，在因赤身裸体而尴尬的梦中，做梦者会梦见自己在有陌生人在场时赤身裸体或衣冠不整，因而感到羞耻或尴尬。而在场的陌生人通常对此漠不关心，尽管做梦者已经极度尴尬。这个梦的起源是童年时期在成年人面前赤身裸体的经历。在最初的经历中，儿童不会感到尴尬，但成年人却往往否定这种行为。弗洛伊德认为，这个梦以两种方式实现了愿望的满足：其一，陌生人的漠不关心满足了婴幼儿希望成年人不要责骂赤身裸体的愿望；其二，赤身裸体的事实满足了展现自己的愿望，而这种愿望成年人通常会予以压抑，只有年幼的儿童才会表达出来。

其次，梦见心爱的人死亡。这种梦也起源于童年，也是愿望的满足。如果一个人梦见比自己年轻的人死去，其潜意识可能在表达婴幼儿时期希望毁灭自己憎恨的对手（即弟弟或妹妹）的愿望；如果死去的人是一个比自己年长的人，做梦者满足了俄狄浦斯式的希望父母亲中的一方死去的愿望。如果做梦者在梦中感到焦虑和悲伤，那么是因为他的情感在梦里被反转了。父母亲去世的梦在成年人中很常见，但这并不意味着做梦者现在抱有希望父母亲中的一方去世的愿望。弗洛伊德对这些梦的解释是，做梦者在童年时期曾经渴望父母亲中的一方去世，但这种愿望过于危险，从而无法进入意识层面，甚至到了成年以后依旧如此，除非将感情反转为悲伤，否则死亡的愿望通常不会出现在梦中。

最后，梦到考试不及格。根据弗洛伊德的观点，做梦者总是梦见考试不及格，但梦中的考试总是做梦者在现实中已通过的考试，而不是在现实中真的未通过的考试。这些梦通常发生在做梦者面临艰巨任务的时候。通过梦见一门已经通过的考试不及格，自我可以做出这样推论：“我通过了曾让我担心的考试，现在我在担心其他任务，但是我一样可以通过。因此，我不必担心明天的考验。”这样，不为困难的任务而担心的愿望就被满足了。

在这三种典型的梦中，弗洛伊德都花了一番功夫去寻找显梦背后的愿望，而要找到被满足的愿望需要极强的创造力。例如，一位聪明的女性告诉弗洛伊德，她梦到自己的婆婆要来拜访。在现实生活中，她看不起自己的婆婆，不愿花时间陪伴对方。为了挑战弗洛伊德关于“梦是愿望的满足”这种观点，她问弗洛伊德：“这个梦的愿望是什么？”弗洛伊德的解释是，这位妇女已知弗洛伊德的观点，即每一个非创伤性的梦背后都隐藏着一个愿望，因此她梦见和她讨厌的婆婆共处，这个梦满足的愿望就是刁难弗洛伊德，反驳他的“梦是愿望的满足”的观点。

总而言之，弗洛伊德认为，激发梦的是愿望的满足。隐梦是在潜意识中形成的，通常可以追溯到童年时代，而显梦通常与前一天的经历有关。释梦是通向潜意识的“坦途”，但梦不应该在缺少做梦者对梦的联想的情况下被解释。通过梦的工作，隐梦变成了显梦。梦通过凝缩、置换和抑制情感的过程来实现其目标。显梦可能与隐梦之间没有相似之处，但弗洛伊德认为，释梦可以通过追溯梦找出潜意识的意象，以便揭示隐藏的联系。

弗洛伊德式失误

弗洛伊德认为，许多日常生活中的口误、笔误、误读、误听、放错位置及暂时忘记名字或意图并不是偶然事件，而是揭示了一个人的潜意识。在描述上述行为时，弗洛伊德使用了德语中的“Fehlleistung”一词，即“功能有误”；但弗洛伊德著作的英译者詹姆斯·斯特雷奇（James Strachey）发明了“parapraxes”一词，即“**误失行为**”来代指这一术语；而现在有很多人将其笼统地称为“**弗洛伊德式失误**”。

误失行为或潜意识的失误或弗洛伊德式失误非常普遍，我们通常很少注意到它们，也常否认它们具有深层含义。然而，弗洛伊德坚持认为，这些出错的行为是有意义的，因为它们揭示了人的潜意识。弗洛伊德称：“这不是偶然事件，而是严肃的精神行为。它们是有意义的，它们或者源于两种不同意图的同时行动，或者源于相互对立的行动。”这两种行动一方来自潜意识，另一方则来自前意识。因此，潜意识的失误与梦类似。因为它们是潜意识和前意识的产物，只是潜意识的意图占据了主导地位，干扰并取代了前意识的意图。

弗洛伊德认为，大多数人坚决否认其误失行为具有潜隐的意义，这一事实恰好证明了失误与潜意识中那些不被意识所见的意象有关。例如，一名年轻人走进一家便利店，对年轻的女店员一见钟情，然后他点了“色瓶啤酒”①。当女店员指责他的行为不端时，这名年轻人慷慨陈词地解释了起来。这样的例子数不胜数。弗洛伊德在《日常生活的精神病理学》一书中也提供了许多例子，其中不少是他自己的出错行为。有一次，弗洛伊德因为钱的问题非常烦恼。第二天，他溜达到了他每天都会去的烟草店。然而就在这一天，他拿起每天都买的雪茄直接离开了商店，却忘记付钱。弗洛伊德将这一疏忽归咎于之前对金钱问题的思考。在所有的弗洛伊德式失误里，潜意识的意图排挤掉了较弱的前意识意图，揭示了一个人的真实目的。

相关研究

弗洛伊德的理论是否是科学的？这在所有关于弗洛伊德理论的问题中争议最大、最激烈。

① 色瓶啤酒，英文为“sex-pack of beer”，此处译为“色瓶啤酒”中文双关，更符合原文意味。——译者注

它是科学的，还是只是推测？弗洛伊德提出的假设是否可检验？他的想法可以用实验验证、检验或证伪吗？

科学哲学家卡尔·波普尔（Karl Popper）提出了可证伪的标准，他对比弗洛伊德的理论与爱因斯坦（Einstein）的理论后得出结论：前者不可证伪，因此不是科学的。毫不夸张地说，在 20 世纪的大部分时间里，大多数心理学家都将弗洛伊德的观点视为推测，虽然这些推测可能包含了对人性的洞察，但它并非科学。

在过去的 5～10 年中，至少在认知心理学家和神经科学家中，弗洛伊德理论的科学地位逐渐发生了变化。目前，神经科学正在经历前所未有的大发展，这种发展主要归功于功能性磁共振成像（fMRI）这一大脑成像技术的出现，该技术可以绘制出在完成特定任务时大脑的活跃区域。与此同时，一些认知心理学家开始研究非意识层面的信息和记忆加工，他们称之为“内隐”（implicit）认知。约翰·巴格（John Bargh）是社会认知心理学领域的引领者之一，他研究了有关“存在的自动性”的文献并得出结论：大约 95% 的行为是在没有意识的情况下被决定的。这一结论与弗洛伊德的观点完全一致，即意识只是“冰山一角”。

到了 20 世纪 90 年代后期，神经科学和认知心理学开始聚焦于与弗洛伊德的理论非常一致的认知和情感过程。这些共同点在一些认知心理学家、神经科学家和精神病学家中掀起了一股潮流，使他们坚信弗洛伊德的理论是一种令人信服的综合理论——该理论可以用来解释他们的很多发现。1999 年，一些科学家成立了一个名为神经—精神分析（Neuro-Psychoanalysis）的学会，并发行了同名的科学期刊。同时，一些著名的认知神经科学心理学家，如诺贝尔生理学奖获得者埃里克·坎德尔（Eric Kandel）、约瑟夫·勒杜（Joseph LeDoux）、安东尼奥·达马西奥（Antonio Damasio）、丹尼尔·沙克特（Daniel Schacter）及维莱亚努尔·拉马钱德兰（Vilayanur Ramachandran）公开宣称弗洛伊德理论的价值，并主张“精神分析仍然是最有条理的、在智力上最令人满意的关于精神的观点”。神经科学家安东尼奥·达马西奥写道：“我们可以说，弗洛伊德对意识本质的洞见与当代最先进的神经科学的观点相吻合。”而 20 年前，像这种来自神经科学家的支持几乎是不可想象的。

马克·索尔姆斯（Mark Solms）是将精神分析理论与神经科学研究加以整合的最活跃的学者之一。他认为弗洛伊德的以下概念得到了现代神经科学的支持，即潜意识动机、压抑、快乐原则、原始驱力和梦。与之相类似，坎德尔认为，精神分析和神经科学相结合，能够对八个领域有所贡献，包括无意识精神过程的本质，心理因果关系的本质，心理因果关系与心理病理学，早期经历和精神疾病的易感性，前意识、无意识和前额叶皮层，性取向，心理治疗和大脑结构的改变，以及精神药理学作为精神分析的辅助手段。

尽管缺乏足够的证据支撑，而且一些精神分析学家反对神经科学的参与，认为他们的工作与精神分析不相干，甚至有害，但弗洛伊德的理论与神经科学之间的重叠足以表明（即便不能完全令人信服）二者可以整合。

潜意识心理加工

许多科学家和哲学家都已经认识到，存在两种不同形式的意识。第一种形式是没有觉知或尚未觉知的状态，第二种形式是觉知的状态。前者被称为“核心意识”，而后者被称为“扩展意识”。脑干，尤其是上行激活系统，是大脑中与核心意识或潜意识（从尚未觉知的意义上来说）最直接相关的部分。如果脑干受到损伤，人就会昏迷，并失去意识（unconscious）。而保持觉知状态及思考知识和反思自我的能力，是前额叶皮层（背侧额叶皮层）的功能。

在过去的 20 年中，认知心理学的一个重要的研究课题是非意识的心理加工现象，即“内隐”“非意识”（nonconscious）或“自动”（automatic）思维和记忆。在这一研究课题中，认知心理学家研究的是既不在觉知中也不在意识控制下的心理过程，因此更接近于弗洛伊德对潜意识的定义。当然，弗洛伊德的潜意识概念更为动态、更强调压抑和抑制，但是——正如我们接下来要看到的那样——认知神经科学正在揭示类似的潜意识。

快乐和本我、抑制和自我

神经科学研究发现，寻求快乐的驱力源于两大脑结构——脑干和边缘系统。而在大多数寻求快乐的行为中，最重要的神经递质是多巴胺。用弗洛伊德的话来说，这些行为是本我的驱力和本能。

最近的研究探讨了大脑如何感受本我的驱力和本能，让我们对此的理解有了新的认识。神经科学家扎克·潘克塞普（Jaak Panksepp）和心理学家肯特·贝里奇（Kent Berridge）花了数十年的时间探索大脑的奖赏程序。他们的研究成果表明，与本我不断地寻求快乐有关的两种重要的神经递质分别是多巴胺和内源性阿片肽（如内啡肽）。多巴胺系统与本我的寻求或想要的倾向（给我！）相关，而内源性阿片肽系统则与当本我被满足时（啊！）我们体验到的快乐有关。这两个系统是协同工作的。多巴胺系统不仅在早上让我们醒来、催我们起床，敦促我们寻找食物、参与社交，还会吸引我们来到电脑前搜索各种新鲜事，或者让我们打开智能手机检查我们的 Facebook 有没有收到新消息。当我们找到想要搜寻的内容时，内源性阿片肽系统就会让我们体验到满足感。不过，虽然这两个系统协同工作，但贝里奇认为，二者是不平衡的。满足快乐比满足欲望更难，而这种现象具有进化的意义。如果本我很容易感到满足，所有的人都会快乐地无所事事，没有动力，但这样也活不长久。这就是为什么潘克塞普说寻求才是主要的动机，这也印证了弗洛伊德的观点，即本我具有原始力量，驱策着我们不断寻求少得可怜的快乐。

1923 年，弗洛伊德修改了关于精神如何运作的观点并提出了本我、自我和超我的结构理论。自我是处于无意识层面的结构，它的主要功能是抑制驱力。如果大脑中负责抑制冲动和驱力的部分受损，那么基于本我的寻求快乐的冲动就会有所增强。这正是额叶－边缘系统受损时会发生的情况。许多个案研究和系统化的脑成像研究都已证明，额叶－边缘系统与冲动调节之间存在着联系。第一个，也是最著名的个案来自 19 世纪的一名铁路工人菲尼亚斯·盖奇（Phineas Gage）。盖奇在铁路上工作时遇到了爆炸，一根金属棒穿过他的下巴，贯穿头部从他的前额顶部伸出，造成了额叶损伤。令人惊讶的是，或许是因为金属棒插入的速度太快，烧灼了脑组织，盖奇始终没有失去意识，并且存活了下来。从生理上看（除了失去一些脑组织），他还算健康，但是他的人格发生了变化。用他的医生的话说，这位原本温和、负责、可靠的工人变得“不安分，无礼，有时沉迷于粗俗的脏话（他以前没有这个习惯），对他的同伴毫不尊重，在得不到自己想要的东西时很不耐烦，有时十分固执，有时又反复无常、犹豫不决”。也就是说，盖奇变得敌对、冲动，根本不在乎自己的行为是否与社会规范相符。用弗洛伊德的话说，盖奇的自我不再能够抑制基本的驱力和本能，他变得由本我驱策。

索尔姆斯认为，额叶受损的患者的共同点是他们没有能力保持“现实约束”（自我），并且倾向于通过“愿望”（本我）来解释事件，也就是说，他们按照自己的需要和愿望创造现实。索尔姆斯认为，所有这些事例都支持了弗洛伊德的观点，即本我遵从快乐原则、自我遵从现实原则。

压抑、抑制和防御机制

弗洛伊德理论的另一个核心组成部分是关于防御机制，尤其是压抑这种防御机制。无意识主动地（动态地）将思想、感觉、不愉快或威胁性的冲动置于意识之外。对研究者来说，关于防御机制的研究目前仍是热门领域。研究中的一部分关注童年期和青春期对投射和身份认同的应用，另一部分则调查了什么样的人更可能成为投射的目标。

索尔姆斯从神经心理学的视角研究了一些个案，探讨了可能与防御机制的使用和维持有关的大脑区域。具体来说，索尔姆斯描述了大脑右半球受损时，令人不快的信息就被压抑了，但是如果受损的脑区被治愈，这种压抑就消失了，也就是说，对令人不快的信息的觉知又回来了。此外，这类患者经常通过编造故事来合理化令人不快的事实。也就是说，他们采用了弗洛伊德所说的愿望满足的防御机制。例如，一位患者在被问及头上的疤痕时编造了一个故事，称疤痕是他几年前做牙科手术或冠状动脉搭桥手术留下的。此外，当医生问这位患者知不知道医生是谁时，患者每次都会给出不同的答案，说他是自己的同事、酒友或大学校队的队友。这些解释体现的都是愿望而非现实。

霍华德·谢夫林（Howard Shevrin）及其同事开展的一项研究考察了压抑的神经生理学基础。具体而言，他们想回答以下问题：具有压抑人格的人是否需要更长时间的刺激才能有意识地感知到一个短暂的刺激。此前的研究已经证实，一个短暂的刺激通常需要 200 毫秒到 800 毫秒不等的刺激时长，才能被人们有意识地感知。谢夫林等的研究包括了六名临床参与者，年龄为 51～70 岁，都在几年前接受了针对运动问题（主要是帕金森病）的手术治疗。在手术中，医生添加了一道程序，即用电极刺激运动皮层的一部分，并记录能被有意识地感知的刺激时长。这道程序的结果表明，六位参与者有意识地感知刺激所需要的时长也在

200 毫秒到 800 毫秒之间。对此，研究者让患者又做了四种心理测验，然后对他们的压抑倾向程度评分。这四种心理测验分别是罗夏墨迹测验、早期记忆测验、韦氏词汇测验（一种智力测验）和癔症型－强迫型人格问卷测验。前三种测验的结果分别由三位临床评分者对他们的压抑程度进行了主观“盲”（即不知道结果来自哪一位参与者）评，第四种测验则进行了客观评分。

结果表明，三位受测者对四种测验给出的综合评分，与有意识地感知刺激所需的时长呈显著正相关。此外，癔症型－强迫型人格问卷的客观评分证实了这一结果。换句话说，一个人越压抑，他有意识地感知到一个刺激所需的时间就越长，而年龄和智商都与感知刺激所需的时长无关。就像研究者所说的那样，这一发现仅仅是关于压抑如何运作，以便让刺激不被意识觉知。但值得注意的是，这是第一个关于压抑背后的神经生理学基础的研究。

梦的研究

在 20 世纪 50 年代，科学家首次发现了睡眠中的快速眼动现象，并发现它与梦紧密相关。由此，许多科学家开始反对弗洛伊德关于梦的理论——梦是有意义的，或者梦是潜意识愿望的满足。此外，快速眼动研究表明，参与快速眼动的仅仅是脑干区域，而不是更高层的皮质区域。皮质区域才是进行更高层的思考的地方，如果皮质结构没有参与快速眼动，那么梦就纯粹只是随机的心理活动，没有任何内在含义。从这一激活－合成理论（activation-synthesis theory）的视角来看，意义是清醒的头脑赋予大脑的随机活动，而不是梦所固有的。

索尔姆斯的主要研究领域是梦，根据已有的梦的研究（包括他自己的研究），他对梦的激活－合成理论的每个假设都持怀疑态度。最重要的是，索尔姆斯认为，做梦和快速眼动不是一回事。首先，如果从快速眼动中苏醒，5%～30% 的患者称自己没有在做梦，而如果从非快速眼动中被唤醒，则有 5%～10% 的患者称自己正在做梦。因此，快速眼动和做梦之间不存在一一对应的关系。其次，脑干的损伤（由于受伤或手术等）不能完全让梦消失，而前脑区域（额叶和顶叶－颞叶－枕叶联结区域）的损伤却可以让梦消失，同时快速眼动却依然存在。

另外，正如弗洛伊德所说，梦的内容并不是随机的。几项实证研究证实了弗洛伊德在《释梦》中的主张，即“白天被压抑的愿望在梦中表现自己”。在实证文献中，这被称为“梦的回弹效应”（dream rebound effect）。在睡前，个体越压制不受欢迎的想法，越会做与其相关的梦。例如，失眠患者在睡前越压制对睡眠的担心，越会做与失眠有关的梦。此外，与那些不主动压制思想的人相比，那些在压制思想（例如，“有时候我真的希望我能不要想这么多”）上得分很高的人做梦时出现清醒的次数更多。

关于压制思想“回弹”的第一项研究，是丹尼尔·韦格纳（Daniel Wegner）及其同事开展的。在这项研究中，300 名大学生被要求在睡前想两个人：一个是他们曾经为之“心动”的人，另一个则是他们“喜爱”但没有心动感觉的人。接着，参与者被分配到三个组中，即压制组、表达组和举名组。压制组的学生被要求在五分钟之内不要想起目标人物（“心动”的人或“喜爱”的人）；表达组的学生被要求在五分钟之内想着两个目标人物中的一个；举名组的学生则被要求在写下目标人物的名字缩写后的五分钟之内可以想任何事情。结果与弗洛伊德的观点一致，即与未加压制的目标对象相比，受到压制的目标对象在学生的梦里出现的次数更多，学生关于受到压制的对象的梦也比受到抑制的非对象（没有感情上的吸引）更多。换句话说，参与者更有可能梦见自己花时间想过的人（目标对象），尤其是他们积极地努力不去想的人（目标对象）。

克罗纳 - 波洛维克（Kröner-Borowik）及其同事通过两种有趣的方式验证并拓展了韦格纳及其同事关于梦的回弹效应的研究。他们要求参与者首先确定一种独特的、令自己痛苦的侵入性想法（一种人们不愿意想，但有时会出乎意料地“突然出现”的想法）；然后，将参与者随机分到压制组或对照组，让他们阅读指示，指示的内容与韦格纳等人所用的相同；之后，让参与者立即睡觉。这样的操作并非只有一晚，而是在一个星期内每晚都如此。被分配到压制组的参与者被要求有意识地专注于他们给出的侵入性想法及与之相关的负向情绪。然后，在接下来的五分钟里，他们被要求想除了该侵入性想法之外的任何事情。“不要想它，即使是转瞬即逝的念头，丝毫不要花时间在上面，要尽一切努力把这种想法赶出你的头脑。然后，上床睡觉。”对照组则被要求在开始时将注意力集中在侵入性想法上，而在入睡前的五分钟里爱想什么就想什么。结果验证了此前关于梦的回弹的研究：与未加压制的人相比，施加压制的人梦见目标想法的次数增加。此外，压制组的参与者还做了更有压力的梦（做了“糟糕的梦”或噩梦）。这种情况在为期一周的研究中持续存在。

其他研究表明，在想象中对噩梦的内容或糟糕的梦的情节进行修改，可以减少噩梦。这与弗洛伊德的理论尤其是与噩梦有关的理论一致，这类研究表明，对于消极的想法，先集中关注后积极回避或努力压制，都会让消极的想法在梦中回弹，呈现出使人痛苦并反复发生的特征。研究者还指出，放松和避免压制是减少噩梦反复发生的方法。这无疑支持了弗洛伊德用梦的分析这种精神分析工具降低焦虑的方法。将梦说出来的好处可能与梦的特定内容（无论隐梦还是显梦）无关，而仅仅只是简单地大声说出使人痛苦的认知，从而摆脱原本可能助长梦的回弹的积极思想压制。

对弗洛伊德的评价

在评价弗洛伊德之前，我们必须首先问两个问题：第一个，弗洛伊德是否了解女性、性别和性欲？第二个，弗洛伊德是科学家吗？

弗洛伊德是否了解女性、性别和性欲

对弗洛伊德的常见批评是认为他不了解女性，而且他的人格理论几乎完全是以男性为基础的。这一批评很有道理，弗洛伊德本人也承认自己对女性心理缺乏全面的了解。

为什么弗洛伊德会对女性心理缺乏了解呢？一个原因是，弗洛伊德也是其所处时代的产物，在那个时代，社会由男性主导。在 19 世纪的奥地利，女性是二等公民，她们几乎没有任何权利，更别说特权了。她们没有机会工作或加入像弗洛伊德的星期三心理学会那样的专业组织。

因此，在精神分析诞生的前 25 年里，参与者全部是男性。第一次世界大战后，精神分析领域才开始有女性加入，诸如玛丽·波拿巴（Marie Bonaparte）、露丝·麦克·布伦瑞克（Ruth Mack Brunswick）、海伦·朵伊契（Helene Deutsch）、梅兰妮·克莱因（Melanie Klein）、卢乌·安德烈亚斯 - 萨洛梅（Lou Andreas-Salomé）和安娜·弗洛伊德（Anna Freud）等女性精神分析师才开始对弗洛伊德产生了一定的影响。但是，她们永远无法说服他相信，两性间的相似性大于差异性。

弗洛伊德本人是一位典型的维也纳资产阶级绅士，他的性别观念由他所处的时代所塑造：女性应当服侍丈夫的饮食、管理家务、照料孩子，并且不应该插手丈夫的生意或职业。弗洛伊德的妻子玛莎·伯奈斯（Martha Bernays）便是这样一位女性。

弗洛伊德是家中最受宠爱的儿子，他的妹妹们对他言听计从，读他推荐的书，听他讲世上的道理。从一次钢琴事件中我们可以进一步看出弗洛伊德在家里独受宠爱的地位。弗洛伊德的妹妹们喜欢音乐，喜欢弹钢琴。而弗洛伊德却觉得钢琴声令他分心，并向父母抱怨自己因此不能专心读书。他的父母立即将钢琴搬了出去，弗洛伊德从中领悟到，五个女孩的愿望抵不上一个男孩的偏好。

与当时的大多数男性一样，弗洛伊德认为女性是“温柔的性别”，适合照顾家庭和抚养孩子，但在科学和学术上不及男性。他给自己未来妻子玛莎的情书中随处可见“我的小女孩”“我的小女人”或“我的公主”等称呼。如果弗洛伊德知道 130 年后这些称呼被大众认为是轻视女性的标志，他一定会感到无比震惊。

弗洛伊德一直在努力理解女性，在他的一生中，他对女性的看法数次发生转变。当他还是一名年轻学生时，曾对一位朋友感叹道：“我们的教育家是多么明智，不让科学知识去困扰女性。”

在职业生涯的早期，弗洛伊德认为，男性和女性的性心理成长互为镜像，二者并不相同，却平行发展。后来，他又提出，小女孩是失败的小男孩，并将成年女性类比于被阉割的成年男性。弗洛伊德最初提出这些观点时只是试验性的，但随着时间的推移，他开始坚定地捍卫它们，并拒绝做出妥协。当弗洛伊德对女性的看法受到他人的批评时，他的反应是越来越固执。到了 20 世纪 20 年代，弗洛伊德开始认为两性之间的心理差异是由于解剖学差异引起的，不能用不同的社会化经历来解释。不过，他始终承认自己无法像了解男性一样了解女性。他称女性为“心理学的黑暗大陆”。弗洛伊德就这一问题的总结性陈述为：“如果你想更了解女性特质，那么需要审视你自己的生活经历，或者去问问诗人。”这句话反映了弗洛伊德的男性至上主义（或许是潜意识的本性）。这里的“你”显然不是指任何一个人，而是专指男性。尽管弗洛伊德提出的几乎所有理论都基于对女性案例的研究，但是他从未想过直接询问这些女性，这着实令人震惊。

尽管弗洛伊德有一些关系密切的女性朋友，但他最亲密的朋友都是男性。而且，那些对弗洛伊德产生了一定影响的女性，如玛丽·波拿巴、卢乌·安德烈亚斯 - 萨洛梅和弗洛伊德的妻妹明娜·伯奈斯（Minna Bernays），她们的行事风格也都不同于一般女性。欧内斯特·琼斯称她们是具有“男性气质倾向”的女性知识分子。这些女性与弗洛伊德的母亲和妻子截然不同，他的母亲和妻子都是典型的维也纳式贤妻良母，只关心相夫教子。而弗洛伊德的女性同事、女性学生都具有超群的智力、坚毅的性格和忠诚的品质——这也是弗洛伊德看重的男性应该具备的品质。但是，这些女性无法成为弗洛伊德最亲密的朋友。1901 年 8 月，弗洛伊德在给朋友威廉·弗利斯的信中写道：“在我的一生中，你知道的，女性从来无法取代男性，成为我的同志、我的朋友。”

为什么弗洛伊德无法了解女性？他成长于 19 世纪中叶，时代的主流思想夸大男女差异，他又负责看管妹妹们，并认为女性居住在人类的“黑暗大陆”上。综上，弗洛伊德似乎不可能具备了解女性的必要经历。直到生命的尽头，弗洛伊德仍然在问：“女性究竟想要什么？”弗洛伊德的这个疑问恰恰表明了他的性别偏见，他假定所有的女性都想要相同的东西，并且不同于男性想要的东西。

朱迪丝·巴特勒（Judith Butler）等女性主义理论家曾批评弗洛伊德理论中的性别规范（当俄狄浦斯情结消失后，男孩变成了具有男性气质的男人，女孩则变成了具有女性气质的女人）与异性恋主义。弗洛伊德在著作《哀伤与抑郁》（*Mourning and Melancholia*）和《自我与本我》（*The Ego and the Id*）中曾指出，人的性格（自我）的形成过程首先是痛失所爱，然后是用其他客体来替代爱的客体。也就是说，男孩必须先“痛失”作为爱的客体的母亲，然后用其他女性的爱作为替代；相应地，女孩必须先“痛失”父亲，然后用其他男性的爱作为替代。

巴特勒在《哀伤的性别——拒绝身份认同》（Melancholy Gender — Refused Identification）一文中反驳了弗洛伊德的原始观点，并提出疑问：“自我与丧失*对同性别者的*依恋，有什么关系？”人们在小时候曾与父母中同性别的一方有过强烈的依恋关系，这是无可否认的。然而，巴特勒认为，超我不会轻易让自我为丧失的同性客体建立补偿依恋。这是为什么？弗洛伊德的观点是，人们在这些丧失的客体上倾注了力比多。社会不认可对同性的力比多依恋，因此自我不能够为丧失的同性客体找到恰当的、令人满意的、让本我感到舒适的替代品。这样一来，本我就陷入了“忧郁症”中，永远无法彻底摆脱哀伤。

如果按照弗洛伊德的性别规范和异性恋理论，女孩和男孩都必须压抑对异性父母的渴望；而在巴特勒的重新构建下，这种心理活动变得更加严酷——儿童必须*否认*对同性的爱。巴特勒认为，针对同性恋的文化禁忌是性别和异性恋的基础，对男孩和男性来说尤其如此。巴特勒还认为，男性气质中包含对异性恋的性别认同，这其实是一种压抑，反映出男性对被同性吸引的断然拒绝，以及对失去父母中同性一方的哀伤。如此，巴特勒对弗洛伊德的性别与性欲理论提出了有趣的批判性解释。

弗洛伊德是科学家吗

第二种对弗洛伊德的评论是关于他可否称得上是一位科学家。尽管弗洛伊德本人坚持认为自己首先是一位科学家，精神分析是一门科学，但是我们需要考虑他是如何定义科学的。他之所以称精神分析是一门科学，是为了将其与哲学或意识形态进行区分，而不是指精神分析属于自然科学。在弗洛伊德的时代，德语文化区认为自然科学和人文科学是截然不同的。可惜詹姆斯·斯特雷奇在《弗洛伊德心理学标准版全集》中将弗洛伊德误译成了一位自然科学家。不过，其他学者指出，弗洛伊德清楚地知道自己是人文科学家或人文学者，或者说是学者，而非自然科学家。为了将弗洛伊德的著作翻译得更准确、更具人文特征，目前一群语言学者正在翻译弗洛伊德著作的新译本。

布鲁诺·贝塔汉姆（Bruno Bettelheim）就曾批评过斯特雷奇的译本。他指出，斯特雷奇的《弗洛伊德心理学标准版全集》译本用精确的医学概念和误导性的希腊语、拉丁语术语取代了弗洛伊德原本使用的普通的、模棱两可的德语单词。这种翻译上的精确性让弗洛伊德著作的英语版本比最初的德语版本更倾向于自然科学，而非人文科学。例如，用德语解读弗洛伊德的贝塔汉姆认为，弗洛伊德将精神分析疗法视为进入灵魂（soul）——斯特雷奇将之翻译为“精神”（mind）——深处的灵性之旅，而非对精神结构的机械分析。

由于弗洛伊德对科学的看法来自 19 世纪的德国，许多当代学者认为弗洛伊德的理论构建方法经不住推敲，且不够科学。弗洛伊德的理论并非基于实验研究，而是来自对自己和临床患者的主观观察。而这些临床患者无法代表一般人群，因为他们主要来自中上阶层。

抛开上述讨论，让我们回到这个问题上：弗洛伊德的理论是科学吗？弗洛伊德自己对科学的描述给主观解释和含混定义留出了很大的空间。

> 众所周知，科学应该建立在清晰明确的基本概念之上。然而，没有一种科学——甚至是最精确的科学——是从清晰明确的概念开始的。科学始于对现象的描述，然后是对现象进行分组、分类和关联。即使在描述阶段，也无法避免用某些抽象概念来解释手中的资料，这些概念来自其他地方，绝不仅仅来自观察。

弗洛伊德曾描述过自己是如何建立理论的，这可能也是最贴切的描述。1900 年，在《释梦》出版后不久，弗洛伊德在写给他的朋友威廉·弗利斯的信中承认：“我其实并不是科学家，不是观察者，不是实验者，也不是思想家。我的本性只是一个征服者——一位冒险家……这一类型的人都具备好奇、无畏和不屈不挠的特征。”

虽然弗洛伊德自视为征服者，但是他确信自己所构建的是一种科学理论。那么，他的理论是否满足我们在第 1 章中提到的有用理论的六个标准呢？

第一，*能否引发研究*。有用的理论具有引发研究的能力。尽管弗洛伊德的假定很难被检验，但还是有研究者做了直接或间接的与精神分析理论有关的研究。因此，我们认为弗洛伊德的理论有中等水平的*引发研究*的能力。

第二，是否*可以证伪*。由于符合弗洛伊德观点的研究证据也可以用其他模型来解释，因此弗洛伊德理论几乎不可能被证伪。有一个例子能够很好地说明精神分析无法被证伪：弗洛伊德有一位女患者梦见自己的婆婆要来拜访，这个梦无法用愿望的满足来解释，因为这位女患者讨厌她的婆婆，不希望她来拜访。弗洛伊德逃避了这个问题，而是解释说，这个梦的愿望是想要挑战他，向他证明并非所有的梦都是愿望的实现。这类推理让弗洛伊德的理论在可证伪维度上得分很低。

第三，是否*可以组织资料*，将知识纳入有意义的框架的能力。不幸的是，弗洛伊德的人格理论框架过于强调潜意识，因此过于宽松和灵活，致使相互矛盾的资料也可以被归入同一个框架。与其他人格理论相比，精神分析对人们为什么会如此行事提供了更多的答案。但是，这些答案中只有一部分来自科学研究，大多数只是弗洛伊德基本假设的逻辑扩展。因此，我们认为精神分析组织资料的能力只能得到中等评价。

第四，能否*指导行动*。有用的理论应该可以指导实践者解决实际问题。由于弗洛伊德的理论是综合性的，因此接受过精神分析训练的人可以依靠它解决日常遇到的实际问题。但是，精神分析已经不再是心理治疗领域的主导理论，目前大多数心理治疗师在实践中采用的是其他理论。因此，我们在指导实践者的维度上给精神分析较低的评价。

第五，是否具有*内部一致性*。有用的理论具有内部一致性，包括术语的操作性定义。精神分析理论具备内部一致性，但要注意弗洛伊德的著作前后跨度有 40 多年，其间他曾修订过一些概念的含义。不过，尽管一些术语的使用不够科学和严谨，但是在任意时段内，该理论是具有内部一致性的。

精神分析是否有一套具有操作性定义的术语？答案是否定的。诸如本我、自我、超我、意识、前意识、潜意识、口欲期、俄狄浦斯情结和隐梦等许多术语并没有操作性定义，也就是说，它们没有一个包含特定操作或行为的详细说明。研究者必须对大多数精神分析术语给出操作性定义。

第六，*简约性如何*。有用的理论具有简约性。精神分析并不是一种简单或简约的理论。不过，如果考虑到它的全面性和人格的复杂性，它的繁杂也不是没有原因的。

对人性的构想

第 1 章总结了关于人性构想的几个维度。那么，弗洛伊德的理论该如何从这些维度加以衡量？

第一个维度是*决定论还是自由选择*。在这个维度上，弗洛伊德对人性的观点倾向于决定论。弗洛伊德认为，人们的大多数行为是由过去的事件决定的，而非由当前的目标决定的。人们几乎无法控制当下的行为，因为其行为植根于不被当下所觉知的无意识中。尽管人们通常认为自己可以控制自己的生活，但弗洛伊德认为这种信念只是幻想。

成年人的人格很大程度上取决于童年的经历，尤其是俄狄浦斯情结，其残留的信息存在于潜意识中。弗洛伊德认为，在人类历史上，自恋的自我曾遭受过三次重大打击。第一次是哥白尼发现地球不是宇宙的中心；第二次是达尔文发现人类与其他动物十分相似；第三次也是最具破坏力的一次，是弗洛伊德发现人们无法控制自己的行为，或者用他本人的话说，“自我不是自己的主人”。

第二个维度是*悲观主义还是乐观主义*。弗洛伊德认为，人们所在的世界处于冲突的状态，生与死的力量从相反的方向影响着人们。固有的死亡愿望不断驱使人们走向自我毁灭或攻击，固有的性驱力则驱使人们盲目地追求快乐。自我永远处于冲突状态中，试图平衡本我与超我的矛盾需求，同时又要对外部世界做出妥协。在文明之下，人们是野兽，天生倾向于利用他人来满足自己的性需要和破坏需要。弗洛伊德认为，即使是最支持和平的人，其外表之下也隐藏着反社会行为。更糟糕的是，人们通常不了解自己行为的原因，也没有意识到自己对朋友、家人和爱人的憎恨。由于这些原因，精神分析理论本质上是悲观主义的。

第三个维度是*因果论还是目的论*。弗洛伊德认为，人们当下的行为主要由过去的原因决定，而不是由人们对未来的目标决定。人们并不会朝着自己确定的目标迈进；相反，他们无助地陷在性驱力与攻击驱力的斗争中。两种强大的驱力迫使人们强迫性地重复原始的行为模式。成年后，人们的行为只是一连串的反应——人们不断试图减轻紧张，缓解焦虑，压抑不愉快的经历，退行到更早或更安全的发展阶段，强迫性地重复熟悉且安全的行为。因此我们认为，弗洛伊德的理论强烈地倾向于因果论。

第四个维度是*意识还是潜意识*，精神分析理论显然倾向于潜意识动机。弗洛伊德认为，从口误到宗教体验，一切行为都来自深层想要满足性驱力或攻击驱力的欲望。这些动机让人们成为潜意识的奴隶。尽管人们知道自己做出了行动，但弗洛伊德认为，这些行动背后的动机深植于人们的潜意识之中，并且常常与人们以为的动机大相径庭。

第五个维度是*生物因素影响还是社会因素影响*。作为一名内科医生，弗洛伊德接受的医学训练让他倾向于从生物学的角度看待人性。然而，弗洛伊德又很关注史前社会的结构和个体早期社会经历的后果。由于弗洛伊德相信婴幼儿期的许多幻想和焦虑具有生物学来源，因此我们认为，他对社会影响不够重视。

第六个维度是*独特性还是相似性*。在这一维度上，精神分析理论处于中间位置。人类进化史赋予人们许多相似之处。然而，个体经历，特别是童年早期的经历，以某种独特的方式塑造了人们，并解释了人格的个体差异。

重点术语及概念

- 弗洛伊德指出了精神生活的三个层面：潜意识、前意识和意识。
- 引起高度焦虑的童年早期经历被压抑，进入潜意识，并在潜意识中长期影响人的行为、情绪和态度。
- 与焦虑无关的、被遗忘的事件构成了前意识的内容。
- 意识层面的意象是指在任何给定时间被人所觉知的意象。
- 弗洛伊德提出了精神的三个区划，即本我、自我和超我。
- 本我是潜意识的、混乱的、脱离现实的，遵循快乐原则。
- 自我是人格的执行者，与现实世界相连，遵循现实原则。
- 超我遵循道德和理想主义原则，并在俄狄浦斯情结消解后开始形成。
- 所有动机都可以归于性驱力和攻击驱力。与性和攻击有关的童年行为经常受到惩罚，从而导致了压抑或焦虑。
- 为了抵御焦虑的困扰，自我启动了多种防御机制，其中最基本的是压抑。
- 弗洛伊德提出了三个主要的发展阶段——婴幼儿阶段、潜伏期和生殖期，其中他最关注的是婴幼儿阶段。
- 婴幼儿阶段分为三个亚阶段——口欲期、肛欲期和性器期，其中最后一个亚阶段与俄狄浦斯情结同时。
- 弗洛伊德相信，梦和弗洛伊德式失误是潜意识冲动表达的伪装手段。

CHAPTER 03

第 3 章

阿德勒：个体心理学

阿德勒 © Imagno/Votava/The Image Works

- 个体心理学概要
- 阿尔弗雷德·阿德勒小传
- 阿德勒理论绪论
- 追求成功或卓越
  - 最终目标
  - 作为补偿的奋斗力
  - 追求个人卓越
  - 追求成功
- 主观知觉
  - 虚构主义
  - 身体缺陷
- 人格的整体性和自我一致性
  - 器官用语
  - 意识和潜意识
- 社会兴趣
  - 社会兴趣的起源
  - 社会兴趣的重要性
- 生活方式
- 创造性力量
- 异常发展
  - 概述
  - 适应不良的外部因素
  - 保护倾向
  - 男性倾慕
- 个体心理学的应用
  - 家庭序位排列
  - 早期记忆
  - 梦
  - 心理治疗
- 相关研究
  - 出生顺序效应
  - 早期记忆与职业选择
  - 区分自恋（追求卓越）与自尊（追求成功）
- 对阿德勒的评价
- 对人性的构想

重点术语及概念

1937 年，年轻的亚伯拉罕·马斯洛（Abraham Maslow）在纽约的一家餐馆里与一位年长的同事共进晚餐。这位长者由于早年曾与西格蒙德·弗洛伊德来往而颇有名气，包括马斯洛在内的许多人都将他视为弗洛伊德的弟子。当马斯洛不经意间提及长者曾是弗洛伊德的追随者时，长者勃然大怒。据马斯洛说，他几乎是喊着说那是弗洛伊德的谎言和骗局，并怒斥弗洛伊德是骗子、狡猾之徒、阴谋家……他称自己从未当过弗洛伊德的学生、弟子或追随者。他从最初就明确地表示自己不认可弗洛伊德的观点，而是别有洞见。

马斯洛知道这位长者素来脾气和善、乐于助人，所以他的这次暴怒令马斯洛十分震惊。

这位长者就是阿尔弗雷德·阿德勒。在他的整个职业生涯中，他一直在为摆脱自己曾是弗洛伊德弟子的身份而奋斗。每当记者和其他人询问阿德勒早年与弗洛伊德的关系时，他就会取出一张褪色的明信片，上面的内容是弗洛伊德邀请阿德勒在接下来的星期四去他家，参加他和另外三位医生的会面。弗洛伊德在邀请的结尾写道："作为同事向你致以诚挚的问候。"这句友善的结语让阿德勒有了坚实的证据，证明弗洛伊德认为二人是平等的。

不过，阿德勒和弗洛伊德的和睦交往很快就结束了，两人转而互相攻击，向对方提出了犀利的批评。例如，在第一次世界大战后，弗洛伊德将攻击驱力提高到基本驱力的地位，而早已放弃了攻击这一概念的阿德勒讽刺地评论道："我的攻击驱力理论丰富了精神分析。我很高兴做出这一贡献。"

在二人激烈的争吵中，弗洛伊德斥责阿德勒有偏执妄想，说他用的是恐怖主义策略。弗洛伊德告诉他的一位朋友，阿德勒的抗争是"被野心逼疯的异常者的反抗"。

个体心理学概要

阿德勒既不是恐怖主义者，也并非受野心驱使的人。诚然，阿德勒的**个体心理学**（individual psychology）展现了一种不同于弗洛伊德观点的乐观主义，同时十分依赖于**社会兴趣**这一概念，即全人类的同一感（feeling of oneness）。除此之外，他的观点与弗洛伊德的观点还有另外一些差异，两种理论之间的联系其实十分微弱。

首先，弗洛伊德将所有动机都归结于性驱力和攻击驱力，而阿德勒则认为人们的动机主要来自社会影响及个人对成功或卓越的追求；其次，弗洛伊德认为人们在塑造自己的人格上几乎没有选择权，而阿德勒则认为人们对自己是怎样的人负有主要责任；再次，弗洛伊德认为人们当前的行为是由其过去的经历所塑造的，而阿德勒则认为人们当前的行为是由其对未来的看法所决定的；最后，弗洛伊德十分强调行为中的潜意识成分，而阿德勒则认为心理健康的人通常知道自己在做什么及为什么这样做。

如前文所说，阿德勒曾是每个星期都会在弗洛伊德家中会面的医生小团体的最初成员。但是，随着阿德勒与弗洛伊德在理论和人格上出现越来越大的差异，阿德勒离开了弗洛伊德的圈子，建立了一种与弗洛伊德的理论截然相反的理论，即个体心理学。

阿尔弗雷德·阿德勒小传

1870 年 2 月 7 日，阿尔弗雷德·阿德勒出生在维也纳附近的鲁道夫斯海姆村。他的母亲波琳（Pauline）是一位勤劳的家庭主妇，因为照顾七个孩子而一直闲不下来。他的父亲利奥波德（Leopold）是来自匈牙利的中产阶级犹太商人。阿德勒小时候体弱多病，5 岁时险些死于肺炎。当时他跟一个比他大的男孩一起去滑冰，但是滑着滑着就被甩下了。被冻得瑟瑟发抖的阿德勒设法找到了回家的路，一到家就栽倒在客厅的沙发上睡着了。等他迷迷糊糊醒来时，听到一位医生正在对他的父母说："你们就别再费事了。这个孩子没救了。"这段经历和稍早前弟弟的去世促使阿德勒选择做一名医生。

阿德勒的体弱与他的哥哥西格蒙德·阿德勒（Sigmund Adler）的健康形成了鲜明对比。阿德勒最早的记忆之一就是身体不好的自己与身强体壮的哥哥之间发生的令人不快的竞争。西格蒙德不仅曾是阿德勒童年时期企图超越的竞争对手，后来也一直都是阿德勒的强劲对手，其成年后在商业上大获成功，还在经济上帮助过阿德勒。不过，不管怎么看，成年后的阿德勒都要比他的哥哥西格蒙德出名得多。只是像很多家庭里的老二一样，阿德勒直到中年都在和哥哥竞争。他曾经对自己的传记作家菲利斯·博顿（Phyllis Bottome）说："我的长兄是一个勤勉上进的人，他一直领先于我……现在他仍然领先于我！"

弗洛伊德和阿德勒的生平有几个有趣的相似之处。尽管二人的父母都是来自维也纳的中等或中等偏下阶层的犹太人，但他们中并无虔诚的宗教徒。只是，弗洛伊德比阿德勒更能意识到自己的犹太人身份，并且总认为自己因为这一背景而受到迫害，而阿德勒则从未声称自己受过迫害。1904 年，阿德勒改信新教，彼时的他仍是弗洛伊德的核心圈子中的一员。尽管改变了信仰，但阿德勒并不十分虔诚，他的一位传记作者甚至认为他是不可知论者。

和弗洛伊德一样，阿德勒也有一个弟弟在儿时就夭折了。相似的早期经历对二人都造成了深远影响，但结果却大不相同。弗洛伊德——按照他自己的说法——在潜意识中希望自己的竞争对手死去，而当还是婴儿的弟弟朱利叶斯（Julius）真的死去时，弗洛伊德心中充满了内疚和自责，这种状况一直持续到他成年之后。

阿德勒则更有可能因为他的弟弟鲁道夫（Rudolf）的去世而受到创伤。其时阿德勒 4 岁，某天早上醒来后发现鲁道夫死在床上，当时兄弟二人的床互相挨着。阿德勒并没有感到恐惧或内疚，而是将这一经历连同之后自己险些死于肺炎的经历视为死亡向自己发出的挑战。因此，他在 5 岁时就决定，自己的人生将以战胜死亡为目标。由于医学是阻止死亡的一门学科，因此阿德勒在很小的时候就决定成为一名医生。

尽管弗洛伊德生活在一个大家庭中，其中包括七个弟弟妹妹，两个年长许多的同父异母的哥哥，还有与他年龄相近的侄子和侄女，但是在所有家人中，他在情感上对父母尤其是母亲更为依恋。相比之下，阿德勒对社交关系更感兴趣，他的兄弟姐妹和同龄人在他童年时期的发展中起着举足轻重的作用。在整个成年时期，弗洛伊德和阿德勒之间的这一人格差异依然存在，弗洛伊德更喜欢一对一的密切关系，而阿德勒在团体场合中感到更自在。他们的人格差异也反映在了他们所创立或加入的专业组织上。弗洛伊德的维也纳精神分析学会和国际精神分析协会都有着极强的金字塔风格，弗洛伊德所信任的六位朋友组成的小圈子凌驾于这两个专业组织之上。相比之下，阿德勒更加民主，经常在维也纳的咖啡馆与同事和朋友会面，一起弹钢琴、唱歌。实际上，阿德勒的个体心理学学会组织松散，阿德勒不太注重业务细节，因为这些细节大都无法推动个体心理学的发展。

阿德勒上小学时的成绩不好也不坏。然而，当他进入大学预科为上医学院做准备时，他的成绩很差，以至于他的父亲扬言要让他退学，送他去做鞋匠的学徒。等到阿德勒成为医学生之后，他也从未曾获得任何特殊荣誉，这可能是因为他对患者护理的兴趣未能迎合当时教授们对精确诊断的兴趣。他于 1895 年底获得医学学位，实现了童年确立的、成为医生的目标。

由于阿德勒的父亲在匈牙利出生，因此阿德勒是匈牙利公民，有义务到匈牙利军队服役。在获得医学学位后，他立即履行了这一义务，然后返回维也纳继续深造。阿德勒于 1911 年成为奥地利公民。他以眼科医生的身份开设了私人诊所，但是很快就放弃了，转而投身精神病学和全科医学。

关于阿德勒和弗洛伊德的第一次会面，不同学者提出了不同意见。学者们的共识是，在 1902 年秋末，弗洛伊德曾邀请阿德勒和维也纳的另外三位医生齐聚自己家中，讨论心理学和神经病理学。这个团体直到 1908 年一直被称为“星期三心理学会”，后来改名叫维也纳精神分析学会。尽管弗洛伊德是讨论小组的领导者，但阿德勒从不认为弗洛伊德是他的导师，并且天真地相信他和其他参与者都能为精神分析做出贡献，并且是能够被弗洛伊德所采纳的贡献。尽管阿德勒是弗洛伊德核心圈子的最初成员之一，但二人从未有过私交。在 1907 年阿德勒出版《器官缺陷及其心理补偿的研究》（*Study of Organ Inferiority and Its Psychical Compensation*）一书后，二人都未曾意识到彼此在理论上的差异。在这本书里，阿德勒指出人类动机的根源在于身体缺陷，而非性欲。

在接下来的几年中，阿德勒越来越相信精神分析应该比弗洛伊德的婴儿性欲观更广泛。1911 年，时任维也纳精神分析学会主席的阿德勒在团体内部提出了这一观点，明确反对精神分析过于强调性欲的倾向，提出追求卓越的动机比性欲更加根本。这时，他和弗洛伊德才明确意识到彼此之间的分歧是无法调和的。1911 年 10 月，阿德勒辞去了维也纳精神分析学会的主席职务，放弃了成员资格。他与弗洛伊德圈子的另外九位前成员一起成立了自由精神分析研讨会，这个名称激怒了弗洛伊德，因为它暗示了弗洛伊德的维也纳精神分析学会不允许自由地表达思想。不过，阿德勒很快就把研讨会改名为“个体心理学学会”——这个名称清楚地表明，他已经彻底抛弃了精神分析。

像弗洛伊德一样，阿德勒也深受第一次世界大战的影响。二人都曾遇到经济困难，也都无奈地从亲戚那里借过钱——弗洛伊德是从其岳母爱德华・伯奈斯（Edward Bernays）处筹借，而阿德勒是从其兄长西格蒙德处筹借。两个人也都因为战争而对自己的理论做出了重大的修改。弗洛伊德在看到战争的恐怖之后将攻击驱力提升到与性驱力等同的地位，阿德勒则提出社会兴趣和同情心可能是人类动机的基础。在战争期间，阿德勒申请了维也纳大学的无薪讲师职位，但是遭到了拒绝，这让他深感失望。阿德勒本希望这一职位能让他有机会广泛地传播自己的观点，同时他也迫切地渴望自己能够取得弗洛伊德十多年来所享有的声誉和地位。但阿德勒始终未能得到这一职位。第一次世界大战结束后，他才通过演讲、开设儿童指导诊所和培训教师推广了自己的理论。

阿德勒晚年经常访问美国，并在哥伦比亚大学和社会研究新学院开设个体心理学课程。1932 年，他成为美国的永久居民，并在长岛州立大学医学院（现为纽约州立大学下城医学院）担任医学心理学客座教授。弗洛伊德不喜欢美国人，也不喜欢美国人对精神分析的肤浅理解。而阿德勒却被美国人打动，钦佩他们的乐观和豁达。20 世纪 30 年代中期，阿德勒因演讲而在美国声名远扬，几乎无人可以比肩，他的最后几本著作是专门面向美国市场的受众的。

1897 年 12 月，阿德勒与一位非常独立的俄国女士蕾莎・爱泼斯坦（Raissa Epstein）结婚。蕾莎是一位早期的女性主义者，比丈夫更热衷于政治。后来，阿德勒搬到纽约居住时，蕾莎仍主要生活在维也纳。阿德勒多年来反复请求蕾莎搬到纽约，但是直到他去世前几个月，蕾莎才终于来到纽约。令人慨叹的是，蕾莎并不像丈夫一样喜欢美国，但她在丈夫去世后一直独自生活在美国，直到去世，度过了将近四分之一个世纪。

阿德勒最喜欢的放松方式是听音乐，并且对艺术和文学也保持着浓厚的兴趣。在阿德勒的著作中，他经常援引童话、《圣经》，以及莎士比亚、歌德和其他许多人的文学作品。他认为自己与普通大众是完全一样的，他的举止和外貌也与他的身份认同相符。他的患者有很大比例来自中下阶层，这在当时的精神病医生中很少见。他的个人品质包括对人类状况的乐观态度，既有强烈的竞争意识，同时又对意气相投的人很友好，还有对基本性别平等的坚定信念，以及对女性权利的大力倡导。

从童年中后期直到 67 岁生日之间，阿德勒的身体一直很健康。可是，1937 年年初，阿德勒在荷兰的一次演讲中突发胸口痛。他不顾医生劝他休息的建议，接着又去了英国的苏格兰亚伯丁。在那里，他于 1937 年 5 月 28 日死于心脏病。比阿德勒年长 14 岁的弗洛伊德失去了宿敌。弗洛伊德在听到阿德勒的死讯后不无讽刺地评论道：“一个维也纳郊区的犹太男孩竟会死在亚伯丁，此般生涯闻所未闻，也正说明他实在是走得太远了。对他在反对精神分析的事业上做出的贡献，这个世界给他的回报着实丰厚。”

阿德勒理论绪论

尽管阿德勒对后来的理论家产生了深远的影响，如哈里・斯塔克・沙利文（Harry Stack Sullivan）、卡伦・霍妮（Karen Horney）、朱利安・罗特（Julian Rotter）、亚伯拉罕・H. 马斯洛（Abraham H. Maslow），但是他的名气始终不如弗洛伊德或荣格响亮。这背后至少有三个原因。首先，阿德勒没有建立紧密运转的组织来延续自己的理论；其次，他不是一个特别有天赋的作家，他的大部分著作都是由不同的编辑根据他的演讲稿汇编而成的；最后，他的许多观点被纳入后来的理论家（如马斯洛、罗杰斯和艾利斯等）的著作中，于是这些观点不再与阿德勒的名字联系在一起。

尽管他的著作揭示了对人类人格深刻而复杂的洞见，但阿德勒的理论从本质上来说是简单且简约的。阿德勒认为，人类生来就有着虚弱、有缺陷的身体——这一情形导致了*自卑感*，也因此必须依赖他人。因此，人们有一种与生俱来的与他人同一的需要，即社会兴趣，这也是衡量心理健康的终极标准。更具体地说，阿德勒理论的基本原则表明了个体心理学的最终观点，可以总结如下：

（1）人们行为背后的唯一动力是对*成功或卓越的追求*；

（2）人们的*主观知觉*塑造了其行为和人格；

（3）人格是*统一且自我一致的*；

（4）一切人类活动的价值都必须从*社会兴趣*的角度来看待；

（5）自我一致的人格结构主导着一个人的*生活方式*；

（6）生活方式由人们的*创造性力量*所塑造。

追求成功或卓越

阿德勒理论的第一个基本原则是：*人们行为背后的唯一动力是对成功或卓越的追求*。

阿德勒将全部动机简化为一种驱力，即对成功或卓越的追求。阿德勒在童年时期的显著特点是身体不好及强烈的与哥哥竞争的感觉。个体心理学认为，每个人出生时身体都很虚弱，这一缺陷引发了自卑感，而自卑感则会推动个体为追求成功或卓越而奋斗。心理不健康的人追求个人的卓越，而心理健康的人则为全人类谋求成功。

在职业生涯的早期，阿德勒曾认为*攻击*是所有动机背后的驱力，但是，他很快就不再满足于这一解释。在放弃攻击是唯一驱力的观点之后，阿德勒使用“*男性倾慕*”一词，代指主导或凌驾于他人之上的意志。不过，他也很快就放弃了男性倾慕是唯一驱力的观点，而是把男性倾慕的概念放到了异常发展理论中。

接着，阿德勒指出，*对卓越的追求*是人们的唯一动力。然而，在他最终的理论中，他将追求卓越归属于那些追求凌驾于他人之上的人，引入了“*追求成功*”这一术语来描述受高度发展的社会兴趣所推动的人的行为。在追求成功或卓越的动机之外，个体还受最终目标（final goal）指引。

最终目标

根据阿德勒的观点，人们所追求的最终目标可能是个人卓越，也可能是全人类的成功。

无论哪种情况，最终目标都是虚构的，而非客观存在的。尽管如此，最终目标仍然具有重要的意义，因为它使人格统一，让所有行为变得可以理解。

每个人都有能力设立个人的虚构目标，这一目标是由遗传和环境共同构建的。但是，该目标既不是由遗传决定的，也不是由环境决定的。它是**创造性力量**的产物，源于人们自由地塑造自己的行为并创造自己人格的能力。儿童成长到四五岁时，其创造性力量已经发展到可以设定最终目标的程度。即便是婴幼儿，也有与生俱来的成长、完善和成功的驱力。由于婴幼儿还太小、太虚弱，他们会感到自卑和无力。为了弥补这一不足，他们所设定的虚构目标是长大、不断完善和变得强壮。于是，最终目标减轻了自卑感带来的痛苦，并指引人们追求卓越或成功。

如果儿童感到自己被忽视或被放任，他们的目标将留在潜意识中。阿德勒假设，儿童会用迂回的、与虚构目标没有明显关系的方式来补偿自卑感。例如，一个女孩如果被放任，她所追求的卓越目标可能是与母亲保持永远的寄生式关系。成年后，她可能会表现得依赖且自谦。这些行为看上去与追求卓越并不相符，但是，这与她在四五岁时设定的寄生式关系的目标相符。该目标是潜意识的、让人难以理解的，但在当时她的母亲成熟而有力，依恋母亲自然是一种取得卓越的途径。

相反，如果一个孩子感到爱与安全，那么他所设定的目标就会在很大程度上是有意识的、被充分理解的。心理上感到安全的孩子所追求的卓越是从成功和社会兴趣的角度出发的。尽管他们的目标可能永远也不会被完全意识到，但是健康的个体对目标的理解和追求有着高水平的觉知。

在追求最终目标的过程中，人们会设立并追求很多初级目标。这些初级目标通常是有意识的，但是它们与最终目标之间的联系通常留在潜意识中。此外，初级目标之间的关系很少为人所了解。但是，如果我们从最终目标的角度去看，那么我们可以发现，初级目标以一种互洽的方式存在。为了说明这一点，阿德勒举了剧作家的例子。剧作家根据戏剧的最终目标创建剧本的角色和情节。当观众看完最后一幕时，此前的一切台词和情节都有了新的含义。同样，当知道个体的最终目标时，个体的所有行为也都是有意义的，他的每个初级目标也都有了新的意义。

作为补偿的奋斗力

人们努力追求卓越或成功，以此作为对自卑或软弱感的补偿。阿德勒认为，所有人出生时都“被赐予”了小而虚弱和有缺陷的身体。身体上的缺陷只会引起自卑感，因为人们生来就具有追求完善或完整的固有倾向。人们一直被超越自卑的需要所推动，也一直被想要完善的欲望所吸引。两种力量同时存在，无法分割，是同一种力量的两个维度。

奋斗力是与生俱来的，它的两个维度分别源自自卑感和追求卓越。没有与生俱来的追求完美的倾向，儿童就不会感到自卑；没有自卑感，他们也不会设定追求卓越或成功的目标。

他们之所以设定目标，是为了补偿不足感；但是如果没有固有的完善倾向，不足感从一开始就不会出现。

尽管对成功的追求是与生俱来的，但仍必须加以发展。在出生时，对成功的追求只是潜能，而非现实，人们必须用自己的方式实现这一潜能。成长到四五岁时，儿童开始实现这一潜能，他们会设定奋斗力的方向，并设立一个目标——追求个人卓越或社会成功。这一目标起到了指引动机、塑造心理发展并为之赋予目的的作用。

目标是个体所创造的，可以表现为各种形式。目标不一定是不足的反面，尽管它一定是不足的补偿。例如，身体虚弱的人不一定会把成为健壮的运动员作为目标，他可能想要成为艺术家、演员或作家。成功是个体化的概念，每个人都可以形成自己的定义。尽管创造性力量受遗传和环境的影响，但归根结底，人格是由创造性力量所塑造的。遗传是潜能的基础，环境则有助于社会兴趣和勇气的发展。但遗传与环境的力量无法剥夺一个人设定独特目标或选择达成目标的独特风格的权利。

在阿德勒最后的理论中，他指出了两种常见的奋斗途径：第一种途径是非社会生产性的尝试，目的是获得个人卓越；第二种途径则涉及社会兴趣，旨在使每个人取得成功或变得完美。

追求个人卓越

有些人追求个人的卓越，而很少关心他人，甚至不关心他人。他们的目标是个人的，其努力背后的动机在很大程度上来自个人的自卑感或**自卑情结**（inferiority complex）。杀人犯、小偷和骗子大多是这种为个人牟利的人。有些人会巧妙地伪装自己的个人努力，有意识或潜意识地将自我中心隐藏在社会关注的表面之下。例如，一位大学老师可能表面上对学生很关心，和不少学生都有私下交往。他刻意彰显自己对学生的理解和关注，鼓励容易受伤害的学生谈论私人问题。在收集了很多私人秘密后，他便开始觉得自己是整个学校里最贴近学生、最有奉献精神的老师。在旁观者眼中，他的动机似乎出自社会兴趣，但实际上，他的行为很大程度上是为自我服务的，他的真实动机是追求夸大的个人卓越感。

追求成功

与那些追求个人利益的人相反，受社会兴趣和全人类的成功所推动的人是心理健康的人。心理健康的人关心自身之外的目标，能够在不要求或不期望个人回报的情况下帮助他人，并且不把他人视为竞争对手，而是作为实现社会利益的合作对象。他们自己的成功不以牺牲他人为代价，而是朝着完善或完美的方向发展的自然结果。

追求成功而非个人卓越的人们具有自体意识，但是他们在看待日常问题时，会采取社会发展的视角，而非个人利益的视角。他们的个人价值感与他们对人类社会的贡献紧密相关。

在他们看来，社会进步比个人信誉更加重要。

主观知觉

阿德勒理论的第二个基本原则是：*人们的主观知觉塑造了其行为和人格。*

人们努力追求卓越或成功以补偿自卑感，但是他们的追求方式不是由现实塑造的，而是由他们对现实的主观理解，即他们的**虚构**（fiction）或对未来的期望塑造的。

虚构主义

最重要的虚构是追求卓越或成功的最终目标。这一目标产生于生命早期，只是人们对它可能并没有清晰的认识。这个主观的、虚构的最终目标指导着人们的生活风格、统一着他们的人格。阿德勒关于虚构主义的思想源于汉斯·费英格（Hans Vaihinger）的著作《仿佛哲学》（*The Philosophy of"As Lf"*）。费英格认为，虚构是指没有真实存在的观念，却像真实存在一样影响着人们。虚构的一个例子是"男尊女卑"，尽管这个观念是虚构的，但许多人的行为使这一虚构的观念好像真实存在一样。虚构的第二个例子是"人类拥有自由意志，因此有能力做出选择"。同样，许多人的行为好像也验证了这个观点，让我们相信自己和其他人都拥有自由意志，因此也对自己的选择负责。虽然没有人能够证明自由意志的存在，但大多数人都根据这一虚构观念而生活着。人们的动机并非来自真实，而是来自对真实的主观理解。虚构的第三个例子是相信存在着一位全能的、惩恶扬善的上帝。这种信念指导着数百万人的日常生活，一定程度上塑造了他们的很多行为。不论虚构的观念是真是假，它们都有力地影响着人们的生活。

阿德勒强调虚构，与他坚信目的论的动机观相一致。目的论是从行为的最终目标或目的出发，对行为做出解释。与目的论相对应的是因果论，因果论认为行为源于某一特定原因。目的论考虑的是未来的目标或目的，而因果论则关心影响当下的过去的经验。弗洛伊德的动机观是因果论的，他认为人们被过去的事件推动，是过去的事件塑造了当下的行为。阿德勒的动机观则是目的论的，即认为人们被当下对未来的感知所推动。这种感知是虚构的，不需要被意识到或被理解。然而，它们让人们的所有行动都有了目标，并塑造了贯穿人们一生的行为模式。

身体缺陷

由于人们出生时弱小且有缺陷，为了克服这些身体缺陷、变得强大且卓越，人们发展出一套虚构系统或信仰系统。但是，即使人们已经变得强大且卓越，他们可能仍会表现得像弱小而有缺陷时一样。

阿德勒认为，整个人类都“被赐予”了器官缺陷。身体上的不利条件本身并无意义。但当它们激起了主观的自卑感时，就有了意义，因为自卑感是人们朝向完美或完善而努力的动力。有的人补偿自卑感的方式是追求心理健康和有益的生活方式；也有人因过度补偿，而选择征服他人或远离他人。

有很多历史人物的人生经历反映了这一点，如德摩斯梯尼（Demosthenes）、贝多芬（Beethoven）等，他们克服了身体上的不利条件，为社会做出了重大贡献。阿德勒本人在童年时期体弱多病，而他的病弱推动他克服死亡、成为医生、与哥哥竞争，并且与弗洛伊德一较高下。

阿德勒强调，身体缺陷本身不会必然导致某种生活方式，它们只是为实现未来的目标提供了动机。像人格的其他方面一样，这种动机也是统一的和自我一致的。

人格的整体性和自我一致性

阿德勒理论的第三个基本原则是：*人格是统一且自我一致的*。

阿德勒之所以选择了“*个体心理学*”这一术语，其目的是要强调每个人都是独特的、不可分割的。因此，个体心理学坚持认为，从根本上说，人格具有整体性，并且不存在不一致的行为。思想、情感和行动都围绕着一个目标，并且服务于这个目标。当人们的行为举止失常或无法预测时，他们的行为将引起他人的警惕，以免被他们反复无常的行为所迷惑。尽管从表面上看起来人们的行为可能呈现出不一致，但是若从最终目标的角度来考虑，则会发现这些行为其实始终保持一致，只不过是他们的潜意识在试图迷惑、诱导我们。这种令人困惑的、看似不一致的行为使反复无常的人在人际关系中占了上风。尽管反复无常的人通常会在人际关系中占上风，但是他们通常意识不到潜意识中的动机，而是固执地否认他们想要比他人卓越的说法。

阿德勒发现，一个人以整体的、自我一致的方式行事，有几种外化方式。第一种方式叫作器官隐语（organ jargon）或器官用语（organ dialect）。

器官用语

根据阿德勒的观点，一个人以自我一致的方式朝着一个目标努力，其所有的行为及其结果都应该作为该目标的一部分来看待。不可以把身体某一部位的不适视为局部现象，因为它可以影响整个人。实际上，器官缺陷表达了个人目标的方向，这种状况被称为**器官用语**。通过器官用语，身体器官“所用的语言比真正的语言更能够表达个体的意愿”。

器官用语的一个例子是一个人的手部患有类风湿关节炎。僵硬而变形的关节揭示了他的整个生活方式，它似乎在大喊：“看我的畸形，看我的异常，你不能指望我做手工类的工作。”这类声音无法被耳朵听到，但是他的手却表达了他渴望得到他人同情的愿望。

阿德勒还给出了器官用语的另一个例子——一个男孩非常听话，却在夜间尿床，他所传达的信息是他不想听父母的话。他的行为“确实是一种创造性的表达，这个男孩在用膀胱而不是嘴说话”。

意识和潜意识

第二种方式是意识和潜意识行为之间的融洽。阿德勒将潜意识定义为个体既无法清楚地表达，也无法完整地理解的那一部分目标。通过这一定义，阿德勒回避了意识和潜意识之间的二分法，而是将二者视为同一个统一系统的两个互相合作的部分。意识层面的思想被个体所理解，并且有助于追求成功；而潜意识层面的思想则是那些看似没用的思想。

> 我们不能将“意识”和“潜意识”对立，它们不是个体存在的两个对立部分。意识层面的生活如果不再被理解，就会变成潜意识层面的东西——而潜意识层面的生活则会在被理解之后变成意识层面的东西。

人们的行为是否会导致健康或不健康的生活方式，取决于他们在童年时期对社会有多少兴趣。

社会兴趣

阿德勒理论的第四个基本原则是：*一切人类活动的价值都必须从社会兴趣的角度来看待。*

阿德勒最初用德语提出了 Gemeinschaftsgefühl 的概念，而英语中的“**社会兴趣**”（social interest）一词其实是误译。如果翻译为“社会感”或“团体感”，其实更加恰当，Gemeinschaftsgefühl 本身具有任何英语单词或短语都无法完整传达的含义。简单来说，它意味着个体与全人类的同一感，意味着所有人在社会共同体中的成员身份。一个拥有完善的 Gemeinschaftsgefühl 的人不会追求个人卓越，而是会追求一个理想团体中的所有人的完善乃至完美。社会兴趣的定义是与人类相关的态度，以及对人类团体每位成员的同情。社会兴趣表现为与他人合作以促进社会进步，而非谋求个人利益。

父亲和母亲都可以为孩子不断发展的社会兴趣做出有益贡献。

社会兴趣是人类的本能，是将社会团结在一起的黏合剂。个体天生的自卑感使人们必须团结起来并形成社会。如果没有父母的保护和抚养，那么婴儿就会夭折。如果没有家人或氏族的保护，那么人类的祖先就会被更强大、更凶猛或拥有更敏锐感官的动物所毁灭。因此，社会兴趣是使人类得以延续的必要条件。

社会兴趣的起源

社会兴趣植根于每个人的潜能之中，但必须加以发展，才能促成一种有益的生活方式。社会兴趣起源于人类在婴儿期与母亲的关系。每一个从婴儿期存活下来的人都必然受到过一个母亲般的人的抚养，而这个人必然拥有一定的社会兴趣。因此，在人生之初的几个月里，每个人都收获了社会兴趣的种子。

阿德勒认为，婚姻和为人父母是两个单独的任务。父母双方以不同的方式影响着孩子的社会兴趣。母亲的任务是与孩子建立纽带，鼓励孩子发展其社会兴趣，并培养一种合作意识。在理想情况下，母亲应该对孩子拥有真诚且根深蒂固的爱，这种爱要以孩子的幸福为中心，而不是以母亲自己的需要或想法为中心。这种健康的爱的关系来自母亲对孩子、丈夫和其他人的真正关心。如果母亲学会了如何给予和接受他人的爱，那么她就可以毫无阻碍地拓展孩子的社会兴趣。但是，如果母亲偏爱孩子而不是丈夫，孩子就有可能被放任、被宠坏；相反，如果母亲偏爱丈夫或社会而不是孩子，孩子就会感到被忽视和缺爱。

父亲是孩子的社会环境中第二位重要的人物。他必须表现出对妻子、对他人的关心态度。一位理想的父亲需要与孩子的母亲在平等的基础上合作照顾孩子，并把孩子当作一个独立的人对待。阿德勒认为，成功的父亲不会犯情感疏离和父权专制的错误。这两种错误代表着两种态度，倘若一位父亲犯了其中一种错误，通常也会犯另一种错误。二者都会阻碍儿童社会兴趣的产生和发展。父亲的情感疏离可能会让孩子发展出扭曲的社会兴趣、产生被忽视的感觉，以及对母亲寄生式的依恋。一个孩子若拥有情感疏离式的父亲，则会以追求个人卓越为目标，而不是设定以社会兴趣为基础的目标。父亲犯第二种错误，即父权专制，也会导致孩子形成不健康的生活方式。如果一个孩子认为父亲是暴君，那么他会努力追求权力和个人卓越。

阿德勒认为，早期社会环境的影响至关重要。孩子与父母之间的关系十分重要，甚至超越遗传的影响。阿德勒认为，5 岁以后，孩子周围社会环境的强大影响足以让遗传效应失色。此时，环境力量调整或塑造着人格的各个方面。

社会兴趣的重要性

阿德勒认为，社会兴趣是衡量心理健康的标杆，因此也是“衡量人类价值的唯一标准”。也就是说，阿德勒认为社会兴趣是判断个体价值的唯一标准。作为心理正常的标杆，它是确定生活是否具有价值的标准。在某种程度上，个体具备社会兴趣，标志着他在心理上的成熟。不成熟的个体缺乏社会兴趣，以自我为中心，他们努力争取个人权利，让自己比他人优越。健康的个体真正地关心人类，其所追求的成功目标包含着所有人的福祉。

社会兴趣并不是慈善和无私的代名词。社会兴趣并不一定会推动慈善或引发善举。一位富有的女性可能会定期给穷人和有需要的人捐款，但这并不是因为她与穷人的同一性，恰恰相反，是因为她希望与穷人保持距离。这份捐赠隐含的意思是："你是卑劣的，我是优越的，这一善行证明了我的优越性。"阿德勒认为，人类行为的价值只能根据社会兴趣的标准来判断。

总而言之，人们在生命之初具有一种基本的奋斗力，它是由始终存在的身体缺陷所引发的。这些生物上的弱点不可避免地导致自卑感。因此，所有人都有自卑感，都在四五岁左右时就设定了最终目标。但是，心理不健康的个体会夸大自卑感，并试图通过设定追求个人卓越这类目标来进行补偿。他们的动机是个人利益，而不是社会兴趣。健康的个体则由正常的不完整感和高度的社会兴趣所推动。他们朝着成功的目标而努力，在这里，成功被定义为每个人的完善和完美。图 3.1 说明了人类与生俱来的奋斗力如何与必然存在的身体缺陷相结合，产生了普世的自卑感；这种自卑感可能被夸大，也可能是正常的。过分的自卑感会导致神经症的生活方式，而正常的不完整感则会产生健康的生活方式。个体的生活方式对社会来说是有用的还是无用的，取决于其如何看待这种不可避免的自卑感。

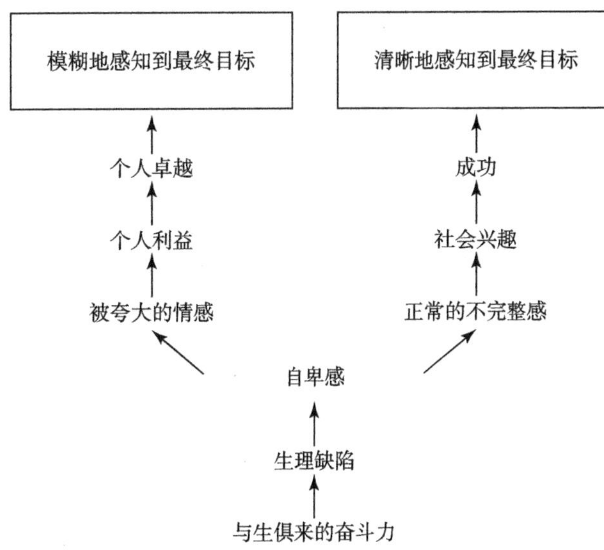

图 3.1 寻求最终目标的两种奋斗方法

生活方式

阿德勒理论的第五个基本原则是：*自我一致的人格结构主导着一个人的生活方式。*

阿德勒用**生活方式**（style of life）这一术语来代指一个人生活的情味（flavor）。它包括一个人的目标、自我概念、对他人的情感和对世界的态度。它是遗传、环境和个人创造性力量相互作用的产物。阿德勒将生活方式比作音乐作品。一首乐曲中所包含的音符本身毫无意义，除非它们形成了完整的旋律；如果人们认识到作曲家的风格或独特的表达方式，这段旋律就具有了附加意义。

人们的生活方式在四五岁时已经趋于成熟。在四五岁之后，人们所有的行为都围绕着一种统一的生活方式展开。尽管最终目标只有一个，但生活方式不一定是单一的或僵化的。心理不健康的人通常过着比较僵化的生活，其特征是难以对环境变化做出反应，所以难以选择新的生活方式。相反，心理健康的人拥有复杂多样的生活方式，表现出复杂、丰富和不断变化的特征。健康的人能够看到许多追求成功的方法，并不断地为自己创造新的选择。虽然他们的最终目标保持不变，但他们对目标的看法会不断变化。因此，在其一生中的任何阶段，他们都可以做出新的选择。

具有健康的、对社会有益的生活方式的人会以行动展示其社会兴趣。他们积极且努力地回应阿德勒提出的三大生活议题（即友谊、性爱与职业选择），并凭借合作、个人勇气和意愿为他人的福利做出贡献等方式使之得以实现。阿德勒认为，拥有对社会有益的生活方式的人代表着人类进化过程的最高形式，并且有可能主导未来的世界。

创造性力量

阿德勒理论的最后一个基本原则是：*生活方式由人们的创造性力量所塑造*。

阿德勒相信，每个人都拥有创造自己生活方式的内在自由。归根结底，所有人都应该对自己的身份和行为负责。人们的创造性力量使他们有能力把握自己的生活、对自己的最终目标负责、确定为实现该目标而努力的方法并促进社会兴趣的发展。简而言之，创造性力量使每个人成为自由的个体。创造力是一个动力学概念，暗含着运动的意义，而它正是生活所具有的最突出的特征。所有的心理生活都涉及朝向目标的运动，即具有方向性的运动。

阿德勒承认遗传和环境在人格形成中的重要性。除了同卵双生子外，每个孩子出生时都具有独特的遗传构成，并且会拥有与其他任何人不同的社会经历。但是，人不仅仅是遗传和环境的产物，还是有创造力的个体——他们不仅对环境做出反应，而且还对环境做出改变，从而使环境对他们也做出反应。

每个人都以遗传和环境作为砖块和砂浆来构建自己人格的大厦，而不同的建筑设计反映了每个人自己的风格。最重要的不是人们拥有的材料是什么，而是他们如何使用这些材料。人格的建筑材料是次要的。我们身为自己人格的建筑师，可以建立有用或无用的生活方式。我们可以选择构造华丽的外观，或者选择朴实无华的结构。我们并未被迫朝着社会兴趣的方向发展，因为我们没有向善的内在本性。同样，我们也没有必须逃避的天生的邪恶本性。我们之所以成为这样的人，取决于我们如何使用砖块和砂浆。

阿德勒使用了一个有趣的类比，他称之为“低门口法则”。假如你想要穿过一米左右高的门口，你的第一种选择是发挥创造性力量，弯腰降低高度通过，从而成功解决问题，心理健康的人会采用这种方式解决生活中大多数问题；而另一种选择则是直立行走撞头，被迫止步，之后，你仍然需要找到正确方法解决这一问题，否则就会不断撞头，神经症患者在现实生活中往往会选择后一种方式。在走近低门口时，弯腰或撞头并不是注定的，你拥有的创造性力量使你能够决定选择怎样的方法。

异常发展

阿德勒相信，一个人是什么样的人取决于自己对自己的塑造。创造性力量在一定范围内赋予人类心理健康或不健康的自由，以及选择有益或无益的生活方式的自由。

概述

根据阿德勒的观点，造成所有类型不良适应的一个因素是社会兴趣发展不足。除了缺乏社会兴趣外，神经症患者还倾向于做出以下 3 种行为方式：（1）设定过高的目标，（2）生活在自己的私人世界中，（3）过着刻板和教条式的生活。这三个特征都是缺乏社会兴趣的必然后果。简而言之，人们之所以生活失败，是因为他们过分关心自己而很少关心他人。适应不良的人设定了过高的目标，作为对夸张的自卑感的过度补偿。这些过高的目标导致了教条式的行为，而目标越高，他们的努力就越僵化。为了弥补根深蒂固的不足感和不安全感，这些人收窄了视野，为不切实际的目标进行着强迫性的、僵化的努力。

过高的、不切实际的目标让神经症患者与其他人割裂开来。在解决涉及友爱、性爱和职业的问题时，他们的个人角度有碍于找到成功的解决方案。他们对世界的看法与其他人对世界的看法并不一致，他们拥有阿德勒所说的“私人意义”。这些人会感到日常生活是艰苦的工作，需要付出艰辛的努力。阿德勒用了下面这个比喻来描述这些人如何生活。

在某个受欢迎的杂技厅中，一位“坚强”的男士走上来，小心而艰难地举起了一块巨石。然后，在观众热烈的掌声中，一个孩子走上来拆穿了骗局，他只用一只手就把那块假的巨石拿下来了。有很多神经症患者都用这样的巨石蒙骗世人，他们把自己伪装成肩负着过于沉重的负担的人。而实际上，在那些重量之下，他们其实完全可以跳舞。

适应不良的外部因素

为什么有些人会适应不良？阿德勒认为有 3 个因素，而其中任何一个因素都足以导致异常：（1）严重的生理缺陷，（2）放纵的生活方式，（3）被忽视的生活方式。

严重的生理缺陷

严重的生理缺陷，无论先天的缺陷，还是后天受伤或疾病导致的缺陷，都不是导致适应不良的充分条件。它必须同时伴随着自卑感。身体缺陷可能会放大这种主观感觉，而这是创造性力量发挥作用的结果。

每个人都“被赋予”了身体上的缺陷，这些缺陷会令个体产生自卑感。具有严重的生理缺陷的人有时会产生过于强烈的自卑感，因为他们想过度补偿这种不足。他们往往过于关心自己，而对他人缺乏关心。他们觉得自己好像生活在敌国，与渴望成功相比，它们更害怕失败，并坚信生活中的主要问题只能以自私的方式解决。

放纵的生活方式

放纵的生活方式是大多数神经症的核心。放纵者缺乏社会兴趣，而是强烈希望能够将最初与父母一方或双方的寄生关系永远延续下去。他们希望得到他人的照顾，得到他人的过度保护，并指望他人满足他们的需要。他们的特征是极度缺乏勇气、优柔寡断、过度敏感、毫无耐心且情绪不稳定——尤其容易感到焦虑。他们用个人的视角看待世界，并相信自己有资格在一切事情中拔得头筹。

被放纵的儿童并不觉得自己得到了很多爱；相反，他们感觉到的是不被爱。他们的父母为他们做得太多，似乎印证了他们自己没能力解决自己的问题，而这传达出的正是他们缺少爱。由于这些儿童感觉自己被放纵、被溺爱，他们养成了放纵的生活方式。被放纵的儿童可能同时也感到被忽视。由于长期处在溺爱他们的父母的保护之下，他们与父母分离时会感到恐惧。每当他们需要自己照顾自己时，他们就会感觉被排斥、被虐待、被忽视。这些体验转而加重了被放纵的孩子的自卑感。

被忽视的生活方式

导致适应不良的第三种外部因素是被忽视。感到不被爱、被讨厌的孩子可能会放大这些感觉，并创造出被忽视的生活方式。忽视是一个相对的概念。没有人会感到彻底被忽视或完全不被需要。一个人从婴儿期存活下来的事实便证明，曾有人照顾过他，而且已经在他心中播下了社会兴趣的种子。

被忽视的孩子可能只发展出微弱的社会兴趣，并倾向于创造一种被忽视的生活方式。他们对自己几乎没有信心，往往会高估生活中重大问题的困难程度。他们不信任他人，无法与他人为共同的利益合作。他们将社会视为敌人，感到与他人是疏离的，并且对他人的成功充满强烈的嫉妒感。被忽视的孩子与被放纵的孩子具有很多相同的特征，但总体而言，他们更多疑，并且更有可能对他人构成危险。

保护倾向

阿德勒认为，人们能够创造自己的行为模式，以保护其被夸大的自尊感免受公众羞辱。这种保护装置被称为**保护倾向**（safeguarding tendencies），它使人们能够隐藏其被夸大的自我形象，并维持其当下的生活方式。

阿德勒的保护倾向概念可以与弗洛伊德的防御机制概念对比来看。二者的基本思想是形成一种症状以防止焦虑。不过，二者之间也有重要区别。弗洛伊德的防御机制在潜意识层面发挥作用，以保护自我免受焦虑之苦；而阿德勒的保护倾向则在很大程度上是意识层面的，可以使人们脆弱的自尊心免受公众羞辱。此外，弗洛伊德的防御机制对每个人来说是相同的，而阿德勒只在神经症症状的构建上讨论了保护倾向。借口、攻击和退缩是三种常见的保护倾向，每种倾向的目的都是保护一个人目前的生活方式，并保持一种虚构的自负感。

借口

最常见的保护倾向是**借口**（excuses），通常以“是的……但是……”或“要是……就好了”的格式表达。通过“是的……但是……”的借口，人们首先陈述自己希望做的事情（在他人听来是好事），然后追加一个借口。例如，一位女士可能会说：“是的，我想上大学，但是我的孩子占据了我太多的精力。”一位高管的托词则可能是：“是的，我同意你的建议，但是公司政策不允许这样做。”

“要是……就好了”格式的陈述则是另一种表达借口的方式。“要是我的丈夫能够更加支持我就好了，我在事业上一定会更快地进步。”“要是我没有这种身体缺陷就好了，我一定能成功谋得一份工作。”这些借口保护了脆弱的自我价值，但同时也人为地夸大了自我价值，让人们误以为自己比实际更卓越。

攻击

第二种常见的保护倾向是**攻击**（aggression）。阿德勒认为，有些人利用攻击来保护其被夸大的优越感，或者说保护其脆弱的自尊心。通过攻击来保护自己，其形式包括贬抑、指责和自我指责。

攻击的第一种形式是**贬抑**（depreciation），指低估他人的成就、高估自己的成就的倾向。这种保护倾向在批评和八卦等攻击行为中表现得十分明显。“我想得到的工作之所以会被肯尼思得到，只是因为他是非裔美国人。”“只要仔细观察，你就会发现吉尔做得最努力的事就是逃避工作。”贬抑行为背后的意图是贬低他人，以便使自己处于比较有利的位置。

攻击的第二种形式是**指责**（accusation），即将自己的失败归咎于他人并企图报复，从而维护自己脆弱的自尊心。“我想成为一名艺术家，但是我的父母强迫我去读医学院。现在，我的工作让我感到痛苦。”阿德勒认为，所有不健康的生活方式都包含攻击性指责。不健康的人会不可避免地做出让周围的人比自己更加痛苦的举动。

攻击的第三种形式是**自我指责**（self-accusation），其特征是自我折磨和自责。有些人通过自我折磨（包括受虐、抑郁和自杀）来伤害亲近的人。内疚常常是攻击性的、自我指责的行为。“我感到苦恼，因为在祖母还活着时我没有对她更好一些，现在已经晚了。”

自我指责是贬抑的反面，尽管二者的目的都是获得个人卓越。在贬抑的情况下，自卑的人通过贬低他人来让自己感觉良好；在自我指责的情况下，人们通过贬低自己来给他人造成痛苦，同时保护自己夸大的自尊。

退缩

当人们逃避困难时，其人格发展就会停止。阿德勒将这种倾向称为**退缩**（withdrawal）。退缩也表现为通过保持距离来保护自己。有些人会在自己和问题之间拉开距离，潜意识地逃避生活中的问题。

阿德勒指出了通过退缩来保护自己的四种模式，即退后、静止、犹豫和构筑障碍。

退后（moving backward）是指个体通过在心理上退回到更安全的发展阶段，以维持虚构的卓越目标。退后与弗洛伊德的退行概念相似，二者都是个体企图回到早期更舒适的生活阶段。退行是在潜意识层面发生的，并且可以保护人们免受焦虑困扰；而退后有时可能发生在意识层面，且目的是维持虚构的卓越目标。退后的意图是引起他人的同情，对被放纵的孩子而言，这是一种有害的态度。

静止（standing still）也可以制造心理距离。静止的退缩倾向与退后类似，但在严重程度上次之。静止的人根本不会向任何方向运动；于是，他们就能保护自己，使自己不必承受任何失败的威胁，从而避免承担任何责任。他们保护了自己的虚构愿望，因为他们从不做任何可能证明无法实现其目标的行为。从未申请过研究生院的人永远不会被拒，总是躲着其他孩子的孩子也不会遭到拒绝。人们通过不做任何事的方式，保护自己免受失败的影响，从而维护了自己的自尊。

与静止密切相关的是**犹豫**（hesitating）。有些人遇到困难时就会犹豫或拖延。他们的拖延最终给了他们借口——“现在为时已晚”。阿德勒认为，大多数强迫行为都是在浪费时间。而犹豫包括强迫性的洗手、追根溯源、强迫性的整理、破坏已经开始的工作及半途而废等。尽管在他人眼中，犹豫有点自欺欺人，但是神经症患者却通过犹豫保护了其夸大的自尊。

退缩保护倾向中严重程度最轻的是**构筑障碍**（constructing-obstacles）。有的人盖起茅草房，是为了展示他们可以将其拆除。他们通过克服障碍来保护自己的自尊和声誉。即使他们未能克服障碍，他们也总是可以找到借口。

总而言之，几乎每个人都有保护倾向，而当这些保护倾向变得过度时，就会导致自我欺骗的行为。过度敏感的人会通过创造保护倾向来减轻自己对羞辱的恐惧，消除夸大的自卑感，获得自尊。但是，保护倾向是自我欺骗的，因为其固有的自我利益和个体的卓越目标实际上阻碍了真正的自尊感。许多人没有意识到，如果放弃个人利益，转而真诚地关心他人，他们的自尊将得到更好的保护。表 3.1 比较了阿德勒的保护倾向概念与弗洛伊德的防御机制概念。

表 3.1 保护倾向与防御机制的比较

阿德勒的保护倾向	弗洛伊德的防御机制
1. 主要局限于建立神经质的生活方式	1. 每个人都有
2. 保护个体脆弱的自尊不被公开羞辱	2. 保护自我免受焦虑困扰
3. 可以部分被意识到	3. 仅在潜意识层面运作
4. 常见类型包括：	4. 常见类型包括：
A. 借口	A. 压抑
B. 攻击	B. 反向形成
（1）贬抑	C. 置换
（2）指责	D. 固着
（3）自我指责	E. 退行
C. 退缩	F. 投射
（1）退后	G. 内摄
（2）静止	H. 升华
（3）犹豫	
（4）构筑障碍	

男性倾慕

与弗洛伊德相反，阿德勒认为女性拥有与男性相同的精神生活，男性主导社会并非天生的，而是历史发展的人为结果。根据阿德勒的说法，是文化和社会习俗，而非解剖学影响着男性和女性，使他们过分推崇男子气概的重要性，他把这一情况称为**男性倾慕**（masculine protest）。

男性倾慕的起源

在很多社会里，不论是男性还是女性，都持有男尊女卑的观念。男孩从小就会被教育，男性气质意味着勇敢、坚强和支配。男孩成功的标志就是要赢得胜利、变得强大、处于高位。相反，女孩则被要求习惯被动并接受低人一头的社会地位。

有一些女性选择与自身的女性气质斗争，并发展出男性气质，变得坚定且热衷竞争；有一些女性则通过表面上接受被动的角色，表现得无助且顺从，以此反抗现状；还有一些女性因为相信自己是劣等人而退缩，从而把责任交到男性手上，自己则承认男性的特权。每一种调整方式都是文化和社会影响的结果，而不是生物影响所造成的心理差异。

阿德勒、弗洛伊德与男性倾慕

弗洛伊德相信“解剖就是命运”，他认为女性是心理学的“黑暗大陆”。此外，在弗洛伊德的一生走到尽头时，他仍然没有解决的问题是：“女性究竟想要什么？”根据阿德勒的说法，这种对待女性的态度恰恰证明了一个人具有强烈的男性倾慕。与弗洛伊德对女性的看法相反，阿德勒认为女性与男性具有相同的生理和心理需要，所追求的东西也或多或少与男性相同。

弗洛伊德和阿德勒就女性气质的对立观点也反映在他们所选择的妻子身上。玛莎·伯奈斯·弗洛伊德是一位顺从的家庭主妇，精心照顾孩子们和丈夫，并且对丈夫的专业工作没有兴趣。而蕾莎·爱泼斯坦·阿德勒则是一位非常独立的女性，她讨厌传统的家庭角色，更喜欢从事政治活动。

结婚初期，蕾莎和阿德勒的政治观点尚可兼容，但随着时间的推移，二人的观点产生了分歧。阿德勒提倡个人责任；而蕾莎则卷入时代的洪流中。阿德勒欣赏女性的独立，并且与他坚强的妻子一样是女性主义者。

个体心理学的应用

我们将个体心理学的实际应用分为四个领域：（1）家庭序位排列；（2）早期记忆；（3）梦；（4）心理治疗。

家庭序位排列

阿德勒在心理治疗时总会询问患者的家庭状况，包括出生顺序、兄弟姐妹的性别及年龄分布。尽管人们普遍认为出生情境比出生顺序更加重要，但阿德勒构建了有关出生顺序的一般假设。

兄弟姐妹之间有的会感到优越，有的会感到自卑，对世界的态度可能部分取决于他们的出生顺序。

阿德勒认为，第一个出生的孩子可能会对权力和卓越更在意，其焦虑感更高且具有过度保护倾向。（如果不算父亲前一段婚姻里的孩子，弗洛伊德就是他家里第一个出生的孩子。）第一个出生的孩子占有独特的位置，曾在一段时间内是家里唯一的孩子，并经历过第二个孩子出生后自己最重要的位置被取代的创伤。这一事件极大地改变了第一个孩子的处境和世界观。

如果第一个孩子的弟弟或妹妹比其小 3 岁或更多，那么这个孩子就会把自己最重要的位置被取代的经历整合到其已建立的生活方式中。如果他们已经建立了以自我为中心的生活方式，那么他们可能会对新生婴儿产生敌意和憎恨；如果他们已经建立了合作式的生活方式，那么他们也将对弟弟或妹妹采取同样的态度。如果第一个孩子还不到 3 岁，那么他们对弟弟妹妹的敌意和憎恨将在很大程度上停留在潜意识层面。

根据阿德勒的说法，第二个孩子（如阿德勒本人）在人生之初就有一个更适于发展合作和社会兴趣的处境。在一定程度上，第二个孩子的人格由他们感知到的来自第一个孩子的态度所塑造。如果第一个孩子对待第二个孩子的态度包含极深的敌意和仇视，那么第二个孩子就会表现出过高的竞争心或过度灰心。不过，第二个孩子往往不会走上这两个极端，而是具有适度的竞争心，想要超越年长的竞争对手的欲望也是适度的。如果第二个孩子胜过了第一个孩子，他们很可能会生出反叛心理，感觉可以挑战任何权威。同样，孩子们的诠释比他们出生的时间顺序更为重要。

阿德勒认为，最小的孩子通常是最放纵的，因此也最有可能成为问题儿童。他们往往有强烈的自卑感，缺乏独立意识。不过，他们也有许多优点。他们通常有很强的动机想要超越哥哥或姐姐，想要跑得最快、将乐器演奏得最好、成为最好的运动健将或最有抱负的学生。

独生子女的竞争心是比较独特的，他们没有兄弟姐妹可以与之竞争，于是与父母竞争。独生子女生活在成年人的世界里，往往会形成夸张的卓越感和被夸大的自我概念。阿德勒指出，独生子女可能缺乏成熟的合作意识和社会兴趣，而是有一种寄生的态度，期望他人来呵护和保护他们。表 3.2 展示了第一个孩子、第二个孩子、最小的孩子和独生子女的典型的正面或负面特质。

早期记忆

为了了解患者的人格，阿德勒会要求他们讲述自己的**早期记忆**（early recollections，

ERs）。虽然阿德勒认为记忆能够为理解患者的生活方式提供线索，但他并不认为二者之间存在因果关系。患者回忆起的经历是符合客观现实的，还是种彻底的幻想，对治疗而言，并不重要。重要的是，人们重新构建事件，使这些事件与其贯穿一生的最终目标与生活方式保持一致。

阿德勒认为，早期记忆总是与人们当下的生活方式相一致，他们对早期经历的主观理解为他们理解自己的最终目标和当下的生活方式提供了线索。阿德勒最早的记忆之一是他的哥哥西格蒙德身体健康，这与他自己的体弱多病之间形成了巨大的反差。成年后的阿德勒回忆道：

> 我最早的回忆之一就是坐在沙滩上……（我）因为佝偻病而被包裹着，比我健康得多的哥哥坐在我身边。他可以毫不费力地奔跑和跳跃，但对我而言，任何形式的运动都是一种负担……每个人都为了帮助我费了不少力气。

表 3.2　阿德勒对出生顺序相关特质的观点

正面特质	负面特质
长子（女）	
养育和保护他人 好的组织者	• 高度焦虑 • 过度的权力感 • 潜意识的敌意 • 为被接纳而斗争 • 必须始终“正确”，同时他人始终“错误” • 对他人吹毛求疵 • 不合作
次子（女）	
上进心强 善于合作 中等竞争心	• 竞争心强烈 • 容易灰心
幼子（女）	
实际的野心	• 放纵的生活方式 • 依赖他人 • 想要在所有方面都表现出色 • 不现实的野心
独生子（女）	
待人接物成熟	• 过度的优越感 • 缺乏合作感 • 膨胀的自我 • 放纵的生活方式

阿德勒假定早期记忆能有效地揭示一个人的生活方式，那么他的这一段早期记忆当然就提示了阿德勒成年后的生活方式。首先，它反映了阿德勒将自己视为弱者，与强大的敌人进行了英勇的竞争。其次，这段早期记忆也表明阿德勒认为自己得到了他人的帮助，从他人那里获得的帮助让阿德勒有信心与如此强大的敌人竞争。他的这种信心和竞争态度可能延续到了他与弗洛伊德的关系中，使他们的关系从一开始就很脆弱。

阿德勒还举了另一个例子，说明早期记忆与生活方式之间的关系。在一次心理治疗中，一位看起来很成功的男士相当不信任女性，他讲述了这样一段早期记忆：“我和妈妈还有弟弟一起去市场，天突然下起了雨。妈妈把我抱了起来，然后突然想起还有比我小的弟弟，就放下我，抱起了弟弟。”阿德勒认为这段记忆直接与这位男士当下对女性的不信任有关。他曾一度在母亲身边享有最受喜爱的地位，后来却被弟弟取代了。尽管有人声称爱他，他却认为这些人很快就会收回他们的爱。请注意，阿德勒并不认为童年早期的经历导致这位男士当下对女性的不信任，反而认为是当下不信任女性的做法塑造并修饰了他的早期记忆。

阿德勒认为，高度焦虑的患者通常会通过回忆令人恐惧和导致焦虑的事件（如车祸、暂时或永久地失去父母、被别的孩子欺负等情境），从而把当下的生活方式投射到他们对童年经历的记忆上。相反，自信的人倾向于回忆与他人相处的愉快记忆。不论是哪种情况，早期经历都不曾决定生活方式。阿德勒认为，是当下的生活方式决定了人们如何回忆早期经历。

梦

虽然梦不能预示未来，但可以为解决未来的问题提供线索。然而，做梦者往往并不希望以建设性的方式解决问题。阿德勒报告了一位正在考虑结婚的 35 岁男士的梦。在梦中，这位男士虽然“越过了奥地利和匈牙利之间的边界，但有人想囚禁他”。阿德勒将这个梦解释为做梦者想要的就是陷入僵局，因为如果再向前一步，他可能就会失败。换句话说，这位男士想限制自己的活动范围，并不真正渴望进入婚姻状态。他不希望被婚姻“囚禁”。对这个梦，或者对任何梦的解释都必须是探讨性的，并且允许重新解释。阿德勒将个体心理学的黄金法则应用到梦的解释工作上，即“一切都可以不同”。如果一种解释不正确，就尝试另一种解释。

阿德勒于 1926 年首次访问美国之前，曾做过一个生动而充满焦虑的梦。这个梦与他心中“将个体心理学传播到一个新世界、让自己摆脱弗洛伊德和维也纳的束缚”的愿望直接相关。在去美国的前夜，阿德勒梦见自己在一艘船上，突然船只倾覆，沉入海中。阿德勒所有的财产都在船上，此时都被汹涌的波浪卷走了。阿德勒也掉进大海，被迫游泳求生。他独自一人在汹涌的海水中挣扎着，最终凭借意志和决心安全地到达了陆地。

阿德勒将这个梦解释为他必须抛开旧的世俗成就，鼓起勇气进入新世界。

尽管阿德勒相信这个梦很容易解释，但他坚持认为大多数梦都具有自我欺骗性，并不容易被做梦者理解。梦可能通过伪装来欺骗做梦者，让做梦者很难做出正确的解释。一个人的目标与现实越不一致，这个人的梦就越有可能具有自我欺骗性。例如，一个人的目标可能是出人头地、位居人上或取得重要的军事职务。如果这个人同时具有依赖性的生活方式，那么他雄心勃勃的目标就可能呈现为被举到他人肩膀上或被大炮击中的梦。梦揭示了生活方式，但梦也用一种不切实际的、夸张的权力感和成就感来欺骗做梦者。相比之下，一个更有勇气、更独立的人，即使有同样的野心，也会被呈现为无辅助飞行或在未被帮助的情况下达成目标，就像阿德勒梦见自己在沉船事故后逃脱一样。

心理治疗

阿德勒的理论假定，精神病理学的源头是缺乏勇气、被夸大的自卑感和社会兴趣发展不足。因此，阿德勒式心理治疗的主要目的是增强勇气、减轻自卑感并激发社会兴趣。但是，这一目的并不容易达成，因为患者会竭力维持其已有的、令其感到舒适的观点。为了消除对改变的抵抗，阿德勒有时会问患者："假设我一下子就把你治好了，你会怎么做？"此类问题一般能够促使患者重新审视其目标，并看到他们对自己当前的痛苦负有责任。

阿德勒的座右铭是"每个人都能成就任何事"。除了遗传所设定的某些限制外，他对这一原则坚信不疑，并一再强调，人们好好利用自己具备的东西比他们具备什么更加重要。阿德勒试图通过幽默和温暖增加患者的勇气、自尊和社会兴趣。他相信治疗师热情、鼓励的态度能帮助患者扩大社会兴趣，聚焦三大人生课题——性爱、友谊和职业。

阿德勒为问题儿童创造了一套独特的治疗方法，即在父母、老师和健康专家在场的情况下给予治疗。孩子当众接受治疗时，他们更容易理解自己的问题是社区的问题。阿德勒认为，这种方式可以让儿童感到自己生活在一个有成年人关心的社区，进而增强其社会兴趣。阿德勒强调，不要就孩子的不当行为而责备父母，相反，要努力赢得父母的信任，然后说服他们改变对孩子的态度。

尽管阿德勒在设定心理治疗的目标和方向方面雄心勃勃，但他对患者始终保持着友好和宽容的态度。他给自己的定位是一个有共同目标的同伴，他极力避免道德说教，看重人与人之间的关系。患者与治疗师合作，同时也是与另一个人建立关系。这种治疗关系可以激发孩子的社会兴趣，就像孩子从父母那里获得社会兴趣一样。患者一旦觉醒，他的社会兴趣就要扩大到治疗关系之外，扩大到家人、朋友和其他人身上。

相关研究

阿德勒的理论引发了数量可观的研究。例如，一些研究人员最近指出，使用社交媒体（如 Facebook、Instagram 和 Twitter 等）的目的是增加社会兴趣。阿德勒的理论中受到最广泛研究的内容包括出生顺序、早期记忆和追求卓越。每一个主题都可以为理解阿德勒的各种概念提供丰富的资源。

出生顺序效应

阿德勒关于出生顺序的理论十分有趣，引发了无数的研究。然而，对出生顺序影响的对照研究不仅难以进行，也往往无法得出有效的结果。试想此类研究需要考虑的诸多变量：兄弟姐妹的总数、性别比、年龄差、家庭事件及其发生的时机（如搬家、父母离婚、家人去世和意外变故等）。很少有研究可以找到足够数量的参与者，很多变量也是无法控制的，因此也就不足以产生有意义的结果。所以，有批评者认为，阿德勒关于出生顺序对个体影响的假设，研究既无法证实，也无法证伪。

1996 年，弗兰克·萨洛韦（Frank Sulloway）出版了《生来反叛：出生顺序、家庭动力和创造性生活》（*Birth Order, Family Dynamics and Creative Lives*）一书，提出了关于出生顺序影响人格的进化论观点。他写道，兄弟姐妹会互相争夺一种重要且常常稀缺的资源——

父母的爱和关注。为了在这一竞争中取得成功，孩子们所采取的策略通常影响着他们的人格，而出生顺序往往能够预测这种策略性的人格特质。萨洛韦支持阿德勒的理论，认为第一个孩子可能是成就导向的、焦虑的和循规蹈矩的，而后来的孩子则更喜欢冒险，具有开放性和创新性并拒绝维持现状。因为，他们必须想方设法来赢得父母的爱，这不同于他们的大哥或大姐。所以，后来出生的孩子更可能会喊出“妈妈，看我”的战斗口号。确实，萨洛韦的历史分析发现，与身为家里的第一个孩子的科学家相比，那些身为后来出生的孩子的科学家更容易从一开始就接受激进的新理论。身为第一个孩子的科学家更倾向于坚持传统的和已经建立的理论。

有一项引人入胜的研究巧妙地检验了萨洛韦关于后来出生的孩子更具有反叛精神的假设。研究者采访了一群因为参与公民抵抗运动（civil disobedience）而被逮捕的大学生。如同研究者的预测一样，与被逮捕大学生的未参与公民抵抗运动的同班同学所构成的对照组相比，被逮捕的大学生中后来出生的孩子所占比例更高。这一发现以实证证据支持了第一个孩子更循规蹈矩和善于合作，而后出生的孩子更加激进、更愿冒险的说法。

尽管萨洛韦因其所采用的方法论受到批评（他从历史人物的传记中收集资料），但《生来反叛：出生顺序、家庭动力和创造性生活》为出生顺序研究注入了新的活力，该书出版之后，出现了更多、更好的研究，验证了阿德勒的假设。一般来说，“家庭之间”的研究设计（即比较来自不同家庭的个体）往往无法检验阿德勒的理论，原因可能是这类设计难以控制家庭之间的差异。相比之下，“家庭之内”的研究设计（即让参与者将自己与自己的兄弟姐妹进行比较）更有可能证实阿德勒的理论。例如，保卢斯（Paulhus）、特莱普涅尔（Trapnell）和陈对 1 000 多个家庭开展了家庭之内的研究，他们发现，第一个孩子往往是最有成就、最尽责的人，而后出生的孩子则是最叛逆、最自由、最讨喜的人。一篇总结了 200 多个出生顺序研究的综述表明，这些研究确实显示了兄弟姐妹之间的显著差异，支持了阿德勒和萨洛韦的观点——第一个孩子与独生子女更倾向于取得最高成就，后出生的孩子则是最叛逆、最具有社会兴趣的。

关于阿德勒的出生顺序效应理论，有一个重点需要注意：阿德勒假设是家庭序位排列——而非生物学或产前因素——导致了兄弟姐妹的人格差异。也就是说，在阿德勒看来，后出生的孩子的人格是由其哥哥姐姐及其父母对待他们的方法和态度所塑造的。但是，这一假设能否被研究所证实？采用家庭之内设计的一些研究检验了这两种假设。免疫反应性（immunoreactivity）是一个重要的生物学概念。从理论上说，位于 Y 染色体上的组织相容性 Y 抗原是男性所独有的，怀男婴的准妈妈可能会因这种抗原诱发免疫反应。一些研究检验了男性性取向的免疫反应性假说，结果表明，后出生的男性的哥哥越多，他们是同性恋的可能性就越大。这一发现只能通过生物学来解释，因为出生顺序并不能验证收养或再婚家庭中的男性是否是同性恋，而只能验证兄弟之间有血缘关系的男性是否是同性恋。

此外，越来越多的证据支持了出生顺序的影响。例如，最近一项研究比较了一些瑞典家庭，这些家庭中的兄弟姐妹要么都是收养的，要么都是同一对父母所生的。研究者巴克利（Barclay）发现，出生顺序较早的孩子确实比后出生的孩子拥有更高的学历，不论他们来自收养家庭还是生物学上相关的家庭。这一发现有力地证明了家庭之内的动力学，例如，像萨洛韦所预测的那样，资源竞争是出生顺序效应背后的推动力。

总体而言，虽然阿德勒有关先出生的孩子与后出生的孩子及独生子女的特性研究并没有得到研究文献的有力支持，但是家庭之内的研究发现，在学业成绩、传统性和冒险精神方面，第一个孩子和后出生的孩子之间存在一致性的差异（尽管差异可能很小）。同样，家庭之内的研究设计最适合检验出生顺序的影响是否源自家庭内部的动力学，即后出生的孩子可能会经历“去身份认同”（de-identification），即通过观察哥哥姐姐的行为，找到与之相反的做法，以此找到自己的生态位（niche），而不是由于某些生物学或产前原因。这些结果再次支持了阿德勒的理论，出生顺序的影响是社会性的，可归因于家庭序位排列的动力学。

早期记忆与职业选择

能通过早期记忆预测学生的职业选择吗？阿德勒认为，职业选择反映了一个人的人格。阿德勒说：“如果有人要求我提供职业指导，我总是会问他在小时候对什么感兴趣。他对这一时期的记忆能够反映他在哪些方面对自己进行了最持久的训练。”受阿德勒的观点启发，研究者预测，成年人选择的职业通常会在其早期记忆中有所反映。

为了检验这一假设，乔恩·卡斯勒（Jon Kasler）和奥芙拉·内沃（Ofra Nevo）招募了 130 名参与者并收集整理了他们的早期记忆素材。这些记忆素材由两位评分者根据参与者的职业类型进行编码。编码依据是霍兰德（Holland）对职业兴趣类型的分类，包括实际型、调研型、艺术型、社会型、企业型和常规型（有关职业兴趣类型的说明，见表 3.3）。例如，一则反映了成年人的社会职业兴趣的早期记忆是：“我四五岁时第一次去幼儿园，我不记得那天的心情了，但我是和妈妈一起去的，并遇到了我的第一位朋友，一个叫 P 的男孩。我记得他在栏杆上玩耍的清晰画面，不知何故，我过去和他一起玩了起来。那一整天我都很开心。”这一段早期记忆围绕着社交互动和人际关系展开。另一则反映现实的职业兴趣的早期记忆是：“我小时候曾经很喜欢拆东西，尤其是电器。有一天，我想弄清楚电视机里有什么东西，于是我找来一把刀，把电视机拆了。结果被父亲发现了，他对我大吼大叫。”

对参与者职业兴趣的评估是通过自陈式问卷“自我探索量表”（Self-Directed Search Questionnaire）完成的。自我探索量表测量的是职业兴趣，职业类型由霍兰德提出的相互独立的六种职业类型组成，参与者的早期记忆根据这六种类型分类。研究者将早期记忆和成年人的职业兴趣归入六种类型当中，目的是研究早期记忆是否与后来的职业兴趣相符。

卡斯勒和内沃发现，童年早期记忆的确与成年后的职业类型相符，在他们收集的样本中，这一点至少体现在三种职业类型（实际型、艺术型和社会型）上。参与者的职业道路的总体方向可以根据早期记忆中发现的主题来确定。这些结果与阿德勒有关早期记忆的观点是一致的，证明了生活方式与职业选择之间的关系。

表 3.3　霍兰德六种职业类型的特点：实际型、调研型、艺术型、社会型、企业型和常规型

实际型
- 喜欢与动物、工具或机器一起工作；通常回避社交类活动，如教育、康复训练、与人沟通等
- 善于使用工具、机械或电气图纸、机器，或者善于照料植物和动物
- 重视能够看见、触摸和使用的物体，如植物、动物、工具、设备或机器等
- 认为自己很务实、动手能力强并注重现实

调研型
- 喜欢钻研、求解数学或科学问题，通常不会领导他人、给他人推销商品或说服他人
- 善于理解和解决数学或科学问题
- 重视科学
- 认为自己精确、科学且理智

艺术型
- 喜欢进行诸如绘画、戏剧、手工艺、舞蹈、音乐或创意写作等创意活动，通常不会参加高度有序或重复的活动
- 具有良好的艺术能力，如在从事创意写作、戏剧、手工艺、音乐或绘画方面
- 重视创意艺术，如戏剧、音乐、绘画或创意作家的作品
- 认为自己善于表达、有原创能力且独立

社会型
- 喜欢做帮助他人的事，如教育、护理、急救或咨询等；通常避免使用机器、工具或动物来达成目标
- 擅长教育、辅导、护理或咨询
- 重视帮助他人和解决社会问题
- 认为自己乐于助人、友善并值得信赖

企业型
- 喜欢领导和说服他人，喜欢推销商品和想法；通常不会参加需要仔细观察和科学分析思维的活动
- 善于领导他人，善于推销商品和想法
- 重视在政治或商业领域的成功
- 认为自己充满活力、雄心勃勃且善于交际

常规型
- 喜欢以固定的、有序的方法处理数字、做记录或操作机器；通常不会参加模棱两可的、缺乏组织的活动
- 善于系统地、有序地处理书面记录和数字
- 重视在商业领域的成功
- 认为自己井井有条且善于遵循既定计划

区分自恋（追求卓越）与自尊（追求成功）

“自恋”（narcissism）一词来自希腊神话中的纳喀索斯（Narcissus），一位爱上自己池塘中倒影的猎人。在心理学中，弗洛伊德等不少理论家都讨论过自恋，现在的自恋量表为这一概念提供了实际操作的空间。在这类量表上得高分的人觉得自己比他人卓越，感觉自己有权享受声誉并得到他人的钦佩。阿德勒对自恋的理解做出了重要贡献。以往的研究表明，阿德勒的“男性倾慕”思想极大地影响了弗洛伊德关于自恋的理论。此外，阿德勒的人格理论为现代理解自恋者是缺乏社会兴趣的人提供了基础。

自恋者及阿德勒称为“追求个人卓越的人”几乎毫不关心他人的福祉。这类人努力的目标是证明自己比他人优秀，甚至是“最优秀”的。但这种追求还是健康的吗？人们普遍认为，自恋只是过分的自尊。难道不是所有人都希望赢吗？的确，现代美国社会很重视儿童的自尊，一些心理学家对此表示担忧。美国父母习惯于表扬自己的孩子很出色，但这并不能增强健康的自尊心（在阿德勒看来，健康的自尊是努力追求成功，但同时不以牺牲他人为代价），而是培养了一代自恋者，他们感觉自己有权享有特权，并缺乏应有的谦逊。

最近，布鲁梅尔门（Brummelman）、托马斯（Thomaes）和塞迪基德斯（Sedikides）对自恋和自尊之间的区别进行了理论分析，分析结果很好地体现了阿德勒的观点。在这几位心理学家看来，自恋是一种适应不良且不健康的人格倾向，与自尊是截然不同的；自尊是一种适应性的、健康的与自我相处的方法。他们认为，自恋和自尊都源于孩子对照顾者的尊重的内化。不过，值得注意的是，在分别以自恋和自尊为基础时，这种内化具有一些不同的特征。具体来说，父母的过高评价导致孩子产生了一种核心信念，即“我比他人优越”。而如果父母给孩子的只是温情，那么孩子就会产生另一种核心信念，即“我是有价值的”。关于自我的这两种不同的核心信念具有不同的向度。正如作者所说：“尽管每个人都可以是有价值的，但不是每个人都可以比他人优越。”个人优越感的不确定性可能解释了为什么那些自恋者需要用他人证明自己的优越性。

对阿德勒的评价

阿德勒的理论是否可以证伪。像弗洛伊德的理论一样，阿德勒的理论包含许多概念，人们很难对这些概念进行证实或证伪。例如，尽管诸多研究表明早期记忆与一个人当下的生活方式之间存在联系，但这不能证实阿德勒提出的当下的生活方式会影响一个人的早期记忆的观点。从因果论来看，是早期经历造就了当下的生活方式。因此，阿德勒最重要的概念之一（即当下的生活方式决定了早期记忆）很难被证实或证伪。

有用理论的另一个功能是能否引发研究。从这个标准来看，我们认为阿德勒的理论高于平均水平。个体心理学引发了诸多研究，调查了早期记忆、社会兴趣和生活方式。例如，亚瑟·J. 克拉克（Arthur J. Clark）引用证据表明早期记忆与多种人格因素有关，涉及人格临床障碍、职业选择、解释方式及心理治疗过程和结果等。此外，阿德勒的理论还促使研究者构建了几种社会兴趣量表，如“社会兴趣量表”（Social Interest Scale）、“社会兴趣指数”（Social Interest Index）和“苏利曼社会兴趣量表”（Sulliman Scale of Social Interest）。社会兴趣量表、出生顺序、早期记忆和生活方式等方面的研究表明，阿德勒的理论在能否引发研究方面可得到很高的肯定评价。

阿德勒的理论是否可以组织资料，很好地将知识组织成有意义的框架呢？一般而言，个体心理学涉猎广泛，涵盖了大多数涉及人类行为和发展的已有知识和解释。甚至看似自我破坏和不一致的行为也可以被纳入追求卓越的理论框架。阿德勒对生活问题有很实际的看法，因此在解释已知人类行为方面，其理论得到了较高的评价。

我们认为阿德勒的理论在*指导行动*方面理应得到较高评价。他的理论为心理治疗师、教师和父母提供了解决各种实际问题的指南。阿德勒理论的实践者围绕出生顺序、梦、早期记忆、童年困难和身体缺陷等方面收集信息。然后，他们通过这些信息了解一个人的生活方式，并运用一些特定技术提高该个体的个人责任感并拓宽其选择自由度。

个体心理学是否具有*内部一致性*？它是否包含一组具有操作性定义的术语？尽管阿德勒的理论是一个内部一致的模型，但它缺少*精确的操作性定义*。*卓越目标*与*创造性力量*等术语都没有科学定义。在阿德勒的著作中找不到这些术语的操作性定义，而想要对其开展研究的研究者也无法找出适用于严格研究的精确定义。创造性力量一词尤其模糊。这种以遗传和环境为基础、塑造了独特人格的神奇力量究竟是什么？创造性力量如何转化成科学家开展调查时需要用到的特定行动或操作？遗憾的是，个体心理学在某种程度上是偏向于哲学甚至是道德主义的，无法为这些问题提供答案。

创造性力量的概念很吸引人。或许，大多数人更愿意相信创造性力量来自遗传和环境相互作用之外的其他事物。许多人凭直觉感到自己内部有着一定的能动力量（自我、自体、创造性力量），可以做出选择并创造自己的生活方式。尽管如此，创造性力量的概念仍是虚构的，无法通过科学来验证。由于缺乏操作性定义，在内部一致性方面我们只能给个体心理学较低的评分。

有用理论的最后一个标准是简单或*简约性如何*。在这个维度上，我们认为个体心理学处于平均水平。尽管阿德勒文笔不佳、其著作结构散乱，降低了其理论的简约性，但是安斯巴彻（Ansbacher）夫妇的著作又让个体心理学变得简约。

对人性的构想

阿德勒相信人们归根结底是由自我决定的，人们根据对已有经历的理解塑造了自己的人格。人格的建筑材料是由遗传和环境提供的，但是创造性力量将这些材料塑造成型并使之具有功能。阿德勒经常强调，人们如何发挥自己的能力比能力本身是什么更加重要。遗传赋予人们一定的能力，环境给他们提供了增强这些能力的机会，但是人们最终要对自己如何使用这些能力负责。

阿德勒还认为，人们对经验的解释比经验本身更加重要。过去和未来都不能决定现在的行为。相反，人们被当下对过去的感知与当下对未来的期望所推动。这些感知不一定与现实相符，正如阿德勒所说：“意义不是由情境决定的，而是由我们赋予情境的意义决定的。”

人们前进的动力是未来的目标，而不是天生的本能或因果力量。这些未来的目标通常是严格、僵化和不现实的，但是人们的个人自由使他们能够重塑目标，进而改变生活。人们创造了自己的人格，并能够通过接纳新事物来改变自己。这些新事物包括理解变化是有可能发生的，他人或环境都无法决定一个人是怎样的人，且个人目标必须服从于社会兴趣。

尽管人们的最终目标在童年早期已经相对固定，但是人们仍然可以随时改变自己的生活方式。因为目标是虚构且潜意识的，所以人们可以设定和追求临时目标。这些临时目标并不受最终目标的严格限制，而是作为部分解决方案为人们所创造的。也就是说，即使人们的最终目标在童年时期已经确定，但他们仍然可能在一生中的任何时候做出改变。但是，阿德勒坚持认为，并非我们所有的选择都是意识层面的，生活方式是通过意识和潜意识的选择创造的。

阿德勒相信，归根结底，人们应该为自己的人格负责。人们的创造性力量将身体缺陷转化为社会兴趣或自我中心的个人卓越目标。这种能力意味着人们能够在心理健康和神经症之间自由选择。阿德勒认为自我中心是病态的，并认为是否具有社会兴趣是衡量心理成熟的标准。健康的个体拥有高度的社会兴趣，但是他们在一生中仍然可以自由地接受或拒绝正常状态，成为自己想要成为的人。

在第 1 章列出的人性构想的六个维度上，阿德勒的理论在*自由选择*和*乐观主义*两个维度上可以得高分；在*因果论*这一维度上只能得低分；他对*潜意识的影响*的看法处于中等水平，并且强调*社会因素*与个体的*独特性*。总而言之，阿德勒认为，人类是自我决定的社会性生物，被当下为自己和社会的完善而努力的构想激励着不断前行。

重点术语及概念

- 人们在生命之初就具备天生的奋斗力与身体缺陷，二者结合产生了*自卑感*。
- 上述感受激发了人们树立*目标*以克服自卑感。
- 那些认为自己的生理缺陷超出平均水平的人，那些经历了被放纵或被忽视的生活方式的人会*过度补偿*其生理缺陷，产生夸大的自卑感，追求个人获利，并设定不切实际的高目标。
- 有正常的自卑感的人通过与他人合作或发展高度的社会兴趣来*补偿*自卑感。
- *社会兴趣*，或者对他人福祉的深切关心，是判断人类行动的唯一标准。
- 生活中的三大议题——*友谊*、*性爱*和*职业选择*，只能通过社会兴趣来解决。
- 所有行为，即使那些看起来不一致的行为，也都*与一个人的最终目标相符*。
- 人类行为既不受过去事件的影响，也不受客观现实的影响，而是取决于人们的*主观感知*。
- 遗传和环境是人格的基础，但是人们的生活方式取决于其*创造性力量*。
- 所有人，尤其是神经症患者，都会运用各种*保护倾向*，如借口、攻击和退缩等，这些可能是意识层面的，也可能是潜意识层面的，目的是保护被夸大的卓越感免遭公众羞辱。

- 男性倾慕（一种认为男性优于女性的信念）是一种虚构，并且是神经症的根源，对男性和女性来说都是如此。
- 阿德勒的心理治疗利用出生顺序、早期记忆和梦来培养人的勇气、自尊和社会兴趣。

CHAPTER 04

第 4 章

荣格：分析心理学

荣格 ©Hulton Archive/Archive Photos/Getty Images

- 分析心理学概要
- 卡尔·荣格小传
- 心理结构
  - 意识
  - 个体无意识
  - 集体无意识
  - 原型
- 人格动力学
  - 因果论和目的论
  - 前行和退行
- 心理类型
  - 态度
  - 功能
- 人格发展
  - 发展阶段
  - 自我实现
- 荣格的调查方法
  - 字词联想测试
  - 梦的分析
  - 积极想象
  - 心理治疗
- 相关研究
  - 人格类型与领导力
  - 牧师和礼拜者的人格类型
  - 审视“迈尔斯—布里格斯类型指标”
- 对荣格的评价
- 对人性的构想

重点术语及概念

一位中年医生坐在办公桌前苦苦思索着。最近，他与过去六年里的良师益友分道扬镳，这让他十分沮丧、犹疑不安。他对自己惯用的治疗方法失去了信心，转而让患者畅所欲言，而不给予任何具体建议或处理。

几个月来，这位医生反复做些光怪陆离、难以解释的梦，并看见奇异而神秘的幻象。这些梦和幻象似乎对他来说都毫无意义。他感到迷惘——他不能确定自己受过的训练和从事的工作是否真的是一门科学。

他同时还是一位有些天赋的艺术家。他开始用画笔描绘他的梦和幻象，但从未想过这些画作有什么意义。他也会用文字记录自己的幻想，但从未试着去解释它们。

就在这一天，他猛然意识到："我究竟在做什么？"他虽然并不认为这些作品是科学，但又不确定它们是什么。突然，出人意料地，一个清晰、明显女性化的声音从他内心发出："是艺术。"他识别出了这个声音，是他的一位女患者的声音。她很有才华，并且倾心于他。他反驳这个声音："这些作品不是艺术。"但这个声音没有立即作答。当他继续写作时，这个声音再次响起："这就是艺术。"他再次与声音争辩，声音没有回答。他认为这个"内心的女性"没有"语言中枢"，便建议她使用他的语言。她同意了，于是双方展开了漫长的对话。

这位与"内心的女性"交谈的中年医生就是卡尔·古斯塔夫·荣格（Carl Gustav Jung），这件事发生在 1913 年年末至 1914 年年初。荣格曾是西格蒙德·弗洛伊德的追随者和朋友，但随着二人的理论出现分歧，他们的私人友谊也破裂了，这让荣格十分痛苦，极为失落。

上面的小故事只是荣格中年时期"与无意识对抗交锋"时所经历的诸多奇异的事件之一。有一本书记录了荣格探索心灵的不同寻常的旅程，那就是荣格的自传《回忆·梦·思考》（*Memories*，*Dreams*，*Reflections*）。

分析心理学概要

卡尔·古斯塔夫·荣格起初是弗洛伊德的同事，但后来他放弃了传统的精神分析，建立了另一套人格理论，即**分析心理学**（analytical psychology）。分析心理学的基本假设是，神秘现象能够并且确实影响着每个人的生活。荣格认为，每个人不仅受到个人被压抑的经验的推动，还受到从祖辈传承下来的蕴含情绪的经验的影响。这些传承而来的经验被荣格命名为*集体无意识*（collective unconscious）。集体无意识是个体并未亲身经历却从祖辈那里传承而来的经验。

集体无意识中的某些部分得到了充分发展，这些元素被称作*原型*（archetypes）。发展程度最高的原型是自我实现（self-realization）。通过在人格的各个对立面之间取得平衡，方可达成自我实现。也就是说，荣格的这一概念是基于对立理论的。人们既具有内倾倾向也具有外倾倾向，既具有理性的一面也具有非理性的一面，既具有男性特质也具有女性特质，既受意识的管理也受无意识的影响，既受过去事件的推动又被未来的期望所推动。

本章将详细描述卡尔·荣格多姿多彩的生活，并且用其生活的历史片段说明他提出的概念和理论。荣格关于集体无意识的理论成为所有人格理论中最具魅力的一个。

卡尔·荣格小传

1875 年 6 月 26 日，卡尔·古斯塔夫·荣格出生于瑞士的凯斯威尔——一个坐落于康斯坦斯湖畔的市镇。他的祖父老卡尔·古斯塔夫·荣格是巴塞尔著名的内科医生，是这座市镇的知名人物。当地曾传言老荣格是德国伟大诗人歌德（Goethe）的私生子。尽管老荣格从来不承认这一谣传，但小荣格有时会相信自己是歌德的曾孙。

荣格的父母都是家里十三个孩子中最小的一个，这可能是他们婚姻生活不顺的一个原因。荣格的父亲约翰·保罗·荣格（Johann Paul Jung）是一位牧师，母亲埃米莉·普瑞斯维·荣格（Emilie Preiswerk Jung）则是神学家的女儿。事实上，荣格的八个叔叔都是牧师，因此在他的家庭里，宗教和医学并存。荣格母亲的家庭具有唯心论和神秘主义的传统，他的外祖父信奉鬼神，并常常与死人“交谈”。外祖父为已故的第一任妻子保留了一个空座位，并定期与她“谈心”。可以想象，这类行为当然会使他的第二任妻子极为恼火。

荣格的父母共生了三个孩子，大儿子只活了三天，小女儿则比荣格小九岁。因此，荣格小时候受到了独生子的待遇。

据荣格描述，他的父亲是一个多愁善感的理想主义者，对自己的宗教信仰抱有怀疑态度。母亲则有两种互相对立的倾向：一方面，她是个现实主义者，讲究实际，待人热情；另一方面，她的情绪不够稳定，神秘、敏锐、守旧而无情。幼年时的荣格情感丰富而敏感，他更认同母亲的第二种倾向，这种倾向后来被称为“第二人格”或“夜间人格”。荣格 3 岁时曾与母亲分离过一段时间：他的母亲因为生病而不得不住院几个月，这次分离让小荣格甚为困扰。后来很长一段时间，他都感觉“爱”这个字眼带有不可信赖的意味。甚至在很多年后，他依然认为“女性”是不可信任的。而“父亲”一词对他来说则意味着信任，但同时也意味着无能。

荣格不到 4 岁时同家人一起搬到了巴塞尔的郊区。在这一时期，他开始做梦。这些梦对他后来的生活及集体无意识的概念都产生了深远影响。

在学生时代，荣格逐渐发现自己具有两个迥然不同的侧面，他称其为第一人格和第二人格。起初，他以为这两个侧面都是自己个人世界的一部分。但到了青春期，他发觉第二人格反映的其实是他自身以外的存在——一个早已作古的老人。彼时荣格尚未完全领悟其中的奥妙。又过了很多年，他才认识到第二人格与情感和直觉相通，而这是第一人格所不具备的。

在 16 岁到 19 岁之间，荣格的第一人格逐渐占据了主导地位。当意识层面的、日常的人格占优势时，他能够专注于学业和事业。按照荣格的态度理论，他的第一人格是外倾的，向外契合客观世界；他的第二人格是内倾的，向内指向主观世界。因此，在刚上学的那几年里，荣格主要呈现内倾的一面，但到了该为就业做准备、承担现实中的责任时，他变得更多呈现外倾的一面。外倾的态度一直陪伴着他，直到他遇到中年危机。在那之后，荣格又进入了一段极度内倾的时期。

荣格最初选择的专业是考古学，同时他对语言学、历史学、哲学和自然科学也颇感兴趣。荣格尽管有点贵族背景，但他的财务状况却很糟糕。苦于没钱，他无法去外地上学，只得进了巴塞尔大学。巴塞尔大学没有开设考古学课程，他不得不选择其他学科。荣格曾两次梦见自己在自然科学领域做出重大发现，因此选择了自然科学。最后他把职业选择范围缩小到了医学领域。当他得知有一门研究主观现象的精神病学时，他将职业选择进一步缩小到精神病学领域。

在荣格进入医学院的第一年，他的父亲去世了，照顾母亲和妹妹的责任落在了荣格的肩上。荣格在医学院学习期间，曾参加过一系列由普瑞斯维家族的亲戚主持的降神会——他的表姐海琳・普瑞斯维（Helene Preiswerk）自称能与死人交流，而荣格则以亲戚的身份出席。后来他写了一篇关于神秘现象的医学论文，称这些降神会其实是被操纵的实验。

1900 年，荣格取得了巴塞尔大学的医学学位，成为苏黎世伯戈尔茨利精神病院的一名助理医师，在尤金・布鲁勒（Eugene Bleuler）手下工作。伯戈尔茨利精神病院可能是当时世界上最有名的精神病学教学医院。在 1902 年至 1903 年间，荣格在巴黎跟随沙可（Charcot）的继任者皮埃尔・让内（Pierre Janet）学习了六个月。1903 年，他返回瑞士，娶了爱玛・劳申巴赫（Emma Rauschenbach）—— 一个出身于富裕人家、头脑聪慧的年轻姑娘。两年后，荣格除了继续在医院工作以外，还在苏黎世大学教书，并开设了私人诊所。

弗洛伊德的《释梦》刚出版时，荣格便读过，但并未留下多少印象。过了几年，荣格重读《释梦》，才对弗洛伊德的观点有了更深刻的理解。这时，受到触动的荣格开始为自己释梦。1906 年，荣格开始与弗洛伊德频繁地通信。次年，弗洛伊德邀请荣格夫妇到维也纳做客。他们二人一见如故，产生了惺惺相惜的强烈情谊。第一次见面，两个人长谈了 13 个小时，直至凌晨。而在这场马拉松式的谈话的同时，两人的妻子也在一直礼貌地交谈着。

荣格是弗洛伊德心目中理想的接班人。与弗洛伊德的其他朋友和追随者不同，荣格既不是犹太人，也不是维也纳人。而且，弗洛伊德对荣格抱有强烈的私人情感，觉得荣格才智非凡。在种种因素的驱使下，弗洛伊德推选荣格为国际精神分析协会的第一任主席。

1909 年，美国最早的心理学家之一、克拉克大学校长 G. 斯坦利・霍尔（G. Stanley Hall）教授邀请荣格和弗洛伊德前往马萨诸塞州伍斯特市的克拉克大学开设系列讲座。荣格、弗洛伊德和另一位精神分析学家桑多尔・费伦齐一起来到美国，这是荣格首次赴美——在荣格的一生中，他曾前后九次造访美国。在为期七周的旅行中，因为频繁的日常接触，荣格和弗洛伊德的关系慢慢变得紧张起来。二人此时都已是享有盛誉的精神分析学家，他们开始互相分析对方的梦，而这项能够使任何关系变得紧张的互动让他们的关系雪上加霜。

荣格在自传中声称，弗洛伊德不愿透露自己的私生活细节，但是荣格为了解释弗洛伊德的梦，需要知道更多细节。据荣格称，当被要求提供详细信息时，弗洛伊德抗议：“我可不能用我的威望来冒险！”荣格得出结论，从那一刻起，弗洛伊德的威望已经荡然无存了：“这句话烙入了我的记忆中，同时也成为我们关系终结的前兆。”

荣格还断言，在美国之行期间，弗洛伊德无法解释荣格的梦，尤其是一个包含了荣格的集体无意识的、内容丰富的梦。稍后我们将更详细地讨论这个梦，在这里我们只介绍这个梦中困扰荣格一生的关于女性议题的部分。在这个梦中，荣格和他的家人住在一栋房子的二楼，他决定探索这栋房子里他未曾去过的楼层。在房子的最底层，他进入了一个洞穴，并在那里发现了两个古老的、几乎一触即碎的人类头骨。

在荣格描述了这个梦之后，弗洛伊德对这两个头骨产生了兴趣，却没有表现出对集体无意识的兴趣。相反，他坚持让荣格想出与头骨有关的某种愿望。荣格的愿望是谁的死亡？荣格当时并不完全相信自己的判断，但他知道弗洛伊德的意思，于是告诉弗洛伊德自己的愿望是让妻子和妻妹死去，因为这样说最可信。

尽管荣格对这个梦的解释可能比弗洛伊德的解释更准确，但荣格的确是有可能希望他的妻子死去。当时，荣格并不是新婚，而是已经结婚将近七年了，并且从结婚的第三年开始，他就和一位之前的患者——萨宾娜·史碧尔埃（Sabina Spielrein）陷入了深恋。弗兰克·麦克林恩（Frank Mclynn）称，荣格的“恋母情结”让他对妻子怀有敌意，但一个更合理的解释是，荣格需要至少两个女人来满足他人格的两个方面。

在将近 40 年中共享了荣格生活的两个女人是他的妻子爱玛和另一位前患者安东尼娅·沃尔夫（Antonia Wolff）。爱玛似乎与荣格的第一人格关系融洽，沃尔夫则与他的第二人格联系紧密。这段三角关系并非一直和谐美满，但爱玛意识到沃尔夫对荣格的作用比自己（或任何其他人）大得多，因此她对沃尔夫心怀感激。

尽管荣格和沃尔夫没想遮掩他们的关系，但沃尔夫这个名字并未出现在荣格死后出版的自传中。艾伦·埃尔姆斯（Alan Elms）发现，荣格事实上撰写了关于沃尔夫的一整章内容，但这一章从未公开出版。沃尔夫的名字在荣格自传中的缺失可能是由于荣格的孩子们对她的终生怨恨。他们记得沃尔夫明目张胆地和荣格在一起的事情，作为成年人，他们在父亲死后对其自传中出现的内容拥有否决权，而他们并没有这么宽广的胸怀让这场外遇与世长存。

无论如何，荣格毫无疑问需要除了妻子以外的其他女人。荣格在 1910 年 1 月 30 日给弗洛伊德写信说道：“在我看来，良好婚姻的前提是允许对婚姻的不忠。”

荣格和弗洛伊德的美国之旅结束后，伴随着友谊的降温，他们的私人矛盾和理论分歧也变得更加激烈。1913 年，他们终止了个人书信往来。次年，荣格辞去了国际精神分析协会主席的职位。不久之后，他干脆退出了国际精神分析协会。

荣格与弗洛伊德的分道扬镳或许并不只是因为荣格自传中记录的事情，而是另有隐情。1907 年，荣格在给弗洛伊德写的信里表达了自己“无限钦佩”弗洛伊德，坦言他的崇拜“具有某种‘宗教般的’迷恋的特征”，并且具有“不可否认的情欲基调”。荣格继续他的告解：“这种糟糕的情感源自我小时候曾被一个我那时崇拜的人侵犯过。”在受到性侵时，荣格实际上已经 18 岁了，那个比他年长的人对他来说是一位父亲般的朋友，他可以向对方倾诉一切。艾伦·埃尔姆斯认为，荣格对弗洛伊德的情欲——加上他早年曾被他崇拜的一个年长男性侵犯的经历——可能是荣格最终与弗洛伊德决裂的主要原因之一。埃尔姆斯进一步指出，荣格对弗洛伊德的性理论的拒绝可能也源于他对弗洛伊德的矛盾情感。

与弗洛伊德决裂后的那几年，荣格感到十分孤独，也正是此时，他开启了自我分析的旅程。从 1913 年 12 月到 1917 年，他开始了自己一生中最深刻、最危险的经历——潜入自己的无意识心灵的底层旅行。马文·戈德韦特（Marvin Goldwert）称荣格生命中的这段时间为“创造性疾病”时期，这一术语曾被亨利·埃伦伯格（Henri Ellenberger）用来形容弗洛伊德在他父亲去世后那几年的状况。荣格的“创造性疾病”与弗洛伊德的自我分析时期类似。二人都曾在自己 40 岁上下的时候开始进行自我探索：弗洛伊德是因为父亲去世而做出的一种反应，荣格则是因为与他的精神父亲——弗洛伊德分道扬镳。二人都经历了一段孤独且孤立的时期，也都因为这种经历而产生了深刻的变化。

尽管荣格深入无意识的旅程既危险又痛苦，但这是必要且富有成效的。通过释梦和主动想象，荣格推动自己完成心灵底层的旅程，最终创造出了独一无二的人格理论。

在此期间，他记录自己的梦、画下梦的内容、给自己讲故事并任由这些故事发展。通过这些程序，他认识了自己的*个体无意识*，将这些方法延伸并去到更深层的地方，荣格发现了*集体无意识*的内容——原型。他听见他的阿尼玛用一种清晰的女性声音对他说话；他发现了自己的阴影，也就是他的人格的邪恶面；他与智慧老人对话，与大母神原型对话；最终，在旅程即将结束时，他完成了心理重生，即*自性化*（individuation）。

尽管荣格去过很多地方，但他始终是瑞士公民，居住在苏黎世附近的屈斯纳赫特。他和他的妻子一共生了五个孩子——四个女孩和一个男孩。荣格是一名基督徒，但并不去教堂做礼拜。他有许多爱好，如木雕、石刻和在康斯坦斯湖上划船等。他还对炼金术、考古学、诺斯替教、东方哲学、历史、宗教、神话和民族学很感兴趣。

1944 年，他成了巴塞尔大学的医学心理学教授，但是糟糕的健康状况让他在次年不得不辞职。1955 年，他的妻子去世后，他几乎独自一人生活，成了“屈斯纳赫特的智慧老人”。1961 年 6 月 6 日，荣格在苏黎世逝世，当时距他的 86 岁生日只差几周时间。荣格去世时，他的声名已经传遍了全世界，不仅是在心理学领域，在哲学、宗教和大众文化领域也是如此。

心理结构

荣格的人格理论与弗洛伊德的人格理论基于同样的假设，即精神或心灵可分为意识层面和（潜意识）无意识层面。而与弗洛伊德不同的是，荣格坚称无意识的最重要部分不是来自个人的经历，而是源于人类遥远过去的经历，荣格称之为*集体无意识*。对荣格的理论而言，*意识*和*个体无意识*都是次要的。

意识

根据荣格的观点，**意识**（conscious）是由自我感觉到的精神意象，而无意识则与自我无关。荣格的**自我**（ego）概念比弗洛伊德的更具限制性。荣格认为自我是意识的中心，但不是人格的核心。自我不是整个人格，它必须由更具综合性的自性（self）来补全，自性在很大程度上是无意识的，处于人格的中心。对一个心理健康的人而言，自我处于无意识的自性的次级地位。因此，意识在分析心理学中的作用相对较小，分析心理学认为过分强调自己的意识会导致心理失衡。心理健康的人可以感受自己的意识世界，但也允许自己感受无意识自我，从而实现自性化。这是我们将在“自我实现”一节中讨论的概念。

个体无意识

个体无意识（personal unconscious）包含个体被压抑、被遗忘或无意识感知的所有经历。它包含受压抑的婴儿时的记忆和冲动、被遗忘的事件及最初在意识之外感知的体验。个体无意识是在个人经历中形成的，因此对每个人来说都是独特的。有些个体无意识很容易被唤起，有些则难以被记住，而有一些则超出了意识的范围。荣格关于个体无意识的概念与弗洛伊德对潜意识和前意识的观点几乎没有什么不同。

个体无意识的内容被称为**情结**（complex）。情结是相关概念在情感上的综合体。例如，一个人与母亲的关系可能会围绕情感核心展开，从而使这个人因他的母亲，甚至“母亲”一词，引发情绪反应，阻碍思想的顺畅流动。情结在很大程度上是个人的，但它也可能部分源于人类的集体经验。举例来说，恋母情结不仅来自个体与母亲的关系，还源自历史上人类这个物种与母亲的经历。另外，恋母情结部分地由个体意识中对母亲的形象形成。因此，情结可能涉及意识层面的内容，也可能源于个体无意识和集体无意识。

集体无意识

个体无意识是由个人经历而产生的，与之不同的是，**集体无意识**（collective unconscious）起源于整个物种的祖先的历史。集体无意识是荣格提出的概念中最有争议的，也是最独特的。集体无意识的内容被后代继承，并作为一种精神潜能从一代传给下一代。人类远古祖先对诸如上帝、母亲、水和大地等普世概念的经验在世代间传递，因此每个时代的人们都受到其原始祖先的原始经历的影响。因此，在所有文化中，集体无意识的内容具有一定的相似性。

集体无意识的内容并不是僵化的，而是活跃的，并且会影响个人的思想、情感和行为。集体无意识可以解释许多人类的神话、传说和宗教信仰。它还产生了“宏大的梦”，即意义超出个体的梦，对每个时空的个体都具有重要意义。

集体无意识继承的不是祖先的思想，而是由人类的经历激发的以特定方式做出反应的天生倾向性。例如，即使女性并不太喜欢孩子，但当她成为母亲后可能会对自己的孩子产生爱与温柔的反应。这种反应倾向是女性天生的潜能或遗传蓝图的一部分，但是这种天生潜能需要通过个人经验将其激活。如果人类的现有经验触及这些基于生物学的天生倾向性，人类便会像其他动物一样，依靠遗传本能，以某些方式行动或做出反应。例如，一个相信一见钟情的人可能会对自己的这种反应感到惊讶和困惑。他的挚爱可能不是他之前理想中的女性形象，但是他内心的某种情感使他被她吸引。荣格认为，男性的集体无意识包含着对女性的生物学印象，而这些印象是在男性第一次看到自己的爱人时被激活的。

人类有多少生物学上的天生倾向性？荣格认为，这些天生倾向性与生活中的典型情况一样多。当这些典型情况重复无数次，它们便成为人类生物体质的一部分。最初，它们是“没有内容的、形式的，仅表示某种感知和行为的可能性”。随着重复的增加，这些形式开始发展出一些内容，并以相对自治的原型的形式出现。

原型

原型（archetypes）是源自集体无意识的原始意象。与情结相似，原型也是关联意象的情感集合。情结是个人无意识的产物，是个体化的，而原型是泛化的，源自集体无意识。

原型与本能也不尽相同。荣格将**本能**（instinct）定义为对行动的无意识的身体冲动，而将原型视为与本能对应的心理现象。在比较原型与本能时，荣格写道：

> 在世界范围内，同一种动物表现出相同的本能现象，因此尽管分布在不同地点，但人类都表现出相同的原型形式。动物的本能活动是不需要教授的，因此人拥有自己的原始心理模式，并且可以自发地重复它们，而与任何类型的教学无关。由于人是具有意识的，并且具有内省的能力，因此可以通过原型的表现形式来感知自己的本能模式。总而言之，原型和本能都是在不知不觉中确定的，且两者都有助于塑造人格。

原型具有生物学基础，但起源于人类祖先的重复性经验。每个人其实都有无数的潜在原型，当个人经历与潜在的原始意象对应时，原型就被激活了。

原型本身不能直接表达，但是当被激活时，它会通过梦、幻觉和幻想等形式表达自己。在中年时，荣格曾做过许多关于原型的梦，也有过许多幻想。他经常幻想着自己正堕入深渊，从而引发幻觉。那时他无法理解自己的梦和幻想，但是后来，当意识到梦和幻想中的意象实际上是原型时，他赋予了这些经历全新的含义。

梦提供了原型存在的证据。有些梦中的意象是做梦者无法通过个人经历获得的。这些意象通常与古代人或当代的土著所知道的那些意象相吻合。

荣格认为，幻觉也提供了原型存在的证据。荣格在伯戈尔茨利当精神病学助理时，观察了一位偏执型精神分裂症患者。有一天，他正透过窗户看太阳，并恳求荣格也一起看。

他说：“我必须半闭着眼睛看太阳，这样才能看到太阳的阴茎。如果我将头从一侧转向另一侧，日光也将移动，这就是风的起源。”四年后，荣格偶然看到了德国语言学家阿尔布雷希特·迪特里希（Albrecht Dieterich）的一本书，该书于 1903 年出版，那是该患者入院几年后。这本书用希腊语写成，讲述了源自巴黎魔术纸莎草纸的礼拜仪式，其中描述了波斯光明神密特拉的崇拜者的古老仪式。在仪式中，人们被要求看着太阳，直到看见一根管子挂在它上面，管子向哪个方向摆动，哪个方向就是风的起源。迪特里希对该仪式的描述几乎与偏执型精神分裂症患者的幻觉相同，但后者并不知道这一古老的仪式。荣格提供了许多类似的例子来证明原型和集体无意识的存在。

如第 2 章所述，弗洛伊德还承认人类集体具有采取某些行动的倾向性。但他的*系统发生的禀赋*（phylogenetic endowment）的概念与荣格的表述有所不同。区别在于，弗洛伊德首先对个人的潜意识进行了观察，并仅在个人解释行不通时才诉诸系统发生的禀赋，就像他在解释俄狄浦斯情结时所做的那样。相比之下，荣格将重点放在集体无意识上，并通过个人经验来完善人格概念。

荣格从集体无意识中提炼出了具有自主性的*原型*，每种原型都有自己的经历和个性。尽管存在大量模糊的原型意象，但是只有少数原型发展到了可以概念化的程度。其中著名的有人格面具、阴影、阿尼玛、阿尼姆斯、大母神、智慧老人、英雄和自性。

人格面具

人们向世界展示的个性面被称为**人格面具**（persona）。它的本义是指早期剧院中演员佩戴的面具。荣格的人格观念可能源于他的第一人格经历，即人必须适应外界。荣格认为，我们每个人都有自己应该扮演的人格面具，这是社会对我们每个人的要求。医生必须展现典型的“卧床治疗方式”，政客必须向社会展示可以赢得人们的信任和投票的人格面向，演员必须展现公众所要求的生活方式。

尽管人格面具是人格的必要组成部分，但不应将我们的公开面孔与我们完整的自我混淆。如果我们过度认同人格面具，那么我们就不会意识到自己的个性，因而无法完成*自我实现*。我们必须承认社会的重要性，但是如果我们过度认同自己的人格面具，就

像达斯·维达和伏地魔这样的虚构人物是“阴影”原型的经典例子。

Stefano Buttafoco / Shutterstock，©E. Charbonneau / WireImage / Getty Images

会与内在自我失去联系，并依赖社会对我们的期望。荣格认为，要保持心理健康，我们必须在社会的需求与我们真实的自己之间取得平衡。一个人如果不知道自己的人格面具，那是低估了社会的重要性，而不了解自己的深层个性则会沦为社会的木偶。

荣格在 1913 年至 1917 年几乎与现实切断了联系，但他仍努力与自己的人格面具保持联系。他知道自己必须维持正常的生活，而他的工作和家人确保了这种联系。他经常强迫自己记住有关自己的基本事实，例如，他拥有医学学位，他有一个妻子和五个孩子，以及他住在瑞士的屈斯纳赫特等。这种自我对话使荣格能够正常生活，并证实了自己的现实存在。

阴影

阴影（shadow）是黑暗与压抑的原型，代表了我们不愿承认并试图对自己和他人隐瞒的那些特质。阴影包含道德上令人反感的倾向，也包含我们不愿面对的建设性或创造性特质。

荣格认为，总体而言，我们必须不断努力去了解自己的阴影，而这是对我们*勇气的第一次考验*。或许我们可以将自身性格的阴暗面投射到他人身上，通过他人看到我们拒绝在自己身上看到的丑陋和邪恶。认清自己的黑暗面就是完成“阴影的实现”。不幸的是，我们大多数人从来没有意识到自己的阴影，而只是认同自己个性的光明面。但是，从未意识到自己阴影的人可能会陷入阴影之下，过着悲惨的生活，不断陷入“厄运”并给自己带来失败和沮丧。

荣格在自传中记录了一个梦，这个梦发生在他与弗洛伊德分道扬镳时。在这个梦中，他的阴影—— 一个棕色皮肤的野蛮人，杀死了一位代表着德国人民的英雄，这位英雄名叫希格弗里德（Siegfried）。荣格诠释了这个梦，认为这意味着他不再需要西格蒙德·弗洛伊德。因此，他的阴影帮助他完成了铲除他以前的英雄的建设性任务。

阿尼玛

像弗洛伊德一样，荣格认为所有人在心理上都是双性恋，即拥有男性气质和女性气质。男性的女性气质起源于集体无意识，属于原型的一种，名叫**阿尼玛**（anima），具有抵抗意识。很少有人会熟悉自己的阿尼玛，因为这需要极大的勇气，甚至比认识阴影还要困难。为了掌握阿尼玛的投射，男性必须克服知识上的障碍，深入无意识的深处，才能意识到其人格中女性化的一面。

正如我们在本章开头的小故事里提到的那样，在与弗洛伊德分道扬镳后不久，荣格在探索自己的无意识心理时，第一次遇到了自己的阿尼玛。认识自己的阿尼玛的过程是对荣格*勇气的第二次考验*。像所有男性一样，荣格只有在学会与自己的阴影和谐相处之后才能意识到自己的人格面具。

荣格在自传中生动地描述了这种经历。荣格对这位“内心的女性”很感兴趣，他总结道：

> 从原始意义上说，她一定是“灵魂”，而我开始思考为什么将“灵魂”这个名字赋予灵魂。为什么它被认为是女性？后来我发现，这种内在的女性形象在男性的无意识中扮演着典型的或

原型的人格面具，我称其为“阿尼玛”。女性无意识中的相应形象我称其为‘阿尼姆斯’。

荣格认为，阿尼玛起源于男性早期与女性（母亲、姐妹和恋人）接触的经历，两者共同构成了女性的概貌。随着时间的流逝，这种普遍的概念作为阿尼玛原型被植入所有人的集体无意识中。从史前时代开始，每位男性都有预设的女性观念，该观念塑造了其与女性的所有关系。男人喜欢将自己的生命投射到妻子或爱人身上，而不像她本人那样看待她，他的个体无意识和集体无意识决定了她在他心中的形象。这种情况可能是造成男女关系中许多误解的根源，也可能让某些神秘的女性在男性心中具有诱人的魅力。

一位男性可能梦见一位没有明确形象和身份的女性。该女性无法代表该男性个人经历中的任何人，但从集体无意识的层面进入了他的梦。阿尼玛可能不是以女性的形象出现在梦中，而是通过情感或心境来表示。因此，阿尼玛影响男性的情感，可以解释某些不合理的心境和情感。在这些情感或心境中，一位男性几乎从不承认自己女性化的一面；相反，他要么忽略情感的非理性，要么试图以一种非常理性的男性化的方式来解释它们。无论哪种情况，他都否认了自主的原型（阿尼玛）是他产生某种情绪的原因。

阿尼姆斯

女性的男性原型被称为**阿尼姆斯**（animus）。如果说阿尼玛代表非理性的心境和情感，那么阿尼姆斯则代表思维和推理。它可以影响女性的思想，但实际上又不属于她。它属于集体无意识，起源于史前女性与男性接触的经历。在每一段男女关系中，女性都是冒着风险的，她将遥远的祖先对父亲、兄弟、恋人和儿子的经验投射到男性的身上。另外，她关于男性的个人经历的个体无意识，也影响着她与男性的关系。上述经验来自男性的阿尼玛的投射及个体无意识，构成任何男女关系的基本要素。

荣格认为，阿尼姆斯决定了女性的思想和观点，就像阿尼玛让男性了解到情感和心境一样。阿尼姆斯有时也解释了通常归因于女性的非理性思维和不合逻辑的观点。女性的许多观点在客观上都是有效的，但根据荣格的说法，仔细分析后发现，这些观点都不是女性经过深思熟虑的结果，而是现有的。如果一位女性以自己的阿尼姆斯为主导，那么任何逻辑上或情感上的吸引力都不会动摇她的预定信念。像阿尼玛一样，阿尼姆斯以拟人化的形象出现在梦、幻觉和幻想中。

大母神

大母神和智慧老人是另外两个原型，它们是从阿尼玛和阿尼姆斯中派生出来的。每个人，无论男性还是女性，都拥有**大母神**（great mother）原型。这种关于母亲的先天观念总是与正性和负性的情感联系在一起。例如，荣格谈到的“慈爱而可怕的母亲”。这位大母神代表着两种对立的力量：一方面是生育和抚养，另一方面是权力与破坏。她有能力产生和维持生命（生育和抚养），也有可能吞食或无视生命（破坏）。荣格认为自己的母亲具有两种个性—— 一种是爱与养育，另一种是古怪与残酷。

荣格认为，我们个人对“慈爱而可怕的母亲”的看法在很大程度上被高估了。荣格称，文献中描述的母亲对孩子的影响并非来自母亲本人，而是来自母亲身上的原型，这赋予了母亲神话般的背景。换句话说，在没有亲密个人关系的情况下，男性和女性对母亲的强烈迷恋被荣格视为大母神原型的证据。

大母神原型的生育和抚养能力借由树木、花园、耕地、海洋、天堂、家庭、乡村、教堂和空心物体（如烤箱和炊具）来象征。因为大母神也代表着权力和破坏，所以她有时由教母、上帝之母、自然之母、大地母亲、继母或女巫象征。关于生育和破坏的对立的一个例子是灰姑娘的故事，灰姑娘的教母能够为她创造一个由马车、花球和迷人的王子构成的世界，也能够在午夜时分摧毁这个世界。传说、神话、宗教信仰、艺术和文学故事充斥着大母神原型的其他象征，这一形象既具有生育力又具有破坏性。

生育力和权力结合在一起，形成了**重生**的概念，这是一个单独的原型，但它与大母神原型的关系十分紧密。

智慧老人

智慧老人（wise old man）是智慧和意义的原型，象征着人类对生命奥秘的认识。但这一原型的含义是无意识的，不能由个体的直接体验获得。对那些被智慧老人原型误导的人来说，他们愿意听政客和其他权威人士说空话、假话，而不是真话。L. 弗兰克 · 鲍姆（L. Frank Baum）所著《绿野仙踪》（*Wizard of Oz*）里的巫师是一位令人印象深刻的、讲话引人入胜的人，但他的话语十分空洞。受智慧老人原型影响的男性或女性可能会使用听起来很深刻、事实上却毫无意义的言语来聚集大量的门徒，因为集体无意识无法将其智慧直接传达给个人。政治、宗教和智者在理性和情感方面都充满了吸引力（原型总是带有情感色彩），这是由无意识的原型产生的。当人们因先前强大的虚假知识而摇摆不定，并把无意义的空谈误认为是真正的智慧时，社会危机就来了。回想一下荣格，他将自己父亲（牧师）的讲道视为空洞的教义，没有任何强烈的宗教信仰作为他的精神后盾。

智慧老人原型在梦中外化为父亲、祖父、老师、哲学家、长者、医生或牧师；在童话中则以国王、圣人或魔术师的身份出现，他们凭借着超凡的智慧，帮助主人公摆脱不幸。智慧老人原型有时也会被其自身所象征。文学中充斥着年轻人离开家园，闯荡社会，经历生活的考验和痛苦，最终获得某种智慧的故事。

英雄

英雄（hero）原型在神话和传说中常被描述为一个强大的人（有时是神），他在极为不利的条件下与邪恶的化身（如怪兽、巨蛇或恶魔等）作战，并取得胜利。最后，英雄常被微不足道的人或事打败。例如，特洛伊战争的英雄阿喀琉斯（Achilles）因其身体唯一的脆弱部位——脚后跟被箭射中而死。同样，麦克白（Macbeth）是个英雄，且只有一个悲惨的缺陷——野心。雄心壮志是他伟大的源泉，但也加速了他的衰败。英雄事迹只发生在有致命缺陷的人身上，例如，阿喀琉斯或漫画人物超人，超人的唯一弱点是化学元素氪石。一个没有弱点的、长生不死的人无法成为英雄。

我们对电影、小说、戏剧和电视中的英雄的迷恋表明，英雄的形象触动了我们内心的原型。当英雄征服恶魔时，他使我们摆脱了无能和痛苦的感觉，成为我们理想人格的榜样。

英雄原型的起源可以追溯到人类历史的早期，即意识的萌发期。在征服恶魔时，英雄象征性地克服了人类无意识的黑暗。获得意识是我们祖先最大的成就之一，英雄原型的形象代表了对黑暗力量的胜利。

自性

荣格认为每个人都有向着成长、完美和完善的方向发展的遗传倾向，他称这种天生的倾向为**自性**（self）。在所有原型中，自性是最全面的，因为它将其他原型汇集在了一起，并在**自我实现**（self-realization）的过程中将它们结合在一起。像其他原型一样，自性包含意识的部分和个体无意识的部分，但主要由集体无意识的部分构成。

作为原型，自性外化为一个人完美、完善和完整的思想，但其最终象征是**曼陀罗**（mandala），其图案是正方形内套圆形，圆形内套正方形或任何其他同心的形状。它代表了集体无意识为统一、平衡和完整而做出的努力。

自性既包括个体无意识，也包括集体无意识，因此不应与自我混淆，自我仅代表意识。在图 4.1 中，意识（自我）由外圆表示，仅占总体人格的一小部分；个体无意识用中间圆表示；集体无意识用内圆表示；三个圆的总和象征着自性。在这个曼陀罗中，我们只绘制了四种原型——人格面具、阴影、阿尼玛和阿尼姆斯，并将每种原型按照理想状况描绘为相同的大小。对大多数人来说，人格面具比阴影更自觉，而阴影比阿尼玛或阿尼姆斯更容易为意识所用。如图 4.1 所示，每种原型都包含意识的部分、个体无意识的部分和集体无意识的部分。

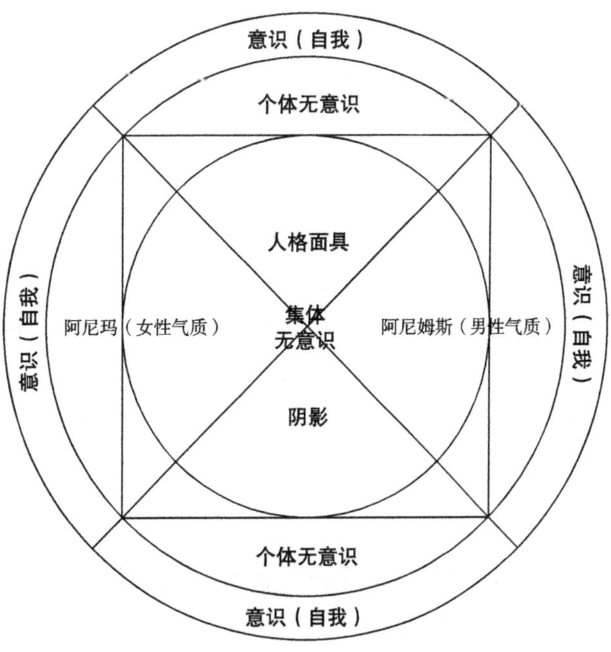

图 4.1　荣格的人格概念

图 4.1 所示的意识和整体自性之间的平衡是理想化的。许多人的意识过多，因此缺乏人格的“灵魂火花”；也就是说，他们没有意识到自己的无意识，尤其是集体无意识的丰富和活力。另一方面，被无意识控制的人往

往是病态的，其人格也是片面的。

尽管自性永远无法达到完美的平衡，但是每个人在集体无意识中都有完美统一的自性的概念。曼陀罗代表了完美的自性，以及秩序、统一和整体的原型。因为自我实现涉及完整和完整性，所以它由能够表示同一完美的符号——曼陀罗表示。在集体无意识中，自性表现为理想的人格，有时以耶稣基督、佛陀或其他神话人物的形象出现。

荣格在曼陀罗符号中找到了自性原型的证据，因为这些符号出现在并不知道其含义的当代人的梦和幻想中。从历史上看，人们制造了无数的曼陀罗，但似乎并没有完全理解其意义。荣格认为，精神病患者在经历严重的精神疾病时，梦中会出现越来越多的曼陀罗图案，这种经历进一步证明了人们在努力追求秩序与平衡。无意识的秩序符号似乎可以抵消疾病在意识层面的表现。

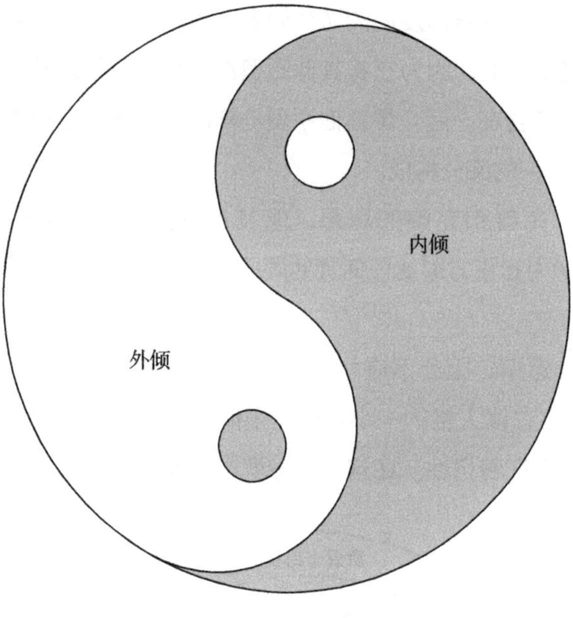

图 4.2　阳和阴

总而言之，自性既包括意识和无意识的思想，又将心理的对立元素——男性和女性、善与恶、光明与黑暗——结合在一起。这些对立的元素通常由阳和阴表示（见图 4.2），而自性通常由曼陀罗表示。曼陀罗代表统一、整体和秩序，即自我实现。完全的自我实现是很难实现的，但是作为理想存在于每个人的集体无意识中。要实现或充分体验自性，人们必须克服对无意识的恐惧，防止自己的人格面具控制自己的人格，认识到自己阴暗的一面（阴影），然后鼓起勇气面对自己的阿尼玛或阿尼姆斯。

在中年危机时期，有一次，荣格看到了异象：面对一位留着胡须的老人、一个年轻美丽的盲人女孩和一条大黑蛇。女孩对荣格持怀疑的态度，而蛇对荣格表现出极大的热情。老人敏锐而智慧，尽管当时荣格并不清楚这一点。老人解释说，他是以利亚（EliJah），而年轻的姑娘是莎乐美（Salome），他们都是《圣经》里的人物。虽然有过这样的经历，但荣格无法理解其含义，多年之后，他才将这三个人物视为原型。以利亚代表智慧老人，看上去很有智慧，但其实没有太多道理；莎乐美生气勃勃、美丽动人，却看不清事物的本质；蛇是英雄的对手，在梦中与幻觉中对英雄（即荣格）表现出亲和力。荣格认为，他必须识别这些无意识的意象，以保持自己的同一性，而不会因为集体无意识过于强大而迷失自己。他后来写道：

“关键在于将这些无意识内容人格化，把自己和它们区分开来，并使它们与意识建立联系。”这一方法可以削弱它们的力量。

人格动力学

在人格动力学这一节中，我们将探讨荣格关于因果论和目的论、前行和退行的观点。

因果论和目的论

动机是因果论的原因，还是目的论的目的？荣格认为两者兼而有之。因果论认为，事件的发生源于先前的经验。弗洛伊德在对儿童早期行为的解释中非常依赖因果论（见第 2 章）。荣格批评弗洛伊德过分强调因果关系，并认为因果论不能解释所有动机。而目的论认为，当前的事件是由引导个人命运的未来目标和愿望驱动的。阿德勒就持这种观点，认为人们被（对虚构的最终目标的）意识和无意识的感知所驱动（见第 3 章）。荣格对阿德勒的批评不如对弗洛伊德的批评那样尖锐，但他坚持认为人类行为是由因果论和目的论共同决定的，因果论的解释必须与目的论的解释相结合。

荣格对因果论和目的论的兼顾体现在他对梦的构想中。一方面，他同意弗洛伊德的观点，认为许多梦源于过去的事件，即梦是由较早的经验引起的。另一方面，荣格认为有些梦可以帮助一个人对未来做出决定，就像他的“在自然科学领域取得重大发现”的梦决定了他自己的职业选择一样。

前行和退行

为了完成自我实现，人们不仅要适应外部环境，还必须适应内部世界。对外部世界的适应涉及精神能量的向前流动，这被称为**前行**（progression）；而对内部世界的适应则依赖于精神能量的反向流动，这被称为**退行**（regression）。如果人们要实现个人成长或自我实现，那么前行和退行都是必不可少的。

前行是个体针对特定的环境做出的一致性反应，而退行是个体实现目标后必要的后退步骤。退行激活了无意识，这是解决大多数问题的基本方法。单独来看，前行和退行都不会导致发展。单一的前行或退行都是单方面的、容易失败的，但是两者相结合可以激活健康的人格发展过程。

荣格在中年危机中体验了退行。在这段时间里，他的精神生活向内转向了无意识，而毫无外在建树。他将大部分精力花在了无意识的心理检查上，几乎没有做任何写作或演讲方面的事情。退行主导着他的生活，而前行几乎停止了。之后，他通过对心理平衡的探寻完成了对这一时期的超越，再次对外面的世界产生了兴趣。但是，他的这一退行经历使他发生了永久性的深刻改变。荣格认为，退行对于建立平衡的人格和实现自我成长是必需的。

心理类型

除了心理水平和人格动力学之外，荣格还认识到了各种心理类型。这些心理类型有两种基本态度（内倾和外倾）及四种独立的功能（思维、情感、感觉和直觉）。

态度

荣格将**态度**（attitude）定义为采取特定的行动或反应的倾向。他认为，每个人都有内倾和外倾的态度，尽管有的人能意识到，而有的人是无意识的。像分析心理学中的其他对立因素一样，内倾和外倾互为补充，可以用阳和阴的图案加以说明（见图 4.2）。

内倾

根据荣格的观点，**内倾**（introversion）是心理能量向内倾斜的主观取向。内倾者会以其带有偏见、幻想、梦和个性化的观念来适应自己的内心世界。内倾者能够感知外部世界，但他们是有选择地、以自己的主观观点进行感知的。

在荣格的一生中有两个时期，内倾是他的主要态度。第一个时期是他的青春期，那时他意识到了第二人格，这是他外倾型人格之外的意识。第二个时期是他的中年期，他与自己的无意识对抗，当时他与自己的阿尼玛对话，经历了奇异的梦，并引发了奇怪的异象，产生了“精神异常的东西”。在他几乎完全内倾的中年时期，他的幻想是个性化的和主观的。其他人，甚至荣格的妻子，都无法准确地理解他的经历。只有沃尔夫似乎有能力帮助他摆脱与无意识的对抗。在这段与内倾对抗的时期，荣格中止了他大部分外倾或客观的态度。他停止了积极治疗患者的工作，辞去了苏黎世大学的讲师职务，终止了他的理论写作，并且在长达三年的时间里，他发现自己甚至无法阅读任何科学书籍。他当时发现自己处于极端内倾的过程中。

然而，荣格的发现之旅并不是彻底内倾的。他知道，他必须保留自己外倾的世界，否则他有被自己的内心世界完全占有的危险。由于害怕自己可能变得完全精神失常，他强迫自己在面对家人和工作时尽可能地过正常的生活。通过这种方式，荣格最终完成了内心的旅程，并在内倾与外倾之间建立了平衡。

外倾

与内倾相反，**外倾**（extraversion）是精神能量以客观而非主观为特征的态度。外倾者受周围环境的影响比受内心世界的影响更大。他们倾向于客观态度，并压抑主观态度。像荣格童年时的第一人格一样，外倾者务实，并且扎根于日常生活的现实中。同时，他们对主观态度有所怀疑，不论是自己的还是他人的主观态度。

总之，人们既不会完全内倾也不会完全外倾。就像不平衡的跷跷板，内倾者十分偏重内倾一端，外倾一端很轻（见图 4.3 A），而外倾者则与之相反。外倾者过于客观，内倾者过于主观（见图 4.3 B）。但是，心理健康者可以在两种态度之间取得平衡，对自己的内部世界和外部世界同样感到自在（见图 4.3 C）。

如第 3 章所述，阿德勒提出了一种与弗洛伊德完全相反的人格理论。荣格认为他们两人的理论是外倾的还是内倾的？荣格说："弗洛伊德的观点本质上是外倾的，阿德勒的则是内倾的。"通过对弗洛伊德和阿德勒传记的研究，我们发现，事实似乎恰恰相反：弗洛伊德是一个内倾的人，在他的梦和幻想生活中感觉最舒服；而阿德勒则是一个外倾的人，在团体场合感觉最舒服，例如，在维也纳的咖啡馆里唱歌和弹钢琴时。但荣格认为*弗洛伊德的理论*是外倾的，因为它不强调外部世界的经验，而是注重性驱力和攻击驱力；相反，*阿德勒的理论*是内倾的，因为它强调虚构和主观观念。荣格认为自己的理论是平衡的，能够同时接纳客观和主观。

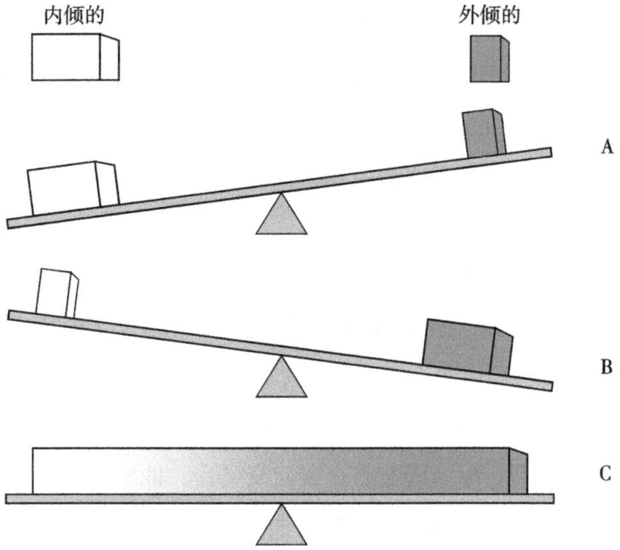

图 4.3　内倾与外倾的平衡

功能

内倾和外倾可与四大功能——感觉、思维、情感和直觉——中的任何一个或多个结合，形成至少八个可能的方向或**类型**（types）。四大功能可以简要定义如下：感觉告诉人们某个事物的存在，思维使人们认识到它的含义，情感告诉人们它的价值，直觉使人们能够在信息不充分的情况下了解它。

思维

产生一连串具有逻辑的思想的智力活动称为**思维**（thinking）。思维类型可以是外倾的，也可以是内倾的，具体取决于人的基本态度。

*外倾思维*者在很大程度上依赖于具象的思想，但是如果父母或老师没有教授具象的思想，他们也可能会使用抽象的思想。数学家和工程师在工作中经常使用外倾思维。会计师也属于外倾思维类型，因为他们在对待数字时必须是客观的，而非主观的。但是，并非所有的客观思考都是有意义的。没有个人的解释，思想也只是没有任何创意或创造力的已知事实。

*内倾思维*者对外部刺激也会做出反应，但他们对事件的解释更多基于其内部含义，而非客观事实本身。发明家和哲学家通常属于内倾思维类型，因为他们以高度主观和创造性的方式对外部世界做出反应，以新的方式解释已知事实。极端的内倾思维会导致非生产性的神秘性思维，这些思维是个性化的，对其他任何人来说都是没有用的。

情感

荣格用**情感**（feeling）这个词来描述对想法或事件的评估过程。或许更准确的用词应该是评估（valuing），这个词不太可能与感觉或直觉相混淆。例如，当人们说“这个表面感觉很光滑”时，他们正在使用其感觉功能；而当他们说“我感觉这将是我的幸运日”时，他们用的是直觉，而非情感。

情感与情绪不同。情感是对有意识的活动的评估，即使这些活动乏善可陈。评估大多不带情感色彩，但是如果评估的强度引起了人们的生理变化，那么它就有可能具有情感色彩。而情绪不仅仅限于情感，四大功能中的任何一个都有可能引起情绪变化。

外倾情感者喜欢使用客观数据进行评估。他们不是受主观意见影响，而是受外部价值和普适的判断标准的左右。在社交场合，他们可能会很放松，不用多想就知道该说些什么和怎么说。由于他们的社交能力很强，他们通常会受到人们的喜爱，但为了符合社会判断标准，他们有时会显得虚伪、做作、不可靠。他们的价值判断有一个容易被发现的假的一环。外倾情感者常常会成为商人或政治家，因为这类职业要求并奖励基于客观信息做出的价值判断。

内倾情感者主要基于主观感知而非客观事实来进行价值判断。各个领域的批评家都是利用内倾情感、根据主观的个性化数据进行价值判断。这些人具有个性化的良心、沉默寡言的态度和难以琢磨的心理。他们无视传统的观点和信念，对客观世界（包括人）漠不关心，这常常使周围的人感到不舒服，并对他们持冷漠的态度。

感觉

接收身体刺激并将其传递给知觉意识的功能称为**感觉**（sensation）。感觉与身体刺激并不相同，它是个人对感官刺激的感知。这些感知不依赖于逻辑思维，而是依赖于每个人内心的绝对基本事实。

外倾感觉者会客观地感知外部刺激，他们感知到的刺激与刺激本身几乎一致。他们的感觉大多不受其主观态度的影响。校对员、油漆工、品酒师都属于外倾感觉者。其他要求从业者的感觉辨别与大多数人的相一致的职业，其从业者也都属于外倾感觉者。

内倾感觉者在很大程度上受视觉、听觉、味觉和触觉等主观感觉的影响。他们关注的是自己对感觉刺激的解释而非刺激本身。肖像画家，特别是那些极具个性的画家，多是内倾感觉者。他们对客观现象给出主观的解释，并能够与他人交流其意义。但是，当主观感觉超出一定的范围时，可能导致出现幻觉或神秘难懂的言语。

直觉

直觉（intuition）是指超越意识的感知。与感知一样，它也基于对绝对事实的感知，这些事实为思维和情感提供了原材料。直觉与感觉的不同之处在于，它更具创造力，通常会在意识的知觉中增加或减少元素。

外倾直觉者会直面外部世界中的事实。但是，他们没有完全感觉到它们，而是仅仅无意识地感知它们。由于强烈的感觉刺激会干扰直觉，因此外倾直觉者会压制自己的知觉，并受到与感觉相反的预感和猜测的引导。发明家是典型的外倾直觉者，他们必须抑制分散注意力的感觉倾向，并专注于无意识地解决客观问题。他们可能会创造出一些满足他人需求的东西。

内倾直觉者受到对事实的无意识感知的引导，这些事实基本上是主观的，外部现实对其几乎没有影响。他们的主观直觉通常非常强烈，能够驱动个体做出具有重大意义的决策。内倾直觉者，如神秘主义者、先知、超现实主义的艺术家或宗教狂热分子等，通常对其他类型的、无法理解他们动机的人来说很特别。实际上，荣格认为内倾直觉者可能并不清楚自己的动机，却被它们所推动。荣格提出的八种类型见表 4.1，每种类型都有一些示例。

这四大功能通常出现在一种层级结构中，其中一种功能占据主导地位，另一种功能次之，而另外两种功能处于较低的位置。大多数人只发展了一种功能，因此他们依靠主导功能或高级功能来处理一切情况。有些人发展了两种功能，而另一些人发展了三种功能。从理论上讲，完成自我实现或自性化的人具有高度发展的全部四种功能。

表 4.1　荣格的八种类型的例子

功能	态度	
	内倾	外倾
思维	哲学家、理论型科学家、某些领域的发明家	研究型科学家、会计师、数学家
情感	电影评论家、艺术鉴定师	房地产评估师、电影客观评论家
感觉	艺术家、古典音乐家	品酒师、校对员、流行音乐家、房屋油漆工
直觉	神秘主义者、宗教狂热分子	某些领域的发明家、宗教改革家

人格发展

荣格认为，人格发展经历了一系列阶段，最终达到自性化或自我实现的目标。与弗洛伊德相反，他强调人生的后半段，即 35 岁或 40 岁之后的时期，认为那时一个人有机会将人格的各个方面结合起来并完成自我实现。但是，在该阶段，同时存在退化或僵化反应的可能。中年人的心理健康与他们在对立的两极之间取得平衡的能力有关。这种能力与其在人生的早期阶段发展的成功程度成正比。

发展阶段

荣格将人生大致分为四个阶段，即童年、青年、中年和老年。他将生命的旅程与太阳一日内在天空中的运行轨迹进行了比较，并以太阳光辉的亮度代表意识。清晨的阳光是童年，充满潜力，但缺乏光彩（意识）；上午的阳光是青年，朝顶端攀爬，但没有意识到即将到来的下降；午后的阳光是中年，像清晨的阳光一样灿烂，但很显然要走向日落了；傍晚的太阳则是老年，曾经明亮的意识现在明显地变暗了（见图 4.4）。荣格认为，适用于早晨的价值观，并不适用于下午，人们必须学会在不同的人生阶段寻找不同的意义。

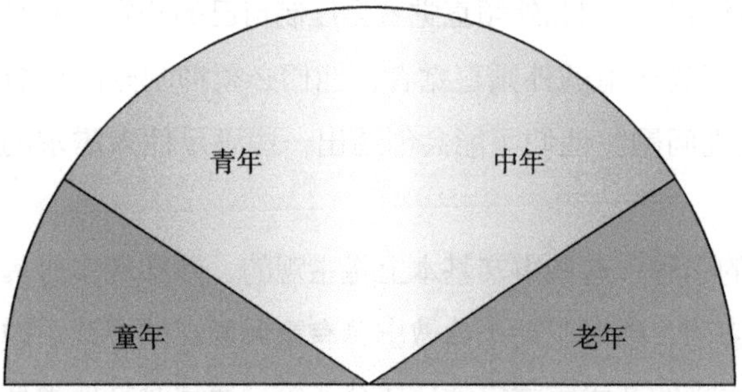

图 4.4　荣格用太阳一日内在天空中的运行轨迹来比拟人生的各个阶段，其中太阳光辉的亮度代表着意识

童年

荣格将童年分为三个亚阶段：无政府阶段、君主阶段及二元阶段。*无政府阶段*的特征是混乱和零星的意识，可能存在“意识岛”，但是这些“意识岛”之间几乎没有联系。无政府阶段的经历有时会以原始意象的形式进入意识，但无法被准确地表达出来。

*君主阶段*的特征是自我的发展及逻辑和言语思维的形成。在这段时间里，孩子们客观地看待自己，并经常以第三人称称呼自己。“意识岛”变得更大、更多，成为原始自我的栖息之所。尽管自我被视为一个客体，但它尚未意识到自己是感知者。

自我作为感知者出现在*二元阶段*，此时自我被分为客观和主观两个部分。儿童这时开始以第一人称自称，并且意识到自己作为单独的个体而存在。在二元阶段，“意识岛”相互连接，成为陆地，成为自我情结的栖息处，自我情结将自身既视为客体又视为主体。

青年

从青春期到中年期之间的阶段是青年期。青年人努力从父母那里获得心理上和身体上的独立，寻找伴侣，组成家庭，并在社会上占有一席之地。根据荣格的观点，在青年期，个体行为活跃，有成熟的性生活和不断增长的意识，并且认识到无忧无虑的童年已成为过去。青年面临的主要困难是克服“坚持童年期狭隘意识的”自然趋势（也在中年和晚年出现），因为这会让个体难以真正面对与中年生活有关的现实问题。这种执着于过去生活的愿望被称为*保守主义*。

试图坚持年轻时的价值观的中年人或老年人会削弱其人生下一阶段的发展，其自我实现的能力受限，建立新目标和寻求生活新意义的能力受损。

中年

荣格认为，中年时期始于 35 岁至 40 岁，那时已日过中天并开始下落。尽管这种下落会给中年人带来焦虑，但中年时期同时也是一个潜力巨大的时期。

中年人如果执着于其年轻时期的社会和道德价值观，就会变得僵化、狂热，并极力保持自己的身体吸引力和敏捷性。如果发现自己在改变，他们可能会拼命保持自己年轻的外貌和生活方式。荣格写道，我们大多数人都不准备“踏入人生的下午。更糟糕的是，我们有着错误的假设，即认为年轻时候的真理和理想将继续为我们服务……我们不能按照人生早晨的生活模式继续生活在人生的下午。因为早晨的好事很少在晚上发生，有时早晨的事实到了晚上却变成了谎言”。

中年生活如何变得充实？人们不受早年价值观限制，已经做好进入中年生活并在此阶段过上美好生活的充分准备。他们有能力放弃青年期的外倾目标，并朝着内倾的意识方向前进。商业上的成功、社会上的声誉或对家庭生活的满意不会增强他们的心理健康。他们必须怀着希望和期待来展望未来，放弃青年的生活方式，并在中年生活中发现新的意义。这一步有时会涉及成熟的宗教取向，尤其是对死后某种生活的信仰。

老年

随着生命之夜的临近，人们的意识在减弱，就像黄昏时太阳的光芒和温暖也在减弱一样。如果人们在年轻时就担心衰老，那么几乎可以肯定，他们在老年的时候会害怕死亡。对死亡的恐惧通常被认为是正常的，但荣格认为，死亡是生命的目标，只有从这种角度去看待死亡，生命才能实现。1934 年，即荣格 60 岁的时候，他写道：

> 通常，我们与自己的过去紧密相连，并喜欢停留在青春永驻的幻想中。衰老是不受欢迎的。人们似乎认为变老和孩子长大一样荒谬。一个人若年届 30 岁却仍然怀有婴儿般想法，则肯定会受到嘲笑，但是 70 岁时却依然像年轻人岂不令人愉快吗？然而，两者都是不正常的、一成不变、心理怪异的。一名年轻人若不思进取，则将错过青春的大部分时间，而若一位老年人不知进退，则将失去人生的意义。他将是精神上的木乃伊，是过去的遗物。

荣格的大多数患者都是中年人或老年人，他们中的许多人承受着后退的倾向，执着于过去的目标和生活方式，而对当下的生活缺乏目标。荣格帮助他们建立新的目标，并帮助他们通过找到死亡的意义来寻找生活意义。他通过释梦来开展上述治疗，因为老年人的梦经常充满重生的象征，如长途旅行或位置的变化等。荣格使用这些符号和其他符号来确定患者对死亡的无意识态度，并帮助他们发现有意义的生活哲学。

自我实现

心理重生，也称为*自我实现*或**自性化**（individuation），是成为个体或完整的人的过程。分析心理学本质上是关于对立的心理学，自我实现是将对立的两极整合为单一且同质个体的过程。这个“走向自性”的过程意味着一个人的所有心理组成部分是统一运作的，没有哪个部分是萎缩的。经历了该过程的人完成了自我实现——将人格面具最小化，认识到自己的阿尼玛或阿尼姆斯，并在内倾与外倾之间取得平衡。此外，完成自我实现的个体将四大功能提升到了更高的层次，这是艰苦卓绝的成就。

自我实现是极为罕见的，只有那些能够将无意识纳入自己整体人格的人才能实现。与无意识相处是极其艰难的过程，需要个体有足够的勇气面对自己阴暗面的邪恶本质，乃至接受自己女性化或男性化的一面。这个过程在中年之前几乎很难完成，这需要个体放弃将自我作为人格的焦点，而聚焦于自性。自我实现者必须让无意识的自性成为人格的核心。过多的意识意味着自我膨胀，并使人只具有对立两面的其中一面，成为缺乏个性的个体。自我实现者既不是由无意识过程支配，也不是由意识自我支配，而是在人格的各个方面之间取得平衡。

自我实现者能够与自己的外部世界和内部世界进行竞争。与受心理困扰的个体不同，他们生活在现实世界中并做出必要的妥协。与普通人不同，自我实现者清楚地知道导致自我发现的退行过程。他们将无意识的意象视为新的心理生活的潜在物质，并且欢迎这些意象出现在自己的梦和内倾思考中。

荣格的调查方法

荣格关于人性理论的研究资料不仅涉及心理学，还涉及社会学、历史学、人类学、生物学、物理学、语言学、宗教学、神话学和哲学等诸多资料。他认为，对人格的研究不是哪一门学科的特权，只有通过寻求各种知识——无论这些知识存在于哪个领域——才能理解完整的人。像弗洛伊德一样，荣格坚持不懈地捍卫自己作为科学研究者的身份，极力避免成为神秘主义者和哲学家。在 1954 年 10 月 6 日写给加尔文·霍尔（Calvin Hall）的一封信中，荣格指出："如果因为我正在认真研究现代个体与古代文献中的宗教、神话、民俗和哲学的关联，所以你称我为神秘主义者，那么你一定也会这么评判弗洛伊德，因为他也在对性幻想做同样的事情。"与此同时，荣格断言，仅凭理性无法完全理解人的心理，而必须从整个人的角度加以把握。他曾经说过："并不是我提出的所有东西都来自我的脑海，有很多也由我的内心自然流淌而出。"

荣格从广泛的学科阅读中搜集有关人格理论的研究资料，也通过字词联想测试、梦的分析、积极想象和心理治疗来搜集相关数据。然后，他将搜集到的信息与中世纪炼金术、神秘现象或任何其他主题的阅读材料结合起来，以确认分析心理学的假设。

字词联想测试

荣格不是第一个使用字词联想测试的人，却因其在开发和完善该方法中的贡献而受到赞誉。他最初是 1903 年在伯戈尔茨利当精神病学助理时使用该方法的，并在 1909 年与弗洛伊德前往美国旅行期间发表了关于字词联想测试的主题演讲。但在其后的职业生涯中，他很少使用该方法。尽管如此，这一测试仍然与荣格的名字紧密相连。

荣格使用字词联想测试的最初目的，是为了验证弗洛伊德关于"潜意识作为自主过程运行"的假设是否正确。这与如今荣格心理学测试的基本目的——发现具有情感基调的情结——不同。情结是个体的、围绕着某个情绪基调组织而成的意象群。通过联想，个体基于情结产生了可测量的情绪反应。

在施测时，荣格通常会准备一张大约有 100 个刺激词的清单，这些刺激词的选择和安排会引起被测试者的情绪反应。他指示被测试者用想到的第一个单词来回应每个刺激词，并记录对每个词的反应，以及做出反应所花费的时间、呼吸频率和皮肤电反应。通常，他会重复施测，以确定测试结果的一致性。

某些类型的反应表明刺激词已触及情结。严重的反应包括呼吸困难、皮肤电导率变化、反应延迟、多次反应、无视测试规则、无法念出一个常用词、无反应及重测不一致。其他重要的反应包括脸红、结巴、干笑、咳嗽、叹气、清嗓子、哭泣、身体过度运动等。这些反应如果出现了一个或多个，就表明已经触及了情结。

梦的分析

荣格与弗洛伊德都认为，梦具有意义，应该认真对待它们。荣格还同意弗洛伊德的一个观点，即梦是从无（潜）意识的深处发出的，无（潜）意识的含义是象征性的。但是，他反对弗洛伊德的另一个观点，即几乎所有的梦都是愿望的实现，并且大多数梦通过象征都代表着性欲。荣格认为梦中的符号代表着各种概念，而不仅仅是性的概念，并且认为通过梦的象征可以理解“超出人类理解范围的事物”。梦是我们无意识地、自发地想了解未知事物的途径，对梦的理解只能是象征性地表达现实。

荣格释梦的目的是从个体无意识和集体无意识中发现元素，并将其整合到意识中，以促进自我实现。荣格学派的治疗师认为，梦通常具有补偿性质。也就是说，在醒着的生活中未能表达的感觉和态度将通过做梦的过程得以表达。荣格认为，人是朝着完整或自我实现的方向发展的。因此，如果一个人在某个意识生活领域是不完整的，那么这个人的无意识自我将努力通过做梦的过程来使其完整。例如，如果一位女性的男性面没有发展为意识，她将通过充满自我实现主题的梦境表达自己，从而使男性的阳刚之气与她的女性气质保持平衡。

荣格认为某些梦为集体无意识的存在提供了证据。这些梦包括：*宏大的梦*，即对人类具有特殊意义的梦；*典型的梦*，即大多数人都做过的梦；以及*记忆中最早的梦*。

第一类梦是宏大的梦。荣格在自传中记录了他在 1909 年与弗洛伊德一起前往美国时做的一个宏大的梦。在这个梦中，荣格住在一栋两层楼房的二层。尽管陈设有些陈旧，但这一层是有居住氛围的。在梦中，荣格因为不知道一层是什么样的，于是决定前去探索。走下楼梯后，他注意到所有的家具都是中世纪的，或许能追溯到 15 世纪或 16 世纪。在探索房子的一层时，他发现了一条通向地下室的石阶。从那里，他进入另一个带有美丽拱形天花板的古老酒窖，他凭直觉知道这是古罗马时期的建筑。在查看这个酒窖的地面时，荣格注意到其中一块石板上的一枚拉环。当他拉起它时，他看到了另一个狭窄的楼梯，它通往古老的洞穴。在洞穴里，他看到了破碎的陶器、零散的动物骨头和两个非常古老的人类头骨。用他自己的话说：“我发现了我体内的原始世界——意识几乎不曾抵达的世界。”

荣格后来将这个梦解释为不同心理结构存在的证据。具有居住氛围的二楼代表意识，即心理的最上层；一楼代表无意识的第一层，虽然陈设陈旧，但不如酒窖中的罗马建筑那么陌生或古老；酒窖这层象征着个体无意识的更深一层；在最深的洞穴中，荣格发现了两个人类头骨——弗洛伊德坚称这是荣格怀有死亡愿望的体现，但是，荣格认为这些古老的人类头骨代表了他的集体无意识。

第二类梦是典型的梦，就是大多数人都做过的梦。这些梦涉及原型人物，如母亲、父亲、上帝、魔鬼或智慧老人等；也涉及原型事件，如出生、死亡、与父母分离、洗礼、婚姻、飞行或探索洞穴等；可能还涉及原型对象，如太阳、水、鱼、蛇或掠食性动物等。

第三类梦是记忆中最早的梦。这些梦可以追溯到三四岁左右，内容涉及神话或象征性的意象和主题，按理来说，每个做梦的孩子都不可能有这些经历。这些儿童早期的梦通常包含原型主题和象征，如英雄、智慧老人、树、鱼和曼陀罗等。荣格是这样理解这些意象和主题的："它们频繁出现在个体案例中，其普世性的分布证明了人类的心理有一部分是独特的、主观的和个人的，而另一部分则是集体的、客观的。"

荣格曾生动地描述过自己最早的梦，这个梦发生在他 4 岁生日之前。他梦见自己在一片草地上，突然发现地上有一个阴暗的长方形洞穴。他战战兢兢地走下楼梯，在楼梯的底部发现了一扇门，门是半圆拱顶式样，挂着厚重的绿色门帘，门帘后面有一间昏暗的房间，从入口到前方低矮的平台都铺了红地毯。在平台上有一个宝座，宝座上立着一个细长的物体，在荣格看来是个柱子，但实际上，它是由皮和肉制成的，而且顶上有一只眼睛。年幼的他充满了恐惧，只听见母亲的声音说："是的，你看它，它就是食人者！"这句话让他更加恐惧，以致让他从梦中惊醒。

荣格经常回想起这个梦，但直到 30 年后，他才发现，细长的物体很明显是一个阴茎的形象。又过了好几年，他才意识到这个梦是集体无意识的表达，而非个人记忆的产物。他自己对这个梦的解释是，长方形的洞穴代表死亡，绿色的门帘象征着地球，红地毯代表鲜血，雄伟地立在宝座上的是勃起的阴茎——完全符合解剖学的要求。在解释这个梦之后，荣格得出结论，即三岁半的男孩不可能仅凭自己的经历而做这种具有普世意义的梦。他给出的解释是，这是整个人类所共有的集体无意识。

积极想象

荣格在进行自我分析及治疗患者时使用的另一种方法是**积极想象**（active imagination）。这种方法要求一个人从任何印象开始（梦境的意象、幻觉、图像或幻想），然后集中精力直到印象开始"移动"。这个人必须跟随意象到达它们所要到达的地方，直面这些自主意象并与它们自由地交流。

积极想象的目的是揭示无意识中出现的原型意象。如果我们想更好地了解自己的集体无意识和个体无意识，并愿意克服常见阻碍，与无意识进行公开交流，那么这是一种有用的方法。荣格认为，积极想象比梦的分析更具优势，因为它的意象是在意识的心理状态下产生的，因此它们更加清晰和可再现。情感基调也是清楚明晰的，通常来说，再现意象或记住心境对一个人来说是几乎没有困难的。

卡尔·荣格，屈斯纳赫特的智慧老人 © Dmitri Kessel/Time Life Pictures/Getty Images

荣格有时会使用积极想象的变体，即要求那些在素描、油画或其他非言语方面有特长的患者用非言语的方式表达出他们的幻想。荣格在对自己的自我分析中就经常使用这种方法，这在他的书中有所体现。《人及其象征》(*Man and His Symbols*)、《字词与意象》(*Word and Image*)、《心理学与炼金术》(*Psychology and Alchemy*) 及克莱尔·邓恩（Claire Dunne）的插图传记《卡尔·荣格：受伤灵魂的医者》(*Carl Jung:Wounded Healer of the Soul*) 都包含着丰富的画作和照片，它们含有普遍的象征意义。

1961 年，荣格在自传中这样描述他在中年期面对无意识时所体验到的积极想象：

> 今天，我再度回首，重新思考、研究那段时间我身上发生的事，其情形中蕴含的信息势不可当地迎面而来。意象中的一些事物，不但与我有关，也涉及其他人。正是在那时，我意识到我不再只属于自己。从那以后，我的生命便属于大多数人……那也是我决定为“心理”奉献终身的时刻。我对“心理”既爱又恨，但它是我最大的财富。我将自己托付给它，这是我使我和心理同时存在的唯一方法。

心理治疗

荣格确定了四种基本的治疗方法，它们也可以被视为心理治疗史的四个发展阶段。第一阶段是坦言（confession）致病的秘密。这也就是约瑟夫·布洛伊尔（Josef Breuer）对他的患者安娜·O 所采用的宣泄疗法。对于仅需要共享其秘密的患者而言，宣泄就可以起效。第二阶段涉及解释、说明和阐明（interpretation, explanation and elucidation）。弗洛伊德使用这种方法，可以使患者洞悉其病因，但仍可能使他们无法解决社会问题。第三阶段是阿德勒采用的方法，其中包括对患者进行社会化教育。荣格认为，不幸的是，这种方法通常只能使患者勉强适应社会。

为了超越上述三阶段，荣格提出了第四阶段，即**转化**（transformation）。荣格所说的转化意味着，患者本人必须先被转化为一个健康的人，这就需要心理治疗。只有经历了转化并确立了自己的生活哲学，治疗师才能帮助患者迈向自性化、完整或自我实现。第四阶段特别适合那些已过中年、关心内在自性的实现、遇到道德和宗教问题及想要寻找统一的生活哲学的患者。

荣格在心理治疗的理论和实践上颇具折中精神。他的治疗方法会根据患者的年龄、所处的发展阶段及患者面临的问题而有所不同。荣格的患者中约有 2/3 处于生命的后半期，其中许多人为丧失意义、普遍的无目的性及对死亡的恐惧所困扰。荣格的工作就是试图帮助这些患者找到自己的生活哲学。

荣格的治疗方法的最终目的是帮助不健康的人变得健康，帮助健康的人完成自我实现。为了实现上述目标，荣格使用诸如梦的分析、积极想象等方法来帮助患者发现个体无意识和集体无意识，并使其意识到态度要与无意识意象保持一定的平衡。

尽管荣格认为个体要保持独立，但他承认移情（transference）的重要性，尤其是在治疗的前三个阶段。他认为正性移情（positive transference）和负性移情（negative transference）都是随着患者对隐私的揭露而发生的自然现象。他认为很多男性患者称他为“荣格母亲”是完全可以理解的，而其他人将他视为上帝或救世主也是可以理解的。荣格还发现了**反移情**（countertransference）过程，这一术语是指治疗师对患者的情感。和移情一样，反移情可能有助于治疗，但也可能阻碍治疗，这取决于它是否能建立更好的医患关系——荣格认为这对成功的心理治疗是必不可少的。

在荣格的心理治疗中有许多的次要目标及各种各样的治疗方法，所以分析治疗没有通用、固定的方法。对一个健康的人来说，治疗的目标可能是找到生活的意义，并努力实现平衡和完整。自我实现者能够将大部分无意识的自性纳入意识中，但是与此同时，他又完全明白无意识所隐藏的潜在危险。荣格曾经警告，不要在没有经过调查的土地上挖得太深，他把这种做法形象地比作在一座随时可能爆发的火山上挖井。

相关研究

在人格心理学的早期，荣格的人格理论具有很大的影响力。虽然当今世界仍有一些研究者致力于分析心理学，但它的影响力正在逐渐减弱。如今，与荣格有关的大多数研究都集中在他对人格类型的描述上。“迈尔斯 - 布里格斯类型指标”（Myers-Briggs Type Indicator，MBTI）是最常用的测量荣格所提出的人格类型的量表。MBTI 在荣格提出的心理类型中增加了第五和第六种功能，即判断（judging）和感知（perceiving），构造出 16 种可能的人格类型。判断涉及想要得出确定结论的倾向，而感知是对新证据保持开放的态度。学校的辅导员经常使用上述方法引导学生走上适合他们的学习道路。例如，研究发现，在直觉和情感维度得分高的人很可能会发现教学工作能让他们获得满足。最近，研究人员通过探索人格类型在领导力及在牧师和礼拜者中的作用，扩展了荣格人格类型的用途。下面，我们将对此进行介绍，并用批判的眼光对 MBTI 进行审视。

人格类型与领导力

MBTI 已被广泛用于组织行为研究，特别是与领导力和管理行为有关的方面。有趣的是，其中一些研究表明，偏向思维而非情感、偏向判断而非感知是高效管理者的特征，他们常常通过迅速地分析问题和自信地执行决策来达成目标。实际上，表现出强大的思维和判断能力的人通常被视为“当领导的料”，因为这些几乎已经成了领导者的定义性特征。

最近一项关于芬兰商学院学生和管理者的研究使用 MBTI 来研究“人职匹配”（person-job fit），即人的知识、技能、能力和工作需求之间的匹配。与以前的研究一样，商科学生和管理者倾向于思维和判断，而非情感和感知。但是，当将样本进行横向比较时，研究者发现了一个与先前的研究相反且有趣的趋势：商学院学生的情感类型被过度压抑了。研究者认为，这一结果表明，当今的商业界正在发生一些新的变化，其特征与荣格所说的情感功能有关：鼓励参与和建立共识，以及在决策过程中设身处地为他人着想的共情能力。研究者还指出，也许管理工作的特征在于协调人力资源，而不是武断、高效和执行。如果是这样，那么新的工作场所可能会越来越需要并鼓励能够激励雇员的领导者，就像体育教练所做的那样，这种领导风格将与情感功能相匹配。未来的研究——追踪商学院学生进入职场后的状况——将揭示，事情究竟是不是这样。

牧师和礼拜者的人格类型

宗教心理学领域有一篇堪称完美的实证研究文献，研究了如何运用荣格人格类型理论来对基督教各个派别的宗教生活进行研究。研究比较了牧师、礼拜者和一般人群的人格特征。除了使用 MBTI 外，研究还使用了弗朗西斯（Francis）的“弗朗西斯心理类型量表”（Francis Psychological Type Scale），该量表是专为在教堂礼拜背景下开展研究而设计的（该量表包含的迫选式问题比 MBTI 少）。这一研究考察了来自澳大利亚、英国和新西兰的 3 715 名基督教牧师的人格类型。有趣的是，结果表明，在这些国家中，牧师偏向于感觉（相对于直觉）功能和判断（相对于感知）功能。感觉是指对具体、务实的偏好，依赖直接经验（而不是对事物的意义的解释或直觉）。判断涉及计划、组织和终结讨论，而不是自发、灵活并保持对新信息的开放态度（感知）。进一步的研究表明，礼拜者中的大多数属于感觉类型，且比例高达 80%。

鲍威尔（Powell）、罗宾斯（Robbins）和弗朗西斯进一步考查了澳大利亚的外选教会领导者和礼拜者的心理类型特征。共有 2 336 人填写了“弗朗西斯心理类型量表”，其中 845 人认为自己在教会中承担领导角色，即外选教会领导者。外选教会领导不是专业牧师，而是自愿为维护教会社区做贡献的领导者。专业牧师可能会发生调动——这取决于教派的决定，但外选教会领导者通常会在很长的时期内参与教会事务，并影响教会文化。该研究表明，外选教会领导者与礼拜者之间存在着有趣的差异。444 名澳大利亚女性外选教会领导者几乎一边倒地选择感觉（75%）而非直觉（25%），选择情感（66%）而非思维（34%），选择判断（83%）而非感知（17%），而在内倾和外倾态度上则没有显著差异。实际上，每三名女性外选教会领导者中，就有两名偏向于感觉－判断（SJ）。有趣的是，有 936 名澳大利亚女性礼拜者也与她们相似，明显地偏向于 SJ 功能。

401 位男性外选教会领导者也表现出明显的偏向，即感觉（75%）胜于直觉（25%），判断（86%）胜于感知（14%）。然而，与女性外选教会领导者不同的是，男性外选领导者明显表现出内倾（61%）而非外倾（39%）、思维（55%）而非情感（45%）。同样，SJ 功能很有代表性。此外，有 591 名男性礼拜者的情况大致与男性外选教会领导者的情况相吻合，即偏向于内倾、感觉、思维和判断。

研究者从这项研究中得出了许多有趣的结论。首先，外选教会领导者的心理类型特征与其所在教区的礼拜者高度相似，这既有潜在的好处，也有坏处。好处是外选教会领导者能够非常好地了解和理解他们；坏处则是外选教会领导者与一般人群的心理类型不一致，就像此前的一项研究表明的那样，男性和女性礼拜者都比一般人群表现出明显更高的感觉、情感和判断偏向。如研究者所言："原则上，教会宣称他们邀请一切心理类型的人参加礼拜。在实践中，某些心理类型的人似乎更愿意响应。"

其次，外选教会领导者明显地偏向感觉 – 判断，这也有其好处和坏处。专门研究心理类型和牧师性格的理论家认为，SJ 领导者重视正式、有尊严和可预测的礼拜活动。这意味着在这些人领导下的教区不会经历重大变化，他们所领导的礼拜者更容易培养出忠诚和归属感，并且教会的程序和政策将很明确。另外，由于对规则、程序和义务的严格遵守，导致 SJ 型的外选教会领导者更容易产生倦怠，也可能会引起"对传统教会教义提出质疑或对秩序和纪律感到窒息"的会众的不满。

最后，在外选教会领导者中，SJ 型占比明显，这与被任命的职业牧师的特征形成了鲜明对比，在后者中，偏向于 SJ 型的比例较小（在男牧师中占 31%，在女牧师中占 29%）。研究者提示，专业的牧师，考虑到他们的教育程度和在今后的职业发展中可能参与的工作，可能会希望在自己管理的教区尝试新的、探索性的教义或做法，而这可能会让任期很长的外选教会领导者感到沮丧，因为他们更喜欢传统的、可预测的教会文化。

这一系列运用心理类型理论的研究，探讨了牧师、礼拜者和一般大众之间的关系，从而为宗教心理学提供了洞见，且有助于阐明基督教不同教派、不同宗教生活的人们之间的态度和价值观的差异。这项研究也可能会直接影响牧师、外选教会领导者和礼拜者之间的相互关系，以及他们与更广泛的不参加礼拜的一般大众之间的关系。

审视"迈尔斯 - 布里格斯类型指标"

"迈尔斯 - 布里格斯类型指标"在职业生涯规划和夫妻关系咨询方面已经使用了数十年，但在其他领域对其理论性和实证性存在一些批判性的分析。理论方面的批评主要与"类型和特质（trait）之争"有关。大多数现代人格心理学家都认为（并且有许多实验证据支持他们，见第 13 章和第 14 章），人格特质不是非此即彼的类型或类别（如内倾或外倾），而是在一个连续的轴上，大多数人都处于中间位置而非两端。人格并不像类型所暗示的那样非黑即白。请注意，当前在临床心理学中也有类似的分歧，越来越多的心理学家反对分类诊断（例如，一个人要么是精神分裂症，要么就不是精神分裂症）。他们认为，疾病更像一个连续的轴，而不是类型或类别。这场争论在一定程度上是对人格持不同看法的人之间的分歧。一方是临床医生和商业人士，他们更倾向于将人格分类；另一方则是实验主义者，他们更倾向于认为人格特质有强有弱、有多有少，是一个连续体。

实证方面的批评主要源于分类是否会随着时间的推移而保持一致，即它们是否具有重测信度。其论据假设是，一个人在这个月可能测得 INTJ 型，但过几个月又测得 ESFP 型。如果事情真的如此，那么由于人格在长时间内保持一致，这个测试的效度何在？公平地说，类型的信度或一致性的证据是不明晰的，有一些研究支持了它，而另一些研究则表明其重测信度值得怀疑。但是，就连迈尔斯 - 布里格斯基金会的报告也称，在重测时，大多数人在 75%～90% 的情况下在四个类型中能有三个以上与之前的测试保持一致。批评者认为这不是很可靠，因为有多达 25% 的人的重测得分变化很大。迈尔斯 - 布里格斯基金会的报告指出，发生变化的维度通常只有一个（而不是四个），而且通常是当这个人第一次测量时在该类型或其对应类型上的得分本就比较接近。当然，批评家会说这正是把特质看成一个连续体的关键所在——大多数人都处于中间而非两端。

最后要说的是，MBTI 在测量荣格的心理类型和预测职业兴趣方面表现优秀，但是据此把人分为不同类型的效度问题，以及在短时间内一个人的类型得分会在多大程度上发生变化的问题依然存在。

对荣格的评价

卡尔·荣格的著作持续吸引着来自人文学科的学生。尽管具有主观特性和哲学特性，但荣格心理学受到了众多专业或非专业人士的青睐。他对宗教和神话的研究可能会引起某些读者的共鸣，但同时也会引起另一些读者的反感。但是，荣格视自己为科学家，坚信自己对宗教、神话、民俗和哲学的研究不会使他成为神秘主义者，就像弗洛伊德对性的研究不会使弗洛伊德成为性变态一样。

尽管如此，分析心理学与任何理论一样，必须根据第 1 章提到的有用理论的六个标准进行评估。第一，有用的理论必须能够引发**可检验的假设和描述性研究**；第二，它必须能够被**证伪**。不幸的是，荣格的理论和弗洛伊德的理论相仿，几乎不可能被证伪。荣格理论的核心是集体无意识，但这个概念很难通过实证研究加以检验。

原型和集体无意识概念的许多证据都来自荣格自己的内在经历，他承认很难与他人交流，因此这些概念能否被接受更多地取决于信念，而非实证证据。荣格称："原型性陈述以本能为前提，与理性无关。它们既不基于推理，也无法靠合理的论据来排除。"这样的表述对艺术家或神学家来说可能是可以接受的，但在科学研究者看来，这可能不太可靠。

另外，荣格的理论中与分类和类型有关的部分，即功能和态度，是可以被研究和检验的，并引发了一定数量的研究。由于“迈尔斯 - 布里格斯类型指标”引发了大量研究，因此我们对荣格的理论引发研究的能力给予中等评分。

第三，有用的理论应该将观察结果组织成意义的框架。分析心理学是独特的，因为它为人格理论增加了新的维度，即集体无意识。大多数人格理论都没有涉及超自然、神秘主义和超心理学。尽管集体无意识不是这些现象的唯一可能解释，我们完全可以用其他概念来解释它们，但荣格是唯一一个认真尝试将如此广泛的人类活动纳入单一理论框架的现代人格理论家。基于上述原因，我们对荣格理论组织知识的能力给予中等评分。

第四，有用的理论应该具有实用性。该理论是否有助于治疗师、老师和父母等解决日常问题？许多临床医生都会使用心理类型或态度理论和MBTI，但是总体而言，分析心理学的用处仅限于那些遵循荣格理论的基本原则的治疗师。集体无意识的概念并不容易进行实证研究，但在帮助人们理解文化、神话并适应生活创伤方面有一定的帮助。总体而言，在实用性方面，我们只能给予荣格理论较低的评分。

第五，荣格的人格理论具有内部一致性吗？它是否拥有一组操作性定义的术语？对于前一个问题，我们给出有附加条件的肯定回答；对于后一个问题，则给出明确否定的回答。荣格在使用术语时通常前后一致，但是他也经常使用多个术语来描述相同的概念。退行和内倾这两个词就十分接近，可以说它们基本描述了相同的过程。前行和外倾这两个词也是如此。此外，还有自性化和自我实现，这两个术语没有明确区分。荣格的语言常常是晦涩难懂的，他的许多用语还没有充分的定义。至于操作性定义，荣格和其他早期人格理论家一样，并未定义可操作的术语。因此，我们认为他的理论的内部一致性得分偏低。

第六，有用理论的最后一个标准是简约性。虽然人格理论很复杂，但是荣格心理学的烦琐程度却超出了必需的范围，因此我们在简约性方面只能给出较低的评分。荣格倾向于从各个学科中搜寻资料，并且探索自己的无意识，挖掘个人层面的内容，这让他的理论十分复杂且规模宏大。简约性原则指出：“当两种理论同等有用时，首选更简单的那一个。”实际上，没有两种理论是同等的。荣格的理论虽然给人性理论增添了一个与众不同的维度，但其复杂性却超出了必需的程度。

对人性的构想

荣格认为人是其情结的存在，由诸多对立的面向构成。他对人性的看法既不悲观也不乐观，他认为人格既不是命运注定的也不是个人决定的。对他来说，人的动机一部分来自意识，一部分来自个体无意识，还有一部分来自从祖先那里继承下来的集体无意识。人的动机既是因果论的，也是目的论的。

情结的构成让任何单一的或片面的描述都无法有效。荣格认为，个体是诸多对立力量的合成体。没有人是完全内倾或完全外倾的，没有人只具有男性特质或女性特质，没有人是完全单纯的，只有一种思维、情感、感觉或直觉，也没有人总是前行或退行。

人格面具只是人格的一小部分。一个人希望向他人展示的通常只是人格中被社会所接受的一面。每个人都有阴暗面，即阴影，大多数人都试图将其隐藏，不让其在社会中呈现，甚至不让自己看见。此外，每位男性都有自己的阿尼玛，每位女性都有自己的阿尼姆斯。

各种各样的情结和原型决定了人们的大多数言行、梦和幻想。尽管人们不是绝对意义上的自己的主人，但他们也不是完全被无法控制的力量主宰。人们决定自己生活的能力是有限的。人们拥有坚强的意志和巨大的勇气，可以探索自己心灵的隐秘地带。他们能够辨识出阴影是自己的一部分，意识到自己女性化或男性化的一面，并培养多样的而不是单一的功能。自性化或自我实现的过程并不容易，需要超出常人的毅力。一个已经达到自我实现的人大多已是人到中年，他们成功地度过了童年期和青年期。进入中年，他们必须抛弃青年期的目标和行为，采用适合该心理发展阶段的新方式。

即使人们实现了自性化，认识了自己的内心世界并平衡了各种对立的力量，他们仍然受到非个人的集体无意识的影响，这种集体无意识左右着他们的观点、兴趣、好恶、梦和创造性活动。

在人格的*生物学还是社会学*维度上，荣格的理论强烈地倾向于生物学方向。集体无意识要为大多数行为负责，而它是生物遗传的一部分。除了医患关系的治疗潜力外，荣格几乎没有谈过其理论对特定社会实践的不同影响。在研究各种不同的文化时，荣格发现其间的差异是表层的，相似之处却是深层的。因此，分析心理学在人与人之间的*相似性*上评分很高，而在人与人之间的*个体差异*上评分则很低。

重点术语及概念

- *个体无意识*是由特定个体的被压抑的经历构成的，是情结的储存库。
- *集体无意识*是继承而来的，塑造了人类的态度、行为和梦。
- *原型*是集体无意识的内容。典型的原型包括人格面具、阴影、阿尼玛、阿尼姆斯、伟大母亲、智慧老人、英雄和自性。
- *人格面具*代表了人们想向外界展示的人格面向。心理健康的人能够识别自己的人格面具，但又不会误以为那就是人格的全部。
- *阿尼玛*是男性的女性化的一面，是男性许多非理性情绪和情感的原因。
- *阿尼姆斯*是女性的男性化的一面，决定了女性的非理性思维和不合逻辑的观点。
- *大母神*是生育和破坏的原型。

- 智慧老人是聪明但具有欺骗性的声音的原型。
- 英雄是人的无意识意象，它征服邪恶但同时又有悲剧性的缺陷。
- 自性是完善、完整和完美的原型。
- 内倾和外倾两种态度可以与思维、情感、感觉和直觉这四大功能中的任何一种或多种相结合，构成八种基本人格类型。
- 一个人中年和老年时的健康与否取决于其童年和青年时的问题是否得到解决。
- 荣格学派的治疗师利用梦的分析和积极想象来探寻患者的集体无意识。

CHAPTER 05

第5章

克莱因：客体关系理论

克莱因 © Keystone-France/Gamma-Keystone/ Getty Images.

- **客体关系理论概要**
- **梅兰妮·克莱因小传**
- **客体关系理论绪论**
- **婴幼儿的精神生活**
  - 幻想
  - 客体
- **位态**
  - 偏执－分裂位态
  - 抑郁位态
- **精神防御机制**
  - 内摄
  - 投射
  - 分裂
  - 投射性认同
- **内化**
  - 自我
  - 超我
  - 俄狄浦斯情结
- **客体关系的后续观点**
  - 玛格丽特·马勒的观点
  - 海因茨·科胡特的观点
  - 约翰·鲍尔比的依恋理论
  - 玛丽·安斯沃思与陌生情境实验
- **心理治疗**
- **相关研究**
  - 童年创伤与成年客体关系
  - 依恋理论与成年人关系
- **对客体关系理论的评价**
- **对人性的构想**

重点术语及概念

梅兰妮·克莱因（Melanie Klein）提出一种理论，强调父母与子女之间的养育之恩与爱，但她本人作为一位母亲，与自己的女儿梅莉塔（Melitta）的关系中却既没有养育之恩，也没有爱。他们之间的关系很早就产生了裂痕。梅莉塔是父母所生的三个孩子中年龄最大的一个。她的父母互相并没有多少爱意，在她 15 岁那年，父母分居了，梅莉塔认为分居是母亲导致的，后来父母离婚也是母亲的错。随着梅莉塔慢慢长大，她与母亲的关系变得越来越剑拔弩张。

梅莉塔获得医学学位后开始个人精神分析执业并向英国精神分析学会提交了学术论文，然后正式成为该学会的会员，从事和母亲相同的职业。

她的精神分析师爱德华·格洛弗（Edward Glover）是克莱因强劲的竞争对手。格洛弗鼓励梅莉塔独立，在某种意义上，他对梅莉塔猛烈抨击母亲一事负有责任。梅丽塔嫁给了沃尔特·施密德伯格（Walter Schmideberg）——他也是一个强烈反对克莱因的精神分析师，并公开支持克莱因的死对头安娜·弗洛伊德（Anna Freud）——之后，母女之间的敌意变得更加强烈。

尽管都是英国精神分析学会的正式成员，梅丽塔却感到母亲将自己视为附属物，而非同事。1934 年夏天，梅莉塔在给母亲的一封措辞强烈的信中写道：

> 我希望你能够……允许我给你一些建议……我跟你很不一样。几年前我就和你说过，没有什么比试图把你的情感强加给我更糟糕的事了——这绝对是破坏所有情感的最有效的方法……我已经长大成人，必须是独立的。我有自己的生活，有自己的丈夫。

梅莉塔继续写道，她将不再以年少时的神经质的方式与母亲交往。现在，她与母亲有共同的职业，认为自己应该被母亲平等地对待。

克莱因和女儿的故事为客体关系理论对母子关系的重要性的强调提供了一个新的视角。

客体关系理论概要

克莱因的客体关系理论建立在对儿童的仔细观察之上。弗洛伊德强调生命的前 4 年至 6 年，而克莱恩则强调出生后 4～6 个月的重要性。她坚信，婴幼儿的驱力（如饥饿、性等）是指向某个客体的，如乳房。按照克莱因的说法，婴幼儿与乳房的关系是基础，是其日后与完整客体（如母亲和父亲）间关系的原型。婴幼儿最早与客体的局部建立关系的倾向，为其经历添上了一种不切实际的、梦幻般的性质，影响着他们以后的所有人际关系。因此，克莱因的观点倾向于将精神分析理论的重点从基于器官的发展阶段转移到早期幻想在人际关系形成中的作用。

除克莱因外，还有许多理论家思考过儿童与母亲的早期经历的重要性。玛格丽特·马勒（Margaret Mahler）认为，在获得身份认同感（sense of identity）的过程中，儿童与母亲的关系会经历三个步骤：首先，婴幼儿有被母亲照顾的基本需要；其次，他们发展出与全能母亲的安全的共生关系；最后，他们脱离母亲的保护圈，建立独自的个体性。海因茨·科胡特（Heinz Kohut）的理论认为，在婴幼儿早期，当父母和其他人对待儿童的态度仿佛他们是已经拥有身份认同的个体时，儿童就会发展出自体感；约翰·鲍尔比（John Bowlby）调查了婴幼儿对母亲的依恋及与母亲分离的负面影响；玛丽·安斯沃思（Mary Ainsworth）及其同事找到了一种方法，用来划分婴幼儿对照顾者的依恋类型。

梅兰妮·克莱因小传

梅兰妮·雷泽斯·克莱因（Melanie Reizes Klein）于 1882 年 3 月 30 日出生在奥地利维也纳。克莱因是医生莫利茨·雷泽斯（Moriz Reizes）和他的第二任妻子莉布丝·多伊奇·雷泽斯（Libussa Deutsch Reizes）的四个孩子中最小的一个。克莱因认为自己的出生是个意外——这一信念让她有种被父母拒绝的感觉。她觉得自己和父亲尤其疏远，父亲更偏爱大姐埃米莉（Emilie）。在克莱因出生时，她的父亲早就背离了他在年轻时受过的正统犹太教的教育，并且不再参与任何宗教活动。因此，克莱因在一个既不亲宗教也不反对宗教的家庭中长大。

在童年时期，克莱因观察到父亲和母亲都不喜欢他们所从事的工作。父亲是一名内科医生，他努力想要在内科谋生，最终却降级成牙科助理。母亲经营着一家出售植物和爬行动物的商店，但她很讨厌蛇，所以这项工作对她来说是艰巨、违心且可怖的。尽管父亲当医生的收入微薄，克莱因却渴望成为一名医生。

克莱因的早期关系要么不健康，要么以悲剧告终。她感觉被年迈的父亲所忽视，也觉得父亲冷漠而遥远，尽管她爱并崇拜着母亲，但也因为母亲而感到窒息。克莱因特别喜欢比她大 4 岁的姐姐茜多妮（Sidonie），她会教自己算术和阅读。不幸的是，在克莱因 4 岁时，茜多妮就去世了。后来，克莱因曾坦言自己从未因为茜多妮的死感到悲伤。茜多妮去世后，克莱因和她唯一的哥哥伊曼纽尔（Emmanuel）建立了亲密的关系。伊曼纽尔比克莱因大将近 5 岁，成了她最亲密的朋友。她崇拜哥哥，这种痴迷可能导致了她后来在与人交往方面的困难。像茜多妮一样，伊曼纽尔也辅导克莱因学习，并且他出色地指导、帮助她通过了一所著名预科学校的入学考试。

克莱因 18 岁时，她的父亲去世了，而更大的悲剧发生在两年后，她亲爱的哥哥伊曼纽尔也去世了。伊曼纽尔的死让克莱恩无所适从。在为伊曼纽尔服丧期间，克莱因嫁给了伊曼纽尔昔日的密友——工程师亚瑟·克莱因（Arthur Klein）。克莱因认为，21 岁就结婚让她无法成为医生，并且为自己没有实现当医生的理想而抱憾终生。

不幸的是，克莱因的婚姻也不幸福，她惧怕性生活，并憎恶怀孕。尽管如此，她与亚瑟还是生了三个孩子：梅莉塔，1904 年出生；汉斯（Hans），1907 年出生；埃里希（Erich），1914 年出生。1909 年，由于亚瑟的工作调动，克莱因一家搬到了布达佩斯。在那里，克莱因结识了弗洛伊德核心圈子的成员桑多尔·费伦齐，费伦齐将她介绍到精神分析领域。1914 年，克莱因的母亲去世，她情绪低落，找费伦齐进行了精神分析，这一经历是她一生的转折点。也是在这一年，她读了弗洛伊德的《论梦》(*On Dreams*)，“我立即意识到那是我的目标，至少是我在那些年的目标，当时我热衷于寻找能在智力上和情感上满足我的事物。”在她知道弗洛伊德的同时，她最小的孩子埃里希出生了。克莱因被精神分析深深地吸引，并按照弗洛伊德的理论训练小儿子埃里希。作为训练的一部分，她在埃里希很小的时候就开始对他进行精神分析。此外，她还尝试对梅莉塔和汉斯进行精神分析，但他们最后都找了其他的精神分析师。梅莉塔后来成了精神分析学家，她的精神分析师是卡伦·霍妮（Karen Horney）（见第 6 章）和其他的精神分析师。霍妮和克莱因之间还有一个有趣的交集，那就是克莱因曾为霍妮的两个小女儿——一个 12 岁，一个 9 岁——进行过精神分析。（霍妮的大女儿当时 14 岁，拒绝接受精神分析。）但与自愿找霍妮做精神分析的梅莉塔不同的是，霍妮的两个女儿是被迫接受精神分析的，目的不是为了治疗任何神经症，而是为了预防。

克莱因于 1919 年与丈夫分居，但此后好几年都没有离婚。分居后，她在柏林开始了精神分析执业，并发表了第一篇精神分析论文，内容是她对埃里希的分析，但直到克莱因去世后很久，人们才知道埃里希是她的儿子。她不满费伦齐给她做的精神分析，因此结束了两人的精神分析关系，开始与弗洛伊德核心圈子里的另一位成员卡尔·亚伯拉罕（Karl Abraham）进行精神分析。但只过了 14 个月，亚伯拉罕就去世了，克莱因又经历了一次人生悲剧。在生命的这个阶段，克莱因决定开始进行自我分析，直到去世。1919 年之前，包括弗洛伊德在内的精神分析学家的儿童发展理论都建立在对成年人的治疗工作之上。弗洛伊德唯一研究过的儿童个案是小汉斯（Little Hans），但他也只见过这个小患者一次。克莱因通过直接对儿童进行精神分析改变了这种状况。她对儿童（包括她自己的孩子）的研究使她确信，孩子的内心对母亲的正面和负面情绪出现得比弗洛伊德所认为的早得多。她的研究偏离了弗洛伊德的标准的精神分析，这引起了柏林的同道的批评，让她在柏林过得越来越不舒服。后来，1926 年，欧内斯特·琼斯（Ernest Jones）邀请她去伦敦为他的孩子做精神分析，并做了一系列关于儿童精神分析的讲座。这些讲座后来构成她的第一本书——《儿童精神分析》。1927 年，她获得英国的永久居留权，并一直在那里居住到 1960 年 9 月 22 日去世。在她的追悼会上，她的女儿梅莉塔在致悼词时穿了一双艳丽的红色靴子，震惊了在座的亲友，也给了克莱因最后的侮辱。

克莱因在伦敦的岁月充满了分歧和争论。尽管她继续将自己视为弗洛伊德学派的一员，但弗洛伊德和他的女儿安娜都不认可她对童年极早期的强调和她对儿童进行精神分析的方法。她与安娜的分歧始于弗洛伊德仍在维也纳居住时，到了 1938 年，安娜和他的父亲移居伦敦后，她们的分歧达到了顶峰。在安娜来英国之前，英国的精神分析流派已经稳步发展成为“克莱因学派”，而克莱因的论战主要是和她的女儿梅莉塔进行的，虽然激烈，但也是私人的。

1934 年，克莱因的大儿子汉斯落下山崖殒命。在这段时间，梅莉塔刚刚与她的丈夫——

精神分析学家沃尔特·施密德伯格移居伦敦，她坚持认为她的哥哥是自杀的，并将哥哥的死归咎于母亲。同年，梅莉塔开始与克莱因在英国精神分析学会的对手之一爱德华·格洛弗进行精神分析。于是，克莱因和女儿在关系上更加疏远，在观点上也更加对立，梅莉塔对母亲的敌意甚至在母亲去世后依然如故。

尽管梅丽塔并非安娜的支持者，但她对克莱因的持久的敌意增加了克莱因与安娜论战的困难，安娜从未认识到对儿童进行精神分析的可能性。克莱因和安娜之间的摩擦从未减弱，双方都声称自己比对方更“弗洛伊德”。最后，1946 年，英国精神分析学会接受了三种培训程序：克莱因的传统培训程序、安娜倡导的培训程序和折中两者的培训程序。这样的区分虽然并不容易，但英国精神分析学会借此保持了完整性。

客体关系理论绪论

客体关系理论（object relations theory）是弗洛伊德的本能理论的延伸，但它至少在三个方面与本能理论不同：首先，客体关系理论较少强调基于生物学的内驱力，而更注重人际关系的一贯模式；其次，与弗洛伊德强调父亲的力量和控制的父系理论相反，客体关系理论聚焦母系，强调与母亲的亲密和养育关系；最后，客体关系理论认为人际接触和关系——而非性愉悦——是人类行为的主要动机。

本章主要关注克莱因的研究成果，同时简要讨论玛格丽特·马勒、海因茨·科胡特、约翰·鲍尔比和玛丽·安斯沃思的理论。大体来说，马勒的研究与婴幼儿为获得自主和自我意识而进行的斗争有关；科胡特的研究与自体的形成有关；鲍尔比的研究主要针对分离焦虑；安斯沃思的研究则针对依恋类型。

如果说克莱因是客体关系理论之母，那么弗洛伊德就是客体关系理论之父。回顾第 2 章，弗洛伊德认为本能或驱力有其*推动力*、*来源*、*目的*和*客体*，其中后两者的心理意义更大。尽管不同的驱力看上去目的不同，但它们背后的目的始终是相同的——降低紧张，获得愉悦。用弗洛伊德的话说，驱力的**客体**（object）是能满足其目的的任何一个人、人的某个部位或某个物体。从弗洛伊德的这一基本假设出发，克莱因和其他客体关系理论家考察了在童年早期，婴幼儿与母亲或母亲乳房的或真实或幻想的关系如何成为他们日后人际关系的模型。也就是说，成年人的关系并不总是像看起来的那样。任何关系都涉及一个重要的因素，即对早期重要客体（如母亲的乳房）的内在精神表征，这些客体被*内摄*或纳入婴幼儿的精神结构，然后*投射*到其将来的伴侣身上。这些内在的形象并不能准确地反映伴侣的样子，只是早期个人经历的残余。

尽管克莱因一直称自己属于弗洛伊德学派，但她扩展了精神分析理论，使之超越弗洛伊德所限定的范围。对此，弗洛伊德采取的态度是视而不见。当不得不对克莱因的研究发表意见时，弗洛伊德也是惜字如金。例如，在 1925 年，欧内斯特·琼斯写信给弗洛伊德，称赞克莱因的儿童精神分析和游戏疗法是“宝贵的成果”，弗洛伊德简单地回答说：“梅兰妮·克莱因的工作在维也纳引起了相当大的质疑和争议。”

婴幼儿的精神生活

弗洛伊德强调生命最初的几年，而克莱因则更重视生命最初的 4～6 个月。在克莱因看来，婴儿在生命的开始并非一张白纸，而是天生便有降低（由生本能和死本能的力量冲突所导致的）焦虑的倾向。婴儿天生就能够行动和反应，是以*系统发生的禀赋*——弗洛伊德采用了这个概念——为先决条件的。

幻想

克莱因的基本假设之一是婴幼儿——包括刚出生的婴幼儿——拥有活跃的幻想（phantasy）生活。这些幻想是潜意识层面的本我本能的精神表现，不应将这些幻想与大龄儿童或成年人意识层面的幻想（fantasy）相混淆。克莱因专门造了“phantasy”一词，用以强调其与“fantasy”的区别。当克莱因描述婴幼儿的动态幻想生活时，她并不认为新生儿可以用语言表达思想。她仅仅表明，新生儿拥有“好的”和“坏的”潜意识意象。例如，肚子饱饱的是“好的”，肚子空空的是“坏的”。因此，克莱因指出，吮吸着手指入睡的婴幼儿拥有的幻想是：自己体内有母亲的“好的”乳房。同样，一个因饥饿而哭泣和踢腿的婴幼儿拥有的幻想是：踢踹或摧毁“坏的”乳房。

随着婴幼儿逐渐成长，关于乳房的潜意识幻想继续影响其精神生活，但新的幻想也产生了。这些新的潜意识幻想是由现实和遗传的倾向所塑造的。这些幻想之一与俄狄浦斯情结有关，即儿童希望消灭父母中的一方，而在性上占有另一方。因为这些幻想是潜意识的，所以它们可能彼此矛盾。

客体

对弗洛伊德理论中人具有与生俱来的驱力或本能（包括死本能）的观点，克莱因持赞同的态度。当然，驱力必须拥有其客体。因此，饥饿驱力以良好的乳房为客体，性驱力以性器官为客体，以此类推。克莱因认为，从婴幼儿早期开始，他们就同时在幻想和现实两方面与这些外在的客体建立了关系。最早的客体关系是婴儿与母亲的乳房的关系，但“很快他们就会对那些照顾他们的需求、使他们感到满足的脸庞和手产生兴趣”。在婴幼儿活跃的幻想中，他们会将这些外在的客体，诸如母亲的手和脸庞及其他身体部位，*内摄*或纳入其精神结构。内摄的客体不只涉及对外在客体的内在思考，而且是在幻想中将客体内化了，这里的内化就像其字面意义一样，是一种物理上的融合。例如，将母亲内摄的儿童相信，母亲一直处于自己的身体里。克莱因的内在客体概念表明，这些客体具有自己的力量，这与弗洛伊德的超我概念相似，他假定超我是由孩子承载的来自父亲或母亲的良心。

位态

克莱因认为，婴幼儿持续处于生本能和死本能的基本冲突中，也就是说，处于好和坏、爱和恨、创造和破坏的冲突中。随着自我远离分裂而趋向整合，婴幼儿自然更喜欢让自己感到满足而非沮丧的知觉。

当他们试图处理这种好和坏的二分情感时，婴幼儿将他们的经验组织成了**位态**（position），也就是一种处理内在和外在客体关系的方式。克莱因选择“位态”一词而非“发展阶段”，是为了表示位态能够来回交替；位态不是发展的时期或阶段，经过了就不再返回。尽管克莱因使用了精神病学或病理学的标签，但她倾向于用位态来表示正常的社会成长和发展。两个基本的位态分别是*偏执分裂位态*和*抑郁位态*。

偏执－分裂位态

在生命的最初几个月中，婴儿会接触好乳房和坏乳房。满足感和沮丧感的交替出现对婴儿的脆弱自我的生存构成威胁。婴儿渴望通过吞食和庇护乳房来控制乳房。同时，婴儿天生的破坏性冲动会产生通过撕咬或毁灭的方式破坏乳房的幻想。为了容忍对同一个客体同时拥有的两种感觉，自我发生了分裂，保留了部分生本能和死本能，而将这两种本能的其余部分转移到乳房上。于是，婴儿害怕的不再是死本能，而是迫害性乳房。不过婴儿和*理想的乳房*——提供爱、安慰和满足——也保持着关系。婴儿希望能把理想的乳房保留在自己体内，以保护自己不被迫害者毁灭。为了控制好乳房，抵御迫害性乳房，婴儿采用了克莱因所说的**偏执－分裂位态**（paranoid-schizoid position）概念，指一种组织自身经验的方法，包含被迫害的偏执感及把内在和外在客体分裂成好与坏的二分情感。

根据克莱因的说法，婴儿在生命最初的三四个月内会出现偏执－分裂位态，在此期间，自我对外部世界的感知是主观和幻想的，而非客观和真实的。因此，被迫害的感觉是偏执的，也就是说，这些感觉并非源于外界的任何现实或直接危险。婴儿必须将好乳房和坏乳房分开，否则，自己将面临消灭好乳房、失去这个安全庇护所的风险。在婴儿的“精神分裂”的世界里，愤怒和破坏性的情感指向坏乳房，爱与舒适的情感则与好乳房关联。

当然，婴儿无法使用语言来识别好乳房和坏乳房。相反，他们有一种生物性的倾向，能为营养和生本能赋予正值，为饥饿和死本能赋予负值。婴幼儿在语言出现之前将世界分裂成“好的”或“坏的”，这是个体日后对一个人产生矛盾情绪的原型。例如，克莱因将婴儿的偏执－分裂位态与接受心理治疗的患者经常对治疗师产生的移情做了比较。

在矛盾、冲突和内疚的压力下，患者经常会把治疗师的形象分裂，于是，治疗师在某一

时刻是被爱的，在另一些时刻则是被恨的。患者也可能把治疗师分裂为相反的形象，即当自己是“好的”时，治疗师就变成了“坏的”；当自己是“坏的”时，治疗师就是“好的”。

当然，矛盾的情感不仅限于心理治疗的情境。大多数人对自己所爱的人都有正面和负面的情感。然而，有意识的矛盾情感并没有反映偏执–分裂位态的本质。当成年人采取偏执–分裂位态时，他们所采取的是一种原始的、潜意识的方式。正如奥格登（Ogden）指出的那样，成年人可能会将自己体验为被动的客体，而非主动的主体。他们会说“他很危险”，而不是说“我知道他对我而言很危险”。或者会把自己的潜意识中的偏执情绪投射到他人身上，避免自己被“坏的”乳房摧毁。还有一些人可能会将自己潜意识中的积极情绪投射到另一个人身上，认为这个人是完美的，而觉得自己是毫无价值的。

抑郁位态

从第 5 个月或第 6 个月开始，婴儿开始认识到外在客体是一个整体，开始了解同一个人身上可以“好的”和“坏的”并存。此时，婴儿对母亲有了更真实的印象，并认识到母亲是一个独立的人，可以同时是“好的”，也是“坏的”。此外，自我也开始成熟，变得可以容纳某些破坏性情感，而不再将它们投射到外部。然而，婴儿也开始意识到，母亲可能会离开并永远不再回来。由于担心失去母亲，婴儿希望自己能够保护母亲，使母亲不被自己的毁灭性力量摧毁——自己曾把那些嗜血的冲动投射到母亲身上。但是，婴儿的自我已经足够成熟，能够意识到自己缺乏保护母亲的能力，因此，婴儿会由于之前对母亲产生的破坏性冲动而内疚。担心失去所爱客体的焦虑感，伴随着想要摧毁该客体的内疚感，构成了克莱因所说的**抑郁位态**（depressive position）。

处于抑郁位态的婴儿意识到，自己爱的客体和恨的客体是同一个客体。他们责备自己之前曾对母亲生出的破坏性冲动，并希望能够对这些冲动做出补偿。因为婴儿现在认为母亲是一个整体，而且面临危险，所以他们对母亲产生了同情心，这种品质会对他们未来的人际关系有所助益。

当婴儿幻想自己已经为先前所犯的错误做出补偿，并且认识到母亲不会永远离开，而是每次离开后都会返回时，抑郁位态就会消解。抑郁位态消解后，婴儿也就不再分裂地将母亲视为“好的”或“坏的”了。他们不仅能够体验到母亲的爱，而且能够表现出对母亲的爱。然而，抑郁位态的不完全消解可能会导致缺乏信任、在失去亲人时产生病态的哀悼、罹患其他各种精神障碍。

精神防御机制

克莱因提出，从婴幼儿早期开始，儿童就会采用几种精神防御机制来保护自我免受由自己的破坏性幻想所引发的焦虑的折磨。这些强烈的破坏性情感源于对乳房的口欲施虐——一方面是可怕的、破坏性的乳房，另一方面是令人满意的、有帮助的乳房。为了控制这些焦虑，儿童使用了几种精神防御机制，如内摄、投射、分裂和投射性认同。

内摄

克莱因使用**内摄**（introjection）一词指婴儿幻想着将自己对外在客体（最初是母亲的乳房）的感受和体验纳入自己的身体。内摄始自婴儿第一次被喂奶的时候，也就是婴儿试图含住母亲的乳房，将其合并入自己的身体里时。通常，婴儿试图内摄的是好客体，将其纳入自己体内能够防止焦虑。但是有时，婴儿也会内摄坏客体，如坏乳房，以便控制它们。当危险的客体被内摄时，它们会成为内在的迫害者，能够惊吓婴儿，并留下令人恐惧的印迹，这些印迹可能会通过梦境得以表达，也可能表现为对童话故事（如《大灰狼的故事》或《白雪公主和七个小矮人》）的兴趣。

内摄的客体并不是实际存在的客体的精准表征，而是受儿童幻想的影响。例如，婴儿会幻想自己的母亲始终在场，也就是说，他们感觉自己的母亲永远在自己的身体里。现实中的母亲当然不会永远在场，但是婴儿会在幻想中吞下她，使她成为一个永恒的内在客体。

投射

如同婴幼儿使用内摄来纳入好客体和坏客体一样，他们使用**投射**（projection）来摆脱它们。投射是个体幻想自己的感觉和冲动实际上存在于另一个人的身体里，而不是在自己的身体里。通过将难以控制的破坏性冲动投射到外在客体身上，婴幼儿减轻了因担心被危险的内在力量摧毁而产生的令人难以忍受的焦虑。

儿童可以把好的意象和坏的意象都投射到外在客体上，尤其是投射到父母身上。例如，一个小男孩想要阉割自己的父亲，但可能会将这些阉割幻想投射到父亲身上，从而反转自己的阉割愿望，并责怪父亲想要阉割他。与之类似，一个小女孩可能幻想吞食自己的母亲，但将这种幻想投射到母亲身上，并担心母亲会为了报仇而迫害自己。

人也可以投射好的冲动。例如，婴幼儿如果对母亲的乳房感觉良好，就会把自己的良好感受投射到乳房上，并认为乳房是好的。成年人有时会把自己的爱情投射到另一个人的身上，并相信对方也爱自己。因此，投射使人们相信自己的主观观点是真实的。

分裂

面对自己好的方面和坏的方面，以及外在客体的好的方面和坏的方面，婴儿只能通过**分裂**（splitting）的方式（也就是让互不兼容的冲动彼此分离）来控制它们。为了将好客体和坏客体分隔开，自我本身也必须分裂。由此，婴儿产生了“好我”和“坏我”的印象，这使他们能够处理自己对外在客体的快乐冲动和破坏性冲动。

分裂对儿童既有正面影响，也有负面影响。如果分裂不是极端且僵化的，那么它对婴幼儿乃至成年人而言都是正面的、有用的机制。它使人们能够看到自己的正面和负面，能够评价自己的行为是好还是坏，以及区分熟人是自己喜欢的还是不喜欢的。反之，极端且僵化的分裂会导致病理性压抑。例如，如果儿童的自我过度僵化，不能分裂成好我和坏我，那么他们无法将坏的经历内摄到好的自我中。当儿童无法接受自己的坏的行为时，他们就只剩一种方式应对破坏性的、可怕的冲动了——压抑它们。

投射性认同

降低焦虑的第四种方法是**投射性认同**（projective identification），使用这种心理防御机制时，婴儿先将自己无法接受的部分分裂并投射给另一个客体，经过变形或扭曲后，再将它们重新内摄回来。通过把客体内摄回自己的身体里，婴儿会感觉自己已经变得像该客体了；也就是说，他们认同该客体。例如，婴儿通常会分裂一部分破坏性冲动，将这些冲动投射到坏的、令人沮丧的乳房中。接下来，他们再把乳房内摄，认同该乳房，通过这一过程，他们控制了可怕的和美妙的乳房。

投射性认同会对成年人的人际关系产生强大的影响。简单的投射可以完全存在于幻想中，而投射性认同只存在于包含着真实人际关系的世界里。例如，一位丈夫具有强烈的、不受欢迎的想要支配他人的倾向，但他把这些感觉投射到自己的妻子身上，然后认为妻子很爱支配他人。同时，这位丈夫也在潜移默化中试图真的让妻子变得爱支配他人。他表现得过于顺从，诱使妻子表现出他投射在妻子身上的那种倾向。

内化

当客体关系理论家谈论**内化**（internalization）时，其意思是一个人纳入（内摄）了外在世界的某些方面，然后把这些内摄的内容整合进一个心理意义丰富的框架中。在克莱因的理论中，三种重要的内化分别是自我、超我和俄狄浦斯情结。

自我

克莱因认为，自我（ego）或一个人的自我意识的成熟比弗洛伊德所认为的要早得多。尽管弗洛伊德假设自我在出生时就存在了，但他认为自我直到人出生后的第三四年才具备复杂的精神功能。在弗洛伊德看来，年幼的儿童主要被本我支配。与弗洛伊德不同的是，克莱因在很大程度上忽略了本我，将她的理论建立在自我的早期能力上，认为自我在很早就能感知到破坏性的和爱的力量，并且通过分裂、投射、内摄来管理它们。

克莱因认为，尽管在出生时自我在很大程度上没有组织，但它已经足够强壮，足以感觉到焦虑，足以使用防御机制并在幻想和现实中形成早期的客体关系。随着婴儿第一次被喂奶的经历，自我开始发展，好乳房不仅给婴儿提供乳汁，而且还提供爱和安全感。但是，婴儿也会体验坏乳房——也就是不出现或不能分泌乳汁、不提供爱或安全感的乳房。婴儿同时内摄了好乳房和坏乳房，这些意象为自我的进一步发展打下了基础。自我会对一切经历进行评估，包括那些与喂养无关的经历，以判断它们是否与好乳房或坏乳房有关。例如，当自我经历好乳房时，会对其他客体（如自己的手指、安抚奶嘴或父亲）产生能够带来同样良好经历的期望。于是，婴儿的第一个客体关系（与乳房的关系）不仅是自我在将来发展的原型，而且是其日后人际关系的原型。

但是，在统一的自我出现之前，它必须先经历分裂。克莱因假设，婴儿天生就会追求整合，但与此同时，他们被迫处理生本能和死本能的对立关系，并通过他们对好乳房和坏乳房的感知体现出来。为了避免解体，新浮现出来的自我必须将自身分裂成好我和坏我。当婴儿获得奶水和爱时，好我就出现了；当他们没有得到奶水和爱时，坏我就出现了。自我的双重形象帮助婴儿管理外在客体的好的方面和坏的方面。随着不断成熟，婴儿的感知变得更加现实，他们不再从部分客体的角度看待世界，他们的自我也变得更加整合。

超我

克莱因对超我的描述至少有三个重要方面与弗洛伊德的描述不同：首先，克莱因认为超我的出现要早得多；其次，它不是俄狄浦斯情结的产物；最后，它更为严厉和残酷。克莱因通过对幼儿的分析得出上述观点，而弗洛伊德并没有对幼儿进行精神分析的经历。克莱因认为：

> 毫无疑问，幼儿在 6 个月（或 9 个月）到 4 岁之间，有些时候会表现出成熟的超我，而公认的弗洛伊德的观点认为，超我要待俄狄浦斯情结消退后才会被激活——大约在 5 岁时。此外，与年龄较大的儿童或成年人的超我相比，早期的超我更加残酷无情，而且确实粉碎了幼儿虚弱的自我。

回想一下，弗洛伊德的超我概念包含两个子系统：一个是理想自我，产生自卑感；另一个是良心，产生内疚感。克莱因大概会赞同更成熟的超我能够产生自卑感和内疚感，但她对幼儿的精神分析使她相信，*早期的超我不会产生内疚感，而是会产生恐惧感*。

在克莱因看来，幼儿担心被吞食、割裂和撕碎——这种恐惧与任何现实的危险都大不相同。为什么幼儿的超我会和来自父母的真实威胁相去甚远呢？克莱因认为，答案在于婴幼儿自身的破坏本能，这种本能被体验为焦虑。为了管理这种焦虑，儿童的自我调动力比多（生本能）来对抗死本能。然而，生本能与死本能无法完全割裂开，因此自我陷入与其自身的对抗中。早期的自我防御为超我的发展奠定了基础，超我的极端暴力是对自我针对其自身的破坏性倾向的激烈的防御反应。克莱因认为，这种严厉、残酷的超我是成年人的各种反社会倾向和犯罪倾向的成因。

关于 5 岁儿童的超我，克莱因的描述大致与弗洛伊德的相同。儿童五六岁时，其超我唤起的焦虑变弱，内疚感变强。此时，超我已经基本脱离严厉和残酷，同时逐渐转变为现实的良心。但是，克莱因不同意弗洛伊德的另一个观点，即超我在俄狄浦斯情结之后出现。相反，她坚信超我是与俄狄浦斯情结一起成长的，并在俄狄浦斯情结消退后，才变成现实的内疚感。

俄狄浦斯情结

尽管克莱因认为自己对俄狄浦斯情结的看法只是对弗洛伊德思想的延伸而非反驳，但实际上，她的观点与弗洛伊德的观点在好几个方面大相径庭。首先，克莱因认为，俄狄浦斯情结出现的年龄比弗洛伊德所说的早得多。弗洛伊德认为俄狄浦斯情结始于儿童四五岁时，已经度过了口欲期和肛欲期。而克莱因认为，俄狄浦斯情结始于生命的最初几个月，与口欲期和肛欲期重叠，并在三四岁的**生殖器期**（genital stage）达到高峰。其次，克莱因认为，俄狄浦斯情结的重要组成部分是儿童因为自己有掏空父母的幻想而害怕遭到父母的报复。再次，她强调了儿童在俄狄浦斯情结阶段对父母双方保持积极情感的重要性。最后，她假设在儿童早期阶段满足需求方面，俄狄浦斯情结对男孩和女孩来说是一样的，即与好客体或令人满意的客体（如好乳房）建立积极的态度，并躲避坏客体或令人恐惧的客体（如坏乳房）。在这一阶段，不论什么性别的儿童都会交替或同时将爱投向父亲和母亲。因此，儿童对父母双方都具有产生同性恋或异性恋的能力。和弗洛伊德一样，克莱因也假定女孩和男孩最后还是会用不同的方式体验俄狄浦斯情结。

无论对女孩还是男孩来说，俄狄浦斯情结的健康消解都取决于他们是否允许母亲和父亲在一起。敌对情绪并不会留下残余。儿童对父母双方的积极情感有益于他们成年后的性关系。

总而言之，克莱因认为，人天生具有两种强大的驱力：生本能和死本能。婴幼儿发展出对好乳房的热情关怀和对坏乳房的强烈憎恨，于是，人终生都要努力调和好的与坏的、快乐的与痛苦的潜意识精神意象。人生中最关键的阶段是出生后的头几个月，这段时间里与母亲和其他重要客体的关系为日后的人际关系确立了榜样。一个人成年后的爱或恨的能力源自其早期的客体关系。

客体关系的后续观点

从克莱因提出大胆而富有洞见的客体关系理论以来，许多理论家都扩展或修正了客体关系理论。在这些后来的理论家中，著名的有玛格丽特·马勒、海因茨·科胡特、约翰·鲍尔比和玛丽·安斯沃思。

玛格丽特·马勒的观点

玛格丽特·舍恩伯格·马勒（Margaret Schoenberger Mahler，1897—1985）生于匈牙利的肖普朗市，于 1923 年获得维也纳大学的医学学位。1938 年，她移居美国纽约，在纽约州精神病学研究所的儿童服务部门当顾问。后来，她在纽约的马斯特儿童中心开展自己的观察性研究。从 1955 年到 1974 年，她是阿尔伯特·爱因斯坦医学院的精神病学临床教授。

马勒最关心的是出生后的头 3 年内个体的心理诞生，在这一时期，儿童为了自主性而逐渐放弃安全感。最初，马勒的观点来自她对儿童受到干扰后与母亲的互动行为的观察。后来，她观察了正常的婴儿在出生后的 36 个月与母亲之间的关系。

在马勒看来，个体的心理诞生从出生后的几周开始，一直持续到接下来的 3 年。马勒用**心理诞生**一词指代儿童成为一个独立于其主要照顾者的个体，对儿童来说，这是一项能够最终引发*身份认同感*的成就。

为了获得心理诞生和个体化，儿童要经历三个主要的发展阶段和四个亚阶段。第一个主要的发展阶段是**正常自闭阶段**（normal autism），其跨度为出生后的三四周。在描述正常自闭阶段时，马勒借用了弗洛伊德的类比，将心理诞生比作鸟蛋的孵化。由于蛋壳内有充足的食物供应，鸟能够自闭（不考虑外部现实）地满足自己对营养的需要。与之类似，新生儿在母亲的照顾和全能保护下，各种需求都得到了满足。新生儿感觉自己无所不能，因为像未孵化的鸟一样，他们的需求能够“自动”被满足，而无须花费任何精力。克莱因认为新生儿怀有某种恐惧，马勒却指出，新生儿的睡眠时间相对较长，而且他们普遍都不紧张。她认为，这个阶段是完全的原始自恋阶段，在这个阶段，婴儿不会觉知到任何其他人。因此，她将正常自闭阶段称为无客体阶段，此时的婴儿本能地搜寻母亲的乳房。她不同意克莱因关于婴儿将好乳房等客体纳入自我中的观点。

随着婴儿逐渐意识到他们无法满足自己的需要，他们开始认识自己的主要照顾者，并寻求与她的共生关系，这种情形导致**正常共生阶段**（normal symbiosis），这就是马勒的理论的第二个主要的发展阶段。正常共生阶段大约从出生后的第四五周开始，在第四五个月达到顶峰。在这一阶段，婴儿做出行为及行使功能时，就好像他和母亲是一个全能的系统，是有着共享边界的双人统一体（dual unity）。在鸟蛋的比喻中，此时蛋壳开始裂缝，但是以共生关系形式存在的心理膜仍然可以保护新生儿。马勒指出，这种关系并不是真正的共生关系，因为尽管婴儿的生命依赖于母亲，但母亲并非绝对需要婴儿。这种共生的特征是婴儿和母亲之间的相互提示。婴儿向母亲发出饥饿、痛苦和快乐等提示，而母亲则根据这些提示做出回应，如喂养、怀抱或微笑等。到了这个阶段，婴儿可以辨认母亲的脸庞，并感知母亲的快乐或痛苦。但是，客体关系尚未开始——母亲和其他人仍然是“前客体”。年龄较大的儿童甚至成年人有时会退回到这个阶段，以寻求母亲的照料带来的力量和安全。

第三个主要的发展阶段是**分离－个体化阶段**（separation-individuation），它从第四五个月开始，直到 30～36 个月结束。在这段时间里，儿童与母亲在心理上分离，获得个体感（sense of individuation），并开始发展个人的身份认同感。因为儿童不再体验到与母亲是双人统一体，他们必须放弃对全能的妄想，直面自己易受外部威胁影响的事实。因此，处于分离－个体化阶段的幼儿所经历的外部世界比前两个阶段更加危险。

马勒进一步将分离 – 个体化阶段分成四个重叠的亚阶段。第一个亚阶段是**分化**（differentiation），该亚阶段从出生后第四五个月持续到第 7～10 个月，特征是身体脱离母婴共生的范围。因此，分化亚阶段类似于蛋的孵化。马勒观察到，在这个阶段，婴儿会对自己的母亲微笑，这表明他与特定的人建立了联结。心理健康的婴儿将自己的世界扩展到母亲之外，他们会对陌生人感到好奇，并会审视他们；心理不健康的婴儿则害怕陌生人，在陌生人出现时表现出畏缩。

随着婴儿逐渐学会爬行和行走，他们会离开母亲身边。此时，他们进入了分离 – 个体化阶段的**练习**（practicing）亚阶段，该亚阶段从 7～10 个月开始，直到十五六个月。在该亚阶段，儿童可以轻易区分自己的身体和母亲的身体，与母亲建立具体的联结，并开始发展具有自主性的自我。然而，在该亚阶段的早期，看不见母亲会让儿童不喜；他们用视线追随母亲，在她不在时表现出痛苦。稍后，他们开始学会行走并踏入外面的世界，这让他们感到着迷和兴奋。

从大约 16 个月起到 25 个月为止，孩子希望在生理上和心理上使母亲和自己重聚，此时他们经历的是与母亲重新建立关系的**和解**（rapprochement）亚阶段，马勒注意到，处于该亚阶段的孩子希望与母亲分享每一个新学习的技能和每一次新的经历。这时，儿童已经可以熟练地走路了，与母亲的身体更加分离，值得注意的是，与之前的亚阶段相比，他们在和解亚阶段更容易表现出分离焦虑。他们不断增强的认知能力使他们更加意识到自己的独立性，从而使他们尝试各种方法，以重新获得曾经与母亲的双人统一体。由于这些尝试从不会完全成功，因此处于该亚阶段的孩子经常与母亲发生激烈的争斗，这种情况被称为**和解危机**。

分离 – 个体化阶段的最后一个亚阶段是**力比多客体恒定**（libidinal object constancy），大约出现在出生后的第 3 年。在该亚阶段中，儿童必须发展出母亲的恒定的内在表征，以便他们能够忍受与母亲身体上的分离。如果没有发展出力比多客体恒定，儿童将继续依靠母亲的在场来维持自己的安全感。除了获得一定程度的客体恒定以外，儿童还必须巩固自己的个体性，也就是说，他们必须学会在母亲不在场的情况下发挥功能，并发展与其他客体的关系。

马勒的理论的长处在于，她的理论基于她和同事对儿童 – 母亲互动的实证观察，描述了心理诞生的过程。尽管她的许多基本原则都是从没有语言的婴儿的反应中得出的推论，但她的观点可以很容易地推及成年人。在出生后的头 3 年即心理诞生的这段时间内犯下的任何错误都可能导致后来的退行，即回到一个人未与母亲分离、未形成身份认同感的时期。

海因茨·科胡特的观点

海因茨·科胡特（Heinz Kohut，1913—1981）出生于维也纳，其父母是犹太人，都受过良好的教育，并且很有才华。第二次世界大战前夕，科胡特移居英国，一年后又移居美国，在那里度过了大部分职业生涯。他曾是芝加哥大学精神病学系的专业讲师、芝加哥精神分析学院的院士、辛辛那提大学的精神分析客座教授。作为一名神经病学家和精神分析学家，科胡特于 1971 年出版了《自体的分析》（*The Analysis of the Self*）一书，并在书中使用自体

（self）的概念取代了自我（ego）的概念，这惹恼了许多精神分析学家。除了这本书之外，他的自体心理学还出现在《自体的重建》（*The Restoration of the Self*）及由米里亚姆·埃尔森（Miriam Elson）编辑、在科胡特死后才出版的《科胡特讲座》（*The Kohut Seminars*）中。

与其他客体关系理论家相比，科胡特更强调自体从模糊的、未分化的意象演变成清晰、精确的个体身份认同感的过程。和其他客体关系理论家一样，他把早期的母婴关系作为理解个体日后发展的关键。科胡特认为，人格的核心是人际关系，而非天生的本能驱力。

科胡特认为，婴儿不仅需要成年照顾者满足他们的身体需求，还需要满足他们基本的心理需求。在照料婴儿的身体和心理需求时，成年人或*自体客体*（selfobject）把婴儿当作有自体感的人来对待。例如，父母会表现得温暖、冷淡或冷漠，这在部分程度上取决于婴儿的行为。通过共情的互动过程，婴儿将诸如骄傲、内疚、羞耻或嫉妒等自体客体反应纳入自身，所有这些态度最终共同构成自体的基础。科胡特将自体定义为"个体心理宇宙的中心"。自体赋予人的经历以统一性和一致性，随着时间的推移保持相对稳定，并且是"主动性的中心和印象的接受者"。自体也是儿童的人际关系焦点，它决定了儿童与父母和其他自体客体的关系。

科胡特相信婴儿天生是自恋的。他们以自己为中心，只为自己的福祉而努力，并希望因自己本身和自己的所作所为而受到赞赏。早期的自体围绕着两个基本的*自恋需要*集聚：（1）展现夸大自体的需要，（2）获取父母一方或双方的理想化形象的需要。当婴儿与一个对自己的行为表示肯定的"镜映"自体客体建立联系时，*夸大表现自体*就建立了。婴儿从诸如"如果他人认为我是完美的，那么我就是完美的"这样的信息中形成基本的自体形象。*理想化父母形象*与夸大自体相反，它暗示着他人是完美的。但是，它也满足了自恋的需要，因为婴儿采取的态度是"你很完美，但我是你的一部分"。

两种自恋的自体形象对于健康的人格发展都是必要的。但随着儿童的成长，两者都必须改变。如果它们保持不变，那么会导致成年人的病态自恋人格。夸大自体必须转变为现实的自体观，理想化父母形象必须转变为现实的父母形象。这两种自体形象不会完全消失；健康的成年人继续对自体持积极态度，并继续在父母或父母般的人身上看到良好的品质。但是，自恋的成年人并没有超越这些婴儿的需求，而是继续以自体为中心，并把外在世界视为钦佩自己的观众。弗洛伊德认为，这种自恋的人不适合接受精神分析，但科胡特认为，心理治疗对这些患者可能有效。

约翰·鲍尔比的依恋理论

约翰·鲍尔比（John Bowlby，1907—1990）出生于英国伦敦，他的父亲是一位著名的外科医生。从小时候起，鲍尔比就对自然科学、医学和心理学感兴趣——这些也是他在剑桥大学学习的科目。获得医学学位后，他于 1933 年开始从事精神病学和精神分析实践。大约在同一时期，他开始在梅兰妮·克莱因那里接受儿童精神病学培训。第二次世界大战期间，鲍尔比曾担任军队精神病医生。1946 年，他被任命为塔维斯托克诊所儿童和父母科的主任。在 20

世纪 50 年代后期，鲍尔比在斯坦福大学行为科学高级研究中心工作了些时日，但最终还是回到伦敦，并在那里一直生活到其 1990 年去世。

在 20 世纪 50 年代，鲍尔比对客体关系的观点感到不满，主要是因为它的动机理论不足和缺乏实证支持。凭借自己对**动物行为学**（ethology）和进化论的了解，鲍尔比意识到，客体关系理论可以与进化论整合起来。通过这样的整合，他感到自己可以纠正该理论缺乏实证支持的缺陷，并开辟一个新的研究方向。鲍尔比的*依恋理论*也是从精神分析的思维出发，以童年为起点，然后推及成年。鲍尔比坚信，童年时期形成的依恋关系对成年人有重要的影响。由于童年时期的依恋对日后的发展至关重要，因此鲍尔比认为，研究人员应直接研究童年，而不应依赖已被歪曲的成年人的回顾性陈述。

依恋理论源自鲍尔比的观察，即人类婴儿和幼年灵长类动物在与主要照顾者分开时都会经历一系列明显的反应。鲍尔比观察到了这种**分离焦虑**（separation anxiety）的三个阶段。当照顾者最初脱离婴儿的视线时，婴儿会哭泣，并拒绝接受其他人的抚慰，而是寻找他们的照顾者。这个阶段是*抗议*（protest）阶段。随着分离的继续，婴儿变得安静、悲伤、消极、无精打采和冷漠，第二个阶段被称作*绝望*（despair）阶段。最后一个阶段——为人类所独有——是疏离（detachment）阶段，在这一阶段，婴儿在情感上与他人（包括照顾者）分离。如果照顾者（母亲）回来了，婴儿将无视并躲避她。变得疏离的儿童在母亲离开时不再感到沮丧。随着年龄的增长，他们在玩耍或与他人互动时几乎没有负面情绪，看起来善于交际。但是，他们在人际关系上往往浅尝辄止，且缺乏热情。

从这些观察中，鲍尔比发展了他的依恋理论，并出版了《依恋与丧失》（*Attachment and Loss*）三部曲。鲍尔比的理论基于两个基本假设：首先，一个有回应且可亲近的照顾者（通常是母亲）必须为孩子建立一个安全基地。婴儿需要知道照顾者是容易亲近的，并且可以依靠。如果出现了这种依赖性，那么儿童在探索世界时就更有能力建立自信和安全感。这种联结关系在照顾者和婴儿的依恋关系中起着重要作用，从而使婴儿的生存乃至整个物种的生存都更具可能性。

依恋理论的第二个假设是，这种联结关系（或缺乏联结关系）将被内化，并成为日后建立友谊和爱情关系的心理模型。因此，最初联结的依恋是所有关系中最关键的。然而，为了建立联结，婴儿不能仅仅是照顾者的行为的被动接受者，即使照顾者的行为具有可亲近性和可靠性。依恋是指两个人之间的*互动关系*，而不是照顾者对婴儿的单方面施予。这是一条双行道——婴儿和照顾者必须对彼此做出反应，并且必须影响对方的行为。

玛丽·安斯沃思与陌生情境实验

玛丽·丁斯莫尔·索尔特·安斯沃思（Mary Dinsmore Salter Ainsworth，1919—1999）出生于美国俄亥俄州格兰岱尔市，父亲是一家铝制品公司的总裁。安斯沃思取得了多伦多大学的文学学士、硕士和博士学位，并曾在该大学担任教员和讲师。在漫长的职业生涯中，她在加拿大、美国、英国和乌干达的几所大学和研究所从事过教学和研究工作。

受鲍尔比的理论所影响，安斯沃思及其同事开发了一项技术，用于测量照顾者和婴儿之间的依恋风格的类型，即“陌生情境”实验。这一程序包括 20 分钟的实验室环节。一开始，母亲和婴儿单独待在游戏室中。接着，一位陌生人进入房间，几分钟后，陌生人开始与婴儿进行短暂的互动。然后，母亲离开房间。这一分离阶段分为两个 2 分钟：在第一个 2 分钟里，婴儿与陌生人待在一起；在第二个 2 分钟里，婴儿独自被留在游戏室里。关键行为是当母亲回来时婴儿的反应，此时的行为是依恋风格评定的基础。安斯沃思及其同事发现了三种依恋类型：安全型（secure）、焦虑抵抗型（anxious-resistant）和焦虑回避型（anxious-avoidant）。

玛丽·安斯沃思 © JHU Sheridan Libraries/Gado/Getty Images

如果婴儿为*安全型依恋*，那么当母亲返回时，婴儿会感到快乐和热情，并开始与母亲接触。例如，他们会去找母亲，想要被拥抱。所有安全型依恋的婴儿都对照顾者的可亲近性和响应能力充满信心，这种安全性和可靠性为婴儿的游戏和探索提供了基础。

如果婴儿为*焦虑抵抗型依恋*，那么婴儿是矛盾的。当母亲离开房间时，他们变得非常沮丧；当母亲返回时，他们寻求与她接触，但拒绝母亲对自己的抚慰。焦虑抵抗型依恋风格的婴儿发出非常矛盾的信息。一方面，他们寻求与母亲接触；另一方面，他们扭动身体想要被放下，并可能会丢掉母亲递给他们的玩具。

第三种依恋类型是*焦虑回避型*。这类婴儿在母亲离开时会保持镇定，他们接受陌生人，然后当母亲回来时，他们无视并回避她。这两种不安全型依恋（焦虑抵抗型和焦虑回避型）都会使婴儿丧失有效游戏和探索的能力。

与照顾者建立安全依恋是与他人建立关系的过程的重要组成部分

心理治疗

克莱因、马勒、科胡特和鲍尔比都是接受过正统的弗洛伊德实践训练的精神分析学家。不过，他们每个人都调整了精神分析疗法，以适合他们自己的理论取向。由于这些理论家在治疗方法上各不相同，因此我们对治疗的讨论将仅限于克莱因所使用的方法。

克莱因对儿童进行精神分析的先驱性做法在 20 世纪二三十年代并没有被其他分析师接受。安娜·弗洛伊德尤其反对童年时期的精神分析，认为仍然依附于父母的幼儿由于没有潜意识的幻想或意象，因此无法发展出对治疗师的移情。因此，她声称，幼儿无法从精神分析治疗中受益。相比之下，克莱因则认为应该对精神错乱的和健康的儿童都进行精神分析——精神错乱的儿童将获得治疗的益处，而健康的儿童则能从预防性分析中受益。根据这种信念，她坚持要对自己的孩子进行精神分析。她还坚信，负性移情是迈向成功治疗的关键步骤，但安娜·弗洛伊德和许多其他精神分析学家对此并不认同。

为了培养负性移情和攻击幻想，克莱因为儿童提供了各种小玩具、铅笔、纸、颜料和蜡笔等道具。她用*游戏疗法*代替了弗洛伊德式的梦的分析和自由联想的方法，认为幼儿通过游戏疗法能够表达出自己在意识层面和潜意识层面的愿望。除此之外，克莱因的小患者还经常口头攻击她，这使她有机会解释这些攻击背后的潜意识动机。

克莱因疗法的目的是减少抑郁、焦虑和对被迫害的恐惧，并减弱内在客体的严苛残酷。为了实现这一目标，克莱因鼓励她的患者重新体验早期的情绪和幻想，与此同时治疗师会在一旁指出意识和潜意识、现实和幻想之间的差异。她还允许患者表达正性移情和负性移情，这种情况对于患者了解潜意识幻想如何与当前的日常情境发生联系至关重要。一旦建立了这种联系，患者就会减少被内在客体迫害的感受，其抑郁焦虑也会降低，并且能够将先前令人恐惧的内在客体投射到外部世界。

相关研究

客体关系理论和依恋理论都引发了持续的实证研究，例如，关于早期创伤如何破坏成年人的人际关系，或者依恋理论如何延伸到成年人的人际关系中。

童年创伤与成年客体关系

客体关系理论假定，幼儿与照顾者的关系的特质被内化，成为幼儿将来的人际关系的模型。大量研究探索了一个人的童年创伤和虐待对其成年后与客体建立关系的能力的影响，以及这些童年经历是否能够预示其成年后的病理情况。近期，关于这类研究的例子，来自约克大学的一个团队。

研究者对 60 名在童年时期曾遭受身体或性虐待的成年人实施了主题统觉测验（Thematic Apperception Test，TAT）。这一测验也被称为主题统觉投射测验，其过程与著名的罗夏墨迹测验类似，即个体描述他们在模糊的图像中看到的内容。该测验假定，被试会将“潜意识”的愿望、幻想和想法“投射”到他们的故事和对墨水印迹的解释中。投射测验是检测人格的潜意识想法的方法，不同的测验可以互相替代。TAT 向被试展示一系列场景，这些场景本质上是模棱两可的，描绘的人物或独处或在社交互动。被试被要求观察图像，并编撰故事讲述图中可能发生的事情、人物可能的想法和感受，以及最终的结局如何。由于 TAT 描绘了人与人之间的关系，因此它特别适用于检查个体的客体关系。

参与该研究的被试（受虐待的幸存者）完成了 TAT，他们的故事在四个客体关系主题上被评分：（1）人际关系被视为是恶意的还是善意的程度；（2）人际关系中情绪投入的水平；（3）将自己视为与他人有区别的人的能力；（4）为人们行为、思想和情感归因的准确程度。被试还做了各种心理健康测量问卷，包括测量自尊和创伤后应激症状的问卷。

结果表明，正如客体关系理论所预测的那样，这些被试“将他和人际关系视为恶意的，在人际关系中情绪投入较少”的倾向都与更高的创伤后应激症状和低自尊相关。这表明，经历童年创伤的人认为他人是危险的、应被排斥的，这可能导致其内在的羞耻感和无价值感。想要有效地治疗此类个体，治疗师需要觉察到，治疗关系也可能会受到歪曲的客体关系的影响。研究者写道：“对创伤幸存者而言，人际关系一直是他们痛苦的原因。因此，对为虐待幸存者治疗的临床医生而言，至关重要的是站在人际关系的视角上来处理心理病理学的目标症状。”研究者说，帮助创伤幸存者学习新的互动方法，让他人能够对他们做出积极的回应，这样可以让他们的客体表征变得健康起来。

依恋理论与成年人的关系

依恋理论最初是由约翰·鲍尔比提出的，该理论强调亲子之间的关系。但是，自 20 世纪 80 年代以来，研究者开始系统地研究成年人的依恋关系，尤其是恋爱关系。

辛迪·哈赞（Cindy Hazan）和菲尔·谢弗（Phil Shaver）对成年人依恋开展的一项研究十分经典。他们认为，不同类型的早期依恋风格将决定成年人恋爱关系的类别、持续时间及稳定性。更具体地说，这些研究者认为，那些早期与照顾者拥有安全型依恋的人在成年后的恋爱关系中会拥有更多信任、亲密和积极的情绪。同样，他们认为，焦虑回避型依恋的成年人会害怕亲密并缺乏信任，而焦虑矛盾型依恋的成年人会沉迷于他们的恋爱关系。

通过对大学生和其他成年人的研究，哈赞和谢弗为以上观点提供了实证支持。与焦虑回避型依恋或焦虑矛盾型依恋的成年人相比，安全型依恋的成年人确实在恋爱关系中体验到了更多的信任和亲密。此外，他们还发现，与不安全型依恋的成年人相比，安全型依恋的成年人更相信浪漫的爱情可以持久。此外，与焦虑回避型依恋或焦虑矛盾型依恋的成年人相比，安全型依恋的成年人一般对爱情持更不愤世嫉俗的态度，且拥有更长久的关系，离婚的可能性也比较低。

其他研究者继续拓展了对依恋和成年人恋爱关系的研究。例如，史蒂文·罗尔斯（Steven Rholes）及其同事测试了依恋类型与人们在涉及恋爱关系和恋爱对象时与寻求或回避相关信息之间的关系。研究者预测，回避型依恋的个体对伴侣的亲密感情和亲密的梦不会寻求更多额外的信息，而焦虑型依恋的个体会表达“希望获得有关伴侣的更多信息”的强烈愿望。回避型依恋的个体通常会努力保持情绪的独立性，因此不希望有任何可能增加亲密的信息，亲密会破坏他们所追求的独立。相反，焦虑型依恋的个体往往会担心自己的恋爱状况，并想通过寻找尽可能多的有关伴侣最亲密的感受的信息来巩固情感纽带。

为了检验这些预测，罗尔斯及其同事招募了数对已经约会了一段时间的情侣，让他们到心理学实验室中完成依恋类型和信息搜寻的测验。依恋类型的测量使用了一个标准问卷，该问卷包含关于人在恋爱关系中感到焦虑或回避的自我评价。信息搜寻的测量则使用了一个聪明（和唬人）的计算机化任务，每一位参与者独立完成关于关系的几个问题，包括关系双方的亲密情感和未来的目标。参与者被告知，计算机将在研究结束时生成一份关于他们的关系的报告，两个人都可以在研究结束后查看这份报告。于是，研究者就能够测量出每个人在这份报告中阅读了多少关于对方的信息。根据他们的预测及依恋理论，回避型依恋的个体对阅读关系报告中有关其伴侣的信息表现出较少的兴趣，而焦虑型依恋的个体则会搜寻更多关于伴侣的亲密问题和未来目标的信息。

当我们感到失去亲密伴侣——通常是浪漫伴侣——的威胁时，我们就会产生嫉妒。嫉妒通常是有现实依据的，也就是说，存在着合情合理的威胁。但是，有些人对失去伴侣的威胁非常敏感，即使基本没有或确实没有真正的依据，他们也会产生嫉妒。心理学家称之为“病理性嫉妒”。最近科斯塔（Costa）及其同事的一项研究调查了患有病理性嫉妒的人与没有病理性嫉妒的人的依恋类型。实验组由 32 人组成，他们都在巴西圣保罗市的冲动控制障碍门诊的精神科医生那里接受针对病理性嫉妒的治疗，对照组由年龄和性别相当但没有精神病史的 31 人组成。

参与者填写了“情感关系问卷”（QAR），以便评估其是否患有病理性嫉妒，此外还填写了一系列问卷，包括哈赞和谢弗的“成年人依恋问卷”，以及涉及关系质量、猎奇心、持久性、冲动、焦虑、抑郁和攻击性的问卷。科斯塔及其同事发现，与那些没有病理性嫉妒的人相比，具有病理性嫉妒的人的依恋类型更偏不安全，表现得更加回避，更加焦虑与矛盾。病理性嫉妒的参与者对自己的关系也更不满意、更容易冲动，并且更有可能寻求新奇的体验。

研究的另一个主题是冲突、依恋类型和浪漫关系。冲突是所有恋爱关系中不可避免的一部分，关于成年人依恋风格如何影响伴侣在冲突中的反应和行为模式，目前已经有了大量的研究。研究表明，一般而言，不安全型（焦虑矛盾型和焦虑回避型）依恋的伴侣无法像安全型依恋的伴侣那样良好地应对冲突。例如，焦虑回避型依恋的伴侣在与另一半发生冲突时比安全型依恋的个体体验到更强的自主神经系统反应。焦虑型依恋风格的伴侣还倾向于加剧冲突给情绪造成的影响。

对许多情侣来说，变成父母的过程是一个压力非常大的时期，冲突水平往往直线上升。罗尔斯（Rholes）及其同事就依恋类型在处于这一特定时期的新父母的冲突经历中的作用进行了纵向研究。他们在一个临产培训班上招募了若干对等待迎接第一个孩子降临的夫妻，让他们从预产期前的约 6 周开始到孩子出生后的 24 个月为止，在五个不同的时间点填写关于冲突方式、依恋类型和关系满意度的自评和互评问卷。

结果表明，焦虑型依恋和回避型依恋的伴侣采用的冲突解决策略不太有效，他们往往采用口头攻击或“冷处理”，而不是协作的策略。此外，在这个紧张的时期，不安全型依恋的个体认为，他们的伴侣会采用更具破坏性的冲突解决策略。并不意外的是，该研究中的大多数伴侣——包括男性和女性——都报告，随着慢慢地适应父母身份，他们所发出或接收的有益于冲突解决的策略减少了，但破坏性冲突解决策略增加了。好消息是，参与研究的安全型依恋的个体随着时间的推移表现出了改善倾向，他们适应了作为父母和伴侣的身份，并采用了更少的无效冲突解决策略和更多的有效冲突解决策略。

依恋类型不仅在亲子关系和浪漫关系中很重要，在领导者及其追随者（如军官及其士兵）之间的关系中也很重要。从理论上讲，依恋类型和领导者与追随者的关系有关，因为领导者或权威人物可以扮演照顾者的角色，并可以像父母和伴侣提供支持那样，成为追随者安全感的来源。研究人员预测，具有安全型（既不焦虑也不回避）依恋风格的领导者比不安全型（焦虑型或回避型）依恋的领导者更有战斗力。

为了探讨依恋在领导力中的作用，丽芙卡·达维窦维萨（Rivka Davidovitz）及其同事研究了部分军官及其麾下的士兵。首先，军官完成了与我们在前面讨论过的研究中相同的依恋问卷，但他们报告的不是在恋爱关系中的依恋关系，而是报告更普遍的各种亲密关系。然后，士兵们完成了关于他们的军官的领导效率、部队的凝聚力及心理健康水平的评估。

评估结果为不同关系中依恋类型的普遍性和重要性提供了进一步的支持。比起其他依恋类型的军官所领导的部队，由回避型依恋类型的军官所领导的部队的凝聚力较弱、士兵的心理健康程度较低。或许，回避型依恋类型的领导者的低影响力是由于他们想要回避关于自己的部队里的社交和情绪健康信息所导致的。焦虑型依恋类型的军官所领导的部队在工具功能（士兵对待工作的认真程度）方面评分较低。但是，这些部队在社会情感功能（士兵可以随意表达思想和感情的程度）方面评分很高。这项发现令研究者感到惊讶，但考虑到上面讨论的罗尔斯及其同事的发现，这也是有道理的：焦虑型依恋类型的军官可能对寻找有关士兵的情感和他们与人相处的模式的信息更感兴趣。

依恋是人格心理学中的一大研究重点，持续性地引发了大量研究。虽然关于依恋理论的研究最初只是一种理解亲子关系差异性的方法，但最近的研究表明，相同的动力学（安全、回避和焦虑的依恋风格）对于理解一系列成年人间的关系——从浪漫伴侣到军官和士兵——也非常重要。

对客体关系理论的评价

当前，客体关系理论在英国依然比在美国更流行。“英国学派”代表人物不仅包括克莱因，而且包括 W. R. D. 费尔贝恩（W. R. D. Fairbairn）和 D. W. 温尼科特（D. W. Winnicott），他们都对英国的精神分析学家和精神科医生产生了深远的影响。但是在美国，客体关系理论家的影响力虽然在不断增长，但并不那么直接。

客体关系理论在引发研究的维度上表现如何呢？1986 年，莫里斯·贝尔（Morris Bell）及其同事发表了“贝尔客体关系调查表”（Bell Object Relations Inventory，BORI），这是一份自陈式调查表，它确定了客体关系的四个主要方面：疏离、依恋、自我中心和社会能力不足。迄今为止，采用 BORI 来调查客体关系的实证研究并不多。但是，依恋理论仍在引发大量研究。因此，我们认为，虽然客体关系理论引发研究的能力较低，但依恋理论引发研究的能力可以得到高分。

因为客体关系理论是从正统的精神分析理论发展而来的，所以它遇到了与弗洛伊德理论相似的不可证伪的问题。它的大部分基本原则基于婴儿内心的想法，而这些假设不能被证伪。之所以不能被证伪，是因为这一理论能够产生的可检验的假设很少。但也要看到，依恋理论在可证伪方面的评分较高。

客体关系理论最有用的特征是它能够组织有关婴儿行为的信息。客体关系理论家与大多数人格理论家都聚焦于探讨人是如何逐渐获得身份认同感的。克莱因，尤其是马勒、鲍尔比和安斯沃思，根据对母子关系的仔细观察建立了各自的理论。他们观察了婴儿与母亲之间的互动，并根据自己的观察做出推断。但是，在婴儿时期之外，客体关系理论并不能那么有用地组织行为信息。

在指导实践方面，该理论的作用在于组织资料或提出可验证的假设。幼儿的父母可以了解照顾者的温暖、接纳和养育的重要性。心理治疗师可能会发现客体关系理论不仅在了解来访者的早期发展上很有用，而且在理解和处理来访者对治疗师形成的移情（将治疗师视为父母的替代）方面也很有用。

在一致性方面，本章讨论的每个理论都具有高度的内部一致性，但是不同的理论家在很多方面意见并不一致。虽然他们都非常重视人际关系，但他们的理论之间的差异远远超过相似之处。

另外，在简约性的标准方面，客体关系理论只能得一个低分。尤其是克莱因的理论，她使用了不必要的复杂短语和概念来表达自己的理论。

对人性的构想

客体关系理论家通常将人格视为早期母婴关系的产物。母婴之间的互动为婴儿将来的人格发展奠定了基础，因为早期的人际关系是后续人际关系的原型。克莱因认为，人类的心灵是“不稳定的、动荡的，不断抵御精神病性焦虑的”，而且，“我们每个人都在与被毁灭和彻底被抛弃的强烈恐惧做斗争”。

由于对母婴关系的强调并认为这些经验对以后的发展至关重要，因此客体关系理论家在决定论上的得分很高，在自由选择上的得分很低。

出于同样的原因，这些理论家既可以是悲观的也可以是乐观的，这取决于早期母婴关系的质量。如果这段关系是健康的，那么儿童将成长为一个心理健康的成年人；如果这段关系是不健康的，儿童就会拥有一种病态的、自恋的人格。

在因果论与目的论的维度上，客体关系理论倾向于因果论。早期的经历是塑造人格的主要因素。在客体关系理论中，对未来的期望所起的作用微乎其微。

在行为是由潜意识因素决定的这个方面，客体关系理论获得了高分，因为大多数理论家将行为的主要决定因素追溯到婴幼儿发展的早期阶段，即语言表达出现之前。因此，人在语言表达出现前就获得了许多个人特质和态度，而对这些特质和态度的完整本质一无所知。此外，克莱因对先天获得的系统发生的禀赋的接受使她的理论更趋于潜意识决定论。

克莱因对死本能和系统发生的禀赋的强调，似乎表明她认为生物因素在塑造人格方面比环境因素更重要。然而，克莱因将重点从弗洛伊德基于生物因素划分婴幼儿阶段转移到了根据人际关系因素划分婴幼儿阶段。由于婴幼儿从母亲那里获得的亲密和养育是后天的，因此克莱因和其他客体关系理论家更倾向于人格的社会决定论。

在独特性还是相似性的维度上，客体关系理论家倾向于相似性。由于临床医生主要面对的是受困扰的患者，因此克莱因、马勒、科胡特和鲍尔比的讨论局限于健康人格与病理人格之间的区别，而很少关注心理健康人格之间的差异。

重点术语及概念

- 客体关系理论认为，出生后的前四五个月的母婴关系是人格发展最关键的时期。
- 克莱因认为，早期重要客体（如母亲的乳房）的内在心理表征对任何关系都很重要。
- 婴幼儿将这些精神表征内摄到自己的精神结构中，然后再将其投射到外在客体（即他人）上。这些内在印象并不是他人的精准表征，而是早期人际关系经历的残余。
- 自我从出生时起就存在了，自我可以感知爱的力量和破坏性力量——既可以养育自己又使人挫败的乳房。
- 为了应对养育性的和挫败性的乳房，婴幼儿将这些客体分裂为好的和坏的，同时也分裂了自己的自我，让他们对自我有了双重印象。
- 克莱因认为，超我的产生比弗洛伊德所称的要早得多，并且它与俄狄浦斯情结过程一起发展，而非后者的产物。

CHAPTER 06

第 6 章

霍妮：精神分析社会理论

霍妮 © Bettmann/Getty Images.

- 精神分析社会理论概要
- 卡伦·霍妮小传
- 精神分析社会理论绪论
  - 霍妮和弗洛伊德的比较
  - 文化的影响
  - 童年经历的重要性
- 基本敌意与基本焦虑
- 强迫驱力
  - 神经症需要
  - 神经症倾向
- 心理内部冲突
  - 理想化的自我形象
  - 自我憎恨
- 女性心理学
- 心理治疗
- 相关研究
  - 霍妮神经症倾向的新测量方法的开发和效度验证
  - 神经症可以成为一件好事吗
- 对霍妮的评价
- 对人性的构想
  - 重点术语及概念

请根据以下陈述是否适用于你，将其标记为“正确”或“错误”。

1. 正确 / 错误　对我来说，取悦他人非常重要。
2. 正确 / 错误　当我感到沮丧时，我会寻找一个情绪坚强的人来倾诉我的烦恼。
3. 正确 / 错误　我更喜欢常规而不是改变。
4. 正确 / 错误　我喜欢担任手握大权的领导职务。
5. 正确 / 错误　我坚信并遵循“先发制人，后发制于人”。
6. 正确 / 错误　我享受成为聚会的焦点。
7. 正确 / 错误　对我来说，我的成就被他人认可是很重要的。
8. 正确 / 错误　我乐于见到我的朋友们的成就。
9. 正确 / 错误　当关系开始变得过于亲密时，我通常会终止关系。
10. 正确 / 错误　我很难忽略自己的错误和个人缺陷。

这些问题反映了卡伦·霍妮（Karen Horney）提出的 10 种重要的需要。我们将在神经症需要小节中讨论这些条目。请注意，在神经症需要的方向上回答了这些条目并不代表你情绪不稳定或受到神经症需要的驱动。

精神分析社会理论概要

卡伦·霍妮的**精神分析社会理论**（psychoanalytic social theory）基于这样的假设，即社会和文化条件（尤其是童年经历）在人格的塑造中发挥着主要作用。若个体在童年时期对爱和情感的需要没有得到满足，则会对父母产生*基本敌意*（basic hostility），因此会承受*基本焦虑*（basic anxiety）。霍妮的理论认为，人们一般采用三种与他人相处的基本方式来抵抗基本焦虑，即接近人、对抗人和远离人。正常人可能会采用这三种与他人交往的方式中的任何一种，但神经症患者往往倾向于严格依赖其中的一种方式。他们的强迫行为产生了一种基本的*心理内部冲突*，要么是理想化的自我形象，要么是自我憎恨。理想化的自我形象表现为对荣耀的神经症追求（neurotic search for glory）、神经症要求（neurotic claims）或神经症自豪（neurotic pride）。自我憎恨表现为自我轻视或自我疏远。

尽管霍妮的著作主要涉及神经症人格，但她的许多想法也适用于正常人。本章介绍了霍妮的神经症基础理论，并将其与弗洛伊德的思想进行比较，考察她对女性心理的看法，并简要讨论她对心理治疗的看法。

与其他人格理论家一样，霍妮对人格的看法反映了她的生活经历。伯纳德·帕里斯（Bernard Paris）写道：“霍妮的洞见源自她为减轻自己和患者的痛苦所做的努力。如果她痛得没有那么深切，那么她的洞见也不会那样深刻。”现在，让我们来回顾这位经常处于困顿中的女性的生活。

卡伦・霍妮小传

卡伦・霍妮与梅兰妮・克莱因有些相似之处（见第 5 章），她们都出生于 19 世纪 80 年代。霍妮是 50 岁的父亲及其第二任妻子的最小孩子；两个人都有被父母青睐的哥哥和姐姐，都感到自己不受欢迎，也不被爱；而且，她们都想成为医生，但是只有霍妮实现了这一志向；最后，霍妮和克莱因都进行过长期的自我分析——霍妮的自我分析始自 13 岁至 26 岁的日记，后来转向与卡尔・亚伯拉罕（Karl Abraham）的分析，最后完成了《自我分析》（*Self-Analysis*）一书。

卡伦・丹尼尔森・霍妮（Karen Danielsen Horney）于 1885 年 9 月 15 日出生在德国汉堡附近的一个小镇埃尔贝克。她是船长贝恩特・丹尼尔森（Berndt Danielsen）与比其小 18 岁的妻子克洛蒂尔德・范・龙泽伦・丹尼尔森（Clothilda van Ronzelen Danielsen）唯一的女儿。父母在这段婚姻中还养育了一个孩子，是一个儿子，比霍妮大 4 岁。但是，这位老船长在第一段婚姻中育有另外四个孩子，到霍妮出生时，他们大都已成年。丹尼尔森一家生活不太快乐，部分原因是霍妮的同父异母的哥哥姐姐们唆使父亲仇视第二任妻子。霍妮对严厉而虔诚的宗教徒父亲充满敌意，视他为宗教伪君子。不过，她把自己的母亲视为偶像，因为母亲支持并保护她免受严厉的老船长的批评。然而，霍妮的童年并不快乐。她对哥哥受到的优待很不满，此外，她还担心父母之间的痛苦和不和。

霍妮 13 岁那年决定成为医生，但是在当时的德国，没有大学会录取女性。到她 16 岁时，这种情况才发生了改变。因此，霍妮顶着父亲的反对——父亲要她待在家里照顾家庭——进入了大学预科，读完之后便可进入大学，然后再进入医学院。自此，霍妮开始了第一次独自生活，并从此一生都保持着独立。然而，根据帕里斯的说法，霍妮的独立主要是表面上的。在更深层次上，她一直有与一位伟大的男性结合的强迫性需要。这种病态的依附关系，通常包括理想化和对“令人愤怒的拒绝”的害怕，这在霍妮与许多男性的关系中一直困扰着她。

1906 年，她进入弗莱堡大学，成为德国最早学习医学的女性之一。在那里，她遇到了政治学专业的学生奥斯卡・霍妮（Oskar Horney）。他们一开始是朋友，后来发展成恋人关系。1909 年结婚后，夫妇二人定居柏林，已经拥有博士学位的奥斯卡在一家煤炭公司工作，而霍妮还未获得医学博士学位，她的专业是精神病学。

这个时期，弗洛伊德的精神分析理论已经趋于完善，而霍妮也很熟悉弗洛伊德的著作。1910 年初，她开始与弗洛伊德的亲密朋友之一卡尔・亚伯拉罕进行精神分析，亚伯拉罕后来也为梅兰妮・克莱因提供过精神分析。在精神分析终止之后，她参加了亚伯拉罕的晚间研讨会，在那里结识了其他精神分析学家。1917 年，她写了第一篇有关精神分析的论文《精神分析疗法的技术》（The Technique of Psychoanalytic Therapy），这篇论文反映了正统的弗洛伊德学派的观点，几乎没有体现霍妮后来的独立思想。

结婚最初的那几年，霍妮有许多值得注意的个人经历：她的父母此时正在分居，然后在不到一年的时间内相继去世；霍妮在 5 年内生了 3 个女儿；经过 5 年的精神分析后，她于

1915 年获得医学博士学位；而且，在寻找真爱的过程中，她经历了几次婚外恋。

第一次世界大战结束后，霍妮一家人在郊区过着富裕的生活，有几名仆人和一名司机。奥斯卡的财务状况良好，霍妮在精神病学领域也如鱼得水。但是，这种生活很快就走到了尽头。1923 年的通货膨胀和经济混乱使奥斯卡失去了工作，全家被迫搬回柏林的一间公寓。1926 年，霍妮和奥斯卡分居，但直到 1938 年才正式离婚。

与奥斯卡分居后的最初几年，是霍妮一生中出成果最快的时期。除了给患者看病和照顾三个女儿外，她花了更多时间去写作、教学、旅行和演讲。她的论文开始显现出与弗洛伊德理论的重要差异。她认为，男女之间的精神差异不是由解剖学差异造成的，而是由文化造成的。当弗洛伊德对霍妮的立场给出否定的回应时，她反而更加坚持自己的立场。

1932 年，霍妮离开德国，出任美国新成立的芝加哥精神分析研究所的副所长。她的决定基于以下考虑：德国的反犹政治气氛（尽管霍妮不是犹太人）越来越浓厚，对她的非正统观点的反对越来越多，去美国是一个机会，可以将自己的影响力扩大到柏林以外的地方。在芝加哥的两年中，她遇到了玛格丽特·米德（Margaret Mead）和约翰·多拉德（John Dollard）。此外，她与在柏林认识的埃里希·弗洛姆（Erich Fromm）及其妻子弗里达·弗洛姆 - 赖希曼（Frieda Fromm Reichmann）重新熟悉起来。在接下来的 10 年中，霍妮和弗洛姆成为密友，对彼此产生了很大的影响，并成了对方的情人。

在芝加哥待了两年后，霍妮移居纽约，在社会研究新学院任教。在纽约期间，她成为圆桌团体（Zodiac group）的成员，该团体还有弗洛姆、弗洛姆 - 赖希曼（Fromm Reichmann）等人。尽管霍妮是纽约精神分析研究所的成员，但她很少赞同其同事的观点。此外，她的书《精神分析的新方法》（*New Ways in Psychoanalysis*）使她成为反对派的领袖。霍妮在这本书中呼吁放弃本能理论，更多地强调自我和社会影响力。1941 年，她因为反对教条的正统理论而从研究所辞职，并组建了一个与之抗衡的组织，即精神分析促进协会（Association for the Advancement of Psychoanalysis，AAP）。但是，这个新的团体很快便受困于内部冲突。1943 年，弗洛姆（当时刚刚结束了与霍妮的亲密关系）和其他几人退出 AAP，AAP 从此失去了其最强有力的成员。尽管发生了上述波折，该协会仍在继续，但改名为“卡伦·霍妮精神分析研究所”（Karen Horney Psychoanalytic Institute）。1952 年，霍妮成立了卡伦·霍妮诊所。

1950 年，霍妮发表了她最重要的著作《神经症与人的成长》（*Neurosis and Human Growth*）。这本书提出的理论不再只是对弗洛伊德理论的回应，而是表达了霍妮自己的创造性和独立思想。罹患癌症后，霍妮很快就去世了，她死于 1952 年 12 月 4 日，享年 65 岁。

精神分析社会理论绪论

像阿德勒、荣格和克莱因的早期著作一样，霍妮的早期著作也有独特的弗洛伊德风味。像阿德勒和荣格一样，她最终对正统的精神分析方法感到迷惑，并构建了一种修正主义理论，该理论反映了她的个人经历——临床的和其他的。

尽管霍妮的著作几乎只围绕着神经症和神经质人格展开，但她的理论大多也适用于正常、健康的人格。文化——特别是童年经历——在塑造神经症或健康人格方面发挥着主导作用。也就是说，霍妮同意弗洛伊德关于童年早期的创伤很重要的观点，但她与弗洛伊德的不同之处在于，她坚持认为社会的而非生物的力量对人格发展至关重要。

霍妮和弗洛伊德的比较

霍妮在以下几个方面批评了弗洛伊德的理论：首先，她告诫大家，严格遵守正统的精神分析会导致理论思想和治疗实践的停滞；其次，霍妮反对弗洛伊德关于女性心理学的观点；最后，她认为，精神分析应该超越本能理论，并强调文化影响在塑造人格中的重要性。她指出，人不仅被快乐原则支配，还受到另外两个原则——安全原则与满足原则——的指引。同样，她声称神经症不是本能的结果，而是神经症患者“试图在充满未知危险的旷野中寻找路径”的结果。而该旷野由社会创造，并非由本能或解剖学创造。

尽管对弗洛伊德有诸多批评，但是霍妮对弗洛伊德的洞察力给予肯定。她与弗洛伊德的主要龃龉不在于他的观察的准确性，而在于他的解释的有效性。总体而言，她认为弗洛伊德的解释基于天生本能和人格停滞，导致悲观主义的人性观。相比之下，她对人性持乐观主义的看法，认为人性基于文化力量，而文化力量是易于改变的。

文化的影响

霍妮虽然没有忽视遗传因素的重要性，却反复强调文化影响是神经症或正常人格发展的基础。她认为，现代文化的基础是个体之间的竞争，每个人都是其他人的真实或潜在竞争者。竞争及其衍生出的*基本敌意*导致了*孤独感*。感觉自己在一个潜伏着敌意的世界里孤立无援，会导致人们强烈的*情感需求*，进而导致对爱的过度重视。于是，很多人将爱和感情视为解决一切问题的方法。诚然，爱是一种健康的、促进成长的体验，但是，对爱的迫切需要（如霍妮本人对爱的需要）为神经症发展提供了沃土。神经症患者不能够从对爱的需要中受益，而是病态地寻求爱。他们的自我破坏性尝试导致自尊心低下，敌对情绪、基本焦虑、竞争心增强，以及持续的对爱和感情的过度需要。

霍妮认为，西方社会助长了这种恶性循环，主要体现在以下三个方面。首先，西方社会给人们灌输了血缘关系与谦逊的文化教条，而这些教条与流行的进取精神及追求胜利和卓越的态度是矛盾的。其次，社会对成功和成就的要求几乎是无止境的，因此，即使人们实现了自己的雄心壮志，也会有新的目标摆在他们面前。最后，西方社会告诉人们，他们是自由的，只要勤奋并坚持不懈，就可以完成任何事情。然而，大多数人的自由其实受到遗传、社会地位和其他人的竞争力的极大限制。

以上种种矛盾——全都来自文化影响，而非生物学影响——造成了心理内部冲突，这些冲突威胁着正常人的心理健康，也给神经症患者带来难以逾越的障碍。

童年经历的重要性

霍妮认为，在人的几乎所有成长阶段都可能产生神经症冲突，但是大多数问题源自童年时期。童年时期的各种创伤事件，如性虐待、殴打、公开拒绝或无处不在的忽视等，都可能在儿童的成长过程中留下烙印。而霍妮坚信，这些负面经历几乎总是可以归因于缺乏真正的温暖和情感。霍妮缺乏来自父亲的爱，但是与母亲关系亲密，这必定对她的个人发展和她的理论产生很大的影响。

霍妮假设，童年的困苦是产生神经症需要的主要原因。这些需要之所以变得很强，是因为儿童只能凭借这种需要获得安全感。尽管如此，成年后的人格并非由童年时期的某一经历所决定。霍妮认为："童年经历的总和形成某种人格结构，更确切地说，为其发展奠定了基础。"换句话说，童年关系作为整体塑造了人格的发展。因此，成年后对他人的态度并不是婴幼儿时期态度的重复，而是来自其人格结构，而人格结构的基础在童年时期就被奠定了。

尽管后来的经历也可能对人格发展产生重要影响，尤其对于正常人而言，但是童年经历是人格发展的决定性因素。人们之所以会僵化地重复其行为模式，是因为他们通过套用已有模式来解释新的经历。

基本敌意与基本焦虑

霍妮相信，每个人在生命之初都具备健康发展的潜能，但是同其他生物一样，人也需要有利的生长条件。这些条件包括充满温暖、爱而又不过分宽松的环境。儿童需要经历真正的爱和健康的管教。这样的条件给予儿童*安全感*和*满足感*，让他们得以按照真实自我成长。

遗憾的是，这样的有利条件也会受到一系列负面影响的干扰。其中最主要的是父母没有能力或没有意愿爱自己的孩子。由于父母自身的神经症需要，他们对孩子持支配、忽视、过度保护、拒绝或过度放纵的态度。如果父母不能满足孩子对安全感和满足感的需要，孩子就会对父母产生**基本敌意**（basic hostility）。但是，儿童很少会以愤怒的形式表达基本敌意；恰恰相反，他们会压抑对父母的敌意，并且对此一无所知。压抑的敌意会导致强烈的不安全感和模糊的忧惧感。这种情形被称作**基本焦虑**（basic anxiety），霍妮将之定义为"因身处一个被感知为具有敌意的世界而产生的孤立感和无助感"。在此之前，霍妮还曾给出过一个更形象的描述，称基本焦虑是"在一个充斥着虐待、欺骗、攻击、羞辱、背叛和嫉妒的世界里，感到自己渺小、微不足道、无助、被遗弃、岌岌可危"。

霍妮相信，基本敌意与基本焦虑"难分难解地交织在一起"。敌意冲动是基本焦虑的主要来源，基本焦虑反过来会增强敌意情感。霍妮举了一个例子来说明基本敌意如何导致焦虑。一名有着被压抑的敌意的年轻男子同他深爱的年轻女子在山里徒步旅行。虽然深爱对方，但他压抑的敌意让他同时对女子感到嫉妒。走到一个险要的隘口时，男子突然感到心跳加快、呼吸急促，出现了严重的“焦虑发作”。他之所以焦虑，是因为他的意识中产生了一种不合时宜的、想要将女子推下隘口的冲动。

在上述例子中，基本敌意导致了严重的焦虑。反过来，焦虑和恐惧也能够导致强烈的敌意。当儿童感受到来自父母的威胁时，他们就会产生相应的敌意，以便对威胁进行防御。而这种反应性的敌意可能进一步导致焦虑，于是，敌意与焦虑之间就形成了循环。霍妮主张，焦虑与敌意中哪个是首要因素其实并不重要，重要的是二者之间相互影响，能够在个体没有经历任何外部冲突的情况下加剧其神经症。

基本焦虑本身并非神经症，而是“货真价实的神经症随时可能破土而出的肥沃土壤”。基本焦虑是持续的，不会减弱，不需要诸如参加考试或发表演讲之类的特殊刺激。它会渗透到与他人的一切关系中，导致不健康的待人接物方式。

在霍妮修订出针对基本焦虑的防御方法列表之前，她曾总结过人们抵御潜在敌意世界中的孤独感的四种一般方法。

第一种方法是*感情*（affection），但这一策略并不总能带来真正的爱。在寻找感情的过程中，有些人可能会尝试以一味谦让顺从的方法、物质或性来换取爱。

第二种抵御方法是*服从*（submissiveness）。神经症患者往往会服从他人，或者服从于某一组织或宗教。神经症患者服从他人往往是为了换取感情。

第三种保护自己的方法也很常见，即争取权力、声誉或财产。拥有*权力*——不管真实的还是想象的——能够抵御来自他人的敌意，并表现出支配他人的倾向；拥有声誉能够抵御屈辱感，并表现出欺辱他人的倾向；拥有财产能够防止匮乏和贫困，并表现出夺取他人财产的倾向。

第四种保护机制是*退缩*（withdrawal）。神经症患者常常以独立于他人或从情绪上脱离他人来抵御基本焦虑的困扰。通过心理上的退缩，神经症患者感到自己不会被他人伤害。

这些保护机制并不一定导致神经症，霍妮认为所有人都在或多或少地使用它们。只有当人们感觉除了依靠它们别无他法，并因此无法采用其他多种多样的人际策略时，它们才会变得不健康。也就是说，强迫性是所有神经症驱力的显著特征。

强迫驱力

神经症患者遇到的问题和正常人遇到的问题相同，但是神经症患者对问题的体验更强烈。每个人都会遇到来自他人的拒绝、敌意和竞争，而所采取的保护措施则因人而异。但是，正常人所采取的防御策略多少能够起效，而神经症患者采用的策略却从本质上缺乏功能。此外，他们会强迫性地重复使用相同的策略。

霍妮认为，神经症患者并非享受悲惨和痛苦。他们只是不能随心意改变自己的行为，不得不持续而强迫性地抵御基本焦虑。这些防御策略将他们卷入恶性循环，身处其中的人们受降低基本焦虑的强迫性需要所驱策，而由此做出的行为却导致低自尊、泛化的敌意、过度追求权力、产生膨胀的优越感和持续的忧惧，而这一切又反过来导致更强的基本焦虑。

神经症需要

在本章开头，你曾就 10 个与神经症需要有关的问题勾选了“正确”或“错误”。除第 8 个问题外，若回答了“正确”，则对应了霍妮提出的神经症需要。而第 8 个问题，回答“错误”才对应着以自我为中心的神经症需要。不过，即使对每一个问题你给出的都是“神经症”倾向的回答，也不一定代表你情绪不稳定，这些内容只是为了帮助你更好地理解霍妮提出的神经症需要。

霍妮试验性地总结了 10 类**神经症需要**（neurotic needs），认为这些需要是神经症患者对抗基本焦虑的典型特征。神经症需要比前面讨论的四种保护方法更具体，但二者描述的是相同的基本防御策略。这 10 类神经症需要的内容相互重叠，也可能同时出现在一个人身上。每一类神经症需要都或多或少地与他人相关。

1. **对感情及认可的神经症需要**。在寻找感情及认可的过程中，神经症患者会不计后果地取悦他人。他们努力达到他人的期望，往往不敢坚持己见，并且对他人的敌意和自己内心的敌意感到非常不自在。
2. **对强大伴侣的神经症需要**。由于缺乏自信，神经症患者会试图依附于强大的伴侣。这种需要不仅会导致对爱情的过度重视，也会造成对孤独或被抛弃的恐惧。霍妮一生的故事反映了强烈的依附于强者的需要，她成年之后的数段亲密关系都是如此。
3. **给生活设置狭窄限制的神经症需要**。神经症患者常常努力不引人注意，甘居次要地位，满足于微乎其微的好处。他们贬低自己的能力，不敢对他人提出要求。
4. **对权力的神经症需要**。权力与感情是两类最重要的神经症需要。对权力的需要通常伴随着对声誉、财产的需要，表现为控制他人、排斥软弱感或愚蠢感的需要。
5. **对剥削他人的神经症需要**。神经症患者常常根据他人是否可以被自己利用或剥削来评价他人，与此同时，他们也害怕被他人剥削。
6. **对社会认可和声誉的神经症需要**。有些人抵抗基本焦虑的方法是争当第一，成为举足轻重的人或成为众人关注的焦点。
7. **对个人钦佩的神经症需要**。神经症患者有一种被钦佩的需要，这种钦佩必须是对个人的而非其附属物的钦佩。他们膨胀的自尊心必须不断地从他人的钦佩和认可中获取养分。
8. **对野心和个人成就的神经症需要**。神经症患者通常具有强烈的追求卓越的驱力——成为最好的销售员、最好的投手、最好的爱人。他们必须打败他人，才能确认自己的卓越。
9. **对自给自足和独立的神经症需要**。许多神经症患者具有强烈的远离他人的需要，因为这样能够证明自己可以自立。例如，不愿让任何女性束缚的花花公子就体现了这一神经症需要。

10. 对完美和十全十美的神经症需要。通过不懈地追求完美，神经症患者获得了自尊和卓越的“证明”。他们害怕犯错误，也害怕个人的缺陷，拼命地在他人面前隐藏自己的弱点。

神经症倾向

随着霍妮的理论不断发展，她发现可以将上述 10 种神经症需要分为三大类，每一大类都包含了个体对自己或他人的基本态度。1945 年，霍妮提出了三类基本态度或称**神经症倾向**（neurotic trends），即接近人、对抗人和远离人。

这三类神经症倾向为霍妮的神经症理论奠定了基础，值得注意的是，它们也适用于正常个体。当然，正常个体与神经症个体的基本态度之间有本质差异。正常个体通常能够在很大程度上或完全意识到自己与他人交往的策略，而神经症患者则对自己的策略没有觉察；正常个体能够自由选择自己的行动，而神经症患者的行为是强迫性的；正常个体经历的冲突是轻度的，而神经症患者经历的冲突则严重且难以解决；正常个体能够从多种策略中进行选择，而神经症患者则往往局限于某一种策略。图 6.1 展示了霍妮的理念，包括基本敌意和基本焦虑相互影响，以及对焦虑的正常防御和神经症防御的相互影响。

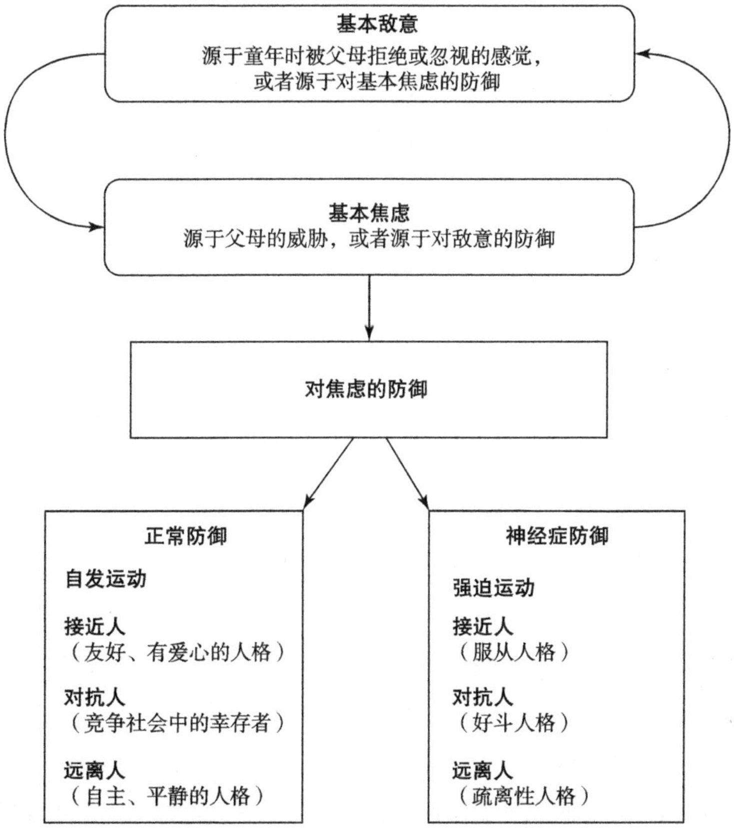

图 6.1　基本敌意与基本焦虑的相互影响，以及对焦虑的防御

三类神经症倾向可以被用于解决**基本冲突**（basic conflict），但不幸的是，这些解决方案本质上是无效的或神经症的。霍妮使用了基本冲突一词，是因为从童年早期开始，儿童就有了三个方向的驱力，即接近人、对抗人和远离人。

对健康的儿童来说，这三种驱力并不是互相排斥的。但是，孤独感和无助感，也就是霍妮所说的基本焦虑，驱使一些儿童采取强迫性行动，因此，在他们那里，三类倾向被削减为单一的神经症倾向。这些儿童体验到对待他人的矛盾态度，而他们试图解决这一基本冲突的方法是，让三类神经症倾向中的一种始终占据主导地位。有的儿童*接近人*，采取的是*顺从*的举止，意在抵御*无助*感；有的儿童*对抗人*采取的是*攻击*行为，意在躲避他人的*敌意*；还有的儿童*远离人*，采取的是*疏离*的态度，意在减轻*孤独*感。

接近人的倾向

霍妮所说的**接近人**（moving toward people）的倾向，并*不是*说带着真爱接近他人。相反，它是一种保护自己、抵御无助感的神经症需要。

在抵御*无助*感的过程中，服从者采用了前两类神经症需要中的一种或两种；也就是说，他们要么拼命争取他人的感情和认可，要么寻求一个强大的伴侣为自己的生活负责。霍妮将这些需要称作“病态依赖”(morbid dependency)，这一概念是“共同依赖”(codependency)的前身。

接近人的神经症倾向包含了一组策略复合体，是“一种思维、感觉、行动的整体方式——一套完整的生活方式”。霍妮也称其为一种人生哲学。采纳这种人生哲学的神经症患者很可能认为自己充满爱心、慷慨、无私、谦虚并可以敏锐地觉察他人的情感。他们愿意服从他人，认为他人比自己更聪明、更有吸引力，并愿意根据他人的看法给自己打分。

对抗人的倾向

就像服从者假设每个人都是好人一样，好斗者假设每个人都充满*敌意*。因此，好斗者采取**对抗人**（moving against people）的策略。好斗者与服从者一样具有强迫性，其行为也一样受基本焦虑的影响。但他们表现出的不是接近他人的服从和依赖的姿态，而是表现出强硬、无情地对抗他人的姿态。他们被强烈的剥削他人、利用他人的需要所推动。他们几乎从不承认自己的错误，强迫性地表现得完美、大权在握、优于常人。

在 10 类神经症需要中，有 5 类被纳入对抗人的神经症倾向。这 5 类需要包括对权力、剥削他人、社会认可和声誉、个人钦佩、野心和个人成就的需要。好斗者之所以参与比赛，是为了赢，而不是为了享受比赛的乐趣。他们表面上显得工作勤奋且足智多谋，但是他们在工作中无法获得乐趣。他们的基本动机是权力、声誉和个人野心。

在美国，这些动机通常是受人敬佩的。实际上，在美国社会所推崇的行为中，强迫性好斗者的行为常常位居榜首。他们可能会获得理想的性伴侣、高薪的工作和许多人的钦佩。霍妮曾评论，这些特征备受推崇，而爱、感情与真挚的友谊——好斗者所缺乏的优良品质——却屈居其后，这样的美国社会并不值得推崇。

在各个方面，接近人的倾向与对抗人的倾向都是相反的。服从者强迫性地想要得到所有人的爱，好斗者强迫性地将所有人都视作潜在的敌人。不过，不论服从者还是好斗者，“都把重心放在了其本身之外”，二者都需要他人。服从者需要他人来安抚自己的无助感，好斗者则利用他人帮助自己防御真实或假想的敌意。而第三种神经症倾向则与上述两者完全不同，他人变得不再重要。

远离人是一种神经症倾向，许多人试图用它来解决孤独感的基本冲突。© Image Source，all rights reserved.

远离人的倾向

为了解决孤独感这一基本冲突，有的人选择了冷漠的行为，采取了**远离人**（moving away from people）的神经症倾向。该策略体现了对隐私、独立和自给自足的需要。同样，这些需要都可以带来积极的行为，有的人能够用健康的方式满足这些需要。然而，如果有人通过强迫性地在自己与他人之间保持情感距离来满足这些需要，这些需要就成了神经症需要。

许多神经症患者认为与他人交往是无法承受的负担。因此，他们被迫远离他人，努力实现自给自足和与他人分离。他们通常会筑起自己世界的围墙，拒绝任何人靠近。他们重视自由和自给自足，常常显得冷漠而难以接近。就算结了婚，他们也会继续保持与配偶的距离。他们回避社会承诺，最令他们恐惧的是自己对他人的需要。

所有神经症患者都需要优越感，而远离人的人尤其需要变得强大且有权力。若想忍受他们的基本孤独感，神经症患者只能自我欺骗，让自己相信自己是完美的，因此不会受到任何批评。他们害怕竞争，担心自己虚幻的优越感受到打击。相反，他们更希望在不付出任何努力的情况下，让自己不为人知的伟大得到认可。

总而言之，三类神经症倾向所描述的特征都适用于描述正常个体。此外，10 类神经症需要都可以被归于三类神经症倾向。表 6.1 总结了三类神经症倾向、引发每类倾向的基本矛

表 6.1　霍妮的神经症倾向

	神经症倾向		
	接近人	对抗人	远离人
基本冲突或神经症倾向的来源	• 服从性人格 • 无助感	• 好斗性人格 • 防御他人的敌意	• 疏离性人格 • 孤独感
神经症需要	1. 感情及认可 2. 强大伴侣 3. 给生活设置狭窄限制	4. 权力 5. 剥削他人 6. 社会认可和声誉 7. 个人钦佩 8. 个人成就	9. 自给自足和独立 10. 完美和声誉
普通对照	• 友善，爱心	• 在竞争激烈的社会中生存的能力	• 自主与平静

盾、每类倾向的突出特征、构成它们的 10 类神经症需要及正常人的三种类似倾向。

心理内部冲突

神经症倾向源于基本焦虑，而焦虑又源于儿童与他人的关系。虽然我们一直把论述重点放在文化和人际冲突上，但是霍妮并没有忽略心理内部因素对人格发展的影响。随着霍妮的理论的发展，她开始强调正常个体与神经症个体所共同经历的内在冲突。心理内部冲突起源于人际经历；但是，当它们变成个体的信仰体系的一部分时，它们就发展出了其本身的生命力——这种存在不同于赋予它们生命的人际冲突。

本节将关注两种重要的心理内部冲突：一是**理想化的自我形象**（idealized self-image），二是**自我憎恨**（self-hatred）。简单来说，理想化的自我形象是指神化自我，以期解决冲突；自我憎恨是指与理想化的自我形象相关的、同样不合理的且强大的憎恨真实自我的倾向。当人们建立起理想化的自我形象时，与真实自我就会渐行渐远。这导致真实自我与理想化自我之间越来越疏远，并导致神经症患者讨厌并憎恨真实自我，因其与光彩夺目的理想化的自我形象有天壤之别。

理想化的自我形象

霍妮相信，如果人类拥有一个有序的、温暖的环境，就会发展出安全感和自信，并会趋向自我实现。遗憾的是，童年早期的负面影响通常会阻碍人们走向自我实现，因为自我实现的情境让他们感到孤独和自卑。此外，他们还会感觉与自己越来越疏远。

人们感到自我疏远，因此就会迫切地需要获得稳定的身份认同感（sense of identity）。这个难题只能通过建立理想化的自我形象来解决，这种自我形象是格外积极的，只存在于个体的信仰体系中。他们会赋予自己无限的权力和无限的能力，认为自己是“英雄、天才、完美的情人、圣人、神”。理想化的自我形象并不是一种整体解释。神经症患者以各不相同的方式美化和崇拜自己：服从者觉得自己是好人、圣人；好斗者觉得自己强大、勇敢、无所不能；远离人的神经症患者觉得自己智慧、自给自足且独立。

当理想化的自我形象得以巩固时，神经症患者越来越相信这个形象是真实的。他们与真实的自我失去了联系，并用理想化的自我作为自我评价的标准。他们开始实现理想化的自我，而非走向自我实现。

霍妮指出了理想化自我形象的三个层面：（1）对荣耀的神经症追求，（2）神经症要求，（3）神经症自豪。

对荣耀的神经症追求

当神经症患者开始相信其理想化自我形象的真实性时，他们会将该形象融入生活的各个方面——他们所追求的目标、自我概念及与他人的关系。霍妮将实现理想化自我的这种综合驱力称作对**荣耀的神经症追求**（neurotic search for glory）。

除了将*自我理想化*之外，对荣耀的神经症追求还有三个要素：对完美的需要、神经症的野心及追求报复性胜利的驱力。

*对完美的需要*是指将整个人格塑造成理想化自我的驱力。神经症患者不会满足于做出些许改变，他们只能接受十全十美。他们试图通过建立一套复杂的“应该怎样”和“不该怎样”的规则来达到完美。霍妮将这种驱力称作“**应该**”**的暴政**（tyranny of the should）。为了达到想象中的完美形象，神经症患者在无意识中对自己说：“忘记你事实上的不体面，变成你*应该是*的样子。”

对荣耀的神经症追求的第二个关键要素是*神经症的野心*，即对优越的强迫性驱力。尽管神经症患者具有想在各个方面都表现出色的过分的需要，但他们通常会将自己的精力集中在最有可能取得成功的方面。因此，这种驱力可能会因人生阶段不同而表现为几种不同的形式。例如，在上学阶段，一名女生可能会把其神经症的野心指向成为全校最优秀的学生；进入社会后，她可能会强迫性地想在生意上取得成功，或者具体到养出最好的表演犬。神经症的野心也可能会以不那么物质的形式出现，例如，成为社区里最圣洁或最慷慨的人。

对荣耀的神经症追求的第三个要素是*追求报复性胜利的驱力*，这是最具破坏性的一个要素。对报复性胜利的需要可能会伪装成追求成功的驱力，然而“其主要目的是通过自己的成功让他人感到屈辱或挫败，或者通过获得权力……来给他人施加痛苦，尤其是屈辱性的痛苦”。有趣的是，在霍妮与男性的亲密关系中，她似乎很喜欢让对方感到羞愧和屈辱。

追求报复性胜利的驱力源于童年时期对真实的或想象的屈辱进行报复的愿望。不管神经症患者多么成功地通过报复性胜利羞辱了他人，这种驱力都不会减退——相反，每次胜利都会让它增强。每一次成功都会增强他们对失败的恐惧，同时增加了他们自己的威严，从而产生了他们对新的报复性胜利的无休止的需要。

神经症要求

理想化的自我形象的第二个层面是**神经症要求**（neurotic claims）。在追求荣耀的过程中，神经症患者建立了一个幻想世界——一个与现实世界不同步的世界。他们相信外在世界存在着某些问题，并声称自己是特别的，因此有权让他人根据他们为自己塑造的理想化形象对待他们。由于这些要求与他们理想化的自我形象一脉相承，因此他们并不认为自己享有特权这一主张是不合理的。

神经症要求起源于正常的需要和愿望，但是两者仍有很大不同。如果正常的愿望没有被实现，人们会感到沮丧；但是，如果神经症要求没有被满足，神经症患者会感到愤慨、困惑，并且无法理解他人为什么不认同自己的主张。正常的欲望与神经症要求之间的区别，可以用许多人排队购买热门电影票来说明。排在队伍末端的人可能想要排到前面，其中一些人甚至可能尝试插队，以获得更好的位置。但是这些人心里也清楚，自己其实不应该插队排到他人前面。而神经症患者却真心实意地认为自己有权插队，插队时，他们心里也不会感到自责或懊悔。

神经症自豪

理想化的自我形象的第三个要素是**神经症自豪**（neurotic pride），这是一种虚假的自豪，不是基于对真实自我的现实评价，而是基于理想化自我的虚假形象。神经症自豪与健康的自豪或现实的自尊有本质上的差异。真正的自尊基于现实的属性和成就，通常表现为不张扬的威严；相反，神经症自豪建立在理想化自我形象的基础上，通常会被大肆宣扬，以保护和支持其对自我的美化。

许多人背负着“应该”暴政的重担
© Martin Barraud / OJO 图片 / 盖蒂图片社

神经症患者想象中的自己是光彩、美妙和完美的，因此，如果他人没有对他们加以特殊照顾，他们的神经症的自尊就会受到伤害。为了避免受到伤害，他们会回避那些拒绝服从他们的神经症要求的人。此外，他们会试图和社会上那些知名、享有声望的名人建立联系。

自我憎恨

对荣耀的神经症追求导致神经症患者永远无法对自己满意，因为当他们意识到真实自我与理想化自我间的差异时，就会开始厌恶和憎恨自己。

荣耀的自我不仅是他们所追求的*幻象*，还是用来衡量其真实存在的标杆。当以神化的完美标杆来看待时，这一真实的存在令人无地自容，所以个体不得不憎恨它。

霍妮指出人们表达自我憎恨的六种主要方式。

第一种自我憎恨可能表现为对自我的无情要求，其典型例子就是对自我的“*应该*”*暴政*。例如，有的人对自己提出要求，待取得一定的成功之后又会提出新的要求。这些人持续地迫使自己追求完美，因为他们认为自己应该是完美的。

第二种表达自我憎恨的方式是*无情的自我指责*。神经症患者会不断地指责自己：“如果人们真的了解我，他们就会意识到，我的知识渊博、能干和真诚都只是伪装。我其实是个骗子，但只有我一个人知道。”自我指责可能表现为多种形式——从夸大其词（例如，表示自己要对一场自然灾害负责）到严苛地质疑自己的动机是否出于善意。

第三种自我憎恨可能表现为*自我轻视*，也就是贬低、毁谤、怀疑、不信任和嘲弄自己。自我轻视阻止人们取得进步或成就。例如，一名青年可能对自己说：“你这傻瓜！你凭什么觉得自己能和镇上最漂亮的女人约会呢？”又例如，一位女士可能会把自己事业的成功归因于“运气”。尽管这些人可能意识到了自己的行为，但是他们对导致这些行为的自我憎恨却一无所知。

第四种自我憎恨的表达方式是*自我挫败*。霍妮区分了健康的自律与神经症的自我挫败。前者涉及为了实现合理目标而延迟或放弃令人愉悦的活动；而自我挫败源于自我憎恨，其目的是实现膨胀的自我形象。神经症患者常常被享乐禁忌所束缚。“我不配拥有新车。”“我不配穿高级的衣服，因为世界上很多人只能穿破旧的衣服。”“我不能争取一份更好的工作，因为我不够优秀。”

第五种自我憎恨可能表现为*自我虐待*或自我折磨。尽管自我憎恨的其他方式中也包含自我虐待，但如果人们故意想给自己造成伤害或痛苦时，自我虐待就成了一种独特的方式。有的人通过苦于做决定、夸大头疼的痛苦、用刀割伤自己、打一场肯定会输掉的架或主动寻求躯体虐待来满足他们的受虐狂倾向。

第六种自我憎恨也是最后一种，即*自我毁灭的行为和冲动*，这些行为和冲动可能是身体上的，也可能是心理上的；可能是意识层面的，也可能是无意识的；可能是突发的，也可能是长期的；其实施方式可能是真实行动，也可能是想象。暴饮暴食、滥用酒精或药物、工作狂、危险驾驶和自杀等行为是身体上的自我毁灭的常见表现。而在工作步入正轨时就辞职、为了一段神经症的关系而终止一段健康的关系或滥交，都是神经症患者企图在心理上自我毁灭的表现。

霍妮这样总结对荣耀的神经症追求及其伴随的自我憎恨：

> 纵观自我憎恨及其破坏力，我们不能无视其所造成的巨大悲剧，这一悲剧或许是人类精神能够造成的最大悲剧。当人开始寻求无限与绝对时，也就开始了自我毁灭。当人与魔鬼缔结了追求荣耀的盟约时，就注定要下地狱——人类内心的地狱。

女性心理学

作为一位接受过以男性为主导的弗洛伊德心理学训练的女性，霍妮逐渐意识到，传统的精神分析对女性心理的认识是歪曲的。于是，她提出了自己的理论，否定了弗洛伊德的一些基本思想。

对霍妮而言，男性和女性的心理差异并非解剖学的结果，而是文化和社会期望的结果。那些征服并支配女性的男性和贬低或嫉妒男性的女性之所以如此，是因为在许多社会里神经症竞争十分流行。霍妮坚信，基本焦虑是男性征服女性的需要和女性羞辱男性的愿望的核心。

尽管霍妮承认*俄狄浦斯情结*的存在，但她坚持认为这是环境条件而非生物学造成的。如果俄狄浦斯情结是生物学的结果——像弗洛伊德所声称的那样——那么它应该是放之四海而皆准的（弗洛伊德也确实这样相信）。但是，霍妮认为没有证据表明俄狄浦斯情结是普遍存在的。相反，她认为只有一部分人才有这种情结，而这种情结是对爱的神经症需要的一种表现。对感情的神经症需要和对攻击的神经症需要通常始于童年时期，是三种基本神经症倾向中的两种。儿童可能会很黏父母中的一方，并对另一方表示嫉妒，但是这些行为是减轻其基本焦虑的手段，而不是基于生物学的俄狄浦斯情结的表现。即使这些行为涉及性，但儿童的主要目标仍然是安全感，而非性交。

霍妮同意阿德勒的一个观点，即许多女性具有*男性倾慕*，也就是说，她们有一种病态的信念，认为男性比女性更优越。这种感知很容易让她们渴望成为男性。然而，这种渴望是“对由我们的文化赋予男性的优良品质和特权的渴望”。这一观点和埃里克森所表达的观点十分接近。

1994 年，伯纳德 · J. 帕里斯（Bernard J. Paris）发表了霍妮于 1935 年在一家职业与商业女性俱乐部的演讲稿。在这篇演讲稿中，霍妮总结了她关于女性心理学的观点。当时，霍妮已经把兴趣从男女差异转移到了男女通用心理学上。由于文化和社会才是造成两性心理差异的原因，霍妮认为：“回答关于男女差异的问题并不重要，重要的是理解和分析这种对女性‘天性’的浓厚兴趣的真正意义。”霍妮在演讲的最后说道：

> 我们不应该再因什么是女性气质而烦恼。那些讨论只是浪费精力罢了。男性气质和女性气质的标准都是人为制定的。关于性别差异，我们目前能够确定的是，我们还不了解它到底是什么。男女之间的确有着科学上的差异，但是，在我们完全发掘出我们作为人的潜能之前，我们永远无法发现性别差异的本质。这听起来可能很矛盾，但是，只有先把性别差异抛在脑后，我们才能发现性别差异。

霍妮这一“忘记”性别差异的观点，被一位现代著名女性主义心理学家——珍妮特 · 希伯利 · 海德（Janet Shibley Hyde）——继承并发扬光大。2005 年，海德在《美国心理学家》（*The American Psychologist*）上发表了一篇具有里程碑意义的文章。在这篇文章中，她的研究焦点不是人们熟知的性别差异，而是对性别差异研究的元分析进行了分析，其结论也不同以往——性别之间的相似性远大于差异性。

在性别差异性与相似性的研究中，一个回避不了的问题源自实证科学的固有特质，而海德选择的研究方法恰好绕过了它。这个固有特质是，比较组与组之间的差异依赖于统计学上的显著性。如果一项研究发现的差异没有达到统计学的显著性，那么这项研究也通常无法发表。这被称作“抽屉问题”（file drawer problem）或“发表偏差”（publication bias）。试想，在认知、行为和情绪等方面，关于性别差异的研究中未在统计学上达到显著差异的可能不计其数，但是这些研究被留在了研究者的抽屉里，因为不显著的差异达不到发表的标准。这意味着我们虽然有许多能够证实性别差异的证据，但那不一定是因为性别差异有多少意义或多么稳定，可能只是因为统计上有显著差异的研究更容易发表。

元分析是一种系统性整合多个研究（包括已发表的和未发表的）的数据的统计方法。这种方法增加了单个研究的统计功效，让我们能够更好地估计效应量。海德考察了 46 篇元分析文章，每一篇都囊括了 20 个到 200 个不等的性别差异研究，她对其中的效应量进行了分析，结果支持了性别相似性假说。也就是说，与得出两性之间存在显著差异的研究相比，能够证明性别差异性小到可以忽略不计的研究，以及甚至根本不存在性别差异的研究要多得多。在某些领域，例如，数学能力和言语能力，还有攻击性、自尊和自信，我们对男女差异有着强烈的刻板印象，而海德发现，这些领域中的性别差异其实微乎其微。

从霍妮生活的时代以来，我们的文化似乎一直对性别差异十分痴迷，尽管霍妮早就指出我们应该停止为“什么是女性气质而烦恼”。但是显然，我们还是觉得“女人来自金星，男人来自火星”。在谷歌上搜索“性别差异”（gender differences），我们可以搜到超过 900 万个结果！尽管已有强有力的证据表明根本不存在什么性别差异，我们为什么还是如此痴迷性别差异呢？一个回答是，我们的直觉会被男性和女性“来自不同星球”的观点所吸引。其危险在于，我们的期望会引导我们的认知和行为，制造一种自我实现的预言。如果我们相信女性“数学不好”或男性“不会情绪化”，我们就有可能人为地造成性别差异。当我们根据这些期望对待不同性别的个体时，个体做出相应的举止也就不足为奇了。如果一个女孩的父母从一开始就不看好她的数学成绩，那么父母就可能不会给予她鼓励，女孩也会因此变得不自信，最终也就无法在数学上继续深造。如果一个男孩的父母期望他能忍耐，并在受伤时忍住不哭，男孩就会憋住眼泪，试图变得更有男性气质，假以时日，他成年之后可能就已经丧失哭的能力。

海德在文章中曾发出警告，过度夸大性别差异是要付出代价的：“可以说，对性别差异的强调可能对多个领域造成破坏，包括女性的工作机会、情侣之间的冲突和沟通，以及青少年的自尊问题。最重要的是，这种强调与科学数据相悖。”由此，我们可以看到，霍妮最终与弗洛伊德决裂，并坚持文化与社会期望导致两性人格差异，着实眼光长远。现代心理科学的研究结果支持了她的主张。

心理治疗

霍妮认为，神经症是从儿童时期的基本冲突中发展而来的。在人们试图解决这些冲突的过程中，他们很可能会采用三类神经症倾向中的一类，即接近人、对抗人和远离人。每一类倾向都能带来暂时的疏解，但最终会让人离真实自我的实现越来越远，并越来越深地陷入神经症的漩涡。

霍妮的心理治疗方法的总体目标是帮助患者朝着自我实现的方向逐渐成长。更具体地说，治疗的目的是让患者放弃理想化的自我形象，放弃对荣耀的神经症追求，并将自我憎恨转变成接受真实自我。遗憾的是，患者通常深信其神经症的解决方案是正确的，因此不愿意放弃神经症倾向。即便他们已经为维持现状付出了巨大的代价，且不希望自己一直是病态的。他们在痛苦中得不到快乐，希望能够彻底摆脱痛苦。遗憾的是，他们总是拒绝改变，并坚持那些会让他们的病态持续下去的行为。这三类神经症倾向可以用“爱”“精通”或“自由”之类的褒义词加以粉饰。由于患者通常会以正面意义解释自己的行为，因此这些行为对他们而言是健康的、正确的和理想的。

治疗师的任务是说服患者，让他们明白当下的解决方案是恶性循环，无法从根本上减轻神经症。这项说服工作费时费力。患者可能会转而寻求更快速的疗法或解决方案，但是，只有费时费力的自我理解过程才能带来真正积极的改变。自我理解必须超越信息，它必须伴随着情绪体验。患者必须了解他们的自豪体系、理想化的自我形象、对荣耀的神经症追求、自我憎恨、“应该”的暴政、与自我的疏离及基本冲突。此外，他们必须认识到，所有这些因素如何互相关联、运作，如何驱动着他们的神经症。

尽管治疗师可以鼓励患者迈向自我理解，但归根结底，治疗成功建立在自我分析的基础之上。患者必须认识到其理想化的自我形象与真实自我之间的区别。幸运的是，人具有内在的疗愈力量，一旦完成了自我理解和自我分析，人就会自然而然地朝着自我实现的方向前进。

至于治疗技术，霍妮流派的治疗师使用了与弗洛伊德流派相似的技术，尤其是释梦和自由联想。霍妮认为梦是解决冲突的尝试，但解决方案既可能是神经症的，也可能是健康的。如果治疗师正确地解释了一个梦，就能够帮助患者更好地了解真实的自我。她认为：“从梦里……患者可以瞥见其内心世界的运作，这个世界是他自己的世界，比他幻想出来的世界更真实地反映了他的情感，即便在分析的初始阶段也是如此。”

第二种主要技术是自由联想，治疗师要求患者说出他们想到的事情，无论那些事看起来多么琐碎或令人尴尬。治疗师还会鼓励患者表达联想带来的感受。与释梦一样，自由联想最终将揭示患者理想化的自我形象，以及在实现该形象的过程中持续但不成功的尝试。

治疗成功后，患者将获得信心，相信他们有能力肩负起自己心理发展的责任。他们将朝着自我实现努力迈进；他们对自己的情感、信念和愿望都有了更深刻、更清晰的理解；他们以真诚的情感与他人建立关系，而不是利用他人来解决基本冲突；在工作方面，他们将对工作本身产生更大的兴趣，而不是将其视为不断追求荣耀的手段。

相关研究

霍妮的心理分析社会理论并没有直接引发现代人格心理学的研究。不过，她对神经症倾向的思考与今天研究者对神经质的研究产生了关联。弗雷德里克·柯立芝（Frederick Coolidge）及其同事曾花费数年时间开发并验证了一套为个体的神经症倾向分类的方法。

霍妮神经症倾向的新测量方法的开发和效度验证

近来，柯立芝及其同事做了一些工作，给霍妮的三类神经症倾向赋予了操作性定义，开发并验证了一套测量工具，即“霍妮 - 柯立芝三维度调查表”（Horney-Coolidge Tridimensional Inventory，HCTI）。HCTI 严格遵循霍妮的理论对人格维度进行了测量，鉴定了服从性（接近人）、好斗性（对抗人）和疏离性（远离人）三个维度，以及每个维度的三个侧面。服从性分量表的三个侧面包括利他主义（渴望帮助他人）、对关系的需要（强烈地想要处于关系中的需要 / 欲望）和自我贬低（为了他人而妥协自己的需要）；好斗性分量表的三个侧面包括恶意（恶意看待他人的动机）、权力（希望处于掌控地位）和力量（勇敢、坚韧）；疏离性分量表的三个侧面包括对孤独的需要（倾向于独处）、回避（抵抗人际互动）和自给自足（享受独立于家人和朋友的生活）。上述分量表中的每一个侧面都具有良好的内部可靠性，也就是说，分量表中的问题间具有足够的相关性。

在一项验证 HCTI 的建构效度的研究中，柯立芝及其同事证实了霍妮的理论在理解人格障碍方面的作用。《精神疾病诊断与统计手册》（DSM-5）中含有人格障碍的几种“聚类”：A 类是奇怪或古怪障碍，包括偏执型障碍、精神分裂样障碍和精神分裂型障碍；B 类是戏剧性、情绪性或不稳定性障碍，包括反社会障碍、边缘型障碍、表演型障碍和自恋型障碍；C 类是焦虑和恐惧障碍，包括回避型障碍、依赖型障碍和强迫障碍。柯立芝等的研究表明，A 类人格障碍与霍妮所说的服从者特征呈负相关，印证了具有这类人格障碍的人不会表现出同情或利他行为，并且对关系的需要较低。相反，C 类人格障碍与服从性呈正相关。至于 B 类，好斗性极强，印证了具有这类人格障碍的人的行为缺乏规律，而且经常会表现出对他人和自己的伤害意图。

在关于 HCTI 的预测效度的研究中，罗索斯基（Rosowsky）及其同事考察了霍妮的神经症倾向能否预测结婚很久（婚龄 40 年或以上）的夫妇的婚姻满意度。该研究囊括了 32 对婚龄 40 年及以上的夫妇，其中男性平均年龄为 74 岁，女性平均年龄为 73 岁，让他们分别填写了“综合婚姻满意度量表”（Comprehensive Marital Satisfaction Scale，CMSS）和“霍妮 - 柯立芝三维度调查表”。研究发现，与在疏离性分量表（远离人）上得分较高的丈夫和妻子相比，在疏离性分量表上得分较低的丈夫和妻子在婚姻中更加幸福。简言之，疏离性与不幸福的婚姻有关。有趣的是，不论对丈夫还是妻子而言，接近人（服从性）和对抗人（好斗性）都与婚姻满意度无关。

在另一项研究中，柯立芝及其同事通过心理测量学方法制定了 HCTI 的儿童和青少年版本。研究者想要检验霍妮关于文化、家庭和童年经历塑造了三类神经症倾向的观点。他们推测，如果霍妮的观点是正确的，三类倾向在生命早期就应该有所体现。研究囊括了 300 余名儿童和青少年，年龄在 5 岁至 17 岁之间，他们的父母填写了修订后的 HCTI，结果表明，该测量方法具有足够的内部信度、重测信度及建构效度。

总而言之，柯立芝及其同事对 HCTI 的研究证实，霍妮的理论为理解成年人和儿童的、正常的和罹患障碍的人格的三个重要方面提供了一种简约的方法。这个新量表在临床或非临床情境下的预测价值尚需进一步验证，但就目前而言，在将霍妮的三类神经症倾向进行了操作性定义后，霍妮的观点经受住了心理测量学的考验。

神经症可以成为一件好事吗

霍妮的理论及大多数人格心理学理论对神经症都持负面态度。结合前一小节中讲到的神经症、回避目标及相关负面结果的研究来看，人们对神经质的负面偏见是可以理解的。最近出现的一些研究却发现，神经症或许并非一无是处，颇为讽刺的是它或许也能带来一些好处。

迈克尔·罗宾逊（Michael Robinson）及其同事提出了一个问题："神经症患者如何取得成功？"当然，神经症患者想要成功十分困难。神经症程度较重的人经常回避目标，并使用霍妮所描述的神经症防御来应对基本焦虑。然而，在某些情况下，神经症也有好处，特别是在探测威胁这一方面。神经症患者倾向于回避威胁（及任何负面结果）。因此，罗宾逊及其同事设计了一项研究，调查神经症、威胁识别和心境之间的关系。他们预测，如果一个人的神经症程度较重，那么他识别环境中的威胁的能力也会更高，并且负面心境会更少。换句话说，神经症患者对威胁敏感，这种敏感的目的是为了更好地识别问题，然后回避这些问题，而成功的回避会让他们的心境更好。

为了检验这个假设，罗宾逊及其同事招募了 181 名学生参与者，让他们在实验室里完成了神经症的自我测评，并参与了一项计算机任务，该任务意在测量准确识别威胁的能力。随后，研究者评估了参与者在没能正确识别威胁时的反应。如果参与者犯了错，那么适应性的策略是放慢速度，以便接下来更仔细地进行评估。但是，并非每个人都会这样做，罗宾逊及其同事所采用的计算机任务捕捉了每位参与者在犯错后的表现。该计算机任务会先在计算机屏幕上显示一个单词，参与者必须尽快判定该单词是否含有威胁意味。例如，"臭气"一词不代表威胁，但"刀"一词代表着威胁。计算机记录下了参与者判定单词是否构成威胁的时间，以及参与者所做的判断是否正确。此外，如果参与者犯了错，那么计算机还会记录下参与者在确定下一个单词是否表示威胁上耗费的时间。在测量了每位参与者的神经症得分和他们探测威胁、应对错误的反应后，研究者又进一步追踪测量了参与者在接下来 7 天内的心境。

结果十分有趣，罗宾逊及其同事发现，真的存在一种"成功的神经症患者"。具体来说，那些神经症程度较重的人在评估威胁的过程中对错误做出适应性反应（即放慢速度并仔细思考）的能力与日常生活中的负面心境较少相关。

一般而言，神经症和持续强迫性地回避负面结果可能不是一件积极的事情，但我们的人格中有许多可以被我们掌控的部分。神经症患者不可能一觉醒来就不再是神经症患者了。霍妮所总结的神经症倾向及相关防御策略是个体人格的稳定且持久的方面，不可能突然改变。因此，重要的是，我们应该认识到，虽然许多研究揭示的是神经症的坏处，但这并不代表神经症没有好处。许多神经症患者能够熟练地回避负面结果，而回避负面结果也确实让他们每天都感觉更好。

对霍妮的评价

霍妮的社会心理分析理论提供了关于人性本质的有趣视角，但其不足在于没有足够的实证支持。霍妮理论的优势是她对神经症人格的清晰描绘。除了她以外，没有一位人格理论家将神经症描述得如此出色（或如此详尽）。她对神经症人格的全面描述为理解不健康的人提供了一个绝佳框架。不过，霍妮对神经症的情有独钟也严重地限制了她的理论。她对正常人格或健康人格的描述十分笼统，没有详细解释。她认为人类的天性是努力达成自我实现，但是她没有清楚地说明什么是自我实现。

霍妮的理论在*引发研究*和*可证伪性*等方面均显不足。从她的理论出发，不容易推出可检验的假设，因此缺乏可验证性和可证伪性。霍妮的理论主要基于临床经验，而她在临床上所接触的主要是神经症个体。值得称赞的是，她不愿意贸然对心理健康的个体做出具体假设。由于她的理论主要局限于神经症，因此能够很好地组织有关神经症的知识，但是在解释与一般人有关的知识方面却捉襟见肘。

在*指导行动*方面，霍妮的理论具有优势。不论教师还是治疗师，尤其是父母，都可以运用霍妮对神经症倾向的发展的假设，为学生、患者或孩子提供一个温暖、安全且包容的环境。但是，除了这些假设之外，她的理论不够具体，不足以为实践者提供清楚而详细的行动计划。若照此标准，该理论在这方面只能得低分。

霍妮的理论是否具有*内部一致性*，使用了定义明确的术语？霍妮在其著作《神经症与人的成长》中的概念和表达都很精准、一致和明确。但是，如果把她的所有著作放在一起考察，结论就会有所不同。随着时间的推移，她在使用“神经症需要”和“神经症倾向”等术语时，有时将两者区分开，有时又将两者当作同义词。此外，“基本焦虑”和“基本冲突”两个术语并非总是有明确的区分。这些不一致的地方让她的所有著作互相有些矛盾，但是，她最终的理论是明确和一致的。

有用理论的另一个标准是*简约性*，而霍妮最终的理论——《神经症与人的成长》的最后一章无疑可以在此标准上获得高分。该章简单且直截了当，是对霍妮的神经症发展理论的实用且简洁的介绍。

对人性的构想

霍妮的人性理念几乎完全来自她在临床上治疗神经症患者的经验。因此，她对人格的看法受到了她的神经症理论的影响。霍妮认为，健康个体与神经症患者之间的主要区别在于他们接近人、对抗人或远离人的倾向在多大程度上是强迫性的。

神经症倾向的强迫性暗示了霍妮对人性的构想是决定论的。但是，健康个体拥有相当大的自由选择权。即使是神经症患者，也可以通过心理治疗和个人努力来控制精神内部冲突。因此，比起决定论，霍妮的心理分析社会理论更偏向于自由选择。

出于同样的理由，霍妮的理论偏向于乐观而非悲观。霍妮认为，人具有内在的疗愈力，这可以引领他们迈向自我实现。如果可以避免基本焦虑（在充满潜在敌意的世界中感到孤独和无助），人们就能在人际关系中获得安全感，并因此发展出健康的人格。

> 我个人认为，人有能力也有欲望去发展自己的潜能并成为一个体面的人，而如果人与他人的关系乃至人与自己的关系受到持续性干扰，这些能力和欲望都将减退。
>
> 我相信，只要人活着，就可以改变，并且可以一变再变。

在因果论还是目的论的维度上，霍妮的理论处于中间位置。霍妮声称人的固有目标是自我实现，但是她也相信童年经历能够阻碍这一过程。如她所言："过去总是以某种方式参与当下。"人们过去的经历促成了一种生活哲学和一系列价值观，为人们的当下和未来指引方向。

尽管霍妮在有意识动机还是无意识动机上采取了中立，但她认为大多数人都不能完全觉知自己的动机。尤其是神经症患者，他们对自己的了解很少，也看不出自己的行为会加剧神经症。他们给自己的个人特征打上了错误的标签，用被社会接受的字眼进行粉饰，同时却对自己的基本冲突、自我憎恨、神经症自豪、神经症要求及对报复性胜利的需要一无所知。

霍妮的人格理论侧重于社会影响，而非生物学影响。例如，她认为两性之间的心理差异更多是由文化和社会期望造成的，而不是由生物学造成的。在霍妮看来，俄狄浦斯情结并不是生物学上的必然结果，而是社会力量所塑造的。霍妮并未完全忽略生物学因素，但她将重心放在了社会因素上。

由于霍妮的理论几乎只关注神经症，因此它倾向于强调人与人之间的相似性，而非独特性。当然，并不是所有的神经症患者都完全一样，霍妮描述了三个基本类型：无助、敌意和疏离。不过，她很少强调每一类型中的个体差异。

重点术语及概念

- 霍妮认为，社会与文化影响比生物学影响更重要。
- 缺乏温暖和感情的儿童无法满足自己对安全感和满足感的需要。
- 孤独感和无助感，或者说是在具有潜在敌意的世界里的孤独感和无助感，引发了基本焦虑。
- 人们无法在与他人的关系中采用不同的策略导致了基本冲突，也就是三类互不相容的倾向：接近人、对抗人和远离人。
- 霍妮将接近人、对抗人和远离人这三类倾向称作神经症倾向。
- 健康个体可以使用三类倾向来化解他们的基本矛盾，但神经症患者只强迫性地使用其中一类倾向。
- 三类神经症倾向（接近人、对抗人和远离人）是霍妮在早先提出的 10 类神经症需要的基础上划分的。
- 健康个体与神经症患者都会体验到心理内部冲突，且该冲突是个体信仰体系的一部分。心理内部冲突主要有两种，即理想化的自我形象和自我憎恨。
- 理想化的自我形象导致神经症患者试图打造一个神化的自我形象。
- 自我憎恨是指神经症患者厌恶并憎恨他们真实的自我的倾向。
- 男性与女性的心理差异都是由文化和社会期望所导致的，而非由生物学所导致。
- 霍妮流派心理治疗的目标是促进真实自我的实现。

CHAPTER 07

第 7 章

埃里克森：后弗洛伊德理论

埃里克森 © 乔恩·埃里克森 /The Image Works

- 后弗洛伊德理论概要
- 埃里克·埃里克森小传
- 后弗洛伊德理论中的自我
  - 社会的影响
  - 渐成原理
- 社会心理发展阶段
  - 婴儿期
  - 幼儿期
  - 游戏期
  - 学龄期
  - 青春期
  - 青年期
  - 成年期
  - 老年期
  - 生命周期小结
- 埃里克森的调查方法
  - 人类学研究
  - 心理历史学
- 相关研究
  - 青少年自我身份认同状态的跨文化研究
  - 身份认同先于亲密吗
- 对埃里克森的评价
- 对人性的构想

重点术语及概念

埃里克·萨洛蒙森（Erik Salomonsen）小时候对自己的亲生父亲几乎一无所知。他只知道母亲是一名美丽的丹麦犹太人，而且母亲的娘家竭力想要融入丹麦人之中，摒弃了犹太人的身份。那他的亲生父亲是谁？

小埃里克出生在单亲家庭，他对自己的血统的认知分为三个阶段。起初，他相信母亲的丈夫——一位名叫西奥多·霍姆伯格（Theodor Homburger）的医生——就是自己的亲生父亲。然而，随着小埃里克一天天长大，他逐渐意识到事实并非如此，因为自己拥有金色的头发和蓝色的眼睛，而父母双方都拥有深色的头发和眼睛。他缠着母亲让她解释，母亲告诉他瓦尔德马尔·萨洛蒙森（Valdemar Salomonsen）（她的第一任丈夫）是他的亲生父亲，在她怀上埃里克时对方抛弃了她们母子。不过，埃里克不太相信第二个故事，因为他知道萨洛蒙森在自己出生前 4 年就已经和母亲分手了。最后，埃里克选择相信自己是母亲与某个有艺术天赋的丹麦贵族私通的结果。终其一生，埃里克都坚信这最后这一个故事。尽管如此，他也没有停止调查自己的亲生父亲的姓名，同时寻找自己的身份认同。

上学期间，埃里克外表上的斯堪的纳维亚特征让他对身份认同感到困惑。他去教堂时，蓝色的眼睛和金色的头发使他看起来像个外人。在公立学校里，他的亚利安人同学又认为他是个犹太人。因此，埃里克在以上两个场合都感到格格不入。终其一生，不论犹太人还是非犹太人的身份，他都无法全然接受。

母亲去世时，时年 58 岁的埃里克觉得自己永远都无法知道亲生父亲的身份了。但在那之后，他依然没有停止寻找，而是又寻找了 30 多年。此后，埃里克的精神和身体都大不如前，才终于对亲生父亲的身份失去了兴趣。不过，他还是表现出身份认同的混乱。例如，他开始主要讲德语——他小时候所用的语言——而很少讲近 60 年来作为他主要语言的英语。此外，他与丹麦和丹麦人都长期保持着密切关系，并且在悬挂丹麦国旗时显得异常骄傲，但他甚至从未在丹麦生活过。

后弗洛伊德理论概要

你大概已经猜到，开头的小故事中所讲的人正是埃里克·埃里克森（Erik Erikson），他创造了*身份认同危机*这一术语。埃里克森没有大学学历，但缺乏正规训练这一点并未阻止他在诸多领域——精神分析、人类学、心理历史学和教育学——取得举世瞩目的成就。

早期的心理动力学理论家几乎全部与弗洛伊德的精神分析有所关联，但埃里克森不同，他想让自己的人格理论超越弗洛伊德的假设，而非单纯地重复它，并提供一种新的“看待事物的方式”。他将弗洛伊德的婴幼儿阶段扩展到了青少年、成年和老年阶段，因此他的理论被称为**后弗洛伊德理论**（post-Freudian theory）。埃里克森指出，在每一个阶段，都有一个特定的*社会心理奋斗*推动着人格的形成。从青春期开始，这种奋斗就以**身份认同危机**（identity crisis）的形式出现了——这是人生的转折点，可能增强也可能削弱一个人的原有人格。

埃里克森认为，后弗洛伊德理论是精神分析的延伸，如果时间允许，那么弗洛伊德本人早晚也会提出这些理论。尽管埃里克森基于弗洛伊德的理论建立了人格的生命周期理论，但是他与弗洛伊德还是有几个不同之处。除了进一步划分童年以后的性心理阶段以外，埃里克森还重点强调了社会和历史的影响。

和其他人格理论家的理论一样，埃里克森的后弗洛伊德理论也反映了他自己的背景，包括他的艺术追求、丰富的旅行经历、多种文化浸润的生活环境，以及对自己的身份的终生探寻——我们在本章开头的小故事中简要提及了这一点。

埃里克·埃里克森小传

埃里克·埃里克森是谁？是丹麦人、德国人，还是美国人？是犹太人，还是非犹太人？是艺术家，还是精神分析学家？埃里克森本人无法回答这些问题，因此花了几乎一生的时间来探寻自己是谁。

1902 年 6 月 15 日，埃里克森在德国南部出生，由母亲和继父抚养长大，并且始终不知道自己亲生父亲的真实身份。为了探寻自己在生活中的位置，埃里克森在青春期后期离开了家乡，开始了作为艺术家和诗人的流浪生活。经过将近 7 年的漂泊和探寻之后，他带着困惑、疲惫、抑郁回到家中，已难以画出素描和油画了。这时，一个偶然事件改变了他的生活：他收到了朋友彼得·布洛斯（Peter Blos）的信，彼得邀请他去维也纳的一所新学校里教课。学校的创始人之一正是安娜·弗洛伊德，她不仅成了埃里克森的老板，也成了他的精神分析师。

在接受精神分析治疗时，埃里克森向安娜提出，自己最大的问题是想找出亲生父亲的身份。然而，安娜并不认同这一点，她告诉埃里克森应该停止想象已经不在了的父亲。虽然埃里克森一向愿意遵从他的精神分析师的意见，但他无法接受停止寻找亲生父亲的建议。

在维也纳期间，埃里克森认识了琼·瑟森（Joan Serson），并且——在安娜的撮合下——和她结了婚。琼出生于加拿大，是一位舞者、艺术家、教师，也接受过精神分析训练。凭借她的精神分析背景和流利的英语，她成了埃里克森著作的优秀编辑和偶尔的合著者。

埃里克森夫妇一共生了四个孩子：三个儿子分别叫凯（Kai）、乔恩（Jon）和尼尔（Neil），还有一个女儿叫苏（Sue）。凯和苏都事业有成；乔恩则继承了父亲的流浪艺术家气质，他当了工人，并且和父母的关系一直很冷淡。

埃里克森对身份认同的寻求帮助他在成年阶段应对了一系列痛苦。按照埃里克森的说法，在成年阶段，一个人应该认真细致地对待自己的孩子、工作和想法。然而，埃里克森本人却未做到。他没能很好地照顾他的儿子尼尔。尼尔出生后，被发现患有唐氏综合征。在琼的麻醉药效还没过时，埃里克森已经决定把尼尔送去福利机构。回到家后，他告诉三个孩子，最小的弟弟一出生就死了。他对自己的孩子们撒了谎，就像他的母亲在告诉他亲生父亲是谁时撒了谎一样。后来，他向大儿子凯透露了真相，但始终不曾告诉乔恩和苏。尽管他曾因为母亲的谎言而痛苦万分，但他没有意识到自己关于尼尔的谎言可能会让自己的孩子感到痛苦。埃里克森在欺骗孩子的同时，还违反了他自己提出的两个原则，即“不要对你应该关心的人撒谎”和“不要让家人中的一个与另一个对立”。更糟糕的是，尼尔在 20 岁时去世了，埃里克森当时身在欧洲，却打电话给乔恩和苏，让他们给他们从未见过，甚至不知道还一直活着的弟弟安排葬礼。

埃里克森在寻找身份认同的过程中，频繁地更换工作和居住地点。由于没有学术文凭，他也没有对某一职业的身份认同，而是在不同场合被称为艺术家、心理学家、精神分析学家、临床医生、教授、文化人类学家、存在主义者、心理传记作家或公共知识分子。

1933 年，随着欧洲法西斯主义的兴起，埃里克森及其家人离开维也纳前往丹麦，并申请加入丹麦国籍。但丹麦政府没有批准他的申请，于是他离开了丹麦的哥本哈根，移民美国。

在美国，他把姓氏从霍姆伯格改成了埃里克森。改姓是他一生中的关键转折点，因为这代表他放弃了之前对犹太人的身份认同。一开始，埃里克森很讨厌别人暗示他改姓是想抛弃犹太人身份。他反驳这一说法的方式是在著作和论文上署名埃里克·霍姆伯格·埃里克森（Erik Homburger Erikson）。但是，随着时间的流逝，他逐渐用字母 H 代替了中间名霍姆伯格。因此，到了晚年，埃里克森以埃里克·H. 埃里克森（Erik H. Erikson）的名字为人所知。他一生中用过的名字依次是埃里克·萨洛蒙森、埃里克·霍姆伯格、埃里克·霍姆伯格·埃里克森和埃里克·H. 埃里克森。

在美国，埃里克森依然过着居无定所的生活。他最初定居在波士顿地区，在那里提出了改良的精神分析疗法。他既没有医学执业证书，也没有大学学位，因此接受了马萨诸塞州综合医院、哈佛医学院和哈佛心理诊所的研究职位。

埃里克森打算写作，但是在波士顿和剑桥的繁忙工作让他没有多少时间可用于写作，于是，他于 1936 年接受了耶鲁大学的一个职位。但是短短的两年半之后，他搬到了加州大学伯克利分校，紧接着又搬去了南达科塔州松岭印第安人保护区，与苏族人同住，同时研究他们。后来，他还曾经与北加州的尤罗克族人同住。这些文化人类学方面的经验使他对人性的构想更加丰富和完整。

住在加利福尼亚州时，埃里克森发展出了一套人格理论。这套理论与弗洛伊德的理论不同，但是也不矛盾。1950 年，埃里克森出版了《童年与社会》（*Childhood and Society*）一书，乍看之下，这本书就像是把无关各章拼在一起的大杂烩。埃里克森从一开始就发现很难找出一个共同的主题，能够把诸如两个美国不同部落的原住民的童年、自我成长、人类的八个发展阶段及希特勒的童年等题目串联在一起。最终，他认识到心理、文化和历史因素对身份认同的影响是贯穿各章的基本要素。《童年与社会》后来让埃里克森成了享誉世界的富有想象力的思想家，这一部经典著作至今仍是后弗洛伊德人格理论的最佳入门读物。

1949 年，加州大学要求教职工签字宣誓忠于美国。在那个时期，这种要求并不罕见，因为在美国参议员约瑟夫·麦卡锡（Joseph McCarthy）的宣传下，很多美国人都相信共产主义者正准备推翻美国政府。埃里克森不是共产主义者，但为了原则，他拒绝签字宣誓。尽管加州大学特权与永久任职权委员会建议埃里克森留任，但他还是离开加州前往马萨诸塞州，在那里的奥斯丁·里格斯中心当治疗师。奥斯丁·里格斯中心位于斯托克布里奇，是一家精神分析治疗中心，兼有培训和研究项目。1960 年，埃里克森回到哈佛，并在那里当了 10 年的人类发展学教授。退休后，埃里克森继续积极地写作和演讲，同时给少数患者做心理治疗。在刚退休的那几年里，他曾居住在加州马林县、马萨诸塞州剑桥市和马萨诸塞州科德角。在不断搬家的同时，埃里克森仍一直在寻找亲生父亲。他于 1994 年 5 月 12 日去世，享年 91 岁。

埃里克·埃里克森是谁？尽管他本人无法回答这个问题，但是从旁观者的角度，可以通过他精妙的著作、演讲和论文来了解这个名叫埃里克·埃里克森的人。

埃里克森最著名的著作有：《童年与社会》《青年路德》（*Young Man Luther*）《身份认同：青年与危机》（*Identity：Youth and Crisis*）《甘地的真理》（*Gandhi's Truth*）（这本书同时获得普利策奖和美国国家图书奖）《新身份认同的维度》（*Dimensions of a New Identity*）《生活史与历史性时刻》（*Life History and the Historical Moment*）《身份认同与生命周期》（*Identity and the Life Cycle*）《完整的生命周期》（*The Life Cycle Completed*）。斯蒂芬·施莱因（Stephen Schlein）将埃里克森的一部分论文整理成了《一种看待事物的方式》（*A Way of Looking at Things*）。

后弗洛伊德理论中的自我

第 2 章曾提到弗洛伊德用骑马的类比来描述自我与本我之间的关系。骑马者（自我）最终还是会受到更强壮的马（本我）的牵制。自我没有自己的力量，必须从本我那里借用能量。此外，自我一直努力在超我的盲目需求、本我的无穷力量、外部世界的现实机会之间保持平衡。弗洛伊德认为，对心理健康的个体来说，自我得到了充分发展，能够控制本我，尽管这种控制是脆弱的，并且本我的冲动随时可能爆发并压倒自我。

与弗洛伊德不同，埃里克森认为自我是一种积极的力量，并创造了自我身份认同，也就是一种“我”（I）的感觉。自我作为人格的中心，能帮助我们适应生活中的各种冲突和危机，使我们在社会的趋同力量中不至于失去自己的个体性。在童年时期，自我是弱小、柔软而脆弱的；但是到了青春期，自我就会开始成形并获得力量。在人的一生中，自我整合了人格，捍卫着人格的不可分割性。埃里克森认为，自我是一个部分无意识的组织机构，将当下的经历、过去的身份认同及预期的自我形象整合在一起。他把自我定义为个体以适应性方式整合经验和行动的能力。

埃里克森区分了自我的三个相互联系的方面：身体自我（body ego）、自我理想（ego ideal）和自我身份认同（ego identity）。*身体自我*是指我们对身体的体验，即我们如何认为自己的身体与他人不同，我们可能对自己身体的外观和功能感到满意或不满意，但是同时也明白这是我们唯一的、不可替代的身体；**自我理想**是指我们对自己的看法与既定的理想的对比。自我理想决定了我们对自己的身体自我及对自己的完整个人身份认同是否满意；**自我身份认同**是指我们对自己所承担的各种社会角色的看法。青春期通常是身体自我、自我理想和自我身份认同变化最快的时期，但要看到这三个方面在生命中的任一时期都可能发生变化。

社会的影响

尽管先天能力是人格发展的重要影响因素，但是自我从社会中产生，并在很大程度上由社会所塑造。埃里克森对社会和历史因素的强调与弗洛伊德对生物学的强调形成鲜明的对比。在埃里克森看来，婴儿刚刚出生时，自我只是一种潜能，必须在某一文化环境中才能产生。不同社会有着不同的抚养方式，因此会塑造出适合其文化需要和价值观的人格。例如，埃里克森发现，苏族人对婴幼儿的照顾年限更长（有时长达四五年），方式也更宽松，这导致了弗洛伊德所说的“口欲”人格，也就是人们以口的功能来获得快乐。苏族人非常看重慷慨，埃里克森认为，延长的母乳喂养带来的安全感为慷慨奠定了基础。但是，苏族人会迅速制止婴幼儿的咬人行为，这种做法可能有助于孩子养成有毅力和凶猛的性格。另一方面，尤罗克族人对婴幼儿的排尿和排便有着严格的规定，这种做法会发展成“肛欲”或强迫性的整洁、固执、吝啬。在欧美社会中，口欲和肛欲常被认为是不好的特质或神经症症状。然而埃里克森却认为，苏族人是猎人，尤罗克人是渔民，他们的“口欲”或“肛欲”特征都是适应性的，对个体和文化都有益处。欧美文化将“口欲”和“肛欲”特征视为异常，只能说明该文化在面对其他社会时抱有种族优越感。埃里克森认为，在历史上，包括美国在内的所有国家或部落都曾出现所谓的**伪物种**（pseudospecies），也就是说，一个社会中长期渗透着一种错觉，以为自己是上帝的选民。在历史上，这种信念曾有助于部落的生存，但是在轻而易举就能毁灭世界的现代社会，这种偏见威胁着每一个国家的生存（就像纳粹德国所做的那样）。

埃里克森对人格理论的主要贡献之一是，他将弗洛伊德的早期发展阶段扩展到了学龄期、青年期、成年期和老年期。在详细介绍埃里克森的自我发展理论之前，我们先探讨一下他对于人格如何从一个阶段发展到另一个阶段的看法。

渐成原理

渐成原理（epigenetic principle）一词来自胚胎学。埃里克森认为，自我是遵从渐成原理在整个生命的各个阶段发展起来的。渐成发育是指胎儿的器官是一步一步地发育出来的。胚胎起初并不是一个完整的人，胚胎的发育也并不是既有结构形态的单纯增长。胚胎发育是按照既定的速率、以固定的顺序进行的。如果眼睛、肝脏或其他器官在发育中的关键时期没有发育，就再也不能恰当地发育成熟了。

与之类似，自我的发展也遵循渐成原理，每一个发展阶段都有其对应的时期。后一个阶段建立在前一个阶段的基础之上，并且无法代替前一个阶段。这种渐成发展就像儿童的身体发育——先学会爬，再学会走，然后学会跑，最后学会跳。当儿童还只会爬时，他们同时也在发展走、跑和跳的潜能；当他们发展到会跳时，他们仍然拥有爬、走和跑的能力。埃里克森如此描述渐成原理："任何成长的事物都有一个基本计划，根据这个基本计划，各个部分依次出现，每个部分都有其特殊的成长时期，直到所有部分都形成并组成一个功能完善的整体为止。"简而言之，"渐成意味着一个特征的发展在时间和空间上都依赖于另一个特征"。

儿童先学会爬，再学会走，然后学会跑，最后学会跳

图 7.1 展示了渐成原理，描绘了埃里克森提出的前三个阶段。对角线上加粗的单元格显示了阶段顺序（1、2、3）及其组成部分（A、B、C）。图 7.1 展示了每个部分在其关键时刻之前就已存在（至少是一种生物学上的潜能），在适当时刻发生，并在之后继续发展。例如，如单元格 1_B 所示，阶段 2（幼儿期）的 B 部分在阶段 1（婴儿期）就已存在。B 部分在阶段 2 时得到完全发展（单元格 2_B），然后继续进入阶段 3（单元格 3_B）。同样，阶段 3 的所有组成部分都在阶段 1 和阶段 2 时就已存在，只是在阶段 3 时达到全面发展，并在之后的所有发展阶段中继续存在。

阶段	组成部分 A	B	C
3 游戏期	3_A	3_B	**3_C**
2 幼儿期	2_A	**2_B**	2_C
1 婴儿期	**1_A**	1_B	1_C

图 7.1　埃里克森提出的前三个阶段（用于描绘渐成原理）

Source：Erikson, Erik H. The Life Cycle Completed. New York, NY: W. W. Norton, 1982.

社会心理发展阶段

想要理解埃里克森的八个社会心理发展阶段，需要先理解以下基本要点。

第一，成长遵循*渐成原理*。也就是说，后一个组成部分在前一个组成部分的基础上产生，并且有着专门的成长时间，但是后一个组成部分无法完全代替前一个组成部分。

第二，在生命的每个阶段，都有*对立面的相互作用*，也就是**环境相容**（syntonic）元素

（和谐元素）和**环境不相容**（dystonic ）元素（破坏元素）之间的冲突。例如，在婴儿期，基本信任（一种环境相容的倾向）与基本不信任（一种环境不相容的倾向）互相对立。然而，信任和不信任都是必需的适应技能。只学会了信任的婴儿容易受骗，并且缺乏在以后的发展阶段中应对现实问题的能力；而只学会了不信任的婴儿会变得疑心过重且愤世嫉俗。同样，在其他七个发展阶段的每一个阶段里，人们都必须同时具有和谐（环境相容）的和破坏（环境不相容）的经历。

第三，在每一个发展阶段，环境不相容元素与环境相容元素之间的冲突产生了自我品质（ego quality）或自我力量（ego strength），埃里克森称之为**基本力量**（basic strength）。例如，在信任与不信任的对立之中萌生了希望，这种自我品质使婴儿得以进入下一个阶段。与之类似，其他阶段的和谐元素与破坏元素的冲突也萌生出了属于该阶段的基本自我力量。

第四，在每一个发展阶段中，基本力量如果过弱，会导致该阶段的处于**核心异常状态**（core pathology）。例如，一个未能在婴儿期获得足够希望的儿童会发展出希望的对立面——*退缩*。类似地，每一个发展阶段都潜伏着某种核心异常状态。

第五，尽管埃里克森将这八个发展阶段称为*社会心理阶段*，但这不代表他忽略了人类发展的生物学层面。

第六，早期阶段中的事件不会决定后期的人格发展。自我身份认同是由过去、现在和预期的*多种冲突和事件*共同塑造的。

第七，在每一个发展阶段，尤其是青春期及之后的阶段，人格发展都以身份认同危机为特征，埃里克森称之为“一个转折点，一段更脆弱、更有潜能的关键时期”。因此，当面临身份认同危机时，人更容易经历身份认同的重大改变，无论正面的还是负面的。与通常的定义不同，埃里克森所说的身份认同危机不是灾难性事件，而是进行适应或调整适应不良的机会。

图 7.2 展示了埃里克森提出的八个社会心理发展阶段。加粗的词是每一个发展阶段中的冲突或社会心理危机中萌生的自我品质或基本力量。“vs.”则连接了一对环境相容元素和环境不容元素，二者不仅是对立的，而且还是互补的。只有对角线上的单元格中有内容，因为图 7.2 着重强调了每一发展阶段最典型的基本力量和社会心理危机。不过，根据渐成原理可以推出，其余空白的单元格都可以被填满（见图 7.1），只不过这些内容并非社会心理发展阶段的首要特征。所有单元格中的内容对人格发展都十分重要，它们之间也彼此相关。

婴儿期

第一个社会心理发展阶段是**婴儿期**（infancy），这个阶段涵盖了出生后的第一年，与弗洛伊德的口欲期重叠。不过，弗洛伊德的口欲期只聚焦在口腔上，而埃里克森的模型关注的范围更广。埃里克森认为，婴儿期是一个整合的时期，婴儿不仅通过口腔，而且通过各种感觉器官来“*摄入*”（*合并*）。例如，婴儿也会通过眼睛“摄入”视觉刺激。当婴儿摄取食物和感觉信息时，他们学会了信任或不信任外部世界，并因此获得了现实的希望（realistic hope）。

婴儿期的特征包括口欲－感觉性心理模式、基本信任与基本不信任的社会心理冲突，并且以希望为基本力量。

	A	B	C	D	E	F	G	H
老年期 VIII 成熟期								完整无缺 vs. 绝望 **智慧**
成年期 VII							生产 vs. 停滞/只顾自己 **照顾**	
青年期 VI						亲密 vs. 孤独 **爱**		
青春期 V 发育期与青春期					身份认同 vs. 身份认同混乱 **忠诚**			
学龄期 IV 潜伏期				勤奋 vs. 自卑 **能力**				
游戏期 III 生殖器–运动			主动 vs. 内疚 **目标**					
幼儿期 II 肌肉–肛欲		自主 vs. 羞耻/怀疑 **意志**						
婴儿期 I 口欲–感觉	基本信任 vs. 基本不信任 **希望**							

图 7.2　埃里克森的八个发展阶段及其基本力量和社会心理危机

Source：Erikson, 1982.

1. 口欲－感觉模式

埃里克森扩展了对婴儿期的认识，用**"口欲－感觉"**（oral-sensory）一词指婴儿的主要性心理适应模式。口欲－感觉模式的特征是以两种方式——接收（receive）和接受（accept）——纳入（合并）被给予的事物。就算没有其他人，婴儿也可以接收；也就是说，婴儿可以用肺吸入空气，也可以接收感官信息，而无须假手他人；而接受则需要社会环境。婴儿不仅必须得到，而且必须借由他人的给予而得到。早期人际关系训练的目的是帮助婴儿有朝一日也成为给予者。在他人给予时，婴儿学会了信任或不信任他人，从而建立了婴儿期的基本社会心理危机，即基本信任与基本不信任。

2. 基本信任与基本不信任

婴儿最重要的人际关系是与主要照料者（通常是母亲）的关系。如果他们意识到母亲总是按时提供食物，那么他们就会开始学习*基本信任*；如果他们总是听到母亲发出愉快的、有节奏的声音，那么他们就会建立更多的基本信任；如果他们能够接触到充满刺激的视觉环境，那么他们将进一步巩固基本信任。换句话说，如果婴儿接受事物的方式与其所在文化的给予事物的方式相符，那么婴儿就能学会基本信任。相反，如果他们的口欲 – 感觉需要与其所在的环境不符，婴儿就会学会*基本不信任*。

基本信任通常是环境相容的，基本不信任通常是环境不相容的。不过，婴儿须同时养成基本信任和基本不信任两种态度。过度信任让他们容易受骗、容易受世界无常变化的影响，信任欠缺则让他们感到挫败、愤怒、敌意、愤世嫉俗和抑郁。

信任和不信任都是婴儿必然会经历的。婴儿只要存活下来，必定接受过哺育和照料，因此必然有习得信任的契机。此外，每个婴儿也必然经历过疼痛、饥饿或不适，因此也有习得不信任的契机。埃里克森认为，一定程度的信任和不信任对人们获得适应能力至关重要。他告诉理查德·埃文斯（Richard Evans）："当我们进入一种情境中时，我们必须能够区分在多大程度上可以信任或不信任，我所说的不信任，是指准备好应对危险和对不适的预期。"

基本信任与基本不信任之间不可避免的冲突导致婴儿的第一个社会心理危机。如果他们能够成功解决这场危机，就能获得第一个基本力量——*希望*。

3. 希望：婴儿期的基本力量

希望来自基本信任与基本不信任之间的冲突。没有信任与不信任之间的对立，婴儿就无法发展希望。婴儿必须经历饥饿、疼痛和不适，以及这些不快的情形的缓解。在经历过痛苦和愉快之后，婴儿才能正确地期望未来的痛苦也将以愉快的结果收场。

如果在婴儿期未能产生足够的希望，那么婴儿将表现出希望的对立面——*退缩*，即婴儿期的*核心异常状态*。当希望不足时，婴儿将回避外部世界，这也是严重心理困扰的开端。

幼儿期

第二个社会心理发展阶段是**幼儿期**（early childhood），与弗洛伊德所说的肛欲期重叠，大约是出生后的第 2 年和第 3 年。埃里克森的观点与弗洛伊德的观点存在一些差异。我们在第 2 章中曾提到弗洛伊德的观点。弗洛伊德认为，在这段时期之前，儿童通过破坏或失去某物来获得快乐，此时则通过排便来获得满足。

埃里克森又一次拓展了这一观点。他认为，幼儿不仅可以通过掌控括约肌来获得快乐，而且可以通过掌控其他身体功能（如排尿、走路、投掷、抓握等）来获得快乐。此外，幼儿在人际环境中也会产生控制感，并且产生自我控制。不过，由于幼儿在尝试控制自己时经常失败，因此幼儿期成了一段充满怀疑和羞耻的时期。

1. 肛欲－尿道－肌肉模式

在生命的第 2 年，幼儿的主要性心理调节采用了**肛欲－尿道－肌肉**（anal-urethral-muscular）模式。在这一时期，幼儿将学习如何控制自己的身体，尤其是清洁和运动。该时期不仅是幼儿期如厕训练的时期，也是学习走、跑、拥抱父母、握持玩具和其他物品的时期。在这些活动中，幼儿可能会表现出某些顽固的倾向。他们有时会憋住粪便，有时则刻意排出；有时会依偎着母亲，有时又会突然推开母亲；有时喜欢囤积物品，有时又无情地丢弃它们。

幼儿期是一个矛盾的时期，融合了顽固的叛逆和温柔的服从、*冲动*的自我表达和*强迫性*的失常，以及爱的合作和仇恨的抵抗。对彼此冲突的冲动的顽固坚持，引发了幼儿期的主要社会心理危机——自主（autonomy）与羞耻和怀疑（shame and doubt）。

2. 自主与羞耻和怀疑

幼儿期不仅是自我表达和*自主*的时期，也是*羞耻和怀疑*的时期。当幼儿顽固地表现出肛欲－尿道－肌肉模式时，他们可能会觉察到某种文化正在压抑他们的一部分自我表达。例如，父母可能因为幼儿弄脏了裤子或飞溅食物而羞辱他们。父母还可能会质疑幼儿的能力能否达到标准。自主与羞耻和怀疑之间的冲突是幼儿期的主要社会心理危机。

理想情况下，幼儿应当在自主与羞耻和怀疑之间取得适当的平衡，并且该平衡应当向自主倾斜，因为在幼儿期，自主是环境相容的特质。自主（性）太弱的幼儿在后续发展阶段将遇到困难，并缺少后续发展阶段的基本力量。

根据埃里克森的渐成图（见图 7.1 和图 7.2），自主的发展以基本信任为基础；如果在婴儿期建立起基本信任，那么到了幼儿期就能够相信自己，他们的世界也不会因为经历了轻微的社会心理危机而崩塌。相反，如果在婴儿期未建立起基本信任，那么在幼儿期试图建立对肛门、尿道和肌肉的控制时将充满强烈的羞耻和怀疑，从而引发严重的社会心理危机。*羞耻*是一种不自然的感觉，一种被注目和暴露的感觉；而*怀疑*则是不确定的感觉，有什么被隐藏着、无法看见的感觉。羞耻和怀疑都是环境不相容的特性，都是从婴儿期开始的基本不信任中产生的。

3. 意志：幼儿期的基本力量

意志（will）或任性（willfulness）是在解决自主与羞耻和怀疑的危机时出现的基本力量。它是自由意志（free will）和意志力（willpower）的开始，但仅仅是开始。成熟的意志力和充分的自由意志是在后续的发展阶段中出现的，但是它们起源于幼儿期出现的基本意志。只要你曾经接触过 2 岁左右的幼儿，就不难发现他们有多么任性。如厕训练通常是成年人和幼儿之间意志冲突的缩影，但是任性的表达并不限于这一情境。幼儿期的基本矛盾是孩子争取自主与父母企图通过羞耻和怀疑来控制孩子之间的矛盾。

只有当环境允许幼儿在一定程度上通过控制括约肌和其他肌肉进行自我表达时，他们才能够成长。如果他们体验到了过多的羞耻和怀疑，幼儿就无法充分发展第二种重要的基本力量——意志或任性。意志不足表现为*强迫*，这是幼儿期核心异常状态。意志不足和过度强迫会导致在之后的游戏期缺乏目标，在学龄期缺乏自信。

游戏期

埃里克森的社会心理发展阶段中的第三个阶段是**游戏期**（play age）。游戏期大约是 3 岁至 5 岁。关于这个时期，埃里克森的观点依然与弗洛伊德的观点不同。弗洛伊德认为这一时期的核心是俄狄浦斯情结，而埃里克森则认为俄狄浦斯情结只是游戏期的几个重要发展因素中的一个。埃里克森认为，学龄期前的儿童除了逐渐认同父母之外，还发展了运动技能、语言技能、好奇心、想象力和设定目标的能力。

1. 生殖器 – 运动模式

在游戏期，主要的性心理模式是**生殖器 – 运动**（genital-locomotor）模式。埃里克森认为俄狄浦斯情结是“人类喜爱嬉戏的终生力量”的原型。换句话说，俄狄浦斯情结是在儿童想象力中上演的一部戏剧，包括了对生殖、成长、未来和死亡等基本概念的最初理解。因此，俄狄浦斯情结和阉割情结并不能按字面意义简单理解。儿童可能扮演母亲、父亲、妻子或丈夫的角色，但是这种扮演不仅是生殖器模式的表现，还是快速发展的运动能力的表现。例如，一名小女孩羡慕小男孩，不是因为男孩拥有阴茎，而是因为社会赋予了有阴茎的孩子更多的特权。一名小男孩因担心丢失某些东西而焦虑，但这并不局限于阴茎，也涉及其他身体部位。因此，俄狄浦斯情结在某种意义上比弗洛伊德所认为的更丰富，在某种意义上也更单纯。

游戏期儿童对各种活动的兴趣伴随着运动能力的增强而增长。在这一时期，他们可以毫不费力地移动、奔跑、跳跃和攀爬；他们的游戏既有主动性，又富于想象力。在前一阶段发展起来的基本意志此时发展为有*目的*的活动性（activity）。儿童的认知能力使他们能够编织复杂的幻想，不仅包括俄狄浦斯情结幻想，而且包括长大成人、无所不能或成为凶猛动物的幻想。然而，这些幻想也带来内疚（感），从而加剧游戏期的社会心理危机，即主动（initiative）与内疚（guilt）。

2. 主动与内疚

随着儿童能够轻松自如地运动及对生殖器逐渐产生兴趣，他们采用了一种勇往直前的探索世界的模式。尽管他们在做选择和追求目的时开始采取*主动*，但许多目标（如长大离家）却必须被压抑或拖延。这些被压抑的目的和禁忌导致内疚。主动与内疚之间的冲突是游戏期的主要社会心理危机。

二者之间的平衡应该倾斜于环境相容的特性——主动。但是，不加约束的主动可能会导致混乱和不遵循道德原则。反过来，如果内疚成了主要因素，儿童可能会遵循强迫性的道德主义或过度抑制。*抑制*与目的互不相容，是游戏期的核心异常状态。

3. 目标：游戏期的基本力量

主动与内疚的冲突导致了**目标**（purpose）这一基本力量的生成。在游戏期，儿童在做游戏时持有一定的目的，如在游戏中竞争以求胜利或领先。他们设定目标并有目的地追求目标。游戏期也是儿童逐渐发展出良心，并开始给行为贴上正确与错误标签的阶段。这种稚嫩的良心是后续阶段的“道德基石”。

学龄期

埃里克森所说的**学龄期**（school age）覆盖了从 6 岁到十二三岁的阶段，和弗洛伊德理论中的潜伏期重叠。在这一时期，儿童的社交世界扩展到家庭之外，接触了家人之外的同龄人、老师和其他成年人。对学龄期儿童来说，他们求知的愿望变得强烈，这与他们对能力的基本追求密切相关。如果发展正常，儿童会努力学习阅读、写作、狩猎、捕鱼或其所在文化要求的其他技能。学龄期不一定意味着儿童在正规学校上学。在当代文化背景下，学校和教师主导着儿童的教育，而在文字出现之前，成年人教育儿童的方式远没有这么正规，但同样有效。

1. 潜伏期

埃里克森认同弗洛伊德关于潜伏期的观点，他认为学龄期是性心理的**潜伏期**（latency）。性潜伏期很重要，因为它使儿童能够将精力放在学习文化技术和社交策略上。儿童通过劳动和游戏来获得这些必要的技能，于是，他们逐渐形成了自己是有能力的或无能力的印象。这种自我印象是自我身份认同的起源——“我”或“自我”的感觉将在青春期得到更充分的发展。

2. 勤奋与自卑

尽管学龄期的儿童在性方面几乎没有发展，但他们在社交方面却发展迅速。这一阶段的社会心理危机是勤奋（industry）与自卑（inferiority）。**勤奋**是环境相容的品质，意味着勤劳、乐于为了某个任务而忙碌并完成它。学龄期的儿童通过旨在获得工作技能和合作规则的活动来学习如何劳动和游戏。

如果儿童学习得很好，他们就会发展出勤奋意识，但是如果他们的劳作不足以达成其目标，他们就会发展出**自卑**感，即学龄期的环境不相容特性。前一阶段发展不足也可能导致儿童的自卑感。例如，如果孩子在游戏期获得的内疚过多而目标过少，他们就可能会在学龄期发展出自卑感和无能感。不过，这种情况并非不可避免。埃里克森乐观地指出，即使在前一阶段没有获得完全的发展，人们依然可以成功地应对后一阶段出现的危机。

在勤奋与自卑之间平衡当然应该倾斜于勤奋，但是，与其环境不相容特性一样，自卑也不应该被彻底回避。正如阿尔弗雷德·阿德勒（见第 3 章）所指出的，自卑可以成为竭尽全力的动力。但是，过度自卑会阻碍生产活动和儿童对自己的能力的感知。

3. 能力：学龄期的基本力量

学龄期儿童在勤奋与自卑的冲突中发展出了*能力*这一基本力量。能力是指有信心使用自己的身体和认知能力来解决学龄期的相关问题，它是“合作式参与有活力的成年生活”的基础。

如果勤奋与自卑之间的平衡倾斜于自卑或过度勤奋，那么儿童可能会选择放弃，并退回到前一个发展阶段。他们可能会沉迷于婴儿期的生殖器和俄狄浦斯情结幻想，把大部分时间花在非生产性的游戏上。这种退行被称为*惰性*（inertia），是能力的对立面，也是学龄期的核心异常状态。

青春期

青春期（adolescence）是指从发育期开始到进入青年期为止的一个阶段，是最关键的发展阶段之一，因为在这一阶段中，人们必须获得稳固的*自我身份认同感*。尽管青春期并非自我身份认同开始或结束的阶段，却是*自我身份认同与自我身份认同混乱*之间的危机急剧上升的阶段。从自我身份认同危机与自我身份认同混乱中产生了*忠诚*（fidelity），这是青春期的基本力量。

埃里克森将青春期视为*社交潜伏期*，就像学龄期是性潜伏期那样。尽管青少年在性和认知上都有所发展，但西方主流社会并不要求青少年对职业、性伴侣或适应性人生哲学做出长久的承诺。社会允许他们进行各种尝试，尝试不同的角色和信仰，以便建立一种自我身份认同感。因此，青春期是人格发展的适应性阶段，是一个反复试错的时期。

1. 发育期

发育期（puberty）以生殖器成熟为标志。在埃里克森有关青春期的理论中，青春期的开始作用不大。对大多数青少年来说，生殖器成熟不会引起重大的性危机。然而，它具有重要的心理意义，因为它引发了青少年对成年人角色的期望——这种角色本质上是社会角色，只有通过努力取得自我身份认同才能获得。

2. 自我身份认同与自我身份认同混乱

在青春期，寻求自我*身份认同*达到了顶峰，青少年努力探索自己是谁或不是谁。随着青春期的到来，青少年开始承担新的角色，探索自己在性、意识形态和职业方面的身份认同。在探索的过程中，青少年参考了在前一些阶段中形成的自我意象，不论被接受的还是不被接受的。也就是说，自我身份认同的种子在婴儿期就开始萌芽了，在幼儿期、游戏期和学龄期也在继续生长。然后在青春期，自我身份认同上升到了危机的程度，青少年开始学习应对自我身份认同与自我身份认同混乱之间的社会心理冲突。

这一危机并不意味着威胁或灾难，它是一个转折点，是变得更脆弱、更具潜力的关键时期。自我身份认同危机可能会持续许多年，并可能带来或多或少的自我力量。

按照埃里克森的理论，自我身份认同有两个来源：（1）青少年对童年身份认同的确定或否定；（2）青少年身边的历史和社会背景鼓励遵循的某些标准。青少年经常排斥长辈提出的标准，而更喜欢同龄人小组的价值观。不论如何，他们身边的社会在塑造他们的自我身份认同方面发挥着重要作用。

自我身份认同从定义上来说既有积极的一面，也有消极的一面，因为青少年尚未决定自己要成为什么样的人、要有怎样的信仰，以及*不想*成为什么样的人和*不信仰*什么。通常，他们只能在父母的价值观和同龄人的价值观之间二选一，这种困境可能会加剧他们的*自我身份认同混乱*。

身份认同涉及找出自己归属的组别，以及自己不属于的组别。© fotostorm/Getty Images.

自我身份认同混乱是一系列问题构成的综合征，包括自我意象分裂、无法建立亲密关系、时间上的紧迫感、在完成任务时缺乏专注力及对家庭或团体标准的抗拒。与其他环境不相容倾向一样，一定程度的自我身份认同混乱是正常且必需的。青少年必须经历对自我身份认同的怀疑和混乱，然后才能发展出稳定的自我身份认同。他们可能离家（像埃里克森一样）独自探索，以寻找自我；也可能尝试毒品和性行为，加入街头帮派，皈依宗教，或反对当下的社会，但也提不出替代方案；或者，他们可能只是简单而安静地思考自己在世界中的位置，以及自己应珍视怎样的价值观。

埃里克森的理论又一次反映了他自己的人生。18 岁时，埃里克森感觉自己与中产阶级的家庭生活格格不入，因此开始寻求另一种生活方式。他的自我身份认同混乱远甚于自我身份认同，由于具有素描的天赋，他花了 7 年时间在欧洲南部游荡，探索对艺术家身份的认同。埃里克森将这一段人生经历概括为不满、叛逆和自我身份认同混乱的时期。

尽管自我身份认同混乱是探索自我身份认同的必要前提，但如果过于混乱，就会导致病态的调节，退行到较早的发展阶段。人们可能会推迟承担成年期的责任，漫无目的地换工作、换性伴侣或转变意识形态。相反，如果一个人发展出了自我身份认同与自我身份认同混乱之间的平衡，他就能够具有以下特点：（1）信仰某种意识形态原则；（2）能够自由决定该如何行事；（3）信任同龄人和成年人，接纳他们提供的关于目标和志向的建议；（4）对自己选定的职业抱有信心。

3. 忠诚：青春期的基本力量

从青春期自我身份认同危机中产生的基本力量是*忠诚*，即对一个人的意识形态的信仰。

在建立了内部的行为准则之后，青少年不再需要父母的指引，而是对自己的宗教信仰、政治立场和社会意识形态抱有信心。

在婴儿期习得的信任是青春期忠诚的基础。青少年必须先学会信任他人，才能对自己对未来的看法充满信心。他们必须在婴儿期建立起希望，并且必须在建立起希望之后形成基本力量，即意志、目的和能力。每一种基本力量都是忠诚的先决条件，而忠诚对后续阶段中的基本力量也至关重要。

忠诚的病态对立面是**角色否认**（role repudiation），也就是青春期的核心异常状态，它妨碍了青少年将各种自我意识和价值观整合成可行的自我身份认同的能力。角色否认可能表现为缺乏自信（diffidence）或反抗态度（defiance）。*缺乏自信*是指极度缺乏自信，表现为在表达自己时感到羞怯或犹豫。相反，反抗态度是对权威的反叛，持有反抗态度的青少年固执地坚持不为社会所接受的信念和做法，而且仅仅是因为这些信念和做法不被社会接受。埃里克森认为，一定程度的角色否认是必要的，因为它不仅能让青少年发展出个人的自我身份认同，而且为社会结构注入了一些新思想和新活力。

青年期

在青春期获得自我身份认同感之后，青年必须具备将这种身份认同感与他人的身份认同感融合的能力，同时又要保持自己的个体性。**青年期**（young adulthood）——大约在 19 岁到 30 岁——并不严格受到年龄的限制，其开始的标志是建立*亲密关系*，而结束的标志是*繁衍后代*。对一些人来说，这一阶段相对较短，可能仅仅持续几年；对另一些人来说，青年期可能会持续几十年。青年应该发展出成熟的*生殖力*，经历*亲密*和*孤独*之间的冲突，并且获得*爱*的基本力量。

1. 生殖力

青春期的大多数性活动都反映了对自我身份认同的探索，基本上是为自己服务的。真正的**生殖力**（genitality）只能在青年期发展，其特点是与所爱的人互相信任及稳定地分享性满足感。生殖力是青年期的主要性心理，只存在于亲密关系之中。

2. 亲密与孤独

青年期的特征是亲密与孤独的社会心理危机。**亲密**（intimacy）是指将自己的身份认同与另一个人的身份认同融合在一起而无需害怕失去自己的身份认同的能力。由于只有在形成稳定的自我之后才能实现亲密，因此青少年的迷恋并不是真正的亲密关系。尚未确定身份认同的人要么对亲密感到害羞，要么通过毫无意义的性关系来寻求亲密。

与此相反，成熟的亲密意味着彼此信任的能力和意愿。它涉及在一段平等的关系中的牺牲、妥协和承诺。亲密本当是结婚的必要前提，但是现在的许多婚姻缺乏亲密，因为一些青年未能在青春期建立自我身份认同，把结婚当成了探索自我身份认同的一部分。

亲密的社会心理的对立面是*孤独*，其定义是“没有能力拿自我身份认同冒险，去与人分享真正的亲密”。有些人取得了经济上或社会上的成功，却由于无法承担关于工作、繁衍和爱情等成年责任，而一直感到孤独。

同样，一定程度的孤独也是成熟的爱情所必不可少的部分。过于亲密无间会削弱一个人的自我身份认同感，从而导致社会心理的退行，无法开始下一个发展阶段。而过分孤独、过少的亲密和缺乏爱的基本力量是更加危险的。

3. 爱：青年期的基本力量

爱是青年期的基本力量，它源于亲密与孤独的危机。埃里克森将爱定义为一种成熟的奉献精神，克服了两性之间的基本差异。尽管爱包含着亲密，但它也包含着一定程度的孤独，因为情侣双方被允许保持独立的自我身份认同。成熟的爱情意味着承诺、性激情、合作、竞争和友谊。爱是青年期的基本力量，让青年能够有效地迎接最后两个发展阶段。

爱的对立面是**排他性**（exclusivity），这是青年期的核心异常状态。当然，为了维持亲密，排他性是必需的，也就是说，青年必须对一些人、活动、观点保持排他性，这样才能发展出强有力的自我身份认同感。一旦排他性妨碍了青年与他人合作、竞争、协商——这些都是亲密和爱的必要成分——的能力，就成了病态的因素。

成年期

第七个发展阶段是**成年期**（adulthood）。进入成年期后，人们开始在社会上占据一席之地，并对自己与社会互动所产生的一切负有责任。对大多数人而言，成年期是时间最长的发展阶段，大约从 31 岁到 60 岁。成年期的性心理特征是*繁衍*（procreativity）模式，社会心理危机是*生产*（generativity）与*停滞*（stagnation）的危机，基本力量是*照顾*（care）。

1. 繁衍

埃里克森的性心理理论假定存在一种能使物种持续下去的本能驱力。这种驱力对应着成年动物的繁衍本能，是青年期的生殖力的延伸。不过，繁衍不仅是指与亲密伴侣进行生殖器的接触，还包括承担因性接触而产生的对后代的照顾责任。理想情况下，繁衍应该以在前一阶段建立的成熟的亲密和爱为基础。一般而言，人们身体上生育后代的功能出现得较早，而心理上准备好照顾自己的孩子的想法出现得较晚。

成熟的成年期所要求的不仅是繁衍后代，它还要求一个人照顾自己的孩子和他人的孩子。此外，它还要求富有生产性的工作，从而在一代人与另一代人之间传承文化。

2. 生产与停滞

成年期的环境相容特性是*生产*，其定义为“产生新生命、新产品和新观念”。生产与生育和引导下一代有关，包括生育孩子、生产性的工作，以及创造能让世界更美好的新事物和新观念。

人们不仅有学习的需要，也有教导的需要。教导的对象超越自己的孩子的范畴，是对所有人的孩子都产生无私的关注。生产源于先前阶段中的环境相容特性，如亲密和自我身份认同。就像前文所说的那样，亲密依赖于将一个人的自我与另一个人的自我融合但不必担心失去自我的能力。自我身份认同的统一使一个人的兴趣逐渐扩大。在成年期，一对一的亲密已不能让人满足。他人，尤其是孩子，是成年人关心的对象之一。在所有社会中都存在着以文化的方式教导他人的做法。对成年人而言，教导的动机不仅是一种义务或自私的需要，而且是一种为后代做出贡献、确保人类社会能够持续进化的需要。

生产的对立面是*只顾自己*（self-absorption）和*停滞*。如果人们对自己过于专注、过于随心所欲，世代之间交替的生产力和创造力就会受损。只顾自己的态度导致了停滞感。不过，只顾自己和停滞的某些方面是必要的。有创造力的人有时必须保持休眠状态，把注意力集中在自己身上，才能产生新的创意。生产与停滞的相互作用产生了*照顾*，这是成年期的基本力量。

3. 照顾：成年期的基本力量

埃里克森将**照顾**（care）定义为“一种宽泛的承诺，照顾不同的人、物品和观念”。作为成年期的基本力量，照顾建立在先前阶段的基本自我力量的基础上。一个人必须先有希望、意志、目标、能力、忠诚和爱，才能照顾自己所关心的人、事和物。照顾不是责任或义务，而是一种自然的欲望，由生产与停滞或只顾自己之间的冲突产生。

照顾的对立面是*排斥*（rejectivity），即成年期的核心异常状态。排斥是指不愿意照顾某些人或群体。排斥表现为以自我为中心、地域偏狭或成为*伪物种*，也就是说，认为某些群体比自己所在的群体低下。排斥是人类仇恨、破坏、暴行和战争的源头。正如埃里克森所说，排斥对物种的生存及每一个体的社会心理发展都具有深远的影响。

埃里克森将发展阶段一直扩展到了老年期

老年期

第八个也是最后一个发展阶段是**老年期**（old age）。埃里克森在 40 岁出头时首次将老年期概念化，并有些武断地把老年期定义为从 60 岁到生命尽头的这段时期。老年期并不一定意味着人们不再有生产能力。从狭义上说，生育能力可能不复存在，但是老年人可以通过其他方式保持生产力和创造力。他们可以是慈爱的（外）祖父母，照顾自己的孙辈及其他社会成员。老年期可以是快乐、幽默和美妙的时期，但老年期同时也是衰老、抑郁和绝望的时期。老年期的性心理模式是广义的感官享受（generalized sensuality），社会心理危机是完整无缺（integrity）与绝望（despair），基本力量是智慧（wisdom）。

1. 广义的感官享受

老年期的性心理阶段是广义的感官享受。埃里克森没有详细说明这一性心理模式，但是可以推断，广义的感官享受包括从各种身体感觉（视觉、听觉、嗅觉、味觉、拥抱乃至生殖器刺激）中享受乐趣。广义的感官享受可能还包括对异性的传统生活方式更为欣赏。男性变得更乐于抚养，更愿意接纳无性关系的乐趣，更善于与孙辈和曾孙辈互动。女性则开始对政治、金融和世界大事更感兴趣、参与更多。然而，广义的感官享受取决于个体能否从容应对一切，也就是说，在绝望时能否保持完整无缺。

2. 完整无缺与绝望

人的一生中最后一个社会心理危机是完整无缺与绝望之间的冲突。在生命的尽头，绝望（环境不相容的特性）可能会非常强烈，但是对那些拥有强大的自我身份认同、学会了亲密且能够照顾人和物的个体来说，完整无缺（环境相容的特性）将占主导地位。完整无缺是指完整、连贯的感觉，一种尽管体力和智力都在衰退，但仍能够保持完整的“我”（I-ness）的感觉。

当人们发现自己曾熟悉的存在（如配偶、朋友、健康、体力、敏捷的思维、独立和对社会的用处）正在一点点流失时，保持自我的完整无缺变得极其困难。在这样的压力下，人们常常感到绝望，从而会表现为厌恶、抑郁、蔑视他人，反对自己无法接受的其他事物。

从字面意义来看，绝望是没有希望。请回到图 7.2，我们会发现生命周期中的最后一个环境不相容特性是绝望，它与希望——生命周期中的第一个基本力量——位于对角线的两头。从婴儿期到老年期，希望一直存在。一旦失去希望，绝望就会随之而来，生命也就不再有意义。

3. 智慧：老年期的基本力量

一定程度的绝望是正常的，并且是心理成熟的必需因素。完整无缺与绝望之间的不可避免的冲突产生了智慧，即老年期的基本力量。埃里克森将智慧定义为“面对死亡本身时，对生命本身的知情且超然的关心”。超然关心并不意味着不关心，而是一种积极但不带感情的兴趣。尽管老年人的体力和精力都在下降，但他们拥有成熟的智慧，这使他们能够保持自己的完整无缺。他们的智慧来自代代相传的传统知识，并且他们也为传统知识添砖加瓦。在老年期，人们会关心一些终极问题，包括不存在的事。

智慧的对立面是轻蔑（disdain），这也是老年期的核心异常状态。埃里克森将其定义为“对感觉（和与他人见面）的一种反应，一种更加堕落、困惑、无助的状态”。轻蔑是排斥——成年期的核心异常状态——的延续。

随着埃里克森年龄的增长，他开始对老年变得不再那么乐观，他和妻子琼（Joan）共同勾画了第九个阶段——笃老期。在这个阶段，身体和精神上的衰弱剥夺了人的生产能力，他们除了等待死亡已经不能做其他事情了。琼对第九阶段尤其感兴趣，因为她目睹了丈夫在生命最后几年健康状况迅速恶化的情形。不幸的是，琼还没来得及完成关于第九阶段的理论论述就去世了。

生命周期小结

表 7.1 总结了埃里克森提出的生命周期。八个发展阶段分别具有一个特征性的社会心理危机。社会心理危机被占主导地位的环境相容元素与对应的环境不相容元素之间的冲突所激发。从冲突之中产生了基本力量，或者叫自我品质。每一种基本力量都有一个潜在的对立面，即该阶段的核心异常状态。在人的一生中，重要关系所涵盖的范围会不断扩大，从婴儿期与母亲的关系开始，到老年期认同整个人类结束。

人格的发展总是以某一历史时期、某一社会为背景。然而，埃里克森认为，这八个发展阶段超越了时间和空间，适用于过去和现在的几乎所有文化环境。

表 7.1　埃里克森提出的生命周期八阶段小结

阶段		社会心理危机	基本力量	核心异常状态
8	老年期	完整无缺 vs. 绝望	智慧	轻蔑
7	成年期	生产 vs. 停滞	照顾	排斥
6	青年期	亲密 vs. 孤独	爱	排他性
5	青春期	身份认同 vs. 身份认同混乱	忠诚	角色否认
4	学龄期	勤奋 vs. 自卑	能力	惰性
3	游戏期	主动 vs. 内疚	目标	抑制
2	幼儿期	自主 vs. 羞耻 / 怀疑	意志	强迫
1	婴儿期	基本信任 vs. 基本不信任	希望	退缩

埃里克森的调查方法

埃里克森坚持认为人格是历史、文化和生物学的产物，他的调查方法也反映了这一信念。他采用人类学、历史学、社会学和临床方法来了解儿童、青少年、成年人和老年人。他研究了中产阶级美国人、欧洲儿童、北美的苏族人和尤罗克族人，甚至还有潜水艇上的水手。他写了阿道夫·希特勒（Adolf Hitler）、马克西姆·高尔基（Maxim Gorky）、马丁·路德（Martin Luther）和莫汉达斯·K. 甘地（Mohandas K. Gandhi）的传记。在本节中，我们将重点介绍埃里克森用来解释和描述人格的两种方法——人类学和心理历史学。

人类学研究

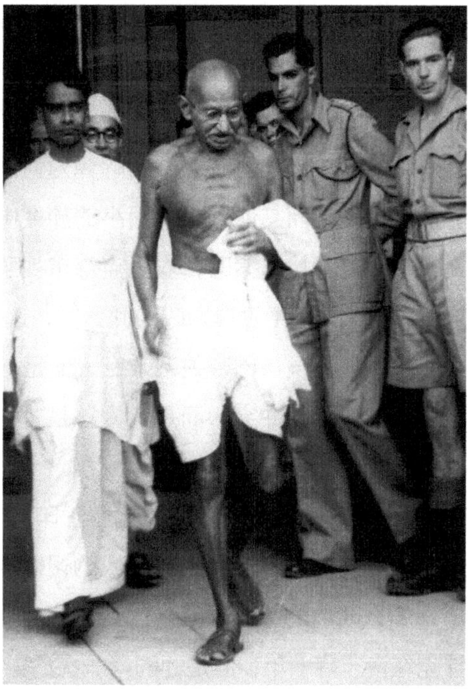

根据埃里克森的说法，圣雄甘地从他的几次身份认同危机中获得了基本力量。©Ingram Publishing.

1937 年，埃里克森在南达科塔州的松岭印第安人保护区进行了实地考察，调查苏族儿童冷漠的原因。埃里克森记录了苏族人对儿童的早期训练方式，并采用了他新提出的性心理和社会心理发展理论进行分析。他发现，苏族人十分依赖联邦政府的各种项目，而冷漠恰恰是他们极度依赖的表现。曾几何时，苏族人是勇敢的水牛猎人，但是到了 1937 年，他们已经失去了作为猎人的群体身份，并完全依赖农业为生。过去，他们的育儿习俗是把小男孩训练为猎人，小女孩训练为未来猎人的帮手和母亲，但这些育儿习俗不适合农业社会。到了 1937 年，苏族儿童很难找到自我身份认同感，尤其是当他们到了青春期之后。

两年之后，埃里克森对加利福尼亚州北部的尤罗克族人进行了类似的实地考察。尤罗克族人主要依靠捕鲑鱼为生。尽管苏族和尤罗克族拥有截然不同的文化，但两个部落都有遵循其既定的社会美德训练年轻人的传统。尤罗克族人受到了捕鱼的训练，他们没有强烈的民族情怀，也没尝过战争的滋味。尤罗克族人十分重视获得、储存粮食和财产。埃里克森证明，幼儿期的训练与这种强大的文化价值观是一致的，历史和社会参与了人格的塑造。

心理历史学

心理历史学（psychohistory）是一个充满争议的领域，其中结合了精神分析的方法和历史学的方法。弗洛伊德开创了心理历史学，他先是对列奥纳多·达·芬奇（Leonardo da Vinci）进行研究，出版了一部著作；后来又与美国大使威廉·布利特（William Bullitt）合作，对美国总统伍德罗·威尔逊（Woodrow Wilson）进行了心理研究，并出版了一本书。尽管埃里克森对后一本书持保留态度，但他在自己的研究中还是采用了心理历史学方法，并对其进行了完善，特别是在他对马丁·路德和圣雄甘地的研究中。路德和甘地都曾对历史进程产生重要影响，因为他们都是杰出人物——他们生逢其时，有正确的个人冲突，而且这种冲突无法由个体解决，只能由集体解决。

埃里克森将心理历史学定义为“结合精神分析方法和历史学方法对个体和集体生活开展的研究”。他用心理历史学来证明自己的基本观点，即每个人都是其所处的历史时代的产物，并且每个时代都受到正在经历个人身份认同冲突的杰出领袖的影响。

作为心理历史学家，埃里克森认为他应该对自己的研究对象投入情感。例如，他对甘地产生了强烈的情感依恋，他认为背后的动因是他对从未谋面的父亲的终生寻找。在《甘地的真理》一书中，埃里克森试图解释为何健康的个体（如甘地）在经历巨大的冲突与危机时能够埋头苦干，而其他人却在很小的冲突中精疲力竭，并在字里行间流露出他对甘地的强烈正面情感。在寻找答案时，埃里克森审视了甘地的一生，但专注于他的一个特定的危机，在甘地中年首次使用绝食作为政治武器时，这个危机达到了高潮。

甘地小时候与母亲关系亲密，但是与父亲冲突不断。埃里克森并没有将这一情形解释为俄狄浦斯情结的冲突，而是认为这是甘地解决与权威形象之间的冲突的机会——在甘地的一生中，这种机会出现了很多次。

1869 年 10 月 2 日，甘地出生于印度博尔本德尔。他年轻时曾在英国伦敦学习法律，言行举止都中规中矩。他按照英国人的习惯穿衣打扮，在毕业后回到印度开始当律师。在当了两年不怎么成功的律师之后，他去了南非。南非和印度一样，当时都是英国的殖民地。他本来计划在南非待一年，但是他的第一次严重的自我身份认同危机让他在那里一住就是 20 多年。

他先是被一位法官赶出了法庭；一周后，他又被扔下了火车，因为他拒绝把座位让给一名“白人”男子。这两次种族偏见经历改变了甘地的人生。待他解决了这次自我身份认同危机后，他的衣着发生了巨大变化：他不再戴丝绸帽子、穿黑色大衣，而是缠着棉质印度腰布、披着披肩，他的这一形象为全世界成千上万的人所熟悉。在南非的那些年里，甘地提出了“非暴力不合作主义”（Satyagraha），虽然这是一种消极的抵抗方法，但是甘地用它来解决与官方之间的冲突。非暴力不合作主义来自梵语，本义是顽强而固执的寻求真理的方法。

回到印度后，甘地又一次经历了自我身份认同危机。那是 1918 年，甘地 49 岁，他参与了艾哈迈达巴德的工人罢工事件，并成为核心人物。埃里克森将围绕此次罢工发生的事件统称为“大事件”，并将这次危机作为《甘地的真理》一书的重心。尽管此次罢工在印度历史上只是一件小事，并且在甘地的自传中也只是一笔带过，但埃里克森认为它对甘地的非暴力战士的身份产生了重大影响。

工人要求如果没有得到 35% 的加薪就坚持罢工。但是，工厂主只同意提供不超过 20% 的加薪。双方僵持不下，工厂主开始试图打破工人的团结，声明只给那些同意回来工作的人提供 20% 的加薪。甘地作为工人领袖，因这一僵局而十分苦恼。随后，他有些激进地拒绝吃任何食物，直到工人的要求被满足为止。这是他一生中 17 次“绝食至死”抗议的第一次。他绝食并不是要威胁工厂主，而是向工人展示其遵守承诺的决心。其实甘地也担心工厂主可能会出于对他的同情而让步，而不是因为对工人绝望困境的承认而让步。到了第三天，工人和工厂主各自让步，以便双方都有台阶下——工人将在开工的第一天涨薪 35%，第二天涨薪 20%，之后的数额由仲裁员决定。次日，甘地结束了绝食，但是消极抵抗帮助他重塑了自己的身份认同，并为他提供了政治和社会和平变革的新工具。

与自我身份认同危机引发核心异常状态的神经症患者不同，甘地从每一次危机中得到了发展。埃里克森描述了受心理困扰的人的危机与甘地等伟人的危机之间的区别：“那么，这就是历史案例与生活史之间的区别：神经症患者会因他们或大或小的内心冲突而精疲力竭，但是在真实的历史中，伟人的智慧却因其内心的冲突而不断增强。”

相关研究

埃里克森的主要贡献之一就是将人格发展扩展到了成年以后。他将弗洛伊德的发展理论扩展到了老年期，挑战了心理发展止于童年的观点。埃里克森最有影响力的成果就是他的发展理论，尤其是从青春期到老年期的各个阶段。他是最早强调“青春期是关键时期、该时期的冲突围绕着对自我身份认同的寻求而展开”的理论家之一。青少年和青年常常发问：我是谁？我要去哪儿？我这一生想要做什么？他们对这些问题的回答影响了他们将发展什么样的关系、选择怎样的生活伴侣，以及将踏上哪条职业道路。

埃里克森曾指出，每一个发展阶段都建立在前一个阶段的基础之上。例如，青春期的身份认同完成（identity achievement）包含了探索自我的各个要素，包括意识形态（宗教、政治）和人际交往（友谊、约会），以及埃里克森所说的承诺。有关西方文化的研究表明，身份认同完成是最健康的自我身份认同状态，它是后续发展阶段中亲密和生产的基础。不过，埃里克森也认为，尽管人格的发展是一步一步展开的，但所有发展任务在一生中的每个阶段都以某种方式存在，只不过在不同阶段的重要程度有所不同。因此，对正在巩固自我身份认同的青少年来说，对亲密和生产感到忧虑是有意义的，也是正在发生的。因此，学者们研究了早期发展阶段中的“后期”社会心理危机，以了解早期阶段如何促进后期阶段的发展任务的解决。

与大多数心理动力学家不同，埃里克森的理论引发了大量实证研究，其中大部分集中在青春期、青年期和成年期。下面我们将讨论一些关于青春期、青年期和成年期的近期研究，重点关注自我身份认同和亲密。

青少年自我身份认同状态的跨文化研究

在今天，埃里克森可以被称为跨文化心理学家，他研究过来自不同文化的人，只不过他采用的是定性研究和案例研究的方法。直到最近，也很少有研究者通过跨文化的实证研究来检验埃里克森的人格发展理论。2011 年，霍尔格·布施（Holger Busch）和扬·霍弗（Jan Hofer）发布了第一个这样的实验。

他们的研究目的是检验青少年在两种截然不同的文化中是否以相同的方式发展自我身份认同，这两种文化分别来自欧洲国家德国和非洲国家喀麦隆。他们的研究对象是来自德国和喀麦隆恩索部落的 15 岁至 18 岁的青少年。恩索部落居住在喀麦隆西北部的高地草地上，因此，研究者也选择了德国西北部地区的青少年进行对照。两个国家的青少年在一些方面的表现并不相同（例如，喀麦隆父母比德国父母更强调服从长者，喀麦隆家庭往往比德国家庭更大，因此喀麦隆的青少年对年幼的弟弟妹妹的照料责任要比德国青少年的更重），但是两种文化都认为青春期是童年与成年之间的过渡阶段，在工作和家庭中都应承担一定的责任。因此，研究者预测两组青少年在自我概念上存在一些文化差异。此外，根据埃里克森的理论，两组青少年在身份认同完成方面的相似性应该可以预测两者都对后续发展阶段比较关心。

研究者给德国和喀麦隆青少年发放了“扩充版自我身份认同状态客观量表”（Extended Objective Measure of Ego Identity Status，EOMEIS），该量表用于测量埃里克森提出的四种身份认同状态：完成（成功探索身份认同要素并实现承诺）、了结（没有充分探索身份认同元素，但实现了承诺）、中止（依然处于探索之中，没有承诺）和弥散（既没有探索也没有承诺）。研究者还测量了青少年对生产的关心，包含的问题有“我试图传递我从经验中学到的知识”“整体的亲社会倾向”（利他主义、慈善事业），以及“自我构念量表”（Self-Construal Scale，SCS），该量表用于测量个体的自我感知是更独立还是更依赖。

结果支持了研究者的预测。在文化差异方面，布施和霍弗发现，德国青少年在自我身份认同的完成状态和弥散状态上得分很高，而喀麦隆恩索部落青少年在了结状态和中止状态上得分较高。在亲社会倾向和生产关心量表上，喀麦隆青少年的得分均高于德国青少年。最后，“自我构念量表”的结果显示，德国青少年认为自己更加独立，而喀麦隆青少年则认为自己更加相互依存。不过，两个群体都显示，积极的自我身份认同能够预测对生产的关心，这表明，无论文化背景如何，身份认同完成都对发展有益。也就是说，身份认同“设置”了青少年开始考虑未来能够积极教导下一代的能力。最后，在这两个群体中，自我身份认同越明确的青少年，其亲社会性也越强，不过对德国青少年来说这种影响更加强烈。

这些有趣的发现反映了不同文化如何印证埃里克森提出的发展阶段理论，而且正如埃里克森的预测那样，在任何文化中各个发展阶段都是渐成的。例如，喀麦隆有着更加崇尚相互依存的自我构念的文化，而德国乃至美国则拥有更加崇尚独立的文化。在前一种文化中，青少年可能更重视从长辈那里获取身份认同元素；而在后一种文化中，青少年将自己与父母和（外）祖父母区分开，并找到自己“专有的”身份认同。此外，研究者还讨论了不同文化中亲社会行为的定义有何不同，有些文化强调道德义务，而另一些文化则强调个人选择。不过，尽管文化之间存在差异，但是无论人们身处何种文化，都能解决青春期的自我身份认同危机，使自己对他人的需要更加在意并做出相应的举动，甚至开始考虑如何教导下一代。

身份认同先于亲密吗

研究者威姆·拜尔斯（Wim Beyers）和英格·塞弗齐·克伦克（Inge Seiffge Krenke）提出“身份认同先于亲密吗”这一问题，为的是验证埃里克森的渐成原理。在青春期完成确信的身份认同，是否为青年期发展出健康的亲密关系奠定了基础？两位研究者开展了纵向研究，检验了埃里克森对这一发展顺序的假设，填补了研究中的两个空白。

（1）迄今为止，关于埃里克森提出的青春期和青年期理论只有横向研究和短期研究，因此尚不能得出关于真实发展的结论。

（2）近来的一些关于青少年发展的研究提出了以下质疑：身份认同是否真的先于亲密，并符合埃里克森的理论假设?

有迹象表明，最近几十年来，社会发生了巨大的变化，因此有人质疑埃里克森的发展阶段理论中的青春期和青年期是否依然适用。例如，现在的青少年可以推迟成年期的承诺，在大学里及大学毕业后探索诸多选择，这表明身份认同已被推迟。此外，一些人认为，现在的青少年的亲密的性关系增多了，可能先于身份认同的发展，甚至使身份认同的发展中断（考虑到青少年怀孕率）。

拜尔斯和克伦克在德国开展了为期 10 年的纵向研究，参与者包括 52 位女性和 41 位男性，他们用这些数据验证了埃里克森提出的身份认同先于亲密的发展顺序。参与者分别在 15 岁时和 25 岁时接受访谈。研究发现了从身份认同到亲密的发展顺序的有力证据：首先，从 15 岁到 25 岁，自我不断发展，15 岁时身份认同更加确定的个体到 25 岁时会有更强的自我觉知和个人主义；其次，他们没有发现其他人所说的当代青少年身份认同延迟的现象；最后，参与者之中的大多数人都在 25 岁时建立了亲密关系，而亲密程度则可以通过 15 岁时的自我身份认同发展水平预测。因此，研究者得出结论，在新千年里，青春期的自我发展仍能预测青年期的亲密。

埃里克森本人曾经写道："进入二人亲密世界的前提是必须先成为自己。"拜尔斯和克伦克的研究证实了这句关于年轻人健康人格的简洁表述。我们对自己感到越满意，就越可能享受高质量的亲密关系。

对埃里克森的评价

埃里克森的理论主要建立在伦理原则而非科学数据之上。他从艺术领域转行到心理学领域，认为自己是从艺术家而非科学家的视角看待世界。他曾经写道，除了提供一种看待事物的方式之外，他再无其他贡献。人们认为他的著作是主观的、个人的，但正是这种特点让他的著作更具魅力。尽管如此，我们在评价埃里克森的理论时，仍需依从科学的标准，而不是伦理或艺术的标准。

有用理论的第一个标准是其**引发研究**的能力，根据这个标准，我们认为埃里克森的理论高于平均水平。例如，仅仅是自我身份认同这一主题就引发了数百项研究，包括对埃里克森的发展阶段理论的一些元素，如亲密与孤独、生产及完整的生命周期的实证研究。

不过，虽然引发了大量的研究，但是从**可证伪性**的标准来看，埃里克森的理论只能达到平均水平。因为很大一部分研究发现不但能够用埃里克森的发展阶段理论解释，也能够用其他理论来解释。

在组织知识的能力方面，埃里克森的理论局限于发展阶段这一主题。它没有充分解释诸如个人特质或动机之类的问题，而这一局限让其失去了组织当前的关于人格的知识的能力。八个发展阶段理论有力地阐明了生命周期，与这些领域相关的研究通常都可以被套入埃里克森的理论框架中。然而，埃里克森的理论格局不大，不能在组织知识的能力方面得高分。

在指导行动的能力上，埃里克森的理论提供了许多一般准则，但几乎没有提供具体建议。它提供了与成年人和老年人打交道的方法，而这几乎是本书讨论的理论中最优秀的。埃里克森关于衰老的观点对老年医学领域很有帮助，几乎每一本青少年心理学教科书也都引用了自我身份认同的观点。此外，他的亲密与孤独、生产与停滞的概念对婚姻咨询师和关心亲密关系的年轻人都有很大的帮助。

埃里克森的理论具有很高的内部一致性，这主要是因为他用来标记社会心理危机、基本力量和核心异常状态的术语经过了谨慎的选择。英语不是埃里克森的母语，他在写作时频繁翻阅字典，以确保自己所使用的术语更加准确。不过，像希望、意志、目标、爱和照顾等概念并没有操作性定义。虽然这些概念在科学研究上用处不大，但它们的文学价值和情感价值都很高。另一方面，埃里克森的渐成原理及他对八个发展阶段的精妙描述，都赋予了他的理论明显的内部一致性。

根据简单或简约性的标准，我们给埃里克森的理论一个中等评分。虽然精确使用术语是一种优势，但是它对性心理阶段和社会心理危机的描述，尤其是其在靠后的发展阶段中的描述，区分不够清晰。此外，埃里克森使用了不同的术语，甚至使用了不同的概念来填充图 7.2 中所示的 64 个单元格。这种混乱削弱了其理论的简约性。

对人性的构想

弗洛伊德认为解剖学因素决定命运，但埃里克森认为其他因素可能才是造成性别差异的原因。埃里克森引用了自己的一些研究，指出尽管男孩和女孩的游戏方式不同，但这种差别至少部分是由不同的社会习俗导致的。这个结论是否意味着埃里克森也同意弗洛伊德的解剖学因素决定命运的说法？的确，埃里克森承认解剖学因素决定命运，但他把这句话进行了重新解读："解剖学因素、历史和人格共同决定了我们的命运。"换句话说，单有解剖学因素是不能决定命运的，它与过去的事件，包括社会、气质和智力等人格维度共同决定了一个人的命运。

埃里克森的理论对人性的构想是怎样的？让我们回顾第 1 章中介绍的六个维度。首先，埃里克森是认为生命周期由外部力量决定，还是认为人们在一定程度上可以选择如何塑造自己的人格和人生？埃里克森不如弗洛伊德那样倾向于决定论，但是他也不相信自由选择，而是持中庸的态度。尽管人格在某种程度上是由文化和历史塑造的，但人们也能够在一定限度内掌控命运。人们可以探寻自己的身份认同，而不是完全被文化和历史束缚。实际上，个体可以改变历史并改变自己身处的环境。埃里克森在心理历史学中研究最深入的两个人物（马丁·路德和圣雄甘地）都对世界历史及其身边环境产生了深远的影响。同样，即使人们对世界的影响没有那么大，每个人也都有权决定自己的生命周期。

在*悲观主义还是乐观主义*的维度上，埃里克森偏向于乐观主义。即使核心异常状态在早期的发展阶段占据了主导地位，也并不意味着在后续发展阶段中，它将继续存在。尽管先前阶段中的弱点会增加后续阶段获得基本力量的难度，但是人们在任一生命阶段都可以做出改变。每种社会心理冲突都由一组环境相容特性与环境不相容特性构成。不论过去的解决方案如何，每一次危机都可以选择环境相容元素，或者说和谐元素。

埃里克森并未具体讨论*因果论还是目的论*的问题，但他对人性的观点表明，人们受生物学和社会力量的影响大于受对未来看法的影响。人是特定历史时刻和特定社会环境的产物。尽管我们可以设定目标并积极努力实现这些目标，但我们无法完全摆脱解剖学、历史和文化的强大因果力量。因此，我们认为埃里克森的理论偏向于因果论。

在第四个维度，即*决定因素是意识的还是潜意识的*，埃里克森的立场是混合的。在青春期之前，人格在很大程度上是由潜意识动机所塑造的。在建立自我身份认同之前的四个发展阶段中，儿童就面对性心理和社会心理的冲突。儿童无法清楚地觉知这些冲突，也不知道它们如何塑造了人格。但是，从青春期开始，人们通常就会开始觉知自己的行为，以及这些行为背后的大部分原因。

在*生物学因素还是社会学因素*方面，埃里克森的理论显然偏向于社会学因素，不过也没有忽略人格发展中的解剖学因素和其他生理因素。每一种性心理模式都有明确的生物学成分。但是，八个发展阶段越往后，社会的影响力越大。同样，社会关系的范围也从母亲一个人逐渐扩大到对全人类的整体认同。

对人性的构想的第六个维度是*独特性还是相似性*。埃里克森更倾向于强调个体差异，而非普遍特征。尽管不同文化的人的八个发展阶段顺序相同，但是过程却充满了差异。每个人都用自己独特的方式解决社会心理危机，也都有自己特有的使用基本力量的方式。

重点术语及概念

- 埃里克森的发展阶段理论基于*渐成原理*，意思是组成部分逐步发展，后续的发展建立在先前的发展之上。
- 在每一个发展阶段中，人们都会经历对立的*环境相容*与*环境不相容*态度的相互作用，这种相互作用导致了冲突或社会心理危机。

- 社会心理危机的解决产生了基本力量，使人们能够进入下一个发展阶段。
- 生物学组成部分为个体奠定了基础，但是历史和文化事件也影响着自我身份认同。
- 每一种基本力量都有潜在的对立物，即该发展阶段的核心异常状态。
- 第一个发展阶段是婴儿期，其特征是口欲－感觉模式，社会心理危机是基本信任与不信任之间的冲突，基本力量是希望，核心异常状态是退缩。
- 幼儿期的儿童会经历肛欲－尿道－肌肉模式，社会心理冲突是自主与羞耻和怀疑之间的冲突，基本力量是意志，核心异常状态是强迫。
- 在游戏期，儿童会经历生殖器－运动的性心理模式，并经历主动与内疚的社会心理危机，基本力量是目标，核心异常状态是抑制。
- 学龄期儿童处于性潜伏期，面临着勤奋与自卑的社会心理危机，基本力量是能力，核心异常状态是惰性。
- 青春期是一个关键阶段，个人的身份认同感应在此时期形成。但是，身份认同混乱可能会在社会心理危机中占主导地位，从而使身份认同延迟。忠诚是青春期的基本力量。角色否认是其核心异常状态。
- 青年期大约是指 18 岁至 30 岁之间的阶段，其特征性心理模式是生殖力，社会心理危机是亲密与孤独之间的冲突，基本力量是爱，核心异常状态是排他性。
- 在成年期，人们经历了繁衍的性心理模式，社会心理危机来自生产与停滞的冲突，基本力量是照顾，核心异常状态是排斥。
- 老年期的性心理模式是广义的感官享受，危机来自完整无缺与绝望的冲突，基本力量是智慧，核心异常状态是轻蔑。
- 埃里克森使用心理历史学（精神分析学与历史学的结合体）来研究马丁·路德和圣雄甘地等的身份认同危机。

CHAPTER 08

第 8 章

弗洛姆：人本主义精神分析

弗洛姆 © Bill Ray/The LIFE Picture Collection/Getty Images.

- 人本主义精神分析概要
- 埃里希·弗洛姆小传
- 弗洛姆的基本假设
- 人类的需要
  - 关联
  - 超越
  - 植根
  - 认同感
  - 定向框架
  - 人类需要小结
- 自由的负担
  - 逃避的机制
  - 积极自由
- 性格取向
  - 非生产性取向
  - 生产性取向
- 人格障碍
  - 恋尸癖
  - 恶性自恋
  - 乱伦共生
- 心理治疗
- 弗洛姆的调查方法
  - 墨西哥村庄里的社会角色
  - 希特勒的心理历史研究
- 相关研究
  - 验证弗洛姆的营销性格假设
  - 与文化的疏离和幸福感
  - 威权主义与恐惧
- 对弗洛姆的评价
- 对人性的构想

重点术语及概念

为什么会发生战争？国家之间为什么不能和平共处？来自不同国家的人即便不能相互扶持，为什么连相安无事都做不到？人们该如何避免由战争引起的暴力和屠杀？

有一个小男孩曾思考过这些问题，因为战争正在他的祖国蔓延。他曾亲身经历第一次世界大战，在第二次世界大战发生前，这场战争被人们称作世界大战。他知道自己的祖国（德国）的人民讨厌敌方（主要是法国和英国）的人民，同时他确信法国和英国的人民也讨厌德国的人民。战争没有任何意义。为什么平常友好而有理智的人会参与无谓的杀戮？

这个小男孩并不是第一次这样发问。上一次他的头脑里冒出诸如此类的问题，是因为一位年轻貌美的画家自杀了。他无法理解这位画家为什么会在她的父亲去世后选择随之而去。这一事件让这个 12 岁的小男孩感到费解和困惑。自杀的年轻女子是小男孩家的朋友，她既美丽又有才华，而她的父亲却年迈又毫无魅力。但是她留下遗书说希望能与父亲葬在一起。小男孩无法理解她的做法和遗愿。年轻貌美的画家本可以有大好人生，却因为人生里没有了父亲而宁愿选择死亡。她为何会做出这样的决定？

对这个小男孩来说，第三个对他产生深远影响的经历是接受犹太教的教育。《旧约》先知以赛亚（Isaiah）、何西阿（Hosea）和阿摩司（Amos）的慈悲和救赎让他特别感动。这个小男孩就是埃里希·弗洛姆（Erich Fromm）。尽管他后来放弃了有组织的宗教活动，但他接受犹太教教育的早期经历，加上对战争的厌恶及对年轻艺术家自杀的困惑，都有力地促成了他的人本主义观点的形成。

人本主义精神分析概要

埃里希·弗洛姆的基本论点是，现代人已经摆脱了原始人与自然或他人之间的联结，与此同时，现代人获得了推理、预见和想象的能力。失去动物本能与获得理性思维让人类成了世上的怪胎。自我意识导致了孤独、孤立和无家可归的感觉。为了摆脱这些感觉，人类努力想要与自然和他人重新建立联结。

弗洛姆曾接受过弗洛伊德精神分析学派的训练，同时也受到马克思、卡伦·霍妮和社会导向的理论家的影响。他提出的人格理论强调社会生物学、历史、经济和阶层结构的影响。他的**人本主义精神分析**（humanistic psychoanalysis）假定人类与自然的分离导致了孤独和孤立的感觉，并且他把这一情形称为*基本焦虑*（basic anxiety）。

弗洛姆不仅是一位人格理论家，他同时还是社会评论家、心理治疗师、哲学家、研究《圣经》的学者、文化人类学家和心理传记作家。他的人本主义精神分析是从历史和文化角度而非严格的心理学角度来审视人类的。它较少关注个体，而更关注一种文化中的共同特征。

弗洛姆对人性持进化论的观点。当进化为一个独立的物种时，人类也就丧失了大多数动物本能，其大脑进一步发育，得以拥有自我意识、想象力、计划能力和怀疑能力。虚弱的本能与高度发达的大脑相结合，使人类成了与其他动物迥异的物种。

资本主义的兴起在人类历史上是近世发生的事情，它一方面给人们带来了闲暇时间和个人自由，一方面也引起了人们的焦虑、孤立和无助的感觉。弗洛姆认为，自由的代价已经超过了它所带来的利益。资本主义所造成的孤立是难以忍受的，并只给了人们两种选择，即逃避自由而成为人际关系的依赖者，或者通过生产性的爱和工作完成自我实现。

埃里希·弗洛姆小传

像所有人格理论家一样，埃里希·弗洛姆对人类本性的看法也受到其童年经历的影响。对弗洛姆而言，犹太教的家庭生活、一名年轻女子的自杀及德国人民的极端民族主义都影响了他对人性的构想。

弗洛姆于 1900 年 3 月 23 日生于德国法兰克福，他的父母是中产阶级正统犹太教教徒。他的父亲名叫纳弗塔利·弗洛姆（Naphtali Fromm），其父是一位拉比，其祖父和外祖父也都是拉比。他的母亲名叫罗莎·克劳斯·弗洛姆（Rosa Krause Fromm），是著名的犹太学者路德维希·克劳斯（Ludwig Krause）的侄女。弗洛姆年轻时曾与几位杰出学者一起研读《旧约》，这些人被认为是“极度宽容的人道主义者”。弗洛姆的人本主义心理学可以追溯到他阅读《旧约》中先知的经历。弗洛姆称：“他们有普世的和平与和谐的愿景，他们认为历史有伦理的教义的一面，即国家行为有对有错，历史有其道德定律。”

弗洛姆的童年并不幸福。他回忆自己有“非常神经质的父母”，并且他自己“可能是一个相当令人难以忍受的神经质的孩子”。他认为父亲喜怒无常，母亲则容易抑郁。此外，他在两个截然不同的世界中长大，一个是传统的正统犹太教世界，另一个是现代资本主义世界。这种分裂给他带来了难以忍受的紧张和压力，但也为他提供了一种终生的倾向，即从多个角度看待同一事件。

本章开头的故事叙述了一位年轻貌美的艺术家的自杀，即随刚刚去世的父亲而去，这件事让弗洛姆感到震惊而困惑。一名年轻女子怎么会主动选择死亡，而不是活着享受生活和绘画的乐趣？这个问题困扰了弗洛姆 10 年之久，并最终让弗洛姆对弗洛伊德和精神分析产生了兴趣。弗洛姆读了弗洛伊德的著作，知道了俄狄浦斯情结，才为年轻女子自杀的原因找到了可能的解释。后来，弗洛姆将这名年轻女子对父亲的非理性依赖解释为一种非生产性的共生关系。不过在早些时候，他对弗洛伊德提供的解释感到十分满意。

第一次世界大战爆发时，弗洛姆只有 14 岁。虽然年龄尚小不能参军，但这个年龄也足以让他对眼前的德国民族主义的非理性产生深刻的印象。他认为英国人和法国人也同样非理性，并为这样一个问题所困扰：为什么那些平常理性而平和的人会如此强烈地受到民族意识形态的驱使、喜欢杀戮且甘愿赴死？弗洛姆称：“1918 年战争（即第一次世界大战）结束时，我是一个满腹疑虑的年轻人，总会思想战争是怎么发生的，同时力图理解人类行为的不合理性，并强烈渴望世界和平与国家之间的相互理解。”

在青春期，弗洛姆深受弗洛伊德和马克思著作的影响，同时也从二者的差异中受到启发。随着研究的深入，他开始质疑这两个人思想的有效性。他说："我逐渐明确了自己的主要兴趣。我想了解支配个人生活和支配社会的定律。"

第一次世界大战结束后，弗洛姆成了一名社会主义者，不过并没有加入社会党。相反，他在海德堡大学全神贯注于心理学、哲学和社会学研究，并在 22 岁（或 25 岁）时获得了社会学博士学位。

弗洛姆觉得他仍然不能回答年轻女子自杀或战争的疯狂等困扰他已久的问题。于是，他转向了精神分析，希望它能帮他回答其他领域未能回答的人类动机问题。在 1925 年到 1930 年期间，弗洛姆先后在慕尼黑和法兰克福学习精神分析，最后在柏林精神分析研究所学习，并在那里接受了弗洛伊德的学生汉斯·萨克斯（Hanns Sachs）的精神分析。尽管弗洛姆从未见过弗洛伊德，但那几年他的大多数老师都是弗洛伊德理论的积极拥护者。

1926 年，也就是弗洛姆脱离正统犹太教的同一年，他与自己的分析师弗里达·赖希曼（Frieda Reichmann）结了婚，后者比他大 10 岁。赖希曼后来因其在精神分裂症方面的研究而享誉国际。G. P. 纳普（G. P. Knapp）认为，对弗洛姆来说，赖希曼显然是一位母亲般的人物，甚至很像弗洛姆的母亲。盖尔·霍恩斯坦（Gail Hornstein）补充说，弗洛姆似乎从母亲宠爱的孩子直接迈入了一系列与年长女性的关系中。显而易见，弗洛姆和妻子的婚姻并不幸福。他们于 1930 年分居，但直到很长一段时间后才离婚，当时两人都已移民美国。

1930 年，弗洛姆和几位同事一起在法兰克福成立了南德精神分析研究所。但是由于纳粹的威胁越来越大，他很快移居瑞士，在那里加入了新成立的日内瓦国际社会研究所。1933 年，他受邀在芝加哥精神分析研究所进行了一系列演讲。次年，他移居美国，并在纽约市开设了一家私人诊所。

在芝加哥和纽约，弗洛姆和他在柏林精神分析研究所时结识的卡伦·霍妮（Karen Horney）逐渐熟悉起来。霍妮比弗洛姆大 15 岁，对弗洛姆来说，她是坚强如母亲般的人物，也是他的导师。1941 年，弗洛姆加入了霍妮新成立的精神分析促进协会。弗洛姆和霍妮成了恋人，但到 1943 年，协会内部的纷争让二人成了敌人。学生要求弗洛姆教一门临床课程，但是弗洛姆没有医学博士学位，因此协会内部的态度分成两派。霍妮站在了反对的一边，弗洛姆便与哈里·斯塔克·沙利文（Harry Stack Sullivan）、克拉拉·汤普森（Clara Thompson）及其他几位成员一起退出了协会，并很快成立了另一个类似的小组。1943 年，该小组成立了威廉·阿兰森·怀特精神病学、精神分析及心理学研究所，弗洛姆担任研究所主席和培训委员会主席。

1944 年，弗洛姆娶了比他小 2 岁的埃尼·格兰德（Henny Gurland）。格兰德对宗教和神秘思想的兴趣进一步推动了弗洛姆对佛教禅宗的研究。1951 年，为了让患有类风湿关节炎的格兰德能居住在气候更宜人的地方，二人移居墨西哥。弗洛姆在墨西哥城的国立自治大学获得了教职，并在那里的医学院建立了精神分析中心。1952 年，格兰德去世。在那之后，弗洛姆继续住在墨西哥，并往返于他在墨西哥库埃纳瓦卡的家和美国之间。他在美国兼任了若干学术职务，包括 1957 年至 1961 年在密歇根州立大学兼任心理学教授，以及 1962 年至 1970 年在纽约大学兼任教授。之后，他在墨西哥遇到了安妮丝·弗里曼（Annis Freeman），并于 1953 年再婚。1968 年，弗洛姆经历了一次严重的心脏病发作，不得不减少了本来十分繁忙的行程。1974 年，他拖着病体与妻子搬到了瑞士的穆拉尔托。1980 年 3 月 18 日，在快到 80 岁生日时，弗洛姆去世了。

弗洛姆是一个什么样的人？显然，不同的人眼中有不同的弗洛姆。霍恩斯坦用很多相反的特质来描述弗洛姆的人格，包括权威的、温柔的、自负的、傲慢的、虔诚的、专制的、害羞的、真诚的、虚伪的和聪明的。

弗洛姆以正统精神分析心理治疗师的身份开始了职业生涯，但是 10 年后，他感到弗洛伊德式方法的无聊，并发展了自己的更加活跃、更加对抗的方法。多年来，他的文化、社会、经济和心理观点被很多人所接受。他最著名的著作包括《逃离自由》（*Escape from Freedom*）、《追寻自我》（*Man for Himself*）、《精神分析和宗教》（*Psychoanalysis and Religion*）、《健全的社会》（*The Sane Society*）、《爱的艺术》（*The Art of Loving*）、《马克思关于人的概念》（*Marx's Concept of Man*）、《人心》（*The Heart of Man*）、《人类毁灭之分析》（*The Anatomy of Human Destructiveness*）、《占有还是存有》（*To Have or Be*）和《对生命的爱》（*For the Love of Life*）。

弗洛姆的人格理论有多个来源，可能是本书中基础最丰富的理论。兰第斯（Landis）和陶伯（Tauber）列举了弗洛姆理论的五个重要来源：（1）人文主义的犹太教义，（2）马克思的革命精神，（3）弗洛伊德的变革性观点，（4）铃木大拙（D. T. Suzuki）所主张的禅宗一派的合理性，（5）约翰·雅各布·巴霍芬（Johann Jakob Bachofen，1815—1887）关于母系社会的著作。

弗洛姆的基本假设

弗洛姆最基本的假设是只能根据人类历史来理解个体的人格。“必须先讨论人类的处境，才能讨论人格，心理学必须基于人类存在的人类学－哲学概念。”

弗洛姆认为，与其他动物不同，人类已经“被迫离开”了史前与自然结合的状态。人类没有适应不断变化世界所需的强大本能，取而代之的是，人们获得了推理的能力——这就是弗洛姆所说的**人类的两难困境**（human dilemma）。人类之所以会遇到这种困境，是因为他们已经与自然分裂，但同时又拥有了意识到自己是孤立存在的能力。因此，人类的推理能力既是福也是祸。一方面，它使人类得以生存；但另一方面，它使人类想要解决这一无法解决的分裂。弗洛姆称之为“存在性分裂”，因为它的根源就是人类的存在。人类无法消除存在性分裂，只能从文化和个体的人格出发，对存在性分裂做出反应。

第一种也是最基本的分裂是生与死的分裂。自我意识和理性让人类明白，人总有一死，但是人类试图通过假设死后的生活来消除生与死的分裂，但是这并不能改变人“总有一死”的事实。

第二种存在性分裂是人类有能力概念化自我实现的目标，但同时也能意识到生命太短暂而难以实现这一目标。只有当个体的寿命与人类的历史等长时，个体才可能参与人类发展的整个历史。有人试图通过假设自己所生活的历史时期是人类历史的巅峰时期来解决这种分裂，也有人假设个体死后人类还会继续发展。

第三种存在性分裂是人类终究是孤独的，但又无法忍受孤独。人类觉知到自己是独立的个体，同时又相信自己的幸福取决于与人类同胞的联结。尽管人类不能彻底解决孤独与联结的问题，但如果不尝试联结，就只能面对精神错乱的风险。

人类的需要

作为动物，人类受到饥饿、性欲和安全等生理需要的驱动；但是，即使满足了这些动物的需要，也无法解决人类的两难困境。只有与其他动物不同的*人类需要*才能让人类与自然重新建立联结。这些**存在性需要**（existential needs）是在人类文化进化的过程中出现的，来自人类为了回答其存在的问题以及避免精神错乱而进行的尝试。弗洛姆认为，心理健康的人与神经质或精神错乱的人之间的一个重要区别是，健康的人找到了自己存在的理由，而且他们找到的答案更契合他们作为人类的整体需要。也就是说，健康个体在富有生产力地解决人类需要（*关联、超越、植根、身份认同感和定向框架*）以与世界重新联结方面做得更好。

关联

人类需要或存在性需要中的第一个是**关联**（relatedness），即与一个或多个他人结合的驱力。弗洛姆提出了人与世界建立关联的三种基本方式，即服从、权力和爱。个体可以服从另一个人、一个团体或一个机构，以融入世界。通过这种方式，个体成为另一个更伟大的人、团体或机构，从而超越了个体存在的分离性，并因自己与所服从的权力建立了关联而体验到新的身份认同感。

服从者喜欢与支配者建立关系，追求权力者也喜欢与服从者建立关系。当顺从者与支配者相遇时，双方往往会建立一段共生关系，并同时从中获得满足。尽管这种*共生关系*令双方满意，但它阻碍了人们向着完整性和心理健康的状态发展。关系双方互相依赖，满足了彼此对亲密的渴望，同时却因为缺乏内在力量和自立而感到痛苦，因为内在力量和自立是以自由和独立为前提的。

处于共生关系中的人之所以互相吸引，不是出于爱，而是出于对关联的迫切需要；但是，共生关系永远无法满足这种需要。这种关联隐藏着潜意识的敌对情感。处于共生关系中的人会指责对方不能完全满足自己的需要。他们总是感到自己需要更多的服从或权力，因此也就变得越来越依赖对方，并逐渐丧失了自己的个体性。

弗洛姆相信，**爱**（love）是人与世界结合并同时实现个体性和完整性的唯一途径。他将爱定义为“*在保持自身的独立性和完整性的条件下*与自己以外的某人或某物的联结”。爱是与另一个人的分享和交流，但同时也允许一个人拥有独特和独立的自由。它能够满足人对关联的需要，同时不会牺牲人的完整性和独立性。在爱中，两个人既是一个整体，也是两个独立的个体。

弗洛姆在《爱的艺术》一书中指出，关心、责任、尊重和了解是一切形式的真爱所共有的四个基本要素。一个人如果爱另一个人，就必须关心另一个人，并愿意*照顾*对方。爱也意味着*责任*，即有意愿和能力响应对方。一个人如果爱另一个人，会响应对方的生理和心理需要，尊重对方原本的样子，并避免想要改变对方。但是，人们只能在真正*了解*另一个人的情况下才能尊重对方。了解另一个人意味着能从对方的角度来看待对方。因此，在一段爱的关系中，关心、责任、尊重和了解是密不可分的。

超越

和其他动物一样，人类也是在非自愿的情况下被带到这个世界上的，然后又被从世界上抹去——同样未经过他们的同意。但是，与其他动物不同的是，人类被**超越**（transcendence）的需要所驱动。超越是指渴望超越被动和偶然的存在，进入“有目标的、自由的境界”。就像关系可以经由生产性或非生产性的方法来实现一样，超越也可以经由积极或消极的方法来实现。人们可以通过创造生命或摧毁生命来超越自身的被动。其他动物也可以通过繁衍创造生命，但只有人类能意识到自己是创造者。而且除了繁衍以外，人类还可以通过其他方式发挥创造力。人类可以创造艺术、宗教、思想、法律、物质和爱。

创造意味着主动和对所创造的事物的关心。另外，人类也可以通过摧毁生命来超越它，这样一来，人类就超越了被其杀戮的受害者。弗洛姆在《人类毁灭之分析》一书中指出，人类是唯一一个会使用**恶性攻击**（malignant aggression）的物种，即出于生存以外的目的进行杀戮。尽管对某些个体和文化而言，恶性攻击是一种支配性的、强大的激情，但对另一些个体和文化而言却并非如此。显然，在很多史前社会及现存的“原始”社会中，这种恶性攻击都不存在。

植根

第三种人类需要是**植根**（rootedness），即重新在世界上扎根并以世界为家的需要。当进化为一个独立的物种时，人类也失去了其在自然世界中的家。同时，人类有了思考的能力，这让他们意识到自己没有了家，没有了根。随之而来的孤独和无助感让人类难以忍受。

同样，植根的需要也可以通过生产性或非生产性策略来实现。通过生产性策略，人类得以摆脱母亲的势力范围，彻底地出生；也就是说，他们与世界保持主动的、创造性的关系，并变得具有完整性。与自然世界的新纽带赋予人类以安全感，并重新建立了归属感和植根的感觉。此外，人类还可以通过非生产性策略来实现植根的需要，这种策略是**固着**（fixation）——固执地不愿意离开母亲提供的保护和安全感。那些通过固着来实现植根需要的人害怕迈开出生后的下一步，害怕因断奶而离开母亲的乳房。他们非常渴望被一个母亲般的形象养育、照顾、保护；他们的外在表现就是一个依赖他人的人，一旦失去母亲的保护，他们就会感到恐惧和不安。

植根也是一种在人类进化过程中系统发生的需要。弗洛姆同意弗洛伊德有关乱伦的观点，但他不同意弗洛伊德认为其本质是性欲的观点。弗洛姆认为，乱伦情感基于根深蒂固的渴望留在或重回包裹自己的子宫中或滋养自己的乳房旁。弗洛姆受到约翰·雅各布·巴霍芬（Johann Jakob Bachofen）关于早期母系社会的思想的影响。弗洛伊德认为早期社会是父权社会，而巴霍芬则认为母亲才是原始社会族群的核心人物。正是母亲为孩子提供了根，推动着他们要么发展个体性和理性，要么变得固着并无法实现心理发展。

弗洛姆更偏爱巴霍芬以母亲为中心的俄狄浦斯情结理论，而不是弗洛伊德以父亲为中心的俄狄浦斯情结理论，这与他对年长女性的偏爱是一致的。弗洛姆的第一任妻子弗里达·弗洛姆·赖希曼（Frieda Fromm Reichmann）比弗洛姆大 10 多岁，而他的情人卡伦·霍妮则比他大 15 岁。弗洛姆认为，俄狄浦斯情结的动因是希望回到母亲的子宫内或乳房旁，或者找到一个具有母亲般的功能的人，这一观点应结合他被年长女性吸引的事实来考量。

认同感

第四个人类需要是**认同感**（sense of identity），即意识到自己是一个独立实体的能力。人类已经被迫离开了自然，因此需要形成自我概念，这样才能说“我是我”或“我是我的行动的主体”。弗洛姆认为，原始人与他们的氏族之间的联系更加紧密，他们不认为自己是可以与其所在群体分割的个体。即使到了中世纪，人们在很大程度上也认同其在封建等级中的社会角色。弗洛姆同意马克思的观点，认为资本主义的兴起给人们带来了更多的经济自由和政治自由。但是，这种自由只给了少数人一种真正的“我”的感觉。大多数人的身份认同仍然来自其对他人、国家、宗教、职业或社会团体等机构的依附。

> 与前个人主义的氏族身份认同不同，一种新的群体身份认同产生了，这种认同感建立在对群体毫无疑问的归属感的基础上。这种统一和从众常常是无意识的，并且常被个体的幻想所掩盖，但它的存在是不可否认的事实。

如果没有认同感，人们将无法保持理智，这种威胁促使人们几乎愿意做任何事来获得认同感。神经症患者试图让自己依附于有权力的人、社会机构或政治机构。相比之下，健康个体更不需要从众，也更不需要放弃自我意识。他们不必牺牲自由和个体性来适应社会，因为他们拥有真诚的认同感。

定向框架

最后一种人类需要是**定向框架**（frame of orientation）。脱离大自然之后，人类为了在这个世界上活动，需要一幅路线图或一个定向框架。如果没有这样一个框架，人类会感到迷茫，无法有目的地、前后一致地行动。定向框架让人类能够应对他们遇到的各种刺激性事件。拥有可靠的定向框架的人能够理解他们遇到的事件和现象；不过，没有可靠的定向框架的人也会将遇到的事件置于某种框架中加以理解。例如，一个有着摇摆的定向框架、欠缺历史知识的美国人在试图理解 2001 年的“9・11”事件时，可能会把它归咎于“邪恶的人”或“坏人”。

每个人都有其人生哲学，即一种稳定的看待事物的方式。许多人认为自己的人生哲学或框架是毋庸置疑的，并把任何与他们的观点不一致的事物视作“疯狂”或“不合理”的，把任何符合他们观点的事物简单地视作“常识”。有的人会近乎不择手段地获得并维持某一定向框架，极端一点的甚至会追随非理性的、古怪的哲学，例如，狂热的政治或宗教领袖所拥护的哲学。

没有目标或目的地的路线图是没有价值的。人类具有想象出多种替代路线的心智能力。不过，为了避免陷入精神错乱，人类需要一个终极目标或“奉献的对象”。弗洛姆认为，这个终极目标或奉献的对象让人类把精力集中在一个方向上，使他们能够超越孤立的存在，给生活赋予意义。

人类需要小结

除了生理需要或动物需要以外，人类还受到五种与其他物种不同的人类需要的推动：关联、超越、植根、认同感和定向框架。人类在成为一个独立的物种之后，才进化出这些需要，其目的是推动人类与自然世界重新建立联结。弗洛姆认为，这五种需要中的任何一种没有得到满足，都是人类无法忍受的，都会导致精神错乱。因此，人类有强烈的满足这些动机的需要，方法多种多样，可能是积极的，也可能是消极的。

表 8.1 展示了关联的需要可以通过服从、支配、爱来满足，但只有爱才能带来真正的满足；超越的需要可以通过破坏或创造来满足，但只有后者才能带来快乐；植根的需要可以通过固着于母亲或实现完全出生和完整性来满足；认同感的需要可以通过从众或迈向个体化的创造性运动来满足；定向框架的需要既可以是非理性的，也可以是理性的，但是只有理性的哲学可以充当整体人格成长的基础。

表 8.1　弗洛姆的人类需要小结

	负面要素	正面要素
关联	服从或支配	爱
超越	破坏	创造力
植根	固着	完整性
认同感	从众	个体化
定向框架	非理性目标	理性目标

自由的负担

弗洛姆著作的中心论点是人类已从自然中脱离，但他们仍然是自然的一部分，与其他动物一起受到类似的物理限制。作为唯一具有自我意识、想象力和理性的动物，人类成了“宇宙的怪胎”。理性既是诅咒，也是祝福。它是造成孤立感和孤独感的原因，但同时也是人类与世界重新建立联结的途径。

从历史上看，随着获得越来越多的经济自由和政治自由，人们变得越来越孤立。例如，在中世纪，人们的个人自由相对较少，他们被固定在特定社会角色上，这为他们提供了安全感、可靠性和确定性。后来，随着人们获得了社会阶层跃迁和地理迁徙的*自由*，他们也*失去*了在世界拥有固定位置的安全感。他们不再属于某一地理区域、某一社会阶层或某种职业身份。他们脱离了自己的根，人与人之间也变得隔绝。

在个人层面上，也存在着类似的体验。当孩子逐渐不再依赖母亲，他们就有了更多的*自由*，可以表达其个体性、不受监督地去一些地方、选择自己的朋友和衣服等。与此同时，他们也体验到了自由的负担；也就是说，他们*丧失*了与母亲在一起时的安全感。在社会层面和个人层面上，这种自由的负担都会导致*基本焦虑*（basic anxiety），即在世界上感到孤独。

逃避的机制

基本焦虑会产生令人恐惧的孤立感和孤独感，因此，人们试图通过各种逃避机制来逃离自由。在《逃避自由》一书中，弗洛姆提出了三种主要逃避机制：威权主义、破坏和从众。与霍妮的神经症倾向研究（见第 6 章）不同，弗洛姆的逃避机制是普通人（无论个体还是集体）的驱动力。

威权主义

弗洛姆将**威权主义**（authoritarianism）定义为“一种倾向，拥有这些倾向的个体放弃个体化自我的独立性，并将自我与外在的某人或某物相融合，以获取个体所缺乏的力量”。与强大的伴侣相融合的需要可能表现为两种形式——受虐狂（masochism）或施虐狂（sadism）。*受虐狂*是由无权力、软弱和卑劣等基本情感因素共同导致的，其目的是使自我与更强大的人或机构结合。受虐狂的行为通常被伪装成爱或忠诚，但与真正的爱和忠诚不同，它们永远无法促进独立和真诚。

与受虐狂相比，*施虐狂*更加神经质、更具社会危害性。像受虐狂一样，施虐狂的目的是通过与他人（一个或多个）结合来降低基本焦虑。弗洛姆总结出三种施虐狂倾向，它们彼此之间有着或多或少的重叠。第一种是使他人依赖自己，并获得凌驾于弱者之上的权力。第二种是剥削他人的冲动，想要占他人的便宜，利用他人为自己谋取利益或快乐。第三种是希望他人在身体或心理上遭受痛苦。

破坏

像威权主义一样，**破坏**（destructiveness）植根于孤独、孤立和无助的感觉。但是，与施虐狂和受虐狂不同，破坏并不取决于与他人的持久关系，相反，破坏试图与他人脱离关系。

个体和国家都可以使用破坏作为逃避机制。一个人或一个国家可能会通过摧毁其他人或其他国家来恢复丧失的权力感。在摧毁其他人或其他国家的同时，这个人或国家也就消除了一部分外在世界，因此获得了一种变态的孤立。

从众

第三种逃避机制是**从众**（conformity）。从众的人试图通过放弃自己的个体性并变成他人希望自己成为的样子，以此摆脱孤独感和孤立感。因此，从众的人变得像机器人一样，可预测地、机械地回应着他人的心血来潮。他们很少表达自己的意见，坚持他人期望的行为标准，并且常常显得僵化和机械化。

现代世界中的人摆脱了许多外部束缚，可以自由地按照自己的意愿行事，但与此同时，人们不清楚自己有什么愿望、想法和感觉。他们像自动机器那样服从无名的权威，并接纳不真实的自我。他们越从众，就越觉得自己无权力；他们越觉得自己无权力，就越从众。想要打破从众与无权力的循环，人们就必须达成自我实现或者实现积极自由。

积极自由

政治自由和经济自由的出现必然会导致孤立和无权力的束缚。一个人可以既自由又不孤独，既有批判性又充满怀疑，既独立又是人类不可分割的一部分。这种自由就是**积极自由**（positive freedom），人们可以通过自发且充分地表达其理性潜力和情感潜力来获得积极自由。自发活动经常表现在年幼的儿童或艺术家身上，他们几乎没有或毫无遵循他人期望的倾向。他们的行动仅凭本性，而不是遵循常规。

积极自由是解决人类脱离了自然世界却又想要重新融入自然世界的两难困境的方法。通过积极自由和自发活动，人们克服了对孤独的恐惧，实现了与世界的结合，同时保持了个体性。弗洛姆认为，爱和工作是积极自由的两大组成部分。通过积极的爱和工作，一个人得以与他人、与世界结合，同时不会牺牲自己的完整性。他们能够确定自己作为个体的独特性，并充分发挥自己的潜力。

性格取向

弗洛姆的理论认为，人格表现为一个人的**性格取向**（character orientation），即一个人相对持久的与人和事物的关联方式。弗洛姆将人格定义为“个体继承并获得的心理品质的总和，具有特征性和独特性”。最重要的一种获得性人格品质是**性格**（character），性格的定义是“一个相对持久的系统，包含所有非本能的努力，使一个人与人类和自然世界相联结”。弗洛姆认为，性格是本能的代替物。人类并非遵循直觉行事，而是按照自己的性格行事。如果他们必须不断停下来思考行为的后果，那么他们的行为就会非常低效且前后不一。通过按照性格特质行事，人类才有了高效且前后一致的行为。

人类通过两种方式与世界建立关系——获取并使用事物（同化，assimilation），以及与自己和他人建立关联（社会化，socialization）。一般而言，人们可以非生产性地或生产性地与人或物建立关联。

非生产性取向

人们可以通过四种非生产性取向来获得事物：（1）被动接受，（2）剥削或用武力夺取，（3）囤积，（4）营销或交易。弗洛姆用“非生产性”（nonproductive）一词指代不能使人类实现积极自由、达成自我实现的策略。但是，非生产性取向并不完全是消极的；每一种取向都有积极的一面和消极的一面。人格始终是多种取向的融合或组合，虽然某一种取向可能占主导地位。

被动接受性格取向

具有**被动接受性格取向**（receptive characters）的人认为，所有善的源头都在自身之外，而自己与世界建立关联的唯一途径就是接受事物，包括爱、知识和物质财产。他们更关心接受而非给予，他们希望从他人那里获得很多的爱、观点和礼物。

被动接受性格取向的人具有的消极面向包括被动、服从和缺乏自信，积极面向则是忠诚、接受和信任。

剥削性格取向

像被动接受性格取向一样，具有**剥削性格取向**（exploitative characters）的人也相信所有善的来源都在自身之外。但是，与被动接受性格取向的人不同，剥削性格取向的人主动索取他们想要的东西，而不是被动地接受。在社交关系中，他们可能会通过欺骗或武力夺取他人的配偶、观点或财产。一位有剥削性格取向的男性可能会“爱上”已婚女性，不是因为真爱，而只想剥削她的丈夫。观念上，有剥削性格取向的人更喜欢偷窃或剽窃，而非创造。与被动接受性格取向的人不同，他们愿意表达意见，但这些意见通常是从别处窃取的。

剥削性格取向具有的消极一面包括以自我为中心、自负、傲慢和诱惑，积极一面则包括冲动、自豪、迷人和自信。

囤积性格取向

囤积性格取向（hoarding characters）的人所寻求的是保存已经获得的东西，而并不看重自身之外的事物。他们将所有东西都圈进内部，一点都不愿意放弃。他们将金钱、情感和思想都留给自己。在爱情关系中，他们试图占有所爱的人，并保持这种关系，不允许它改变或发展。他们倾向于生活在过去，并排斥任何新事物。囤积性格取向与弗洛伊德所提出的肛欲特征相似，二者皆过分有序、固执和吝啬。不过，弗洛姆认为囤积性格取向的肛欲特质并不是由性驱力导致的，而是源自一种普遍的对没有生命的事物（包括粪便）的兴趣。

囤积是贮藏已经获得的事物，并且因为所有事物都具有同等价值而无法丢弃任何一样。©Roger Bamber/Alamy Stock Photo.

囤积性格具有的消极一面包括僵化、贫乏、固执、强迫和缺乏创造力，积极一面则包括有序、整洁和严谨。

营销性格取向

营销性格取向（marketing characters）是现代商业的产物。在现代商业中，贸易不再是个人行为，而是大型的、缺乏个性的公司的行为。与现代商业的需求一致，具有营销性格取向的人将自己视为商品，将个人价值等同于自己的交易价值，即挣钱的能力。

具有营销性格取向（或称交易性格取向）的人努力让自己时刻被需要；他们必须让他人相信自己是有技能的、有市场的。他们的个人安全感建立在不稳定的基础上，因为他们必须调整自己的人格以适应当下的潮流。他们扮演着多种角色，并遵循“你想要我怎样，我就会怎样”的座右铭。

营销性格取向的人没有过去，没有未来，也没有永久的原则或价值观。与其他性格取向的人相比，营销性格取向的人积极特质较少，因为他们基本上是空的容器，等着装上最有市场的特征。

营销性格取向具有的消极特质包括无目标、机会主义、不一致和浪费，积极特质则包括可变性、开放性、适应性和慷慨。

生产性取向

生产性取向具有三个维度——工作、爱和理性。具有生产性取向的人努力实现积极自由并不断发掘自身潜力，因此，他们是所有性格取向类型中最健康的一类。只有通过生产活动，人类才能解决两难的困境，即在保持独特性和个体性的同时与世界和他人相结合。这种解决方案只能通过生产性的工作、爱和理性来实现。

健康个体重视工作，但不会把工作当成目的，而是把它当成创造性自我表达的手段。他们不会剥削他人或营销自己，不会退缩，也不会囤积不需要的物质财富。他们既不懒惰，也不强迫性地劳作，而是将工作视为生产生活必需品的一种方法。

生产性的*爱*的特征是关心、责任、尊重和了解，也就是前文讨论过的爱的四种品质。除了这四个特征之外，健康的人还具有**热爱生命的天性**（biophilia），即对生活和一切生命充满热情。热爱生命的人渴望助长一切生命——所有人、其他动物、植物、思想和文化的生命。他们关心自己和他人的成长与发展。热爱生命的人希望通过爱、理性和榜样而非武力来影响他人。

弗洛姆相信，对他人的爱和自爱是密不可分的，但是自爱必须排在第一位。所有人都有爱的能力，但是大多数人不能实现它，因为他们无法先爱自己。

生产性的*理性*（思考）与生产性的工作和爱密不可分，由对另一个人或物的深切兴趣所驱动。健康个体能够看到他人真实的样子，而不是自己希望他人成为的样子。同样，他们知道自己是谁，不需要自我欺骗。

弗洛姆认为，健康的人是五种性格取向的某种组合。他们之所以能够成为健康的个体，是因为他们有能力*接受*外在的人和事，能够在适当的时候*获取*、*储存*、*交易*事物，并生产性地*工作*、*爱*和*思考*。

人格障碍

如果说健康个体能够生产性地工作、爱和思考，那么不健康个体的人格的标志就是在这三个方面遇到了问题，尤其是无法生产性地爱。弗洛姆认为，具有心理困扰的个体无法去爱，无法与他人建立关系。他讨论了三种严重的人格障碍——*恋尸癖*、*恶性自恋*（malignant narcissism）和*乱伦共生*（incestuous symbiosis）。

恋尸癖

“恋尸癖”这一术语通常的含义是对死者的爱，一般是指一种性变态。不过，弗洛姆所说的恋尸癖（necrophilia）更为广义，泛指人被死亡吸引。恋尸癖是与热爱生命的天性相对的一种性格。人类生来热爱生命，但是当社会条件阻碍了热爱生命的天性时，人们就可能会采取一种恋尸癖的取向。

恋尸癖人格憎恶人性，他们是种族主义者、战争贩子和欺凌者，他们热爱流血、破坏、恐怖和酷刑，他们乐于摧毁生命。他们热爱谈论疾病、死亡和葬礼，他们对泥土、腐烂、尸体和粪便着迷。他们喜欢黑夜胜过白天，喜欢在黑暗和阴影中行动。

恋尸癖并不仅仅是说一个人表现出破坏*行为*；更准确地说，他们的破坏行为反映了他们的基本*性格*。每个人都会在某些时候表现出攻击性和破坏性，但恋尸癖者的整体生活方式都围绕着死亡、破坏、疾病和腐烂展开。

恶性自恋

就像每个人都会表现出一些恋尸癖行径一样，每个人也都有一定的自恋倾向。健康的人表现出良性的**自恋**（narcissism），即对自己的身体感兴趣。但是，如果表现为恶性形式，那么自恋会阻碍人们对现实的感知，即自恋者认为自己所拥有的一切都值得被高度重视，而他人的一切都应当被贬低。

恶性自恋的个体全神贯注于自己，这种关注不仅限于揽镜自照。全神贯注于自己的身体通常会导致**疑病症**（hypochondriasis），或者对自身健康的过度（强迫性）关注。弗洛姆还讨论了**道德疑病症**（moral hypochondriasis），即对以前违反道德的行为感到过分自责。固着于自己的个体可能会内化经验，沉迷于身体健康和道德美德。

恶性自恋的人拥有霍妮（见第 6 章）所说的“神经症要求”。他们坚持认为自己非凡的个人品质使他们比所有人更加优越，从而获得安全感。由于他们所*拥有*的事物——外表、健康、财富——是如此美妙，以至于他们认为自己不需要再*做*任何事情来证明自己的价值。他们的价值感取决于他们自恋的自我形象，而不取决于他们的成就。当他们的努力受到他人的批评时，他们会以愤怒和暴怒回应，往往会对批评者予以还击，并试图摧毁对方。如果批评是压倒性的，他们可能无法摧毁对方，那么他们会将愤怒转向自身，其后果是*抑郁*和无价值感。尽管抑郁、过分自责和疑病症似乎只是一种自命不凡，但弗洛姆认为，这些都是潜藏的恶性自恋的外在表现。

乱伦共生

第三种病态取向是**乱伦共生**（incestuous symbiosis），即对母亲或母亲的替代形象的极度依赖。乱伦共生是常见且良性的*母亲固着*（mother fixation）的夸张形式。母亲固着的男性需要女性的照顾、宠爱和赞美；当需要得不到满足时，他们就会感到一定程度的焦虑和抑郁。这种情形处于正常水平时，不会严重影响他们的日常生活。

但是，在乱伦共生的情形中，他们无法离开寄托的对象（*宿主*）；他们的人格与另一个人混合在一起，丧失了个体的身份认同。乱伦共生起源于婴儿时期个体对母亲的一种天然依恋。这种依恋比俄狄浦斯时期发展出的性兴趣更关键和更基础。与弗洛伊德的观点不同，弗洛姆认为对母亲的依恋取决于对安全的需要而不是对性的需要，他认为：“性欲并不是母亲固着的原因，而是结果。”

当关系受到威胁时，生活在乱伦共生关系中的人们会感到极度焦虑和恐惧。他们相信，如果没有母亲的替代形象，自己就无法生存。（这一替代形象不一定是一个人，它也可以是家庭、职业、教会或国家。）乱伦取向扭曲理性，破坏真爱，阻碍人们获得独立和完整。

有些病态个体同时具有以上三种人格障碍；也就是说，他们被死亡吸引，以摧毁那些他们认为地位低下的人为乐，并且与母亲或母亲的替代形象有神经质的共生关系。弗洛姆称这样的人具有*腐烂综合征*（syndrome of decay）。他将腐烂综合征的个体与*成长综合征*（syndrome of growth）的个体进行了对比，成长综合征由相反的特性组成——热爱生命的天性、对他人的爱和积极自由。如图 8.1 所示，腐烂综合征与成长综合征都是发展的极端形式，大多数人处于心理健康的平均水平。

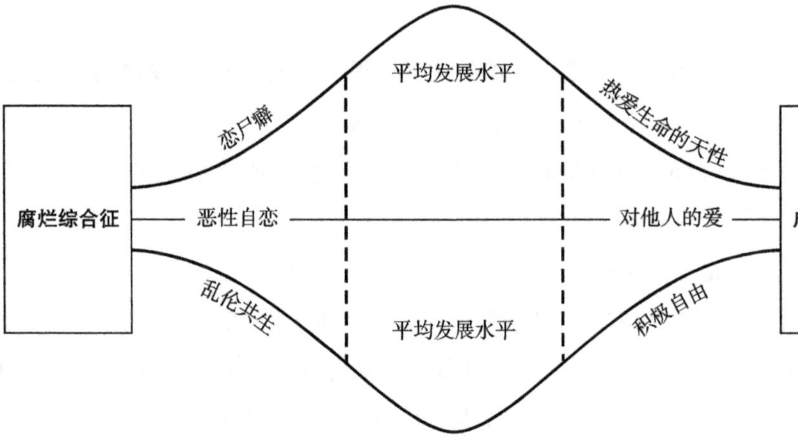

图 8.1　心理健康水平示意图

三种病态取向——恋尸癖、恶性自恋和乱伦共生——结合在一起，形成了腐烂综合征；三种健康取向——热爱生命的天性、对他人的爱和积极自由——相融合，形成了成长综合征。大多数人既不具有腐烂综合征，也不具有成长综合征，而是处于两者之间。

心理治疗

弗洛姆接受过弗洛伊德式的正统精神分析师培训，但是他对标准的精神分析方法感到厌倦："随着时间的流逝，我开始感到无聊，因为我并没有真正接触到患者的生活。"后来，他发展了自己的治疗系统，并称之为人本主义精神分析。与弗洛伊德相比，弗洛姆更加关注治疗接触中的人际关系。他认为治疗的目的是让患者了解他们自己。没有对自己的了解，人们就无法了解任何其他人或事物。

弗洛姆相信，患者之所以前来治疗，是为了寻觅人类基本需要的满足——关联、超越、植根、认同感和定向框架。因此，治疗应建立在治疗师与患者之间的人际关系的基础上。由于准确的交流对治疗进展而言必不可少，因此治疗师必须"作为一个人，保持对另一个人的完全专注和真心诚意"。本着建立这种关联的精神，患者将体验到与另一个人合为一体的感觉。尽管在这种关系中可能存在*移情*甚至*反移情*，但重要的是两个真实的人彼此互动。

弗洛姆力图实现共享交流，为此，他要求患者揭露他们的梦。弗洛姆相信，梦、童话和神话都是用象征性语言表达的，是人类发展出的唯一一种通用语言。因为梦的意义是做梦的个体所无法理解的，所以弗洛姆会要求患者就梦的材料进行联想。但是，并非所有梦的符号都是通用的；有些符号是偶然的，取决于做梦者入睡前的心境；也有一些符号是地区性或国家性的，取决于气候、地理和方言。由于符号与各种各样的体验联系在一起，许多符号具有多种含义。例如，火可能对某些人来说象征着温暖和家园，但对另一些人来说则意味着死亡和破坏。同样，太阳可能对沙漠地区的人来说是一种威胁，但对寒冷气候中的人来说却意味着成长和生命。

弗洛姆认为，治疗师在理解患者时应该试着忘记科学。只有秉持建立关联的态度，才能真正理解另一个人。治疗师不应将患者视为患者或物品，而应将其视为具有人类共有需要的人。

弗洛姆的调查方法

弗洛姆通过心理治疗、文化人类学和心理历史学等许多途径收集有关人格的资料。在本节中，我们简要介绍他对墨西哥村庄居民的人类学研究，以及他对阿道夫·希特勒（Adolf Hitler）的心理传记分析。

墨西哥村庄里的社会角色

从 20 世纪 50 年代后期一直到 60 年代中期，弗洛姆和一批心理学家、精神分析学家、人类学家、医学家和统计学家在墨西哥的奇孔夸克村庄对社会性格进行了研究。奇孔夸克位于墨西哥城以南 80 公里处，地处偏僻，以农业为主，共有 162 户家庭和约 800 名居民。研究小组采访了这个村庄中的全部成年人和半数孩子。村里的人大多是农民，靠小块的肥沃土地谋生。正如弗洛姆和迈克尔·麦科比（Michael Maccoby）所描述的那样：

> 他们是自私的，对彼此的动机持怀疑态度，对未来持悲观态度，并且相信宿命。许多人虽然拥有叛逆和革命的潜能，却表现得顺从，并且倾向自我贬低。他们觉得自己不如城市人，比城市人更愚蠢、更没文化。他们给人一种强烈的无力感，即无力抵御自然或压迫他们的工业机器的影响。

在这样的一个社会中，有望发现弗洛姆所提出的性格取向吗？研究小组与村民共同生活，在被他们接纳之后，便采用了各种研究方法来回答这个问题，并且不局限于只回答这个问题。研究方法包括访谈、关于梦的报告、详细的问卷调查表和两种投射技术——罗夏墨迹测验和主题统觉测验。

弗洛姆认为，**营销性格取向**是现代商业的产物，最有可能存在于那些交易不再属于个人层面且人们将自己视为商品的社会中。据此，研究团队虽然发现这些村民不具有营销性格取向，但这在他们的意料之中。

此外，研究者确实发现了其他几种性格类型的证据，其中最常见的是**非生产性的被动接受取向**。这种性格类型的人往往会仰视他人，竭尽全力去取悦他们的上级。在发工资的日子里，这种类型的上班族会卑躬屈膝地接受他们的工资，好像那不是自己应得的一样。

第二种常见的人格类型是**生产性的囤积性格取向**。这一类人最勤奋、生产力强且独立。他们通常耕种自己的土地，将每一种作物都储存一部分，作为种子和将来作物歉收时的口粮。囤积，而非消费，是他们的生活中最重要的部分。

非生产性的剥削人格是研究者发现的第三种常见的性格取向。这种类型的男性最有可能参加刀战或枪战，而女性则往往是恶毒的长舌妇。只有约 10% 的人以剥削取向为主，考虑到村庄极端贫困，这一比例其实低得惊人。

更少的村民——整个村庄里不超过 15 人——具有**生产性的剥削**取向。其中包括村庄最富有、最有权势的人，这些人通过利用新的农业技术及近期旅游业的增长而积累了资本。他们还通过让非生产性的被动接受性格取向的村民在经济上无法独立，从而利用他们。

总体而言，弗洛姆和麦科比发现，这个墨西哥村庄居民的性格取向与弗洛姆所提出的理论之间存在明显的联系。当然，这项人类学研究不能被视为对弗洛姆的理论的证实。弗洛姆是该研究的主要研究者之一，他可能只是发现了他期望发现的东西。

希特勒的心理历史研究

在弗洛伊德之后（见第 2 章），弗洛姆也查阅了历史文献，以勾勒特殊人物的心理肖像，这被称为心理历史学或心理传记学。弗洛姆最完整的心理传记研究的主题是弗洛伊德，但弗洛姆也详细介绍了阿道夫·希特勒的生平。

阿道夫·希特勒是弗洛姆提出的腐烂综合征的一个典型。© Ingram Publishing

弗洛姆认为希特勒是世界上最引人注目的腐烂综合征者，他同时具有恋尸癖、恶性自恋和乱伦共生三种人格障碍。他被死亡和破坏所吸引，狭隘地关注个人利益，受到对德国“种族”的乱伦共生的驱使，狂热地致力于防止其血液被犹太人和其他“非雅利安人”污染。

与一些仅以童年早期经历为线索理解成年人人格的心理学家不同，弗洛姆认为每一个发展阶段都很重要，而希特勒的早年生活中没有任何事件指向他今后不可避免地要走向腐烂综合征。

童年时期，希特勒受到母亲的宠溺，但是母亲的溺爱并不会导致他后来的病态。不过，溺爱的确培养了他认为自己很重要的自恋感觉。弗洛姆指出：“希特勒的母亲从来都不是他能够亲切而温柔地依恋的人。她是保护和赞美女神的象征，也是死亡和混乱女神的象征。”

希特勒在小学时是一个学习成绩高于平均水平的学生，但是在高中时成绩不佳。在青春期，他与父亲发生了一些冲突，父亲希望他更负责任，能够从事稳定的公务员工作。然而，希特勒却不切实际地渴望成为一名艺术家。在这段时期里，他越来越迷失在幻想之中。他的自恋激起了成为艺术家或建筑师的热情，在现实中却一次又一次地经历了失败。每一次失败都给他的自恋造成沉重的伤痛，屈辱感也一次比一次强。随着失败次数的增加，他更加沉溺于自己的幻想世界，对他人越来越不满，报复动机越来越强，恋尸癖也越来越严重。

成为艺术家的理想破灭对希特勒造成的可怕影响因为第一次世界大战的爆发而削弱了。他野心勃勃地想成为一个为祖国而战的伟大的战争英雄。尽管他还不是伟大的英雄，但他是一个负责任、守纪律、恪尽职守的士兵。然而，战争结束后，他经历了更多的失败。不仅他心爱的祖国失败了，而且德国境内的革命者"攻击了希特勒心中神圣的保守民族主义，并赢得了胜利……革命者的胜利使希特勒的破坏性最终成形，并越来越根深蒂固"。

*恋尸癖*并不仅仅指行为，它体现在一个人的整体性格中。希特勒的恋尸癖也是如此。他上台后，不仅要求敌人投降，还要彻底歼灭敌人。他的恋尸癖体现在下令摧毁建筑物和城市、杀死"有缺陷的人"及对数百万犹太人的屠杀的狂热上，也体现在他自身的无聊方面。

希特勒所表现出的另一个特质是*恶性自恋*。他只对自己、自己的计划和自己的意识形态感兴趣。他坚信自己可以建立一个"千年帝国"，这显示了一种膨胀的自负。他对任何人都没有兴趣，除非这个人为他服务。他与女性的关系没有爱和温柔；他似乎仅仅将与女性的关系当成变态的个人娱乐，仅仅是为了满足自己。

根据弗洛姆的分析，希特勒还具有*乱伦共生*的特质，这一点并未体现在他与实际母亲的关系上，而是体现在他对日耳曼"民族"的热爱上。与此特质相一致，他还具有受虐狂 / 施虐狂、退缩、缺乏真爱和同情心的特质。弗洛姆认为，所有这些特征并没有让希特勒患上精神病。但是，它们的确使希特勒成了一个病态而危险的人。

弗洛姆用这样一句话总结了他对希特勒的心理历史学分析："任何通过否认希特勒的人性而扭曲其形象的分析，只会增加对潜在的'希特勒'们——除非他们头上长着魔鬼的犄角——视而不见的可能。"

相关研究

尽管弗洛姆的著作引人深思且见解深刻，但是他的思想在人格心理学领域引发的实证研究很少。原因之一可能是弗洛姆采用的方法过于宽泛。从许多方面来说，他的思想更偏向于社会学而非心理学，因为他的理论涉及与文化和自然的疏离，这是社会学而非心理学更常涉及的两个主题。但是，这并不意味着这些话题对人格心理学不重要。恰恰相反，我们如何及何时展现和营销自己（如在 Facebook 和 Instagram 上）显然与弗洛姆的营销性格取向理论有关。此外，尽管与文化的疏离是宽泛的、偏向社会学的话题，但也可以在个体层面进行心理学研究，如文化与幸福感关系的研究。最后，弗洛姆关于威权主义的观点最近也引发了一些实证研究，特别是对恐惧与威权主义信念之间的关系的研究。

验证弗洛姆的营销性格假设

弗洛姆在《健全的社会》一书中批判性地描写了西方文化（如美国文化）鼓励营销性格取向的发展，擅长买卖交易，把一切都视为潜在的消费对象。试想，数以百万计的美国人使用 Facebook、Instagram 和 Pinterest 等社交媒体平台，证明了我们渴望在一个“点赞”和“关注”的市场上销售自己、展示自己最好的照片和最好的经历。弗洛姆相信，这样的社会容易造成人们拥有个体性的错觉。人们通过拥有的事物（最大的房子、最奇特的假期、最紧实的腹肌乃至最好的男朋友 / 女朋友）而非通过自己的本质来彰显自己的与众不同。

有两位来自澳大利亚的研究者——肖恩 · 桑德斯（Shaun Saunders）和唐 · 芒罗（Don Munro），试图验证弗洛姆提出的营销性格取向是否为一种非生产性取向，以及是否像弗洛姆假设的那样，它在强调个人主义的文化中更加普遍。首先，他们开发并检验了一种营销性格取向的测量工具，名为“桑德斯消费取向量表”（Saunders Consumer Orientation Index，SCOI）。量表有 35 个条目，示例如下：“只要东西看起来不错，就不用计较付出什么成本。”“如果钱不是问题，我肯定会选一辆昂贵的汽车。”“我努力跟上最新的潮流。”SCOI 的得分与从众、威权主义和愤怒呈正相关，这支持了弗洛姆关于营销性格取向的理论。此外，就像弗洛姆所设想的那样，SCOI 得分和物质主义得分与抑郁呈正相关，与热爱生命的天性和环保主义则呈负相关。

其次，桑德斯和芒罗检验了营销性格取向是否与个人主义文化更相关。处于个人主义文化中的人们被鼓励追求自身利益及寻求个人成功，而处于集体主义文化中的人们则更加关心为他人服务。在个人主义和集体主义文化中，文化在本质上是更“横向”的还是更“纵向”的也存在差异。“纵向”描述的是等级制和不平等盛行的文化；“横向”则描述了人与人本质上的相似之处，以及对“突出”的反感。因此，存在着横向的集体主义（如以色列的基布兹社区、修道会）、横向的个人主义（如斯堪的纳维亚国家）、纵向的集体主义（如印度）和纵向的个人主义（如美国）。桑德斯和芒罗用一种纵向和横向集体主义及个人主义测量工具和 SCOI 对 167 名心理学专业的学生进行了测量。有趣的是，他们发现，SCOI 得分与个人主义的纵向维度之间的相关水平高于横向维度。但是，研究结果仅部分支持了 SCOI 得分与个人主义呈正相关的预测。也就是说，更强的营销性格取向与对等级的强调相关，但与个人主义并不怎么相关。

与文化的疏离和幸福感

弗洛姆的人格理论的一个核心组成部分是疏远和疏离，即人类已经脱离了他们原本栖息的自然环境，并与其他人产生了距离。此外，根据弗洛姆的观点，资本主义创造的物质财富赋予了人类太多的自由，坦率地说，人们不知道该如何自处。具有讽刺意味的是，太多的自由导致了焦虑和孤立。马克·伯纳德（Mark Bernard）及其同事采用了自陈式测量方法，在一个英国大学生样本中检验了弗洛姆理论的这一核心组成部分。具体来说，研究人员想要检验的是一个人的信念与其所感知的社会信念之间的差异是否会产生疏离感。

72 位研究参与者填写了问卷，问卷内容包含已有研究已经确定的存在于不同文化中的几种价值观（如自由、财富、精神的重要性等）。首先，参与者对每一种价值观在多大程度上指导了他们的生活进行评分。其次，他们就每一种价值观在多大程度上指引着他们所在的社会进行评分。通过分析两个评分，研究者可以计算出每一位参与者所持有的价值观及其所在社会的价值观在总体上有多大的差异。最后，参与者又填写了一份用来评估疏离感的问卷，问卷内容包括他们在多大程度上感觉自己与社会格格不入，以及他们在多大程度上感觉自己是文化中的异类。

研究结果与预期相符。一个人报告自己的价值观与社会的价值观差异越大，就越有可能具有强烈的疏离感。这是合乎逻辑的。事实上，如果一个人的价值观与其所在社会或文化的价值观不同，那么这个人就会觉得自己与他人不同和异常。这也符合弗洛姆的理论预测。人们与社区中的其他人之间的差异越大，他们就越可能感到孤立。

为了进一步检验弗洛姆的观点，伯纳德等人还研究了与自己所在文化的疏离感是否会加剧焦虑和抑郁。参与者在完成了价值观差异与疏离感的自陈式量表之后，又完成了测量焦虑和抑郁的量表。正如研究人员所预测的那样，也正如弗洛姆的理论所主张的那样，人们对社会的总体疏离感越强，他们就越感到焦虑和抑郁。总体疏离感有损人们的健康，其中一种特定类型的疏离感尤其有害，那些感到与朋友之间疏离的人报告了更强的焦虑和抑郁。这一发现表明，在总体上与社会有疏离感可能会让人们更容易抑郁，但是，如果人们能够找到一群拥有共同信念的朋友，即使这种信念不是社会所持的一般信念，也能够降低他们的抑郁和焦虑。如果人们不仅与整个社会，还与最亲近的人有疏离感，那将是最糟糕的情形。

综上所述，这些发现有力地支持了弗洛姆的观点。现代社会为生活在其中的人类提供了无数的便利和好处，但是享受这些便利和好处也需要人类付出代价。个人自由和个体感很重要，但是如果这些力量让人们疏远了自己所属的团体，就会损害人们的健康。

威权主义与恐惧

弗洛姆的理论的基础是自由，（具有讽刺意味地）令人恐惧。个体试图通过威权主义、破坏或从众等机制来逃避自由，以减轻对孤立的恐惧。在弗洛姆的《逃避自由》出版后不久，学者们对威权主义这一逃避机制产生了巨大的兴趣。逃避自由背后的中心观点是，人们在感到恐惧和不确定时会被绝对的答案和确定性所吸引，即使这种确定性意味着独裁。继弗洛姆之后，1950 年，阿多诺（Adorno）及其同事出版了《威权主义人格》（*The Authoritarian Personality*），这本书引发了大量将威权主义作为一种人格取向的研究，并延续至今。不过，许多工作已经偏离了弗洛姆最初的概念，而侧重于威权主义所导致的后果，如偏见和敌意。

最近，J. 科里 · 巴特勒（J. Corey Butler）试图重新讨论恐惧与威权主义之间的关系。阿多诺假定，威权主义是童年时期父母过分苛刻的养育的结果，这一养育方式造成了对人际关系的泛化恐惧。而巴特勒的研究则是为了确认弗洛姆的思想，即现代“自由”社会的孤立带来的无力感导致了对威权主义的服从。社会学研究已经表明，在经济或社会紧张的时期，群体会更加支持威权主义，更喜欢秩序和稳定。与弗洛姆最初的论断一致，巴特勒预测，威权主义者为了既定的文化规范而放弃了个人自治和自由，具有威权主义人格倾向的人所害怕的并不是一切人际关系，而是害怕社会中的异常行为和社会混乱。也就是说，对威权主义者而言，社会中的那些挑战秩序规范的人十分讨厌。

巴特勒进行了数项研究以检验这一预测。在每一项研究中，他都给大学生参与者发放了“右翼威权主义量表”（Right Wing Authoritarianism Scale，RWA）。该量表有 22 个条目，参与者需要就他们在多大程度上同意各个条目进行评分，示例如下：“我们国家迫切需要一位强有力的领导人，他将做必须做的事，以摧毁那些正在毁灭我们的激进的新方式和罪恶。”在第一组研究中，参与者还评估了自己对各个条目、情境或情况的恐惧程度。在第二组研究中，巴特勒向参与者展示了一组幻灯片，包括猛兽、危险情境、不同的人或社会混乱的场景。研究结果支持了他的预测。在威权主义上得分高的人，对社会中的异常行为和社会混乱的恐惧超过了他们对其他事物的恐惧。

因此，就像弗洛姆的理论所说的那样，政治和社会威胁，而非个人威胁，与威权主义的关联最为密切。这意味着与威权主义相关的意识形态是一种推动性的社会认知。巴特勒假设，某些文化刺激会导致恐惧，从而为威权主义信仰系统创造推动力。这些威权主义者发展出更加传统、更受限制的生活方式，这样一来，他们就更不能容忍异常行为和社会混乱。异常行为表明还存在着其他生活方式，这尤其让威权主义者感到威胁。

如今，在美国和欧盟，难民、移民、寻求政治庇护者、极端宗教分子，都可以被视作引发社会和经济动荡的“完美风暴”，弗洛姆认为这种完美风暴会导致人们把威权主义作为一种逃避方式。在这样一个不确定的时期里，我们都应该好好读一读《逃避自由》，了解服从一个有魅力的领导人的危险，这些领导人为复杂的（而且通常是令人恐惧的）全球问题提供了简单的解决方案。

对弗洛姆的评价

弗洛姆可能是所有人格理论家中文笔最杰出的一位。他写了很多优美的文章，例如，有关国际政治的文章，关于老年的心理问题的文章，以及关于希特勒、弗洛伊德的文章，等等。不论是什么主题，弗洛姆的文章的中心思想都是要揭示人类本性的本质。

像其他心理动力学理论家一样，弗洛姆倾向于采用整体方法来构建理论，建立一个宏大的、高度抽象的、更偏向哲学而非科学的模型。他对人性的洞察引起了很大的反响，他的著作的受欢迎程度就证明了这一点。遗憾的是，他的论文和论点在今天已不如 50 年前那样广为人知。保罗・罗曾（Paul Roazen）曾说，在 20 世纪 50 年代中期，如果一个人没读过弗洛姆的大作《逃离自由》，那么他就没有资格说自己受过教育。但是今天，大学里很少有人会读弗洛姆的书了。

从科学的角度来看，我们必须根据有用理论的六个标准来评价弗洛姆的观点。第一，弗洛姆所用的术语不够精确，让他的观点不具有可操作性，因此在一定程度上无法引发研究，但采用了“右翼威权主义量表”的研究及有关营销性格取向的研究除外。总体而言，在最近 45 年的心理学文献当中，几乎没有直接检验弗洛姆的理论假设的实证研究。由于缺乏科学调查，因此弗洛姆在引发研究的标准上只能得到很低的评分，在本书讨论的所有理论家中是最低的。

第二，弗洛姆的理论过于哲学，以至于不能被证伪或证实。弗洛姆理论产生的实证证据（如果有）都可以用替代理论来解释。

第三，弗洛姆理论之广博让它能够组织和解释关于人格的许多已知知识。弗洛姆的社会、政治和历史观点为理解人类状况提供了广度和深度；但是他的理论缺乏精确性，因此很难用于预测，也无法被证伪。

第四，在指导行动方面，弗洛姆著作的主要价值是激发读者进行深入的思考。但是很可惜，研究者和治疗师几乎不能从弗洛姆的论文中获取有用的信息。

第五，因为有一个主题贯穿始终，弗洛姆的观点具有一定的内部一致性。但是，弗洛姆的理论缺乏结构化的分类法、一套操作性定义和明确的范围限制。因此，它在内部一致性的标准上只能得低分。

第六，由于弗洛姆不愿放弃较早的概念或不愿将它们与较晚的思想精确地联系在一起，因此他的理论缺乏简约性和统一性。由于这些原因，我们认为弗洛姆的理论在简约性的标准上只能得低分。

对人性的构想

弗洛姆比其他任何人格理论家都更强调人类与其他动物之间的差异。人类的本质的基础是其独特的体验——身处自然并服从自然的一切定律，但同时又超越自然。他认为，只有人类具有自我意识，能够意识到自己的存在。

更具体地说，弗洛姆对人类的看法被总结在了他对物种的定义中：“人类物种可以被定义为在本能决定论处于最低水平而大脑发展达到最高水平的进化点上出现的灵长类动物。”因此，人类是自然之中的怪胎，是有史以来进化出的唯一的本能最少而大脑最发达的物种。“缺乏根据本能采取行动的能力，同时具有自我意识、推理和想象的能力……为了生存，人类需要一个定向框架和一个奉献的对象。”

然而，基本焦虑、孤独感和无力感是人类为生存所付出的代价。在每个时代和每种文化中，人类都面临着相同的根本问题：如何摆脱孤立的感觉，如何与自然和他人保持联结。

总体而言，弗洛姆既是悲观的，又是乐观的。一方面，他认为大多数人无法与自然或他人结合，很少有人能够实现积极自由。他对现代资本主义也持相当消极的态度，他坚信，资本主义导致了大多数人的孤立感和孤独感，并让他们坚信关于独立和自由的幻想。另一方面，弗洛姆充满希望地相信一些人能够实现结合，从而充分实现其人类潜能。他还相信，人类可以获得认同感、积极自由和不断加强的个体性。他在《追寻自我》一书中写道：“我有一种与日俱增的感觉……追求幸福和健康的力量是（人类）天性的一部分。”

在自由选择还是决定论的维度上，弗洛姆处于中间位置，他认为这个问题不适用于整个物种。他认为，尽管个体很少会觉知到所有可能的选择，但他们在一定程度上倾向于自由选择行动。但是，人们的理性能力使他们能够积极参与自己的命运。

在因果论还是目的论的维度上，弗洛姆略微倾向于目的论。他相信人们通过不断追求定向框架和路线图来规划未来的生活。

弗洛姆在动机是意识层面的还是潜意识的这个问题上基本采取了中间立场，只是略微偏向于意识层面的动机，并认为人类的一个独特之处就是拥有了自我意识。人类是唯一可以具有理性、能够预见未来并有意识地追求自己确立的目标的动物。弗洛姆认为，自我意识既是祝福也是诅咒，许多人会压抑自己的基本性格以避免焦虑。

在社会影响还是生物学影响的问题上，弗洛姆更加重视历史、文化和社会的影响，而不是生物学的影响。不过，尽管他坚信人格是由历史和文化决定的，但他并没有忽略生物学因素，并把人类定义为宇宙的怪胎。

最后，虽然弗洛姆着重强调人与人之间的相似性，但他承认一定的个体独特性。他认为，尽管历史和文化对人格的影响很大，但是人们可以保持一定程度的独特性。人类这一物种具有许多相同的需要，但是人们一生中的人际交往赋予了他们更多的独特性。

重点术语及概念

- 人类已经脱离了史前与自然或他人之间的联结，但是获得了推理、预见和想象的能力。
- 自我意识导致了孤独感、孤立感和无家可归的感觉。
- 为了逃避这些感觉，人们努力想要与他人和自然结合。
- 人类独有的需要包括关联、超越、植根、认同感和定向框架，只有这些需要才能推动人类与自然世界重新结合。

- 建立关联的需要推动人们通过服从、权力或爱与他人结合。
- 超越是指人们超越其被动的存在并创造或破坏生活的需要。
- 植根是指人们在生活中有一个对一致的结构的需要。
- 认同感让人们拥有“我”的感觉。
- 定向框架是一种前后一致的看待世界的方式。
- 基本焦虑来自在世界上感到孤独的感觉。
- 为了缓解基本焦虑，人们采用了各种逃避机制，包括威权主义、破坏和从众。
- 心理健康的人具有成长综合征，包括以下 3 点：（1）积极自由，或作为完整的人自发地活动；（2）热爱生命的天性，即对生命充满热爱；（3）爱人类。
- 然而，其他人则通过生产性的生活，并通过被动接受、剥削他人、囤积、营销或交易来获取事物。
- 极端病态的人具有腐烂综合征，包括以下 3 点：（1）恋尸癖，即对死亡的热爱；（2）恶性自恋，即对自己的痴迷；（3）乱伦共生，即与母亲或母亲般的形象保持联结的取向。
- 弗洛姆的心理治疗的目标是与患者建立关系，使他们与世界重新结合。

第三部分

人本主义–存在主义理论

第 9 章　马斯洛：整体动力理论

第 10 章　罗杰斯：以人为中心的理论

第 11 章　梅：存在主义心理学

CHAPTER 09

第 9 章

马斯洛：整体动力理论

马斯洛 © Bettmann/Getty Images

- 整体动力理论概要
- 亚伯拉罕 · H. 马斯洛小传
- 马斯洛的动机理论
  - 需要层次
  - 审美需要
  - 认知需要
  - 神经症需要
  - 关于需要的综合讨论
- 自我实现
  - 马斯洛对自我实现者的探求
  - 自我实现的标准
  - 自我实现者的价值观
  - 自我实现者的特征
  - 爱、性与自我实现
- 马斯洛心理学与科学哲学
- 如何测量自我实现
- 约拿情结
- 心理治疗
- 相关研究
  - 正念与自我实现
  - 积极心理学
- 对马斯洛的评价
- 对人性的构想

重点术语及概念

在大学里，教授和学生都发现了一个现象，有的学生智商“中等”，考试成绩却很好，有的学生智商超群，成绩却一般，甚至退学的学生里也不乏头脑聪明的人。这种现象背后的原因是什么？有一种合理的猜想指向了动机。当然也有其他的可能性，如个人健康问题、家庭变故的影响、压力过大等。

很多年前，有一名优秀的青年大学生，在他大三的时候，尽管他在感兴趣的课程上成绩相当不错，但由于其他课程的成绩太差，他被学校留校察看了。后来，这名青年大学生做了智商测试，得了 195 分，几百万人里才会有一个人能得这么高的分。也就是说，他在大学里的平庸表现不能用智力不够来解释。

像很多年轻人一样，这名大学生也深陷爱情中，这种情况通常让人很难专注于学业。由于非常害羞，他没有足够的勇气以浪漫的方式接近爱恋的对象。有趣的是，他爱慕的这位年轻女士正是他的表妹。他以拜访姑姑为借口频频与表妹见面。他默默地、腼腆地爱着表妹，却从未与她有过肢体接触，也从未表达过自己的情感。后来，一次突发的偶然事件改变了他的人生。有一次他去拜访姑姑，表姐把他推向表妹身边，几乎是命令式地让他亲吻她。他亲吻了表妹，她并没有躲开，这令他感到惊讶。她也亲吻了他，从那以后，他的生活变得多姿多彩了。

这个故事里害羞的年轻人就是亚伯拉罕·马斯洛（Abraham Maslow），他的表妹是伯莎·古德曼（Bertha Goodman）。在偶然发生的亲吻之后，马斯洛和古德曼很快就结了婚，婚姻让马斯洛从一个普通的大学生变成了一位才华横溢的学者，最终在美国将人本主义心理学发展成一门学科。这个故事并不是建议大家与表妹结婚，只是为了说明有才华的人有时只需要被轻轻一推，就能发挥巨大的潜能。

整体动力理论概要

亚伯拉罕·马斯洛的人格理论有多个名称，如人本主义理论（humanistic theory）、超个人理论（transpersonal theory）、心理学的第三势力（third force）、人格的第四势力（fourth force）、需要理论（needs theory）和自我实现理论（self-actualization theory）。不过，马斯洛称之为**整体动力理论**（holistic-dynamic theory），因为该理论假设，作为整体的人不断地被一种或另一种需要所推动，并且人们有潜能朝着心理健康（自我实现）发展。为了达成自我实现，人们必须先满足饥饿、安全、爱和尊重等较低层次的需要。只有在人们的每一个需要都得到相对满足之后，他们才能达成自我实现。

马斯洛、戈登·奥尔波特（Gordon Allport）、卡尔·罗杰斯（Carl Rogers）、罗洛·梅（Rollo May）等人的理论有时被视作**心理学的第三势力**（third force）。（第一势力是精神分析及其变形，第二势力是行为主义及其变形。）

像其他理论家一样，马斯洛采纳了精神分析和行为主义的一些基本原则。在研究生时期，他研读过弗洛伊德的《释梦》，对精神分析产生了浓厚的兴趣。此外，他在研究生时期对灵长类动物的研究受约翰·B. 华生（John B. Watson）的影响很大。不过，在其成熟的理论中，马斯洛对精神分析和行为主义都持批评态度，因为它们对人性的观点具有局限性，没有完全认识到心理健康的人是怎样的。马斯洛认为，人类的本性超出了精神分析或行为主义的论述；在马斯洛人生的后期，他一直在探索心理健康的人的本性。

亚伯拉罕·H. 马斯洛小传

在本书所讨论的理论家之中，亚伯拉罕·哈罗德·马斯洛（Abraham Harold Maslow）的童年或许最孤独、最痛苦。1908 年 4 月 1 日，马斯洛在纽约曼哈顿出生，然后在布鲁克林度过了他不幸的童年。马斯洛是塞缪尔·马斯洛（Samuel Maslow）和罗丝·斯基洛斯基·马斯洛（Rose Schilosky Maslow）的七个孩子中年龄最大的。马斯洛的童年生活充满了强烈的羞怯、自卑和抑郁的情感。

马斯洛与父母双方都不是特别亲密，但是他最终原谅了在他童年经常缺席的父亲。马斯洛的父亲是一名俄罗斯犹太移民，靠修理木桶维持生计。对母亲，马斯洛则感到憎恨，怀有深切的敌意，不仅在他的童年时期如此，而是持续了一生，直到他的母亲去世，而当时距马斯洛去世只剩几年时间了。尽管接受了若干年的精神分析，马斯洛始终无法克服对母亲的强烈憎恨。他拒绝参加母亲的葬礼，尽管他的弟弟妹妹们一再恳求——他的弟弟妹妹们对母亲并没有憎恨的情感。这一点可以从马斯洛去世前一年的日记里看出来：

> 令我反感、抗拒并恨之入骨的不仅是她的外表，还有她的价值观和世界观，她的吝啬、极度自私，她不爱任何其他人，包括她的丈夫和孩子……她认定与她有不同意见的人是错的，她不关心她的孙辈，她没有朋友，马虎且邋遢，她对自己的父母和兄弟姐妹没有亲情……我一直奇怪我对乌托邦主义、道德压力、人本主义及对仁慈、爱、友谊等的重视从何而来。我明白了，这是我缺乏母爱的直接后果。而且，我人生哲学的全部主旨、我所有的研究和理论都源于对她所代表的一切的憎恨和厌恶。

爱德华·霍夫曼（Edward Hoffman）通过一件小事生动地描绘了马斯洛的母亲有多么残忍。一天，年幼的马斯洛在家附近发现了两只被遗弃的小猫。他觉得小猫可怜，就把它们带回了家，放在地下室里，用盘子盛了些牛奶喂它们。但母亲看到这两只小猫时勃然大怒，当着年幼的儿子的面把小猫的头反复撞到地下室的墙壁上，直到把它们撞死。

马斯洛的母亲也是一个非常虔诚的信徒，经常用上帝的惩罚威胁年幼的马斯洛。有一次，年幼的马斯洛故意做错事来检验母亲的威胁是不是真的。神并没有惩罚他，他因此断定母亲的警告并不科学。这些经验让马斯洛从此不再相信宗教，并且对宗教感到厌恶，成了一个坚定的无神论者。

尽管持无神论观点，但反犹太主义也让马斯洛感到痛苦，这种痛苦从童年时期一直延续到成年时期。为了抗议同学的反犹太主义态度，他埋头于书籍和学术著作之中。他喜欢读书，但是去公共图书馆需要格外注意安全，因为布鲁克林附近有反犹太帮派四处游荡，那些人毫不讲理，动不动就恐吓像马斯洛这样的犹太男孩。

马斯洛天资聪颖。在布鲁克林的男子高中就读期间，马斯洛的成绩位于中上游，这让他获得了些许安慰。同一时期，他与堂兄威尔·马斯洛（Will Maslow）建立了密切的友谊。威尔是一个外向的人，常积极参加社交活动。与维尔的友谊增进了马斯洛的社交技能，让他也参与了一些学校活动。

马斯洛从男子高中毕业后，威尔鼓励他申请康奈尔大学。由于缺乏自信，马斯洛选择了声望较低的纽约城市学院。在马斯洛进入大学时，他的父母离婚了。他与父亲慢慢变得亲近起来。马斯洛的父亲曾希望长子能成为一位律师。在纽约城市学院期间，马斯洛读了法学院。但是，有一天晚上，他连书都没拿就走出了法学教室。因为他深感法律过于关注坏人，却不够关注好人。一开始，父亲对马斯洛离开法学院的决定感到失望，但最终还是接受了。

在纽约城市学院就读期间，马斯洛在哲学等课程上表现出色，对这些课程的兴趣日渐浓厚。不过，要是他不喜欢一门课程，他的成绩就会很差，甚至到了被留校察看的地步。三个学期后，他转学到纽约州北部的康奈尔大学，一部分原因是为了离堂兄威尔更近一些——威尔在康奈尔大学读书，另一部分原因则是为了远离表妹伯莎·古德曼（Bertha Goodman），当时他已经爱上了她。在康奈尔大学读书期间，马斯洛的成绩也只是中等水平。他的心理学导论教授是著名的心理学先驱爱德华·B. 铁钦纳（Edward B. Titchener）。铁钦纳每次上课必穿全套学位袍，但是马斯洛对他并不欣赏。他认为铁钦纳的心理学方法冰冷、“没有血色”并且与人无关。

在康奈尔大学待了一个学期后，马斯洛又回到了纽约城市学院，这一次是为了离表妹伯莎更近一些。接着就发生了本章开头提到的小插曲，马斯洛和伯莎很快就克服了来自父母的阻碍，喜结连理。马斯洛的父母反对他们结婚的一部分原因是他当时只有 20 岁，而伯莎只有 19 岁。不过，更让他们担心的是表兄妹之间的结合可能会生下有遗传缺陷的后代。颇具讽刺意味的是，马斯洛的父母就是堂兄妹，他们一共生了六个孩子，每一个都很健康。（有一个女儿在婴儿期夭折了，但原因与遗传缺陷无关。）

在结婚前的那个学期，马斯洛转学去了威斯康星大学，在那里取得了哲学学士学位。此外，他对约翰·B. 华生（John B. Watson）的行为主义很感兴趣，在这一兴趣的推动下，他选修了很多心理学课程，满足了申请心理学博士的要求。在研究生期间，马斯洛与哈里·哈洛（Harry Harlow）紧密合作，后者当时正在做以猴子为对象的研究。马斯洛的博士论文是关于猴子间的支配与性行为的。他的研究表明，至少在灵长类动物中，社会支配是比性更强的动机。

1934 年，马斯洛获得了博士学位，但是在美国经济大萧条的背景下，加上当时美国许多学校中仍然存在强烈的反犹太偏见，他未能马上找到教职。于是，他只好留在威斯康星大学短期授课，甚至又到那里的医学院读书。但是，外科医生冷漠无情的态度让他退缩——他们可以无动于衷地切掉患病的身体部位。在马斯洛看来，医学院就像法学院一样，反映出了一种对人的不友善的、消极的观点，医学院的经历让他既困扰又无聊。一旦马斯洛感到某件事无聊，他往往会退出，医学院也不例外。

次年，他回到纽约，在哥伦比亚大学教育学院担任 E.L. 桑代克（E.L.Thorndike）的研究助理。不论在纽约城市学院还是在康奈尔大学，马斯洛都表现平平，但是，他在桑代克的智力测验中获得了 195 分。此后，桑代克给了这名助手行动的自由，让他做自己想做的研究。在这种环境中，马斯洛的聪明才智发挥了出来。在一年半的研究之后，他离开了哥伦比亚，加入了布鲁克林学院。这是一所新成立的学校，其学生大多是来自工薪阶层的聪明的年轻人，就像 10 年前的马斯洛本人一样。

20 世纪三四十年代在纽约的生活经历，让马斯洛有机会接触不少逃脱纳粹统治的欧洲心理学家。实际上，马斯洛认为，在从古至今的所有人中，他遇到的老师是最好的。他见过并求教过的人包括但不限于埃里希・弗洛姆、卡伦・霍妮、马科斯・韦特墨（Max Wertheimer）、肯特・戈尔茨坦（Kurt Goldstein）。这些人中的每一个都给马斯洛留下了深刻印象，他们中大多数在社会研究新学院讲过课。马斯洛还与当时住在纽约的阿尔弗雷德・阿德勒有联系。阿德勒每到星期五晚上都会在家中举办研讨会，而马斯洛和朱利安・罗特（Julian Rotter）（见第 18 章）都是研讨会的常客。

马斯洛的另一位导师是哥伦比亚大学的人类学家露丝・本尼迪克特（Ruth Benedict）。1938 年，本尼迪克特鼓励马斯洛到加拿大阿尔伯塔省，就那里的北部黑脚印第安人开展人类学研究。对这些美洲原住民的研究让马斯洛认识到，文化之间的差异只在表面，北部黑脚印第安人首先是人，其次才是北部黑脚印第安人。这种洞见影响了马斯洛后来提出的著名的需要层次理论，他认为该理论适用于每个人。

20 世纪 40 年代中期，马斯洛的健康状况开始恶化。1946 年，38 岁的他身患一种奇怪的疾病，因此感到虚弱、晕眩、乏累。次年，他请了病假，与伯莎和两个女儿一起搬到加利福尼亚州普莱森顿。在那里，他名义上担任马斯洛制桶公司下属分公司的经理。轻松的工作安排使他能够有时间阅读人物传记和历史书籍，同时搜集自我实现者的信息。一年后，他的健康状况得到改善，并回到布鲁克林学院任教。

1951 年，马萨诸塞州沃尔瑟姆市新成立了布兰迪斯大学，马斯洛就任该校的心理系主任。在布兰迪斯大学的岁月中，他写下了大量日记，不定期地记录下自己的思想、见解、情感、社交活动、重要的谈话及对健康的担忧。

到了 20 世纪 60 年代，尽管马斯洛的名气越来越大，但在布兰迪斯大学的日子让他感到幻灭。一些学生不赞成他的教学方法，要求接受更少的思辨和科学训练，而增加经验式学习。

除工作相关的问题外，1967 年 12 月马斯洛还经历了严重但不致命的心脏病发作。这时，他才得知自己 20 多年前的奇怪疾病是没有被诊断出来的心脏病。健康状况不佳且对布兰迪斯大学的学术氛围失望的马斯洛接受了加利福尼亚州门洛帕克市佐贺行政公司的邀请。他在新的公司里并没有专门职责，从而可以自由地思考和写作。他很享受这种自由。1970 年 6 月 8 日，马斯洛死于严重的心脏病，享年 62 岁。

马斯洛一生中获得许多荣誉，并在 1967 年至 1968 年当选美国心理学会主席。马斯洛去世时，他不仅在心理学界广为人知，在受过教育的大众当中也颇有知名度，特别是在企业管理、市场营销、神学、咨询、教育、护理及其他健康相关的领域里。

马斯洛的个人生活充满了痛苦，包括生理上的和心理上的。在青春期，他十分害羞、郁郁寡欢、孤立且自我排斥。在后来的岁月中，他的身体状况一直不好，饱受病痛折磨，包括慢性心脏病。他的日记里频繁提及身体不适。在他去世前一个月的最后一篇日记（1970 年 5 月 7 日的日记）中，他抱怨众人期望他成为一位勇敢的领袖和发声者。他写道："我在气质上并不'勇敢'。我的勇敢实际上是克服了抑郁、拘谨、软弱、胆怯才得到的，而它始终令我疲惫、紧张、忧惧、睡眠不良，让我付出了巨大的代价。"

马斯洛的动机理论

马斯洛的人格理论基于五个关于动机的基本假设。第一，马斯洛采取了*整体的动机观*；也就是说，整个人，而不是人的某个部分或某种功能受动机所推动。

第二个假设是，*动机通常很复杂*，这意味着人的行为可能源于多个不同的动机。例如，对性的渴望不仅可以由生殖器的需要所推动，也可以由对支配、陪伴、爱和自尊的需要所推动。而且，行为的动机可能是无意识的，即不被行为者所知。例如，一名大学生取得好成绩的动机可能掩盖了其对支配或权力的需要。马斯洛承认无意识动机的重要性，这是他与戈登·奥尔波特（Gordon Allport）（见第 12 章）的一个重要不同。奥尔波特更倾向于认为一个人打高尔夫球只是出于娱乐的目的，但马斯洛则认为在打高尔夫球这一行为背后一定有着潜在的且通常复杂的原因。

第三个假设是，*人们持续地被一种或另一种需要所推动*。当前一个需要被满足之后，它就失去了推动力，然后就会被另一个需要所取代。例如，当人们的饥饿需要没有得到满足时，他们就会追求食物；当人们拥有足够多的食物时，他们就会转向其他需要，如安全、友谊和自我价值等。

第四个假设是，*世界上的所有人都受到相同的基本需要的推动*。不同文化背景下的人们获取食物、建造房屋、表达友谊的方式可能千差万别，但是食物、安全和友谊这些基本需要对整个人类来说都是共同的。

第五个假设是，*需要可以按层次排列*。

需要层次

马斯洛的需要层次假定，必须先满足或至少相对满足较低层次的需要，较高层次的需要才会成为动机。构成需要层次结构的五个需要是**意动需要**（conative needs），这意味着它们具有奋斗或激励特性。这些需要——马斯洛通常称之为**基本需要**（basic needs）——是有层次的或阶梯式的，随着阶梯的上升，需要层次也变高，生存的重要性则变低（见图 9.1）。层次较低的需要比层次较高的需要更为优先；也就是说，在更高层次的需要被激活之前，必须满足或基本满足较低层次的需要。例如，任何人在被尊重或自我实现需要推动之前，必须先满足食物和安全的需要。因此，食物和安全的需要比尊重和自我实现的需要更加优先。

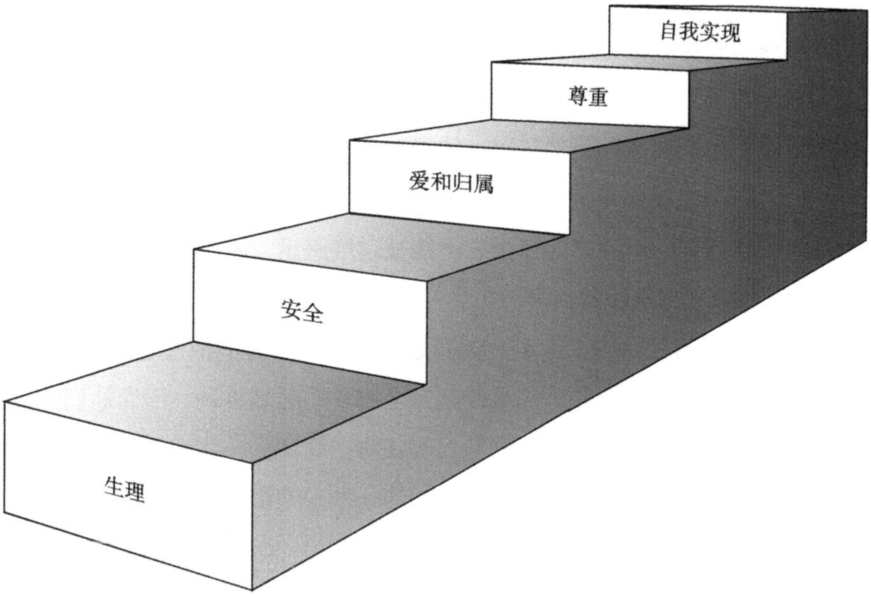

图 9.1　马斯洛的需要层次

马斯洛将需要按优先级进行了排列：生理需要、安全需要、爱和归属需要、尊重需要、自我实现需要。

生理需要

每个人最基本的需要都是**生理需要**（physiological needs），包括对食物、水、氧气和维持体温等的需要。生理需要的优先级是最高的。人不断地感到饥饿，因此有进食的需要，而非建立友谊或获得尊重的需要。只要进食的需要没有得到满足，人就无暇顾及食物以外的事物，此时人的主要动机就是获取食物。

当然，在富裕的社会中，大多数人的进食需要都得到了满足。人们通常有充足的食物，所以当他们说饿的时候，实际上说的是食欲，而非饥饿。真正饥饿的人不会过多关注食物的味道、气味、温度或品质。

马斯洛说："一个人仅靠面包就能度日，这话没错，但前提是他实际上没有面包。"当人们无法满足生理需要时，他们生活的主要目的就是满足这些需要，而且是不断努力去满足这些需要。饥饿的人心里只想着食物，为了获取食物几乎什么都愿意做。

生理需要与其他需要有至少两个重要区别。首先，生理需要是唯一一个可以被完全满足甚至被过度满足的需要。人们可以吃足够多的食物，直到食物完全失去其推动力。对刚吃过大餐的人来说，想到更多的食物甚至会令人作呕。其次，生理需要有重复性。人们吃过饭后，隔一段时间会再次感到饥饿，人们不断需要补充食物和水，就如同我们需要持续呼吸一样。相比之下，其他层次的需要往往不会持续重现。例如，一个人如果部分满足了自己对爱和尊重的需要，那么他往往会相信这种满足会持续下去。

安全需要

当人们的生理需要得到部分满足后，他们就会受到**安全需要**（safety needs）的推动；安全需要包括对人身安全、稳定性、依赖性、被保护和远离威胁（如战争、恐怖行为、疾病、恐惧、焦虑、危险、社会混乱和自然灾害）的需要。对法律、秩序和结构的需要也属于安全需要。

安全需要与生理需要的不同之处在于它不能被过度满足，人类永远都不可能完全杜绝来自陨石、火灾、洪水或其他危险的伤害。

在处于非战争状态的社会中，大多数健康成年人在大部分时间里都能满足其安全需要，因此安全需要相对不太重要。但是，儿童受到安全需要的强烈推动，因为他们的生活里充满了诸如黑暗、庞然大物、陌生人和父母的惩罚等威胁。同样，一些成年人也有不安全感，因为他们保留了童年时期的非理性恐惧，这使他们的一举一动都表现出对来自父母的惩罚的恐惧。他们在安全需要的满足上花费了比健康人更多的努力，而当他们的努力失败时，他们就会遭受马斯洛所说的**基本焦虑**（basic anxiety）。

爱和归属需要

当人们部分满足了生理需要和安全需要后，就会受到**爱和归属需要**（love and belongingness needs）的推动，例如，渴望友谊、希望拥有伴侣和孩子，以及对家庭、俱乐部、社区或国家等的归属感。爱和归属也包括对性与人际接触的需要，以及给予爱和接受爱的需要。

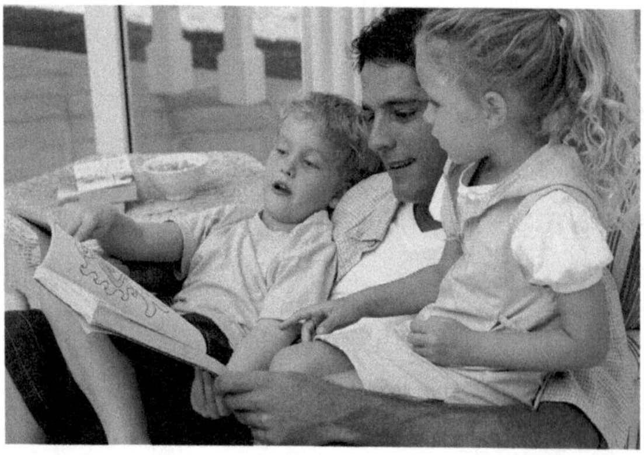

稳定的被爱的感觉对于培养自信和心理成长十分重要。

如果一个人的爱和归属需要在童年早期得到了充分满足，那么后来即使不被爱也不会感到恐慌。这些人有自信会被重要的人接受，因此在被他人拒绝时不会被压垮。

另外一种人则从未体验过爱和归属，因此他们也无法给予爱。他们很少或从来没有体验过拥抱、爱抚或通过语言表达的爱。马斯洛认为，这些人最终将学会贬低爱的价值，认为没有爱才是理所当然的。

还有人虽然体验过爱和归属，但只得到很少的满足。因为他们只是浅尝过爱和归属的滋味，所以他们会更加强烈地寻求爱和归属。也就是说，只得到了一点儿爱的人比得到了足够多的爱或根本没有得到过爱的人对情感和接纳的需要更加强烈。

儿童需要爱才能在心理上成长，他们试图满足爱的需要的方式通常直截了当。成年人也需要爱，但是他们有时会对其加以掩饰。这些成年人经常会做出自我欺骗的行为，例如，他们在人际关系中假装冷漠，或者表现得愤世嫉俗、冷淡而无情。他们也可能表现得独立和自给自足，但实际上，他们非常需要被接纳和被爱。还有一些成年人，他们对爱的需要在很大程度上未得到满足，这样的人会采取更明显的方式，但他们用力过度，反而无法成功。他们持续恳求被接纳和被爱，这让他人变得多疑、不友好、拒绝接纳。

尊重需要

一旦人们对爱和归属的需要得到满足，他们就有了追求**尊重需要**（esteem needs）的可能。尊重需要包括对自尊、自信、自我能力和知道自己被他人尊重的需要。马斯洛指出，尊重需要有两个层次——名声（reputation）和自尊（self-esteem）。名声是指一个人对自己在他人眼中的声誉、认可或名望的感知，自尊则是指一个人对自己的价值和自信的感觉。自尊不仅仅基于名声或声誉，它还反映了一个人渴望拥有力量、成就、财富、事业和能力，渴望拥有面对世界的信心，渴望拥有独立和自由。也就是说，自尊还基于自己真正的能力，而不仅仅基于他人的观点。一旦人们满足了自尊的需要，他们就站在了自我实现的门口。马斯洛认为自我实现是最高层次的需要。

自我实现需要

当较低层次的需要得到满足之后，人们大多会自动进入下一个层次。但是，当尊重需要被满足后，人们并不一定会进入自我实现需要这一层次。最初，马斯洛认为，一旦尊重需要得到满足，自我实现需要就会变得重要。不过，在 20 世纪 60 年代，马斯洛意识到，在布兰迪斯大学和其他大学的许多年轻学生在其较低层次的需要（包括名声和自尊）得到满足后，并没有开始追求自我实现。为什么有些人能跨过从尊重到自我实现的门

自我实现者不一定具有艺术天赋，但他们能够以自己的方式发挥创造力。

© BananaStock/Alamy

槛，而有些人则不能呢？这取决于他们能否拥抱 B **类价值观**（Being values，B-values，有关 B 类价值观见“自我实现”小节）。如果一个人高度重视真理、美善、正义和其他 B 类价值观，那么在其尊重需要得以满足后就会迈向自我实现需要；如果一个人不在意这些价值观，那么他们的自我实现需要也会受到抑制，即使他们的其他基本需要都已得到满足。

自我实现需要（self-actualization needs）包括自我满足（self-fulfillment），实现一个人的全部潜能，以及具有完全意义上的创新力。达到自我实现层次的人是完整的人，正在满足一种很多人难以触及的需要。他们是自然的，如同动物和婴儿是自然的一样；也就是说，他们表达基本的人类需要，不会让其为他们所在的文化而压制。

自我实现者即使被他人嘲笑、排斥和拒绝，也能保持自尊。换句话说，自我实现者不依赖于爱或尊重需要的满足，他们已经独立于曾让他们获得新生的低层次需要。（在“自我实现”小节中，将更详细地描绘自我实现者的特征。）

除了上述五种基本需要外，马斯洛还指出了其他三种需要——*审美需要*、*认知需要*和*神经症需要*。审美需要和认知需要被满足可以让心理保持健康，这两种需要不被满足则可能导致病态的状况，而神经症需要无论是否被满足，都可能导致病态的状况。

审美需要

与基本需要不同，**审美需要**（aesthetic needs）并不是普遍存在的，但是在每一种文化中都至少有一部分人受到对美和审美愉悦体验的需要的推动。从穴居人的时代起，一直有部分人为了艺术而创作。

具有强烈审美需要的人渴望优美而有序的环境，当这些需要得不到满足时，他们就会感到不舒服，就像他们的基本需要得不到满足时那样。人类喜欢美丽，不喜欢丑陋，当人们被迫生活在肮脏而混乱的环境中时，甚至可能患上生理或心理的疾病。

认知需要

大多数人都渴望知道、解谜、理解和保持好奇。马斯洛称这些欲望为**认知需要**（cognitive needs）。当认知需要受阻时，马斯洛的需要层次中的每一种需要都会受到威胁；也就是说，五种基本需要中每一种需要的满足都依赖于知识。人们想要满足生理需要，就得知道如何获取食物；想要满足安全需要，就得知道如何建造庇护所；想要满足对爱的需要，就得知道如何与人相处；想要满足尊重需要，就得知道如何获得一定程度的自信；想要满足自我实现需要，就得充分发挥自己的认知潜能。

马斯洛认为，健康的人渴望知道更多、建立理论、检验假设、解开谜题或弄懂某种事物的原理，而这些只是为了满足其求知欲。而没有满足认知需要的人、一直被欺骗的人、好奇心被扼杀的人或被切断信息的人，都会变得病态，这种病态表现为怀疑论、幻灭感和愤世嫉俗。

神经症需要

基本需要、审美需要和认知需要的满足是一个人身心健康的基础，如果这些需要受阻，就会导致某种程度的疾病。而**神经症需要**（neurotic needs）只能带来停滞和病态。

按照定义，神经症需要是非生产性的。神经症需要会导致不健康的生活方式，并且对追求自我实现毫无帮助。神经症需要通常是反应性的，也就是说，它们是对没有得到满足的基本需要的补偿。例如，一个安全需要没有得到满足的人可能会强烈地渴望囤积钱财。囤积驱力是一种神经症需要，无论是否得到满足，都会导致病态。与之类似，一位神经症患者也许能够与他人建立亲密关系，但是这种关系往往也是神经症的和共生的，归根结底是一种病态的关系，而不是真正的爱。马斯洛还给出了另一个神经症需要的例子，具有获得权力的强烈动机的人即便获得几乎无限的权力，也无法减轻其神经症，或者降低其对更多权力的需要。“不论神经症需要是被满足还是受阻，对根本的健康都没有积极的影响。”

关于需要的综合讨论

马斯洛推测，假设一个人处于平均水平，其需要的满足程度大约如下：生理需要，85%；安全需要，70%；爱与归属需要，50%；尊重需要，40%；自我实现需要，10%。较低层次的需要被满足的程度越高，较高层次需要出现的概率就越大。例如，如果一个人对爱的需要的满足程度只有 10%，那么他可能根本不会产生尊重需要。但是，如果爱的需要被满足了 25%，那么对尊重的需要可能就会达到 5%。如果爱的需要被满足了 75%，那么对尊重的需要可能就会达到 50%，如此等等。因此，需要是逐渐出现的，一个人可能同时受两个或多个层次的需要的推动。例如，一个自我实现者可能被挚友奉为贵宾，应邀在一间安静的餐厅里享用晚餐。进食行为满足了生理需要，与此同时，贵宾身份也满足了安全需要、爱和归属需要、尊重需要和自我实现需要。

需要顺序的颠倒

尽管需要的满足通常符合图 9.1 所示的需要层次，但有时顺序也会颠倒。对一些人来说，创造力（自我实现的需要）的驱力可能会优先于安全需要和生理需要。一位热忱的艺术家可能会冒着安全和健康的风险来完成一项重要的工作。已故雕塑家柯扎克·希欧考夫斯基（Korczak Ziolkowski）多年来不顾健康、放弃陪伴，将黑山的一座山峰雕刻成了疯马酋长的纪念碑。

但是，颠倒往往是表面现象而非真实情况，一些举动看似颠倒了需要顺序，但实际上并没有。如果对行为背后的无意识动机加以考察，我们就会发现需要顺序其实并未颠倒。

无动机的行为

马斯洛认为，所有行为都有其原因，但是有的行为是没有动机的。也就是说，行为的原因并不总是动机。一些行为不是由需要引起的，而是由其他因素引起的，如条件反射、成熟或药物等。动机只是为满足某种需要而做出的努力。马斯洛所说的“表达行为”（expressive behavior）大部分都是无动机的。

表达行为和应对行为

马斯洛区分了表达行为（通常是无动机的）和应对行为（总是有动机的，旨在满足某种需要）。

*表达行为*本身通常就是目的，并不为其他目的服务。它通常是潜意识的，自然发生且不需要付出努力。它没有目标或目的，仅仅是个人的表达模式。表达行为包括没精打采、心不在焉、放松和喜怒外露等。即使没有强化或奖励，表达行为也会持续，如皱眉、脸红或眨眼等通常不会受到专门强化的行为。

表达行为还包括步态、手势、声音和微笑（即使是在独处时）。例如，一个人表现出有条理的、强迫性的人格，可能只是因为其本性如此，而非出于任何需要。表达行为的其他例子包括艺术、游戏、娱乐、欣赏、惊奇、敬畏和兴奋。表达行为通常不是习得的，而是自发的，并由个人内部的力量而非环境的力量所决定。

相比之下，*应对行为*通常是意识层面的、需要付出努力的、习得的、由外部环境决定的。它涉及个体应对环境、获取食物和住房、交友，以及获得他人认可、欣赏和声誉所做的努力。应对行为服务于某种目的或目标（尽管并非始终是有意识的或被个体所知），并且总是受到未被满足的需要的推动。

需要的剥夺

任何一种基本需要如果没有得到满足，都会导致某种病态。生理需要的剥夺会导致营养不良、疲劳、精力不足和强迫性行为等。安全需要的剥夺会导致害怕、不安全感和恐惧。如果爱和归属的需要未被满足，一个人就会变得防御、好斗或社交胆怯。尊重需要未被满足会导致自我怀疑、自我贬抑和缺乏自信。自我实现需要被剥夺也会导致病态，或者更准确地说，是导致**元病态**（metapathology）。马斯洛将超越性病态定义为缺乏价值感、缺乏满足感及感到生活丧失意义。

需要的类本能性质

马斯洛假设，人类的一些需要是与生俱来的，即使人们可以通过学习改变它们。他称这些需要为**类本能需要**（instinctoid needs）。例如，性欲是一种基本的生理需要，但其表达方式取决于学习。对大多数人来说，性欲是一种类本能需要。

区分类本能需要与非本能需要的第一个标准是需要得不到满足时的病态程度。类本能需要得不到满足会导致病态，而非本能需要得不到满足则不会导致病态。例如，当人们得不到充足的爱时，他们就会生病并且难以保持心理健康。同样，如果人们的生理需要、安全需要、尊重需要和自我实现需要得不到满足，他们也会生病。因此，这些需要都是类本能需要。相比之下，梳头的需要或讲母语的需要是习得的，这些需要得不到满足通常不会引起疾病。如果不能梳头或不能讲母语使一个人罹患心理疾病，那么致病的真正原因可能是爱和归属需要或尊重需要没有得到满足。

区分类本能需要和非本能需要的第二个标准是类本能需要是持久的，并且满足它们能带来心理健康。相反，非本能需要通常是短暂的，满足它们并不是健康的先决条件。

第三个区别是类本能需要具有物种特异性。因此，动物本能不能用作研究人类动机的模型。只有人类才会受尊重需要和自我实现需要推动。

第四，尽管很难，但类本能需要还是会在环境的影响下被塑造、抑制或改变。由于许多类本能需要（如爱的需要）比文化力量（如犯罪或战争）要弱，马斯洛认为社会应该“保护软弱、敏感和温柔的本能需要，不要让它们被更牢固、更强大的文化所淹没”。换句话说，虽然类本能需要是基本的、非习得的，它们还是可能被更强大的文化力量所改变，甚至破坏。因此，一个健康的社会应该尝试各种努力，使人们不仅可以满足生理需要和安全需要，还可以满足爱、尊重和自我实现需要。

较高层次与较低层次的需要

较高层次的需要（爱、尊重和自我实现）与较低层次的需要（生理需要和安全需要）之间既有相似之处，也有不同之处。相似之处在于，较高层次的需要与较低层次的需要都是类本能需要。马斯洛认为，爱、尊重和自我实现与饥饿、口渴和性欲一样具有生物学基础。

较高层次的需要与较低层次的需要之间的不同之处在于其程度，而非类别。首先，较高层次的需要在系统发生或进化的尺度上出现较晚。例如，只有人类（一个相对较新的物种）拥有自我实现需要。另外，在个人发展的过程中，较高层次的需要出现得也较晚；在较高层次的需要发挥作用之前，必须先满足（婴幼儿和儿童的）较低层次的需要。

其次，较高层次的需要能带来更多的幸福感和高峰体验，而满足较低层次的需要只能产生一定程度的愉悦感。然而，享乐主义的愉悦通常是短暂的，无法与满足更高层次的需要时所产生的幸福感相提并论。同样，当一个人体验过了较高层次和较低层次的需要后，他在主观上会更渴望满足较高层次的需要。也就是说，一个已经达到自我实现层次的人没有回到较低发展阶段的动机。

自我实现

马斯洛在完成博士学位后不久就提出了自我实现的观点。当时，他发现自己在纽约市的两位老师——人类学家露丝·本尼迪克特和心理学家麦克斯·韦特墨相当与众不同，并对此感到不解。在马斯洛看来，这两位老师代表了人类发展的最高水平，他将该水平称作“自我实现”。

马斯洛对自我实现者的探求

是哪些特质让本尼迪克特和韦特墨如此与众不同？为了回答这个问题，马斯洛开始记录两位老师的言行，同时他也希望能找到其他能够被称为“优秀的人”（Good Human Being）的人。

但是，找到这样的人并不容易。他的课堂上的年轻学生都是志愿者，但他们当中似乎没有一个是韦特墨和本尼迪克特那样的“优秀的人”，马斯洛不禁怀疑 20 多岁的大学生是否能够成为“优秀的人”。

马斯洛找到了一些似乎具有“优秀的人”的特征的年龄大一些的人，但是当他对这些人进行访谈后，他总是会感到失望。通常，他会发现这些人“适应良好……但是他们没有热情、活力、激情、奉献精神和责任感”。马斯洛只能得出如下结论：情绪安全和良好的适应能力并不是判断“优秀的人”的可靠指标。

马斯洛在寻找自我实现者的过程中遇到的阻碍不止如此。首先，他试图探索的是一种从未被明确界定的人格模式。其次，很多他认为达成自我实现的人拒绝参与他的研究。他们对马斯洛想做什么并不感兴趣。马斯洛后来评论道，没有一个他认为具有自我实现能力的人愿意接受检测。他们似乎过于珍视自己的隐私，不愿与世界分享。

马斯洛并没有因为无法找到自我实现者而灰心，而是决定另辟蹊径——他开始阅读名人传记，试图在圣徒、圣人、民族英雄和艺术大师中找出自我实现者。在了解了托马斯·杰斐逊（Thomas Jefferson）、亚伯拉罕·林肯（Abraham Lincoln）（晚年）、阿尔伯特·爱因斯坦（Albert Einstein）、威廉·詹姆斯（William James）、阿尔贝特·施韦泽（Albert Schweitzer）、本尼迪克特·德·斯宾诺莎（Benedict de Spinoza）、简·亚当斯（Jane Addams）等伟人的生平后，马斯洛有种豁然开朗的体验。他没有问“是什么让韦特墨和本尼迪克特达成了自我实现”，而是转而问“为什么其他人都没有达成自我实现”。这一转变逐渐改变了马斯洛对人性的看法，还帮助他发现了更多的自我实现者。

简·亚当斯（Jane Addams）是一位社会活动家，她创造了社会工作者这一职业。她获得了 1931 年的诺贝尔和平奖，是第一位获得诺贝尔奖的美国女性。© Atlas Archive/The Image Works

在终于找到正确的问题之后，马斯洛继续寻找自我实现者。为了方便搜索，他先确立了什么是心理健康的模式。在选定了一组健康个体的样本之后，他仔细地研究了这些人，总结出一种人格模式。接着，他完善了最初的定义，按照新的定义重新筛选了这组样本，保留了其中一些，剔除了一些，并增添了新的个体。然后，他重复了整个过程，修正了自我实现的定义和标准。马斯洛又将这一过程重复了三四次，直到他自己满意为止，这时，他已经把自我实现者的模糊且非科学的概念提炼成了精确且科学的定义。

自我实现的标准

自我实现者符合哪些标准？首先，*他们与精神病理学毫不沾边*。他们既不是神经症患者，也不是精神病患者，也没有任何心理障碍倾向。这一标准是一个重要的否定标准，因为有的神经症患者或精神病患者有一些自我实现者的特征——超常的现实感、神秘体验、创造力和与他人疏离的倾向。马斯洛从自我实现者名单中剔除了明显表现出精神病理学迹象的人，但不包括一些患有心身疾病的人。

其次，*自我实现者已经经历了每一个需要层次*，因此已经超越了维持生存的最低水平，没有无处不在的安全威胁。此外，他们还体验了爱，拥有牢固的自我价值感。因为自我实现者的较低层次的需要得到了满足，所以他们即使面对批评和嘲笑，即面对自己的需要受挫时，其忍受能力也更强。他们有能力爱各种各样的人，但是不会觉得自己有义务去爱每个人。

马斯洛提出的自我实现者的第三个标准是*对 B 类价值观的接纳*。自我实现者认可甚至强烈渴望真理、美善、正义、朴素、幽默，以及其他 B 类价值观（稍后我们将讨论这一话题）。

最后一个自我实现者的标准是“充分利用并开发天赋、能力、潜能等”。换言之，自我实现的个体*满足了成长、发展和逐渐抵达自己的能力所能达到的高度的需要*。

自我实现者的价值观

马斯洛认为，自我实现者受“永恒真理”的推动，他把这些永恒真理称为 **B 类价值观**（B-values）。这些“存在”价值观（“Being” values）是心理健康的指标。B 类价值观与由缺乏引起的需要（deficiency needs）不同，自我实现者不受后者推动。B 类价值观与对食物、住所或陪伴的需要有着不同的含义。马斯洛将 B 类价值观称为“元需要”（metaneeds），意思是它们是终极的需要层次。他认为普通的需要动机与自我实现者的动机不同，并称自我实现者的动机为**元动机**（metamotivation）。

元动机的特征是表现行为而非应对行为，元动机与 B 类价值观相关。它区分了自我实现者与非自我实现者。马斯洛曾困惑，为什么一些人虽然满足了较低层次的需要、有能力给予爱和接受爱、拥有充足的自信和自尊，却未能突破自我实现的阈限？元动机是马斯洛就这一问题给出的尝试性回答。这些人的生活缺乏意义，他们不具备 B 类价值观。只有秉持 B 类价值观的人才能达成自我实现，也只有他们才具有元动机。

马斯洛共提出了 14 种 B 类价值观。不过，具体数字并不重要，因为所有 B 类价值观最终都是可以合并成一种，即便不能，它们至少也是高度相关的。自我实现者的价值观包括*真理、善良、美、完整性或超越二分法、生命活力或自发性、独特性、完美、完善、正义和秩序、*

朴素、丰富或整体性、轻松、嬉戏或幽默，以及自给自足或自主（见图 9.2）。

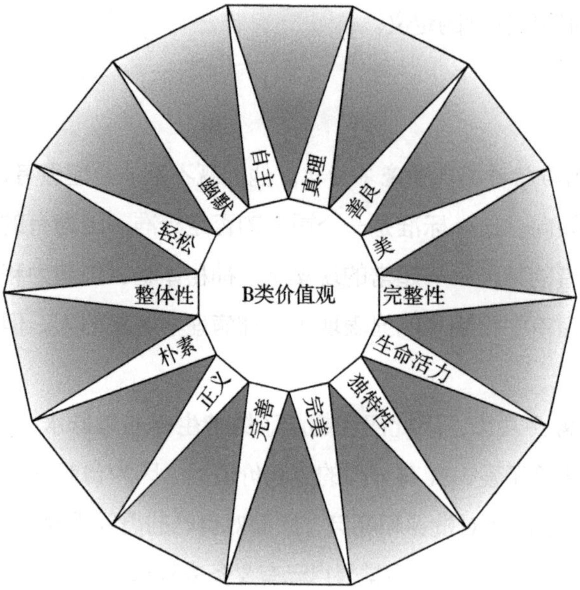

图 9.2　马斯洛的 B 类价值观：一颗有多个切面的宝石

这些价值观将自我实现者与那些在实现尊重需要后就停止心理发育的人区分开来。马斯洛假设，当人们的元需要未得到满足时，他们就会生病，这是一种存在性疾病。所有人都有向着完善或整体性努力的趋势，而当这种运动受阻时，他们就会感到无能、崩溃和不满足。缺少 B 类价值观会导致病态，就像缺少食物会导致营养不良一样。如果否认真理，人们就会变成妄想狂；如果生活在丑陋的环境中，人们就会身体不适；如果没有正义和秩序，人们就会感到恐惧和焦虑；如果没有嬉戏和幽默，人们就会变得乏味、僵化和阴郁。任何一种 B 类价值观的缺失都会导致元病态（metapathology）或缺乏有意义的生活哲学。

自我实现者的特征

马斯洛认为，每个人都有自我实现的潜能。那么，为什么不是每个人都能达成自我实现呢？马斯洛认为，要达成自我实现，人们必须能够稳定地满足其他需要，同时必须接纳 B 类价值观。按照这两个标准，马斯洛推测，在美国的成年人中，只有心理最健康的 1% 的人能够达成自我实现。

马斯洛尝试性地列出了 15 种自我实现者具备的特征品质。

1. 能够更高效地感知现实

自我实现者能够轻松地识别他人的虚假。他们不仅可以分辨他人的真心和假意，而且可以分辨文学、艺术和音乐的真假。他们不会被外表所迷惑，并且可以看出他人潜在的正面或负面的特质，而大多数人是做不到这一点的。与大多数人相比，他们能够更清楚地感知根本价值观、对世界的偏见更少，并且更不容易把世界扭曲成自己所希望的那样。

同样，自我实现者在面对未知事物时不会像大多数人那样感到恐惧，而是更为自在。他们不仅对模棱两可更加包容，而且会主动寻找模棱两可的含义，在面对没有明确对错的问题和谜题时依旧感到自在。他们对受质疑、无把握、不确定和未知的道路持欢迎态度，这种品质让自我实现者特别适合成为哲学家、探险家或科学家。

2. 接受自己、他人和自然

自我实现者能够接受自己真实的样子。他们没有防御之心、不虚伪、很少有适得其反的自责，对食物、睡眠和性具有诚挚的动物性（本真的）欲望，不会过分苛责自己的缺点，不会背负过度的焦虑或羞耻感。他们用类似的方式接受他人，而没有强迫性的说教、灌输或改造他人的需要。他们能够容忍他人的弱点，也不会因他人的优点而感到威胁。他们接受自然（包括人性）原本的样子，不期望自己或他人是完美的。他们意识到人必然会痛苦、衰老和死亡。

3. 自发、朴素和自然

自我实现者是自发、朴素和自然的。他们不遵循传统，但也不是强迫性地不遵循传统；他们道德高尚，但是也可能表现得不道德或不服从。他们通常按照常规行事，要么是因为事情没有重要意义，要么是出于对他人的尊重。但是，如果情境需要，即使要付出被排斥和被谴责的代价，他们也会反抗传统，毫不妥协。自我实现者与儿童和动物之间的相似之处在于其行为的自发性和自然性。他们通常过着简单的生活，因为他们不需要进行意图欺骗世界的复杂而虚假的伪饰。他们谦虚，不以表达喜悦、敬畏、高兴、悲伤、愤怒或其他深切情绪为惧或为耻。

4. 以问题为中心

自我实现者的第四个特征是他们对外部问题感兴趣。非自我实现者以自我为中心，倾向于看见世界上所有与他们自己有关的问题，而自我实现者则以任务为导向，并关注自身之外的问题。这种兴趣让自我实现者能够发展出人生的使命，即一种超出自我之外的人生目标。他们的职业不仅是一种谋生手段，而且是一种天职和使命，其本身就是目的。

自我实现者将自己的参考框架延伸到自身之外。他们关心永恒的问题，并在坚实的哲学和道德基础上解决这些问题。他们不关注琐碎的小事。他们对现实的感知让他们能够清楚地区分生活中重要的或不重要的问题。

5. 隐私需要

自我实现者具有超然的品质，让他们即使独自一人也不会感到孤单。不论独处还是和他人相处，他们都会感到放松和自在。因为他们已经满足了自己的爱和归属需要，所以他们并不渴望被他人所围绕。他们可以在独处中发现乐趣。

自我实现者可能看起来冷漠或漠不关心，但是实际上，他们漠不关心的只是鸡毛蒜皮的琐事。他们对他人的福祉有着整体性的关心，但是不会在微不足道的问题上纠缠。由于他们很少花精力去给别人留下印象或寻求爱和接纳，因此他们能够做出更负责的选择。他们是自我推动者，能够抵抗企图让他们遵循传统习俗的社会力量。

6. 自主

自我实现者是自主的，他们依靠自己成长，即使他们曾经在某些时候依赖于从他人那里获取爱和安全感。没有人一生下来就是自主的，因此也没有人是完全独立于人的。自主只能通过与他人建立令人满意的关系来实现。

相信自己能够无条件、无限定地被爱和被接纳可能是造就自我价值感的强大力量。一旦树立了这种信心，一个人就获得了不依赖于他人的自尊。自我实现者拥有这种信心，因此也就有了高水平的自主，让他们能够宠辱不惊。这种独立也让他们获得了内心的和平与安宁，这是那些为他人的认可而活的人所无法享有的。

7. 永远充满感激之情

马斯洛写道："自我实现者具备持久、丰盈而真诚地感激的能力，他们感激生活中美好的事物，他们的感激伴随着敬畏、愉悦、惊奇甚至狂喜。"他们敏锐地觉知到自己所拥有的健康、朋友、爱人、经济安全和政治自由。不同于那些将福气视为理所当然的人，自我实现者总是用新的眼光看待鲜花、食物和朋友等日常之物。他们感激自己拥有的一切，并且不会浪费时间抱怨生活无聊和无趣。简言之，他们始终觉察到自己的好运，并永远心怀感激。

8. 高峰体验

随着马斯洛对自我实现者的研究逐渐深入，他意外地发现许多自我实现者都曾有过具有神秘本质、给他们以超越感的体验。最初，马斯洛认为这些所谓的**高峰体验**（peak experience）在自我实现者中比在非自我实现者中更为普遍。然而，马斯洛后来指出："大多数人，或者说几乎所有人，都曾有过高峰体验或狂喜。"

并非所有高峰体验都具有相同的强度；有些高峰体验强度较低，有些具有中等强度，有些则非常强烈。轻度高峰体验可能出现在每个人身上，尽管很难被觉察。例如，长跑运动员经常能感受到某种超越性的、丧失自我或与身体分离的感觉。有时，在一个人感到强烈的愉悦或满足的同时，他也会经历神秘或高峰体验。观赏日落或其他自然美景可能会引起高峰体验，但是这类体验无法通过有意志的行动来实现，它们通常只发生在意想不到的、非常普通的时刻。

高峰体验是超越性的，并且能够改变生活。© Getty Images

高峰体验是什么感觉？马斯洛给出了一些指导性的描述。首先，高峰体验是自然的，是人类构成的一部分。其次，拥有高峰体验的人将整个宇宙视为统一的或一体的，并清楚地知道自己在宇宙中的位置。在神秘的时刻到来时，高峰体验会让他更加谦虚，同时也更加强大。他感到被动、更容易接受、更渴望倾听，也更有能力听见。与此同时，他们更加负责、更加主动、更加自主。高峰体验者没有恐惧、焦虑和冲突，变得更有爱心、更愿意接纳和更具自发性。尽管高峰体验者经常提到他们感受到了敬畏、惊奇、欢喜、狂喜、崇敬、谦卑和臣服等情绪，但他们无法从体验中获取实用性的东西。他们经常体会到时间和空间的错乱、自我意识的丧失、无私的态度，以及超越日常对立的能力。

高峰体验是无动机的、无需努力和无关愿望的，在高峰体验发生时，一个人不会体会任何需要、欲望。马斯洛指出："高峰体验从来只是美好的、称心如意的和值得的，而不是邪恶的或不受欢迎的。"他还认为，高峰体验往往会对一个人的生活产生持久的影响。

9. 社会兴趣

自我实现者具有社会兴趣。社会兴趣一词是阿德勒的概念，指对社会的兴趣、对社区的情感或与全人类一体的感受。马斯洛发现，自我实现者具有对他人的关怀态度。尽管他们常常感觉自己是异乡人，但自我实现者仍然认同所有人，并且对帮助他人（包括朋友和陌生人）有真正的兴趣。

自我实现者可能会对他人生气、不耐烦或感到厌恶，但是从总体上说，他们对整个人类充满感情。更具体地说，马斯洛指出，自我实现者常常因普通人的缺点而困扰、恼怒乃至暴怒，但是尽管如此，他们仍然与普通人保持着基本的亲密感。

10. 深厚的人际关系

自我实现者有一种与社会兴趣有关的特殊人际关系品质——对个体抱有深厚的情感。自我实现者通常对他人有一种类似养育的情感，但他们的亲密友谊只限于很少的几个人。他们没有与所有人成为朋友的狂热需要，但是他们所拥有的少数重要人际关系是非常深度且紧密的。他们倾向于选择健康的人做朋友，并避免与依赖或幼稚的人建立个人关系，尽管他们的社会兴趣使他们对不太健康的人保持同情。

自我实现者常常被他人误解，有时甚至被轻视。不过，也有很多自我实现者因为在商业或学术领域内做出显著贡献而受到众人的爱戴、仰慕，甚至崇拜。马斯洛研究的健康的人都因为受到他人的崇拜而感到不安和尴尬，他们更喜欢互动的而非单向的关系。

11. 民主的性格结构

马斯洛发现，所有的自我实现者都持民主的价值观。他们能够友善并周到地与任何人相处，无论其阶层、肤色、年龄或性别，实际上，他们似乎根本没有意识到人与人之间的表面差异。

除了这种民主态度之外，自我实现者还具有向任何人学习的愿望和能力。就学习而言，他们深知自己所知有限，而知识的宝库是无限的。他们意识到不健康的个体也对自己有很多贡献，因此他们很尊重这些人，甚至在这些人面前表现得很谦虚。但是，他们不会被动地接受他人的恶行；相反，他们会奋起反抗恶人和恶行。

12. 区分途径和目的

自我实现者对行为的正确与错误有清晰的认识，他们的基本价值观中几乎没有矛盾。他们把视野放在目的而非途径上，并具有区分目的和途径的非凡能力。关于被普通人视作途径的行为（如进食或锻炼），自我实现者往往会认为这些行为本身就是目的。他们做一件事便享受以这件事本身为目的，而非因为这件事是达到其他目的的途径。马斯洛在描述自我实现者时曾写道："通常，他们很享受去往某地的旅程，就像享受抵达目的地的快乐一样。有时，他们可能会将最琐碎的日常活动变成一种从本质上令人愉快的游戏。"

13. 哲学幽默感

自我实现者的另一个显著特征是他们的哲学的、不含敌意的幽默感。幽默或喜剧所传递的大多数东西本质上与敌意、性欲或低俗有关。欢笑往往建立在他人的牺牲之上。健康个体无法从故意让人丢脸或难为情的笑话中体会出幽默感。他们可能会自嘲，但并不是受虐狂。自我实现者比普通人更少使用幽默；当他们使用幽默时，其目的也不仅仅是引人发笑。他们的幽默令人愉快、寓教于乐、直击人心，往往会使人露出微笑而非发出嘲笑。

自我实现者的幽默贴合情境，而不是故意做作；是自发的，而不是设计的。由于它依赖于情境，因此通常无法重现。如果有人想听关于哲学幽默感的例子，那么他们将不可避免地感到失望。这是因为，重述事件总是会丢失其原本的幽默成分。自我实现者的哲学幽默感只有"在场"的人才能体会得到。

14. 创造力

马斯洛研究的所有自我实现者都在某种意义上具有创造力。实际上，马斯洛指出，创造力和自我实现可能是一体之两面。并非所有的自我实现者都具有艺术天赋或艺术创造力，但他们都以各种各样的方式展现了创造力。他们对真理、美和现实拥有敏锐的感知能力，这是真正的创造力的基础。

自我实现者不必是诗人或艺术家，他们可以在其他领域发挥创造力。马斯洛在提到自己的岳母（也是他的姑姑）时曾举过一个生动的例子，以便说明创造力几乎可以体现在任何地方。他说，作为自我实现者，尽管他的岳母没有写作或画画的天赋，但是她在煲汤时却发挥了创造力。马斯洛认为，一流的汤比二流的诗体现了更多的创造力。

15. 对文化适应的抵制

马斯洛所列举的最后一项特征是对文化适应的抵制。自我实现者对他们周围的环境有一种超然感，他们超越了特定的文化。他们既不是反社会的，也不是有意识地不服从。相反，他们是自主的，遵循自己的行为标准，不会盲目地服从他人的规则。

自我实现者不会浪费精力与不重要的社会习俗或常规做斗争，如着装、发型等风俗习惯和交通法规等社会规范，自我实现者并不会明显地违反这一类常规。他们接受主流的风格和着装，因此他们的外观与普通人没有太大区别。但是，如果某件事很重要，自我实现者可能会反应强烈，他们会寻求社会变革并抵制社会令其适应的企图。具有自我实现能力的人不仅秉持不一样的社会常规，马斯洛还认为他们“文化适应程度更低、扁平化程度更低、被磨炼得更少”。

因此，自我实现者比其他人的个体性更强，而同质化程度更低。自我实现者各有不同。实际上，“自我实现”一词意味着一个人成为他能够成为的一切，去实现或激发自己的全部潜能。当人们达成这一目标时，他们会变得更加独特，更加异质化，更加不受特定文化的影响。

爱、性与自我实现

在人们达成自我实现之前，必须先满足爱和归属需要。这样，自我实现者才能够给予爱和接受爱，而不会像普通人那样被缺乏爱（deficiency love，D-love，D 类爱）所推动。自我实现者有 B 类爱（B-love）的能力，也就是爱对方的本质或其“存在”（Being）。B 类爱需要被双方感知并分享，而不是被一方或双方的缺乏或不完整所推动。实际上，B 类爱是一种无动机的表达行为。自我实现者不会因为期望得到回报去爱，他们只是单纯地爱与被爱，他们的爱永远不会造成伤害。B 类爱让双方感到放松、自在、毫无隔阂。

由于自我实现者能够探索更深层次的爱，马斯洛认为，B 类爱的双方之间的性行为常常是一种神秘体验。尽管他们热情充沛，能够充分享受性行为、食物和其他感官快乐，但自我实现者不会被性欲所支配。他们能够更轻松地忍受没有性的生活及其他基本需要得不到满足的生活，因为他们没有由缺乏引起的需要。B 类爱的双方之间的性行为并不总是一种强烈的情绪体验，有时会表现为一种在嬉戏和幽默状态下的轻松的体验。而这种体验也是双方所期望的，因为嬉戏和幽默都是 B 类价值观，并且像其他 B 类价值观一样，它们是自我实现者生活中的重要组成部分。

马斯洛心理学与科学哲学

如果要理解马斯洛如何得出了自我实现的概念，那么就必须先了解他的科学哲学和研究方法。马斯洛认为，不含价值观的科学无法带来真正的人格研究。马斯洛主张采用一种与众不同的科学哲学，即一种人本主义的、整体的方法，这种方法是包含价值观的，并且开展研究的科学家应该关心其所要研究的人和主题。例如，马斯洛之所以研究自我实现者，起因是他对韦特墨和本尼迪克特的崇拜和敬佩，这两位老师也成了他研究自我实现的最早的模型。后来，他还表达了对亚伯拉罕·林肯、埃莉诺·罗斯福（Eleanor Roosevelt）等自我实现者的崇拜和敬佩。

马斯洛同意奥尔波特的观点（见第 12 章），即心理科学应该更加重视对个体的研究，而不是对群体的研究。心理科学应该更多地采用主观报告，而不是严格的客观报告；应该允许人们以整体的方式介绍自己，而不是像正统方法那样有所选择地研究人们的某一方面。传统心理学以外部视角研究知觉、智力、态度、刺激、反射、测验分数和假设建构。但是，如果从个人视角来看，这一切都和整体的人没有太大关系。

马斯洛上医学院时，曾因外科医生没有人情味的态度而感到震惊，他们冷漠地将切除的人体部位扔到桌子上。这种冷酷无情的操作方法让马斯洛提出了**去神圣化**（desacralization）的概念，即指这一类科学缺乏情绪、喜悦、惊奇、敬畏和欢喜。马斯洛认为，正统科学缺乏仪式感和礼节性，并因此呼吁科学家将价值观、创造力、情绪和仪式感重新加入他们的工作中。科学家必须有志于将科学再神圣化，或者将科学与人的价值观、情绪和仪式感相结合。天文学家不仅要研究恒星，还应当对他们的研究感到惊奇。心理学家不仅要研究人格，还应当在研究的过程中感到享受、兴奋、惊奇和喜爱。

马斯洛主张心理学研究应当采取**道家的态度**（Taoistic attitude），即一种不干扰、被动和接受的态度。新的心理学将不再以预测和控制作为科学研究的主要目标，而是代之以纯粹的着迷，渴望将人们从控制中解放出来，帮助他们成长，也不再强调可预测性。马斯洛说，对神秘的正确反应不是分析，而是敬畏。

马斯洛坚持认为，心理学家自己必须是健康的人，能够容忍模棱两可和不确定性。他们必须拥有足以提出正确问题的直觉、非理性、洞见和勇气。他们还必须愿意折腾、允许不精确、质疑自己的程序并敢于面对心理学中的重要问题。马斯洛认为，不值得做的事情就不必去做；而重要的事情，哪怕做得不好，也会更有价值。

在研究自我实现者和高峰体验时，马斯洛采用了与其科学哲学相一致的研究方法。他从直觉出发，常常“涉险履危”，并尝试使用个案研究和主观的方法来验证自己的直觉。他经常把收集证据的技术性工作留给他人来做。他本人更喜欢“先发掘”，一旦厌倦了一个领域，他就会离开，并前往另一个新的领域。

如何测量自我实现

埃弗雷特·L. 肖斯特罗姆（Everett L. Shostrom）制定了“个人倾向调查表”（Personal Orientation Inventory，POI），旨在判断自我实现者的价值观和行为。调查表由 150 个迫选式条目组成，示例如下：（a）“即使表现不够完美，我也会感到自在”与（b）“哪怕有一点不够完美，我都会感到不自在”；（a）“如果两个人都专注于取悦对方，他们就能够相处得很好”与（b）“如果两个人都感到可以自由地表达自己，他们就能够相处得很好”；（a）“我的道德价值观是社会决定的”与（b）“我的道德价值观是自我决定的”。参与者被要求在陈述（a）与陈述（b）中选择一项，如果两种陈述均不符合，或者对陈述不了解，参与者可以将答案留空。

POI 有 2 个主要量表和 10 个分量表。第一个主要量表——时间能力 / 时间无能量表——测量了人们重视当下的程度。第二个主要量表——支持量表——测量了个体的特征性反应模式是“自我”导向还是“他人”导向。10 个分量表分别测量以下内容：（1）自我实现价值观，（2）运用价值观的灵活性，（3）对自己的需要和情感的敏感性，（4）在用行为表达情感上的自发性，（5）自我关注，（6）自我接纳，（7）对人性的正面看法，（8）有能力将生活的对立面视为有意义的组成部分，（9）对攻击的接受度，（10）亲密接触的能力。在 2 个主要量表和 10 个分量表上得高分，表示达成了某种程度的自我实现；低分不一定表示病态，但为判断一个人的自我实现价值观和行为提供了线索。

参与者往往很难在 POI 上造假，除非他非常熟悉马斯洛对自我实现者的描述。肖斯特罗姆在关于 POI 的说明性文字中介绍了几项研究。在这些研究中，参与者被要求在填写调查表时“装成一个优秀的人”或“尽量给人留下好印象”。当参与者这样做时，他们的得分通常会比如实地对陈述做出选择时更低（即偏离了自我实现的一极）。

这个发现十分有趣。人们为什么在想要装成更好的人时反而得分更低？答案就在马斯洛的自我实现概念当中。那些自我实现者更认可的陈述可能并不一定在社会上更有共鸣，也不总是符合既定文化的标准。例如，试图模仿自我实现者的人可能会选诸如“只要相信自己，我就可以克服任何障碍”或“我的基本职责是觉知他人的需要”之类的条目，但是真正的自我实现者并不认可上述条目。另外，真正的自我实现者可能会选择“我并不需要遵循一定的社会规则和标准来生活”或“当陌生人帮了我的忙时，我并不觉得自己有义务回报他”这样的条目。由于自我实现者的特征之一就是对既定文化的抵抗，因此想要给人留下好印象的尝试自然会与此背道而驰。

有趣的是，马斯洛本人在填写该调查表时尽可能如实地回答了每一个问题。尽管马斯洛在 POI 的构建上做出了重要贡献，但是马斯洛的得分只是略微偏向自我实现，并不及那些真正达成自我实现的人得分高。

尽管 POI 显示出了令人满意的信度和效度，但一些研究者批评该调查表不能区分已确定的自我实现者和非自我实现者。此外，POI 还存在两个操作问题：首先，它的条目很多，大多数参与者需要 30 分钟到 45 分钟才能完成；其次，二选一的迫选式条目的限制容易引起参与者的反感，令参与者感到不适。为了克服这两个操作上的局限性，阿尔文·琼斯（Alvin Jones）和里克·克兰德尔（Rick Crandall）制定了“自我实现简短指标”（Short Index of Self-Actualization，SISA），该量表从 POI 中借用了与自我实现总分最相关的 15 个条目。“自我实现简短指标”中的每个条目都采用 6 点李克特量表（从非常不同意到非常同意），并同时使用了 SISA 和 POI 的研究表。SISA 是一种评估自我实现的有效测量工具。

第三种测量自我实现的量表是约翰·苏默林（John Sumerlin）和查尔斯·邦德里克（Charles Bundrick）制定的“自我实现简要指标”（Brief Index of Self-Actualization，BISA）。“自我实现简要指标”最初包含 40 个条目，采用 6 点李克特量表，总分在 40 分到 240 分之间。因子分析提取出了四个自我实现因素，但是有一部分条目出现在一个以上的因素中。因此，研究者对量表进行了修订，删除了 8 个条目，这样就不存在跨因素的条目了。这四个自我实现因素分别是：（1）自我实现的核心，即充分利用一个人的潜能；（2）自主；（3）开放性；（4）独处时感到自在。条目示例如下："我享受我的成就"（自我实现的核心），"我担心无法充分发挥潜能"（自主，反向计分），"我能敏锐地觉察他人的需要"（开放性）和"我享受独处"（独处时感到自在）。"自我实现简要指标（修订版）"（revised Brief Index of Self-Actualization，BISA-R）具有很好的心理测量学特性，包括很高的内部一致性和很高的重测信度。此外，BISA-R 与 SISA 高度相关。苏默林还证实了 BISA-R 与心理调节（如希望和主观健康）正相关。总之，BISA-R 是一种有效的测量自我实现的方法。

约拿情结

根据马斯洛的说法，每个人生来都有变得健康的意愿和达成自我实现的倾向，但很少有人能实现。是什么阻碍了人们达到更高的健康水平？向着正常、健康人格成长的过程，在每一个需要层次上都可能受到阻碍。一些人没有食物和住所，他们就停留在了生理需要和安全需要的层次上；也有一些人被困在爱和归属需要的层次上，他们仍然在努力给予爱、接受爱并培养归属感；还有一些人满足了自己对爱的需要和对尊重的需要，却由于无法接受 B 类价值观，而未能达到自我实现的层次。

还有一个阻碍人们达成自我实现的障碍，那就是**约拿情结**（Jonah complex），即害怕做最好的自己。具有约拿情结的人试图逃避自己的命运，就像在《圣经》里约拿企图摆脱自己的命运一样。几乎每个人都有一定的约拿情结，它可能表现为对成功的恐惧、对做最好的自己的恐惧，以及在面对美和完美时感到畏惧。马斯洛的一生体现了约拿情结。尽管他的智商高达 195，但他在学校成绩平平；尽管成了举世闻名的心理学家，但当被邀请发表演讲时，他总是感到忐忑。

人们为什么要逃避伟大和自我实现呢？马斯洛给出了以下理由。首先，人类的身体不够强壮，也无法承受满足所带来的狂喜，就像高峰体验和性高潮如果持续太久会消耗过多精力一样。因此，伴随着完美和满足而来的强烈情绪同时也会令人极其疲劳，给人一种"过于强烈"或"再也受不了了"的感觉。

其次，他认为，大多数人私下里都有雄心，例如，想写一部伟大的小说、成为电影明星、成为一位举世闻名的科学家，等等。但是，当把自己与做出卓越成就的人相比较时，他们会因自己的傲慢而震惊："我以为自己是谁，能和这位伟人相提并论？"为了防御这种自大或"有罪的自豪"，他们降低自己的目标、感到自己很愚蠢、变得谦卑并欺骗自己，以逃避发挥全部潜能的可能。

尽管约拿情结在神经症患者身上体现得最为明显，但是几乎每个人都对追求完美和伟大感到胆怯。人们让虚伪的谦卑扼杀了自己的创造力，带来的后果就是自己无法达成自我实现。

心理治疗

马斯洛认为，心理治疗的目的是让来访者接受存在价值观（B 类价值观），即重视真理、正义、善良、朴素等。为了实现这一目标，来访者必须摆脱对他人的依赖，这样一来，他们想要成长和自我实现的固有冲动就会变得活跃。心理治疗不应该不含价值观，而应该考虑到每个人都有向着更好、更圆满的目标（即自我实现）前进的固有倾向。

心理治疗应当注意来访者在需要层次上的位置。因为生理需要和安全需要过于基础，所以正在努力满足这些需要的人通常不具有接受心理治疗的动机。相反，他们一直在努力获取营养和保护。

大多数寻求心理治疗的人都基本满足了这两个较低层次的需要，但是在满足爱和归属需要上存在一些困难。因此，心理治疗在很大程度上是一段人际交往过程。通过与治疗师建立温暖的、有爱的人际关系，来访者满足了其对爱和归属的需要，从而获得了自信和自我价值感。因此，来访者与治疗师之间的健康人际关系才是最好的心理药物。被接纳的人际关系让来访者感觉自己值得被爱，这种感觉会帮助他们在咨询室之外建立其他的健康人际关系。正如我们在第 10 章中将讨论的那样，马斯洛对心理治疗的观点与卡尔·罗杰斯（Carl Rogers）的观点不谋而合。

相关研究

马斯洛的人格理论中最著名的部分就是需要层次的概念。较低层次的需要包括生理需要和安全需要，较高层次的需要包括尊重需要和自我实现需要。一般而言，按照马斯洛的理论，较低层次的需要必须在生命早期得到满足，而较高层次的需要（如自我实现需要）则往往要等到生命后期才会得到满足。

最近，研究者为了验证马斯洛理论中的这一部分，测量了不同年龄阶段共 1 749 名参与者的需要满足状况。在这项研究中，参与者填写了一份关于需要满足状况的问卷。问卷所测量的需要分为两类动机：较低层次的动机（如饮食和体育锻炼）和较高层次的动机（如荣誉、家庭和理想主义）。结果支持了马斯洛的理论。研究发现，年轻的人具有较低层次的动机，而年长的人具有较高层次的动机。马斯洛的理论认为，人们必须首先满足较低层次的需要，才会开始专注于满足尊重和自我实现等较高层次的需要。因此，这项研究验证了马斯洛的理论，即如果人们能够在生命早期满足最基本的需要，那么他们将有更多的时间和精力专注于在生命后期实现人类生存的最高追求。

正念与自我实现

正念（mindfulness）是佛教中的一个概念，在西方的心理治疗和科学研究等领域受到广泛关注。定义这一概念很困难。一位研究者先驱埃伦·兰格（Ellen Langer）将正念状态定义为“进行全新的区分的过程……主动地进行区分，让我们始终处于当下”。正念观察者愿意直接经历事件，同时不加判断或加工。简而言之，正念就是处于当下并保持觉知。实证研究表明，正念对人们有多种益处；它与抑郁和焦虑水平呈负相关，与积极情绪和共情呈正相关。由于马斯洛认为自我实现是通向心理健康的途径，马克·贝特尔（Mark Beitel）及其同事便假设自我实现与正念是相关的，并就此开展研究，以便检验二者的关系。

马斯洛观察到的自我实现者关照世界的方式和正念的相关描述十分接近——充满热情、永远充满感激之情、接受事物原本的样子。此外，正念冥想练习有可能会带来与马斯洛所说的高峰体验相似的时刻——神秘且超越。贝特尔及其同事招募了 204 名美国大学生，让他们填写了上文中讨论过的两种自我实现量表。其中一种量表是 BISA-R，测量了马斯洛理论中的 B 类价值观的四个特征：自我实现的核心、自主、开放性和独处时感到自在。另一种量表是从 POI 简化而来的 SISA。此外，参与者还填写了两种正念量表。第一种是“肯塔基州正念觉知量表”（Kentucky Inventory of Mindfulness Skills，KIMS），测量了正念的四个特征：观察、描述、带有觉知地行动和不加判断地接受。第二种是“正念注意觉知量表”（Mindful Attention Awareness Scale，MAAS），包含了关于注意和觉知的间接问题。之所以要使用间接问题，是因为初步研究表明，如果让人们直接阅读关于正念的陈述并打分，最终得分会比真实水平偏高。所以，MAAS 的条目测量的是心不在焉，只是间接测量了正念，例如，“我发现静下心来关注当前发生的事情有些困难。”“我匆匆做完一些事情而没有注意到这些事情本身。”

结果表明，MAAS 测得的正念得分与 SISA 测得的自我实现得分之间存在显著的正相关关系。也就是说，参与者报告的正念程度越高，他们在自我实现量表上的总分就越高。其次，BISA-R 中的四个因素与正念之间的关系表明，正念的接纳特征与自我实现的自主特征是所有变量中起主要作用的因素。研究者指出：“接纳与自主之间的紧密关系表明，不进行价值判断、不苛责自己的个体同时也是独立而自信的，这些特质为自我实现提供了支持。”这项研究的一些非显著结果也很有趣。例如，正念特征中的不加判断地接受与自我实现的总分并不相关，与开放性也不相关。这一发现与马斯洛关于自我实现过程的理论相吻合：自我实现者的 B 类价值观包含了以目标为导向的特征，判断“好与坏”或“对与错”是这一自我发展阶段不可或缺的部分，而正念则与之正好相反。

由于这项研究本质上是一项相关研究，因此我们无法判断哪种特征先出现。是自我实现者的正念水平更高吗？还是正念练习引导并支持了人们的自我实现过程？无论如何，这两个重要概念之间的正相关关系让佛教与人本主义心理学产生了有趣的联系。今后的研究需要进一步探索正念与自我实现之间的因果方向。

积极心理学

积极心理学（positive psychology）是相对较新的心理学领域，它是一门将对希望、乐观和幸福感的强调与科学研究和评价相结合的学科。积极心理学家所考察的许多问题直接源自马斯洛和卡尔·罗杰斯（见第 10 章）等人本主义理论家。像马斯洛和罗杰斯一样，积极心理学家对传统心理学也持批判态度，认为传统心理学构建的人类模型缺乏一种使生活变得有意义的积极特征。传统心理学忽略了希望、智慧、创造力、未来思维、勇气、灵性、责任感和积极体验。

积极心理学领域中有一个深受马斯洛观点影响的方面，那就是积极经历在人们生活中的作用。马斯洛提出了高峰体验的概念，即一种包含敬畏感、惊奇感和崇敬感的极为积极的体验。虽然高峰体验在自我实现者中更为普遍，但是普通人也可以在不同程度上拥有高峰体验。最近，伯顿（Burton）和金（King）研究了（通过写作或想象）重新经历这些积极体验可能带来的潜在好处。在研究中，他们要求参与者连续 3 天每天用 20 分钟来书写一段或多段积极经历。给参与者的指导要求直接摘自马斯洛关于高峰体验的著作，参加者被要求写下他们"最幸福的时刻、狂喜的时刻、欢喜的时刻，或许是因为恋爱、听了一首歌、突然被一本书或一幅画'击中'，又或许是因为经历了伟大的创造性时刻"。这种积极的、令人敬畏的事件无疑会增强积极情绪，而且就像这项研究所预测的那样，或许仅仅通过简单的书写来回顾过去，就可以增强积极情绪。体验到积极情绪通常是一件好事，与更多的应对资源、更好的健康状况、创造力和亲社会行为相关。因此，伯顿和金预测，书写高峰体验或强烈的积极体验或许与几个月之后参与者更好的健康状况相关。结果与预期相符，伯顿和金发现，与书写不含情绪的内容（如描写卧室环境）的对照组相比，书写积极体验的参与者在之后的三个月内就诊次数更少。

积极心理学关注积极体验如何影响一个人的人格和生活。自我实现者的一个重要特性是经历"高峰体验"——感觉与宇宙相结合，变得更加谦虚，同时也更加强大。马斯洛指出，敬畏感是高峰体验的一部分。在过去的 10 年到 15 年中，关于敬畏这种积极情绪的性质和体验的研究已受到学界的广泛关注。敬畏被定义为感受到了宽广和壮阔，同时改变或调整了自己对世界的感知（也就是说，敬畏会改变我们对自己在世界上的位置的看法）。

拉德（Rudd）及其同事开展了三项实验研究，考察了敬畏的体验如何影响以下方面：人们对自己拥有多少时间的感觉、人们是否愿意献出自己的时间、人们更偏爱体验还是物质，以及人们对自己生活的满意程度。研究者预测敬畏会增强人们拥有时间的感觉，使他们对时间更加慷慨，增加他们对体验的偏好，并且增进人们对其生活的满意度。在三个独立实验中，研究者将一半参与者随机分配到体验敬畏组。在第一个实验中，研究者向参与者展示了一段长 60 秒的视频，展示了人们曾经见过的壮阔的、震撼的逼真场景（如瀑布、鲸鱼和太空中的宇航员等），通过这段视频来唤起参与者的敬畏感。在第二个实验中，引起敬畏感的方法是让参与者回顾并书写他们曾经体验过的"对一个壮阔、震撼且改变了自己对世界的理解的事物的反应"。在第三个实验中，引起敬畏感的方法是让参与者阅读一个故事，该故事讲述了一个人爬上埃菲尔铁塔，然后从离地面数百米的高空俯瞰巴黎的场景。以上三个实验都能够显著增强参与者的敬畏体验。

和预期的一样，体验到敬畏感的参与者认为他们拥有更多的时间，更愿意为亲社会事业献出时间（但是并没有影响他们捐款的意愿）。此外，敬畏的体验（至少暂时地）增加了人们对生活的总体满意度。

这些研究证明了反思和重温生活中经历过的最积极的体验或高峰体验的重要性。本章曾经提及马斯洛的预测，他认为高峰体验通常会对人们的生活产生持久的影响。积极心理学领域的这些最新研究无疑支持了马斯洛理论的这一部分。

对马斯洛的评价

马斯洛并没有停止关于自我实现者的研究。到了晚年，他还在不断就自我实现提出假设，尽管缺乏能够支持他的假设的证据。这种做法为马斯洛招来了批评，但是他并不在意。

然而，我们依然要用与其他章相同的标准来评价马斯洛的整体动力理论。首先，马斯洛的理论*引发研究*的能力如何？在此标准上，我们认为马斯洛的理论略高于平均水平。自我实现至今仍是研究的热门话题，自我实现量表对这一概念的研究起到了促进作用。但是，马斯洛提出的元动机、需要层次、约拿情结和本能需要等观点并没有引起太多研究兴趣。

在是否*可证伪*方面，我们必须给马斯洛的理论一个低分。研究者无法证伪或证实马斯洛提出的自我实现者的识别方法。马斯洛称，他所认定的自我实现者都拒绝参与关于自我实现的研究。如果这是真的，那么用来测量自我实现的各种量表可能无法辨别真正的自我实现者。此外，即使研究者想要按照马斯洛的思路采用个人访谈的方法，他们也几乎得不到任何指导。由于马斯洛没有提供自我实现的操作性定义，也没有详细描述他的采样程序，研究者不能确定他们是否重复了马斯洛的原始研究，也无法确定他们所研究的是同样的自我实现模式。马斯洛并没有给后来的研究者提供清晰的指南，因此研究者也就无法重复他关于自我实现的研究。由于马斯洛的大多数概念都没有操作性定义，因此研究者对他的许多基本理论既不能证实也不能证伪。

尽管如此，马斯洛的需要层次框架为他的理论提供了灵活性，使它能够*组织有关人类行为的知识*。马斯洛的理论也与常识颇为吻合。例如，一个人必须先吃饱，才能有做其他事情的动机，这符合人们的常识。还在挨饿的人很少会关心政治哲学，他们的主要动机就是获得食物，而不是支持某种政治哲学。同样，生活在威胁之中、难以保障自身安全的人的主要动机就是获得安全，只有当生理需要和安全需要都在一定程度上得到满足后，人们才会努力寻求接纳并建立爱的关系。

马斯洛的理论是否可以*指导实践者*？关于这一标准，我们认为马斯洛的理论十分有用。例如，如果来访者的安全需要受到威胁，那么心理治疗师就必须为其提供安全的环境。一旦来访者的安全需要得到了满足，治疗师就可以开始提供爱和归属感。同样，企业的人事经理可以用马斯洛的理论来激励工人。马斯洛的理论表明，薪水的增长只能满足工人的生理需要和安全需要，但不能满足其他层次的需要。在美国，普通工人的生理需要和安全需要已经得到了充分满足，因此，提高工资并不能提振他们的士气、提高生产效率。只有在工人将加薪视为对自己出色工作的认可时，它才能满足更高层次的需要。马斯洛的理论表明，企业高管应该增强工人的责任感和自由，让他们利用才智和创造力来解决问题，并鼓励他们在工作中运用智慧和想象力。

马斯洛的理论具有*内部一致性*吗？遗憾的是，马斯洛晦涩难懂的语言常常使其理论的重要部分显得模棱两可和不一致。然而，如果不管语言晦涩的问题，马斯洛的理论具有很高的内部一致性。需要层次是一种有逻辑的进阶，马斯洛假设每个人的需要的顺序都是相同的，不过他并没有忽略某些颠倒的可能性。除了科学方法上的缺陷外，马斯洛的理论因为具有一致性和精确性而受到了人们欢迎。

马斯洛的理论具有*简约性*，还是包含了复杂的概念和模型？乍看之下，他的理论似乎非常简单。需要层次模型只包含了五个层次，让马斯洛的理论乍一看非常简单。但是，如果考虑马斯洛的全部理论，那么就会得到一个复杂得多的模型。总体来看，他的理论在简约性的标准上只能得到中等评价。

对人性的构想

马斯洛相信，每个人都有能力达成自我实现；人性中蕴藏着巨大的潜能，每个人都有能力成为优秀的人。如果一个人没有达到自我实现的层次，那是因为其处于某种缺陷或病态之中。当一个人较低层次的需要被限制时，即当其对食物、安全、爱和归属及尊重的需要不能得到满足时，对自我实现的需要也就无法得到满足。这种洞见引导马斯洛提出了基本需要的层次结构，人们必须循序渐进地满足这些需要，才能成为完整的人。

马斯洛总结说，只有在自我实现者身上才能看到真正的人性，至于为什么不是每个人都能如此，似乎并没有*固有*原因。显然，每个婴儿都有自我实现的可能性，但是大多数人却错失了它。换句话说，自我实现者并不比普通人多什么，而只是没有错失任何东西的普通人。也就是说，如果一个人在食物、安全、爱和尊重方面不曾缺失过什么，那么这个人将自然地走向自我实现。

马斯洛通常对人性持*乐观的*、充满希望的态度，但他也认识到人们有能力制造极大的邪恶和破坏。不过，邪恶源于基本需要的受挫，而非来自人的天性。当基本需要得不到满足时，人们就可能会去偷、骗、说谎或杀戮。

马斯洛认为，社会和个体都可以被改善，但是这个过程是缓慢而痛苦的。而似乎正是这些缓慢的进步构成了人性的进化。遗憾的是，大多数人仍在为自己所缺乏的东西而奔波。也就是说，虽然每个人都有自我实现的潜能，但是大多数人仍过着为食物、安全或爱而挣扎的生活。马斯洛认为，大多数社会强调这些较低层次的需要，并将其教育和政治制度建立在不健全的人性构想之上。

真理、爱和美等是人类天性中固有的组成部分，就像饥饿、性欲和攻击一样。所有人都有追求自我实现的潜能，就像他们被推动着去寻找食物和保护一样。马斯洛认为，所有人的基本需要都是相同的，并且人们按照自己的节奏满足这些需要。因此，他的整体动力理论对*独特性还是相似性*都有相对客观的评价。

不论从历史还是个体的角度来看，人是进化的动物，并一直在努力成为更加完整的人。也就是说，随着进化，人类逐渐开始受到元动机和 B 类价值观的推动。每个人都有较高层次的需要，至少是潜在的需要。由于人向着自我实现的目标前进，因此马斯洛的观点是*目的论*的。

在决定论还是自由选择、意识还是潜意识、生物因素还是社会因素的维度上，马斯洛的观点很难被归类。通常，受生理需要和安全需要所推动的人的行为*由外界力量决定*，而自我实现者的行为至少部分由*自由选择*决定。

在*意识还是潜意识*的维度上，马斯洛认为，自我实现者通常比其他人更清楚自己在做什么和为什么做。但是，动机是如此复杂，以至于人们可能同时受到多种需要的推动，甚至健康的人也不总是完全了解自己的行为背后的原因。

至于*生物因素影响还是社会因素影响*，马斯洛坚信这种二分法是错误的。个体受到生物和社会的共同影响，两者不可分离。遗传天赋的不足并不能导致一个人的生活不完整，就像贫穷的社会环境并不能阻止成长一样。当人们达成自我实现时，他们将体验到，他们的生活在生物、社会和精神方面处于美妙的协同状态。自我实现者能够从感官愉悦中获得生理享受；他们体验着深厚且丰富的人际关系，他们从真理、善良、美、正义和完美等精神品质中获得快乐。

重点术语及概念

- 马斯洛认为*动机*会影响整个人；动机是完整的，通常是潜意识的，还是连续不断的，并且适用于所有人。
- 人们被四个维度的需要所推动：*基本需要*（不断努力）、*审美需要*（对有序和美的需要）、*认知需要*（对好奇心和知识的需要），以及*神经症需要*（与他人建立关系的非生产性模式）。
- 基本需要可以按*层次*排列，这意味着必须先在一定程度上满足前一种需要，才能激活下一种需要。

- 五种基本需要分别是生理需要、安全需要、爱与归属需要、尊重需要和自我实现需要。
- 有时，需要层次的顺序可能发生颠倒，而且往往是潜意识的。
- 应对行为是有动机的，旨在满足基本需要。
- 表达行为是无动机，但有原因的；它只是一个人表达自己的方式。
- 基本需要，包括自我实现在内，都是类本能的；也就是说，对这些需要的剥夺会导致病态。
- 自我实现需要的挫败会导致元病态和对 B 类价值观的拒绝。
- 接受 B 类价值观（真理、美、幽默等）是区分自我实现者与非自我实现者的标准。
- 自我实现者的特征包括：（1）能够更高效地感知现实，（2）接受自己、他人和自然，（3）自发、朴素和自然，（4）以问题为中心，（5）隐私需要，（6）自主，（7）永远充满感激之情，（8）高峰体验，（9）社会兴趣，（10）深厚的人际关系，（11）民主的性格结构，（12）区分途径和目的，（13）哲学幽默感，（14）创造力，（15）对文化适应的抵制。
- 就科学哲学而言，马斯洛主张采取道家的态度，即不干扰、被动、接受和主观的态度。
- “个人倾向调查表”（POI）是一种标准化的测量方法，旨在判断自我实现的价值观和行为。
- 约拿情结是指害怕做最好的自己。
- 心理治疗应针对当前未得到满足的需要层次；对大多数人而言，是爱和归属需要的层次。

CHAPTER 10

第10章

罗杰斯：以人为中心的理论

罗杰斯 © 人类研究中心，卡尔·罗杰斯纪念图书馆。

- 以来访者为中心的理论概要
- 卡尔·罗杰斯小传
- 以人为中心的理论
  - 基本假设
  - 自我和自我实现
  - 觉知
  - 成为人
  - 心理健康的障碍
- 心理治疗
  - 条件
  - 过程
  - 结果
- 明天的人
- 科学哲学
- 芝加哥研究
  - 假设
  - 方法
  - 发现
  - 结论
- 相关研究
  - 自我差异理论
  - 动机与追求目标
- 对罗杰斯的评价
- 对人性的构想
- 重点术语及概念

在美国伊利诺伊州橡树园的一所小学里，有一个孩子和欧内斯特·海明威（Ernest Heming）成了同学，他的同学还有弗兰克·劳埃德·赖特（Frank Lloyd Wright）家的孩子们，不过，这个孩子的志向并不在文学或建筑学上。相反，他的理想是当一个农夫，而且是一个懂科学的农夫，不光关心动植物的生长，还能了解其背后的原理。

尽管这个孩子出身大家庭，但是他非常害羞，不擅长与人打交道。他生性敏感，如果被同学和兄弟姐妹取笑，他就会很难过。

他刚进入高中时，他的父母想要营造一种更加有益健康也更为虔诚的氛围，便举家迁往芝加哥以西 70 多公里处的一座农场。迁居后的环境满足了父母的期望。在与世隔绝的氛围中，一家人彼此之间建立了密切的联结，但是也让他与同龄人切断了联系。他每天的大部分时间都用来读《圣经》、努力学习、照料农场的牲畜和作物。尽管他相信父母十分关心孩子，但他也感受到父母的控制欲很强。就这样，孩子在一个几乎没有社交但充斥着大量劳作的家庭中长大了。在这样的家庭中，跳舞、打牌、喝碳酸饮料、去剧院看剧都是被禁止的。

在这种环境中，这个年轻人养成了科学的务农态度，他将观察到的现象详细地写在笔记里。这些笔记让他知道了对动植物生长最有利的“必要和充分”条件。从高中到大学，他始终对科学耕作具有浓厚的兴趣。但是，他并没有成为一名农夫。在大学里学习两年后，他的人生目标从农业转向了神职，后又转向了心理学。他就是卡尔·罗杰斯。

不过，对科学方法的热爱伴随了卡尔·罗杰斯一生，他对人类心理成长的“必要和充分”条件的研究帮他赢得了美国心理学会颁发的首个科学杰出贡献奖。

以来访者为中心的理论概要

卡尔·罗杰斯最著名的成就是创立了以来访者为中心的治疗方法，此外，他还根据自己作为一名执业心理治疗师的经验，发展出一套人本主义的人格理论。如果说弗洛伊德主要是一位理论家，其次才是一位治疗师，那么罗杰斯则首先是一位出色的治疗师，其次才是一位并非出于本意的理论家。他更关心的是如何帮助人们，而不是挖掘人们行为背后的原因。他更在意“我如何帮助这个人成长和发展”，而不关心“是什么导致了这个人以这种方式发展”。

像许多人格理论家一样，罗杰斯也把他的理论建立在心理治疗经验的基础之上。与大多数理论家不同，罗杰斯始终提倡应该用实证研究来支持自己的人格理论和治疗方法。罗杰斯认为，在富于幻想的与脚踏实地的研究之间取得平衡，能够扩大关于人类情感与思维的认知。与其他治疗师或理论家相比，他更强调这一点。

尽管罗杰斯制定了逻辑严密且具有内部一致性的人格理论，但是他并不喜欢理论这一概念。从个人的角度来讲，他偏爱帮助人们，而不是构建理论。在他看来，理论让事物变得冰冷、客观，他担心理论可能包含武断的定论。

20 世纪 50 年代是罗杰斯职业生涯的转折点，他受邀撰写了“以来访者为中心”的人格理论。这是他关于该理论的最初论证，被收录在西格蒙德·科克（Sigmund Koch）所著的《心理学：一门科学研究》（*Psychology：A Study of a Science*）的第三卷中。当时罗杰斯就已经意识到，在 10 年或 20 年之后，他的理论将有所不同；但是很可惜，在很长一段时间内，他并未系统地重新论证自己的人格理论。尽管罗杰斯的观点受后来许多经历的影响而发生了改变，但是他的人格理论仍是以科克的书中所收录的最初论证为基础的。

卡尔·罗杰斯小传

卡尔·兰塞姆·罗杰斯（Carl Ransom Rogers）于 1902 年 1 月 8 日在美国伊利诺伊州橡树园出生，是沃尔特·罗杰斯（Walter Rogers）和朱莉娅·库欣·罗杰斯（Julia Cushing Rogers）夫妇的第四个孩子（他们一共有六个孩子）。罗杰斯和母亲较为亲近；他的父亲是一名土木工程师，在他小时候经常不在家。罗杰斯夫妇都是虔诚的教徒。在父母的影响下，罗杰斯对《圣经》也很感兴趣，还没上学就阅读了《圣经》等书籍。他还从父母那里学会了努力工作的价值观，这一价值观贯穿了他的一生。

罗杰斯曾梦想成为一名农夫，高中毕业后，他进入威斯康星大学攻读农学专业。不过，他对农业的兴趣很快就被对宗教的兴趣取代了。在威斯康星大学读大三的时候，罗杰斯已然非常热衷参加学校里的宗教活动，还花了 6 个月的时间去了一趟中国，参加了一次学生宗教研讨会。这次旅行对罗杰斯形成深远的影响。与其他年轻宗教领袖的互动让罗杰斯成了一位更加自由的思想家，推动他脱离了父母的宗教观点。他与这些宗教领袖的交往也让他对人际关系更加自信。遗憾的是，他因胃溃疡在研讨会期间回国了。

虽然疾病让他无法立即回到大学里，但并没有阻止他继续工作。他花了一年时间在农场和一家本地伐木场打工，然后才回到威斯康星大学。接着，他加入了大学里的兄弟会，变得更加自信。不止如此，他在整体上和去中国之前判若两人。

1924 年，罗杰斯就读于纽约协和神学院，他的志向是成为一名神职人员。在神学院期间，他在附近的哥伦比亚大学选修了几门心理学和教育学课程。当时，哥伦比亚大学教育学院的主流是以约翰·杜威（John Dewey）为领袖的进步教育运动。这场运动对罗杰斯造成了很大的影响。慢慢地，罗杰斯不再欣赏宗教工作的教条主义态度。尽管纽约协和神学院十分自由，但罗杰斯还是放弃了他先前一成不变的信仰，他想要更自由地探索全新的思想。最终，在 1926 年秋天，他离开神学院，成了哥伦比亚大学教育学院的一名全日制学生，主修临床和教育心理学。从这时起，他再也没有拾起宗教事务。他的人生有了新的方向——心理学和教育学。

1927 年，罗杰斯在纽约市新成立的儿童辅导研究所担任研究员，在攻读博士学位期间也一直在那里工作。在研究所，他学习了弗洛伊德式精神分析的基础知识。不过，虽然他尝试在实践中使用弗洛伊德式方法，但他受该方法的影响不大。他还听了阿德勒的一次演讲。在演讲中，阿德勒称，详细病历对于心理治疗不是必要的，这让罗杰斯和其他工作人员颇感震惊。

罗杰斯于 1931 年在哥伦比亚大学取得了博士学位，当时他已经搬到了纽约，在罗彻斯特防止虐待儿童协会工作。在职业生涯的早期，罗杰斯深受奥托·兰克（Otto Rank）的影响。兰克曾是与弗洛伊德来往最密切的同事之一，但后来被逐出了弗洛伊德的核心圈子。1936 年，罗杰斯邀请兰克到罗切斯特主持一次为期三天的研讨会，介绍兰克新创立的后弗洛伊德式心理治疗方法。兰克的演讲给罗杰斯带来了一种新观念——治疗是一段促进情绪成长的关系，其前提是治疗师带有共情的倾听和对来访者无条件的接纳。

罗杰斯在罗彻斯特工作了 12 年，这份工作如果继续下去，他有可能再也无法回到学术道路上并取得成功。1935 年夏季，罗杰斯曾在哥伦比亚大学教育学院授课。此外，他还在罗彻斯特大学教过社会学课程。这些教学经验让他产生了在大学教书的愿望。在这段时间里，他还撰写了他的第一本书《问题儿童的临床治疗》(*The Clinical Treatment of the Problem Child*)。这本书的出版帮助他获得了俄亥俄州立大学的教职。尽管他很喜欢教学，但如果没有妻子的鼓励，或者俄亥俄州立大学没有同意直接以教授职位聘用他，那么他可能会拒绝这个机会。1940 年，38 岁的罗杰斯移居哥伦布，开始了新的职业生涯。

在俄亥俄州立大学，罗杰斯开始指导研究生，这促使他逐步概念化了关于心理治疗的想法。他并不打算提出标新立异的理论，自然也不想引起争议。1942 年，他把这些想法写进了《心理咨询与心理治疗》(*Counseling and Psychotherapy*）一书中。这本书是对已有治疗方法的探讨，罗杰斯对心理障碍的原因、诊断与分类一笔带过，而把重点放在患者（被罗杰斯称为“来访者”）内心的成长方面。

1944 年，想要在第二次世界大战中为国家做贡献的罗杰斯回到纽约，在美国劳军联合组织（United Services Organization）担任咨询服务的主管。一年后，他加入了芝加哥大学，并在那里建立了一个咨询中心，开始更为自由地研究心理治疗的过程和结果。1945 年至 1957 年，罗杰斯一直在芝加哥大学工作，这是他职业生涯中最具生产力和创造力的时期。他的治疗方法从一种强调方法论的方法（即 20 世纪 40 年代初的“非指导性”技术）发展为只强调来访者与治疗师的关系的方法。始终崇尚科学的罗杰斯与他的学生和同事一起，就心理治疗的过程和有效性方面开展了开创性的研究。

为了将这些研究和观点扩展到精神病学领域，1957 年，罗杰斯前往威斯康星大学任教。然而，在威斯康星大学工作让罗杰斯深感挫败。这是因为，他无法将精神病学和心理学专业结合在一起，而且他还觉察到自己手下的工作人员中有人做出了学术不端、违反伦理的举动。

失望的罗杰斯搬到了加利福尼亚州，加入了西方行为科学研究所（Western Behavioral Sciences Institute)，并对会心团体（encounter group）产生了兴趣。

后来，罗杰斯感到西方行为科学研究所的行事作风越来越不民主，便从那里辞了职，和同时辞职的 75 位研究者一起成立了人类研究中心。他继续研究会心团体，同时将以人为中心的心理治疗方法扩展到了教育（包括医师培训）和国际政治领域。在生命的最后几年里，罗杰斯在匈牙利、巴西、南非和苏联等国家多次举办工作坊。1987 年 2 月 4 日，罗杰斯在接受髋骨骨折手术后去世。

罗杰斯的个人生活以多变和开放著称。在青春期，他非常害羞，没有亲密的朋友，并且只会表面的客套，没有真正的社交能力。不过，他的幻想生活十分活跃，后来他认为这可能是“精神分裂样”的表现。害羞和缺乏社交能力让他几乎没有与女性互动的经验。刚进入威斯康星大学时，他鼓起全部勇气，邀请他在橡树园读小学时认识的一位女士出来约会，这位年轻女士名叫海伦·艾略特（Helen Elliott）。1924 年，罗杰斯与海伦结婚，婚后育有两个孩子——大卫（David）和娜塔莉（Natalie）。尽管在年轻的时候不擅长处理人际关系，但是罗杰斯后来提出了一种开创性的理念——两个个体之间的人际关系是促进双方心理成长的重要因素。当然，转变的过程并不容易。他放弃了从父母那里形成的宗教信仰，开创了一种人本主义 / 存在主义哲学，他希望这种哲学能够弥合东西方思想之间的鸿沟。

罗杰斯的心理咨询理论的宗旨之一是对自己真实、真诚和诚恳。在这个问题上，罗杰斯言行合一，在生命后期，他与大卫·罗素（David Russell）做口述历史时，对自己的个人问题持有开放和诚实的态度。他坦率地讲述了与妻子海伦在过去 15 年中的婚姻问题、他为何需要建立另一段恋爱关系，以及他在 70 多岁时的酗酒问题。

罗杰斯在漫长的职业生涯中获得了许多荣誉。他是美国应用心理学协会的第一任主席，并帮助该协会完成了与美国心理学会的再次合并。他曾在 1946 年至 1947 年之间担任美国心理学会主席，并曾担任美国心理治疗师学会的第一任主席。1956 年，他获得了美国心理学会颁发的首个科学杰出贡献奖。罗杰斯对此感到十分满足，因为这次获奖肯定了他作为研究者的技能——他小时候在伊利诺伊州的农场里就已经掌握了这项技能。

罗杰斯一开始觉得人格理论并不重要。后来，一方面是其他人的催促，另一方面是为了满足解释观察结果的内在需要，罗杰斯提出了自己的人格理论。他最早发表该理论是在美国心理学会主席就职演说中，更全面的表述见于《来访者中心疗法》（*Client-Centered Therapy*），更丰富的细节见于科克（Koch）的《心理学：一门科学研究》系列。然而，罗杰斯总是强调自己的理论只是试验性质的，也正因如此，人们更应该就罗杰斯学派的人格理论展开讨论。

以人为中心的理论

从 20 世纪 40 年代早期开始，一直到 20 世纪 80 年代末罗杰斯去世为止，他对人性的构想基本没有改变过，他的治疗方法和理论只是更改过几次名称。起初，罗杰斯把他的治疗方法称为“非指导性的”方法，这一术语颇为消极，却和罗杰斯的名字捆绑了很长的一段时间。后来，他采用了诸如“以来访者为中心”“以人为中心”“以学生为中心”“以小组为中心”和“人与人”等术语。本书采用“以来访者为中心”一词指称罗杰斯的治疗方法，采用更具包容性的“**以人为中心的**（person-centered）”来指称罗杰斯的**人格理论**。

在第 1 章中，我们曾提及一个表述明确的理论通常会使用“*如果……那么……*”框架。

在本书涉及的所有理论中，罗杰斯的“以人为中心的”理论最接近这一标准。“如果……那么……”框架的一个示例是：*如果*存在某些条件，*那么*就会发生一个过程；*如果*发生了这一过程，*那么*就可以预测某些结果。更具体地说，以心理治疗为例：*如果*治疗师是与来访者一致的、传达了无条件的积极关注和准确的共情，*那么*治疗性改变就会发生；*如果*发生了治疗性改变，*那么*来访者将体验到更高水平的自我接纳、自我信任等。（我们将在心理治疗小节中更全面地讨论一致、无条件的积极关注和共情。）

基本假设

以人为中心的理论的基本假设是什么？罗杰斯提出了两个宽泛的假设——形成倾向和实现倾向。

形成倾向

罗杰斯认为，一切物质，不论有机的还是无机的，都具有从简单形式演变为复杂形式的倾向。就整个宇宙而言，一个创造性的过程而非分解性的过程正在运转。罗杰斯称之为**形成倾向**（formative tendency），并给出了许多自然界中的例子。例如，复杂的恒星星系是由比较混乱的恒星集群构成的，雪花等晶体是由无形的蒸气形成的，复杂的生物是从单个细胞开始发育的，人类意识是从原始的无意识演变为高度结构化的意识的。

实现倾向

与之相关且更切题的假设是**实现倾向**（actualizing tendency），即一切人类（及其他动物和植物）都有完善或实现潜能的内在倾向。这种倾向是人类所具有的唯一动机。具体的实现动机包括消除饥饿、感受并表达强烈的情绪，以及接纳自己。因为每个人都是一个完整的有机体，所以实现倾向涉及完整的人——生理和智力、理性和情绪、意识和无意识。

实现倾向中也包含了维持和增强有机体的倾向。**维持需要**（maintenance needs）类似于马斯洛的需要层次中较低层次的需要（见第 9 章）。它包括对食物、空气和安全等的基本需要；此外，它还包括抵抗变化和维持现状的倾向。维持需要的保守性体现在人们渴望保护当下让他们感到舒适的自我上。人们反对新思想，还会曲解不尽如人意的经历；人们发现变化是痛苦的，成长是令人恐惧的。

虽然人们强烈渴望维持现状，但他们同时也愿意学习和改变。这种想要变得更强、继续发展和实现成长的需要是**增强需要**（enhancement needs）。人们愿意学习那些无法带来即时回报的东西，这反映了增强需要。试想，除了增强需要之外，又有什么能激励婴幼儿学习走路呢？须知爬行可以满足运动的需要，走路却有摔倒和疼痛的风险。罗杰斯认为，人们之所以愿意面对威胁和痛苦，是因为有机体有一种想要实现其本性的生物学倾向。

增强需要有多重表达形式，包括好奇心、嬉戏、自我探索、友谊和对自己可以实现心理成长的信心。人们生来就有解决问题、改变自我观念并变得越来越自主的创造性力量。个体将自己感知到的经历认定为现实，因此，他们比任何人都更加了解自己的现实。人们并不需要受到指导、控制、劝诫或操纵就能够走向实现。

实现倾向不仅限于人类。其他动物乃至植物都有趋向成长以实现其遗传潜能的内在倾向——只要某些条件得到满足。例如，一株甜椒充分发挥生长潜能的*条件*是必须有水、阳光和肥沃的土壤。类似地，人类的实现倾向也只能在某些条件下才能实现。具体来说，人们必须与*一致*的或*真诚可信*的、表现出*共情*的且*无条件积极关注*的伙伴建立关系。罗杰斯强调，拥有以上三种品质的伙伴并不能促使人们朝着建设性的个人改变迈进，但是会让人们产生实现其自我满足的内在倾向。

罗杰斯主张，如果一段关系中出现了一致、无条件的积极关注和共情，那么处于关系中的人会不可避免地发生心理成长。由于这个原因，他认为这三个条件是成为健全的或自我实现的人的*必要*和*充分*条件。尽管人们与其他动物乃至植物都有实现的倾向，但只有人类有自我概念，因此才有了*自我实现*的潜能。

自我和自我实现

罗杰斯认为，当婴儿的一部分经历变得个人化、能够*觉知*并区分“我”（“I” or “me”，主格或宾格）的经历时，婴儿就发展出了模糊的自我概念。婴儿逐渐知道了什么好吃、什么不好吃，什么让人感觉愉快、什么让人感觉不愉快，逐渐建立了自己的身份认同。接着，婴儿就会开始评价自身的经历是正面的还是负面的，并以实现倾向作为评价标准。由于营养是实现的必要条件，因此婴儿喜欢食物、不喜欢饥饿。他们也喜欢睡眠、新鲜空气、身体接触和健康，因为这些因素也都是实现的必要条件。

一旦婴儿建立了基本的自我结构，他们自我实现的倾向就会开始进化。**自我实现**（self-actualization）是实现倾向的子集，二者的含义并不相同。*实现倾向*是指个体作为有机体的体验；也就是说，它涉及完整的人，包括意识和无意识、生理和认知。而*自我实现*则是在意识层面完成自我实现的倾向。当个体的有机体和其自我感知相一致时，实现倾向和自我实现倾向几乎是相同的；但是，当个体的有机体与其自我感知不一致时，实现倾向和自我实现倾向就是不同的。例如，如果个体的有机体的体验是对妻子感到愤怒，而生妻子的气与这个人的自我感知却是矛盾的，那么他的实现倾向和自我实现倾向就不一致，他将体验到冲突和内在的紧张。罗杰斯假定自我有两个子系统，即自我概念（self-concept）和理想自我（ideal self）。

自我概念

自我概念（self-concept）包括个人存在和个人经历中被感知的各个方面，尽管这种感知并不总是准确的。自我概念与**有机体自我**（organismic self）不同。有机体自我的一部分可能超出了个人的意识范围，也可能本来就不属于个人。例如，胃是有机体自我的一部分，但是胃不太可能成为自我概念的一部分，除非胃因功能不正常而得到格外关注。又例如，如果某些

理想自我与感知到的自我之间的不一致会导致冲突和不快乐。©Ingram Publishing/SuperStock

经历与人们的自我概念不一致，人们就可能会否认自己的某些方面，如不够诚实的一面。

因此，一旦人们形成自我概念，他们就会发现，做出改变和进行意义深远的学习非常困难。与自我概念不一致的经历常常会被拒绝或以扭曲的形式被接受。

不过，已经形成的自我概念仅仅是让人难以改变，但不是完全无法改变。如果一个人处于被他人接纳的氛围中，他会感受到较低的焦虑和威胁，并且能够接受曾经被拒绝的经历，那么这个人就有可能做出改变。

理想自我

自我的第二个子系统是**理想自我**（ideal self），是指一个人希望成为的自我。理想自我包含人们渴望拥有的一切属性，这些属性通常是正面的。理想自我与自我概念之间如果存在巨大的差异，说明这个人的人格是**不一致**（incongruence）且不健康的。心理健康者的自我概念与理想自我之间几乎没有差异。

觉知

没有觉知（awareness），就没有自我概念和理想自我。罗杰斯将*觉知*定义为“我们的一部分经验的符号（不一定是言语符号）表征”。罗杰斯在使用这一术语时，把它当成了意识（consciousness）和符号化（symbolization）的同义词。

觉知的水平

原始艺术家，版权来自卡通网

罗杰斯认为觉知有三个层次。第一，人们经历的一些事情处于觉知阈限之下，因此被*忽略*或*否认*。例如，一位女士走在繁华的街道上，她的周围存在很多潜在的刺激，尤其是视觉或听觉刺激。由于她无法注意到每一种刺激，很多刺激就被*忽略*了。又例如，一位母亲可能从来都不喜欢孩子，但是由于自责，她又过度关心自己的孩子。可能在很多年里，她对孩子的愤怒和憎恨都被隐藏了，从未进入意识层面，但是这些情绪依然是她对孩子的情感的一部分，可能潜移默化地影响了她在意识层面对待孩子的方式。这便是否认的示例。

第二，罗杰斯假设，一些经历被正确地符号化，并被自由地纳入自我结构中。这些经历是既无威胁性、又符合现有自我概念的经历。例如，一位对自己的钢琴水平非常有自信的钢琴家如果被朋友称赞琴技精湛，他会听见这句称赞、准确地将其符号化并自由地把它纳入自我概念中。

第三个层次的觉知是以扭曲的形式被感知的经历。当人们的经历与其自我概念不一致时，人们会重塑或扭曲经历，以便将其纳入现有的自我概念中。如果这位才华横溢的钢琴家是被他不信任的竞争对象称赞，他的反应可能与听到朋友称赞时的截然不同。他听见了这句称赞，却因为感到威胁而扭曲了这句话的意义："这个人为什么要奉承我？这没有道理。"这段经历被他的觉知不准确地符号化了，也就是被扭曲了。只有这样，这段经历才符合其既有的自我概念，这部分自我概念在表达："我不信任我的竞争对手，特别是企图欺骗我的竞争对手。"

否认积极经历

才华横溢的钢琴家的例子说明，并非只有消极的、被贬低的经历才会被扭曲或否认，很多人无法接受真诚的赞美和积极的反馈。例如，如果一名学生感觉自己能力不足，但是取得了很高的分数，他可能会对自己说："我知道这个分数证明了我的学习能力，但是由于某些原因，我并不觉得自己有能力。这门课是所有课程里最简单的一门课。其他学生只是没有努力罢了。打分的老师也不知道自己在做什么。"称赞，即使是真正的赞美，也很少会对一个人的自我概念产生积极影响。可能是因为接受赞美的人不信任发出赞美的人，也可能是因为接受赞美的人感觉自己配不上这种赞美；不论是哪种情况，受到他人的称赞都意味着他人也有权力进行批评或谴责，因此称赞也伴随着隐含的威胁。

成为人

罗杰斯讨论了成为人的必要过程。首先，个体必须与另一个人进行接触，不论积极的还是消极的。与人接触是成为人所需的最低限度的经历。为了生存，婴儿必须与父母或其他照顾者接触。

当儿童（或成年人）觉知到来自他人的关注时，他们就会开始重视积极的关注，贬低消极的关注。也就是说，这名儿童（或成年人）发展出了被爱、被喜欢和被接纳的需要，罗杰斯将这种需要称为**积极关注**（positive regard）。如果个体认为他人，特别是重要他人关心、珍视或重视自己，那么其获得积极关注的需要至少已得到了部分满足。

积极关注是积极的自我关注的前提。**积极的自我关注**（positive self-regard）是指对自我的珍视或重视。罗杰斯认为，获得他人的积极关注对于积极的自我关注是必要的；不过，一旦建立了积极的自我关注，它就会独立于持续被爱的需要。这个概念与马斯洛（见第 9 章）的观点非常相似，即人们在尊重需要得到满足之前先得到对爱和归属需要的满足，但是一旦人们获得了自信感和价值感，就不再需要来自他人的充足的爱和认可了。

因此，积极的自我关注源自从他人那里得到的积极关注，但是积极的自我关注一旦建立，就成了自主的和永存的。就像罗杰斯所说的，成为人就会“在某种意义上成为他自己的社交重要他人”。

心理健康的障碍

并非每个人都会成为心理健康的人，恰恰相反，许多人都会经历一些障碍，包括价值条件化、不一致、防御和整合失败。

价值条件化

许多人并没有获得无条件的积极关注，而是获得了有条件的价值感，即**价值条件化**（conditions of worth）；也就是说，他们认为只有当自己满足了他人的期望和认可时，父母、同伴或伴侣才会爱和接纳他们。如同罗杰斯所说：“当重要他人的积极关注建立在某些条件之上时，当个体觉得自己在一些方面有价值而在另一些方面没有价值时，价值条件化就发生了。”

价值条件化是人们接受或拒绝某一经历的标准。人们逐渐内化了感知到的他人的态度，并将其纳入自我结构之中，然后又在这个基础上评价自身的经历。如果人们发现他人的接纳与自己的行动无关，那么人们就会相信自己值得被无条件地珍视。如果人们发现自己的一些行为被他人所认可，但另一些行为不被认可，那么人们就会认为自己的价值是有条件的。在这种情况下，人们就有可能相信与其负面自我认知相符的评价、忽略自己的感官和内在感知，并与真实自我或有机体自我渐行渐远。

从童年早期开始，大多数人都学会了忽视有机体自我的评价，而关注那些自身之外的指导和教导。在某种程度上，人们内摄了他人的价值观，也就是说，人们接纳了价值条件化，因此，人们也就倾向于变得不一致和不平衡。同化他人的价值观只能带来两种后果，一是扭曲他人的评价并将其同化，二是同时造成不平衡和自我冲突。

人们感知到的他人对自己的看法被称作**外部评价**（external evaluations）。这些评价，无论正面的还是负面的，都无法促进心理健康，反而会让人们无法接受自己的全部经历。例如，人们可能会拒绝令自己愉悦的经历，因为他们认为他人不认可这些经历。当人们不信任自己的经历时，他们就会扭曲对这些经历的觉知，并强化有机体自我的评价与内摄的他人评价之间的差异，于是就产生了不一致。

不一致

如上所述，有机体与自我是两个独立的实体，彼此之间可能是一致的，也可能是不一致的。而实现是指有机体趋向于实现的倾向，自我实现则是指被感知的自我达成实现的愿望。这两种倾向有时是不相同的。

当人们无法将有机体的经历视为自我的经历时，即人们因为有机体的经历与其已经形成的自我概念不一致，从而没有准确地将有机体的经历在觉知中符号化时，心理不平衡就产生了。个体的自我概念与有机体经历之间的不一致是心理障碍的根源。人们在童年早期获得的价值条件化让其形成相对不真实的自我概念，这种自我概念建立在扭曲与否认的基础之上。这种自我概念包含与有机体经历不和谐的模糊感知，而自我与经历之间的不一致则导致矛盾的、前后不一致的行为。有时，人们的行为方式维持或增强了其实现倾向，但在另一些时候，人们的行为方式可能会维持或增强基于他人期望和评价的自我概念。

易伤性

人们感知到的自我（自我概念）与有机体的经历之间越不一致，人们就越容易受到伤害。罗杰斯认为，如果人们没有觉察到有机体自我与重要经历之间的差异，那么他们就具有**易伤性**（vulnerability）。具有易伤性的人没有觉知到自己的不一致，他们的举止往往不只在他人看来难以理解，在他们自己看来也无法理解。

焦虑和威胁

没有觉知到自己内在不一致的人具有易伤性，而觉知到自己内在不一致的人则会体验到焦虑和威胁。当人们模糊地觉知到有机体的经历与自我概念之间的差异时，他们就会感到焦虑。罗杰斯将**焦虑**（anxiety）定义为“一种原因不明的不安或紧张状态”。随着人们对有机体经历与自我概念之间的差异的认识加深，他们的焦虑会逐渐进化成**威胁**（threat）——一种对自己不再完整或一致的觉知。焦虑和威胁是迈向心理健康的重要步骤，因为它们让人们知道其有机体经历与自我概念是不一致的。不过，焦虑和威胁并不是令人愉悦或舒适的感觉。

防御

为了防止有机体经历与自我概念之间的不一致，人们可能会采取防御性策略。**防御**（defensiveness）是通过否认或扭曲与自我概念不一致的经历，保护人们免受焦虑和威胁的困扰。因为自我概念包含多个自我描述性陈述，所以它具有多个侧面。当某一经历与自我概念的某一侧面不一致时，人们就会采取防御性策略，以保护当下的自我概念结构。

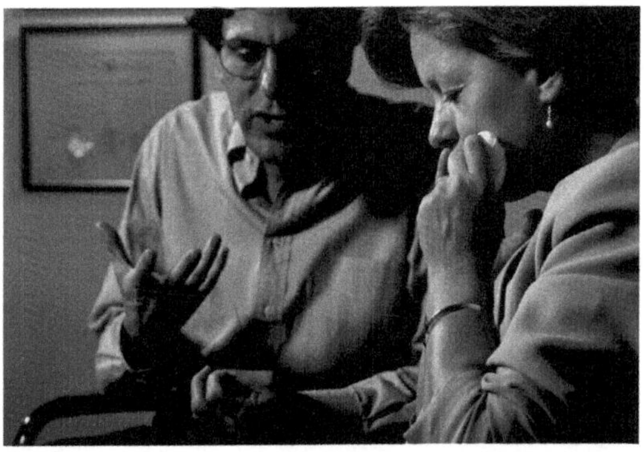

当一个人的防御无法正常运行时，其行为就会整合失败，甚至变得精神异常。© Zigy Kaluzny/Getty Images

两种主要的防御策略是扭曲和否认。**扭曲**（distortion）是指错误地解释某一经历，使之符合自我概念的某一方面。在这种情况下，人们虽然在知觉中感知到了某一经历，却无法理解其真正意义。**否认**（denial）是指拒绝在知觉中感知某一经历，或者至少阻止该经历的某些方面被符号化。否认不如扭曲常见，因为大多数经历都可以被扭曲或重塑，以适应现有的自我概念。按照罗杰斯的说法，扭曲和否认具有相同的目的——使人们对有机体经验的感知与其自我概念相一致，这样，人们就可以忽略或无视原本会导致焦虑或威胁的经历。

整合失败

大多数人都会采取防御行为，但是防御行为偶尔会失败，这时就会出现整合失败或具有精神病特征的行为。为什么防御功能会失去作用呢？

为了回答这个问题，我们必须先弄清楚整合失败的行为的过程。这些行为与正常的防御行为具有共同的起源，即人们的有机体经历与自我概念之间的差异。否认和扭曲让正常人无法认识到这种差异，但是，当人们的自我感知与有机体经历之间的不一致过于明显或发生得过于突然而无法被否认或扭曲时，整合失败的行为就会出现。整合失败可能会突然发生，也可能会在较长的一段时间内逐渐发生。具有讽刺意味的是，人们在心理治疗过程中特别容易遇到整合失败，尤其是当治疗师准确地解释了来访者的行为，并且过早地坚持让来访者直面其经历时。

在整合失败的状态下，人们的行为有时会跟自己的有机体经历保持一致，有时则会遵循已经支离破碎的自我概念。举例来说，前一种情况好比一位以前一直审慎、正派的女士，突然明目张胆地说起脏话；后一种情况则好比一位男士，他的自我概念已不再是一个完整或统一的整体，因此他表现出混乱、前后不一致和完全不可预测的行为。不论是何种情况，他们的行为仍然和他们的自我概念一致，但是他们的自我概念已被破坏，因此他们的行为也就显得古怪而令人困惑。

尽管罗杰斯在 1959 年首次提出整合失败的观点时比他提出其他概念时更具尝试性，但他从未对这一部分理论做出重大的修改。他自始至终都对给人贴上诊断标签这件事不屑一顾。传统分类，如《精神疾病诊断与统计手册（第五版）》（DSM-5），从未出现在以人为中心的理论中。实际上，罗杰斯一直对“神经症”和“精神病”等术语感到不满，他宁愿用“防御”和“整合失败”来形容行为，这些术语更准确地传达出心理适应不良是位于一个连续谱上，一端是自我概念与有机体经历之间只有极小的差异，另一端则是二者之间存在极大的差异。

心理治疗

以来访者为中心的治疗方法看起来似乎很简单，实践起来却十分困难。简而言之，以来访者为中心的心理治疗方法认为，为了使具有易伤性的或焦虑的来访者实现心理上的成长，就必须让他们和治疗师接触，且该治疗师必须真诚一致，能让来访者感觉其提供无条件接纳的和准确共情的治疗环境。这是很难达到的。获得真诚一致、无条件的积极关注和共情等品质对治疗师来说并不容易。

和以人为中心的理论一样，以来访者为中心的治疗方法也可以用“如果……那么……”框架加以陈述。如果来访者与治疗师的关系符合真诚一致、无条件的积极关注和共情性倾听等条件，那么治疗过程将顺利推进。如果治疗过程顺利推进，那么就可以预见某些治疗结果。因此，罗杰斯学派的心理治疗可以从条件、过程和结果三个角度来看待。

条件

罗杰斯提出，为了促进来访者在心理治疗中的成长，以下条件是必要且充分的。首先，易焦虑或易受伤的来访者必须和与真诚一致的治疗师建立联系，同时，治疗师也必须做到对来访者的共情和无条件的积极关注。其次，来访者必须在治疗师身上感知到上述特征。最后，来访者与治疗师之间的接触必须持续一段时间。

罗杰斯的这些假设具有革命性意义。在几乎所有的心理治疗中，第一个条件和第三个条件都是存在的；也就是说，来访者或患者在某种原因的推动下寻求治疗师的帮助，来访者与治疗师之间的关系会持续一段时间。以来访者为中心的治疗方法的独特之处在于，罗杰斯坚持咨询师的真诚一致、无条件的积极关注和共情性倾听对治疗而言是必要且充分的。

三者对心理成长而言都是必要的，只是重要程度不同。罗杰斯认为与无条件的积极关注或共情性倾听相比，真诚一致是最基本的。真诚一致是治疗师的一种综合品质，另外两者则是治疗师对特定来访者的特定感受或态度。

咨询师的真诚一致

第一个必要且充分条件是治疗师的**真诚一致**（congruence）。真诚一致是指个体的有机体经历与其对经历的觉知、公开表达这些情感的能力和意愿相匹配。真诚一致意味着真实或真诚、完善或完整、做真正的自己。罗杰斯是这样描述真诚一致的：

> 在我与他人交往时，我发现从长远来看，故意表现出我所不具备的品质对人际交往并没有帮助……如果我实际上感到生气、想要严加批评，却表现得冷静且愉快，对人际交往是没有帮助的。如果我实际上想要设限，却故意表现得宽容，对人际交往也没有帮助……如果我心底里感到被拒绝，故意表现得好像被对方所接受，也无益于人际交往。

因此，真诚一致的咨询师不仅是一个善良友爱的人，还是一个拥有喜悦、愤怒、沮丧、困惑等情感的完整的人。这些感觉既不会被否认也不会被扭曲，它们很容易进入意识中并且可以被自由表达。因此，真诚一致的治疗师不是消极的或冷漠的，也绝对不是“非指导性的”。

真诚一致的治疗师不是一成不变的。像大多数人一样，治疗师也在不断遇到新的有机体经历，但是与大多数人不同，他们能够将这些经历纳入觉知中，从而获得心理成长。他们不会戴上面具、装出令人愉悦的样子，也不会装作友善或喜爱，除非他们真正感受到了这些情

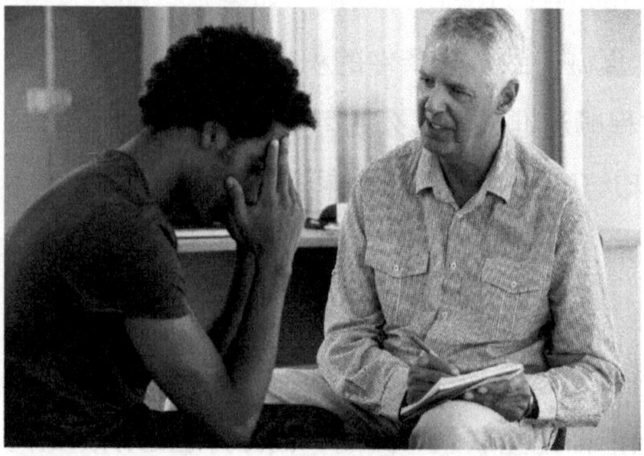

以来访者为中心的心理治疗需要一位真诚一致的咨询师，能够与来访者共情，并给予来访者无条件的积极关注。©Mark Bowden/Getty Images

感。此外，他们既不会假装愤怒、强装无知，也不会掩盖喜悦、高兴或幸福。他们能够让情感与觉知相匹配，并诚实地表达出来。

真诚一致涉及情感、觉知和表达，不一致源自这三者间的矛盾。首先，个体的情感与觉知之间可能存在断层。例如，一个人感到生气时，别人可能会觉得其怒气很明显；但是，生气者本人可能并未觉知自己的情感。“我没生气，你怎么能说我生气了呢！”其次，个体对某一经历的觉知与其向他人表达这一经历的意愿或能力之间的断层，也会造成不一致。“我知道我感到对方说的话很无聊，但是我不敢说出我的不满，因为这会让来访者认为我不是一个好治疗师。”

罗杰斯指出，治疗师传达出真实的感受，即使这些情感是负面的或威胁性的，也会让治疗效果更好。否则，治疗师就是不诚实的，来访者能够（尽管不一定是在意识层面）发现任何不一致的苗头。

尽管真诚一致是成功治疗的必要组成部分，但罗杰斯并不认为治疗师需要在治疗关系以外的人际关系中保持一致。一个人可能并不完美，但也能够成为合格的心理治疗师。同样，想要促进来访者的内在成长，治疗师也不必像无条件的积极关注和共情性倾听那样做到绝对的真诚一致，真诚一致也有不同的程度。来访者能够感知到治疗师具备这些品质，他们越能感知到这些品质，治疗过程就会越成功。

无条件的积极关注

积极关注是指被他人喜欢、珍视或接纳的需要。当这种需要不以任何条件或限制为前提时，就是**无条件的积极关注**（unconditional positive regard）。当治疗师对来访者持热情、积极和接纳的态度时，他们就做到了无条件的积极关注。这种态度没有占有欲、价值判断，也没有任何保留。

无条件的积极关注的治疗师对来访者表现出不含占有欲的温暖和接纳，而不是虚假的热情奔放、兴高采烈。不含占有欲的温暖是指关心另一个人，但是既不想把对方据为己有，也不会抑制对方的发展。其中包含着一种态度：“因为我关心你，所以我不会让我的评价和要求影响你的自主和独立。你是一个独立的人，有自己的情感，有自己判断对错的标准。我关心你，但这一事实并不意味着我一定要指导你做选择，而是意味着我支持你做自己，希望支持你做出你认为最好的选择。”这种宽容的态度让罗杰斯的治疗方法被误认为是消极的和非指导性的，但其实以来访者为中心的治疗师必须积极地与来访者建立关系。

无条件的积极关注意味着治疗师可以不受限制、毫无保留地接纳并珍视来访者，而无须考虑来访者的行为。尽管治疗师可能会对一部分来访者很重视，对另一些来访者则没有那么重视，但是他们对每一位来访者的积极关注是一样的。无条件的积极关注也意味着治疗师不会对来访者进行评价，也不会有选择地接纳来访者的行动。外部评价，无论积极的还是消极的，都会引起来访者的防御，阻碍来访者的心理成长。

尽管无条件的积极关注是一个有点拗口的术语，但是术语中的这三个词（无条件的、积极、关注）却都很重要。“关注”意味着亲近的关系，以及治疗师将来访者视为重要的人；“积极”表示关系指向温暖和关心；“无条件的”则意味着积极关注不取决于来访者的某些行为，也不需要来访者努力争取。

共情性倾听

第三个必要且充分的条件是**共情性倾听**（empathic listening）。共情是指治疗师准确地感觉到来访者的情感，能够与来访者交流这一感知，从而让来访者知道自己已经不抱偏见、投射或评价地进入了他的情感世界。罗杰斯认为，共情意味着暂时生活在对方的生活中，在不做任何价值判断的前提下在对方的生活中细心留神地四处走动。共情并不解释来访者的意思，也不揭示来访者无意识的情感，这些操作都会引入外部参照框架，并对来访者造成威胁。相比之下，共情意味着治疗师从来访者的视角看待事物，让来访者感到安全和不受威胁。

以来访者为中心的治疗师认为共情不是水到渠成的，他们会在与来访者的互动中反复检验他们感觉到的情感，以保证感知的准确性。“您似乎在说，您感觉非常讨厌您的父亲。”有效的共情通常会引发来访者的如下感叹：“没错，就是这样！我的确感到讨厌他。”

共情性倾听是一个强大的工具，它和真诚一致与关心一起促进了来访者个人的内在成长。共情在心理变化中起了什么作用？共情的治疗师如何帮助来访者获得完整的自我和心理健康？罗杰斯的一段话很好地回答了这些问题：

> 当人们感到被理解时，他们会与自己的有机体经历产生更广泛、更密切的接触。这样，他们的参考框架也会得到扩展，他们就可以以此来了解自己并指导自己的行为。如果共情是准确而深入的，他们还可能将曾经受阻的经历释放出来，任其顺畅地发展。

共情之所以有效，是因为它让来访者更了解自己，并在实际上变成了他们自己的治疗师。

共情不应与同情（sympathy）相混淆。同情意味着对来访者心怀怜悯，而共情则表示与来访者感同身受。同情从来都没有治疗作用，因为它源于外部评价，通常会导致来访者的自怜。自怜是一种有害的态度，它威胁着积极的自我概念，并造成自我结构的不平衡。同样，共情并不意味着治疗师与来访者抱有相同的情感。当来访者感到气愤、沮丧、困惑、憎恨或性吸引力时，治疗师并不会体验到同样的情感。相反，治疗师所体验的是来访者的情感深度，同时认识到来访者是一个独立于治疗师之外的人。治疗师对来访者的情感产生了情绪上和认知上的反应，但是来访者的情感只属于来访者，而不属于治疗师。治疗师不会拥有来访者的经历，但能够告诉来访者自己理解了某一经历在某一时刻对来访者来说意味着什么。

过程

当治疗师满足了真诚一致、无条件的积极关注和共情等条件后，治疗性改变的过程就会被启动。尽管每个寻求心理治疗的人都是独特的，但罗杰斯认为，治疗的过程是有规律可循的。

治疗性改变的七个阶段

建设性的治疗性改变过程是一个从极度防御到极度整合的连续过程。罗杰斯将这一连续过程分成了七个阶段。

在第一个阶段，来访者不愿透露关于自己的任何信息。处于这一阶段的人通常不会寻求帮助。但是，如果他们出于某种原因而接受治疗，那么会表现得极度顽固和抗拒改变。他们不能发现任何问题，并拒绝拥有任何个人情感或情绪。

在第二个阶段，来访者的顽固程度略有降低。他们能够讨论外部事件和他人，但是对于自己的情感，他们要么否认，要么无法认识到。此时，当他们谈到个人情感时，就像这些情感是客观现象一样。

进入第三个阶段后，来访者能够更自由地谈论自己，尽管仍然像是在谈论某个客体。“我在工作上竭尽所能，但是老板仍然不喜欢我。”当他们谈及情感或情绪时，他们会用过去时或将来时，而回避当下的情感。他们拒绝接纳自己的情绪，使个人情感与当下情境保持距离，只能隐约地感知到自己有做出个人选择的能力，同时拒绝为大多数决定承担个人责任。

处于第四个阶段的来访者开始谈论更深刻的情感，但依旧不是当下的情感。“当时，老师指责我作弊，让我特别生气。”当来访者表现出当下的情感时，他们通常会感到惊讶。他们否认或扭曲了经历，尽管他们模糊地知道自己能够感受到当下的情绪。他们开始质疑从他人那里内摄的一些价值观，并且开始意识到他们对自己的感知与有机体经历之间的不一致。与处于第三阶段时相比，处于第四阶段的来访者拥有了更多的自由、承担了更多的责任，并开始尝试与治疗师建立更紧密的关系。

在第五个阶段，来访者将经历重大的变化和成长。来访者将能够表达当下的情感，虽然他们尚无法准确地将这些情感符号化。他们开始依靠内在的标准评价自己的情感，对自己也有了新的发现。他们还会发现不同情感之间的差异变大了，更能够欣赏这种细微差异。此外，他们开始自己做决定，并为自己的选择承担责任。

处于第六个阶段的来访者经历了巨大的成长，并不可逆地朝着功能健全和自我实现的方向迈进。他们让曾被他们否认或扭曲的经历自由地进入觉知。他们变得更为一致，能够将当下的经历更好地与觉知和表达相匹配。他们不再从外部角度评价自己的行为，而是依靠有机体自我的标准来评价经历。他们开始发展出无条件的自我关注，这意味着他们对自己未来将要成为的样子怀有真正的关心和感情。

伴随第六个阶段而来的有趣之处是来访者在生理上的放松。随着肌肉的放松、眼泪的释放、循环的改善和身体症状的消失，来访者将体会完整的有机体自我。

在许多方面，第六个阶段预示着治疗的结束。其实，在这一阶段终止治疗，来访者仍将继续迈向下一个阶段。

第七个阶段可以发生在治疗之外，因为第六个阶段带来的成长是不可逆的。处于第七个阶段的来访者将成为健全的“明天的人”（persons of tomorrow）。他们能够把从治疗中获得的经验推广到治疗以外的生活中。他们有信心在任何时候都做自己，拥有且深刻地体会他们的所有经历，并投入到当下的经历中去。他们的有机体自我已与自我概念相统一，并成为评价经验的标准。处于第七个阶段的人们愉悦地知道这些评价是可变的，而且会持续地变化和成长。此外，他们变得一致、拥有无条件的积极自我关注，并能够对他人充满爱和共情。

治疗性改变的理论解释

有什么理论概念化可以解释治疗改变的动力学过程呢？罗杰斯给出了一种合理的解释。当一个人体会到自己被珍视、被无条件地接纳时，他们会意识到——也许是第一次意识到——自己是能够被爱的。治疗让他们能够珍视并接纳自己，拥有无条件且积极的自我关注。当来访者感觉到来自治疗师的共情性理解时，他们将能够更准确地倾听自己，对自己的情感产生共情。因此，当来访者开始珍惜自己并准确地理解自己时，他们的自我感知就变得与他们的有机体经历更加一致。于是，他们就具备了使治疗起效的三个特征，并在实际上成了自己的治疗师。

结果

如果治疗性改变的过程开启了，那么就可以预期一些结果。对以来访者为中心的心理治疗而言，最基本的结果是来访者变得更加一致、防御降低，以及更具开放性。在此基础上，根据逻辑可以得出其他的一些结果。

由于来访者变得更加一致、更不防御，他们对自己的了解更加清晰，对世界的看法也更加现实。他们能够更好地将经历象征化并同化到自我之中，更有效地解决问题，更加能够形成积极的自我关注。

他们对自己的潜能有现实且准确的看法，这让他们能够缩小理想自我与真实自我之间的差距。通常，差距的缩小是因为理想自我和真实自我都发生了某些改变。由于来访者变得更加现实，因此他们降低了对自己未来面貌的期望；由于积极的自我关注的增加，因此他们对自己真实的样子有了更高的评价。

随着理想自我和真实自我变得更加一致，来访者在生理和心理上的紧张都得到缓解，焦虑程度得以降低，他们就更不容易受威胁影响。他们不太可能寻求他人的指引，也不太可能将他人的观点和价值观作为评价自己经历的标准。取而代之的是，他们变得更加自主，更有可能感知到内在的评价标准。他们不再有迫切地取悦他人和满足他人期望的冲动。他们感到足够安全，可以拥有越来越多的经历；他们感到足够自在，所以对否认和歪曲的需要也降低了。

他们的人际关系也发生了变化。他们变得更能接纳他人，对他人的要求变少，并允许他人做自己。由于他们对扭曲现实的需要降低，因此他们强迫他人以满足自己期望的愿望也降低了。其他人会觉得他们变得更成熟、更可爱且更擅长社交了。他们的真诚、积极的自我关注和共情性理解超越治疗之外，他们更有能力建立起其他的促进成长的人际关系。

表 10.1 解释了罗杰斯的治疗理论。

表 10.1　罗杰斯的治疗性改变理论

如果存在以下情况：	**那么**，治疗性改变就会发生，来访者将会
1. 容易受伤或焦虑的来访者	**1. 更加一致**
2. 与咨询师接触，且该咨询师具备 3～5 的特征	**2. 防御性降低**
3. 在咨询关系中保持真诚一致	**3. 对待经历持更加开放的态度**
4. 对来访者有无条件的积极关注	4. 对世界有更现实的观点
5. 对来访者的内部参考框架能够共情性理解	5. 发展出积极的自我关注
6. 来访者能够感知到 3～5 所述的条件，即心理治疗引起成长的三个必要且充分条件	6. 缩小理想自我与真实自我之间的差距
	7. 更不容易受到威胁的伤害
	8. 焦虑减轻
	9. 成为经历的主人
	10. 变得更愿意接纳他人
	11. 在与他人的关系中变得更加一致

注：黑体字代表关键的治疗条件和最基本的结果。

明天的人

罗杰斯对心理健康个体的兴趣只有马斯洛（见第 9 章）能与之比肩。马斯洛首先是一位研究者，而罗杰斯则首先是一位心理治疗师——他对心理健康者的关注来自他的一般治疗理论。1951 年，罗杰斯首次简要地提出了“变更人格的特征”（characteristics of the altered personality）；接着，他又在一篇未发表的论文中对该概念予以扩展并提出“**功能健全的人**”（fully functioning person）的概念。1959 年，他在科克的系列著作中阐述了健康人格理论；20 世纪 60 年代初，他也曾数次谈及这一主题。最后，罗杰斯描述了明天的世界和**明天的人**（person of tomorrow）。

如果三种必要且充分的治疗条件（真诚一致、无条件的积极关注和共情）都达到了最佳状态，那么来访者将成为怎样的人呢？罗杰斯给出了这样的人的几种可能的特征。

第一，心理健康的人*更具有适应性*。因此，从进化的角度来看，这些人更有可能活下来——这也是“明天的人”的由来。他们不仅能够适应静态的环境，还能意识到自己针对固定环境的从众和调节行为对长期生存几乎没有价值。

第二，明天的人*对经历持开放态度*，他们能够准确地在觉知中符号化自己的经历，而不是否认或扭曲它们。这句陈述看似简单，却蕴含着深意。对经历持开放态度的人面对一切刺激，无论来自生物体内部还是来自外部环境，都可以自由地接纳。明天的人能够倾听自己的心声，包括喜悦、愤怒、沮丧、恐惧和温柔等。

与开放性相关的一个特征是*对有机体自我的信任*。健全个体不会依赖他人的指引，因为他们认识到自己的经历才是做选择的最佳标准；他们会做自己认为正确的事情，因为他们更相信自己内心的情感，而不是威严的父母或严格的社会规则。但是，他们也能够清楚地感知他人的权利和情感，并在做决定时加以考虑。

第三，明天的人的倾向于*完全生活在当下*。由于他们具有开放性，因此他们能够持续体验到自身状态的流动性与变化。他们每一刻的经历都是新鲜而独特的，是不断发展的自我从未经历过的。他们将以崭新的眼光看待每一段经历，在当下充分地欣赏它。罗杰斯将这种活在当下的生活倾向称为**存在式生活**（existential living）。明天的人不需要欺骗自己，也没有理由要给他人留下好印象。他们的思想和精神与时俱进，对世界应该如何没有先入之见。他们能够发现一种经历对自己而言意味着什么，并且不会受偏见或事前期望的影响。

第四，明天的人对自己*与他人和睦相处*的能力充满信心。他们不需要得到每个人的喜欢或爱，因为他们知道自己会被一部分人无条件地珍视并接纳。他们将寻求与另一个同样健康的人建立亲密关系，他们的关系本身又会帮助双方持续成长。明天的人与他人的关系是真实的。他们表里如一，不会欺骗或欺诈，不防御也不装模作样，不佯装也不虚伪。他们关心他人，而且关心之中不夹杂任何价值判断。他们追求的是超越自身之外的意义，渴望精神生活和内心的平和。

第五，明天的人更加完善、*更加整合*，他们的意识过程和无意识过程之间没有人为的界限。由于他们能够准确地将意识层面的所有经历符号化，因此他们也就清楚地看到了现实与期望之间的区别；由于他们把有机体的感受作为评价经历的标准，因此他们的真实自我和理想自我之间没有鸿沟；由于他们不需要捍卫自己的重要性，因此他们在他人面前不会装模作样；由于他们会对自己原本的样子充满信心，因此他们能够开诚布公地表达自己所体验到的任何情感。

第六，明天的人*对人类本性拥有基本信任*。他们不会仅仅为了个人利益而伤害他人；他们关心他人，并在需要时为他人提供帮助；他们会感到愤怒，但是他们一定不会无理地攻击他人；他们也会受到攻击，但是他们能够将其引向适当的方向。

第七，由于明天的人对一切经验持开放态度，因此他们享受*比其他人更加丰富的生活*。他们既不会扭曲内在的刺激，也不会减弱自己的情绪。因此，他们比其他人的情感更加深刻。他们活在当下，因此每时每刻都活得丰富多彩。

科学哲学

罗杰斯的三种身份有先后之分：他首先是一位科学家，其次是一位治疗师，最后才是一位人格理论家。由于他的科学态度渗透到了他的治疗方法和人格理论中，因此本书在此将简要介绍他所秉持的科学哲学。

根据罗杰斯的观点，科学始于主观经验，终于主观经验，但是中间的一切步骤都必须是客观的和实证的。科学家必须具有明天的人的许多特征；也就是说，科学家必须倾向于关注内心、与内在情感和价值观保持一致、具有直觉和创造力、对经验持开放态度、拥抱变化、具有与时俱进的眼光并对自己抱有坚定的信心。

罗杰斯认为科学家应该彻底沉浸于他们正在研究的现象之中。例如，研究心理治疗的人必须首先有长期的治疗师从业经验。科学家必须在意并喜欢新生的想法，带着爱意去培养和呵护它们。

当一位科学家靠直觉从现象中感知到某种模式时，科学就出现了。最初，这种模式可能太过模糊不清，以至于无法与他人交流，但是在细心的科学家的持续培养下，它们最终会被明确地表达为一种可检验的假设。这些假设是科学家秉持开放心态的结果，而不是先入为主的刻板印象的结果。

至此，方法论就该登场了。尽管科学家的创造力可能会引发创新的研究方法，但是，研究程序本身必须是可控的、实证的和客观的。精确的方法可以避免科学家自欺欺人，防止科学家有意或无意地操纵观察结果。但是，方法的精确不应与科学相混淆。科学的*方法*是精确和客观的，而非科学本身。

当科学家与他人交流通过精确方法得到的结果时，这种交流本身是主观的。听众的开放性或防御性可能会影响这一过程。不同的听众对研究发现的接受程度不同，这取决于当时流行的科学思想氛围和每一个体的主观经验。

芝加哥研究

罗杰斯认为不该让方法论限制研究，这与他的科学哲学一脉相承。罗杰斯曾多次研究以来访者为中心的心理治疗的结果，第一项研究开展于芝加哥大学心理咨询中心时期，第二项则开展于威斯康星大学时期，研究精神分裂症患者。在这些研究中，罗杰斯及其同事把问题放在了方法论和测量方法上。他们没有根据已经存在并容易获得的测量方法来构建假设。相反，他们首先从临床经验中感觉到模糊的印象，然后逐渐形成可检验的假设。等到可检验的假设形成后，罗杰斯及其同事才开始搜索或设计可以用于检验这些假设的测量工具。

芝加哥研究的目的是考察以来访者为中心的心理治疗方法的过程和结果。治疗师都是优秀而有经验的老手，包括罗杰斯和其他教职员工，以及一些研究生。尽管每一位治疗师的经历与能力各异，但他们都采用了以来访者为中心的方法。

假设

在芝加哥大学心理咨询中心展开的这项研究建立在以来访者为中心的基本假设之上。这一假设认为，每个人都具有理解自己的能力（无论活跃的还是潜在的），以及朝着自我实现和成熟的方向前进的能力和倾向。只要治疗师提供了合适的氛围，来访者的这种倾向就会实现。更具体地说，罗杰斯假设，在治疗过程中，来访者会把此前否认而没有进入觉知的情感同化到其自我概念中。罗杰斯预测，在治疗过程中和治疗结束后，真实自我和理想自我之间的差异会减少，来访者表现出来的行为也会更加社会化，他们会更加接纳自己，也会更加接纳他人。以这些假设为基础，又产生了一些更具体的假设，这些假设被赋予操作性并受到了检验。

方法

芝加哥研究的假设意味着研究者需要用客观测量工具来测量微妙的主观人格改变，因此，选择测量工具是一个难题。研究者用来从外部视角测量人格改变的工具分别是“主题知觉测验”（Thematic Apperception Test，TAT）、“自我-他人态度量表”（Self-Other Attitude Scale，S-O 量表）和“威洛比情绪成熟度量表”（Willoughby Emotional Maturity Scale，E-M 量表）。TAT 由亨利·默里（Henry Murray）提出，是一种投射性人格测验，用于检验那些需要标准临床诊断的假设；S-O 量表是芝加哥大学心理咨询中心之前曾经使用过的量表，测量过反民主倾向和种族中心主义；E-M 量表用于比较关于来访者行为和情绪成熟度的三则描述，这三则描述分别来自来访者本人和来访者的两位亲密朋友。

研究者用来从来访者视角测量人格改变的工具是 Q **分类法**（Q sort），这一分类法由芝加哥大学的威廉·斯蒂芬森（William Stephenson）提出。使用 Q 分类法时，研究者需要用到 100 张 3 英寸[①]×5 英寸的卡片，每张卡片上印着不同的自陈式描述，然后参与者按照“最像我”到“最不像我”的顺序将卡片分成 9 堆，每一堆的卡片数分别为 1 张、4 张、11 张、21 张、26 张、21 张、11 张、4 张和 1 张。这样，卡片数的分布就近似于正态曲线，可以用于统计分析。在研究中的各个时间节点上，参与者都要对卡片进行分类，分别描述他们的现实自我、理想自我和普通大众。

研究参与者包括在心理咨询中心寻求治疗的 18 名男性和 11 名女性。其中，一半以上参与者是大学生，其他则来自附近的社区。这些来访者（被称为实验组或*治疗组*）都至少接受过六次治疗性谈话，每次的谈话内容都被录音且转化成文字——这是罗杰斯早在 1938 年就提出的一个程序。

① 1 英寸≈2.54 厘米。——编者注

研究者使用了两种对照方法。首先，研究者要求治疗组中一半人在开始治疗前等待 60 天。这些参与者（被称为自我控制组或等待组）需要在接受治疗之前进行等待，目的是确定让来访者的情况好转的是治疗本身还是改变的动机。治疗组中的另一半参与者（被称为非等待组）立即开始接受治疗。

其次，研究者还招募了单独的正常人组，这些参与者自愿参加了一项名为人格调查的研究。这一对照组让研究者可以确定诸如时间的流逝、知道自己正在参与实验［**安慰剂效应**（placedo effect）］及重复测试等是否会对结果变量产生影响。对照组中的参与者也被分成了等待组和非等待组，分别对应于治疗组中的等待组和非等待组。治疗等待组和对照等待组分别接受了四次测量，分别是在 60 天等待期开始前、治疗开始前、治疗结束后、之后 6 个月至 12 个月的随访期。除了 60 天等待期开始前的一次测量以外，治疗非等待组和对照非等待组也在相同的时间点接受了相同的测量（见图 10.1）。

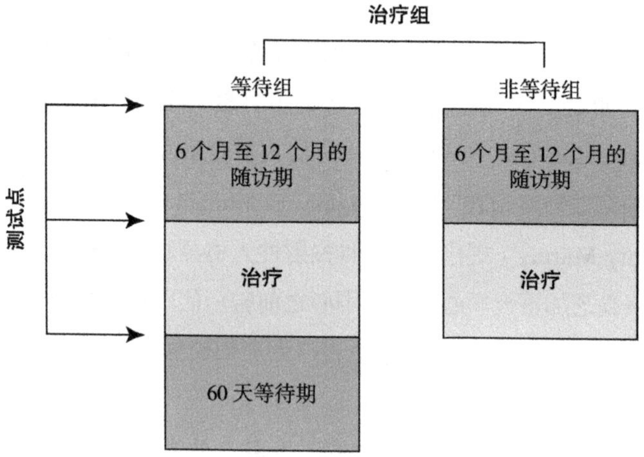

图 10.1　芝加哥研究的设计

Source：C. R. Rogers and R. F. Dymond，Psychotherapy and Personality Change，1954. Copyright © 1954 The University of Chicago Press，Chicago，IL.

发现

研究者发现，治疗组在接受治疗后，现实自我和理想自我之间的差异比治疗前更小，并且这一疗效几乎在整个随访期都在保持。正如研究者预期的那样，研究开始时，正常人对照组的一致水平高于治疗组，但是和治疗组不同，在数次测量之间（包括随访期），对照组参与者的现实自我与理想自我之间的一致性几乎没有变化。

此外，治疗组参与者的自我概念改变程度比他们对普通大众的感知的改变程度更大。这一发现表明，尽管来访者对普通大众的看法几乎没有改变，但他们对自我的看法出现了明显的改变。也就是说，对经历的理性觉知并不一定会带来心理上的成长。

亲近的朋友能否感知到治疗让来访者发生了明显变化？治疗组和对照组的参与者均被要

求给出两位亲近的朋友的名字，这些朋友能够判断其行为是否发生了明显改变。

总体而言，这些朋友都报告称没有发现来访者的行为在治疗前后有任何变化。不过，没有变化这一整体结果可能是由补偿效应所导致的。那些被治疗师判断为进步较快的来访者，在治疗后从朋友那里得到的成熟度评分较高；反过来，被治疗师判断为进步较慢的来访者，在治疗后从朋友那里得到的成熟度评分较低。有趣的是，在接受治疗之前，来访者对自己的成熟度评分通常不如朋友对他们的评分高；而随着治疗的进行，他们对自己的成熟度的评价升高了，并因此与来自朋友的评分更加吻合。对照组的参与者在整个研究过程中从朋友处获得的成熟度评分没有任何变化。

结论

芝加哥研究表明，以来访者为中心的治疗能够让人们有所成长或改善。不过，这种改善并未达到最优水平。治疗组在开始前的心理健康水平不如对照组，虽然在治疗后有所改善，且这种改善在整个随访期基本得以保持，但是他们从未达到对照组的正常人所表现出的心理健康水平。

如果换一种角度来看待这些结果，接受以来访者为中心的治疗之后，一般的来访者可能永远不会达到罗杰斯假设的第七个阶段。更加现实的期望是来访者将进入第三个阶段或第四个阶段。以来访者为中心的心理治疗是有效的，但是无法让来访者成为健全的人。

相关研究

与马斯洛的理论不同，罗杰斯关于无条件的积极关注的观点引发了大量的实证研究。实际上，罗杰斯本人堪称积极心理学的先驱，他对心理成长的三个必要且充分条件的研究极具开创性，并得到了现代研究的进一步支持。此外，罗杰斯关于真实自我和理想自我的一致、追求目标的动机的观点也持续激发着研究者的兴趣。

自我差异理论

罗杰斯曾提出，心理健康的基石是人们对自己的真实看法与其理想自我保持一致。如果这两者是一致的，那么人们就是健康的。如果二者不一致，那么人们会经历各种形式的精神不适，如焦虑、抑郁和低自尊等。

20 世纪 80 年代，E. 托里・希金斯（E. Tory Higgins）发展出了罗杰斯理论的另一种形式，并对人格研究和社会心理学研究产生了深远影响。希金斯的理论被称作自我差异理论（self-discrepancy theory）。这一理论除了强调真实自我 – 理想自我之间的差异之外，还强调真实自我 – 应该自我之间的差异。希金斯的理论与罗杰斯的理论间的差异在于，希金斯的理论更加具体。希金斯提出了至少两种差异形式，并预测每种形式会导致不同的消极结果。例如，真实自我－理想自我的差异会导致与沮丧相关的情绪（如抑郁、悲伤、失望等），而真实自我－应该自我的差异则会导致与激越相关的情绪（如焦虑、恐惧、威胁等）。除了更加具体之外，希金斯的理论在本质上与罗杰斯的理论具有相同的形式和假设：具有高水平自我差异的个体最有可能在生活中体验到高水平的消极感情，如焦虑和抑郁等。

自 20 世纪 80 年代中期以来，希金斯的理论颇受实证研究的关注。最近，一些研究试图阐明自我差异预测情绪经历的条件。安·菲利普斯（Ann Phillips）和保罗·西尔维亚（Paul Silvia）预测，当人们更加专注于自我或更具有自我意识时，真实自我－理想自我的差异或真实自我－应该自我的差异导致的消极情绪体验更强烈。专注于自我的状态不仅使人们更加清楚与自我相关的特质，还会使人们更有可能发现差异，并对保持一致更感兴趣。

为了检验这些预测，菲利普斯和西尔维亚招募了一批参与者，并在实验室里引发了一半参与者的自我意识，方法是让他们在镜子前面填写关于自我差异和心境的问卷。另一半参与者则坐在没有镜子的普通桌子前填写相同的问卷。显而易见，如果一个人在镜子前面回答有关自己的问题，那么他可能会有更强的自我意识。就像预测的那样，自我差异导致消极情绪的现象仅出现在具有高度自我意识的参与者（即在镜子前填写问卷的参与者）中。

在更多关于自我差异的研究中，雷切尔·卡洛格罗（Rachel Calogero）和尼尔·沃森（Neill Watson）研究了个体感知到的真实自我－理想自我的差异及真实自我－应该自我的差异是否能够预测一种特殊的自我意识，他们称之为“长期社会自我意识”。具有这种自我意识的人在公共场合十分注意自己，时刻监视自己和自己的身体。他们还研究了男性和女性在身体形象和自我意识方面的真实－应该间的差异。两位研究者预测，和真实－理想间的差异相比，真实－应该间的差异和将自己视为社会客体严格审视的倾向有更强的相关性。这是因为，真实－理想间的差异会因未能满足个人抱负而导致失望，而真实－应该间的差异会因担心违反社会义务并受到惩罚而产生激越或恐惧。

上述预测听起来似乎更适合用于描述女性而非男性，这也正是研究者所发现的结果。的确，卡洛格罗和沃森在他们的第一项研究中发现，在 108 名大学生参与者中，真实－应该间的差异（而不是真实－理想间的差异）预测了女性（而非男性）的长期社会自我意识。他们在第二项研究中发现，在 200 多名女大学生参与者中，控制了其他因素（如外表的重要性）之后，真实－应该间的差异依然能够强烈预测年轻女性的长期社会自我意识。考虑到媒体中传递的狭隘、苛刻的女性身体美标准，从某种意义上说，不论年轻女性还是年长女性，她们都会产生真实自我－应该自我间的差异，这种差异将进一步导致她们对自己作为社会客体的警惕性关注。

动机与追求目标

另一个持续受到罗杰斯理伦影响的领域是追求目标（goal pursuit）。设定并追求目标是人们组织生活的一种方式，可以带来理想的结果并为日常活动增添意义。设定目标很容易，但是设定正确的目标比看起来困难得多。根据罗杰斯的理论，心理痛苦的根源是不一致，即一个人的理想自我与自我概念间没有足够的重叠，这种不一致可能体现在一个人所追求的目标中。例如，一个人可能以学好生物学为目标，但是其实他并不喜欢生物学，甚至可能不需要学好生物学，因为他的理想是成为一名建筑师。虽然他本人觉得建筑学更令他激动和满足，但他的父母可能都是生物学家，一直都希望他能继承家庭的事业。在这个例子中，生物学是自我概念的一部分，而建筑学则是其理想自我的一部分。二者之间的不一致将成为痛苦的来源。幸运的是，罗杰斯扩展了这些观念，提出了所有人都具备**有机体评价过程**（organismic valuing process，OVP），即一种天然本能，引导人们追求最令人满足的目标。在上述例子中，OVP 代表着一种生理的或无法解释的直觉，认为建筑学而非生物学是正确的道路。

肯・谢尔顿（Ken Sheldon）及其同事验证了 OVP 的存在，他们招募了一批大学生参与者，让其在几个星期的时间里反复评估一些目标的重要性。如果让人们隔一段时间对同一事物（如目标）进行评分，这些评分肯定会出现波动。不过，谢尔顿及其同事预测，对不同目标重要性评分的波动将具有迥异的模式。如果人们像罗杰斯的理论所说的那样真的具有 OVP，那么随着时间的流逝，他们将更加渴望那些本质上更令人满足的目标，而不是那些仅能带来物质收益的目标。为了检验这些预测，谢尔顿及其同事让学生们对多个预先选择的目标进行评分（其中一些目标本质上比其他目标更令人满足）。六个星期后，参与者再次对相同的目标进行评分，然后又在六个星期后重复评分。研究者发现，与人们具有 OVP 的预测一致，随着时间的推移，参与者给令人满足的目标的重要性评分逐渐升高，给物质收益的目标的重要性评分逐渐降低。

兰塞姆（Ransom）、谢尔顿和雅各布森（Jacobson）也在癌症幸存者中研究了 OVP 过程。研究者指出，许多癌症患者报告，疾病使他们经历了积极的成长，甚至说癌症对他们的生活造成的积极影响大于消极影响。这种在巨大压力事件之后找到持久积极意义的倾向被称为“创伤后成长”（Posttraumatic Growth，PTG）。兰塞姆等的这项研究检验了 PTG 报告的有效性。癌症幸存者是否真的由于罗杰斯所说的 OVP 而经历了个人成长？或者，他们所报告的积极改变仅仅是对当下自我与过去自我的比较偏差而产生的幻想？即个体可能会通过对积极成长的*感知*来应对癌症带来的挑战，而客观上并没有发生积极成长。在研究中，83 名患有乳腺癌或前列腺癌的人在放疗前后填写了关于个人积极属性和个人生活目标的测量问卷。研究结果强烈地支持了罗杰斯的 OVP 概念。在放疗前后，患者在主观和客观上都发生了变化。但是，对人本主义心理学具有重要意义的是，幸存者的目标如果变得更个人化且更真诚，那么这种转变就能预测 PTG 的发生。总而言之，患者所报告的积极成长不是一种幻想：这种积极成长反映在一种非常真实的转变中，即患者在癌症治疗的过程中变得更加重视深刻的、更令人满足的目标，而不是物质目标。

设定目标并找到追求目标的动力都是 OVP 的重要方面，不过，除非能够找到一种在逆境中或在很长一段时间里*坚持*追求目标的方式，否则人们会很容易感到精疲力竭或选择放弃。坚毅（grit）是指一种在数年乃至数十年里坚定不移地追求目标，并在不可避免地遭受挫折后仍然热情地保持着这种追求的品性。坚毅已被证明可以预测人们生活中的许多积极成果，包括更高的学业成就、更稳定的婚姻关系、更艰苦的军事训练、更大量的运动计划。但是，坚毅的人更幸福吗？研究者米娅·瓦里奥（Mia Vainio）和大卫·道坎塔尼特（Daiva Daukantaitė）提出，罗杰斯的 OVP 为回答这一问题提供了理论框架。

在罗杰斯等人文主义理论家看来，美好的生活不在于追求愉悦，而在于追求诸如亚里士多德（Aristotle）等希腊哲学家所说的幸福（eudaimonia）或殷盛感（flourishing）。这种幸福感并非源于外在（如获得物质和服务等），而是源于内在，即对卓越、成长、意义和真诚的追求。

瓦里奥和道坎塔尼特的研究探讨了坚毅与幸福是否正相关，以及这种相关性是否由罗杰斯提出的 OVP 的两个特征——自我的真诚（authenticity）和内聚感（sense of coherence）——所导致。研究在瑞典开展，共招募了 600 多名参与者——其中 200 名是隆德大学的学生，其余的则是通过在线资源招募的社会人士。

参与者完成了一系列调查问卷，这些问卷考察了坚毅（示例条目如“我克服挫折以攻克重要挑战”）、心理幸福感（示例条目如“对我来说，生活一直是学习、改变和成长的持续过程”）、对生活的满意度（示例条目如“在大多数情况下，我的生活都接近理想状态”）、真诚（示例条目如“我按照自己的价值观和信念生活”）、内聚感（示例条目如“你是否感到自己受到了不公平的对待”“你是否感觉自己并不真正关心周围发生的事情”，以及社会人口统计变量，如年龄、性别和教育水平等。

瓦里奥和道坎塔尼特发现，正如预期的那样，坚毅与幸福感和生活满意度高度相关。更加坚毅的个体具有较高的心理健康水平，对整体生活的满意度也更高。进一步的分析揭示了一些更复杂且有趣的发现。例如，如果把真诚和内聚感加入统计模型中，对生活的满意度和坚毅之间的相关性就不再具有统计意义了。这表明，单凭坚毅不足以让人们对生活感到满意。人们需要有内心的内聚感，并且所追求目标应当与核心自我有真诚的关联，这样坚毅才能让人们对生活更加满意。也就是说，追求的目标必须对个体来说是有意义的——追求与个体真正的、真实的动机相匹配的目标，才能让个体感到满意。刻板地追求与自我没有关联或关联较低的目标是没有用的。

这些结果表明，坚毅可能与自我有着特别紧密的联系。真诚性和内聚感关系到人们真实的样子，可能是坚毅的个体追求目标时的“指南针”。这意味着，只有当目标与人们内心的价值观一致时，坚毅而非执着的决心才是“真”的。这些发现表明，人们应该着手确定自己真正的价值观，然后将所有精力用于追求与价值观相一致的目标。这样，坚毅会让人们对未来充满希望、赋予他们的生活意义，并从长远来看给他们带来真实、持久的幸福。

罗杰斯显然对人类状况具有敏锐的洞察力，他的观点不断地被当前研究所支持。如果一个人所做的事情属于理想自我的一部分，那么他就会被引导到更具吸引力、丰富、有趣且有回报的追求上。但是，如果一个人不知道哪些具体的追求会让他觉得更有价值，又该怎么办呢？综合来说，这些不同的研究思路都支持了人们具有 OVP 的观点，这一系统指导人们迈向令人满足的追求，甚至（或者说尤其）在生活给人们带来沉重挑战时，更有意义。人们所要做的就是听从直觉。

对罗杰斯的评价

罗杰斯的理论是否满足有用理论的六个标准呢？第一，它能够**引发研究**并产生可检验的假设吗？尽管罗杰斯的理论在心理治疗和课堂学习的领域中引发了大量研究，但是除了这两个领域之外，它引发研究的能力一般。因此，如果从整体人格研究领域来看，在这方面，罗杰斯的理论只能得到中等评价。

第二，在**可证伪性**方面，罗杰斯的理论可以得到很高的评价。罗杰斯是用“如果……那么……”框架来阐明理论的少数理论家之一，该范式本身就有着被确认或被否认的倾向。他精确的用语为后来在芝加哥大学和威斯康星大学的研究提供了便利，这两项研究让他的治疗理论有了被证伪的可能。遗憾的是，罗杰斯去世后，他的许多人本主义导向的追随者没有进一步检验他的理论。

第三，以人为中心的理论是否能够**组织已有知识**，形成有意义的框架？尽管罗杰斯的理论引发的许多研究仅限于人际关系，但罗杰斯学派的理论可以被扩展到相对广泛的人格研究中。罗杰斯的兴趣范围不仅限于个人心理咨询，也包括小组动力学、课堂学习、社会问题和国际关系。因此，我们认为以人为中心的理论在解释关于人类行为的已有知识方面可以得到很高的评价。

第四，以人为中心的理论**对解决实际问题是否有指导作用**？对心理治疗师来说，答案是不言自明的。为了带来人格改变，治疗师必须具有真诚一致、无条件的积极关注和共情性理解这三个特征。罗杰斯认为，这三个条件对于任何人际关系（包括治疗以外的人际关系）中的成长都是必要且充分的。

第五，以人为中心的理论是否具有**内部一致性**，并且具有操作性定义？我们认为以人为中心的理论具有很高的内部一致性，并且其精心设计的操作性定义也可以得到很高的评价。理论构建者可以从罗杰斯构建人格理论的开创性工作中学到宝贵的经验。

第六，罗杰斯的理论是否具有**简约性**，没有烦琐的概念和难懂的语言？该理论本身非常清晰且简练，但是一些用语却显得笨拙且模糊。诸如“有机体经历”“成为人”“积极的自我关注”“自我关注的需要”“无条件的自我关注”“健全”等概念过于广义和模糊，缺乏明确的科学意义。不过，从整体上看，瑕不掩瑜。

对人性的构想

20 世纪 50 年代中期和 60 年代初期，罗杰斯曾与 B. F. 斯金纳（B. F. Skinner）进行过一场著名的辩论，其中罗杰斯清晰地阐述了他对人性的构想。这场辩论也许是美国心理学史上最著名的辩论，罗杰斯与斯金纳一共进行了三次当面对质，探讨了自由与控制的问题。斯金纳（见第 16 章）认为，人们永远都在控制之下，不论他们是否能意识到。实际上，人们在大多数情况下都是被随机发生、未经设计的偶然事件所控制，而人们却误以为自己是自由的。

然而，罗杰斯认为，人们具有一定程度的自由选择和自主的能力。罗杰斯承认一部分人类行为是受控制的、可预测的和遵循一定规律的，但他也认为重要的价值观和选择都在个人能够控制的范围内。

在整个职业生涯中，罗杰斯一直强调人类具有极恶的能力，但是，他对人性的构想是现实乐观的。他认为人在本质上是倾向于进步的，并且在适当条件下能够朝着自我实现的方向发展。人们基本上是值得信赖的、社会化的和建设性的。如果人们曾被另一个健康的人珍视和理解，那么他们通常知道怎样做对自己最有利，并会努力追求完善。不过，罗杰斯也意识到，人可以非常残酷、讨厌和神经质：

> 我对人性的看法并不是盲目乐观的。我非常清楚，出于防御和内心的恐惧，人们可以且确实做出了令人震惊的破坏性的、不成熟的、退行性的、反社会的或伤害性的行为。然而，我的所有经历中最令人印象深刻和最令人振奋的部分，是在与一些人合作的过程中，他们在内心的最深处拥有强烈的积极倾向——我们每个人都有这样的倾向。

迈向成长与自我实现的倾向具有生物学基础。就像植物和其他动物具备固有的成长和实现倾向一样，人类也是如此。一切有机体都有实现的倾向，但是只有人类可以迈向自我实现。人类与植物或其他动物的不同之处在于，人类具有自我意识。在人们觉知的范围内，人们能够做出自由选择，并可以主动地塑造自己的人格。

罗杰斯的理论也强调了目的论，认为人们有目的地朝着自己设定的目标而努力。同样，在适当的治疗条件下，人们有意识地渴望变得健全、对自己的经历持更加开放的态度并更愿意接纳自己和他人。

罗杰斯更加强调个体差异和独特性，而非相似性。如果植物是有生长的个体潜能，那么人类个体的独特性和个体性只会更强。在营养（条件）充足的环境中，人们可以按照自己的方式朝着更加健全的方向发展。

尽管罗杰斯没有否认潜意识过程的重要性，但他更加强调人们有意识地选择行动方式的能力。健全的人通常都知道自己在做什么，并了解自己这样做的原因。

在生物影响还是社会影响的维度上，罗杰斯更强调后者。心理成长不是自动的。为了迈向自我实现，一个人必须在另一个真诚且一致的人身上感受到共情性理解和无条件的积极关注。罗杰斯坚信，尽管人们的大部分行为是由遗传和环境决定的，但人们具备选择和自主的能力。在营养（条件）充足的情况下，这种选择“似乎总是落在更加社会化、促进与他人的关系这类方向上”。

罗杰斯并不认为人们会在独处的情况下变得正义、正直或高贵。但是，在没有威胁的氛围中，人们可以自由地发挥潜能。道德标准并不适用于评价人性。人们只是具有成长的潜能、成长的需要和成长的欲望。从本质上讲，即使在不利的条件下，人们也会努力达成完善，只是在恶劣的条件下，人们无法充分发挥其实现心理健康的潜能。但是，在最有利的条件下，人们将获得更强的自我意识、更值得信赖、更真诚一致和自主，这些品质将使他们成为明天的人。

重点术语及概念

- *形成倾向*是指一切有机的和无机的物质都倾向于从简单形式演变为复杂形式。
- 人类和其他动物都有*实现倾向*，即迈向完善或实现的倾向。
- *自我实现*是指迈向健全的人的倾向，发生在人们进化出自我系统之后。
- 个体需要与照顾者*接触*才能长大成人，照顾者对个体的*积极关注*培养了个体*积极的自我关注*。
- 如果一个人经历了价值条件化、不一致、防御和整合失败，那么其*心理成长*就会*受阻*。
- *价值条件化*和*外部评价*导致了*易伤性*、*焦虑*和*威胁*，并妨碍人们体验无条件的积极关注。
- 当有机体自我和感知的自我不匹配时，就产生了*不一致*。
- 当有机体自我和感知的自我不一致时，人们就会变得*防御*，并尝试通过*扭曲*和*否认*来降低不一致。
- 当扭曲和否认不足以降低不一致时，*整合失败*就会发生。
- 容易受伤的人没有意识到自己的不一致，并且可能会感到*焦虑*、*威胁*，采取防御。
- 当容易受伤的人与具备*真诚一致*、*无条件的积极关注*和*共情*等特征的治疗师建立联系时，人格改变的过程就开始了。
- 治疗带来的人格改变是一个连续的*过程*，从极端防御（即不愿意谈论自己）到最终完成改变（即来访者成为自己的治疗师，能够在治疗环境之外继续实现心理成长）。
- 以来访者为中心的心理咨询的最终*结果*是来访者能真诚一致，即对经历持开放态度且无需防御。
- 从理论上讲，成功的来访者将成为*明天的人*（或*健全的人*）。

CHAPTER 11

第 11 章

梅：存在主义心理学

梅 © Hulton Archive/Getty Images.

- 存在主义心理学概要
- 罗洛·梅小传
- 存在主义的背景资料
  - 什么是存在主义
  - 基本概念
- 菲利普案例
- 焦虑
  - 正常焦虑
  - 神经症焦虑
- 内疚
- 意向性
- 关心、爱和意志
  - 爱与意志的统一
  - 爱的形式
- 自由与命运
  - 自由的定义
  - 自由的形式
  - 命运是什么
  - 菲利普的命运
- 神话的力量
- 精神病理学
- 心理治疗
- 相关研究
  - 环境世界中的威胁：死亡提醒与否认动物本性
  - 在共在世界中寻找意义：依恋与亲密关系
  - 自有世界中的成长：死亡觉知的积极面
- 对梅的评价
- 对人性的构想

重点术语及概念

菲利普（Philip）曾两度结婚又离婚，后来又陷入了一段艰难的关系——对象是妮可（Nicole），一位 45 岁左右的女作家。菲利普有能力为妮可提供爱和经济保障，但是他们的关系却进展得不怎么顺利。

在菲利普结识妮可 6 个月之后，两人来到菲利普的度假寓所，一起度过了一个美妙的夏天。妮可有两个年幼的儿子，孩子都由父亲抚养；而菲利普的三个子女都已成年，已经不再需要菲利普的照顾。度假伊始，妮可谈及了结婚的可能性，而菲利普表示自己反对结婚，因为他的前两段婚姻都失败了。除了这点小小的分歧之外，余下的整个假期都充满了甜蜜和幸福。二人博学而机智的讨论令菲利普感到十分愉快，做爱的体验也令菲利普得到了前所未有的满足。

浪漫的夏天结束时，妮可独自返回家中，因为她的儿子们开始上学了。妮可到家的第二天，菲利普给她打了电话，不知为何，他感觉妮可的声音听起来不太自然。第三天一大早，菲利普又打电话给妮可，他隐约觉得妮可好像正和谁在一起。同一天下午，菲利普接连给妮可打了几个电话，但一直都是忙音。等到电话终于接通，菲利普问妮可她早上是不是和什么人在一起。妮可坦然承认，说她和克雷格（Craig）在一起，对方是自己大学时期的老朋友，她已经爱上了他，而且她打算月底就和克雷格结婚，并搬到外地居住。

菲利普目瞪口呆，他感觉自己被背叛、被抛弃了。他日渐消瘦，夜不能寐，本来戒烟的他又复吸了。再见到妮可时，他表达了自己对她的“疯狂”计划的愤怒。菲利普很少如此暴怒，或许是因为害怕失去心爱的人，他甚至很少表达生气的情绪。妮可却说自己依然爱着菲利普，只要克雷格没空，她就来见菲利普。这让情况变得更复杂了。等到妮可迷恋克雷格的劲头过去了，她又对菲利普说，他一定早就知道她不可能离开他。这句话让菲利普感到迷惘，因为他不曾这样想过。

存在主义心理学概要

在本章中，菲利普的故事还会出现好几次。在那之前，我们先来概括介绍一下存在主义心理学。

第二次世界大战结束后，一个新兴的心理学分支——存在主义心理学——从欧洲传入美国。存在主义心理学根植于克尔凯郭尔（Kierkegaard）、尼采（Nietzsche）、海德格尔（Heidegger）、萨特（Sartre）等欧洲哲学家的哲学思想。最早的存在主义心理学家和精神病学家也出现在欧洲，包括路德维希·宾斯万格（Ludwig Binswanger）、梅达德·博斯（Medard Boss）、维克多·弗兰克（Victor Frankl）等。

在近 50 年的时间里，美国最具代表性的存在主义心理学家是罗洛·梅（Rollo May）。在当心理治疗师的岁月里，梅逐渐形成了一种审视人类的新视角。这种视角的基础是他的临床经验，而不是有对照的科学研究。梅认为，是当下的经验构成了人们所生活的世界，归根结底，人们对自己是怎样的人负有责任。梅对人类状态的深刻洞察和鞭辟入里的分析让他的作品受到了心理学家和普通大众的广泛喜爱。

梅认为，有很多人缺乏直面命运的勇气，而在逃避命运的同时，他们也放弃了很大一部分自由。由于不认为自己拥有自由，他们也习惯于逃避责任。由于不愿意做出选择，他们无法认识自己，并感觉自己微不足道、与世界格格不入。而健康的人则会挑战命运、珍视自由，能够诚实地与自己、与他人相处。他们明白人终有一死，却有勇气过当下的生活。

罗洛·梅小传

1909 年 4 月 21 日，罗洛·里斯·梅（Rollo Reese May）出生于俄亥俄州艾达村，是厄尔·蒂特尔·梅（Earl Tittle May）和玛蒂·鲍顿·梅（Matie Boughton May）的六个孩子中的长子。由于父母受教育程度都不高，因此在梅小时候，家里毫无文化氛围。在梅稍微大一点的时候，他的姐姐精神崩溃了，梅的父亲将这归因于她受了太多的教育。

梅很小的时候就跟着家人搬到了密歇根州马林城，几乎在那里度过了整个童年。梅小时候与父母都不是很亲近。他的父母经常吵架，以至于后来分居了。梅的父亲在基督教青年会当秘书，在梅的青年期，梅的父亲频繁地搬家。梅的母亲常常对孩子们不管不顾，根据梅的描述，母亲是个“牢骚满腹的泼妇”（bitch-kitty on wheels）。梅将自己的两次婚姻失败归咎于母亲的反复无常和姐姐的精神病发作。

在童年时期，梅喜欢在圣克莱尔河畔玩耍，这让他暂时从家庭纷争中解脱出来。这条河是梅的朋友，是一个安详平和的所在。梅夏天在河里游泳，冬天在河上滑冰。他说自己从河里学到的东西比他在马林城的学校里学到的东西还要多。青年时期，梅对艺术和文学产生了兴趣，这种兴趣伴随了他一生。他进的第一所大学是密歇根州立大学，就读英语专业。在这期间，他给某个激进学生杂志当了一阵子编辑，并因此被学校劝退。随后，梅转入俄亥俄州欧柏林学院，并于 1930 年取得了学士学位。

在接下来的三年里，梅的人生轨迹与埃里克·埃里克森（见第 7 章）的人生轨迹相仿。他以画家的身份游历了东欧和南欧，一边画画，一边研究本土艺术。实际上，梅此行名义上的目的是在希腊萨洛尼卡的安纳托利亚学院当英语助教。这份工作让他有闲暇以艺术家身份游历土耳其、波兰和奥地利等国家。但是第二年，梅开始感到孤独。于是，他便全身心地投入教学工作中，但是他越努力，越没效率。以下是他对当时情景的描述。

> 终于，在第二年的春季，说得委婉点，我得了神经衰弱。这意味着我过去工作和生活所依据的规则、原则和价值观都已不再适用了。我感到极度疲倦，在床上躺了两个星期，才有了足够的精力，得以继续教学。我在大学里学习了很多心理学知识，所以我清楚这些症状表明我的整个生活方式出了问题。我必须为自己的生活找到一些新的目标和方向，放弃我那僵

化的道德主义存在方式。

从这时起，梅开始倾听自己内心的声音。这个声音告诉他什么是美。他曾说：“似乎我必须以旧有生活方式的整个崩溃为代价，才能听见这个声音。”

在欧洲期间，另一次经历也给梅留下了深刻的印象。他参加了阿尔弗雷德·阿德勒于 1932 年在维也纳北部山区的一个度假胜地举行的夏季研讨会。梅非常崇拜阿德勒，在研讨会中学习了很多关于人类行为的知识，对自己也有了更多的了解。

1933 年，梅回到美国后，就读于纽约协和神学院。10 年前，卡尔·罗杰斯也曾就读于这所神学院。不过，与罗杰斯不同，梅并不想当神职人员，而是想要知道关于人性的终极答案。在纽约协和神学院期间，梅遇到了著名的存在主义神学家和哲学家保罗·田立克（Paul Tillich），后者是神学院的教师，是刚从德国移居美国的难民。梅学习了田立克的哲学，并且和田立克成了朋友，两人的友谊维持了 30 余年。

尽管梅就读神学院不是为了做神职人员，但是在 1938 年取得神学硕士学位后，他被任命为公理会会长。他当了两年牧师，却逐渐感到教区工作毫无意义。辞职后，他开始追寻对心理学的兴趣。后来，梅到威廉·阿兰森·怀特精神病学、精神分析及心理学研究所学习精神分析，同时在纽约城市学院当咨询师，负责给男生做心理咨询。大约在这一时期，他认识了哈里·斯塔克·沙利文（Harry Stack Sullivan）——威廉·阿兰森·怀特研究所的主席和创始人之一。沙利文认为治疗师既是参与者，也是观察者，治疗本身是一场冒险，能够同时改善患者和治疗师的生活，这给梅留下了深刻的印象。他还认识了埃里希·弗洛姆（见第 8 章）——当时是威廉·阿兰森·怀特研究所的教员，并受到了弗洛姆的影响。

1946 年，梅开了一家私人诊所；两年后，他成为威廉·阿兰森·怀特研究所的教员。1949 年，梅 40 岁的时候，在哥伦比亚大学取得了临床心理学博士学位。接下来，他一直在威廉·阿兰森·怀特研究所任助理教授，直到 1974 年退休。

在拿到博士学位之前，梅经历了一生中对其影响最深刻的事件。在 30 多岁的时候，梅得了肺结核，在纽约州北部的萨拉纳克疗养院休养了三年。当时尚无治疗肺结核的药物，在头一年半的时间里，梅一直处于自己是否会死的不确定之中。他感到无助，除了等待每月一次的 X 射线检查肺部的阴影是扩大还是缩小之外，他无事可做。

在这段时间里，他逐渐认识到这种疾病的本质。他意识到肺结核利用了患者的无助和消极态度。他发现身边的其他患者，那些接受了患病事实不做抵抗的人总是会死，而那些努力对抗疾病的人则会活下来。他表示：“直到我开始了某种‘战斗’，我才有了一种个人责任感——是我得了肺结核，也是我想要活下去。在这之后，我开始好转。”

当梅学会聆听身体的声音后，他发现康复是一个主动而非被动的过程。无论生理上还是心理上的疾病，患者都必须积极参与治疗过程。梅在肺结核的康复过程中意识到了这个道理，并将其应用到了心理治疗中：患者应该主动对抗精神紊乱，才能好转起来。

在患病及康复期间，梅正在写一本关于焦虑的书。为了加深对主题的了解，他不但阅读了弗洛伊德的著作，也阅读了丹麦伟大的存在主义哲学家和神学家克尔凯郭尔的著作。梅非常敬佩弗洛伊德，但受克尔凯郭尔的影响更深——克尔凯郭尔认为焦虑是与非存有（nonbeing，即丧失意识）的斗争。

梅康复后，围绕着焦虑这一主题写了博士论文，并于毕业后的次年出版了《焦虑的意义》（*The Meaning of Anxiety*）一书。三年后，他写了《人的自我寻求》（*Man's Search for Himself*）一书，这本书不仅在心理学领域，也在受过高等教育的人群中颇受认可。1958 年，他与欧内斯特・安杰尔（Ernest Angel）、亨利・艾伦伯格（Henri Ellenberger）合作出版了《存在：精神病学和心理学的新方向》（*Existence：A New Dimension in Psychiatry and Psychology*）一书。这本书向美国的心理治疗师介绍了存在主义疗法的概念，延续了存在主义运动的流行势头。梅最著名的作品是《爱与意志》（*Love and Will*），这本书畅销全美，并因其对人文领域的杰出贡献而获得了 1970 年拉尔夫・沃尔多・爱默生奖。1971 年，梅获得了美国心理学会颁发的临床心理学科学杰出贡献奖和职业杰出贡献奖。1972 年，纽约临床心理学家学会授予梅马丁・路德・金奖，表彰他的著作《权力与无知》（*Power and Innocence*）。1987 年，梅获得了美国心理学基金会颁发的职业心理学终身贡献金奖。

在整个职业生涯中，梅曾在哈佛大学和普林斯顿大学任客座教授，曾在耶鲁大学、达特茅斯大学、哥伦比亚大学、瓦萨尔大学、奥伯林大学和社会研究新学院授课。此外，他还是纽约大学的兼职教授、存在主义心理学与精神病学协会的理事会主席、纽约心理学协会主席及美国心理健康基金会董事会成员。

1969 年，梅结束了与第一任妻子弗洛伦斯・德弗里斯（Florence DeFrees）持续 30 年的婚姻。他后来又和英格丽・开普勒・肖尔（Ingrid Kepler Scholl）结婚，但这段婚姻也以离婚告终。1994 年 10 月 22 日，健康状况持续恶化的梅在加利福尼亚州蒂伯龙市去世，他自 1975 年起就在此定居。去世时，陪伴着梅的是他的第三任妻子格鲁吉亚・李・米勒・约翰逊（Georgia Lee Miller Johnson）（一位荣格学派精神分析师，二人于 1988 年结婚），梅的儿子罗伯特（Robert）及双胞胎女儿阿莱格拉（Allegra）和卡罗琳（Carolyn）。

通过著作、论文和授课，梅成了美国最著名的存在主义运动代表人物。尽管如此，他也对一部分存在主义者提出了批评，认为他们站在了反科学，甚至反智的立场上。他批评一切试图将存在主义心理学降低为达成自我实现的无痛方法的观点。人们只有通过掌控其存在的无意识核心，才能实现心理健康。尽管梅的哲学观点与卡尔・罗杰斯的（见第 10 章）一致，但是对罗杰斯认为恶是一种文化现象的天真观点梅并不认同。梅认为人类既是善的，也是恶的，并且能够创造善恶并存的文化。

存在主义的背景资料

现代存在主义心理学起源于丹麦哲学家和神学家克尔凯郭尔（1813—1855）的著作。克尔凯郭尔关注后工业社会导致的非人化（dehumanization）趋势。他反对将人视为对象（客体），同时，他也反对主观感知是个体唯一现实的观点。克尔凯郭尔既关心经验的人，也关心人的经验。他希望把人理解为具有思维、活动和意志的存在。用梅的话说："克尔凯郭尔试图通过将（人们的）注意力转向主观和客观背后的即时经验现实，来弥合理性与感性的二分法。"

克尔凯郭尔强调*自由*与*责任*之间的平衡，这一点与后来的存在主义者一样。人们必须先扩大自我意识，接着为自己的行为负责，这样才能获得行动的自由。但是，承担责任与获得自由都以焦虑为代价。人们意识到，归根结底，是自己掌控着自己的命运，这时，人们就会感到自由的负担和责任的痛苦。

在克尔凯郭尔短暂的一生中（他去世时只有 42 岁），他的观点对哲学思想影响不大；不过，两位德国哲学家弗里德里希·尼采（Friedrich Nietzsche，1844—1900）和马丁·海德格尔（Martin Heidegger，1899—1976）的工作推动了存在主义哲学的普及。海德格尔极大地影响了两位瑞士精神病学家——路德维希·宾斯万格（Ludwig Binswanger）和梅达德·博斯（Medard Boss）。宾斯万格、博斯、卡尔·雅斯贝尔斯（Karl Jaspers）及维克多·弗兰克（Victor Frankl）等人将存在主义哲学融入了心理治疗实践。

存在主义还经由法国作家让 – 保罗·萨特（Jean-Paul Sartre）和出生于法属阿尔及利亚的小说家阿尔伯特·加缪（Albert Camus）等人的作品渗透到了 20 世纪的文学中；经由马丁·布伯（Martin Buber）、保罗·田立克等人的著作渗透到了宗教信仰中；经由塞尚（Cezanne）、马蒂斯（Matisse）和毕加索（Picasso）等人的绘画渗透到了艺术世界中——他们的画作突破了现实主义的界限，展现了存在的自由而不是行动的自由。

第二次世界大战后，欧洲的存在主义以各种形式传播到美国，受到了一大批作家、艺术家、持不同政见者、大学教授和学生、剧作家和神职人员等的接纳并变得更加多样化。

什么是存在主义

哲学家和心理学家对存在主义的解释有所不同；不过，不同的解释也具有共通之处。第一，*存在*（existence）优先于*实体*（essence）。存在是指出现或成为，实体是指一种静态的、不可变的物质。存在暗示着过程，实体暗示着结果。存在与成长和变化相关联，实体与停滞和终结相关联。西方文明，尤其是西方科学，传统上更看重实体而非存在。它试图理解包括人类在内的一切事物的基本构成。相比之下，存在主义者认为人的本质是通过做出选择来不断重新定义自己的能力。

第二，存在主义反对主体与客体之间的分裂。克尔凯郭尔认为，人们不仅仅是工业化社会的巨大机器中的齿轮，也不仅仅是消极地坐在安乐椅上做出主观推测的人。人们既是主体又是客体，他们必须经由主动而真实的生活来寻求真理。

第三，人们在寻找生活的意义。人们会问（尽管并不总是有意识的）关于自身存在的重要问题：我是谁？我的生活有价值吗？我的人生有意义吗？我如何实现我的人性？

第四，存在主义者认为，每个人终究要对自己是谁及自己将成为怎样的人负责。人们不应该责怪父母、老师、领导，甚至上帝或环境。正如萨特所说："人只是他自己所造就的那个人。这是存在主义的首要原则。尽管人们可以通过生产性的健康关系与他人建立联系，但归根结底，人是孤独的。人们可以选择成为怎样的人，也可以选择逃避做出承诺和选择，但归根结底，人们都要做出自己的选择。"

第五，存在主义者基本上是反理论的。在存在主义者看来，理论将人非人化，使人成为客体。正如第 1 章所提到的那样，构建理论的目的部分是为了解释现象。存在主义者通常是反对这种方法的。真实经验优先于人为的解释。当经验被放进某种既有的理论模型时，它们便失去了真实性，并与经历过它的人分离了。

基本概念

在介绍梅关于人性的观点之前，我们需要先简要了解一下存在主义的两个基本概念，在世存有（being-in-the-world）和非存有（nonbeing）。

在世存有

存在主义者采用了现象学的方法来理解人性。存在主义者认为，人们存在于一个可以从个人视角对其进行最好理解的世界中。如果科学家根据外部参照框架来研究人，那便既否认了主观，也否认了外部世界。在德语中，Dasein（**此在**）一词表示人与环境的基本统一，意思是存有在这里。由于此在的字面意义是存在于世界中，在英语中被译作 being-in-the-world（**在世存有**）。这里的连字符表示主体与客体合一、人与世界合一。

很多人之所以会感到焦虑和绝望，是因为他们疏离了自己或世界。他们要么没有清晰的自我意象，要么与看起来似乎遥远而陌生的世界相隔绝。他们没有此在的感觉，没有自我与世界的统一。当人类努力获得对自然的控制权时，人类也失去了与自然世界的关系。当人们开始依赖工业革命的产物时，他们就与星星、土壤和海洋变得越来越疏离。与世界的疏离还包括与自己的身体失去联系。回想一下，梅是在意识到自己患了肺结核后才开始康复的。

这种自我与世界隔绝和疏离的感觉不仅会出现在有病理症状的个体身上，而且会出现在现代社会中的大多数个体身上。疏离是这个时代的疾病，它表现在三个方面：（1）与自然分离，（2）缺乏有意义的人际关系，（3）与真实的自我疏离。由此，人们也从其在世存有中体验到了三种同时存在的模式：**环境世界**（Umwelt），即我们周围的环境；**共在世界**（Mitwelt），即我们与他人的关系；**自有世界**（Eigenwelt），即我们与自我的关系。

环境世界是客体和物品的世界，即使人们没有觉知到它，它也依然存在。环境世界是自然与自然法则的世界，它包含饥饿、睡眠等生物内驱力，以及生、死等自然现象。我们无法逃离环境世界；我们必须学会在周围的世界中生存，并适应这个世界的变化。弗洛伊德的理论强调生物学和本能，主要讨论的就是环境世界。

然而，我们不仅仅生活在环境世界中，我们也生活在与人交往的世界中，即共在世界中。在与人交往时，我们必须将人视为人，而不是物品。如果我们把人视为客体，那么我们就仍处于环境世界中。环境世界与共在世界之间的区别体现在性与爱的区别上。如果一个人将另一个人当成满足性欲的工具，那么就他与另一个人的关系而言，他生活在环境世界中。而爱则意味着一个人对另一个人做出承诺。爱意味着尊重他人的在世存有，即对他人的无条件接纳。不过，并非每一段共在世界的关系都需要爱，关键在于是否尊重对方的此在。罗杰斯的理论强调人际关系，主要讨论的就是共在世界。

自有世界是指一个人与自我的关系。这个世界是人格理论家通常不会涉及的世界。生活在自有世界中意味着一个人意识到自己是一个人，并在与物质世界和人类世界相关联时明白自己是谁。日落对我来说有什么意义？他人如何构成我生活的一部分？我的什么特征让我能够爱这个人？我如何感知这一经历？

健康的人同时生活在环境世界、共在世界和自有世界中（见图 11.1）。他们适应自然世界，把他人作为人、与之建立关系，并且敏锐地意识到所有这些经历对自己来说有何意义。

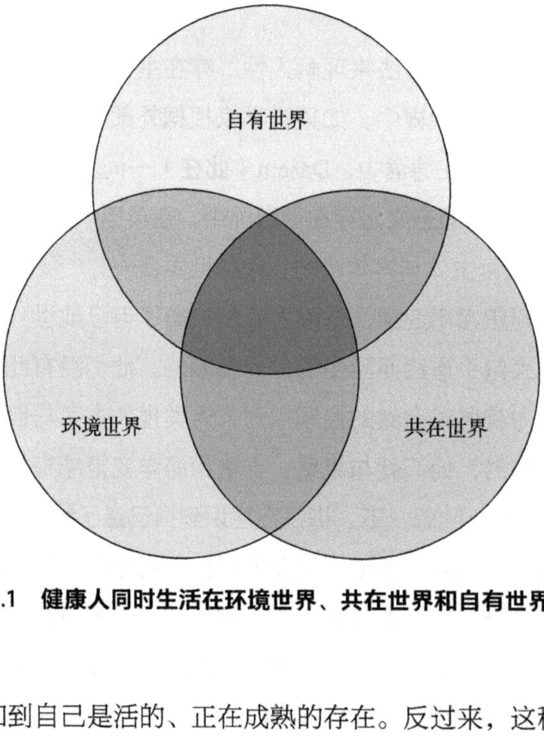

图 11.1　健康人同时生活在环境世界、共在世界和自有世界之中

非存有

在世存有需要觉知到自己是活的、正在成熟的存在。反过来，这种觉知也导致了对不存在即**非存有**（nonbeing）或**虚无**（nothingness）的恐惧。梅曾写道：

一个人若想掌握存在的意义，就必须掌握一个事实，即他可能是不存在的，他每时每刻都处在可能毁灭的边缘，永远无法逃脱死亡将在未来某个未知时刻到来的事实。

死亡不是通往非存有的唯一途径，它只是最显而易见的一种。当我们面对死亡的可能性时，生活会变得更重要、更有意义。在距离死亡还有大约 40 年的时候，梅称死亡是“我的生活中的一个事实，它不是相对的，而是绝对的，而我对此的认识赋予我的存在和我每时每刻的所作所为以绝对意义”。

当我们不愿意凝视死亡并勇敢地面对非存有时，我们仍然会经历其他形式的非存有，包括酒精成瘾或其他药物成瘾、不加选择的性活动和其他强迫行为。此外，非存有也可以表现为对社会期望的盲目顺从，或者普遍存在于我们与他人关系中的敌意。

对死亡或非存有的恐惧常常让人们在生活中表现出防御性，此时，从生活中得到的收获也比直面非存有时的更少。就像梅所说的：“因为害怕非存有，我们缩小了存有的范围。”我们逃避做出主动选择；也就是说，我们做出选择时没有考虑自己是谁和自己想要什么。我们为了逃避对非存有的恐惧，可能会磨灭自我意识，否认自己的个体性，但是这种选择使我们感到绝望和空虚。于是，我们在逃避对非存有的恐惧时，也让我们的存在变得狭隘了。一种更健康的选择是直面死亡的必然性，并认识到非存有构成存有不可分割的一部分。

菲利普案例

存在主义心理学关心个体如何奋斗以解决生活经历中的问题及个体如何成长为更完整的人。梅在一份患者案例中描述了这种奋斗。患者名叫菲利普，也就是本章开头提到的那个人。菲利普的故事还未讲完，稍后还需要用他的经历来解释梅所提出的焦虑、意向性、命运、心理病理学和心理治疗等概念。

妮可对菲利普说，他应该很清楚，她永远都不会离开他。这句话让菲利普感到惊讶和困惑，因为他对此并不清楚。大约一年后，菲利普发现妮可还曾有过另一段外遇。但是，他还没有来得及当面质问她并和她断绝关系，就因为工作不得不出差，在外面待了五天。等到菲利普回到家中，他已经改变了想法，觉得或许他能接受妮可同时拥有其他男性的事实。此外，妮可也让他相信，其他男性对她来说毫无意义，她只爱他一个人。

不久之后，妮可第三次有了外遇，而且还故意让菲利普发现了这次外遇。菲利普再次怒火中烧，十分嫉妒。但是，妮可又一次向他保证那位男性对她来说毫无意义。

一方面，菲利普想接受妮可的出轨，另一方面，他又感觉妮可背叛了他。而他似乎无法离开妮可并爱上其他女人。他陷入了僵局——无法改变与妮可的关系，也无法从关系中解脱出来。就在这时，菲利普接受了梅的心理治疗。

焦虑

菲利普被神经症焦虑所困扰。像其他被神经症焦虑困扰的人一样，他采用了一种非生产性的、自欺欺人的行为方式。尽管妮可不可预测且“疯狂”的行为使他深受伤害，但他没有采取任何行动，也无法断绝他们的关系。妮可的举动似乎唤起了菲利普对她的责任感。因为她明显需要他，所以他觉得自己有义务照顾她。

在 1950 年梅的著作《焦虑的意义》(*The Meaning of Anxiety*) 出版之前，大多数焦虑理论认为，高水平的焦虑表明神经症或其他形式心理病症的存在。在这本书出版之前，梅在肺结核的康复过程中体验到了高度的焦虑。当时，他和第一任妻子及年幼的儿子基本上一贫如洗，而且他也不确定自己能否痊愈。在《焦虑的意义》中，梅指出人类的许多行为是由潜在的恐惧和焦虑所推动的。尚未直面死亡让人们暂时摆脱了非存有导致的焦虑或恐惧。但是逃避只能是暂时的，死亡是生活中绝对会发生的事情，每个人迟早都要面对死亡。

当人们觉察到他们的存在或某些与存在一致的价值观可能会被摧毁时，他们就会感到**焦虑**（anxiety）。梅将焦虑定义为“个体逐渐意识到自己的存在可能被摧毁、自己可能变成‘无’的主观状态”。梅认为焦虑还对某些重要价值观构成了威胁。也就是说，焦虑可能源于一个人对自己的非存有的觉知，或者源于一个人感到对自己的存在至关重要的价值观受到了威胁。当一个人面临实现潜能的问题时，焦虑就出现了。这一冲突可能导致停滞和衰退，也可能带来成长和变化。

获得自由不可避免地会导致焦虑。没有焦虑，自由就不会存在；没有自由，焦虑也不会存在。梅引用了克尔凯郭尔的一句话：“焦虑是自由的眩晕。”焦虑就像眩晕，可能令人愉悦，也可能让人痛苦，可能是有助益的，也可能是破坏性的。它可能给人们带来能量和热情，也可能使人们陷入僵局并感到恐慌。此外，焦虑可能是正常的，也可能是神经症的。

正常焦虑

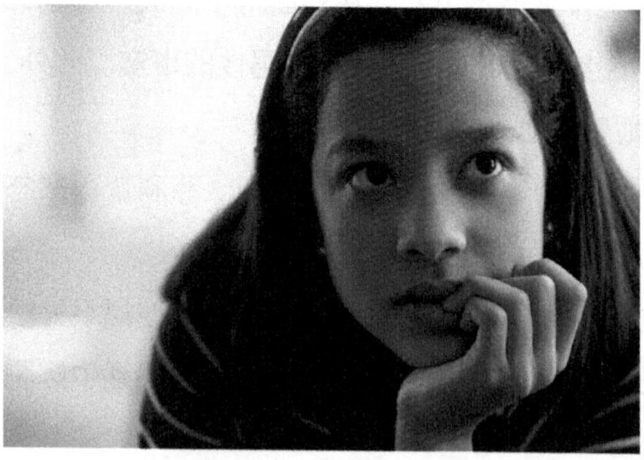

正常焦虑与威胁成正比，可能是有益的。© Amble Design/Shutterstock.

没有人能逃避焦虑的影响。成长和改变一个人的价值观意味着经历有益的和正常的焦虑。梅将**正常焦虑**（normal anxiety）定义为“与威胁成正比，不涉及压抑，可以在意识层面上面对且这种面对是有益的”。

随着人们从婴儿期逐渐过渡到老年期，人们的价值观也在不断改变，并且每经过一个阶段，人们都会经历正常焦虑。如同梅所说：“所有的成长都包含对旧的价值观的放弃，这种放弃会造成焦虑。”正常焦虑也伴随着创造性时刻的出现——艺术家、科学家或哲学家灵光乍现，获得了能够永远改变自己的生活，甚至改变无数人的生活的洞见的时刻。例如，在新墨西哥州阿拉莫戈多进行首次原子弹试验的科学家所经历的就是正常焦虑，他们意识到从此以后一切都与之前不同了。

神经症焦虑

正常焦虑——一种在成长阶段受到威胁或价值观受到威胁时出现的焦虑——是每个人都会经历的。只要它与威胁的程度成正比，它就是有助益的。但是，也有神经症焦虑或病态焦虑。梅将**神经症焦虑**（neurotic anxiety）定义为“一种与威胁不成正比的反应，涉及压抑和其他形式的心理内部冲突，被多种活动和觉知阻断所控制”。

价值观受到威胁时会产生正常焦虑。如果这里的价值观换成了教条，那么就会产生神经症焦虑。绝对正确的信念可以提供暂时的安全感，但是这种安全感却“以放弃新的学习和成长机会为代价”。

菲利普的神经症焦虑表现为对不可预测的和“疯狂的”女性的依恋，这种依恋始于童年时期。在菲利普两岁之前，他的世界里主要只有两个人——他的母亲和比他大两岁的姐姐。菲利普的母亲患有边缘型精神障碍，她对菲利普的态度时而温柔，时而严厉。菲利普的姐姐患有精神分裂症，后来住过一段时间的精神病院。因此，菲利普很早就知道，他不仅必须依恋女性，还必须拯救她们。因此，对菲利普来说，生活是不自由的，并且要求他一直保持警惕，坚守他的岗位。

菲利普的神经症焦虑使他无法在妮可面前展现出新的、健康的行为模式。他对妮可的所作所为似乎复制了他在童年时期对母亲和姐姐的行为。

内疚

当人们面临实现潜能的问题时，就会产生焦虑。当人们否认自己的潜能、无法准确感知其他人的需要或忽略了自己对自然世界的依赖时，就会产生**内疚**（guilt）。梅用“焦虑”和“内疚”来指代涉及在世存有的大问题。从这个意义上讲，*焦虑*和*内疚*都属于*存在论*；也就是说，它们所指的是存在的本质，而不是指在特定情境下或越界时产生的情感。

总而言之，梅提出了三种存在论的内疚，分别对应*环境世界*、*共在世界*和*自有世界*。如何理解与环境世界相对应的内疚呢？要知道，本体论的内疚未必源于一个人的行动或未能做出行动，它可能源于对在世存有缺乏觉知。随着文明和技术的进步，人们与自然即*环境世界*日益疏离，这种疏离导致一种存在论的内疚。这在“先进的”社会中尤其普遍，人们住在有加热和制冷设备的住宅中，乘坐机动化的交通工具，并食用他人收集和准备的食物。人们毫无辨别能力地依赖他人来满足诸如此类的需要，这就导致了第一种形式的存在论的内疚。由于这种内疚是人们与自然分离的结果，梅称之为*分离内疚*（separation guilt），这一概念类似于弗洛姆的人类困境概念（见第 8 章）。

第二种形式的存在论的内疚源于人们无法准确感知他人的世界（*共在世界*）。我们只能通过自己的眼睛看到他人，并且永远无法精准地判断他人的需要。因此，我们无法做到对他人的真实身份的认同。由于我们无法准确地预知他人的需要，因此我们在与他人的关系中感觉不到满足。这进一步导致了更广泛的内疚，每个人都在某种程度上经历过这种内疚。梅写道："这不是道德缺陷的问题……而是不可避免的结果。因为每个人都是独立的个体，因此也就别无选择，只能通过（我们）自己的眼睛看世界。"

第三种形式的存在论的内疚与我们否认自己的潜能或未能实现潜能有关。也就是说，这种内疚源于我们与自我的关系（*自有世界*）。同样，这种内疚是普遍存在的，因为谁都不能完全发挥自己的全部潜能。这种形式的内疚使人联想起马斯洛的*约拿情结*概念，即害怕做最好的自己（见第 9 章）。

像焦虑一样，存在论的内疚也可以对人格产生积极或消极的影响。我们可以使用内疚来培养健康的谦虚、改善与他人的关系和创造性地运用潜能。但是，如果我们拒绝接受存在论的内疚，它就会变成神经症的或病态的。像神经症焦虑一样，神经症内疚会导致非生产性或神经症症状，如性无能、抑郁、对人残忍或无法做出选择等。

意向性

具有选择的能力意味着存在一个作为选择依据的基础结构。该结构就是**意向性**（intentionality），它让经历有了意义，让人们能够面向未来做出决定。如果没有意向性，人们既无法做出选择，也无法将选择付诸行动。行动意味着意向性，就像意向性意味着行动一样，二者密不可分。

梅用"意向性"一词来弥合主体与客体之间的鸿沟。意向性是"有意义的结构，使我们（即主体）能够看见并理解外部世界（即客体）。有了意向性，就部分地克服了主体与客体之间的二分法"。

为了说明意向性如何部分弥合了主体与客体之间的鸿沟，梅举了一个简单的示例。一个人（主体）坐在办公桌前观察一张纸（客体）。他可以在纸上写字，可以把纸折成纸飞机给小朋友玩耍，也可以在纸上画素描。在这三种情况下，主体（人）和客体（纸）是完全相同的，但是人的行动取决于其意向及其给经历赋予的意义。意义是他自己（主体）和他的环境（客体）的函数。

意向性有时是无意识的。例如，尽管妮可的行为不可预测而且"疯狂"，但菲利普仍感到自己有照顾妮可的义务，而且他并不认为自己的行为在某种程度上和他的童年早期经历——与他不可预测的母亲和"疯狂"的姐姐——有关。他被无意识的信念所困，即必须照顾不可预测且"疯狂"的女人，这种意向性使他无法改变和妮可的关系。

关心、爱和意志

菲利普有照顾他人（具体来说是照顾女性）的历史。他在公司里专门给妮可设置了一个“职务”，让她可以在家办公，收入也足够维持生活。此外，在妮可结束与克雷格的外遇、放弃横跨全国的“疯狂的”搬家计划后，菲利普给了她几千美元。之前，他觉得自己有义务照顾两任妻子，更早以前，他还觉得有义务照顾他的母亲和姐姐。

但从菲利普照顾这些女性的方式上可以看出，他从未真正学会怎样关心他人。关心某人意味着将他视作与自己等同的人类，认同他的痛苦或喜乐、内疚或遗憾。关心是一种积极的过程，与冷漠相反。“关心是一种在乎的状态。”

关心与爱不同，但关心是爱的来源。爱意味着关心、认可对方的基本人性并积极关注对方的发展。梅将**爱**（love）定义为“当那个人在场时感到喜悦，肯定（那个人的）价值和发展，就像肯定自己的价值和发展一样”。没有关心就没有爱——只有空虚的多愁善感或转瞬即逝的性欲。关心也是意志的来源。

梅称**意志**（will）是“计划并指挥自我朝着某一方向或某一目标前进的能力”。梅区分了意志和愿望（wish）。他认为：

> 意志需要自我意识，愿望则不需要。意志意味着存在某种选择的可能性，愿望则没有。愿望赋予意志以温暖、内涵、想象力、童真、新鲜感和丰富感，意志则赋予愿望以自我指导和成熟。意志保护了愿望，使其能够继续存在而不会造成太大风险。

爱与意志的统一

梅认为，现代社会面临着爱与意志分裂的不健康现象。人们把爱和感官的爱或性欲联系在一起，而意志则变成了坚定的决心或意志力（will power）。但是这些概念并没有把握爱和意志这两个术语的真正意义。当爱被视为性欲时，它就成了暂时的、缺乏承诺的存在；没有了意志，只剩下愿望。当意志被视为意志力时，它就变成了为自己服务、缺乏激情的存在；没有了关心，只剩下操纵。

爱与意志的分离有生物学原因。当孩子刚刚降临到世界上时，他们与宇宙（环境世界）、母亲（共在世界）和自己（自有世界）是合一的。如同梅所说：“从生物学上讲，婴幼儿期从母亲乳房获得营养时，我们并没有付出自我意识的努力，我们的需要就被满足了。这是第一次自由，第一个‘是’。”

后来，随着意志的发展，自我意识出现在了对立面，即第一个“不”。婴幼儿早期的幸福生活被婴幼儿晚期萌生的意志所否定。“不”不应被视为对父母的反抗，而是一种积极的自我主张。遗憾的是，父母常常消极地解释“不”，因此扼杀了孩子的自我主张。于是，孩子就学会了区分意志与他们之前所享有的幸福的爱。

梅指出，人们的任务是将爱与意志相结合。这个任务虽然不容易，但是有可能完成。在爱与意志的结合上，幸福的爱或自我主张都不曾参与。对成熟的人来说，爱和意志意味着向另一个人靠近。爱和意志都包含关心，都需要选择，都意味着行动，都需要承担责任。

爱的形式

梅列举了西方传统文化中的四种爱的形式：性欲、爱欲、友爱和神爱。

性欲

性欲是一种生物本能，可以通过性交或其他释放性紧张的方式得到满足。尽管性欲被现代西方社会所贬低，但它仍然是生殖的力量、使物种延续的动力、人类最强烈的愉悦感和最普遍的焦虑的来源。

梅认为，在远古时代，性欲是一件自然的事，就像吃饭和睡觉一样是理所当然的。但是在现代，性欲成了问题。起初，在 19 世纪维多利亚时代，西方社会对性欲普遍持否定态度，在一场礼貌的谈话中，性欲是不应该出现的话题。然而在 20 世纪 20 年代，人们开始反抗此前的性压抑，性欲突然变得公开起来，成为西方社会普遍关注的对象。梅指出，社会已从性生活令人感到内疚和焦虑的时期转变为性生活不会引起内疚感和焦虑感的时期。

爱欲

在美国，性欲与爱欲常常被混淆。性欲是一种生理需要，通过释放性紧张而得到满足。**爱欲**（eros）是一种心理欲望，通过与爱人的持久结合来实现繁衍或创造。爱欲是做爱，性欲则是操纵感官。爱欲是想要建立持久关系的愿望，性欲是体验愉悦的欲望。梅指出，爱欲“用人类的想象力做翅膀，永远高于一切技术，逃离了所有方法类书籍，欢快地飞到超越机械法则的航道之中”。

爱欲是建立在关心和温柔之上的。爱欲让人渴望与另一个人建立持久的关系，这种关系能让双方都体验到喜悦和激情，并通过这种体验而增加生命的宽度和深度。如果没有建立持久关系的欲望，人类就无法生存。因此，爱欲可以被视作对性欲的救赎。

友爱

爱欲——性欲之救赎——建立在**友爱**（philia）的基础之上，友爱是指两个人之间的不涉及性欲的亲密友谊。友爱不是一蹴而就的，它需要很长时间才能成长、发展和扎根。友爱的例子是兄弟姐妹间或终生朋友间缓慢演进的爱。梅称：“友爱并不要求我们为友爱的对方做任何事情，而只是要求我们接纳对方、与对方在一起并欣赏对方。用最朴实、最直白的话说，友爱就是友谊（friendship）。”

哈里·斯塔克·沙利文十分重视青春期，这一发育阶段的特征是需要一位密友，一位与自己或多或少有些相似之处的朋友。沙利文认为，如果要在青春期的早期和晚期形成健康的爱欲关系，密友或友爱是必要条件。梅在威廉·阿兰森·怀特研究所深受沙利文的影响，因此他也赞同“友爱是爱欲的基础”的观点。真正友谊的缓慢而轻松的发展是两个人建立持久关系的前提。

神爱

就像爱欲以友爱为基础一样，友爱以神爱为基础。梅将**神爱**（agape）定义为“超越个人得失地尊重他人，关心他人的福祉；无私的爱，是上帝对人类的爱”。

神爱是无私的爱。神爱不依赖于对方的任何行为或特征。从这个意义上讲，它是不应得的，也是无条件的。

总之，健康成年人间的关系融合了上述四种形式的爱。它们以性欲的满足、对持久关系的渴望、真诚的友谊及对他人福祉的无私关心为基础。可惜的是，真正的爱很难实现。它需要自我肯定和自我主张。“与此同时，它还需要温柔、肯定对方、尽可能地放下竞争心、为了爱人的利益自我克制以及具有仁慈和宽恕的古老美德。”

自由与命运

四种形式的爱的融合需要自我主张和肯定对方，它还需要主张自己的*自由*并与*命运*对抗。健康的个体既能够承担自己的自由，又能够面对自己的命运。

自由的定义

梅在早期给自由的定义是：“自由是个体*知道自己是被决定的*人的能力。”这个定义中的“被决定的”一词与梅后来所说的命运（destiny）具有相同含义。自由来自对我们的命运的理解：这种理解包括死亡随时可能发生、我们是男性还是女性、我们有哪些与生俱来的弱点、童年的经历使我们倾向于某种行为模式等。

自由是改变的可能性，尽管我们不知道可能会发生哪些改变。自由让人“*即使此刻尚不清楚会用何种方式行动，但能让人的头脑里产生无数种可能性*”。这种情况通常会导致焦虑，不过，这种焦虑是正常焦虑，是健康的人喜闻乐见并能够管理的焦虑。

自由的形式

梅指出自由包含两种形式——行动自由（freedom of doing）和存有自由（freedom of being）。他称前者为*存在自由*，后者为*实体自由*。

存在自由

存在自由（existential freedom）与存在主义哲学的存在不是同义词。存在自由是指行动的自由，即做出行为的自由。现代社会大多数成年人享有大量的存在自由。他们可以自由地跨州旅行、选择伙伴、投票选举政府代表。他们还可以自由地推着购物车逛超市，并从数千种商品中进行选择。因此，存在自由是执行一个人所做出的选择的自由。

实体自由

行动自由不能确保**实体自由**（essential freedom）即存有自由。实际上，存在自由常常使实体自由受限。例如，集中营里的囚犯热衷于谈论他们“内心的自由”，尽管他们只拥有非常有限的存在自由。也就是说，人身遭禁闭或自由被剥夺似乎可以使人们面对自己的命运，并获得存有自由。1981 年，梅提出了一个问题：“只有当我们的日常存在受到干扰时，我们才能获得实体自由吗？”梅自己给出了否定的回答。一个人不必为了获得实体自由（即存有自由）而被囚禁。命运本身就是我们的监狱、我们的集中营，因为它让我们更少地关注行动自由，而更多地关注实体自由。对此，梅发出以下疑问：

> 难道参与命运（即参与我们生活的设计）不是强迫我们聚焦局限性、清醒性，乃至残酷性，迫使我们不再把目光投向日常行动吗？难道死亡的必然事实不是我们所有人的集中营吗？生活中快乐和束缚并存的事实，难道不足以让我们思考更深层次的存有吗？

命运是什么

梅将命运定义为“宇宙的设计落实为每个人的设计”。人们的终极命运是死亡，但除此之外还有其他的命运，诸如一些生物学特性，如智力、性别、体格、力量及对某些疾病的遗传易感性等。此外，心理和文化因素也影响着人们的命运。

命运并不意味着注定发生或注定失败。它是人们的目的地、人们的终点、人们的目标。在命运范围内，人们有选择的能力，而这种能力让人们能够面对和挑战命运。然而，命运是不会因人们的愿望而改变的。人们无法精通所有的工作、战胜所有的疾病或与所有人建立令人满意的关系。人们无法消除自己的命运，但是可以选择如何应对自己的命运，如何发挥自己被赋予的才能。

梅指出，自由与命运，就像爱与恨或生与死一样，并不是对立的，而是生活的常见悖论。矛盾之处在于，自由赋予命运以生命力，而命运则赋予自由以意义。因此，自由和命运不可避免地交织在一起，二者都无法脱离对方存在。没有命运的自由是不合法的特权。具有讽刺意味的是，这种特权会导致无政府状态和自由的彻底毁灭。没有命运，人们就没有自由；没有自由，人们的命运就毫无意义。

自由与命运是彼此存在的源头。当人们挑战命运时，他们将获得自由；当人们得到自由时，他们就拓宽了命运的边界。

菲利普的命运

菲利普因与妮可的关系而束手无策。他找到梅进行心理治疗，在治疗刚开始的时候，他无法做出任何改变，因为他拒绝接受自己的命运。他看不到两种模式（即自己成年后与女性的关系模式及童年时期在不可预测的和“疯狂的”环境中生活的行为模式）间的联系。但是，他的命运不会被早期经验所束缚。菲利普像其他人一样，拥有改变自己命运的自由。但是，首先他必须认识到自己在生物、社会和心理方面的局限性；然后，他必须有勇气在这些限制之内做出选择。

菲利普缺乏对命运的理解和面对命运的勇气。在他寻求治疗的时候，他试图救赎自己的命运，并在意识层面否认自己的命运。用梅的话说：“他一直在寻找能够救赎自己的人——自己在一个不受欢迎的世界中出生，这个世界由一个有精神障碍的母亲和一个有精神分裂症的姐姐组成，这是他没有丝毫选择余地的命运。”菲利普否认自己的命运，这使他充满怨恨和困惑。他不能或不愿面对自己的命运，因为它剥夺了他的个人自由，使他与母亲、姐姐捆绑在一起。

菲利普对待妻子或妮可的方式与早期和母亲或姐姐相处的方式相同——这种方式曾经被证明是有效的。他不敢对女性表达愤怒，而是持一种充满个人魅力、具有一定占有欲和保护欲的态度。梅认为，我们每个人的自由都与我们面对自己的命运、带着命运一同生活的程度成正比。经过数个星期的心理治疗后，菲利普能够不再因为母亲没能按照他设想的那样行动而责怪她了。当他开始注意到母亲为自己所做的积极的事时，他对母亲的态度也开始改变。他的童年时代的客观事实没有改变，但是他的主观感知发生了变化。菲利普决定接受命运，他找回了表达愤怒的能力，他与妮可的关系也不再让他束手无策，并且他更加了解自己的可能性。换句话说，他获得了存有自由。

神话的力量

梅在很多年里一直关注**神话**（myth）对个体和文化的强大影响——他对神话的关注和研究集中体现在《祈望神话》（*The Cry for Myth*）一书中。梅认为，生活在西方文明社会中的人们对神话具有迫切需要。由于没有神话，人们转而将目光投向宗教崇拜、药物依赖和流行文化，用这些徒劳的方法在生活中寻找意义。神话不是谎言；相反，它是意识和无意识的信仰体系，为个人和社会问题提供了解释。梅将神话比作建筑物的房梁——虽然从外面并不可见，却在实际上支撑着建筑物，让人有容身之地。

俄狄浦斯的神话至今对人们仍然具有意义，因为它讲的是每个人都会经历的存在危机。© Alinari Archives/The Image Works.

从古至今，在不同的文明中，人们凭借与同一文化中的他人共享神话而找到了自己的生活意义。神话是让社会联合为一体的故事，在一个充满危险和无意义的世界里，神话对于保持人们灵魂的活力、帮助人们寻找人生新的意义至关重要。

梅认为，人们之间的交流可分为两个层次。第一个层次是理性语言，在这个层次上，相互交流的人们把真理放在优先位置上。第二个层次是神话，在这个层次上，整体的人类经历比准确的实证经验更加重要。人们使用神话和符号超离了当下的具体情境，以此扩大自我意识、寻找身份认同。

梅认为，俄狄浦斯的故事是西方文化中的一个重要的神话，因为它包含着每个人都要面对的存在危机。该危机包括：（1）出生；（2）与父母和家庭分离或被流放；（3）与父母一方形成性欲联盟，对另一方产生敌意；（4）主张独立和寻求身份认同；（5）死亡。俄狄浦斯的神话之所以有意义，就是因为它提到了上述存在危机。像俄狄浦斯一样，人们摆脱父母的束缚，受到自我认知需要的推动。然而，人们为争取自我身份认同而进行的斗争并不容易，甚至可能导致悲剧，就像俄狄浦斯坚持要了解自己出身的真相那样。在被告知他弑父娶母的真相之后，俄狄浦斯刺瞎了自己的双眼，让自己不再有视觉能力，也就是不再有觉知和意识。

但是，俄狄浦斯的故事并不是以对意识的否认结尾的。在索福克勒斯（Sophocles）的三部曲中，俄狄浦斯再次被放逐——梅认为，这一经历象征着人们自身的孤立和自我放逐。步入老年的俄狄浦斯反思自己的悲剧苦难，并接受了弑父娶母的事实。俄狄浦斯在老年的沉思让他获得了内心的平静、实现了与自己的和解，让他得以从容地接受死亡。俄狄浦斯的一生的中心主题是出生、分离与被流放、身份认同、乱伦与种族灭绝、对内疚的压抑、有意识的沉思与死亡——这些主题感动了每一个人，让俄狄浦斯的神话在人们生活中有了强大的疗愈力量。

梅的神话概念与荣格关于集体无意识的观点有相似之处，神话是人类经历中的原型模式，它们是超越个体经历的普世意象（见第 4 章）。和原型一样，如果人们拥抱神话并把神话当作一种新的现实，神话就能够促进心理成长。可悲的是，许多人否认普世的神话，并因此置身疏远、冷漠和空虚——心理病理学的主要组成因素——的风险之中。

精神病理学

根据梅的说法，冷漠和空虚而不是焦虑和内疚是现代心理疾病的致病原因。当人们否认自己的命运或拒绝神话时，他们就失去了存有的目的，他们失去了方向。没有目标或目的地，人们就会得病，做出各种自欺欺人和自我毁灭的行为。

现代西方社会的人们感受到了与世界（环境世界）、与他人（共在世界）及与自己（自有世界）的疏离。他们感到自己无力阻止自然灾害、逆转工业化进程或与他人进行接触。在个体逐渐非人化的世界中，人们感到生活没有意义。这种无意义的感觉进一步导致了冷漠和空虚。

梅把精神病理学看作是缺乏沟通——没有能力认识他人并与他人分享自己——的理论。受到心理困扰的人否认自己的命运，并因此失去了自由。他们发展出各种神经症症状，不是为了重新获得自由，而是为了放弃自由。神经症症状缩小了现象学世界，减轻了应对的难度。患有强迫症的人严格地按照常规生活，因此不需要做出新的选择。

神经症症状可能是暂时的，如压力导致的头痛；也可能是长期的，如童年早期经历导致的冷漠和空虚。菲利普的精神病理学与童年早期的环境（患有精神障碍的母亲和患有精神分裂症的姐姐）有关。这些经历本身并不是导致他的病态的直接原因。不过，这些经历的确让菲利普为了适应自己周围的世界而习得了抑制愤怒、发展冷漠感和努力做个“好孩子”。也就是说，神经症症状并不是适应失败，而是为了保持一个人的此在而进行的必要的适应。菲利普对待两任妻子和妮可的方式反映了他对自由的否认，以及他为了逃避命运而进行的一次又一次自欺欺人的尝试。

心理治疗

与弗洛伊德、阿德勒、罗杰斯和其他临床导向的人格理论家不同，梅没有建立一个能够吸引狂热追随者的、特征明显的心理治疗学派。不过，他以心理治疗为主题写了很多文章。他不同意心理治疗应该帮助人们减轻焦虑和消除内疚感的观点。相反，他认为心理治疗应该使人们更人性化。也就是说，心理治疗应该帮助人们扩大意识，这样才能让人们具备做出更好的选择的条件。这些选择将进一步导致自由和责任的同步发展。

梅认为，心理治疗的目的是让人们获得自由。他认为，专注于患者症状的治疗师忽略了更重要的问题。神经症症状只是逃避自由的方式，它表明患者内在的可能性未能得到充分开发和运用。如果能让患者变得更自由、更人性化，他们的神经症症状就会消失，他们的神经症焦虑会转变为正常焦虑，他们的神经症内疚也会被正常内疚所取代。但是，这些都是次要的，不是治疗的主要目的。梅认为，心理治疗必须关心帮助人们体验其存在，减轻症状仅仅是这种体验的副产品。

治疗师如何帮助患者成为自由、负责的人？梅为治疗师提供的具体指导不多。存在主义治疗师没有一套适用于所有患者的专门技术或方法。相反，他们能够提供的是他们自己和他们的人性。他们必须建立一对一的关系（*共在世界*），增进患者对自己的觉知，并且在患者自己的世界（*自有世界*）中更加充实地生活。这种方法意味着让患者面对命运，体验绝望、焦虑和内疚。此外，这还意味着“我－你”（I-thou）相遇，在这种相遇里，治疗师和患者都被视为主体，而不是客体。在一对一的关系中，治疗师对患者的经历产生共情，并且对患者的主观世界持开放态度。

梅认为心理治疗一部分涉及宗教，一部分涉及科学，还有一部分涉及友谊。然而，这里的友谊不是指普通意义上的社交关系，它要求治疗师面对并挑战患者。梅认为这种关系本身是治疗性的，其转化作用与治疗师所说的话或治疗师的治疗取向无关。他指出：

治疗师的任务是在人们穿过自己的地狱和炼狱的过程中成为他们的向导、朋友和解释者。具体来说，治疗师的任务是帮助患者达到可以决定是否想要继续当受害者的程度……或者，患者能够选择继续当受害者，并怀着抵达天堂的希望穿过他们的炼狱。在治疗结束时，患者将决定是否继续完成他们勇敢地开启的征途，并常常会因为获得了自主决定的自由而感到害怕——这是可以理解的。

在哲学方面，梅与罗杰斯所持有的信念相同（见第 10 章）。二人的方法的基础都是将治疗视为人际相遇；也就是说，他们都认为“我 – 你”关系能够促进治疗师和患者的内心成长。然而，在实践中，梅更喜欢问问题，深挖患者的童年早期经历，并为当前的行为寻找可能的意义。

例如，梅向菲利普解释，他与妮可的关系是在复刻他与母亲的相处模式。如果是罗杰斯，他一定不会做这样的解释，因为这一解释建立在外部（即治疗师）的参照框架上。但是梅相信，这类解释可能是让患者看清其向自己隐瞒的信息的有效方法。

梅在菲利普的治疗中使用的另一种技术是让他与已故的母亲在幻想中进行一次对话。在这次对话中，菲利普一人分饰两角。当作为母亲说话时，菲利普第一次对母亲产生了共情，并从母亲的角度看待自己。作为母亲说话时，菲利普说她为他感到骄傲，他一直是她最喜欢的孩子。当作为自己说话时，菲利普对母亲说他感谢她的勇气，并想起了从前她用勇气挽救了他的视力这件事。当菲利普完成幻想中的对话后，他说：“我从来都没想到自己会说出这些话。”

梅还要求菲利普带来一张他小时候的照片。菲利普与“小菲利普”也在幻想中进行了一次对话。随着对话的进行，“小菲利普”解释说，他已经克服了成长过程中最让菲利普困扰的问题，即害怕被遗弃。“小菲利普”成了菲利普的友好同伴，帮助他克服了孤独，减轻了他对妮可的嫉妒。

在治疗结束时，菲利普并没有改头换面，只是更能意识到自己身上一直存在的某一部分。觉知到新的可能性的存在让他朝着个人自由的方向前进。对菲利普来说，治疗的结束也是一个开始，他开始让“现在的自己与早期的自己结合——在生活充满威胁而不幸的时候，他曾不得不把那个自己锁在地牢中，才使自己活下来”。

相关研究

梅的存在主义理论作为一种心理治疗方法具有一定的影响力，但几乎未曾直接引发实证研究。这种状况无疑与梅对客观和定量测量所采取的批判立场有关。任何一种强调主体与客体之间联系、强调个体独特性的理论都不适合采用包含实验或问卷的大样本研究。实际上，梅认为现代科学过于理性和客观了，而为了把握完整的、活生生的人，需要建立一门新的科学。

为实证研究所青睐的一个存在主义主题是（存在）焦虑。梅将焦虑定义为个体“对某种价值观受到威胁而引起的忧虑，而这种价值观在个体看来对其自身的存在至关重要”。当事件威胁到人们的生理或心理生存时，人们就会体验到存在焦虑，而对人的生存来说，最大的威胁是死亡。确实，梅和亚隆（Yalom）曾经指出：“一项重要的发展任务是处理被消灭的恐惧。”从某种意义上说，生命是应对和面对死亡的过程。

关于恐惧与死亡的存在主义研究被延伸到了“恐惧管理”领域，这是存在主义心理学的现代实验分支。美国心理学家欧内斯特·贝克尔（Ernest Becker）在存在主义心理学和恐惧管理理论（terror management theory，TMT）之间架起了概念的桥梁。贝克尔受到克尔凯郭尔和奥托·兰克（Otto Rank）的思想的启发。这两位存在主义者［及加缪（Camus）和萨特（Sartre）等作家］的基本论点是，人类最首要的动机来自对死亡的恐惧。此外，许多思想家将人类的创造力、文化和意义视为对死亡的无意识防御。贝克尔的研究成果是恐惧管理理论的重要灵感来源。

环境世界中的威胁：死亡提醒与否认动物本性

恐惧管理理论的基本假设是人们对死亡的恐惧。为了验证这一假设，研究者在现代社会心理学和人格心理学的框架内设计了一系列精巧的实验性研究。

人类是动物世界的一员，因此人类也像其他动物一样会死，但是人类的独特之处在于能够理解世界，并知道自己因此而与众不同。长期以来，人类一直认为自己有的不只是一副躯体，他们还拥有灵魂、精神和心理。

千百年来，人类在慢慢地否定自己的肉体自我。例如，在社会规范中身体功能一直是最为禁忌、最受约束的。“受教育”意味着完全掌控人的生物学本性。根据恐惧管理理论家的说法，否定身体本性和动物本性的根源来自对死亡、对身体衰退存在的恐惧。就像谢尔顿·所罗门（Sheldon Solomon）及其同事在论文中论述的那样：“如果人类相信自己并非天生比猿猴、蜥蜴和青豆更重要，人类就无法平和地使用身体功能。”

杰米·戈登堡（Jamie Goldenberg）及其同事开展了一项研究，意在探讨死亡提醒在多大程度上影响了人们对其动物本性的否定。更具体地说，他们推断：“文化倡导的规范让人们将自己与动物区分开来，这种区分具有非常重要的心理功能，因为它能帮助人们对抗内心深处对死亡的担忧。”从这个角度来看，文化是调节死亡觉知的机制。更具体地说，文化世界观（即宗教、政治和社会规范）和自尊能够抵御死亡提醒，因此当因灾难、亲人去世或死亡意象这类死亡提醒出现时，人们会向文化世界观靠拢，同时增强自尊。例如，人们可能会变得更加爱国，更坚定地拥护自己所在的团体，或者更希望能够严厉惩罚那些违反文化规范和法律的人。此外，我们可以从厌恶的情绪中清楚地看到文化是如何抵制人类的动物本性的。任何会让我们想起动物本性乃至死亡的事物，都会引发我们强烈的厌恶感。

戈登堡及其同事对增强死亡觉知能否增强厌恶反应这样的副作用很感兴趣。此外，他们还想知道延迟或分散注意力是否能够增强这一副作用，因为延迟或分散注意力可以降低对死亡的意识。为了检验死亡觉知能否增强厌恶感，以及这一副作用是否会随着意识程度降低而增强，研究者设计了死亡提醒实验。研究样本为大学生（女性占 60%），研究的结果变量是参与者在问卷中体现的厌恶水平，研究的自变量包括是否接受死亡提醒、是否延迟填写厌恶量表。厌恶水平由“厌恶敏感性量表”（the Disgust Sensitivity Scale）测量，但不包含关于“死亡”的分量表。量表的评分以 9 点李克特量表记录，示例项目如“我看见户外垃圾桶里的一块肉上有蛆”“看见有人呕吐，会使我感到恶心”“……让我烦恼”等。使死亡的想法变得明显（死亡提醒）的方法是要求参与者写下想到自己的死亡而唤起的情感，参与者还被要求写下自己死后会发生的事情。中立（无死亡提醒）条件则是要求参与者写下看电视时的感受。延迟的操作方法是让一半参与者完成一项耗时 5 分钟的填字游戏。在延迟条件下，参与者先写下想法（关于死亡或关于看电视），接着完成填字游戏，最后才填写厌恶量表；在非延迟条件下，参与者则先完成填字游戏，再写下关于死亡或关于看电视的想法。

研究结果支持了假设。在受到死亡提醒后，厌恶反应最强，在死亡提醒和厌恶评价中间存在延迟的情况下更甚。中立（看电视）加延迟条件下的参与者所表现的厌恶水平与死亡提醒加非延迟条件下的参与者相同。戈登堡及其同事认为这些结果支持了恐惧管理理论的基本观点，即人们将自己与动物区分开来，是因为动物使他们想起自己的躯体和死亡。

基于恐惧管理理论和厌恶敏感性的研究已有很多，它们指向一个共同的结论：人类的厌恶，特别是由那些提醒人们人类具有动物本性（如母乳喂养）的特征所引发的厌恶，所起的功能是防御不可避免的死亡所带来的存在威胁。

在共在世界中寻找意义：依恋与亲密关系

“1964 年，马文·盖伊（Marvin Gaye）录制了歌曲《多么甜蜜（为你所爱）》[How Sweet It Is (to Be Loved by You)]，歌词一开始就写道，需要某人的怀抱提供的庇护。当生命变得脆弱时，人们对亲密关系的需要似乎也被强化了。”确实，大量的实证研究表明，人们对亲密关系中他人的依恋符合恐惧管理理论。也就是说，我们应对死亡觉知的方式之一，就是投身于梅所说的*共在世界*，即有爱的关系。的确，死亡提醒不仅会促使人们开始与他人互动，还会增加人们对浪漫关系中的亲密和承诺（即梅所说的爱欲）的渴望，甚至还会让业已成年的子女对父母表达出孩童般的亲密感情。研究还改变了人们之前关于死亡意识与寻求依恋之间关系的看法，研究发现，如果人们想象与爱人分开，他们头脑中与死亡有关的想法的可及性（accessibility）会增加。

凯茜·考克斯（Cathy Cox）和杰米·阿恩特（Jamie Arndt）提出了一个问题：*为什么死亡提醒会让人们产生建立和培养亲近关系的行为*。他们的假设建立在罗杰斯关于积极关注的概念之上。他们检验了如下假设，即人们感知到的亲密他人的积极关注是否能够解释人际关系或亲近感为什么可以缓解死亡焦虑。换句话说，就像罗杰斯所论证的那样，他人对我们关心和珍视的感觉已融入我们的积极自我关注的个人感觉之中，而这进一步让我们感到自己在世界上是一个重要的人。考克斯和阿恩特检验了亲密关系中的积极关注是否能缓解不存在或被忽视导致的焦虑。

他们的第一项研究的自变量是死亡提醒。在死亡提醒的条件下，参与者被要求“简单地描述一下自己的死亡会引起自己怎样的情绪，并写下来，越具体越好，假设自己的身体正经历死亡的过程，自己会想些什么”，对照组的参与者则被要求写一件意料之外的事件。与写意外事件的对照组相比，死亡提醒组的学生夸大了自己的恋人对自己的积极看法。此外，研究者还发现，如果学生从恋人身上感知到积极关注，那么他们在死亡提醒的条件下会对恋人表达更多的承诺。

在另一项研究中，考克斯和阿恩特要求一半参与者评估一系列关于死亡恐惧的陈述（示例条目如“我很怕死”），另一半参与者则评估一系列不涉及死亡的对照场景陈述（示例条目如“我很怕看牙医”）。此外，他们还设计了另一个自变量。参与者被随机分配到两个小组里，一组被要求想象他们的恋人对他们持积极看法的场景（“请写出你的恋人让你对自己感觉良好的一次经历”），另一组则想象持消极看法的场景（“请写出你的恋人让你对自己感觉不好的一次经历”）。最后，所有参与者都需要完成补词任务，该任务测量的是与死亡有关的想法的可及性［例如，GRA__ 可以被补足为“坟墓”（GRAVE）或“葡萄”（GRAPE）］。研究结果表明，比起死亡提醒加积极看法小组，死亡提醒加消极看法小组的参与者在死亡相关想法上的得分更高。也就是说，从恋人身上感知到的积极关注可以减少人们关于死亡想法的可及性，而死亡提醒则会增加关于死亡想法的可及性。

最后，考克斯和阿恩特研究了依恋风格与死亡提醒的交互作用如何影响人们向哪一种关系（恋人或父母）寻求积极关注的感觉。在这项研究中，他们先测量了参与者的依恋风格，然后给予参与者死亡提醒或要求他们写下意外之事，最后要求参与者从恋人或父母的角度就一系列积极或消极的特质给自己评分。研究发现，安全型依恋（与焦虑型依恋或回避型依恋）的个体在死亡提醒（与写下意外之事的对照组相比）的条件下，更容易夸大来自恋人的积极看法。那些更偏向焦虑/矛盾型依恋的人在死亡提醒的条件下会夸大来自父母的积极关注，而那些具有回避型依恋风格的人对来自父母或恋人的积极关注的评估没有明显变化。

总体而言，这一系列引人入胜的研究有力地解释了梅所说的*共在世界*为什么能够缓解因非存有而产生的焦虑和绝望。我们与他人的关系让我们感觉受到积极关注，并因此感到自己是重要的。梅的同事欧文·亚隆（Irvin Yalom）曾写道，死亡提醒能够推动我们去追求能使生活变得更有意义的事物。考克斯和阿恩特总结道：“理解了人们如何从关系对象身上获得提升自尊的支持，能够帮助人们以更大的心理弹性来面对核心存在问题。”

自有世界中的成长：死亡觉知的积极面

如前文所述，目前为止关于恐惧管理理论的研究几乎都集中在梅所说的由死亡觉知引起的神经症焦虑上，即人类抵御非存有带来的恐惧时较消极的一面上。不过，和所有存在主义者一样，梅相信，勇敢地面对死亡之必然性能使我们超越防御的、顺从的存在，从而达到此在。对存在的担忧能否促进人类的成长？最新的研究证实，人类实际上可以在非存在的威胁下富有创造力地存在。

肯尼斯·韦尔（Kenneth Vail）及其同事梳理了关于“有意识的和无意识的死亡想法的影响”的研究，发现二者都能够带来积极的、成长取向的结果。除了上面讨论过的死亡觉知能促进身心健康之外，另一些研究表明，有意识的死亡想法可能有助于人们变更生活目标的优先次序。海德格尔（Heidegger）将这种现象称为“觉醒体验”（awakening experience），而现代研究者则称之为“现实检验”（reality check）。例如，纵向研究表明，日常的对死亡的有意识思考使人们更加重视个人的、内部的目标，而不是地位导向的、外部的目标。

此外，还有一些研究发现，无意识的死亡觉知也能够带来积极结果。例如，盖利奥特（Gailliot）及其同事开展了一项精巧的实地研究。他们派出一位乔装的研究者，假装在用手机通话，用路人能听见的音量谈论帮助他人的价值，而第二位乔装的研究者则假装掉了什么东西。如果此时他们身处一个墓园，那么比起身处离墓园一个街区、看不到墓园的地方，路人帮助第二位乔装者捡起东西的可能性高 40%。在另一项研究中，研究者发现具有共情能力的人更推崇善良的价值观，这是他们管理死亡觉知的一种方法。研究者让曲棍球主场球队的球迷填写一份共情问卷，然后对他们进行死亡提醒；接着，他们让参与研究的球迷阅读一则关于主场球队（或客场球队）球员犯下侵略性犯规的新闻。在死亡提醒条件下，球迷总会原谅主场球队的球员，不过，那些共情得分更高的球迷更倾向于原谅客场球队的球员。

进一步的研究表明，亲历死亡尤其会让人们朝着亲社会和个人成长的目标迈进（试回想，在罗杰斯一章中有关创伤后成长和有机体评价过程的讨论）。韦尔（Vail）及其同事认为，这是因为亲历死亡的过程或多或少地带有有意识和无意识的恐惧管理印迹。曾经遭受创伤或经历过亲人去世的个体需要重建他们先前持有的死亡否定意义系统，摒弃自私的世界观，转向成长导向的、存在主义的世界观。从这个角度来说，梅等存在主义者强调死亡对生者有心理益处，虽然看似讽刺，却是不争的事实。

对梅的评价

大到存在主义，小到心理学，梅都受到了称其反知识、反理论的批评。有人说梅的观点不符合传统理论的定义，梅本人也承认这一点，但他坚决反对将他的心理学称为反知识、反科学的说法。他指出了传统科学方法的贫乏，认为它无法解释意志、关心、行动的人等存在论特征。

梅认为，一种新的科学心理学必须认识到人类的特征，如独特性、个人自由、命运和现象学经验等，尤其是人们将自己当作客体及主体对待的能力。一门新的人类科学还必须包含伦理，正如梅所言：“活着的、自我觉知的人类行动绝不会自动发生，而是必然包含着对后果的权衡，包含着善或恶的可能性。”

在梅所说的这门新的科学更加成熟之前，我们依然需要按照固有的一套标准来评价梅的观点，就像评价其他理论家的观点一样。第一，梅的思想是否*引发了科学研究*？梅在构建观点时没有总结出理论框架，他的著作中也缺乏可验证的假设。一些研究，如关于恐惧管理理论的研究，只是与存在主义心理学相关，具体来说，并非源于梅的理论。因此，根据有用理论的第一个标准，梅的存在主义心理学得分很低。

第二，梅的观点能否被证实或*证伪*？同样，在这个标准上，存在主义心理学和梅的理论都只能得到很低的评分。梅的理论过于模糊，无法引申出可以被证实或证伪的具体假设。

第三，梅的以哲学为指导的心理学是否有助于*组织关于人性的已有知识*？按照这个标准，梅的理论能得到中等分数。与本书提及的大多数理论家相比，梅更忠实地贯彻了戈登·奥尔波特的格言：“不要忘记你决定忽略的东西。”梅没有忘记他决定不讨论发展阶段、基本动机和其他将人的经验化整为零的因素。梅的富含哲理的文章深入到人类经验的深处，探索了其他人格理论家未曾考察的人性侧面。他之所以广受欢迎，部分原因是他能打动作为个体的读者，与他们的人性产生共鸣。尽管他的观点给人们带来的影响可能超越其他理论家，但是不能否认他所使用的概念存在前后不一致、令人困惑的问题。此外，梅还决定忽略人格的几个重要主题，如发展、认知、学习和动机。

第四，作为*指导行动*的指南，梅的理论非常薄弱。尽管他对人格具有深刻的理解，但梅的观点更多来自哲学而非科学。实际上，他并不反感被称为哲学家，他经常称自己是哲学治疗师。

第五，在*内部一致性*的标准上，梅的存在主义心理学也是不足的。他为焦虑、内疚、意志和命运等概念下了多种定义。而且遗憾的是，他从未为这些概念提供操作性定义。不精确的术语导致梅的观点很难引发研究。

第六，有用理论的最后一个标准是*简约性*，在这个标准上，梅的心理学可以得到中等评价。他的作品虽然有时烦冗而质拙，但值得称赞的是，他处理了复杂的问题，并没有试图过度简化人格理论。

对人性的构想

像埃里克·埃里克森（见第 7 章）一样，梅提供了一种新的看待事物的方式。与大多数人格理论家相比，梅对人性的构想更为宏阔和深刻。他把人视为复杂的，有能力达成至善，也有能力变成极恶。

梅认为，人们已经与自然世界、他人及自己——这是最重要的——疏离了。随着与他人、与自己越来越疏离，人们也就失去了一部分意识。他们越来越不了解自己是一个主体，也就是一个“能够意识到正在经历各种体验的自我”的人。随着主体自我变得模糊，人们便失去了做出选择的能力。但是，这种发展并不是不可避免的。梅认为，人们有能力在自己的命运范围之内做出自由选择。每一次选择都会将原有决定论的边界拓宽一些，使新的选择成为可能。通常，人们所拥有的自由潜能比他们意识到的多得多。但是，自由选择伴随着焦虑。选择需要个体有勇气面对自己的命运、面对内心并认识恶与善。

选择还意味着行动。没有行动，选择仅仅是一种愿望，一种空虚的愿望。行动伴随着责任。自由和责任往往是等量的。一个人不能拥有比责任更多的自由，也不能背负比自由更多的责任。健康个体对自由和责任持欢迎态度，但他们也意识到选择通常是痛苦的、令人焦虑的和困难的。

梅认为，很多人放弃了选择的能力。不过梅也指出，放弃本身也是一种选择。最终，我们每个人都要对自己做出的选择负责，这些选择将我们每个人定义为一个独特的人。所以，在自由选择的维度上，梅应该得到较高的评分。

梅的理论是*乐观的*还是*悲观的*？尽管梅描绘的人性有时令人沮丧，但他并不是悲观的。他认为当今时代只是人类寻求新的象征和神话的停滞期，未来，新的象征和神话将给人类带来新的精神。

尽管梅认识到童年经历对成年人人格的潜在影响，但他显然更倾向于*目的论*而非*因果论*。我们每个人都有自己必须发现并挑战的目标或命运，如果不这样做就会面临产生疏离感和罹患神经症的风险。

在人格发展是*意识*还是*潜意识*力量的问题上，梅持中间立场。从本质上讲，人们具有很强的自我意识的能力，但通常这种能力没有得到发挥。人们有时缺乏面对命运的勇气，有时则缺乏认识所在文化和内心之恶的勇气。意识和选择是相互联系的。随着人们做出更多的自由选择，他们对自己的身份也会有更深的洞见；也就是说，他们有了更强的存有感。反过来，更加强烈的存有感也促使他们拥有做出更多选择的能力。自我觉知和自由选择的能力是心理健康的标志。

梅在*社会影响*还是*生物影响*的问题上也持中间立场。社会主要通过人际关系影响人格。我们与他人的关系可能促进自由，也可能束缚自由。病态的关系，如菲利普与其母亲和姐姐之间的关系，会扼杀个人的成长，使人们无法与他人健康地相遇。如果不能作为一个人与他人建立关系，生活就变得毫无意义，人们也会产生疏离感，不仅与他人疏离，也与自己疏离。生物因素也影响着人格，如性别、体格、对疾病的易感性及终有一死等生物因素塑造了人们的命运。每个人都无法超出命运的范围，但是这一范围可以被拓宽。

在*独特性*还是*相似性*的维度上，梅对人性的构想倾向于独特性。我们每个人都有责任在命运的界限内塑造自己的人格。没有两个人会做出完全一样的选择，也没有两个人会发展出完全一致的观点。梅对现象学的强调暗示了他的理论更重视个体感知及人格的独特性。

重点术语及概念

- 存在主义的基本原则是，*存在先于实体*，这意味着人们的行动比身份更重要。
- 第二个假设是*人们既是主体，也是客体*；也就是说，人们能思考，也能行动。
- *人们有动机去寻找*关于生活意义的重要问题的*答案*。
- 人们拥有同等程度的*自由和责任*。
- 术语*此在*或*在世存有*，表示人与其现象学世界的统一。
- 在世存有的三种模式是*环境世界*（一个人与物质世界的关系）、*共在世界*（一个人与他人的世界的关系）和*自有世界*（一个人与自己的关系）。
- *非存有*或*虚无*，是借由死亡或丧失觉知而意识到自己不再存有的可能性。
- 当人们觉知到非存有的可能性时，或者觉知到自己有选择的自由时，他们就会体验到*焦虑*。
- 每个人都会经历*正常焦虑*，正常焦虑与威胁成正比。
- *神经症焦虑*与威胁不成比例，包含压抑，并且被个体以自欺欺人的方式处理。
- 人们之所以会感到*内疚*，是因为以下几点：（1）他们与自然世界分离，（2）他们无法判断他人的需要，（3）他们否认自己的潜能。
- *意向性*是种基础结构，它给人们的经历赋予意义，让人们能够对未来做出决定。
- *爱*意味着当那个人在场时感到喜悦，并肯定那个人的价值，就像肯定自己的价值一样。
- *性欲*是爱的基本形式，它是一种生物本能，可通过释放性紧张得到满足。
- *爱欲*是一种更高级的爱的形式，它追求与爱人的持久结合。
- *友爱*是追求与另一个人建立不涉及性的友谊的爱的形式。
- *神爱*是爱的最高形式，它是无私的，不会向对方索求任何东西。
- *自由*的获得需要个体面对自己的命运，或者理解任何时候都有死亡或非存有的可能性。
- *存在自由*也叫行动自由，是指可以活动并追求有形目标的自由。
- *实体自由*也叫存有自由，是指思考、计划、希望的自由。
- *神话*是一套信仰系统，在意识和潜意识层面为个人和社会问题提供解释。

第四部分

特质理论

第 12 章 奥尔波特：个体心理学
第 13 章 麦克雷和科斯塔：大五人格特质理论

CHAPTER 12

第 12 章

奥尔波特：个体心理学

奥尔波特 © Bettmann/Getty Images

- 奥尔波特个体心理学概要
- 戈登·奥尔波特小传
- 奥尔波特研究人格理论的方法
  - 什么是人格
  - 意识动机有什么作用
  - 心理健康者有哪些特征
- 人格结构
  - 个人特质
  - 个人本性
- 动机
  - 一种关于动机的理论
  - 功能自主
- 对个体的研究
  - 形态形成科学
  - 玛丽恩·泰勒的日记
  - 珍妮的来信
- 相关研究
  - 理解及减轻偏见
  - 内部和外部宗教取向
- 对奥尔波特的评价
- 对人性的构想

重点术语及概念

1920 年秋天，一名主修哲学和经济学的 22 岁美国大学生去维也纳看望自己的哥哥。在维也纳期间，他写信给西格蒙德·弗洛伊德，请求与对方见面。弗洛伊德是当时世界上最著名的精神病学家，他同意见一见这名年轻人，并指定了会面的具体时间。

会面当天，这名美国年轻人早早地就到了弗洛伊德位于贝尔格巷 19 号的诊所。到了指定的时间，弗洛伊德打开了诊室的门，安静地将年轻人引入室内。从美国来的访客突然意识到自己没准备什么话题。他绞尽脑汁地想，什么话题能引起弗洛伊德的兴趣。这时他突然想起刚才坐有轨电车来的路上看到的一个小男孩。小男孩大约 4 岁，表现出明显的污垢恐惧症，一直在向他衣衫笔挺的母亲抱怨电车的肮脏。弗洛伊德安静地听完这个故事，然后用一种典型的弗洛伊德式技巧问这名年轻访客，这个小男孩是否就是他自己。年轻人觉得很心虚，马上转移了话题，还好对话没有变得更尴尬，随后他很快就告辞离开了。

这名来到弗洛伊德诊室的美国访客就是戈登·奥尔波特（Gordon Allport），这次会面激发了他对人格理论的兴趣。之前在美国的时候，奥尔波特就设想过，是否存在第三种方法来研究人格理论——融合传统的精神分析理论和动物视角的学习理论，同时融入更多的人本主义立场。奥尔波特只用了很短的时间就获得了心理学博士学位，接着就沿着个体研究的道路开始了他漫长而杰出的职业生涯。

奥尔波特个体心理学概要

奥尔波特比其他人格理论家更强调个体的独特性。他认为，试图用一般特质描述人类剥夺了人们独特的个体性（individuality）。因此，奥尔波特反对特质理论和因素理论，认为上述理论不应将个体行为归因于共同特质。例如，他坚信，一个人的固执是与其他任何人的固执不同的，而且一个人的固执与其外倾性和创造力相互作用的方式是其他任何人都无法复制的。

由于奥尔波特强调每个人的独特性，因此他愿意深入研究单个个体。他将这种对个体的研究称为**形态形成学**（morphogenic science），并将形态形成法与大多数心理学家所使用的**通用方法**（nomothetic method）进行了对比。形态形成法是收集单个个体数据的方法，而通用方法是收集一个群体的数据的方法。奥尔波特还提倡用**折中法**（eclectic approach）进行理论构建。他接受了来自弗洛伊德、马斯洛、罗杰斯、艾森克和斯金纳等理论家的部分研究成果；但是与此同时，他又认为没有哪个理论家能够充分解释人格的成长和独特性。对奥尔波特来说，广泛而综合的理论比狭义而具体的理论更可取，即使前者不能产生后者那么多的可检验的假设。

奥尔波特反对学派主义，反对只强调人格的某一方面的理论。他正告其他理论家，让他们不要“忘记你决定忽略的东西”。

也就是说，没有一个理论是综合了一切的，心理学家应该始终意识到任何单一理论都无法完全解释人类天性。

戈登·奥尔波特小传

戈登·威勒德·奥尔波特（Gordon Willard Allport）于 1897 年 11 月 11 日出生于美国印第安纳州蒙特祖玛镇，是约翰·E. 奥尔波特（John E. Allport）和内莉·怀斯·奥尔波特（Nellie Wise Allport）的第四个儿子，也是最小的儿子。在小奥尔波特出生前，他的父亲尝试做过各种生意，在他出生前后才转行当了外科医生。奥尔波特医生没有办公室和临床设施，他白手起家，将自己的家改造成了一家小型医院。从此家里有患者和护士来来往往，家里的环境也变得越来越干净、整洁。

环境的清洁使一家人的思想也变得单纯。奥尔波特在自传中写道，他的童年生活充满了“新教徒的朴素与虔诚”。弗洛依德·奥尔波特（Floyd Allport）是比小奥尔波特年长 7 岁的哥哥，后来也成了著名的心理学家。弗洛依德·奥尔波特回忆他们的母亲是一位虔诚的妇女，非常重视宗教信仰。而曾经是一名教师的母亲教给奥尔波特的是语言要简洁、举止要得体、要终其一生去寻找宗教的终极答案。

在小奥尔波特 6 岁时，全家在搬迁 3 次后最终定居在俄亥俄州克利夫兰。小奥尔波特对哲学和宗教问题很感兴趣，他不善于社交，但善于写作。他形容自己是一个社交“孤立者”，有自己的活动范围。尽管高中毕业时他在其所在班级的 100 人里排名第二，但他并不认为自己是一个有天赋的人。

1915 年秋天，奥尔波特跟随哥哥的脚步来到哈佛大学。其时哥哥本科毕业已经两年，是心理学系的研究生。奥尔波特在自传中写道：“几乎一夜之间，我的世界被颠覆了。可以肯定的是，我的基本道德价值观早就在家里成型了。颠覆我的是正在邀请我去探索的智力和文化领域。”从入学起，他与哈佛大学整整相伴了 50 年，中途只有两次短暂的中断。1919 年，奥尔波特拿到了哲学和经济学的学士学位，那时他尚未明确自己未来将从事什么职业。他在大学里选修了心理学和社会伦理学课程，这两个学科都让他印象深刻。当接到一个来自土耳其的教职邀请时，他认为这是一个机会，可以试试自己是否喜欢教学工作。他在欧洲度过了 1919 年至 1920 年的一整个学年，在土耳其伊斯坦布尔的罗伯特学院教授英语和社会学。

在土耳其期间，奥尔波特申请到了哈佛大学的研究生奖学金。他还收到了哥哥费耶特（Fayette）让他去维也纳的邀请。费耶特正在维也纳为美国贸易委员会工作。在维也纳，奥尔波特和弗洛伊德见了一面，就像我们在本章开头简要描述的那样。与弗洛伊德的会面极大地影响了奥尔波特后来关于人格的观点。22 岁的奥尔波特颇具胆识地致信弗洛伊德，告诉他自己正在维也纳，希望可以和精神分析之父见上一面。结果，这次见面改变了奥尔波特的人生。年轻的访客找不到话题，于是就向弗洛伊德提起了自己来时在有轨电车上看到的一个小男孩。小男孩向母亲抱怨汽车的肮脏状况，并表示他不想坐在这些脏兮兮的乘客旁边。奥尔波特说他选择这一特殊事件本是想让弗洛伊德评论一下如此年幼的小孩的恐惧症，但是弗洛伊德却用善良的治疗师的眼睛盯着他说：“那个小男孩就是你吗？”这让他非常惊讶。奥尔波特说自己感觉很不自在，迅速改变了话题。

奥尔波特多次提及这个故事，每次都大同小异，但他从未透露过自己与弗洛伊德见面的其他细节。不过，艾伦·埃尔姆斯（Alan Elms）发现了奥尔波特记录随后所发生事情的手稿。在意识到弗洛伊德以为他是来接受专业咨询的患者之后，奥尔波特随后谈到了他对煮熟的葡萄干的厌恶：

> 我告诉他，我想原因是我 3 岁的时候，一名护士告诉我那是“虫子”。弗洛伊德问道：“当你回想起这个插曲时，你对煮熟的葡萄干的厌恶消失了吗？”我答道：“没有。”他又说：“那么，你还没有触及这个问题的核心。”

奥尔波特返回美国后，开始在哈佛大学攻读博士学位。获得学位后，他先去欧洲的柏林和汉堡待了两年，在德国著名心理学家马科斯·韦特墨（Max Wertheimer）、沃尔夫冈·柯勒（Wolfgang Kohler）、威廉·斯特恩（William Stern）和海因茨·维尔纳（Heinz Werner）等的指导下学习。

1924 年，他再次回到哈佛大学，开设了一门关于人格心理学的新课程。奥尔波特在自传中提及，这门课是美国大学开设的第一门人格心理学课程。它结合了社会伦理学，并用心理学的科学方法来理解善和道德。同时这门课也反映了奥尔波特对清洁和道德的强烈个人倾向。

在哈佛大学任教两年后，奥尔波特又去了达特茅斯学院执教。四年后，他回到哈佛大学，并在那里度过了其余的职业生涯。

1925 年，奥尔波特与艾达·鲁夫金·古尔德（Ada Lufkin Gould）结婚，他们是在读研究生期间认识的。艾达在哈佛大学获得了临床心理学硕士学位，接受过奥尔波特当时缺乏的临床训练。她为奥尔波特的一些著作做出了宝贵的贡献，尤其是两个深层次的案例研究——珍妮·戈夫·马斯特森（Jenny Gove Masterson）的案例和玛丽恩·泰勒（Marion Taylor）的案例（这一案例从未出版过）。

奥尔波特夫妇有一个孩子——罗伯特（Robert），孩子长大后成了一名儿科医生。奥尔波特家族中隔了一代又出了一位医生，这一事实令奥尔波特颇为欣慰。奥尔波特一生获得许多奖项和荣誉。1939 年，他当选美国心理学会主席；1963 年，他获得美国心理学会金奖；1964 年，他获得美国心理学会杰出科学贡献奖；1966 年，他荣幸地成为哈佛大学第一位理查德·克拉克·卡伯特（Richard Clarke Cabot）社会伦理学教授。1967 年 10 月 9 日，嗜烟如命的奥尔波特因肺癌去世。

奥尔波特研究人格理论的方法

以下三个互相关联的问题的答案揭示了奥尔波特研究人格理论的方法：（1）什么是人格？（2）意识动机在人格理论中的作用是什么？（3）心理健康者有哪些特征？

什么是人格

在定义术语方面，很少有心理学家像奥尔波特那样费尽心思。他给出的人格定义堪称经典。他追溯了“面具”（persona）一词的古希腊词源，包括古拉丁文和伊特鲁里亚语。正如本书第 1 章提到的，“人格”一词可能来自“面具”，指的是公元前 1 世纪至 2 世纪古罗马演员在演古希腊戏剧时所佩戴的面具。在追溯词源之后，奥尔波特列举了神学、哲学、法律、社会学和心理学中所使用的 49 种人格定义。然后，他提出了第 50 种定义。在 1937 年，这个定义被描述为“个体内部决定其独特的环境适应方式的心理物理系统的动态组织”。1961 年，他修改了定义中的一个词组，将“决定其独特的环境适应方式的”改为“决定其特征行为和思想的”。这一更改意义深远，反映了奥尔波特对准确度的追求。因为他意识到，“环境适应方式”可能暗示了人们只是在适应环境。所以在新的定义中，奥尔波特传达了行为除了是适应性的之外，也是表达性的。人们不仅需要适应环境，还需要对其进行反思并与环境互动，以使环境适应自己。

奥尔波特精心挑选了定义中的每个词，以传递出他所要表达的意思。“动态组织”一词暗示了人格的各个方面是整合的或相互关联的。人格是有组织和有规律的。不过，组织始终处于变化之中，因此加上了限定词“动态”。人格不是一个静态的组织，它一直在成长或变化。“心理物理”一词强调了人格具有心理和物理两个方面的重要性。

定义中另一个暗示了行动的词是“决定”，它的意思是“人格是某物，并且能够做某事”。换句话说，人格不仅是我们佩戴的面具，也不是简单的行为。它指的是表面背后的个体，即行动背后的人。

通过“特征”（characteristic）一词，奥尔波特想要暗示的是“个体”或“独特性”，其中“character”原意是指标记或印刻。上述含义让奥尔波特的“特征”一词更为丰富。每个人都在自己的人格上刻上了自己独特的标记或印刻，他们的特征行为和思想使他们与众不同。特征是独一无二的印刻、印记或标记，无法被其他人复制。“行为”和“思想”是说一个人所做的任何事情。它们都是综合性的词汇，既包括了内部行为（思想），也包括了外部行为（如言语和行动）。

奥尔波特对人格的全面定义表明：人既是结果，也是过程；人们具有一定的组织结构，同时又拥有改变的能力；模式与成长并存，秩序与多样并存。

综上所述，人格既是物理的，又是心理的；既包括外显的行为，又包括内隐的思想；它既是某物，又能做某事。人格既是实质，也可变化；既是结果，也是过程；既是结构，也可成长。

意识动机有什么作用

奥尔波特比其他人格理论家都更强调意识动机的重要性。健康的成年人通常都知道自己在做什么，以及这样做的原因。奥尔波特重视意识动机，这可以追溯到他在维也纳与弗洛伊德的会面，以及当被弗洛伊德问及“你就是那个小男孩吗”时他的情绪化反应。弗洛伊德的提问暗示了眼前这名 22 岁的访客在讲电车上的小男孩时潜意识里想要表达的是自己对清洁的迷恋。奥尔波特强调他那时的动机是有意识的——他只是想了解弗洛伊德对这么小的孩子所患恐惧症的看法。

弗洛伊德假定小男孩乘电车的故事隐藏着潜意识层面的意义，但奥尔波特却倾向于接受自我叙述的字面意义。奥尔波特称：“这次经历告诉我，深度心理学尽管有其优点，但可能会陷得太深，心理学家在探究潜意识之前最好能先充分认识外显的动机。”

但是，奥尔波特并没有忽略潜意识过程的存在及其重要性。他承认以下事实：一部分动机是由隐藏的冲动和升华驱力所驱动的。例如，他认为，大多数强迫行为是自动重复的，通常与目标背道而驰，是由潜意识中的倾向引起的。它们通常起源于童年，到成年时仍保留着幼稚的特点。

心理健康者有哪些特征

在马斯洛（见第 9 章）的自我实现概念流行之前，奥尔波特曾对成熟人格的属性开展深入研究。奥尔波特对心理健康者的兴趣可以追溯到 1922 年，也就是他刚获得博士学位那一年。由于没有数学、生物学、医学或实验室操作方面的特殊技能，奥尔波特被迫“在心理学的人本主义领域中找寻自己的出路”。于是，他开始研究心理成熟者的人格。

要理解奥尔波特的成熟人格概念，首先需要知道他所做的几个一般假设。首要的便是，心理成熟者的特征是**能动**（proactive）行为；也就是说，心理成熟的人不仅会对外部刺激做出反应，而且能通过有意识地用创新的方式对环境做出动作，使环境对自己做出反应。能动行为不仅是为了降低张力，更是为了形成新的张力。

此外，与不成熟的人格相比，成熟的人格更容易受到有意识过程的推动，具有成熟人格者更加灵活、自主，而不健康的人仍然受到童年经历引发的潜意识动机的支配。

相对而言，健康的人在童年几乎未经历创伤，尽管他们到晚年时仍有遭受冲突和痛苦的可能。心理健康者也有某些属于个人的缺点和特有倾向。此外，年龄并不是成熟的必要条件，尽管健康的人会随着年龄的增长越来越成熟。

那么，心理健康者的更加具体的标准是什么？奥尔波特给出了成熟人格的六个标准。

第一个标准是*自我意识的延伸*。成熟的人会不断寻求认同，并参与自身之外的事件。他们不会以自己为中心，而是能够融入不以自己为中心的问题和活动中去。他们对工作、游戏和娱乐都有无私的兴趣。社会利益（阿德勒所说的*社会兴趣*）、家庭和精神生活对他们来说都很重要。最后，这些外部活动变成了他们的一部分。奥尔波特是这样总结第一个标准的：“每个人都爱自己，但是只有自我延伸（self-extension）才是成熟的标志。”

第二个标准是成熟人格者具有“*将自己与他人温暖地关联*”的特征。他们有能力以亲密而富有同情心的方式去爱别人。当然，能否温暖地与他人相关联取决于人们扩展自我意识的能力。只有超越了自我，成熟人格者才能无条件地、无私地爱他人。心理健康者尊重他人，并且能够意识到他人的需要、欲望和希望并非与自己的截然不同。此外，他们有健康的性观念，不会利用他人来满足自己。

第三个标准是*情绪安全感*或*自我接纳*。成熟人格者接受自己的本来面目，并具备奥尔波特所说的情绪平衡（emotional poise）。在事情没有按计划进行或“不顺心”的时候，心理健康的人不会过分沮丧。他们不会在小烦恼上钻牛角尖，而是能够认识到挫折和困难是生活的一部分。

第四个标准是心理健康者对环境具有*现实的感知*。他们不会生活在幻想世界中，也不会为了满足自己的愿望而歪曲现实。他们以问题为导向，而不是以自我为中心，并且能够采用主流观点将自己与世界联系起来。

第五个标准是*洞察力和幽默感*。成熟人格者了解自己，因此无需将自己的错误和弱点归咎于他人。他们还拥有非敌意的幽默感，有自嘲的能力，而不是依靠性或私人话题来引人发笑。奥尔波特认为洞察力和幽默感是紧密相关的，可能是同一事物的两个方面，也即自我客体化（self-objectification）。健康的人能够客观地看待自己。他们能够感知生活中的歧义和荒谬，不需要假装或装腔作势。

第六个也是最后一个标准，是*统一的人生哲学*。心理健康者对人生的目的有着清晰的认识。没有这种认识，他们的洞察力将是空洞而贫瘠的，他们的幽默感将变得琐碎而愤世嫉俗。统一的人生哲学可能与宗教无关，但是奥尔波特个人似乎认为成熟的宗教取向是大多数成熟人格者在生活中不可或缺的组成部分。尽管许多有宗教信仰的人没有成熟的宗教哲学，并且抱有狭隘的种族偏见，但是真正虔诚的宗教人士相对而言具有较少的偏见。一个人若具有成熟的宗教态度和统一的人生哲学，则其拥有发展良好的意识，并且很可能拥有为他人服务的强烈愿望。

人格结构

人格结构是指人格的基本单元或基本结构。弗洛伊德认为基本单元是本能，艾森克（见第 14 章）认为基本单元是生物学决定因素，而奥尔波特则认为最重要的基本结构是那些能够描述一个人的个体特征，他把这些个体特征称为*个人特质*。

个人特质

在整个职业生涯中，奥尔波特一直很注意*共有特质*和个体特质的区分。**共有特质**（common traits）是指很多人共有的普遍特征。共有特质可以通过因子分析研究得出，如艾森克和大五人格特质理论的作者们所做的研究（见第 13 章），也可以通过各种各样的人格量表测量。共有特质是一种对来自同一文化的人们进行互相比较的方法。

共有特质对那些比较人与人的研究来说很重要，而**个人特质**（personal disposition）比共有特质更重要，因为它提供的是研究单个个体的方法。奥尔波特将个人特质定义为“一套概括的神经心理结构（为个体所特有），能够使多种刺激在功能上等效，能够引发并引导一致的（即等效的）适应而独具风格的行为范式”。个人特质和共有特质之间最重要的区别是括号里的附注，即“为个体所特有”。个人特质独属于个体，而共有特质由多个人共享。

为了确定个人特质，奥尔波特和亨利·奥德伯特（Henry Odbert）从 1925 年版的《韦氏新国际英语大辞典》中查出了将近 18 000 个（更准确地说是 17 953 个）形容人的词，其中约有 1/4 可以用来描述人格特征。这些词中的一部分通常被称为*特质*，描述了相对稳定的特征，如“善于交际”或“内向”；另一部分通常被称为*状态*，描述了暂时的特征，如“快乐”或“愤怒”；一部分通常用于描述评价性特征，如“不愉快”或“出色”；还有一部分描述了身体特征，如“高”或“胖”。

单一个体可以拥有多少种特质？想要回答这个问题，就必须先确定哪种个人特质在该个体的生活中占据优势地位。如果我们只考虑那些对一个人很重要的个人特质，那么每个人可能只拥有不到十种特质。如果考虑所有倾向，那么每个人可能会有数百种个人特质。

个人特质的水平

奥尔波特用一个连续轴来评估个人特质，轴的一端是个体最核心的个人特质，另一端是最不重要的个人特质。

主要特质

有的人具有一种突出特征或统治性的特质，这一特质主宰了他们的生活。奥尔波特称这种个人特质为**主要特质**（cardinal disposition）。主要特质十分明显而无法隐藏，导致在该个体的生活中几乎每个行动都围绕着主要特质展开。大多数人没有主要特质，少数具有主要特质的人总是以某一种性格为人所知。

奥尔波特列举了几位具有主要特质的历史人物和虚构人物，这些人物甚至因为特质明显而成了专有名词。例如，堂吉诃德式的（quixotic，来自堂吉诃德）、沙文主义的（chauvinistic，来自尼古拉斯·沙文）、自恋的（narcissistic，来自纳西塞斯）、虐待狂的（sadistic，来自萨德侯爵）和放荡者（a Don Juan，来自唐璜）等。由于主要特质因人而异，不与任何人共有，因此只有唐·吉诃德才真正是堂吉诃德式的，只有纳西塞斯才真正是自恋的，只有萨德侯爵才真正是虐待狂的。当用这些词来形容其他个体的特征时，这些特征就是共有特质。

中心特质

只有很少的人具有主要特质，但是每个人都有几种**中心特质**（central disposition），通常包含 5 到 10 种突出特征，这个人的生活便围绕着这些特征展开。奥尔波特形容中心特质是那些在熟人所写的推荐信上所精确列出的特质。在“对个体的研究”一节中，我们将探讨一位女士给奥尔波特夫妇的一系列来信，这位女士被他们称作珍妮（Jenny）。这些信件的内容反映了关于珍妮的丰富信息。我们还会探讨关于这些信件的三种分析，得出珍妮的八种中心特质，即那些明显得足以被三种独立分析程序都捕捉到的特征。同时奥尔波特相信，大多数人都有 5 到 10 种中心特质，也就是他的朋友和熟人都认为可以用来形容他的特质。

次要特质

次要特质（secondary disposition）不如中心特质那么明显，但是数量却多得多。每个人都有许多种次要特质，这些特质不是人格的中心，但也会有规律地出现，并导致一些特定的行为。

上述三种个人特质都是从最适切到最不适切的连续轴上的一个点。主要特质是一个人极为明显的特质，随着其主导性逐渐下降，就变成了中心特质。中心特质依然体现了一个人的独特性，它指导了一个人的许多适应性和风格化的行为。随着其主导性的下降，中心特质逐渐变成了次要特质。但是，我们不能说一个人的次要特质不如另一个人的中心特质强烈。个人特质不适于在人与人之间进行比较，任何比较的尝试都会使个人特质变成共有特质。

动机特质和风格特质

所有的个人特质都是有动力的，也就是说，它们都具备动机推动力。不过，某些个人特质比其他个人特质令人感觉更强烈，奥尔波特称这些令人感觉更强烈的特质为**动机特质**（motivational dispositions）。动机特质从基本需要和驱力中获取动力。奥尔波特将体验不那么强烈的个人特质称作**风格特质**（stylistic dispositions），风格特质也具有一定的动机推动力。风格特质引导行动，而动机特质引发行动。风格特质的一个例子是整洁完美的外表。虽然人们穿衣服的动机来自对保暖的基本需要，但是如果说到穿衣风格，则取决于人们的风格特质。动机特质与马斯洛的应对行为概念相似，风格特质则与马斯洛的表达行为概念相似（见第 9 章）。

马斯洛在应对行为和表达行为之间划分了清晰的界线，与之不同的是，奥尔波特认为，动机特质与风格特质之间并非泾渭分明。一些特质明显属于风格特质，另一些特质则令人感觉更强烈，属于动机特质。例如，礼貌是一种风格特质，而进食则是一种动机特质。一个人的进食（方式）至少部分取决于其饥饿程度，但与此同时，也部分取决于其风格特质。一个通常有礼貌但是当下又很饿的人，如果他正在独自吃饭，可能会狼吞虎咽，但是如果有他人在场，而且他的礼貌特质足够强烈，那么他可能仍会维持进餐礼仪，尽管早已饥肠辘辘。

个人本性

不论动机特质还是风格特质，其中某些个人特质接近人格的核心，而另一些则处于人格的外围。那些处于人格中心的特质会被人们视为自我的重要组成部分。在提及这些特质时，个体会使用“那就是我”或“这是我的”等语句来形容。所有这些“特属于我”的特征都是个人本性。

奥尔波特使用**“个人本性”**（proprium，也译作“统我”）一词来指代人们认为在自己的生活中最温暖、最核心、最重要的行为和特征。个人本性不是完整的人格，因为人们有许多特征和行为并不属于人格的核心——这些特征和行为处于人格的外围。不属于个人本性的行为包括以下 3 点：（1）通常都可以达到且实现起来没有困难的基本驱力和需要；（2）风俗习惯，如穿衣服、见人问好、靠马路右侧行驶等；（3）习惯行为，如吸烟或刷牙等，这些行为是自动发生的，并且对一个人自体意识来说无关紧要。

作为人格的温暖中心，个人本性包含了人们认为对自我身份认同感和自我增强（self-enhancement）十分重要的生活方面。个人本性包括一个人的价值观及属于个人的、与个人的成熟信仰一致的那部分良心。广义的良心——某一文化中的大多数人所共有的良心——可能只处于个人品德观念的外围，因此也就不属于个人本性。

动机

奥尔波特相信，大多数人并不受过去的事件所驱动，而是受当下的驱力所驱动，并且知道自己在做什么，也或多或少知道自己行为背后的原因。他还认为，动机理论必须考虑到外围动机和个人**本性的努力**（propriate strivings）之间的差异。外围动机是*减少需要*的动机，而个人本性的努力则力求*保持紧张和不平衡*。成年人的行为既包含了对环境做出的反应，也包含了能动性。动机理论必须足以解释这两个方面。

一种关于动机的理论

有时，人们被推动着寻找紧张，而非减轻紧张。©Purestock /SuperStock

奥尔波特相信，有用的人格理论基于以下假设：人不仅会对环境做出反应，而且还会塑造环境并使环境对人做出反应。人格是一个不断发展的系统，新元素可以不断进入并改变人格。

奥尔波特指出，许多旧的人格理论都没有考虑到人格是可以成长的。精神分析和各种学习理论从根本上是稳态的或反应性的理论，因为这些理论认为人的动机主要来自缓解紧张和恢复平衡的需要。

奥尔波特主张，更为全面的人格理论必须允许*能动行为*。该理论要承认人能够有意识地对环境发出动作，而且人能够向着心理健康的方向成长。全面的人格理论不仅必须包括反应性理论的解释，而且必须包括强调变化和成长的能动性理论。也就是说，奥尔波特所主张的心理学，一方面研究行为模式和一般规律（即传统心理学的主题），另一方面也要研究成长和个体性。

奥尔波特认为，恒常动机理论是不完整的，因为它只能解释反应性的行为。但是，成熟的个体并非仅仅为了寻求快乐或减轻痛苦而受到推动，他们拥有在功能上独立于原始动机的新的动机系统。

功能自主

功能自主（functional autonomy）概念是奥尔波特最独特，同时也最具争议的假定。奥尔波特用功能自主来解释那些无法用享乐主义或驱力－减弱原则（drive-reduction principles）来解释的人的动机。功能自主代表了一种变化的而非不变的动机理论，是奥尔波特动机思想的核心。

通常，功能自主概念是指一部分（但不是全部）人类动机在功能上独立于推动着该行为的原始动机。如果一个动机是功能自主的，这个动机就足以解释行为，而无需寻找其背后隐藏的或更为基础的动机。也就是说，如果敛积金钱是一种功能自主的动机，那么其本身就足以解释守财奴的行为，而无需追溯其童年时期接受如厕训练的经历或奖赏与惩罚的经历。守财奴只是单纯地爱钱而已，除了这种解释，其他解释都是不必要的。这一观点认为，人类行为的基础是当前的兴趣和有意识的偏好，即自己做一件事只是因为自己想做这件事，这与许多人的常识相符。

功能自主是奥尔波特对不变动机理论的一种回应。不变动机理论是指弗洛伊德的快乐原则和刺激－反应心理学的驱力－减弱假设。奥尔波特认为这两种理论都只考虑了**历史事实**，而没有考虑**功能事实**。他相信，成年人的动机主要建立在有意识的、自给的、当下的系统上。功能自主表达了奥尔波特解释这些有意识的、自给的、当下的动机的尝试。

奥尔波特承认，一部分动机是无意识的，另一部分动机是驱力－减弱的结果。但是他辩称，因为一部分行为是功能自主的，因此不变动机理论是不充分的。他给出了充分的动机理论应具备的四个条件，而功能自主理论符合每一个条件。

1. 一种充分的动机理论“**应当认识到动机的当下性**”。换句话说，“推动着我们的必定当下也正在推动”。过去就其本身而言并不重要。个体的历史只有在此刻影响了动机才具有意义。
2. “**它应当是一个多元化的理论——考虑到多种动机共存。**”在这一点上，奥尔波特对弗洛伊德及其两个本能的理论、阿德勒及其追求成功的单一理论，以及所有强调自我实现是最终动机的理论提出了批评。奥尔波特强烈反对将一切人类动机归结于一个主要驱力上。他认为成年人的动机与儿童的动机有本质的不同，而神经症患者的动机与正常人的动机也有着本质上的不同。另外，一部分动机是有意识的，另一部分则是无意识的；一部分动机是暂时的，另一部分则是重复发生的；一部分动机是外围的，另一部分则是个人本性的；一部分动机缓解了紧张，而另一部分则维持着紧张。看起来不同的动机本质上也是不同的，不仅形式不同，实质也不同。

3. “它应当把动力力量归因于认知过程——如计划和意图。”奥尔波特认为，大多数人都忙于为了未来而打拼的生活，但是许多心理学理论却“忙于追溯这些生命的过去。虽然每个人都觉得自己是自发而**主动**的，但是许多心理学家却告诉人们，他们只不过是**被动**的”。尽管一切动机都包含了意图，但是这里所说的意图是更广义的长期意图。一位年轻女子拒绝了看电影的邀请，因为她更想用那段时间学习解剖学。这一选择与她想在大学里取得好成绩的目标相契合，也与她想读医学院的计划相关，而这一切都是实现她当医生这一意图的必要条件。健康成年人的生活是以未来为导向的，包括选择、目标、计划和意图。当然，过程并不总是完全合乎理性，因为人们有时会让愤怒支配自己的计划和意图。
4. 一种充分的动机理论“应当考虑到动机的具体性与独特性”。具体而独特的动机不同于抽象而泛化的动机，后者是基于既有理论的动机，而非真实人的实际动机。举例来说，德里克（Derrick）—— 一位致力于提高自己的保龄球比赛成绩的男士——就拥有具体而独特的动机。他的动机是具体的，而他寻求提高的方式也是独特的。一些动机理论可能会把德里克的行为归因于攻击需要，另一些理论可能将其归因于被抑制的性驱力，还有一些理论可能会将其归因于在初级驱力的基础上习得的次级驱力。而奥尔波特的理论认为，德里克想提高保龄球比赛成绩就只是想提高保龄球比赛成绩。这是德里克的独特、具体且功能自主的动机。

总之，一种功能自主的动机是当下的、自我维持的，它源自较早的动机，但是在功能上独立于较早的动机。奥尔波特将功能自主定义为“任何获得性的动机系统，其中所包含的紧张与导致该获得性系统产生的紧张不同”。换句话说，一种动机所引发的系统将发展出新的动机，新的动机与旧的动机在时间上是连续的，但在功能上却是独立的。例如，一个人最初开始耕种是为了满足饥饿的驱力，但是最后却对耕种本身产生了兴趣，并因此继续耕种。

持续的功能自主

功能自主可分为两个层次，其中较基础的一层是**持续的功能自主**（perseverative functional autonomy）。奥尔波特从“持续动作”（perseveration）这一术语中借用了“持续的”（perseverative）一词，其本意是一种印象持续影响后续体验的趋势。持续的功能自主在其他动物和人类中都有体现，其背后的神经学原理十分简单。以一只大鼠为例：一只已经学会如何走迷宫以获得食物的大鼠，即使已经吃饱，依然会继续走迷宫。为什么大鼠会继续走迷宫？奥尔波特的解释是，大鼠只是为了娱乐而走迷宫。

奥尔波特列举了一些持续的功能自主的实例，这些例子不再是关于其他动物的动机，而是关于人的动机。第一个例子是在没有生理需要的情况下对酒精、烟草或其他药物成瘾。酗酒者不停地饮酒，但是其当下的动机在功能上独立于其最初饮酒的动机。

第二个例子是未完成任务。一个问题一旦开始，即使之后被打断，也仍然会持续，并制造出一种新的完成任务的紧张。这种新的紧张与最初的动机是不同的。例如，一名大学生在金钱的推动下完成一个 500 片的拼图。每完成一片，她就会得到 10 美分报酬。假定该学生对拼图没有任何兴趣，其最初的动机只是为了获得金钱；同时，她能够获得的报酬最多是 45 美元，也就是在完成 450 片拼图后，她所获得的报酬不会继续增加。那么，没有了金钱奖励，该学生会继续完成剩余的 50 片拼图吗？如果她这样做了，那么就说明一种新的紧张被制造出来了，她此时完成拼图的动机在功能上独立于其最初获得金钱报酬的动机。

个人本性的功能自主

赋予人格统一性的动机自主系统是**个人本性的功能自主**（propriate functional autonomy），即与个人本性相关的、自给的动机。拼图或饮酒很少被视作“唯我独有”，因此也就不是个人本性的一部分，只存在于人格的外围。相对应地，职业、爱好和兴趣更接近人格的核心，与之相关的动机有更多的功能自主。例如，一位女士找工作的最初原因可能是因为她需要钱。找到工作后，她可能觉得工作内容无趣，甚至感到讨厌。然而，随着时间流逝，她逐渐对工作本身产生了极大的热情，即便在假期也会花时间工作，甚至有了与工作密切相关的兴趣爱好。

一个人开始跑步可能是为了减肥，但是后来却因为感到愉快而继续跑步。继续跑步的动机在功能上独立于开始跑步的动机。©Purestock/ SuperStock

功能自主的标准

一般而言，*当下的动机是功能自主的，其功能自主的表现之一是它会寻找新的目标*，这意味着即使动机改变，行为也将继续。例如，一名儿童最初学走路，是为发育成长的动力所推动，但是之后可能会为了增强活动能力或建立自信而继续学走路。同样，一位科学家最初专注于解决难题，但是之后可能会在探索中而非找到解决方案中获得更多满足感。这时，他的动机在功能上独立于其寻找解决方案的原始动机。此外，他可能会开始探索新领域，即使新领域与最初的领域截然不同。新领域还可能会引导他寻求更新的目标，并设定更高的志向。

非功能自主的过程

功能自主不能解释人类所有的动机。奥尔波特列出了八种非功能自主的过程：（1）生理驱力，如进食、呼吸和睡眠等；（2）与降低基本驱力直接相关的动机；（3）反射动作，如眨眼；（4）本身的体质，也就是体格、智力和气质；（5）正在形成的习惯；（6）需要初级强化的行为模式；（7）与童年性欲望有关的升华；（8）一些神经症或病理症状。

其中第八种过程（神经症或病理症状）也可能包含功能自主动机。奥尔波特举过一个非功能自主的强迫症症状的例子。一名 12 岁的女孩有一个令她困扰的习惯，每分钟都要咂若干下嘴。这个习惯开始于大约 8 年前，当时女孩的母亲告诉她，当吸气时她会吸入“好”的空气，呼气时则会呼出“坏”的空气，而女孩却认为呼出的空气变“坏”是自己的责任，因此决定亲吻“坏”的空气，以使空气变好。这个习惯延续了下来，她忘记了这样做的原因并继续亲吻“坏”的空气，这种行为就演变成了咂嘴。咂嘴的行为并不是功能自主的，而是因为想让好的空气不变坏而出现的结果。

奥尔波特提出了区分功能自主与非功能自主的强迫症的标准。例如，可以通过治疗或行为矫正而消除的强迫症是非功能自主的，但抗拒治疗的强迫症则是自我维持的，即功能自主的。通过治疗，上述的 12 岁女孩意识到了自己咂嘴习惯形成的原因，并不再咂嘴。另一方面，一些病理症状是为现代生活方式服务的，并且在功能上独立于最初引发其病理症状的经历。例如，家中次子试图超越长子的努力可能最终会变成一种强迫性的生活方式，其特征是无意识地努力超越或击败一切竞争对手。由于这一神经症症状过于根深蒂固，可能症状不适合治疗，因此符合奥尔波特的功能自主标准。

对个体的研究

心理学从出现起一直关注人类共有的一般规律和特征，因此，奥尔波特一再强调应当发展并采用针对个体的研究方法。不同于主流的群体研究方法，他建议心理学家采用研究个体动机和风格化行为的方法。

形态形成科学

奥尔波特在早期著作中就已经区分了两种科学途径：一是*通用式*（nomothetic）途径，寻求一般法则；二是*个案研究式*（idiographic）途径，关注个案的独特性质。由于“idiographic”一词常被误用、误解或误拼［例如，与意识形态（ideographic）一词混淆，或者被理解为用图形符号表征观点］，奥尔波特在后期著作中弃用了这一术语，转而使用*形态形成*（morphogenic procedures）一词。“个案研究”和“形态形成”都关注个体。不过，“个案研究”并没有结构或模式的含义。与之相反，“形态形成”侧重于整个有机体的模式化特性，可以进行个人内在的比较。一个人的特质有怎样的模式或结构，具有重要意义。例如，蒂隆（Tyrone）聪明、内向且受到成就需要的强力推动，他的智力如何与他的内向和每一项成就关联，就构成了一种独一无二的结构化模式。这种个体模式就是形态形成科学的主题。

那么，形态形成心理学都用到了哪些方法？在奥尔波特给出的方法中，一些是完全形态形成方法，另一些则是半形态形成方法。完全形态形成的、第一人称的方法包括逐字记录、访谈、做梦、告解；日记、书信；某些问卷、表达感情的文档、投影性文档、文学作品、艺术作品、无意识写作、涂鸦、握手、声音模式、身体姿势、笔迹、步态和自传。

在奥尔波特与英国著名的因子分析心理学家和通用式科学信徒汉斯·艾森克（Hans Eysenck）（见第 14 章）见面时，他断言艾森克有朝一日必定会写一部自传。后来，艾森克真的出版了一部自传。在自传中，他不仅承认奥尔波特真的说中了，还承认了诸如描述一个人的一生或工作的形态形成方法是有效的。

半形态形成方法包括自评量表，如形容词核对表；标准化测试，即与自身比较，而非与常模群体比较；奥尔波特－弗农－林德西价值观量表；以及斯蒂芬森的 Q 分类法——这一方法我们在第 10 章已有讨论。

奥尔波特愿意从表面意义上采信参与者的自陈式声明，这虽然符合常识，却不符合大多数心理学家的观点。其实，心理学家如果想了解参与者的个人动力学，只需询问他对其自身的看法。除了年幼的儿童、精神病患者或防御性很高的人之外，参与者对直接问题的回答都应被视为有效的。奥尔波特曾说过："我们常常无法获得所有资料来源中最有价值的那一部分，即参与者的自我认知。"

玛丽恩·泰勒的日记

20 世纪 30 年代末，奥尔波特和他的妻子艾达接触到了一名被他们叫作玛丽恩·泰勒（Marion Taylor）的女性的极为翔实的个人资料。这份资料的核心内容是玛丽恩一生几乎未曾间断的日记，也包括玛丽恩的母亲、妹妹、最喜欢的老师、两个朋友、一个邻居的描述，以及婴儿记录、学校记录、一些心理测验的评分、自传材料及其与艾达的两次私人会面记录。

研究者妮可·巴伦鲍姆（Nicole Barenbaum）简要总结了玛丽恩的一生。1902 年，玛丽恩出生在伊利诺伊州。1908 年，她与父母和妹妹一同搬到了加利福尼亚州，并在 1911 年开始写日记。在玛丽恩 13 岁生日之后不久，她的日记开始变得更为私人，记录了她的幻想和私密感受。她从大学毕业，然后取得了硕士学位，成为一名心理学和生物学教师。她在 31 岁时结了婚，但一直没有孩子。

尽管奥尔波特夫妇获得了关于玛丽恩的大量私人文档，但他们选择不公开她的故事。巴伦鲍姆提出了一些可能的原因，但是由于泰勒与艾达之间的通信有很大一部分缺失了，因此我们现在已无从得知奥尔波特夫妇为什么没有公开这一个案。与玛丽恩的通信或许帮助了奥尔波特夫妇研究并发表另一个案，即珍妮·戈夫·马斯特森（Jenny Gove Masterson）（化名）的故事。

珍妮的来信

奥尔波特关于个体的形态形成方法研究在著名的《珍妮的来信》（*Letter from Jenny*）中得到了充分体现。书中的信件揭示了一位年长女性的故事，以及她对儿子罗斯（Ross）爱恨交加的深厚情感。在 1926 年 3 月（珍妮 58 岁）至 1937 年 10 月（珍妮去世）期间，珍妮给罗斯的前大学室友格伦（Glenn）及其妻子伊莎贝尔（Isabel）写了 301 封信。几乎可以肯定，这对前大学室友夫妇就是奥尔波特夫妇。奥尔波特在最初发布部分信件时采用了化名，后来才用实名更详细地发表了其余信件。

珍妮于 1868 年在爱尔兰出生，父母都是新教徒，家中共有七个孩子，珍妮是长女，下面有五个妹妹、一个弟弟。珍妮 5 岁时，他们举家迁往加拿大。珍妮 18 岁时，由于父亲去世，她不得不辍学并开始工作，帮忙养活一家人。9 年后，珍妮的兄弟姐妹都独立了，而一向叛逆的珍妮不顾家庭反对嫁给了一位离异的男士，这给家人抹了黑，并进一步促使她脱离因宗教而十分保守的家庭。

结婚两年后，珍妮的丈夫去世。然后又过了一个月，遗腹子罗斯出生。此时是 1897 年，罗斯未来的大学室友——戈登·奥尔波特也是这一年出生的。对珍妮而言，此后的 17 年令她感到满足。她的世界以儿子为中心，努力工作也是为了让孩子能拥有想要的一切。她告诉罗斯，世界是悲惨的所在，只有艺术是避难所。她还告诉罗斯为他牺牲是她身为人母的责任，因为他是她存在的原因。

到了罗斯离家上大学时，珍妮继续节衣缩食，省下钱为罗斯支付各种账单。后来，罗斯逐渐对异性产生了兴趣，田园诗般的母子关系走到了头。母子二人常常就罗斯的女性朋友大吵大闹。珍妮提到这些女性朋友时，总是称她们为妓女或婊子。罗斯结婚后，珍妮也这样称呼他的妻子。由于结婚，珍妮和罗斯变得疏远了。

大约在同一时期，珍妮开启了与格伦和伊莎贝尔（即戈登和艾达）为期 11 年半的通信。这些信件充分展现了她的生活和人格。一开始，信的内容展现了珍妮对金钱、死亡和罗斯的深切忧虑。她感觉罗斯忘恩负义，为了另一个女人抛弃了自己，而且那个女人还是个妓女！珍妮持续地怨恨罗斯，直到罗斯和妻子离了婚。接着，珍妮就搬到了罗斯的公寓旁边，日子又变得幸福起来，但是很短暂。很快，罗斯又开始和别的女人约会了，而珍妮不可避免地发现每个和罗斯约会的女人都有问题。她又一次开始在信中控诉罗斯，并表达了对所有人的怀疑和愤世嫉俗的态度，她的生活变得病态化、戏剧化。

在通信的第三年，罗斯突然去世了。之后，珍妮在信中提到儿子时表现出了更多的认同。那时，她已不必再和任何人分享他了。他终于安全了——不会再有妓女纠缠他。

在后来的 8 年里，珍妮继续给格伦和伊莎贝尔写信，而这对夫妇也总是会回信。不过，更多的时候，他们是持中立态度的听众，而不是顾问或知己。珍妮依然极其担忧死亡和金钱的问题。她越来越强烈地将自己的痛苦归咎于他人，对照顾她的人也越来越怀疑和敌视。珍妮去世后，伊莎贝尔（艾达）评价道，珍妮在人生的最后阶段“一如既往，甚至变本加厉”。

这些信件提供了异常丰富的形态形成材料。奥尔波特和他的学生花费若干年时间深入分析研究这些信件，他们试图通过鉴定一个人的核心特质来确定其独有的人格结构。奥尔波特和他的学生使用了三种技术来分析珍妮的人格。第一种，阿尔弗雷德·鲍尔温（Alfred

Baldwin）使用了一种名叫个人结构分析（personal structure analysis）的技术，分析了大约 1/3 的信件。为了分析珍妮的个人结构，鲍尔温严格遵守形态形成的两大原则来采集证据，即频率（frequency）和接近（contiguity）。频率是指在个案材料中某一条目出现的频率。例如，珍妮多长时间会提及一次罗斯、金钱或她自己？接近是指信件中某两个条目的接近度。“罗斯—不顺利”或“她自己—自我牺牲”这两个条目在时间上接近的出现频率如何？弗洛伊德等精神分析学家都曾直觉地使用过接近技术来探索患者潜意识中两个条目之间的关联。而鲍尔温则改良了这一技术，他通过统计确定了这些关联的发生频率远超偶然。

通过个人结构分析，鲍尔温从珍妮的信件中识别出三个聚类。第一个聚类是罗斯、女人、过去和她自己，即她的自我牺牲。第二个聚类是珍妮找工作。第三个聚类是珍妮对金钱和死亡的态度。三个聚类彼此独立，尽管一些主题，如金钱，在三个聚类中都有出现。

第二种，杰弗里·佩奇（Jeffrey Paige）采用因子分析来提取珍妮信件所揭示的主要个人特质。佩奇一共提取出八个因素：攻击、占有、隶属、自主、家庭接纳度、性欲、感觉能力（sentience）和夸大痛苦的行为（martyrdom）。佩奇的研究的有趣之处在于他恰好确定了八个因素，这个数字吻合奥尔波特之前假设的大多数人的中心特质的数量（5 个到 10 个）。

第三种关于珍妮信件的研究方法是奥尔波特所采用的常识技术。奥尔波特得出的结论也与鲍尔温和佩奇的类似。奥尔波特请 36 名评分者列出他们心目中珍妮的基本特征。这些评分者共列出 198 个描述性形容词，其中有不少是同义词或词义有重叠。奥尔波特将这些形容词归入八个聚类：（1）好吵架—多疑，（2）自我中心（占有），（3）独立—自主，（4）戏剧化—情感强烈，（5）审美—艺术，（6）攻击，（7）愤世嫉俗—病态，（8）多愁善感。

奥尔波特将这种常识性的、临床的方法与佩奇的因素研究进行了比较，发现二者有一些有趣的相似之处（见表 12.1）。通过分析珍妮的信，研究者发现珍妮在生命的最后 12 年中——可能也是在她的一生中——具有大约八个中心特质。这些中心特质包括攻击、怀疑、占有、审美、多愁善感、病态、戏剧化和自我中心。这些中心特质极其强大，以至于对珍妮非常了解的伊莎贝尔（即艾达）和只研究了珍妮的信的独立研究者都使用了相似的词来描述她。

表 12.1　通过临床技术和因子分析技术得出的珍妮的中心特质

临床技术（奥尔波特）	因子分析技术（佩奇）
好吵架—多疑	攻击
攻击	占有
自我中心（占有）	隶属的需要
多愁善感	对家庭接纳的需要
独立—自主	对自主的需要
审美—艺术	感觉能力
自我中心（自怜）	夸大痛苦的行为
（没有对应类别）	性欲
愤世嫉俗—病态	（没有对应类别）
戏剧化—情感强烈	（“夸大其词”；即戏剧性倾向，夸大其担忧程度）

奥尔波特的常识临床方法与佩奇的因子分析方法虽然得到了相同的结果，但这并不能证明二者的有效性。不过，这的确表明了形态形成研究的可行性。心理学家是可以分析个人的，而且即使采用了不同的程序，也能够较一致地确定其中心特质。

相关研究

在所有人格理论家当中，奥尔波特是最热衷于用科学方法研究宗教的一个，且他的这种兴趣持续终生。他以“个体与其宗教”为题共发表过六次演讲。奥尔波特本人是一名虔诚的圣公会教徒；在将近 30 年的时间里，他一直在哈佛大学的阿普尔顿教堂坚持冥想。

理解及减轻偏见

奥尔波特对偏见问题很感兴趣，也很重视研究减轻种族偏见的方法。奥尔波特提出的一种最重要的减轻偏见的方法就是接触（contact）：如果多数群体和少数群体的成员能够在积极接触条件下发生更多互动，那么偏见就会降低。这就是所谓的*接触假说*（contact hypothesis），其中的最适合的条件也较容易达到：（1）两个群体间地位平等，（2）具有共同的目标，（3）群体间互相合作，（4）共同支持一位权威人物、法律或习俗。例如，如果非裔美国人和欧裔美国人住在同一社区，组成了一个邻里观察小组，其共同目标是让社区更加安全，并且得到市长或市警察局的认可，那么这种互动和小组活动就可能降低该社区居民彼此间的偏见。

奥尔波特本人就减轻偏见的问题开展了一些研究，他的学生托马斯·佩蒂格鲁（Thomas Pettigrew）进一步推进了他的研究。佩蒂格鲁和琳达·特罗普（Linda Tropp）共同完成了一项大型研究计划，旨在调查不同群体间的接触在哪些条件下可以减轻偏见。

佩蒂格鲁、特罗普及其同事对 500 多项研究和 25 万名参与者开展了两项复杂的元分析研究，验证了奥尔波特的接触假说的有效性。他们发现，群体间的接触确实减轻了偏见，奥尔波特提出的四种积极条件则进一步加强了这种效果。此外，在积极接触条件下的接触虽然最初被定义为减轻*种族*偏见的一种方式，但研究表明，它也可以减轻对其他污名化群体（如老年人、残疾人、精神病患者和同性恋者等）的偏见。多数研究显示，积极接触条件对喜欢程度的影响往往大于对刻板印象等指标的影响，也就是说，积极接触可能会

减少冲突和偏见的最佳途径是和与我们不同的人更多地接触和互动。© Moxie Productions/Blend Images.

让人们更喜欢外来群体，即使刻板印象持续存在。

多年来，对积极接触开展的研究揭示了一个值得关注的现象——跨群体友谊对减轻偏见具有独特的重要性。正如佩蒂格鲁及其同事指出的那样，友谊涉及在不同环境中的频繁接触，这有助于人们在面对拒绝做出改变的外部团体时形成坚定、积极的态度。一项在北爱尔兰开展的感人研究证明了友谊的这种力量。该研究显示，天主教徒和新教徒间的友谊进一步形成了他们对其他宗教团体的信任和宽容，这种效应在该地区直接遭受宗教暴力伤害的人中体现得最为强烈。

佩蒂格鲁和特罗普的一部分研究采用了较简单的方法，只是简单地询问参与者有几位属于少数群体的朋友（以此测量接触），并让参与者填写一系列自评量表，旨在评估参与者在多大程度上认可对少数群体的刻板印象。而另一部分研究则使用了更复杂的方法，将参与者随机编入不同的小组与少数群体进行互动，这些小组中有的采用了奥尔波特提出的积极接触，有的则未采用积极接触。尽管这两类研究都发现积极接触能够减轻偏见，但是后一类随机分配实验更明显地显示了偏见的减轻。当然，这并不是说积极接触只能在实验室中进行，佩蒂格鲁和特罗普的研究表明，如果按照奥尔波特的减轻偏见方法设计社区项目，有很大可能取得良好效果。如果推行此类项目，那么多数群体与少数群体间的关系有可能得到极大的改善。

最近，佩蒂格鲁及其同事安东尼·格林沃尔德（Anthony Greenwald）开展了一项综述研究，综述围绕奥尔波特提出的一项少有人考察的偏见特征展开。人们通常认为偏见与歧视之间存在直接联系。的确，大多数定义都明确地将偏见与对外部群体的负面评价或区别对待联系在一起。但是，奥尔波特在他的《偏见的本质》（*Nature of Prejudice*）一书中指出，偏见态度和歧视行为之间的联系只是经验上的联系，而在理论上并非的确如此。奥尔波特认为，很多歧视实际上是通过对群体内部偏好的认同，而非对外部群体的敌意来实现的。佩蒂格鲁和格林沃尔德总结了心理学和社会学等领域的研究，用令人信服的证据支持了这一有违常识的论点，即歧视并不依赖于敌意，事实上，更容易促成不平等待遇的是群体内部成员对互相帮助存有的偏好，而不是对处境不利的外部群体成员进行伤害。

关于群体内部偏好的一项典型研究是 40 年前首次被提出的“最小群体范式”（minimal group paradigm）。之后出现的很多研究皆表明，相比于惩罚或冷待外部群体，人们受群体内部偏好的推动更大（即使他们所属的“群体”十分武断）。群体内部偏好的另一个经实证验证的特点是从众（conformity），这也是由奥尔波特所提出的。社会学家长期以来一直在研究“规范”（norms），他们发现，无偏见者通常会遵循其群体内部的规范。如果这些规范的特点是优待群体内部成员，那么即使没有对外部群体的不良情绪，大多数成员也会遵循优待本群体成员的规范（例如，一个典型的公立高中餐厅中的种族隔离）。佩蒂格鲁和格林瓦尔德指出，在对外部群体没有敌意的情况下，歧视可以通过毫不起眼的方式来达成。因此，我们不仅需要通过禁止敌意歧视的法律，还必须对形式多样的微妙的群体内部偏好制定社会约束，这些群体内部偏好倾向于给已经受到优待的人以更多优待，并会随着时间的推移而萌生对弱势群体的歧视。

正如佩蒂格鲁及其同事所指出的那样，关于不同群体进行接触的观点间存在着很大的分歧。一些人认为，有了好篱笆，才有好邻居。意思是说，群体之间的接触只会徒增冲突，大家都应该关起门来过日子。但是数十年来关于群体偏好的研究表明，“好篱笆”只会加剧种族不平衡和种族歧视，因为闭门不出的人只会继续遵循已有规范，无法了解其他群体的规范。奥尔波特相信，群体之间的互动对减轻群体之间的偏见和冲突至关重要。他的学生为了解决这一分歧而进行了数十年的研究，证实了奥尔波特的观点是正确的——减轻冲突和偏见的唯一方法是与我们眼中“与我们不同”的人进行互动。

总体而言，奥尔波特是一位极富洞察力的人格心理学家，他的思想至今依然不断给心理学家以灵感。他的思想无疑会继续丰富人格心理学研究，而他关于理解偏见和减少偏见的方法的提议则潜移默化地丰富着人们的生活，在不知不觉中，人们受益于他为减轻社会偏见而做出的不懈努力。

内部和外部宗教取向

奥尔波特认为，虔诚的宗教信仰是成熟个体的标志；但他同时也相信，并非所有定期去教堂礼拜的人都具有成熟的宗教取向。实际上，一部分人抱有很大的偏见。就这种常见的现象，奥尔波特提出了一种可能的解释。他指出，教堂和偏见能够为人们，至少为一部分人，带来某种安全、保障和地位。这部分人在偏见态度与教堂礼拜之中获得了舒适和自以为有道德的感受。

为了研究教堂出席率与偏见之间的关系，奥尔波特和 J. 迈克尔·罗斯（J. Michael Ross）为礼拜者专门设计了一个“宗教取向量表”（Religious Orientation Scale，ROS）。ROS 由 20 个条目组成，包括 11 个外部取向条目和 9 个内部取向条目。外部取向条目示例如“祈祷的主要目的是获得安慰和庇护”“宗教给我最大的帮助就是在我遭受悲伤和不幸时给我以安慰”“我成为礼拜者的原因之一是这一身份有助于我在社区中安顿下来”等。内部取向条目示例如“我的宗教信仰是我的整个生活方式的依托”“我努力将宗教信仰融入生活的所有其他事务中”等。奥尔波特和罗斯认为，外部取向的人对宗教抱有功利主义的看法；也就是说，他们把宗教信仰当成达到目的的途径。他们的信仰是自利的，宗教对他们而言是一种安慰、一种社会习俗。他们的信仰是脆弱的，很容易为了图方便而发生改变。内部取向的人则与之截然不同。这些人在生活中践行自己的宗教信仰，并在宗教信仰中找得了自己的主要动机。他们并非为了某种目的而利用宗教，而是让其他需求都与宗教价值观相协调。他们拥有内化的教义，并且会严格地遵行。奥尔波特和罗斯提出 ROS，引发了大量关于宗教的两种不同动机及其与身心健康的关系的研究。

宗教动机与心理健康

宽恕（forgiveness）通常被认为是一种宗教美德。与宗教无关的心理治疗中一般不会涉及宽恕，但是实证心理学家却对此开展了研究，他们希望研究宽恕是什么、不是什么及其与心理健康的相关性。关于宽恕的实证方法将宽恕定义为在个体内部发生的（也就是说，被宽恕的人不必知道他们被宽恕了）、对施害者或特定施害行为的态度的积极转变。一般而言，临床心理学持有一种偏见，即认为宗教信仰是精神健康人格的一部分，但是奥尔波特的宗教动机框架——与单单表现得虔诚不同——为精神健康从业者提供了一种新的视角，让他们可以在心理治疗过程中就宗教信仰或灵性展开工作。

最近的一项研究探讨了内部宗教取向与外部宗教取向是否会影响个体对宽恕的理解，以及个体对宽恕作为治疗干预措施的态度。研究者招募了 300 名参与者，使用修订后的 ROS 对其内部动机与外部动机施测。随后，参与者被随机分配到三个小组中，阅读夫妻或家庭治疗中可能遇到的三种危害情景之一：家庭暴力、身体出轨和性虐待。参与者先评估了自己对宽恕的理解，然后评估了在这些危害情景中运用宽恕治疗的可接受性。研究人员假设，与外部宗教取向者相比，内部宗教取向者更有可能接受将宽恕作为治疗手段，而不太可能赞同对宽恕本质的曲解，常见的曲解认为宽恕等于原谅或容忍伤害（并不是这样）。

西道尔（Seedall）和巴特勒（Butler）发现，与假设一致，内部宗教取向的参与者比外部宗教取向的参与者更接纳宽恕。此外，正如所预测的那样，内部宗教取向预测了更不容易曲解宽恕，这也许就是为什么内部宗教取向的人更愿意接受宽恕作为治疗策略的原因。研究结果表明，与有宗教信仰的来访者进行夫妻或家庭治疗的治疗师需要仔细确定其服务对象的宗教动机，以便能最恰切地推动健康的宽恕。对于外部宗教取向的人，治疗师可能需要向他们阐明宽恕对他们的益处，以免因为曲解而错过这种有潜力的康复体验。宽恕与内部取向宗教信仰都与心理健康呈正相关。

宗教动机与身体健康

以往的研究表明，一般而言，宗教信仰对身体健康有益。定期参加礼拜的人往往会感觉更好，且寿命更长。但是，这种现象背后的原因是什么呢？或许定期去教堂的人比不去教堂的人更会照顾自己。又或许宗教有一些独特的东西能够促进健康。可能影响宗教与健康之间的联系的一个因素是奥尔波特提出的宗教取向（religious orientation）。近来，研究人员研究了内部宗教取向与外部宗教取向对健康的影响。正如我们在第 10 章中讨论的那样，内部动机推动的行为通常优于外部动机推动的行为。因此，研究人员预测，那些内化了自己的宗教价值观（内部取向）的人比那些使用宗教来达到某种目的（外部取向）的人要更加健康。

凯文·马斯特斯（Kevin Masters）及其同事研究了宗教取向与心血管健康之间的联系。血压的升高和降低取决于多种因素，如环境中的压力源，此外，人们有时会患上慢性高血压。当血压长期处于高水平时，心脏也会因此承受更大的压力，并导致个体更容易受到心脏病发作等各种心血管疾病的影响，这也是许多人（尤其是老年人）的主要健康问题。为了研究宗教取向与高血压之间的关系，马斯特斯及其同事招募了 75 名 60 岁至 80 岁的参与者，让他们在实验室中填写了 ROS，并执行了一些任务；与此同时，研究人员仔细地监测了他们的血压。这些任务是能够引发中等压力的任务，可能诱使本就有高血压倾向的人血压升高。具体来说，这些任务包括解数学题，以及与拒绝承保可能挽救生命的医疗程序的保险公司进行假想会面。研究发现，与预测一致，具有外部宗教取向的人的血压升高了，而具有内部宗教取向的人则不会经历血压升高。这项研究表明，内部宗教取向可以缓冲日常生活中的潜在压力源。具有内部宗教取向的人虽然也可能遇到与其他人相同的压力，但是他们的身体反应有所不同，而且更加健康。虔诚的、根深蒂固的宗教信仰以某种方式帮助人们用对身体健康无害的方式应对日常压力源。

奥尔波特认为，宗教是能够促进健康的，但前提是真心地信奉宗教，这样才能从宗教信仰中获得健康益处。如果单单是每周去一次教堂、寺庙或犹太教堂，是不能够带来健康益处的。个体参与礼拜的原因必须是真正相信自己所选择的宗教，并将之内化为一种美好的生活方式。值得注意的是，尽管奥尔波特认为宗教承诺是健康、成熟的人的标志，但他认为宗教之所以有益，是因为它提供了一种统一的生活哲学。然而，宗教并不是人们拥有统一的生活哲学的唯一手段。而与宗教无关的统一生活哲学是否对健康有益，就像内部宗教取向那样，仍有待进一步的研究。

对奥尔波特的评价

奥尔波特的人格理论主要基于哲学思辨和常识，而不是科学研究。他从来没有想过自己的理论是否全新或是否全面，他只是作为一个折中主义者，谨慎地借鉴了先前的理论，并且意识到他的批评者可能持有不同意见。奥尔波特一向是宽容的，他承认，他的批评者可能至少部分是正确的。

在奥尔波特看来，大多数人应当被认为是有意识的、前瞻性的、寻求紧张的个体。对那些认为决定论忽视了人的能动性的人来说，奥尔波特的人性观在哲学上令人耳目一新。与任何其他理论一样，奥尔波特的理论也必须在科学的基础上接受评估。

与其他心理学家相比，奥尔波特付出了更多努力来定义人格和其他术语。那么，他的著作构成的**理论**是否在某种意义上阐述了一组彼此相关的假定，并引发了可检验的假设呢？在这一标准上，中肯地说，奥尔波特的著作“是”这样的。他的理论是一种有限的理论，为一个狭窄范围内的人格（即某些动机）提供了解释。奥尔波特的理论充分研究了心理健康的成年人的功能自主动机，却没有探讨儿童和有精神障碍的成年人的动机。这些人的动机是什么，其背后的原因又是什么？正常健康的成年人表现出的奇怪行为又是为什么？是什么导致了这些差异？该如何解释成年人的离奇梦想、幻想和幻觉？遗憾的是，奥尔波特对人格的论述不够广泛，不足以回答这些问题。

尽管在某些方面，奥尔波特的理论不是一种有用的理论，但奥尔波特的人格方法颇具启发性。任何对建立人格理论感兴趣的人都应该首先熟读奥尔波特的著作。很少有其他心理学家做出如此多的努力来以正确的眼光看待人格理论；在定义术语、对先前的定义进行分类或质疑人格理论中应采用哪些单元方面，也很少有人如此谨慎。奥尔波特的工作为清晰思维和精准性树立了标杆，未来的理论家应当以他为榜样。

奥尔波特的理论*引发了研究*吗？在此标准上，奥尔波特的理论可以得到中等评价。他的宗教取向量表、价值观量表及其对歧视的兴趣引发并导致了对宗教、价值观和歧视的多项科学研究。

在*可证伪性*的标准上，奥尔波特的理论只能获得较低评价。除了四种多少互相独立的宗教取向可以被证实或证伪之外，奥尔波特的其他大多数见解都超出了科学可以确定其是否恰当的范围。

一种有用的理论应当可以*为观察提供框架*。奥尔波特的理论是否符合这个标准？同样，该理论只能在一小部分成年人动机上为观察提供有意义的组织框架。关于人格的许多已有知识并不能被整合到奥尔波特的理论中。具体而言，奥尔波特并没有充分解释无意识力量和初级驱力所激发的行为。他认识到了这些动机的存在，但是似乎只满足于用精神分析和行为主义理论来进行解释，而没有进一步阐述。但是，这些局限性并不会让奥尔波特的理论失效。接受其他理论概念的有效性也是构建理论的合理方法。

在*对实践者的指导*方面，奥尔波特的理论可以得到中等评价。该理论虽然阐明了对人格的看法，并指出应该将人们视为个体，可以充当教师和治疗师的灯塔；但其缺点是未能给出足够的细节。

在有用理论的最后两个标准上，奥尔波特的个体心理学可以得到很高的评价。他精确的语言使该理论具有*内部一致性*和*简约性*。

对人性的构想

奥尔波特对人性的构想基本上是*乐观的*、充满希望的。他排斥关于人性的精神分析观点或行为主义观点，因为它们过于绝对和机械。他认为，人们的命运和特质不是由童年早期萌生的潜意识动机决定的，而是由人们当下做出的有意识的选择决定的。人们不仅仅是简单地对奖励和惩罚行为做出盲目反应的自动机器。相反，人们能够与环境互动，并引发环境的反应。人们不仅会追求紧张的缓解，而且会创造新的紧张。人们渴望变化和挑战，而且是主动的、有目标的和灵活的。

由于人们有在各种情境中学习各种应对方法的潜能，因此心理成长可以发生在任何年龄阶段。人格并非在童年早期就已定型，虽然对一些人来说，婴幼儿期对其具有深远而强大的影响。童年早期经历的重要程度取决于它们对当下的影响。尽管早期的安全感和爱留下了深远的印迹，但儿童需要的不仅仅是爱：他们需要创造性地塑造自己的生活，不去从众，把握机会成为自由的、自我引导的个体。

尽管社会具有塑造人格的力量，但奥尔波特认为，社会并不能决定人性的本质。依据奥尔波特的观点，塑造人格的因素并不像人格本身那么重要。遗传、环境和有机体的性质固然很重要，但是人们本质上是能动的，可以自由地遵循社会的主流观念或制定自己的生活路线。

但是，人们也不是完全自由的。奥尔波特采取了*有限自由*的观点。他经常批评那些倡导绝对自由的观点，不过他同时也反对精神分析和行为主义的观点，他认为这些观点否定了自由意志。奥尔波特选择了中间立场。尽管自由意志是存在的，但一些人比另一些人更有能力做出选择。健康的成年人比儿童或罹患严重障碍的成年人拥有更大的自由。智力较高、懂得内省的人比智力较低、不反省的人更有能力做出自由选择。

尽管自由是有限的，但奥尔波特也坚信自由可以被扩展。首先，一个人的自我洞察力越强，其选择的自由范围就越宽。一个人越是客观，即越是摒弃自我关注和自私自利等蒙蔽自我的东西，其自由程度就越高。

其次，教育和知识也扩展了人们所拥有的自由。对特定领域的了解越多，在该领域内的自由度就越大。接受通识教育意味着，在某种程度上，人们可以有更广泛的职业、娱乐、阅读和交友选择。

最后，改变选择模式也可以扩展自由。如果人们仅仅因为更舒适而拒绝离开舒适区，那么他们的自由就会一直受限。相反，如果人们采取开放的态度来解决问题，那么他们就可以扩大视野，拥有更多替代方案，也就是说，就可以扩展选择的自由度。

奥尔波特对人性的构想是*目的论的*，而非因果论的。在某种程度上，人格受过去经验的影响，但是我们之所以成为人，是因为我们的行为受到我们对未来期望的推动。换句话说，只要我们设定了未来的目标和志向并为之努力，我们就是健康的个体。人与人之间之所以有差异，是因为人们有自我设定的目标和意图不同，而不是因为基本驱力不同。

人格的成长总是以社会环境为背景的，但奥尔波特并没有特别强调*社会因素*。他承认环境影响对塑造人格的重要性，但他坚持认为人格具有自己的生命力。文化能够影响人们的语言、道德、价值观和行事作风等，但是每个人对文化力量的反应取决于其独一无二的人格和基本动机。

总而言之，奥尔波特对人性持乐观的态度，认为人至少拥有有限的自由。人类是目标导向的、主动的、受各种力量所推动的，其中大多数力量都在人们的意识范围之内。童年早期经历的重要性相对较低，并且仅在对当下产生影响时才有意义。*人与人之间的差异和相似性*都很重要，但是奥尔波特心理学更加重视个体差异和独特性。

重点术语及概念

- 奥尔波特对多种来源的不同思想持*折中主义*态度。
- 他将人格定义为个体内部决定其行为和思想的心理物理系统的动态组织。
- *心理健康者*在很大程度上受意识过程的推动，具有扩展的自体意识，能与他人温暖地相处，接受真实的自己，对世界有现实的认识并拥有洞察力、幽默感和统一的人生哲学。
- 奥尔波特认为人具有*能动性*，强调人们在很大程度上有能力对生活进行有意识的控制。
- *共有特质*是许多人共同拥有的普遍特征。共有特质用于比较两组人。
- *个体特质*是个体所独有的，具有使不同的刺激在功能上等效的能力，以及引发、指导行为的能力。
- 个人特质的三个层次分别是：（1）*主要特质*，只有少数人拥有，并且非常明显，以至于无法隐藏；（2）*中心特质*，一个人可能有 5 种至 10 种中心性情，中心特质使人具有独特性；（3）*次要特质*，与中心特质相比，数量更多，但辨识性较低。
- 能够引发行动的个人特质被称为*动机特质*。
- 引导动作的个人特质被称为*风格特质*。
- *个人本性*是指对个人生活至关重要的、被我们视作自己特有的行为和特质。
- *功能自主*是指能够自我维持的并与最初导致行为的动机相独立的动机。
- *持续的功能自主*是指那些不属于个人本性的习惯和行为。
- *个人本性的功能自主*包括所有与个人本性有关的、自我维持的动机。
- 奥尔波特使用了*形态形成方法*，如研究个人日记与信件，这些素材揭示了单一个体的行为模式。

CHAPTER 13

第 13 章
麦克雷和科斯塔：大五人格特质理论

麦克雷
由罗伯特 · R. 麦克雷博士本人提供

科斯塔
由小保罗 · T. 科斯塔博士本人提供

- 特质和因素理论概要
- 雷蒙德 · B. 卡特尔的先驱性工作
- 因子分析基础
- 大五人格：是分类法还是理论
- 罗伯特 · 麦克雷和小保罗 · 科斯塔小传
- 搜寻大五人格
  - 找到五因素
  - 对五因素的描述
- 五因素理论的演变
  - 五因素理论的单元
  - 基本假设
- 相关研究
  - 人格与学业成绩
  - 人格特质、互联网的使用与幸福感
  - 人格特质与情绪
- 对特质和因素理论的评价
- 人性的概念

重点术语及概念

托马斯（Thomas）与几位老友在一家酒吧里聚会，其中一位老友——塞缪尔（Samuel）说了些让托马斯感到很不愉快的话，而这时托马斯已经喝多了。他站起来推了塞缪尔一下，然后两个人就打了起来。塞缪尔的朋友克拉丽斯（Clarisse）拉住了托马斯，以免他俩真的打出事来。克拉丽斯不太了解托马斯，但此时已然确信他是一个好斗而冲动的“混蛋”，并在大伙一起离开酒吧时表达了这一看法。令人惊讶的是，塞缪尔选择了替托马斯说话：“托马斯是个不错的人。他平时不是这样的——他今天一定过得不顺。给他个机会嘛。”

那么托马斯究竟是个好斗的“混蛋”，还是这一天过得不顺？如果我们对托马斯的人格一无所知，我们能说他好斗而冲动吗？他通常都会如此行事吗？他没有喝醉的时候是什么样子的？他在其他情况下会表现得好斗而冲动吗？情境（不顺的一天）是否能最恰切地解释托马斯的举动？他的人格（好斗的混蛋）是否可以更准确地解释他的行为？

心理学家也会提出这样的问题。社会心理学家可能用情境（不顺的一天）来解释托马斯的行为，人格心理学家则更有可能将托马斯的行为归因于持久的人格特质。正如我们在第 1 章中曾提及的那样，特质使一个人与众不同，并有助于使其在不同情境中、不同时期里保持行为的一致。特质是许多人格心理学家研究的重点，但是在历史上，不同的心理学家往往关注不同的人格特质，并且一直没有就人格有哪些主要维度达成共识。直到 20 世纪 80 年代，心理学家才逐渐达成了共识：人格有五个主要维度，即外向性、宜人性、尽责性、神经质和开放性。这就是所谓的“大五”人格特质，它之所以能够广泛地被接受并被采用，在很大程度上要归功于罗伯特 · 麦克雷（Robert McCrae）和保罗 · 科斯塔（Paul Costa）的研究与理论。

特质和因素理论概要

怎样才能更好地测量人格？应该采用标准化的测验、临床观察，还是朋友和熟人的判断？因素理论家曾采用过这些方法，也采用过许多其他方法。一个人拥有多少种特质？是两三个、六七个，还是几百个、上千个？在过去的 25 年到 45 年里，有几位独立的研究者和几个研究团队采用了因子分析法来回答这些问题。目前，大多数研究人格特质的研究者都同意，通过因子分析法得出的人格特质个数是五个，既不会多，也不会少。因子分析本是一个数学分析程序，在心理学中用于从大量测验资料中提取人格特质。

尽管许多现代理论家认为五是一个魔法数字，但是更早的理论家，如雷蒙德 · B. 卡特尔（Raymond B. Cattell），提出了比五个更多的人格特质；汉斯 · J. 艾森克（Hans J. Eysenck）则坚持认为，通过因子分析法只能提取出三个主要因子。此外，戈登 · 奥尔波特（见第 12 章）的常识性方法能提取 5 个至 10 个对个人生活至关重要的特质。不过，奥尔波特对特质理论的主要贡献是他在一部全本英语词典中搜罗了近 18 000 个特质名称。这些特质名称是雷蒙德 · B. 卡特尔研究的起点，它们还为近来的因子分析研究奠定了基础。

五因素理论（通常被称作大五人格理论）包括神经质和外向性，也包括开放性、宜人性、尽责性。不同的研究团队对这些术语的定义略有不同，但表示的特质大同小异。

雷蒙德 · B. 卡特尔的先驱性工作

雷蒙德 · B. 卡特尔（1905—1998）是心理测量学早期的重要人物。他在英国出生，但在美国度过了大部分职业生涯。卡特尔对麦克雷和科斯塔只有间接的影响。不过，虽然他们的研究方法具有实际差异，但他们采用了相同的方法和观点。了解卡特尔的特质理论将有助于理解麦克雷和科斯塔的大五因素理论，所以本章首先会简要介绍卡特尔的工作，并将他的研究与麦克雷和科斯塔的研究进行比较。

首先，卡特尔、麦克雷和科斯塔都使用**归纳法**（inductive method）收集资料，也就是说，在开始研究时，针对特质或类型的数量或名称，他们都不会受先入为主的偏见所影响。其他因素理论家有时会使用**演绎法**（deductive method）；也就是说，他们在开始收集资料之前已经预先做出了假设。

其次，卡特尔采用了三种资料收集方法，以从尽可能多的角度考察人。这三种资料来源包括从他人观察中总结出的生活记录（简称 L 资料），从问卷和其他旨在让人们对自己进行主观描述的方法中获得的自陈式报告（简称 Q 资料），以及用于测量表现的客观测验（简称 T 资料），例如，测量智力、响应速度及旨在挑战人们的表现极限的活动。相比之下，麦克雷和科斯塔的五个双极因素都来自问卷调查。问卷调查属于自陈式报告，因此麦克雷和科斯塔的研究方法只能用于探讨人格因素。

再次，卡特尔将特质分为*共有特质*（common traits，由许多人共有）和*独有特质*（unique traits，由一个人独有）。他区分了*来源特质*（source traits）与特质标志（trait indicators），后者也叫*表面特质*（surface traits）。卡特尔还进一步将特质分为*气质*、*动机*和*能力*三类：气质特质与一个人的行为有关，动机特质与一个人行为的原因有关，能力特质则是指一个人能*在多大程度内*、*以怎样的速度*做出某一行为。

最后，卡特尔的多层面方法得出了 35 个初级或一阶特质，这些特质主要用来测量人格的气质维度。在 35 个因素中，23 个是正常维度，即正常人群的特征，12 个是病理维度的特征。在 23 个正常特征中受到研究最多、最频繁的是卡特尔的“十六人格因素问卷”（Sixteen Personality Factors Questionnaire，16 PF Scale）中包含的 16 个人格因素。相比之下，科斯塔和麦克雷的“NEO 人格调查表”（NEO-Personality Inventory）只测量了五个人格因素。

因子分析基础

要想了解人格的特质和因素理论，其实没有必要将因子分析所涉及的数学运算彻底搞懂，不过，简要介绍一下这一方法对心理人格的特质和因素理论会有所帮助。

要使用因子分析，首先需要对许多个体进行具体观察，接着以某种方式对这些观察结果进行量化。例如，高度以英寸（1 英寸约等于 0.0254 米）为单位，重量以磅（1 磅约等于 0.4536 千克）为单位，测验以分数为考量标准；工作表现以等级量表为评判标准，等等。假设我们对 5 000 人实施了 1 000 项此类测量。那么下一步我们就应当开始确定这些变量（得分）中的哪些与其他变量相关，以及在多大程度上相关。为此，我们计算每个变量与其他 999 个变量之间的**相关系数**（correlation coefficient）（相关系数是用于体现两组分数之间的一致程度的数学方法）。计算 1 000 个变量中每个变量与其他 999 个变量的相关系数，将得到 499 500 个相关系数（即 1 000 乘以 999 除以 2）。将这些计算结果总结成表格，需要一个 1 000 行乘 1 000 列的相关表格或矩阵才能容纳。这些相关系数中有一部分是正数且数值较大，有一部分接近于零，还有一部分是负数。例如，我们可能会观察到腿长和身高之间的相关系数是正数且数值较大，因为前者是后者的一部分。我们还可能会发现领导能力与社会评价之间存在正相关。之所以存在正相关关系，是因为二者都是自信这一更基本特质的一部分。

因为我们考察了 1 000 个单独变量，所以做出的相关表格十分冗长。我们可以通过*因子分析*来解决这一不足。因子分析可以用数量较少、更基本的维度来表示数量巨大的变量。这些更基本的维度就是*特质*，代表了一组彼此意义接近的变量。例如，我们发现代数、几何、三角函数和微积分等课程的测验成绩之间存在强正相关。于是，我们就可以将这些成绩看成一个聚类，并称之为 M 因子，用来表示学生的数学能力。类似地，我们可以通过因子分析提取其他因子，并得出相应的人格单元。注意，因子的数量要少于原始观测值的数量。

接下来，我们需要确定每一个变量得分对每一个因子的贡献程度。每一个得分与因子的相关性称为*因子载荷*（factor loading）。例如，代数、几何、三角函数和微积分的成绩对 M 因子的贡献很大，但对其他因子的贡献不大，则它们对 M 因子的因子载荷较大。因子载荷告诉我们每一个因子的纯度，让我们可以对其进行解释。

通过因子分析得出的特质可以是单极的，也可以是双极的。**单极特质**（unipolar traits）的评分从零开始，到某一大于零的数值为止。例如，身高、体重和智力都是单极特质。而**双极特质**（bipolar traits）则是在一极到另一极之间评分，零是中点。例如，内向与外向、自由主义与保守主义、社交支配与社交胆怯都是双极特质。

为了让用数学方法得出的因子在心理学上有意义，绘制得分点图时通常会改变或*旋转*坐标轴，最终坐标轴会存在某种数学关系。旋转可以是正交的，也可以是斜交的，不过五因素理论的研究者更喜欢**正交旋转**（orthogonal rotation）。图 13.1 展示了正交旋转，坐标轴互相垂直。随着 x 轴变量分数的升高，y 轴得分可能是任何值；也就是说，y 轴上的分数与 x 轴上的分数完全无关。

卡特尔提出的**斜交旋转**（oblique method）则假定 x 轴与 y 轴存在正相关或负相关，分别指两轴夹角小于或大于 90° 的情形。图 13.2 是一幅散点图，其中 x 轴和 y 轴呈正相关关系；也就是说，随着 x 变量的分数增加，y 轴的分数也有增加的趋势。请注意，相关并不是完美的；

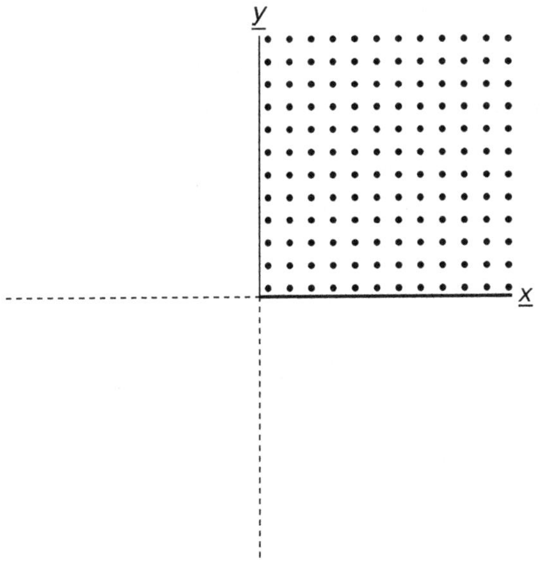

图 13.1　正交轴

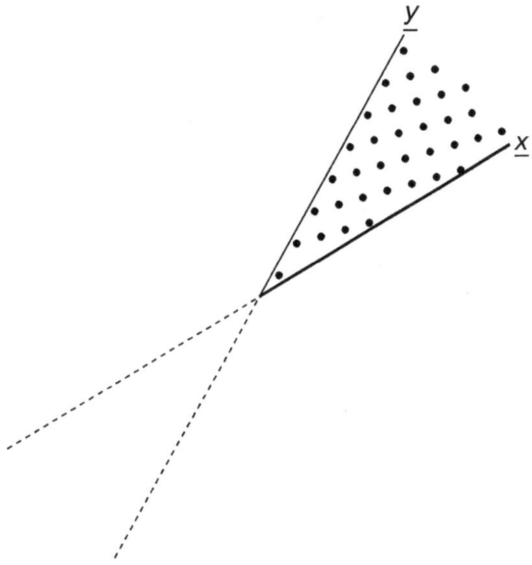

图 13.2　斜交轴

一部分人可能在 x 轴变量上得分较高，同时在 y 轴上得分较低，反之亦然。完美的相关（$r = 1.00$）将使 x 轴和 y 轴完全重叠。在心理学中，正交旋转往往会产生少量有意义的特质，而斜交旋转则会产生数量更多的特质。

大五人格：是分类法还是理论

本书第 1 章将分类法定义为根据事物的自然关系对事物进行分类的方法。同时也曾提及，分类法是科学研究的重要起点，但它并不是理论。理论能够引发研究，而分类法只能提供分类系统。

在下文有关麦克雷和科斯塔的五因素模型（Five-Factor Model，FFM）的讨论中，我们会看到他们的工作一开始旨在通过因子分析揭示基本人格特质。很快，他们的研究内容演变成了分类法和五因素模型。随着工作的推进，该模型演变成了一种可以预测并解释行为的理论。

罗伯特・麦克雷和小保罗・科斯塔小传

罗伯特・罗杰・麦克雷（Robert Roger McCrae）于 1949 年 4 月 28 日出生在美国密苏里州马里维尔市——一个只有 1.3 万人口的小城镇，位于堪萨斯城以北约 161 千米处。马里维尔是西北密苏里州立大学的所在地，这所大学也是该地区最大的纳税人。罗伯特・麦克雷是安德鲁・麦克雷（Andrew McCrae）和爱洛维丝・伊莱恩・麦克雷（Eloise Elaine McCrae）夫妇的三个孩子中最小的那个，从小就对科学和数学有着浓厚的兴趣。被密歇根州立大学录取后，麦克雷立志学习哲学。作为一名获得美国国家奖学金的优秀学生，慢慢地，他开始对哲学的开放性和非实证性感到不满。在取得本科学位后，他来到波士顿大学研究生院攻读心理学学位。由于他在数学和科学上很有天赋，麦克雷逐渐对雷蒙德·卡特尔的心理测量学研究产生了兴趣。他对通过因子分析以寻找一种简单的方法来鉴定字典的结构特征尤其感兴趣。在波士顿大学就读期间，麦克雷的导师是临床心理学家亨利·温伯格（Henry Weinberg）。温伯格是一位临床心理学家，人格特质研究并不是他的研究重点。因此，麦克雷对人格特质的兴趣并非源自外界影响，而是自发形成的。

在 20 世纪 60 年代至 70 年代，沃尔特·米歇尔（Walter Mischel）（见第 18 章）对人格特质的一致性提出了质疑，认为情境远比人格特质重要。有不少心理学家支持他的观点，尽管米歇尔后来改变了立场，承认人格具有一致性。在 1999 年 5 月 4 日的一封私人信件中，麦克雷写道："我读研究生院的时候，正好是米歇尔批评特质心理学之后的那几年。当时，很多心理学家都倾向于相信人格特质是反应的集合、刻板印象或认知的假象。我丝毫不为所动，因为我的早期研究经验告诉我，人格特质在纵向研究中呈现出高度的稳定性，让我不得不相信人格特质是真实存在的和稳定的。"在研究生院期间麦克雷对人格特质的研究一直是孤军奋战，他行事低调，并未声张。事实证明，这种安静的研究风格与麦克雷相对安静而内向的人格特质很相符。

1975 年，也就是麦克雷攻读博士学位的第四年，他迎来了命运的转折。他被导师派往波士顿退伍军人管理局门诊诊所，给成年发展心理学家詹姆斯·福扎德（James Fozard）当研究助理，协助对方开展老年常模研究。后来，福扎德又把麦克雷推荐给了另一位在波士顿的人格心理学家——当时在波士顿的马萨诸塞州大学任教的小保罗·T. 科斯塔（Paul T. Costa, Jr.）。

1976 年，麦克雷取得了博士学位，科斯塔聘请他担任吸烟与人格基金项目的项目管理人和副主持人。在这个项目上，麦克雷和科斯塔合作了两年，接着二人双双被美国国家老年研究所的老年学研究中心（National Institute on Aging's Gerontology Research Center）聘用，该中心隶属于美国国家卫生研究院（National Institutes of Health，NIH）。科斯塔被聘为压力与应对小组的负责人，麦克雷则被聘为高级研究员。老年学研究中心拥有数量庞大且优质的成年人资料，为科斯塔和麦克雷提供了研究人格结构的理想环境。20 世纪 70 年代，人格研究领域仍处于沃尔特·米歇尔的影响之下，人格特质概念几乎成了禁忌话题，科斯塔和麦克雷就是在这种背景下展开人格特质研究的，并成为人格结构分析 40 余年历史中的重要人物。

小保罗·T. 科斯塔于 1942 年 9 月 16 日出生在美国新罕布什尔州富兰克林市，是老保罗·T. 科斯塔（Paul T. Costa, Sr.）和埃丝特·瓦西尔·科斯塔（Esther Vasil Losta）的儿子。1964 年，科斯塔在克拉克大学取得了心理学学士学位，后来又在芝加哥大学取得了人类发展硕士学位和博士学位。在芝加哥大学良好的知识氛围中，科斯塔对个体差异和人格本质产生了浓厚且持久的兴趣。在芝加哥大学期间，他与塞尔瓦托·R. 马迪（Salvatore R. Maddi）合作出版了一本关于人本主义人格理论的书。取得博士学位后，他先在哈佛任教两年，然后又在波士顿的马萨诸塞州大学校区从 1973 年工作到了 1978 年。1978 年，他开始在美国国家老年研究所的老年学研究中心工作，担任压力与应对小组的负责人，后来又于 1985 年担任人格与认知实验室的负责人。同样是在 1985 年，他成为美国心理学会第 20 个分会——成年人发展与衰老协会——的主席。此外，他在 1977 年成为美国心理学会会士，1995 年当选为国际个人差异研究学会主席。科斯塔和他的妻子卡罗尔·桑德拉·科斯塔（Karol Sandra Costa）一共生了三个孩子——尼娜（Nina）、罗拉（Lora）和尼古拉斯（Nicholas）。

科斯塔同麦克雷的合作非常多产，他们联名发表了 200 余篇研究论文和文章，还有几本著作，包括《变化的人生，不变的特质》（*Emerging Lives*, *Enduring Dispositions*）、《成年人人格：大五人格理论》（第二版）（*Personality in Adulthood: A Five-Factor Theory Perspective*, 2nd ed），此外，还发布了“NEO 人格调查表（修订版）”。

搜寻大五人格

早在 20 世纪 30 年代，奥尔波特和奥德伯特就开始研究人格特质了；到了 40 年代，卡特尔继续开展人格特质的研究；到了 60 年代研究者有图普斯（Tupes）、克里斯塔尔（Christal）和诺尔曼（Norman）。

在 20 世纪 70 年代末 80 年代初，科斯塔和麦克雷像大多数因子研究者一样，开始建立精细的人格特质分类，不过他们当时没有在分类的基础上提出可检验的假设。他们只是使用因子分析技术来考察人格的稳定性和结构。在这段时间里，科斯塔和麦克雷的研究专注于两个主要维度——神经质（N）和外向性（E）。

在提取出 N 和 E 之后，科斯塔和麦克雷几乎立即发现了第三个因子，并称之为对体验的开放性（openness to experience，O）。科斯塔和麦克雷的早期研究大多集中在这三个维度。“大五人格”一词最早于 1982 年由路易斯·戈德堡（Lewis Goldberg）首次使用，用来描绘他用因子分析得到的人格特质。但与此同时，科斯塔和麦克雷仍在三个维度上继续他们的研究。

找到五因素

直到 1983 年，麦克雷和科斯塔仍然倡导人格的三因素模型。1985 年，他们才开始发表关于五因素模型的研究。他们的研究巅峰当属新五因素人格调查表（New Five-Factor Personality inventory，NEO-PI）。NEO-PI 的前身是一个较早的未发表的三因素人格调查表，仅测量了前三个维度：N、E 和 O。在 1985 年的新五因素人格调查表中，后两个维度——宜人性（A）和尽责性（C）仍不太完善，没有与之相关的分量表。直到 1992 年，科斯塔和麦克雷才在修订版的 NEO-PI 中给出了 A 分量表和 C 分量表。

在整个 80 年代，麦克雷和科斯塔用因子分析方法分析了几乎所有重要的人格调查表，包括“迈尔斯 - 布里格斯类型指标”和“艾森克人格量表”（EPI）。他们将五因素模型与“艾森克人格量表”直接进行了比较，并得出结论，艾森克的前两个因素（N 和 E）与他们的前两个因素（N 和 E）完全一致。艾森克的精神质维度被反映到了低宜人性和低尽责性上，但与开放性没有关联。

当时，人格研究存在两个主要的互相关联的问题。第一，在数十种人格调查表和数百种量表当中，如何规定一种通用语言？每位研究者都有自己独特的人格变量集，这使比较研究和累积进展十分困难。的确，就像艾森克所说的：

“毫不夸张地说，我们有几百个调查表、几千种特质，它们在很大程度上是重叠的，但也具有微小的差异。严格来说，每一项实证研究都局限于某一种具体特质。这不是建立一个统一的科学学科的方法。”

第二，人格的结构是什么？卡特尔认为有 16 个因素，艾森克认为有 3 个因素，还有许多人认为有 5 个因素。五因素模型（FFM）的主要贡献是回答了上述两个问题。

自 20 世纪 80 年代末 90 年代初以来，大多数人格心理学家都选择了五因素模型。五因素模型已经在多种文化中通过多种语言被验证。此外，五个因素也显示出一定的稳定性；也就是说，成年人——在未罹患阿尔茨海默病这类不幸疾病的情况下——往往会年复一年地保持相同的人格结构。有了这些发现后，麦克雷和科斯塔认为：“有关人格的事实正在逐步被确认。”或许，就像麦克雷和奥利弗·约翰（Oliver John）所写的那样，五因素“是一个经验事实，就像地球上有七大洲、弗吉尼亚州出了八位美国总统这类事实一样”。

对五因素的描述

开放性高的人富有创造力，喜欢创新性的活动。
© 图片来源，版权所有。

麦克雷和科斯塔同意艾森克的观点，认为人格特征是双极的，并且呈钟形（正态）分布。也就是说，大多数人在每个维度上的得分接近中间水平，只有少数人的得分很高或很低。如何描述位于两个极点上的人？

神经质（N）和外向性（E）是两个最强烈也是最普遍的人格特质，科斯塔和麦克雷对它们的定义与艾森克的定义几乎相同。在神经质维度上得分高的人容易焦虑、喜怒无常、自怜、自我意识过强、情绪化，并容易罹患压力相关的疾病。在神经质维度上得分低的人通常镇定、脾气平和、怡然自得，并且不情绪化。

在外向性维度上得分高的人往往为人亲切、天性乐观、健谈，活跃且喜欢玩乐。相反，在外向性上得分低的人往往内向、安静、孤独、被动、缺乏表达强烈情绪的能力（见表 13.1）。

开放性得分可以区分喜欢多样化的人、需要封闭的人、从与熟悉的人或事物的联系中获得安慰的人。开放性维度得分较高的人不断寻求新颖、多样的体验。例如，他们喜欢在餐厅尝试新菜单，或者搜索令人兴奋的新餐厅。相反，开放性维度得分较低的人会坚持使用熟悉的、他们知道自己一定会喜欢的物品。开放性得分高的人也更容易质疑传统价值观；开放性得分低的人则倾向于支持传统价值观，并保持一成不变的生活方式。总而言之，开放性得分高的人通常具有创造力、想象力和好奇心，并且崇尚自由，喜欢多样化；而开放性得分低的人通常传统、务实、保守且缺乏好奇心。

表 13.1　科斯塔和麦克雷的人格大五人格模型

	高分	低分
外向性（E）	为人亲切的 天性乐观的 健谈的 喜欢玩乐的 活跃的 充满激情的	内向的 孤独的 安静的 清醒的 被动的 缺乏激情的
神经质（N）	焦虑的 喜怒无常的 自怜的 自我意识强的 情绪化的 脆弱的	镇定的 脾气平和的 怡然自得的 舒适的 不情绪化 坚强的
开放性（O）	想象力丰富的 创造性的 原创性的 喜欢多样化的 好奇心强的 自由的	务实的 缺乏创造力的 传统的 喜欢遵循常规 缺乏好奇心的 保守的
宜人性（A）	心软的 信任他人的 慷慨的 顺从的 宽容的 性情温和的	心狠的 怀疑的 小气的 不友善的 挑剔的 易怒的
尽责性（C）	认真的 勤奋的 有组织性的 守时的 有雄心的 坚持不懈的	疏忽大意的 懒惰的 无组织性的 总是迟到的 没有目标的 容易放弃的

宜人性量表可以区分心软的人与心狠的人。在宜人性量表上得分高的人往往信任他人、

慷慨、顺从、乐于接纳且性情温和。在宜人性量表上得分低的人通常对其他人持怀疑态度、小气、不友善、易怒并且爱挑剔。

第五个因素——*尽责性*是指一个人有序、克己、有条理、有雄心、专注于成就并且自律。通常，在尽责性维度上得分高的人努力、认真、守时且坚持不懈。在尽责性上得分低的人往往杂乱无章、疏忽大意、懒惰、没有目标，并且在遇到困难时容易放弃。上述五个维度共同构成了人格的五因素模型，通常被称为“大五人格”。

五因素理论的演变

最初，五因素来自分类法，只是对基本人格特质进行简单的归类。20 世纪 80 年代后期，科斯塔和麦克雷终于确信他们和其他研究者都找到了稳定的人格结构。也就是说，他们回答了关于人格的核心问题：人格有着怎样的结构？这一进展在人格特质领域是一个重要里程碑。现在，该领域使用一种通用的语言来描述人格，并且认为人格有五个维度。然而，描述人格特质并不等于解释人格特质。为了解释人格特质，需要相关理论，这也就是麦克雷和科斯塔接下来的研究重点。

麦克雷和科斯塔反对早期的理论，因为它们过于依赖临床经验和诊疗室中的推测。到了 20 世纪 80 年代，早期理论与基于现代研究的理论之间的裂痕已变得十分明显。他们已经清楚地认识到，不能简单地抛弃原有理论，而必须用新理论取代之，这些新理论源于对原有理论的洞见和当代研究的实证发现。新旧理论之间的紧张关系促使科斯塔和麦克雷提出一种超越五因素分类法的理论。

是什么理论呢？现代的人格特质理论该如何弥补早期理论的缺陷？麦克雷和科斯塔认为，最重要的是，新的理论应该能够包含过去 25 年中该领域的变化和发展，并以当前研究所倡导的实证原则为基础。

在这 25 年中，科斯塔和麦克雷一直站在人格研究的最前沿，提出并详细阐述了大五人格模型。麦克雷和科斯塔认为，模型本身或与之相关的研究结果均不能构成人格理论。一种理论应当可以组织研究结果，形成一个连贯的故事，并聚焦于那些可以且应该得到解释的问题和现象。在此之前，麦克雷和科斯塔还曾指出，有关人格的事实正在逐步被确认。现在是时候开始解释它们了。换句话说，将五因素模型（分类法）转变为五因素理论的时机成熟了。

五因素理论的单元

在麦克雷和科斯塔的人格理论中，行为可以通过对三个中心或核心组成部分及三个外围组成部分的理解来预测。这三个中心组成部分包括基本倾向、特征适应及自我概念。

人格的核心组成部分

在图 13.3 中，中心或核心组成部分由长方形表示，外周组成部分由椭圆形表示。箭头表示**动力学过程**（dynamic processes），并指示因果影响的方向。例如，客观传记（人生经历）是特征适应及外部影响的结果。而生物学基础是基本倾向（人格特质）的唯一原因。人格系统可以从横向（在某一特定时间点上如何运行）或纵向（在人们一生中的发展方式）的角度进行解释。此外，因果影响（causal influence）是动态的，也就是说，这种影响会随着时间的推移而发生改变。

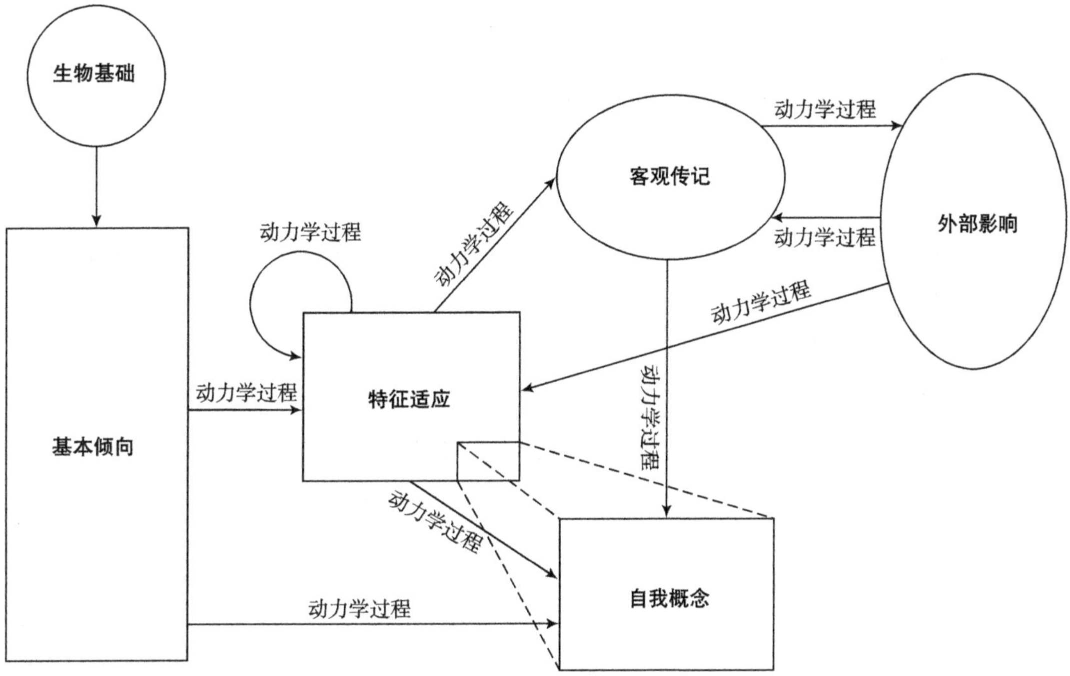

图 13.3　基于 FFT 的人格系统运作模型。箭头表示因果关系的方向，通过动态过程运作。

Source：From McCrae and Costa（1996）.

基本倾向

根据麦克雷和科斯塔的定义，**基本倾向**（basic tendencies）是人格的中心组成部分之一，与特征适应、自我概念、生物学基础、客观传记和外部影响并列。麦克雷和科斯塔将基本倾向定义为“人格和性情（特质）的普遍性基础，一般需要通过推断得知，而非通过观察得知。基本倾向可能来自遗传，可能是早期经历留下的烙印，也可能被疾病或心理干预所改变。不过，在个体的一生中，基本倾向始终定义着个体的潜能和方向”。

在较早的理论中，麦克雷和科斯塔明确指出基本倾向由多个不同的元素构成。除了五个稳定的人格特质外，基本倾向还包括认知能力、艺术才能、性取向及语言习得的心理过程等。

在后来的理论中，麦克雷和科斯塔所关注的重点集中于人格特质，具体来说，就是前文详细描述的五个维度（N、E、O、A 和 C，见表 13.1）。基本倾向的本质是其生物学基础及在不同时期和情境中的稳定性。

特征适应

特征适应（characteristic adaptations）是五因素理论的核心组成部分之一，是指随着人们适应环境而发展出的获得性人格结构。基本倾向和特征适应之间的主要区别在于灵活性的不同。基本倾向相当稳定，而特征适应则会受到外部的影响，例如，获得性技能、习惯、态度及由个人与环境之间的相互作用而产生的关系。麦克雷和科斯塔在解释基本倾向与特征适应之间的关系时指出，五因素理论的关键就在于“基本倾向与特征适应之间的区别，只有清楚了这一区别，才能解释人格的稳定性”。

所有习得的具体技能（如英语或统计学技能）都是特征适应。学习的快慢（才华、智力、才能）是基本倾向，学到的内容是特征适应。此外，人们的性情（特质）和倾向直接影响他们的特征适应。特征性反应是由基本倾向决定并塑造的。这些反应之所以具有特征性，是因为它们一致且独特，所以也就反映了持久的人格特质的运作。特征性反应是适应性的，因为它们是人们在特定时间、特定环境条件下的反应，它们让人们能够不断地融入和适应环境。这与奥尔波特的观点相似。

特征适应和基本倾向的相互作用模式也是五因素理论的核心内容。基本倾向稳定且持久，特征适应则在人的一生中随着经历变化而不断改变。特征适应因文化而异，例如，与美国人相比，日本人更忌讳在上司面前表达愤怒情绪。区分稳定的基本倾向与变化的特征适应是很重要的，因为这一区分解释了人格的稳定性和人格的可塑性。因此，麦克雷和科斯塔提出了一种方法，以区分人格结构中稳定的成分与变化的成分。基本倾向是稳定的，特征适应则是变动的。

自我概念

麦克雷和科斯塔解释，**自我概念**（self-concept）实际上是一种特征适应（见图 13.3），但之所以把它单独拿出来讨论，是因为它是一种十分重要且独有的特征适应。麦克雷和科斯塔指出：“自我概念由对自我的认识、看法和评价构成，包含了丰富的个人历史事实、人生目的及连贯性的身份认同。”一个人对自己的信念、态度和感觉都是特征适应，因为它们会影响人在特定情况下的行为。例如，如果一个人相信自己是聪明的，那么他就会更愿意参加智力挑战。

自我概念必须精准吗？诸如学习理论家阿尔伯特·班杜拉（Albert Bandura）（见第 17 章）、人本主义理论家卡尔·罗杰斯（见第 10 章）或戈登·奥尔波特（见第 12 章）等都认为，人们在意识层面对自己的看法是相对准确的，虽然也可能有所出入。而心理动力学理论家则认为，人们在意识层面对自己的大多数看法和感觉本质上是扭曲的，自己（自我）的真实本质在很大程度上是潜意识的。而麦克雷和科斯塔选择把潜意识视作个体自我概念的一部分。

外周组成部分

三个外周组成部分分别是生物学基础、客观传记及外部影响。

生物学基础

五因素理论最基本的假设是，有一种单一因素影响着人格特质，那就是生物学因素。影响基本倾向的主要生物学机制是基因、激素和大脑结构。麦克雷和科斯塔并未提及具体是哪些基因、激素和大脑结构对人格具有影响，又具有怎样的影响。行为遗传学和脑成像技术的发展正在逐步填补这些细节。生物学基础的存在使环境不可能影响基本倾向的形成，但这并不意味着环境不参与人格的形成，环境只是对基本倾向没有直接影响（见图 13.3）。环境影响着人格的某些组成部分，因此也就有必要区分两个核心组成部分——基本倾向和特征适应。

客观传记

人格的第二个外围组成部分是**客观传记**（objective biography），其定义是“人在一生中的一切行为、思想和感情”。客观传记强调发生在人们生活中的事（客观），而不是人们对这些事的观点或感知（主观）。每一个行为或反应都被记入人生档案中。相比之下，阿尔弗雷德·阿德勒（生活方式）或丹·麦克亚当斯（Dan McAdams）（个人叙事）等理论家强调对人生故事的主观解释，而麦克雷和科斯塔则侧重于客观经历，即人的一生中发生的事件和经历。

外部影响

人们始终活在某一物理或社会情境中，而这些情境或多或少地影响着人格。**外部影响**（external influences）是指我们如何应对环境中的机会和需求。麦克雷和科斯塔认为，人们的反应是两个变量的函数，这两个变量是特征适应及其与外部影响的相互作用（见图 13.3，请注意指向“代表客观传记的椭圆形”的两个箭头）。

麦克雷和科斯塔认为，行为是特征适应与外部影响之间相互作用的函数。他们举了琼（Joan）的例子。有人邀请琼一起去看歌剧《茶花女》（外部影响），但是琼一向讨厌歌剧（特征适应），因此拒绝了这一邀请（客观传记）。具体来说，琼可能具有保守（而非开放）的基本倾向，并且可能从小就没有接触过歌剧，只是因为道听途说就形成了对歌剧的负面看法。无论如何，她更倾向于待在家中从事熟悉的活动和体验务实的经历。这些背景预测了琼在收到看歌剧的邀请时会做出怎样的反应。琼每做出一次拒绝歌剧的决定，她对歌剧的厌恶情绪就会进一步增强。图 13.3 中的自我循环箭头体现了这一点。

基本假设

人格系统的每个组成部分（除生物学基础外）都有核心假设。由于基本倾向和特征适应是人格系统最重要的组成部分，因此本书将详细介绍这两个组成部分的假设。

基本倾向的假设

基本倾向有四个假设：个体性假设、起源假设、发展假设和结构假设。首先，**个体性假设**指出，成年人拥有独特的人格特质，每个人都展现出独一无二的人格特质模式。在神经质、外向性、开放性、宜人性和尽责性的具体得分上，人人不同，人们的独特性在很大程度上来自基因的变异性。这一假设与奥尔波特的观点一致，即独特性是人格的本质。

其次，*起源*假设指出，所有人格特质都是由且仅由内生（内部）力量（如遗传、激素和大脑结构）决定的。这一鲜明的立场受到了一些争议。换句话说，家庭环境在基本倾向上不起作用（但是请记住，人格特质并不是整个人格的同义词）。图 13.3 展示了从生物学基础到基本倾向的代表因果的箭头。这一主张主要基于行为遗传学的发现，即人格的五个维度几乎完全可以由遗传和非共享环境这两个因素解释（每个因素约占 50% 的比重）。行为遗传学家通过对养子和双生子的研究，用遗传力系数（heritability coefficients）来评价遗传影响。遗传力是指某一人格特质在遗传上相同的个体（同卵双胞胎）间的相关性和仅共享 50% 基因的个体（除同卵双胞胎以外的兄弟姐妹）间的相关性的差异。如果基因在人格特质的形成中不起作用，那么在遗传相似度不同的兄弟姐妹之间的相关性就不会存在差异。同卵双胞胎和异卵双胞胎要么都相同，要么都不相同。有证据表明，即使在不同的环境中成长，同卵双胞胎的人格相似度也要大于非同卵的兄弟姐妹。就大多数人格特质而言，这种相似度表明人格变异约 50% 是由遗传力或遗传学所决定的，其余约 50% 则是由年龄不同的兄弟姐妹之间的非共享经历所决定的，也就是说，兄弟姐妹通常有不同的经历、朋友和老师。父母有时会随着时间的推移和经历的不同而调整育儿行为。因此，如果一个孩子比另一个孩子晚出生三四年，两个孩子的生长环境就可能存在某些差异。而最近的研究发现了与人格的五个维度相关的遗传区域。

再次，*发展*假设指出，人格特质一般从童年时期开始发展和变化，到了青春期发展变缓，并在成年早期到中期（大约 30 岁）完全固定。

麦克雷和科斯塔推测在人格特质的变化背后可能存在进化性和适应性的因素。年轻时，人们需要建立关系和事业，较高的外向性和开放性，甚至较高的神经质都是有益的。随着人们发展成熟并慢慢安顿下来，这些特质就失去了曾经的适应性。随着年龄的增长，宜人性和尽责性的增强可能对人们有益。在相关的研究小节中，我们将具体讨论人格特质在成年期的稳定性。

最后，*结构*假设指出，人格特质具有层级架构，从狭义、具体到广泛、一般。这一点和艾森克的观点一致。这一假设源自麦克雷和科斯塔始终坚持的立场，即人格维度的数量有且只有五个。这比艾森克假设的三个要多，又比卡特尔主张的 35 个要少。有了结构假设，麦克雷和科斯塔等五因素理论家得以在五这一数字上达成共识，结束了因素理论家对此的长期争论。

特征适应的假设

特征适应的第一个假设指出，随着时间的流逝，人们通过获取与自身人格特质和早期适应相一致的思想、情感和行为模式来适应环境。换句话说，人格特质会影响人们适应环境变化的方式。此外，基本倾向会让人们去寻找并选择与自身人格相匹配的特定环境。例如，一个外向的人可能会加入舞蹈俱乐部，而一个自信的人可能会当律师或企业主管。

特征适应的第二个假设是适应不良（maladjustment），指人们的反应并不总是与个人目标或文化价值观相一致。例如，如果人们过于内向，就可能会导致病态的社交羞怯，从而无法出门或工作。如果人们过于好斗，就可能会导致好战和敌对，这样的人很容易被工作单位解雇。构成特征适应的习惯、态度和能力有时会变得僵化或具有强迫性，于是就变成了适应不良。

特征适应的第三个假设指出，基本特质会随着时间的推移而变化，以响应生物学上的成熟、环境的变化或刻意的干预。这就是麦克雷和科斯塔的可塑性假设，这一假设指出，尽管基本倾向在整个生命周期中可能保持稳定，但特征适应却并非如此。例如，虽然心理治疗和行为矫正等干预措施可能很难改变一个人的基本特质，但是它们可能足以改变一个人的特征反应。

相关研究

麦克雷和科斯塔的特质研究在人格领域非常流行。麦克雷和科斯塔提出的人格量表，即 NEO-PI，已被研究者广泛采用。

人格特质既与身体健康、幸福感和学业成功等有关，也与更加普遍的、日常的变量（如情绪）有关。接下来将讨论的研究表明，人格特质能够预测长期结果，如 GPA 这种需要多年努力积累的结果；同时人格特质也能够预测更离散的结果，如青少年的互联网使用情况，以及一个人在某一天可能会有怎样的情绪。

人格与学业成绩

人格特质能够有效地预测生活的方方面面。有一个课题备受研究者的瞩目，那就是人格特质与学业成绩的关系，如标准化考试成绩或 GPA。埃里克·诺夫特（Erik Noftle）和理查德·罗宾斯（Richard Robins）开展了一项大型研究，测量了 10 000 多名学生的人格特质和学业成绩。在这项研究中，诺夫特和罗宾斯向大学生参与者分发了自我报告调查表，以测量他们在“大五人格”特质上的分数，并记录了参与者的 SAT 分数及其高中和大学时的 GPA，而且与大学时的记录进行了核对。最能有效预测高中和大学时 GPA 的人格特质是尽责性。尽责性分高的人往往在高中和大学时都有较高的 GPA。回想一下，科斯塔和麦克雷的五因素人格模型中的尽责性被定义为勤奋、有序和守时。尽责性高的学生会日复一日地抽出时间学习，知道如何好好学习并在课堂上表现良好，而这些行为都有助于其在学校里取得良好的成绩。对超过 70 000 名学生开展的 80 项研究的元分析证实了尽责性对 GPA 的重要作用。实际上，尽责性对 GPA 的影响与智力对 GPA 的影响几乎相同。

与人格能否预测学业成绩相关的一个问题是人格能否预测学术不端。试想，大五人格——

神经质、外向性、开放性、尽责性和宜人性——的哪一个维度最能预测一名学生是否会在考试中作弊，是否会抄袭论文或作业？

吉鲁克（Giluk）和波斯特尔思韦特（Postlethwaite）筛选了 17 项同时测量了“大五人格”和至少一项学术不端行为的研究，并开展了元分析。这 17 项研究涉及 5 000 多名学生。尽管样本数量相对较小，但相关分析表明，低尽责性与低宜人性能够预测学术不端。也就是说，如果一名学生的人格在有序、纪律严明、有计划或目标明确方面有所欠缺，或者如果一名学生不友善、冷漠且缺乏共情能力，那么他就有可能在学术上作弊。

人格特质与 SAT 成绩间的关系模式和人格特质与 GPA 间的关系模式不同。“大五人格”特质并不能有效预测 SAT 数学部分的成绩，但开放性与英语部分成绩相关。具体来说，那些在开放性维度上得分较高的人更有可能在 SAT 英语部分得高分。仔细想想，这是有道理的。那些在开放性上得分高的人更有想象力、创造力且思维开阔，这些都可能在解决考试难题时发挥作用。

令人惊讶的是，尽责性虽然可以有效预测 GPA，但是在预测 SAT 分数上却不是那么有效。尽管 SAT 成绩和 GPA 都是衡量学业成绩的通用指标，但两者大不相同。一个人在 SAT 上的得分较高，多因天资聪颖，而且 SAT 只是一次考试而已；而 GPA 则像是一种成就，是多年努力的结果。SAT 有点类似于智力测验，单靠学习很难提高 SAT 成绩。

有的人可能参加了几次 SAT，有的人只参加过一次。这种不同的考试方式反映了神经质维度的差异。由于在神经质维度上得分高的人往往更焦虑、对自己的满意度更低，因此他们更有可能一遍又一遍地参加 SAT。

迈克尔·塞弗（Michael Zyphur）及其同事开展了一项研究，以考察神经质得分较高的学生是否更有可能多次重考 SAT。为了检验这一预测，研究者对 207 名本科生施行了神经质的自我报告式测量，并检查了学生的成绩单，以了解每位被试参加 SAT 的次数及分数。结果支持了研究人员的假设——那些在神经质维度上得分较高的学生更有可能多次考 SAT。有趣的是，研究人员还发现，SAT 的分数会随着重考次数的增加而增加，也就是第二次参加考试的分数往往比第一次参加考试的分数更高，而第三次参加考试的分数则比第二次参加考试的分数更高。

当用人格特质预测学业成绩时，哪种特质最重要取决于研究者感兴趣的结果变量是什么，因为学生可以通过多种方法取得好成绩。尽责性对 GPA 重要，但对 SAT 却不那么重要。开放性对语言能力来说很重要，但是与数学能力却没什么关系。神经质虽然通常牵涉更高的焦虑和更强的自我意识，但是反复参加考试与考试成绩的提高有关。

人格特质、互联网的使用与幸福感

互联网的使用对青少年的幸福感有怎样的影响，是一个争议不断的话题，关于这一话题的早期研究结果也彼此矛盾。一些研究发现，就像很多家长和教育工作者所担心的那样，青少年日常使用互联网与较高的抑郁水平和较低的幸福感相关；而另一些研究则发现这些变量间没有相关性。范德阿（Vander）及其同事在最近的一项针对荷兰青少年的研究中推测，每一名青少年使用互联网的方式不同，互联网的使用对每一名青少年的影响也各有不同。他们考察了青少年的人格特质对互联网使用的影响，以及互联网使用对幸福感的影响。例如，更加内向的青少年是否会更多地采用互联网进行社交互动？互联网使用是否会对具有不同特质的青少年产生不同的影响？

研究者通过在线问卷的形式对荷兰青少年开展了调查。研究样本为 7 888 名 11 岁至 21 岁的青少年。参与者除了需要完成“大五人格”的量表以测量外向性、尽责性、宜人性、神经质和开放性之外，还要回答他们的互联网使用情况、孤独感、自尊心和抑郁情绪。结果表明，日常使用互联网这一行为本身并不与低幸福感直接相关（想必这一发现使本书的不少读者感到宽慰）。如果说互联网使用与幸福感相关，那么一定是和一个人*强迫性地*使用互联网的倾向有关——感觉一上网就停不下来、沉迷互联网或因为互联网使用而无法正常履行其他职责。这项研究还发现，人格特质能够预测强迫性地使用互联网的倾向。外向性较低、宜人性较低及神经质较高的青少年在强迫性地使用互联网上得分较高；反过来，强迫性地使用互联网也能强烈预测孤独感和抑郁症状。

从直觉上讲，与外向、宜人且情绪稳定的青少年相比，内向、神经质且不那么宜人的青少年可能会发现面对面的社交互动更令人不愉快。因此，这些青少年就会把互联网当作更令人愉快的交流环境。范德阿及其同事假设，这些青少年可能会陷入一种恶性循环，他们越来越沉迷互联网使用，最后变成强迫性使用，并让他们自己的幸福感越来越低。对具有这些人格特质的青少年来说，要减少他们的互联网使用，并提供有益的线下活动，以改善他们的心理健康状况。

人格特质与情绪

人格特质不仅会影响学业成绩等长期结果，也会影响一个人每天体验到的情绪。如果仔细查看对每个特质的描述，尤其是外向性和神经质，自然会发现这一点。外向性得分高意味着爱玩乐和热情（都是积极情感），而神经质得分高则意味着焦虑和自我意识（都是消极情感）。因此，研究人员一直将积极情绪视为外向性的核心，并将消极情绪视为神经质的核心。

外向性与更多的“积极”情感相关，而神经质与更多的“消极”情感相关，这是凭直觉就能得出的结论。那“大五人格”中的其他三个维度与怎样的情绪相关呢？人格特质与更具体的情绪状态又有什么关系呢？盐田（Shiota）、凯尔特纳（Keltner）和约翰为了更精细地了解人格与情绪之间的关系，考察了多种积极情绪与“大五人格”的主要维度之间的关系。在研究中，研究者要求选修了本科人格心理学课程的学生填写研究者开发的“特质积极情绪量表”（Dispositional Positive Emotions Scale，DPES），就自己对七种积极情绪（喜悦、满足、自豪、爱、同情、快乐和敬畏）的一般性经历进行评分。量表中的问题举例如下：“我与生活和谐相处”——满足，“我每天都感到惊叹”——敬畏，“我身上总有好事发生”——喜悦。此外，研究者还让参与者填写了 NEO-PI，以评估他们在五个人格维度上的得分。同时，研究者也让参与者的朋友对参与者的人格进行了评价。

这是一项相关性研究。参与者的积极情绪自评得分与他们的人格特质之间呈现出许多有趣的相关关系。与研究者的预期相符，这七种积极情绪都与外向性显著相关；与内向的人相比，外向的人每天都会体验到更多的喜悦、满足、自豪、爱、同情、快乐和敬畏。有趣的是，部分积极情绪与尽责性和宜人性相关。比起尽责性较低的人，尽责性较高的人会体验到更多由能动性带来的喜悦、满足和自豪；比起宜人性较低的人，宜人性较高的人会体验到（也许是一种直觉）更多的爱和同情。敬畏，就像大家公认的那样，是所有积极情绪中与开放性最相关的一个。以开放的心态面对世界能够让一个人体验到更多的敬畏。此外，开放性和喜悦、爱、同情、快乐也呈正相关关系，尽管相关性较弱。最后，神经质与喜悦、满足、自豪和爱之间呈显著的负相关关系，与情绪稳定的人相比，情绪不稳定的人每天所体验到的积极情绪更少。参与者自评的积极情绪与朋友对其做出的大五人格评估也呈现出相似的相关性，只是相关性较弱。

大多数关于人格与情绪的研究都是相关性研究，因此我们尚不清楚是外向性或神经质等人格特质导致了积极或消极的情绪，还是情绪决定了人们的人格特质。例如，如果人们心情愉快，那么他们就更有可能快乐和健谈（举止外向），但到底是因为举止外向带来了好情绪，还是因为情绪良好才举止外向？类似地，如果人们心情不好，那么他们就更可能表现出自我意识并感到焦虑（神经质行为），但到底是情绪导致了行为，还是行为导致了情绪？

默里·麦克尼尔（Murray McNiel）和威廉·弗莱森（William Fleeson）通过研究考察了外向性与积极情绪、神经质与消极情绪之间的因果关系。具体来说，他们感兴趣的问题是外向的行为举止是否会让人体验到积极情绪，以及神经质的行为举止是否会让人体验到消极情绪。为了回答上述问题，麦克尼尔和弗莱森招募了 45 位参与者，每三人分成一个小组，每组开展两次小组讨论。在第一次讨论中，小组中会有一位参与者被指示应表现得“大胆、主动、自信和健谈”（这些都是外向的行为），另一位参与者被指示应表现得“保守、克制、胆小和安静”（这些都是内向的行为），而第三位参与者则不会受到任何指示，而是作为另外两名组员的中立观察者。第一次小组讨论结束后，表现外向行为和内向行为的参与者评估了自己的情绪，中立观察的参与者则评估了另外两名小组成员（即表现外向行为和内向行为的参与者）的情绪。在第二次小组讨论中，被指示表现外向行为和内向行为的两人互换角色，在第一次讨论中表现内向行为的人在第二次讨论中表现外向行为，反之亦然。中立观察者的角色保持不变。这一实验设计让研究者能够确定外向行为能否引发积极情绪。

就像研究者预测的那样，参与者在被指示表现得外向时感受到的积极情绪要高于被指示表现得内向时。中立观察者的评价也支持了这一发现，而且这一结果与参与者本身的外向性高低无关。这表明，不论一个人本性是否外向，用外向的方式行事都会比用内向的方式行事让人感觉更好。

上文提及，积极情绪被认为是外向性的核心，而消极情绪被认为是神经质的核心。因此，麦克尼尔和弗莱森想将他们关于外向性和积极情绪的发现推广到神经质和消极情绪上，并设计了另一项研究。研究程序与之前的研究基本相同，但是他们没有指示参与者表现得外向或内向，而是让一位参与者表现得“情绪化、主观、喜怒无常并要求苛刻”（即高神经质的行为），让另一位参与者表现得“保持冷静、客观、稳定和要求不高”（即低神经质的行为）。在第二次小组讨论中，表现得高神经质和低神经质的两位参与者互换角色。正如预测的那样，参与者说，比起低神经质行为，他们表现出高神经质行为时的情绪更差。总体而言，这项研究告诉我们，如果心情不好时想要变得愉快，就应该表现得外向。

在这一小节中，我们讨论了神经质通常与消极情绪相关，以及神经质的行为如何引起负面情绪。但是，最近的一些研究表明，并非每个在神经质维度上得分高的人都会体验更多的消极情绪。人们处理传入信息的速度有个体差异，这种差异可能会影响神经质与消极情绪间的关系。处理速度的差异以毫秒为计量单位，因此无法被个体或他人觉察。但是，计算机能够非常准确地测出这种差异。在为了测量这种差异而设计的实验中，参与者被要求在计算机上完成 Stroop 任务。Stroop 任务要求参与者辨别屏幕上显示的单词的字体颜色是红色还是绿色。这项任务听起来简单，但实际上很难。因为有时“红色”一词会以绿色字体显示，因此虽然正确答案是“绿色”，但参与者很容易答成“红色”，这就需要参与者付出更多努力来克服这种易错倾向。

迈克尔·罗宾逊（Michael Robinson）和杰拉德·克罗尔（Gerald Clore）主持了上述研究，让参与者在电脑上完成 Stroop 任务，同时测量他们完成任务的速度。他们还让参与者填写了神经质的标准自陈式量表。此外，在接下来的两周内，参与者需要在每天结束任务时记录自己的情绪。根据以往研究，神经质应该能够预测每天的消极情绪，但是罗宾逊和克罗尔预测，只有那些在完成 Stroop 任务时反应速度相对较慢的人才会如此。之所以做出这样的预测，是因为能够在环境中快速处理事物的人不需要调用神经质等人格特质来解释事件，也就不会因此产生消极情绪。换句话说，处理速度快的人能够客观解释他们的环境，而处理速度慢的人则依靠人格特质来解释事件，从而产生更加主观的评价。

结果证实了研究者的预测。只有那些在做计算机任务上反应速度较慢的参与者，其神经质水平才能够预测未来两周内更多的消极情绪。那些神经质水平很高，但是能快速完成计算机任务的参与者，在未来两周内并没有比神经质水平较低的人体验到更多的消极情绪。

综上所述，有关人格特质和情绪的早期研究曾表明了外向性与积极情绪、神经质与消极情绪的相关性，但这并不是完全准确的，因为它没有描绘出人格特质和情绪之间复杂关系的完整图景。麦克尼尔和弗莱森的研究表明，即使一个人在外向性维度上得分不高，只要表现出外向行为，也可以加强积极情绪。此外，尽管神经质与体验更多的消极情绪相关，但罗宾逊和克罗尔的研究证明，这一关系只在那些对输入信息的分类速度较慢的人身上才成立。人格特质可以很好地预测学生的 GPA、SAT 成绩、强迫性互联网使用，甚至情绪，但是人格特质并非不可改变的。虽然特质会让人倾向于做出某类行为，但人的行为改变也可以改变这些人格特质。

对特质和因素理论的评价

特质和因素方法，尤其是艾森克的方法和大五人格模型，提供了重要的分类法，对人格进行了有意义的组织。但是，正如第 1 章所指出的，分类法本身并不能解释或预测行为（即有用理论的两个重要功能）。

上述方法是否超越了分类法，并且能够引发重要的人格研究？科斯塔和麦克雷的特质和因素理论是人格研究的严谨实证方法。他们的理论建立在收集尽可能大的样本资料、相关分析、因子分析及给得到的因子赋予心理学意义的基础之上。特质和因素理论的基石是心理测量学方法，而不是临床判断。就像其他理论一样，特质和因素理论也需要根据有用理论的六个标准来判断。

第一，特质和因素理论能否*引发研究*？根据这一标准，科斯塔和麦克雷的五因素模型可以得到极高的评价。麦克雷和科斯塔等人的特质理论引发了大量*实证*研究。这些研究使用了修订版 NEO-PI 的各种翻译版本，证实了外向性、神经质、开放性、宜人性和尽责性特质不仅存在于西方国家，也存在于其他多种文化中。此外，麦克雷和科斯塔发现，在人们 30 岁以前，基本人格特质具有一定的灵活性，但在 30 岁之后，它们则会稳定下来。

第二，特质和因素理论*可以被证伪*吗？根据这一标准，特质和因素理论可以得到中等偏上的评价。虽然来自非西方国家的研究可能认为，需要大五人格特质以外的特质来解释亚洲人的人格，但麦克雷和科斯塔的成果是可以被证伪的。

第三，特质和因素理论可以很好地*组织已有知识*。关于人格的任何真正知识都应该可以被简化为数量。任何可以被量化的事物都可以被测量，任何可以被测量的东西都可以进行因子分析。提取出的因子让我们可以用人格特质的术语方便而准确地描述人格。这些人格特质反过来又提供了一个框架，可以用于组织关于人格的各种观察结果。

第四，有用的理论具有*指导实践者行动*的能力，按照这一标准，特质和因素理论能得到中等评价。尽管特质和因素理论提供了全面且结构化的分类法，但它只是对研究者来说比较有用，对父母、教师和咨询师就不那么有用了。

第五，特质和因素理论是否具有*内部一致性*？大五人格理论及相关研究有不错的内部一致性，虽然有一些研究者（如艾森克，见 14 章）在人格有几个基本维度这一问题上持不同意见。跨文化研究大体上支持了大五人格维度的普世性，表明这些人格维度在全世界是一致的。不过，值得注意的是，并非所有跨文化研究都支持大五人格，部分原因是在将问卷翻译成各种语言时存在一些障碍。例如，在南亚和东南亚，“大五人格量表”的宜人性分量表的内部信度仅为 0.57，说明该量表涉及的问题并不能作为亚洲人的宜人性维度的完整测量工具。

第六，有用理论的最后一个标准是简约性。理想情况下，特质和因素理论是十分简约的，因为因子分析本身就是要找出尽可能少的解释因子。换句话说，因子分析的目的就是要尽可能地减少变量。这一理论符合简约性的本质。

对人性的构想

特质和因素理论家对人性有怎样的构想？他们不关心传统主题，例如，决定论还是自由选择、乐观主义还是悲观主义、目的论还是因果论。实际上，该理论也并不适用于这些主题。那么，我们该如何评价他们对人性的构想呢？

第一，我们知道因子分析理论家认为人类与其他动物是不同的。只有人类才能报告有关自己的资料。根据这一事实，我们可以推断麦克雷和科斯塔相信人类拥有意识，并且拥有自我意识。人们能够评估自己的表现，并就自身的态度、气质、需要、兴趣和行为进行合理而可靠的报告。

第二，麦克雷和科斯塔重视人格的遗传因素。他们相信特质和因素都是遗传的，具有强大的遗传和生物学成分，因此也是普世的。不过，他们同时也相信环境在人格的塑造上起着至关重要的作用。因此，我们认为五因素模型对社会影响的重视程度为中等。

第三，在个体差异还是相似性的维度上，特质和因素理论更倾向于个体差异。因子分析的前提是个体间存在差异，即不同个体的得分间具有变异性。因此，特质理论更关注个体差异而不是人与人之间的差异。

重点术语及概念

- 人格特质和因素理论基于因子分析方法，假设人格特质可以通过相关研究来测量。
- 外向者的特点是善于交际的和冲动的，内向者则是被动的和考虑周到的。
- 在神经质维度上得高分意味着焦虑、歇斯底里、强迫障碍或犯罪，得低分通常意味着情绪稳定。
- 麦克雷和科斯塔认为生物与环境对人格的影响都很重要。
- 世界范围内的多种文化都已采用五因素理论来测量人格特质。
- NEO-PI-R 表明人们从 30 岁开始直到老年，人格因素都高度稳定。

第五部分

生物－进化理论

第 14 章　艾森克：基于生物学的因素理论
第 15 章　布斯：人格的进化理论

CHAPTER 14

第 14 章

艾森克：基于生物学的因素理论

艾森克 © Chris Ware/Hulton Archive/Keystone/Getty Images

- 基于生物学的特质理论概要
- 汉斯·尤尔根·艾森克小传
- 艾森克的因素理论
  - 因素的鉴定标准
  - 行为结构的层次
- 人格的维度
  - 外向性维度
  - 神经质维度
  - 精神质维度
- 人格的测量
- 人格的生物学基础
- 人格作为预测指标
  - 人格与行为
  - 人格与疾病
- 相关研究
  - 外向性的生物学基础
  - 神经质的生物学基础
- 对艾森克基于生物学的理论的评价
- 对人性的构想

重点术语及概念

机遇和偶然常常在人们的生活中起着决定性作用。有一次，一个偶然事件发生在一名 18 岁的德国年轻人身上。由于纳粹暴政，他离开了祖国，好不容易在英国安顿下来，想要进入伦敦大学读书。他是一名阅读爱好者，对艺术和科学都很感兴趣，不过他的第一志愿报的是物理学。

但是，偶然事件改变了他的生活，并因此改变了心理学的历史进程。想要被大学录取，这名年轻人必须先通过入学考试，于是他在一所商业学院学习了一年后，参加了考试。通过考试后，他满怀信心地来到了伦敦大学，打算主修物理学。然而，他被告知在入学考试中选错了科目，因此没有资格选择物理学专业。他不愿意为了主修物理学再等一年，于是问是否有什么科学类学科是他可以选的。当被告知他可以选心理学时，他反问："心理学是什么？"他从未听说过心理学，尽管隐约听说过精神分析。心理学也能是一门科学吗？但是，除了心理学之外，他别无选择，所以他只能马上入学，开始学习这个他几乎一无所知的专业。多年后，汉斯·J. 艾森克（Hans J. Eysenck）的名字在心理学界已无人不知，他可能是心理学研究史上最多产的学者。在自传中，艾森克对这一偶然事件一笔带过，"一个人的命运就这么被愚蠢的官僚主义作风决定了"。

艾森克一生都在与他遇见的各种各样的愚蠢做斗争。在自传中，他称自己是"一个假装清高的道学先生……从不愿意容忍愚蠢的人（甚至是一般聪明的人）"。

基于生物学的特质理论概要

到目前为止，本书所讨论过的每种人格理论都淡化、忽略，甚至反对人格的生物学基础。只有麦克雷和科斯塔（见第 13 章）就基因和生物学对人格的影响给予了温和的强调。

艾森克改变了这一情况。艾森克提出了类似于麦克雷和科斯塔的因素理论，但是他的分类以因子分析和生物学为基础，并且只提出了三个人格维度（而不是五个）：外向性与内向性，神经质与稳定性，精神质与超我机能。我们将在本章的后面部分讨论这些问题。艾森克理论的关键在于，人格的个体差异不仅仅是心理学的，还是生物学的。也就是说，遗传差异导致中枢神经系统（包括大脑结构、激素和神经递质）的结构差异，这些生物学差异导致了人格三个维度（外向性、神经质和精神质）上的差异。

人格的生物学基础有多个证据来源，包括关于气质、行为遗传学和脑成像技术的研究。首先，气质是指人体自生命早期起基于生物学倾向的特定行事方式。例如，在一项研究中，珍妮特·迪皮特洛（Janet DiPietro）及其同事发现，胎儿活动和胎儿心率可以预测出生后第一年的气质差异。特别是，36 周龄胎儿的高心率预测了其出生后 3 至 6 个月内更无规律的饮食和睡眠。高心率还预测了婴儿出生后 6 个月内较少的情绪波动。产前环境可能在塑造人格中具有重要的作用。事实上，母亲在怀孕期间体验到的压力可能会影响婴儿的压力反应。也就是说，如果母亲在怀孕期间承受了不寻常的压力，婴儿的压力反应功能往往会较差，压力激素的基线水平往往较高，还会在受到压力时产生更快、更强和更明显的生理反应，而所有这些反应会一直持续到童年时期。

其次，为了了解遗传如何影响行为和人格，心理学家开始了行为遗传学的研究，即关于遗传在行为中作用的科学研究。正如我们在上一章中所知道的那样，特征受遗传影响的程度被称为遗传力。为了研究遗传力，研究者开展了双生子研究和基因－环境相互作用研究。双生子研究研究了遗传对双生子（同卵或异卵双生子）的影响，这些双生子有的被分开抚养（被分别领养），有的一起长大。在基因－环境相互作用研究中，研究者评估遗传差异如何与环境相互作用，从而在某些人中而不是在其他人中产生某些行为。基因－环境相互作用研究不用双生子、家庭成员和被收养者来控制遗传相似性，而是直接测量基因组本身的遗传变异，并研究这种变异如何与不同类型的环境相互作用，从而产生了不同的行为。

最后，研究者使用脑成像技术测量人格的生物学方面，其中两种最常见的技术是脑电描记法（electroencephalography，EEG）和功能磁共振成像（functional magnetic resonance imaging，fMRI）。研究者使用 EEG 记录大脑的脑电波活动。这一过程需要将电极置于人的头皮上。电极是接在电线上的金属盘，通常安装在一个能与头部紧密贴合的织物电极帽中。通常，在记录脑电波活动时，被试者需要执行某些任务。在反映脑活动*何时发生*方面，EEG 优于其他脑成像技术。但 EEG 在指示脑活动*发生的位置*方面不是很准确。不过，fMRI 能够弥补这一不足。fMRI 的图像通过跟踪大脑组织中的血氧使用情况，显示在执行特定任务期间大脑的活动在哪里发生。通过这种方式，研究者可以看到在执行某些任务时，大脑的哪个区域使用的氧气最多（即可能是最活跃的）。

汉斯·尤尔根·艾森克小传

汉斯·尤尔根·艾森克（Hans Jurgen Eysenck）于 1916 年 3 月 4 日出生在德国柏林的一个演员家庭，是家中的独子。他的母亲叫露丝·沃纳（Ruth Werner），艾森克出生时她才初涉影坛。露丝·沃纳后来成为德国无声电影明星，艺名叫作埃尔加·莫兰德（Helga Molander）。艾森克的父亲安东·爱德华·艾森克（Anton Eduard Eysenck）是一位喜剧演员、歌手。艾森克曾回忆道："（我）很少见到我的父母，他们在我 4 岁时就离婚了，他们对我几乎没有任何感情，因此我对他们也是一样。"

父母离婚后，艾森克与他的外祖母一起生活。外祖母也曾是剧院的演员，本来也能在歌剧上一展身手，却因为摔坏了腿而退出。艾森克将外祖母描述为"慷慨、乐于助人、没有私心的人，对这个世界来说过于友好了"。尽管外祖母是虔诚的天主教徒，但他的父母都不信教，艾森克在成长过程中也没有任何正式的宗教信仰。

在成长过程中，他也几乎没有受到来自父母的管教，没有人制约他的行为。父母双方似乎都没有兴趣管束他的行为举止，外祖母对他的态度更是宽容。有两件小事很好地反映了这种良性的疏忽。有一次，父亲给艾森克买了一辆自行车，说要教他骑车。"他把我带到山顶，告诉我，我应当坐在车座上，脚蹬脚踏板，让车轮转起来。然后，他下山去放气球了……留我一个人在那里，自己研究怎么骑自行车。"另一次，正处于青春期的艾森克告诉外祖母他打算去买烟。他本以为会被制止，但是，外祖母却说："只要是自己想做的事，就要想方设法去做。"根据艾森克的说法，类似这两件事的环境经历与人格发展几乎没有关系。对他来说，遗传因素对后续行为的影响比童年经历对之的影响更大。因此，宽松的家庭教育环境既没有帮助，也没有阻碍他成为特立独行的著名心理学家。

在小学时，艾森克就毫不畏惧地采取与众不同的立场，经常挑战他的老师，尤其是那些有军国主义倾向的老师。他对他们所教的内容持怀疑态度，隔三岔五就要凭自己丰富的知识和过人的才智让老师下不来台。

第一次世界大战后，像很多德国人一样，艾森克也遭受了物资匮乏的痛苦，面临着天文数字般的通货膨胀、大规模失业及忍饥挨饿。希特勒上台后，艾森克的前途仍然一片黯淡。他被告知，若要在柏林大学学习物理学，就必须先成为纳粹秘密警察。这件事令他非常反感，所以他决定离开德国。

这一次与法西斯右派的交锋及后来与激进左派的斗争让他明白，强硬派或权威主义的人格特质在两个政治阵营同样普遍。

由于纳粹暴政，艾森克在 18 岁时离开德国，最终定居在英国。他想要去伦敦大学读书，正如我们在本章开头的小插曲中看到的那样，他进入心理学系，完全是误打误撞。当时，伦敦大学的心理学系基本上都是亲弗洛伊德派，同时也非常重视心理测量学。查尔斯·斯皮尔曼（Charles Spearman）刚刚离开，此时主持心理学系的是西里尔·伯特（Cyril Burt）。1938 年，艾森克获得学士学位，大约在此前后，他与玛格丽特·戴维斯（Margaret Davies）结婚。玛格丽特是加拿大人，拥有数学学士学位。1940 年，艾森克获得了伦敦大学的博士学位，但此时英国和大多数欧洲国家正处于战争状态。

作为一名德国人，他被认为是敌国公民，不能进入皇家空军（他的第一志愿）或任何军事部门。所以，虽然没有接受过精神病学家或临床心理学家的培训，但艾森克去了米尔希尔急救医院，为患有各种心理疾病（包括焦虑、抑郁和癔症）的人提供治疗。然而，艾森克对大多数传统的临床诊断类别并不满意。他使用因子分析发现，两个主要的人格因子——神经质与情绪稳定性、外向性与内向性——能够解释所有传统诊断类别。这些早期的理论思想促成了他的第一本书《人格的维度》（*Dimensions of Personality*）。

第二次世界大战后，他当上了伦敦莫斯里医院的心理科主任，后来又成了伦敦大学心理学系的讲师。

1949 年，他前往北美考察美国和加拿大的临床心理学课程，他想在英国也建立临床心理学专业。1949 年至 1950 年间，他在宾夕法尼亚大学担任客座教授，但大部分时间他都在美国和加拿大各地旅行，同时研究临床心理学的课程纲要，最终他发现，这些课程纲要全都不够科学。

艾森克和玛格丽特之间逐渐产生了隔阂，等到他去费城时——与他同行的旅伴是一位叫西柏·罗斯塔尔（Sybil Rostal）的美丽的定量心理学家——他的婚姻就彻底没有了挽回的可能。回到英国后，艾森克和玛格丽特离了婚，和西柏结了婚。艾森克和西柏一共生了三个儿子和一个女儿，并且合写了一些著作。艾森克在第一段婚姻中的儿子迈克尔（Michael）也写了很多心理学文章和图书，著作颇丰。

从北美回到英国后，艾森克在伦敦大学建立了临床心理学专业，并于 1955 年成为伦敦大学心理学系的教授。在美国期间，他已开始撰写《人格结构》(*The Structure of Human*)，并认为因子分析是研究人格的最佳方法。

艾森克也许是心理学史上最多产的作家，发表了约 800 篇期刊论文或文章，并出版了超过 75 本书。其中一些书的标题通俗易懂，如《心理学的使用和滥用》(*Uses and Abuses of Psychology*)、《政治心理学》(*The Psychology of Politics*)、《心理学的道理和废话》(*Sense and Nonsense in Psychology*)、《知道你自己的智商》(*Know Your Own IQ*)、《心理学的事实与虚构》(*Fact and Fiction in Psychology*)、《心理学是关于人的》(*Psychology Is About People*)、《你和神经症》(*You and Neurosis*)、《性、暴力与媒体》(*Sex, Violence and the Media*)[与 D. K. B. 尼亚斯（D. K. B. Nias）合著]、《吸烟、人格和压力》(*Smoking, Personality, and Stress*)、《天才：创造力的自然史》(*Genius: The Natural History of Creativity*)及《智力：新观点》(*Intelligence: A New Look*)。

艾森克的兴趣非常广泛，只要他愿意，他参与的每次争议都会成为传奇。他进入心理学界后，打破了心理学界的很多常规。在 20 世纪 50 年代初，艾森克曾让许多心理学家和治疗师坐立不安。因为他认为，没有证据表明心理治疗比自发缓解更高效。换句话说，那些没有接受心理治疗的人，和接受了来自经过专业训练的精神分析学家和心理学家的昂贵、痛苦、漫长的心理治疗的人一样，病情都会逐渐好转。艾森克一直坚持这一观点。1996 年，他告诉一位采访者："心理治疗的效果不比安慰剂治疗更有效。"

艾森克从不惧怕采取非主流的立场，他为亚瑟·詹森（Arthur Jensen）的辩护再次证明了这一点。詹森主张人的智力很大程度上是遗传决定的，因此无法通过出于善意的社会项目得以提高。艾森克的书《智商论据》(*The IQ Argument*)引起了很大的争议，以至于一小撮美国人威胁书商，如果胆敢销售这本书，他们就要纵火；著名的《自由报》拒绝对这本书进行评论；结果，在这片号称言论自由的土地上，想读这本书的人基本上找不到它，更别说购买了。

1983 年，艾森克以教授身份从伦敦大学精神病研究所退休，以高级精神病医生的身份从莫斯里医院和伯利恒皇家医院退休。之后他成为伦敦大学的名誉教授，直到 1997 年 9 月 4 日死于癌症。艾森克早年认为吸烟不是主要的致癌原因，他的烟瘾很大，直到中年才戒掉，原因是他认为抽烟影响了他的网球水准。

在晚年，艾森克的研究兴趣依然多样，他的研究主题包括创造力、癌症和心脏病的行为干预、智力等。

艾森克一生获奖无数，例如，1991 年的国际个人差异研究学会杰出贡献奖，美国心理学会的杰出科学家奖，总统科学贡献奖，威廉·詹姆斯院士奖，以及百年临床心理学杰出贡献奖。

艾森克的因素理论

艾森克的人格理论侧重于心理测量学和生物学。不过他认为，仅靠心理测量学的复杂程度不足以测量人格的结构，除非通过因子分析方法得出的人格维度被证明具有生物学基础，否则它就是没有活力的，也是没有意义的。

因素的鉴定标准

在上述假设的基础上，艾森克列出了四个鉴定因素的标准。第一，必须确立因素存在的*心理测量学证据*。这一标准的推论是，因素必须可信且可重复。来自不同实验室的其他研究者也必须能够找到同样的因素，并且这些研究者每一次都能鉴定出艾森克的外向性、神经质和精神质等因素。

第二，因素必须具有*遗传力*，并且必须符合已建立的遗传模型。这条标准排除了习得的特征，如模仿知名人士的声音、拥有宗教或政治信仰等。

第三，因素必须*具备理论意义*。艾森克在研究中采用了演绎法，从一种理论开始，然后收集在逻辑上与该理论一致的资料。

第四，因素必须*与社会具有关联*。也就是说，必须证明用数学方法得出的因素与诸如药物成瘾、无意伤害倾向、出色的运动表现、精神病行为、犯罪等社会相关变量具有一定的关系（不一定是因果关系）。

行为结构的层次

艾森克将行为结构分为四个层次。第一个也是最低的层次是*具体的行动或认知*，即个体的行为或思想，这些可能是一个人的特征，也可能不是。例如，一名学生正在做阅读作业，这就是一种具体反应。第二个层次是*习惯行为或认知*，即在类似条件下重复出现的反应。例如，一名学生总是一口气做完一项作业，这种行为就成为一种习惯反应。与具体反应不同，习惯反应必须具有一定的稳定性或一致性。

第三个层次是几个互相关联的习惯反应构成一种*特质*。艾森克将特质定义为“重要的半永久的人格性情”。例如，如果一名学生不仅在做作业时习惯坚持到底，在做别的事情时也是这样，那么他就拥有坚持的特质。尽管特质可以被直观识别，但特质和因素理论家使用的是一种更系统的方法，即因子分析法。特质行为是通过对习惯行为进行因子分析加以提取的，就像习惯反应是通过对具体反应进行因子分析提取的一样。因此，特质是由不同的习惯行为间的显著相关来定义的。卡特尔的 35 种正常或异常的初级根源特质（primary source traits）

集中在艾森克的行为组织的第三个层次。也就是说，卡特尔确定的人格维度比艾森克的理论或五因素人格理论（见第 13 章）要多得多。

第四个层次是**类型**（types）或超因素（superfactor），即一个类型由几个相关的特质构成。例如，坚持的特质可能与自卑、不良情绪调节、社交羞怯及其他几个特质有关，而整个群集就构成了内向的类型。行为结构的四个层次如图 14.1 所示。

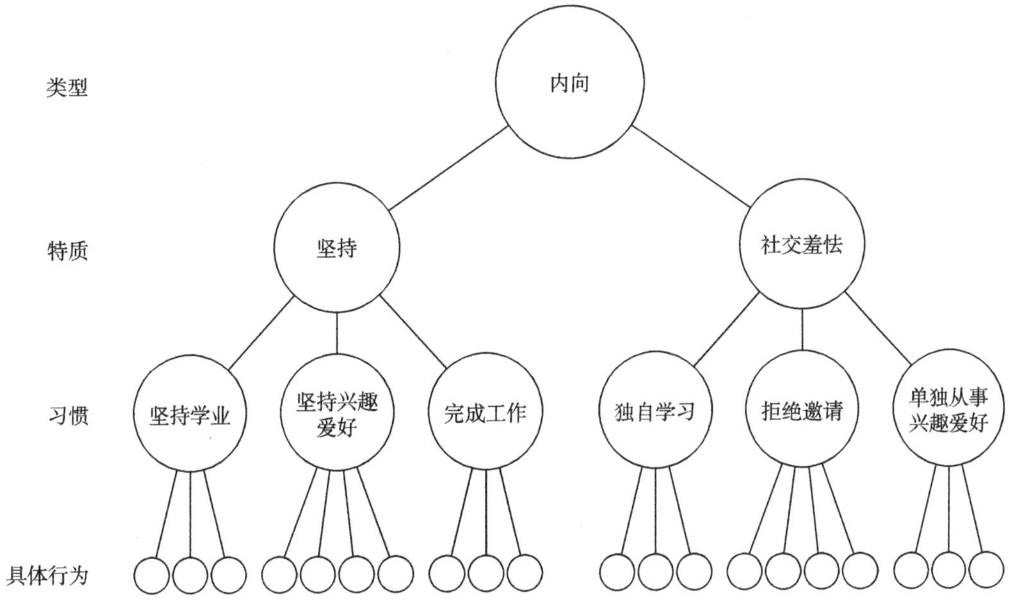

图 14.1　行为结构层次图

行为结构包括具体动作、习惯反应、特质和类型。固执和社交羞怯外，自卑、活动水平低和态度严肃等特质也会导致内向性

人格的维度

我们已经知道，艾森克与卡特尔得出的人格维度的数量不同，因为他们的工作集中在不同的因素层次上。卡特尔提出的 35 个特质全部处于艾森克提出的行为结构层次的第三个层次上，而艾森克提出的超因素则处于第四个层次（见第 13 章）。

艾森克一共得出了几个超因素？许多当时的因素理论家都认为，有充分的证据表明，但凡对人格特质进行因子分析，都将产生五种一般因素，既不会多也不会少。然而，艾森克只提取了三个一般超因素。他得到的三个人格超因素分别是**外向性**（extraversion，E）、**神经质**（neuroticism，N）和**精神质**（psychoticism，P），但他也不排除“以后再增加其他维度的可能性”。图 14.2 展示了艾森克的 P、E、N 的层次结构。

神经质和精神质并非病态个体所独有，但有精神障碍的人在这两个维度量表上的得分往往高于正常的人。艾森克将三个超因素均视为正常人格结构的一部分。三个超因素都有两极，

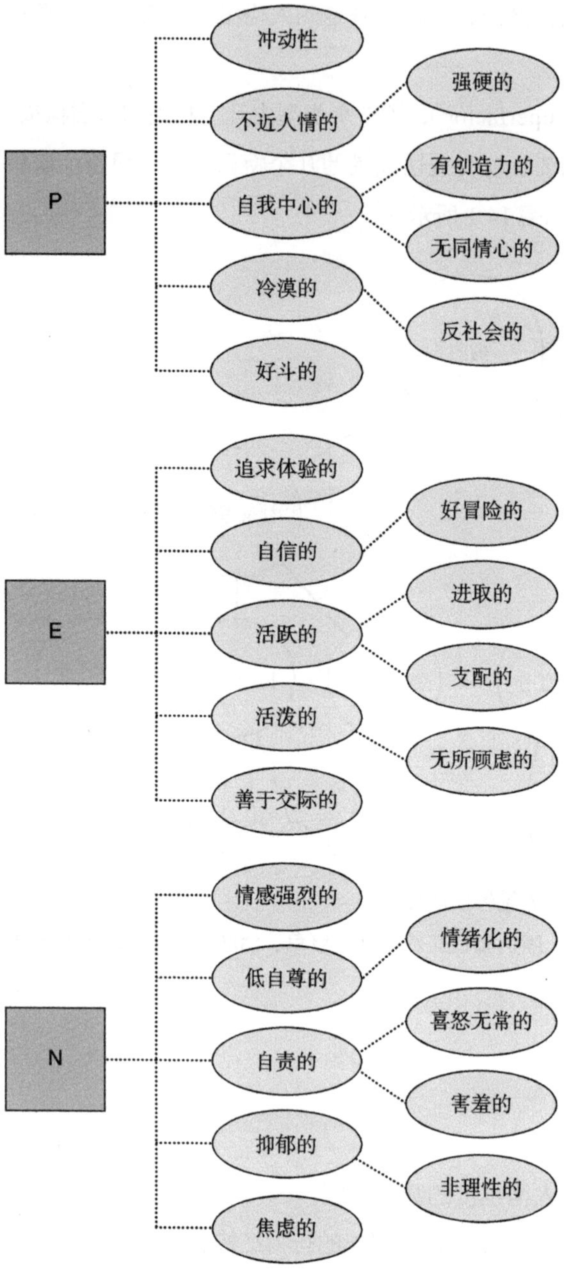

图 14.2　P（精神质）、E（外向性）和 N（神经质）的层次结构

Source：Eysenck，H. J. “Biological dimensions of personality.” In L. A. Pervin（Ed.），Handbook of Personality：Theory and Research. New York：Guilford Press，1990，pp. 224–276.

例如，超因素 E 的一极是外向性，另一极就是**内向性**（introversion）。同样，超因素 N 的一极是神经质，另一极是**稳定性**（stability）；超因素 P 的一极是精神质，另一极是**超我机能**（superego function）。

虽然艾森克的超因素有两极，但这并不意味着大多数人都处于每个超因素的某一极上。每个超因素的分布都是单峰的，而不是双峰的。例如，外向性的分布接近于正态分布，和智力或身高的分布类似。也就是说，在外向性的分布上，大多数人都位于钟形曲线的中间区域。艾森克坚持认为这三个超因素符合他用于鉴定人格维度的四个标准。

首先，每一个超因素都有坚实的心理测量学基础，尤其是超因素 E 和超因素 N。超因素 P（精神质）是稍晚一些才出现在艾森克的理论中的，直到 20 世纪 90 年代中期才受到其他研究者的重视。外向性和神经质（或焦虑）是几乎所有关于人格的因子分析研究中的基本因素，如五因素理论的各种版本。

其次，每一个超因素都具有强大的生物学基础。艾森克指出，诸如宜人性和尽责性之类的特质（两者都是五因素理论的组成部分）并不具有潜在的生物学基础。

再次，每一个超因素都具有理论意义。卡尔·荣格（见第 4 章）和其他理论家都曾指出外向性和内向性（超因素 E）对行为的重要影响，西格蒙德·弗洛伊德（见第 2 章）强调了焦虑（超因素 N）在行为塑造上的重要性。此外，精神质（超因素 P）也与诸如亚伯拉罕·马斯洛（见第 9 章）等理论家的观点一致，他们认为，心理健康在从自我实现（低 P 值）到精神分裂症和精神疾病（高 P 值）的范围内变动。

最后，艾森克反复证明了三个超因素与药物滥用、性行为、犯罪、癌症和心脏病的预防、创造力等社会问题的相关性。

外向性维度

在第 4 章中，我们介绍了荣格所定义的两种广泛的人格类型——“外倾”和“内倾”。但值得注意的是，荣格对内倾和外倾的定义与通常所说的内向和外向有所不同。荣格的外倾是指人在看待世界时持一种客观的或非个人化的观点，而内倾是指人在看待事物时持一种主观的或个人化的观点。而艾森克的外向性和内向性概念更接近于通用观点。外向行为的主要特征是社会性和冲动性，此外还有开朗、活泼、机智和乐观等其他特质，这些特质暗示了外向的人因为与他人的联系而获得了奖赏。

内向者具有与外向者相反的特质。他们安静、被动、不善交际、谨慎、保守、考虑周到、悲观、平静、清醒和克制。不过，按照艾森克的说法，外向性与内向性之间的主要区别不在于行为，而在于天生的生物学和遗传学特征。

艾森克认为，外向性与内向性差异的主要原因是大脑皮层唤醒水平，这种生理状态在很大程度上是遗传的，而非习得的。由于外向者的大脑皮层唤醒水平低于内向者，因此他们的感觉阈值较高，对感觉刺激的反应也较小。相反，由于内向者具有较高的唤醒水平，因此感觉阈值较低，对感觉刺激的反应较大。内向者由于天生具有较低的感觉阈值，因此，为了保持最佳的刺激水平，他们会回避引起过多兴奋的情境。正因为如此，内向者会避开狂热的社交活动、滑翔、滑雪、跳伞、竞技体育、领导社团或搞恶作剧等活动。

相反，由于外向者天生具有低水平的皮质唤醒，因此他们需要高水平的感觉刺激来维持最佳的刺激水平。因此，外向者更喜欢参加各种让人兴奋的、刺激的活动。他们可能喜欢爬山、赌博、开快车、喝酒和吸毒等活动。此外，艾森克还假设，与内向者相比，外向者的性生活开始得更早，也更频繁，性伴侣更多，性行为的姿势和种类也更多，并且沉迷于更长时间的前戏。由于性格外向者的皮层唤醒水平较低，他们更容易适应强烈的刺激（性刺激或其他刺激），并且对相同的刺激的反应越来越低，而内向者则更不容易对同样的人、重复的日常活动感到无聊和失去兴趣。

神经质维度

艾森克提取的第二个超因素是神经质（N）。像外向性（E）一样，超因素 N 具有很强的遗传成分。艾森克进行了一些研究，认为焦虑、癔症和强迫症等神经症特质具有遗传基础。此外，他发现同卵双生子比异卵双生子在一系列反社会和离群行为上更加一致，这些行为包括成年人犯罪、儿童行为障碍、同性恋和酗酒等。

在神经质上得分高的人通常倾向于有过度的情绪反应，并且在情绪唤起后很难恢复正常状态。他们经常抱怨头痛、背痛等身体症状及担心、焦虑等含糊的心理问题。艾森克认为，神经质这种情绪反应的原因是具有高度反应性的边缘系统，包括杏仁核和下丘脑。但是，神经质不一定意味着传统意义上的神经症。人们可能在神经质方面得分很高，但同时又没有任何使人衰弱的心理症状。

艾森克认同精神疾病的**素质 – 压力模型**（diathesis-stress model），这一模型认为，某些人容易患病是因为遗传的或习得的虚弱使他们容易患病。这种倾向（素质）可能与压力相互作用，从而导致神经症性障碍。艾森克认为，即使正处于一段压力极大的时期，在超因素 N 上得分健康的人依然能够抵抗神经症性障碍。但是，在超因素 N 上得分很高的人，可能会因为很小的压力而产生神经症反应。也就是说，神经质得分越高，引发神经症性障碍所需的压力水平就越低。

因为在神经质维度上的得分与在外向性维度上的得分可以任意搭配，所以神经症行为不能由单一的综合征来定义。艾森克的因子分析方法假定因素是互相独立的，这意味着神经质维度与外向性维度成直角（表示零相关）。因此，一些人可能在 N 维度上得分很高，但由于他们在 E 维度上得分不同，所以他们表现出的症状可能完全不同。图 14.3 展示了神经质维度与外向性维度呈零相关。假设 A、B 和 C 三人在神经质维度上得分一样高，而在外向性维度上却分别处于低、中、高三个点。A 为内向性的神经质，具有焦虑、抑郁、恐惧和强迫等特征；B 为在外向性维度上得分中等的神经质，其特征可能是癔症（与情绪不稳定有关的神经症）、易受暗示性和躯体症状；C 为外向性的神经质，可能会表现出精神病的特性，如犯罪或犯罪倾向等。再假设有 A、D 和 E 三人，他们同样内向，但是情绪稳定性各异。A 为内向性的神经质，就像前面描述的那样；D 与 A 同样内向，但在神经质维度上得分中等；E 则在内向性一极和稳定性一极得分都很高。

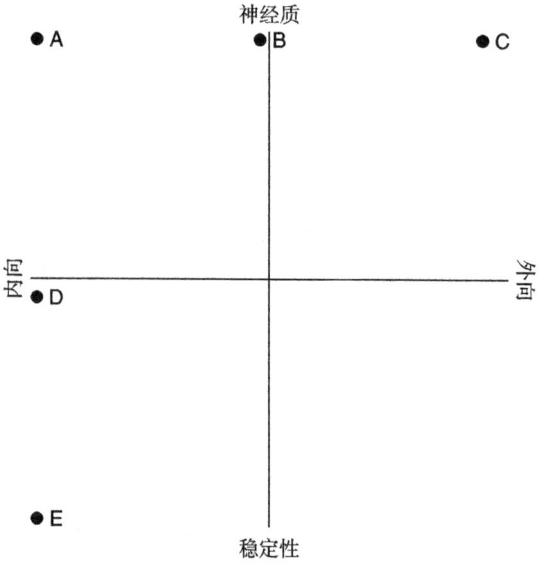

图 14.3　一个二维图示，给出了艾森克的 E 维度和 N 维度上的几个极端值

图 14.3 中所展示的五个人都至少在某一维度上拥有极高或极低的得分。不过大多数人在外向性维度和神经质维度上的得分都接近平均值。随着得分向着图的外围移动，其出现的频率也越来越低，就像钟形曲线两端的得分不如中点附近的得分那么常见一样。

精神质维度

艾森克最初的人格理论仅基于两个人格维度——外向性和神经质。起初，艾森克只是含混地提到精神质（P）也是一种独立的人格因素，过了很久才将其提高到与外向性和神经质相当的位置上。像外向性和神经质一样，超因素 P 也有两极，一极是精神质，另一极是超我机能。在超因素 P 上得分较高的人通常以自我为中心、冷漠、不守常规、冲动、敌对、攻击性强、多疑、精神病态和反社会。精神质得分偏低（即偏向于超我机能的一极）的人通常较为无私、高度社会化、能够共情、关怀、合作、顺从和传统。

如前所述，艾森克认为素质－压力模型适用于在神经质维度上得分较高的人。也就是说，压力和超因素 N 的较高得分共同提高了人们对心理疾病的易感性。素质－压力模型也表明，在精神质维度上得分高且承受着较高压力水平的人患精神病性障碍的概率增加。艾森克假设，在精神质维度上得分较高的人具有较高的"屈服于压力并罹患精神病的倾向"。素质－压力模型表明，在超因素 P 上得分较高的人在遗传上比得分较低的人在面对压力时更容易受到影响。在压力较低的时候，超因素 P 高分者可以正常地行使功能，但是当高水平的精神质与高水平的压力相互作用时，人们就容易罹患精神病性障碍。相比之下，在超因素 P 上得低分者并不容易受到与压力有关的精神疾病的困扰，即使在压力极大的时候也能抵抗精神疾病的发作。根据艾森克的说法，精神质得分越高，引起精神疾病反应所需的压力水平就越低。

精神质（P）是独立于外向性和神经质的变量。如图 14.4 所示，三个超因素中的每一个都与其他两个成直角。（由于无法在二维平面上真实地展现三维空间，因此请读者在看图 14.4 时，想象实线是两面墙与地面相接的房间的一角。每一条实线都与其他两条实线垂直。）因此，艾森克的人格观点允许每个人在三个互相独立的因素上进行测量，并在具有三个维度的空间中绘制所得分数。例如，图 14.4 中的 F 具有很高的超我机能得分和外向性得分，并且在神经质与稳定性量表上接近中点。通过这种方式，每个人的分数可以绘制为三维空间中的一点。

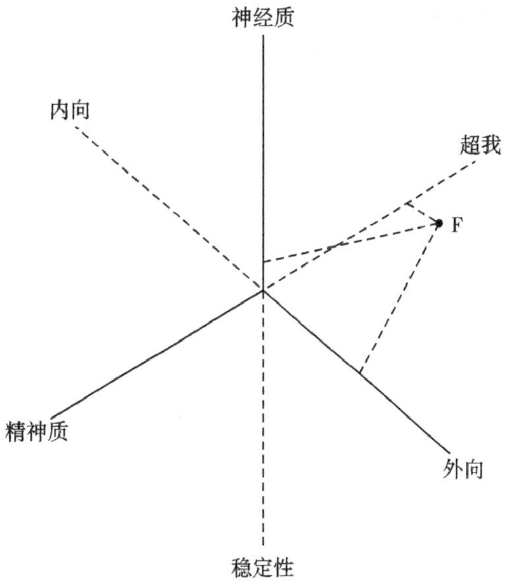

图 14.4　一个三维图示，描绘了个体在艾森克的三个主要人格维度上的得分

人格的测量

为了测量超因素，艾森克共制定了四种人格量表。第一个是"莫斯里人格量表"（Maudsley Personality Inventory，MPI），用于评估超因素 E 和 N，但艾森克发现由此量表得出的两个超因素之间存在一定的相关性。因此，他提出了另一个量表，叫作"艾森克人格量表"（Eysenck Personality Inventory，EPI）。EPI 包含一个测谎量表（简称 L），以检测被试是否说谎，而更重要的是，EPI 测得的外向性和神经质是独立的，且超因素 E 与 N 的得分的相关性几乎为零。后来，西柏·B. G. 艾森克（Sybil B. G. Eysenck）制定了青少年版的 EPI，将 EPI 的适用范围扩展到了 7 岁至 16 岁的青少年。

由于 EPI 也只能测量两个超因素，因此，汉斯·艾森克（Hans Eysenck）和西柏·艾森克（Sybil Eysenck）制定了第三种人格量表，即“艾森克人格问卷”（Eysenck Personality Questionnaire，EPQ），并增加了一个精神质（P）分量表。EPQ 也分为成年人版和青少年版，是对此前的 EPI 的修订。后来，又对 P 分量表进行了另一次修订，即“艾森克人格问卷（修订版）”（Eysenck Personality Questionnaire-Revised）。

人格的生物学基础

根据艾森克的观点，人格超因素 P、E 和 N 都具有强大的生物学决定因素。他认为，在三个人格维度中，约 3/4 的变异可以由遗传加以解释，另外约 1/4 可以由环境因素加以解释。

艾森克列举了人格具有强大的生物学决定因素的三个证据。首先，研究者发现，在世界各地——不仅在西欧和北美，而且在乌干达、尼日利亚、日本、中国、俄罗斯及其他国家——人们所呈现出的人格因素几乎是相同的。其次，证据表明，随着时间的流逝，个体会在各个人格维度上保持正态分布位置。最后，对双生子的研究表明，同卵双生子之间的一致性要高于共同抚养的同性别的异卵双生子，这表明遗传因素在决定人格的个体差异方面具有主导作用。

在艾森克的人格理论中，精神质、外向性和神经质既包括了前因，也包括了后果。前因是指遗传的和生物学的变量，而后果包括条件反射、敏感性和记忆力等实验变量，以及犯罪、创造力、精神病理和性行为等社会行为。图 14.5 显示了 P、E 和 N 从 DNA 到社会行为的五步发展过程，其中生物学中间变量和实验变量与三个主要的人格维度紧密相连。换句话说，人格是由遗传决定因素（通过影响生物学中间变量）间接地塑造了 P、E 和 N；反过来，P、E 和 N 也影响了实验室中一系列的测量行为及社会行为。

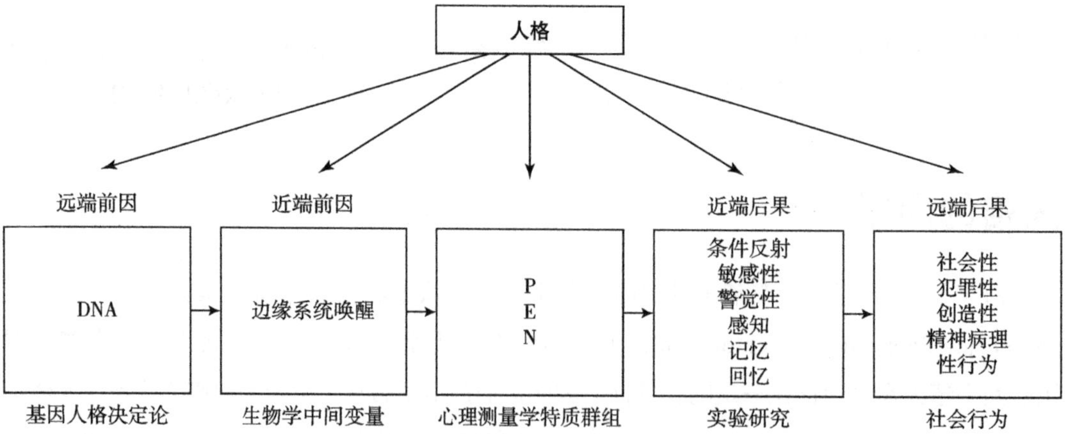

图 14.5　艾森克人格理论主要成分模型

人格作为预测指标

艾森克的综合人格模型如图 14.5 所示，由心理测量学得出的特质 P、E 和 N 可以彼此结合，还可以与遗传决定因素、生物学中间变量和实验研究的行为相结合，以预测各种社会行为，如致病行为。

人格与行为

艾森克的三个人格维度是否可以预测行为？根据艾森克的模型，如图 14.5 所示，精神质、外向性和神经质都应该预测实验研究的行为和社会行为。艾森克的理论假设，外向性是（大脑）皮层唤醒度较低的结果。因此，与外向的人相比，内向的人对各种刺激和学习条件更加敏感。艾森克指出，有效的人格理论应该能够预测近端和远端的后果（见图 14.5）。他和他的儿子麦可（Michael）的研究表明，外向的人对变化和新奇的需求更大，实验室研究和社会行为研究都得出这样的结果。

艾森克进一步指出，许多心理学研究由于忽略了人格因素而得出了错误的结论。例如，在教育学研究中，对发现式学习和传统接受式学习的效果进行比较时，常常发现矛盾的差异或没有差异。艾森克认为，这些研究没有考虑到外向的儿童更喜欢也更善于主动的发现式学习，而内向的儿童更喜欢也更善于被动的接受式学习。换句话说，人格维度和学习风格之间存在交互作用。但是，当研究者忽略了这些人格因素时，他们就会在比较发现式学习和接受式学习的效果时发现没有差异。

艾森克还假设，精神质（P）与天才和创造力有关。但这种关系不是简单直接的。很多儿童都有创造力、不遵从陈规且有非正统的观念，而他们长大后却成了没有创造力的人。艾森克指出，这一部分人缺乏在超因素 P 上得分很高的人所具备的坚持特质。如果孩子们具有同等创造潜力且在超因素 P 上得分很高，那么他们就能够扛住父母和老师的批评，并成为有创造力的成年人。

同样，汉斯·艾森克和西柏·艾森克的研究指出，不论在超因素 P 上还是在超因素 E 上得分高的人，在童年时期可能都是捣蛋鬼。但是，父母和老师倾向于将外向的孩子看作可爱的小淘气，并原谅他们的胡闹，却倾向于将精神质的孩子视为恶意的、破坏性的和不可爱的。于是，在超因素 E 上得分高的捣蛋鬼倾向于成长为有创造力的成年人，而在超因素 P 上得分高的捣蛋鬼则更容易学习困难、卷入犯罪且难以交到朋友。总之，艾森克坚信，如果心理学家在开展研究时不考虑人格维度的各种因素，就会误入歧途。

人格与疾病

人格因素可以预测癌症和心血管疾病患者的死亡率吗？从 20 世纪 60 年代初开始，艾森克就一直在关注这个问题。他与大卫·基森（David Kissen）合作发现，在莫斯里人格量表的神经质分量表上得分低的人倾向于压抑自己的情绪，并且比得分高的人更容易罹患肺癌。

后来，艾森克与南斯拉夫内科医生、心理学家罗纳德·格罗瑟拉斯 - 马蒂切克（Ronald Grossarth-Maticek）一起研究了人格与疾病之间的关系，以及行为疗法是否可以有效延长癌症和心血管疾病患者的寿命。格罗瑟拉斯 - 马蒂切克通过简短的问卷和长时间的个人访谈，将人们划分为四种类型。第一种类型的人在面对压力时会产生绝望无助的非情绪性反应；第二种类型的人在面对挫败时会产生愤怒、攻击和情绪唤起；第三种类型的人对压力持矛盾的态度，在第一种类型和第二种类型的典型反应之间交替循环；第四种类型的人认为自己的自主性是个人幸福的重要条件。该研究是在南斯拉夫开展的，结果发现，第一种类型的人比其他三种类型的人死于癌症的可能性要高得多，而第二种类型的人死于心脏病的可能性要高得多；第三种类型和第四种类型的人死于癌症或心血管疾病的概率都较低。格罗瑟拉斯 - 马蒂切克、艾森克和费特尔在德国海德堡重复了这项研究，得到了非常相似的结果。

正如艾森克指出的那样，诸如此类的研究只能说明人格与疾病相关，却不能证实心理因素会导致癌症或心脏病。更可能的情况是，这些疾病是由许多因素相互作用导致的。就心血管疾病而言，风险因素包括家族病史、年龄、性别、种族、有无高血压、总胆固醇与高密度脂蛋白（HDL）的比例、是否吸烟、饮食结构是否合理、生活方式及一些人格因素。就癌症而言，风险因素包括吸烟、不合理的饮食结构、酗酒、性行为、家族病史、种族背景和人格因素。艾森克认为，单单吸烟并不会导致癌症或心血管疾病，但如果将其与压力和人格因素相结合，那么人们死于这两类疾病的概率就会上升。例如，艾森克及其同事研发了一种复杂的心脏病生物心理社会模型（biopsychosocial model），其中包括 11 种生物学因素和 7 种社会心理因素。他们在斯洛文尼亚共和国开展了一项针对男性的研究，得出了如下结论：人格因素与多种生物学因素相互作用，从而导致心脏病的发生。其中一组交互作用的因素是吸烟、神经质和情绪反应性。也就是说，如果个体在超因素 P 上得分较高，再加上吸烟和面对压力时表现为愤怒、敌意和攻击，其罹患心脏病的风险就会增加。

相关研究

艾森克制定了艾森克人格问卷（EPQ）及其衍生问卷。EPQ 与神经生理学和遗传学指标相结合，可用于评估人格的生物学基础。

外向性的生物学基础

艾森克理论的一个重点是人格维度不是由文化任意创造的，而是由人类物种的基本遗传和神经生理学决定的。如果人格有生物学基础，那么以下两个关键假设必须成立。首先，在某个维度的一极得分较高的人（如内向性）与在另一极得分较高的人（如外向性）之间应该存在神经生理学差异。其次，基本人格维度应该是普世的，而不应局限于特定的文化。

为了检验艾森克的人格生物学模型，首先要在神经生理学领域进行考察。按照艾森克的观点，内向者比外向者具有更低的唤起阈值，那么内向者对感觉刺激的反应性（即敏感性）应该更高。检验这个观点的一种方法是向两组人呈现不同强度的刺激，并测量其生理反应。如果内向者比外向者的反应更加敏感，那么艾森克的理论就得到了证明。

在过去的30年中，有大量研究都在尝试使用认知、行为和生理学的指标来研究与外向性-内向性相关的反应性。总体而言，艾森克关于内向者比外向者更具反应性（阈值较低）的假设得到了支持，但也多了一个限制条件，即区分内向性与外向性的并非基线活动水平，而是反应性。

在最近的一项研究中，波迪切尔（Beauducel）及其同事预测，在从事一项无聊且单调的任务时，外向者的皮质唤醒程度相对较低，表现也较差。研究者选取了在艾森克人格问卷外向性量表中得分非常低和非常高的学生，以每 3 秒一次的频率，让参与者听一系列音调，总时长为 60 分钟，参与者被要求在听到目标声音之后尽快按下按钮。计算机同时测量参与者反应速度（反应时间）和准确性。这项任务的目的就是为了让人感到乏味无聊，其背后的逻辑是，由于任务缺乏刺激，外向者应当表现较差。除此之外，在完成整个音调任务的过程中，参与者的（大脑）皮层活动始终都受到 EEG 的监测。研究者的预测是，外向者在执行单调任务时不光表现较差，（大脑）皮层的唤醒水平也较低。波迪切尔及其同事的研究为这两个假设找到了证据，这支持了艾森克关于人格特质有生物学基础的两个最基本的假设。

有时，喜欢独处是内向的人调节最佳唤醒水平的一种方法。© Image Source/Getty Images.

类似地，安东尼·盖尔（Anthony Gale）对 33 项关于 EEG 和外向性的研究结果进行综述，发现在其中 22 项研究中，内向者比外向者表现出更高水平的（大脑）皮层唤醒。之后，罗伯特·斯特尔马克（Robert Stelmack）——一位检验艾森克的神经生理学假说的代表人物——在对文献进行总结后得出了两个基本结论：首先，内向者比外向者对各种唤醒的反应都更强烈；其次，外向者对简单的运动任务反应更快。外向者的运动反应更快，和他们更多的自主性、社会去抑制性和冲动性相吻合。不过，辛西娅·杜塞（Cynthia Doucet）和斯特尔马克开展的一项研究表明，外向性与内向性的区别只在于运动反应速度，而不在于认知速度。外向者快在运动，而非认知。外向者可能比内向者运动得更快，但并不比内向者思考得更快。

艾森克的另一个假设为最佳唤醒水平，也引发了一些研究。艾森克的理论认为，内向者在感觉刺激相对较低的环境中工作得最好，而外向者在感觉刺激相对较高的条件下表现最佳。

罗素·基恩（Russell Geen）曾做过一项重要的研究，内向或外向的参与者被随机分配到低噪声或高噪声条件下，然后执行相对简单的认知任务。结果显示，内向者在低噪声条件下的表现较好，而外向者在高噪声条件下表现较好。这一发现不仅支持了艾森克的理论，还表明了那些喜欢在公共场所（如宿舍学习区）学习的人更有可能是外向者。反之，内向者会感到嘈杂的环境分散了他们的注意力，因此倾向于远离这种环境。

艾森克的基于生物学的人格理论还有第二个依据来源，那就是行为遗传学。行为遗传学研究通常基于对双生子的研究——同卵或异卵，共同抚养或分开抚养。双生子研究表明，大多数基本人格特质的遗传力大约在 40%～60%。也就是说，一个人的遗传构成大约可以解释其一半的基本特质。例如，外向性在同卵双生子之间的相关系数大约为 0.5，在异卵双生子之间的相关系数为 0.2～0.25，因此外向性的遗传力在 50%～60%。同样，神经质的差异有 50% 至 55% 是由遗传因素造成的。此外，有的研究者已经揭示了与神经递质（如血清素）的产生有关的特定基因定位，而这些神经递质与外向性、神经质和精神质等特质有关。

总而言之，大多数研究都支持了艾森克的观点，即人格因素具有生物学基础，不仅仅依赖于后天习得。的确，与人格具有生物学基础的假设一致，世界上大多数国家的人们的主要特质几乎是一致的。人格特质的表达方式和场合显然受到文化和社会背景的影响，但是所有人都可以在相似的、受生物构成影响的人格维度（如外向性或神经质）上进行描述。简而言之，人格是遗传与环境共同塑造的。

神经质的生物学基础

回想一下艾森克的假设，神经质是由于边缘系统的活动、反应性增强及激活阈值较低导致的。该模式与内向性相似，但是涉及区域不同：内向性基于（大脑）皮层和网状结构的活动增强和阈值降低，而不是边缘系统。边缘系统包括大脑中参与情绪和动机的皮层下结构，主要是杏仁核和下丘脑。因此，研究者为了检验艾森克的假说，考查了边缘系统的活动和生理差异是否构成神经质的基础——神经质是指体验到压力、焦虑、自责和抑郁等负面情绪的倾向。总体而言，大量的实证证据都支持这一理论。

例如，明希奇（Mincic）通过元分析探讨了神经质与杏仁核的结构和功能的关系。元分析是一种研究方法，需要收集关于某一特定主题或问题的所有已发表文献，有时也会收集未发表文献，然后计算对所提问题的总效应量。它是一种对文献进行定量综述的方法，能够揭示所有的研究共同发现的效应有多大，而不只着眼于单项研究。明希奇收集并分析了关于神经质与大脑结构和功能的 13 项定量研究。这 13 项定量研究提供的一致性证据表明，与在神经质维度上得分较低者相比，神经质维度上得分较高者的杏仁核中具有更多的灰质（细胞体）。更多的灰质也意味着杏仁核的活动性或反应性增强。但并非这些研究中考察的每一个杏仁核都存在这种关联。像所有（大脑）皮层下结构一样，每个人都有一对杏仁核：一个在大脑的左半球，另一个在大脑的右半球。上述杏仁核活动性增强，更常出现在左半球，而非右半球。另一些研究还发现杏仁核与负责思考的其他大脑区域之间的神经联结减少。缺乏神经联结似乎抑制了杏仁核的“停止键”，从而导致杏仁核在面对消极体验时过度活跃。简而言之，神经质得分较高的人之所以会对消极情绪体验更加敏感，部分原因就在于杏仁核的过度活跃。

生理反应性的增强，如出汗，也与神经质有关。例如，在一项研究中，169 位成年参与者（平均年龄 27 岁）观看了时长为 60 分钟的电视剧《豪斯医生》（*House*），同时接受了生理反应的监测。之所以选择这一集电视剧，是因为其中包含了四段时长分别为 1 分钟的剧情，它们已被证明表现了强烈的负面情绪（暴力－恐惧、悲伤、紧张、威胁－敌意）。参与者穿着的背心可连续测量心率、皮肤导电性（出汗）和呼吸频率（呼吸）。他们还填写了简短的人格量表，只有 10 个项目。受艾森克理论的启发，研究者预测，神经质得分较高的人会对四段负面情绪场景产生更强烈的生理反应。他们的预测得到了部分支持，结果表明，神经质得分较高者在观看暴力－恐惧场景时会产生较强的皮肤导电性（出汗更多）。然而，在心率和呼吸频率方面并没有发现差异。另一项研究称，与神经质得分较低者相比，得分较高者的皮肤导电反应在负面刺激后的 4～5 秒达到峰值，接着在大约 9 秒内恢复正常。而神经质得分较低者的皮肤导电反应峰值很小，出现在刺激后约 2 秒，然后在刺激后 3～4 秒内恢复正常。也就是说，神经质得分较高者的反应性既强烈又持久。

总而言之，当前针对神经质的生物学研究支持了艾森克在 20 世纪 60 年代提出的理论，即边缘系统和生理学的差异是神经质人格特质的基础。可以肯定的是，并非每一项研究都证实了艾森克理论的各个方面，这一理论仍有待更多研究来验证。但是总体而言，神经质的生物学基础已经得到了认可。

对艾森克基于生物学的理论的评价

第一，艾森克的基于生物学的理论是否能够*引发研究*？根据这一标准，该理论得到的评价很高。图 14.5 展示了艾森克的人格理论的全面性。中间的方框包含了该理论的心理测量学属性，即精神质、外向性和神经质。如图所示，艾森克的人格理论不仅仅是简单的分类。左侧的两个方框表明了行为的遗传学和生物学“前因”，右侧的两个方框表明了艾森克的研究所发现的“后果”。这些结果是对条件反射、敏感性、警觉性、感知、记忆和回忆等进行实验研究的结果。最右侧的方框展示了社会行为的研究领域，包括社交、犯罪、创造力、精神病理和性行为等主题。艾森克及其同事发表了包括但不限于这些研究领域的大量研究。

第二，特质和因素理论*可以证伪*吗？根据这一标准，特质和因素理论可以得到中等偏上的分数。艾森克的一些研究成果，如对人格与疾病的研究，尚未被其他研究者重复。他的基于生物学的理论能够引出具体预测，因此是能够证伪的。只是结果却是不一致的，他的一些预测得到了证实（如最佳唤醒水平），而另一些没有得到证实（如认知处理速度）。

第三，特质和因素理论组织知识的能力得分很高。艾森克的人格模型罕见地纳入了生物学因素，开创性地解释了个体为何从出生时起就有不同的行为，并指出遗传学因素能够解释个体差异大约一半的变异性。

第四，有用的理论应该能够指导实践者的行动。按照这一标准，艾森克基于生物学的理论只能得较低的分数。尽管该理论能够很好地解释人格差异的原因，却不能为教师、父母及咨询师提供实用的指南。所以在这一标准上，该理论得分相对较低。

第五，特质和因素理论是否具有内部一致性？在这一标准上，打高分或打低分都说得通。艾森克的理论是一个具有一致性的模型，但是比起五因素模型，艾森克的模型还是不够一致。艾森克始终坚信他的“大三”因素比“大五”模型更胜一筹。然而，由于因子分析是一种精确的数学过程，而因素理论却是极度依赖实证证据的，因此这种不一致性就成了问题。

第六，最后一个有用的理论的标准具有简约性。像麦克雷和科斯塔的五因素模型一样，艾森克的人格模型也基于因子分析，因此是一种非常简约的解释人格的方法。而且，艾森克的模型只有三个维度，比五因素模型更简约。

对人性的构想

在决定论还是自由选择的维度上，艾森克的理论倾向于决定论，但程度很浅。生物学基础难以改变，但是素质 – 压力模型告诉我们，生物与环境都参与了个体人格特质的塑造。

在乐观主义还是悲观主义的维度上，艾森克几乎没有发表过意见；在目的论还是因果论方面，艾森克则倾向于因果论。回想图 14.5 中的模型，因果论的关系链从 DNA 推及边缘系统，到特质和较近的后果，再到最终后果。

在行为是由意识决定还是由潜意识决定的维度上，艾森克倾向于潜意识，因为人们基本上无法意识到遗传学和大脑运转对行为和人格造成了哪些影响。至于人格是受生物因素影响还是受社会因素影响，其实艾森克主张遗传与环境的“共同作用”，这也许有些出人意料。如果说生物学为人们的行为设立了底线和上限，那么环境则确定了人们会更接近潜能的底线和上限。

在独特性还是相似性的维度上，艾森克基于生物学的理论更倾向于强调个体差异。生物、大脑和遗传的差异都突出了个体的独特性。例如，艾森克曾写道：“人首先是个体。”但与此同时，艾森克的基于生物学的理论也认为人类作为一个物种，必定具有共性。因为人们都是同一个物种的成员，所以可以预期人格结构在全世界范围内都有某些共性。

重点术语及概念

- 艾森克采用了假设 – 演绎的方法提取出三个人格因素，每一个都包含两极——外向性与内向性、神经质与稳定性、精神质与超我机能。
- 外向者的特点是社会性和冲动性，内向者的特点是被动性和考虑周到性。
- 神经质得分较高意味着焦虑、癔症、强迫症等神经症症状或犯罪，得分较低则预测了情绪稳定性。
- 精神质得分较高意味着敌意、自我中心、猜疑、不合常规和反社会行为，得分较低则意味着强大的超我、共情和合作精神。
- 艾森克认为，要想有用，人格必须能够预测行为，并且他提供了充分的证据来支持他的三因素理论。
- 人格的三个主要维度都具备生物学基础，其证据源于关于气质、行为遗传学和大脑的研究。

CHAPTER 15

第 15 章

布斯：人格的进化理论

布斯
由大卫·布斯本人提供。

- **进化理论概要**
- **大卫·布斯小传**
- **进化心理学原理**
- **人格的进化理论**
  - 人格的自然与养育问题
  - 适应性问题及其解决方案（机制）
  - 进化而来的机制
  - 个体差异的起源
  - 新布斯式人格进化理论
- **对进化理论的常见误解**
  - 常见误解一：进化暗示了基因决定论
  - 常见误解二：适应的实现依赖于意识机制
  - 常见误解三：机制是最优的设计
- **相关研究**
  - 气质与产前产后环境
  - 遗传学与人格
  - 动物的“人格”
- **对人格进化理论的评价**
- **对人性的构想**

重点术语及概念

17岁的大卫从高中辍学，曾因吸毒被捕两次，后来在一个卡车停靠站上夜班。一天夜里，一个喝醉的司机扬言要拿斧子砍掉大卫的长发。另一天夜里，出于故意挑衅，一名年轻男子用棍子打了大卫。这些事情让大卫明白，他必须拥有更好的谋生方法，于是就报名读夜校，取得了高中文凭。在那之后，他走了一次大运：他在随机抽签时被抽中，进入了德克萨斯大学奥斯汀分校，而他并没有达到入学的学分标准。在大学里，他的求知欲越来越强。用他自己的话说："读大三的时候，我就决定要成为一名科学家，而人类心理就是我想探索的领域。"10 年之后，大卫成为哈佛大学的心理学教授。

一个高中辍学的人如何成了哈佛大学的教授？究其原因，在于很多观点激发了大卫的学习兴趣和热情，其中就包括进化的概念，特别是用进化来解释人格、人的思想和行为。更具体地说，大卫的事业抱负与兴趣集中在性及其伴随行为上，包括吸引力、色欲、嫉妒、出轨、调情和八卦。兴趣的火花让他从高中肄业生变成了哈佛大学的教授。但需要指出的是，大卫从来都不是一个典型的高中肄业生：他的父亲是一位杰出的心理学教授，他的家人都很有天分，并且勤奋好学。

进化理论概要

查尔斯·达尔文（Charles Darwin）奠定了现代进化论的基础，虽然这一理论本身在古希腊时期就已经出现了。达尔文的主要贡献不是提出了进化论，而是解释了进化是如何发生的，即选择（包括自然选择和性选择）和机遇。机遇主要通过随机的基因突变产生，与本章要讲的内容关系不大。本章涉及的重点在于三种不同类型的选择。

为了理解自然选择和性选择，让我们先了解一个与之类似的人为创造的概念：人工选择。正是这一概念让达尔文得出了他的重要洞见。**人工选择**（artificial selection）（也叫"育种"）是指人类在繁育物种时选择某些理想性状的做法。例如，大丹犬的体型很大，而吉娃娃的体型很小，这种差异就是由于人类在繁育动物时选择了特定的性状所致。人类对植物和动物进行育种已经有数千年的历史了。

"性状，如大小，有时是人工选择的结果，因此产生了不同品种的狗。" © Brand X Pictures/Getty Images

自然选择（natural selection）是比人工选择更加广泛的一种形式，此时做出选择的不再是人类，而是大自然。更具体地说，在一段很长的时间里，如果某个性状对某一物种的生存有帮助或没有帮助，那么该性状在该物种中就会变得更加普遍或更不普遍，这就是自然选择。因此，自然选择包含物种为了生存而采取的"进化策略"。但是请注意，所谓进化策略并非物种有意识地制订计划或深谋远虑，而是盲目的（无意识的）。性状之所以被“选择”，仅仅是因为它们提高了生存能力，所以更多具有该性状的后代可以存活到生育年龄。于是，这些个体得以继续繁衍更多的后代。达尔文的天才之处在于他首次［与阿尔弗雷德·华莱士（Alfred Wallace）一起］认识到自然选择的过程推动着所有生命形式的进化。

达尔文发现有一些性状与自然选择相抵触，因为它们并没有增加生存的可能性，反而直接降低了生存的可能性。孔雀的大而笨重的彩色羽毛就是一个很好的例子。如果一个特性让生存变得困难，为什么它还会存在？达尔文认为答案是性选择，而不是自然选择。如果异性认为一些特征比另一些特征更有吸引力，那么就更有可能孕育具有这些特征的后代，这就是**性选择**（sexual selection）。关键在于，这些特性必须是身体健康的标志，并且不能轻易伪装。以雄孔雀为例，那些羽毛最健康、最鲜丽的雄孔雀对雌孔雀最有吸引力。鸟类的羽毛是无法伪装的；也就是说，雄孔雀无法假装拥有最鲜丽的羽毛。实际上，羽毛鲜丽的确是身体健康的标志，最有吸引力的雄孔雀也确实是群体中最强壮、最健康的雄性。而且，这些性状也的确是一种负担，只有真正强壮并健康的雄性才能够驾驭。它们向雌孔雀发出了信号：“嘿，选择我，我是最强壮、最健康的。”而雌孔雀通过与这些雄孔雀交配，便在非有意的情况下生下了最强壮、最健康的后代。对人类而言，力量、美丽的外表、支配力、智力和地位都是能够吸引异性的特性，因此也通过性选择保留了下来。例如，最近的一项研究考察了超过 400 名个体，其中有不少有创造力的艺术家和诗人，研究揭示了创造力与性方面的成功之间的正相关关系。也就是说，更具创造力的人在性方面也更加活跃。研究者认为该发现支持了由达尔文首次提出、最近又由杰弗里·米勒（Geoffrey Miller）重新提出的理论，即人类的创造能力是一种因性选择而保留下来的特性，因为这种特性能够增强对异性的吸引力。

进化过程（包括自然选择、性选择及机遇）能够带来三种截然不同的后果：适应、副产品和噪声。**适应**（adaptations）是指解决重要的生存或生殖问题的进化策略。适应通常是自然选择或性选择的产物，必须具有基因或遗传基础。例如，汗腺是一种适应，因为它可以解决体温调节的问题。口味偏好和性吸引力也是种适应。人们喜欢高糖和高脂肪的食物，因为它们提供了充足的能量，而且在人类进化的早期相对稀缺。人类的智力和创造力也是种适应，因为它们带来了解决生存问题的适应性方案。

副产品（by-products）是指伴随适应而来的性状，它们都与功能无关。可以说，副产品“搭上了”自然选择或性选择的“车”。科学能力或驾驶技术都是适应的副产品。显然，这二者并非进化而来，运用科学思维的能力是人类智力发展的副产品。同样，汽车驾驶也并非进化策略，而是在拥有快速反应、手眼协调和运动（肌肉）控制之后，人们可以很容易地将进化而来的技能运用到现代新兴的技术上。

噪声（noise）也叫“随机效应”（random effects），是指在进化中产生的不影响功能的随机变化。噪声通常是随机产生的，而不是被选择的。噪声的一个例子就是肚脐的形状，有的“凹陷”，有的“凸出”。而脐带是一种适应，肚脐本身则是适应的副产品。

大卫·布斯小传

大卫·布斯（David Buss）于 1953 年 4 月 14 日出生在美国印第安纳州首府印第安纳波利斯，他的父母是阿诺德·H. 布斯（Arnold H. Buss）和伊迪丝·诺尔蒂（Edith Nolte）。阿诺德·H. 老布斯（Arnold H. Buss，Sr.）于 20 世纪 50 年代初在印第安纳大学取得了心理学博士学位，曾先后在匹兹堡大学、罗格斯大学和得克萨斯大学担任心理学教授，后来成为得克萨斯大学的名誉教授。阿诺德·布斯的研究关注攻击、心理病理学、自我意识和社交焦虑。

大卫·布斯虽然出身书香门第，但是在青春期却只上了中等水平的学校，并在高中时因吸毒两次被捕。当时，学业对他丝毫没有吸引力，到了 17 岁时，布斯就从高中辍学了。他申请了一份卡车停靠站的工作，结果被录取了，因为他愿意值全夜班。然而，在短短三个月的工作经历中，布斯吃尽了苦头，这让他意识到"必须有更好的谋生方法"。在这期间，他遇到了一个醉酒的司机，司机扬言要"拿一把战斧砍掉你（大卫·布斯）的长头发"，还遇到过一个年轻人，故意找事用棍子打了他。

经历了这一切后，他开始读夜校，尽管成绩不好，无法被大学录取，但总算拿到了高中文凭。1971 年，得克萨斯大学对在高中时期班级排名不在前 10% 的学生进行了抽签录取，而布斯很幸运地被抽中了。次年，抽签录取的方法就被弃用了。在布斯的大学生时代，他爱上了知识，并迷上了人类行为。地质学课和天文学课让他认识到了进化的重要性。到了大三的时候，他已经明确了目标，即成为一名科学家，具体来说，就是一名研究人类精神的科学家。他写了第一篇关于进化与行为的论文，题目为《支配或接近女性的方法》。他在这篇论文中提出，男性有很强的动力去争取支配权和更高的地位，因为这些特质对女性而言很有吸引力。不过布斯承认，他对性的兴趣来自他的个人经历。

从小时候起，我就发现自己迷恋女性。七八岁的时候，我被邻家女孩深深地吸引了。我不知道该如何形容那种感情，后来才确定那就是爱……在长大的过程中，我发现几乎每个同龄人都对性十分着迷。学校里的八卦都围绕着这一主题，吸引力、排斥、争风吃醋、挖墙脚、移情别恋和两性冲突充斥着我们的社交生活，从六年级或七年级，甚至可能更早就开始了……不过，自从我开始迷上进化理论，性这件事就变得自然了。特异的生殖成功是进化的引擎。

就像本书曾反复提到的，理论家的人格塑造了其人格理论。布斯也不例外。"这些童年经历是否以某种方式产生了一些诱因，促使我把性当成了研究的焦点？有可能，但是我不觉得我的经历是独一无二的。"

此外，布斯在得克萨斯大学奥斯汀分校攻读心理学时，他的父亲就是他们系的教授。阿德诺·布斯出版了第一本将进化作为独立主题的心理学教材《心理学：洞察人类》（*Psychology—Man in Perspective*）。他在书的开头写道：

心理学的主题如此多样，令学生困惑。若想梳理这些混乱的主题，需要找到一个简单的、包罗万象的、能够涵盖心理学的各个主题的主题。唯有一个视角足够宽广，那就是进化。

因此，很显然布斯家族从很早起就注意到了进化的概念及其对人类行为的重要性，大卫·布斯（David Buss）之所以着迷于用进化的视角来解释人类行为，特别是性行为，显然是家庭环境的产物。

与初中和高中时的表现截然不同，上大学之后的布斯对心理学和人类行为表现出了浓厚的兴趣，并于 1976 年至 1981 年在加州大学伯克利分校攻读了人格心理学博士学位。在伯克利分校，他曾与杰克·布洛克（Jack Block）和珍妮·布洛克（Jeanne Block）夫妇、理查德·拉扎勒斯（Richard Lazarus）及哈里森·高夫（Harrison Gough）合作，但与肯·克雷克（Ken Craik）的合作成果最多。布斯与克雷克一起研发了一套基于行为的人格评估方法，即“行为频率”法。

他在哈佛大学谋得了他的第一个教授职位，并在那里继续研究行为频率，但逐渐将注意重心转向了他在心理学领域的“初恋”——进化理论。在哈佛大学期间，布斯与两名研究生——勒达·科斯米德斯（Leda Cosmides）和约翰·托比（John Tooby）——合作，这两名研究生，连同布斯一起，后来共同开创了“进化心理学”这一研究领域。

布斯在职业生涯中获奖颇丰，并当选为美国心理学会和美国心理协会（APS）的会士（Fellow）。此外，布斯写了不少书，包括《进化心理学》（*Evolutionary Psychology*）、《欲望的进化》（*Evolution of Desire*）和《隔壁谋杀犯》（*The Murderer Next Door*）。他还和兰迪·拉森（Randy Larsen）一起出版了一本教科书《人格心理学》（*Personality Psychology*）。

进化心理学原理

查尔斯·达尔文和赫伯特·斯宾塞（Herbert Spencer）是最早主张用进化视角看待思想与行为的思想家。1859 年，达尔文曾写道：“将来，我认为有许多机会产生更重要的研究。心理过程将稳稳立足于赫伯特·斯宾塞打下的良好基础之上，也就是必须由一个个心智力量逐渐建立。”换句话说，在将来，心理过程逐渐演进的观点将被更广泛地接受。几十年后，美国哲学家和心理学家威廉·詹姆斯（William James）采取了这种观点，并认为心理学应该关注精神的功能，而不是精神的组成部分。

不过，达尔文所说的将来直到 100 多年后才到来。在 20 世纪 70 年代之前，进化论和心理学基本上没有交集。终于，到了 20 世纪 70 年代，这一情形发生了变化。最初的变化迹象包括 E.O. 威尔逊（E. O. Wilson）提出要将生物学和社会科学合并，并给他所倡导的运动起名为“社会生物学”（sociobiology）。“进化心理学”一词于 1973 年由生物学家迈克尔·吉瑟林（Michael Ghiselin）首次提出，后来在 20 世纪 90 年代初被人类学家约翰·托比和心理学家勒达·科斯米德斯（Leda Cosmides）推广普及。“**进化心理学**”（evolutionary psychology）这一术语可以定义为从进化视角探讨人类思想和行为的科学研究，着重于回答以下四大问题。

（1）人类心理为什么被设计成了当前的形式？它是如何获得当前的形式的？

（2）人类心理的设计是怎样的？换言之，它的组成部分和当前的结构是怎样的？

（3）人类心理的组成部分分别具有什么功能？其设计目的是什么？

（4）进化后的人类心理与当前的环境通过怎样的相互作用塑造着人类的行为？

本章将着重介绍大卫·布斯的人格进化理论在对人格的研究中是如何探讨这些问题的。

人格的进化理论

纵观整个 20 世纪，人格理论从一开始的试图解释所有阶段所有人的宏大理论，发展为关注人格的某一方面（如人格结构或自我本质）的更有针对性、更精巧的理论。从 20 世纪初的弗洛伊德开始，人格理论试图在意识和潜意识层面理解人类的思维、动机、驱力，甚至梦。正如本书第一部分至第三部分所讲的那样，这些理论大多假设人格是仅仅由环境事件引起的，几乎不曾提及生物学成分。但是，进化理论假设人格特质的真正起源可以追溯到远古时代。人格的真正来源是进化，这意味着它是由不断变化的环境与不断变化的身体和大脑之间的相互作用引起的。进化理论是为数不多的从宏大视角重新解释人格，包括其终极起源、整体功能和结构的理论之一。经过合理构想的进化理论提供了人格心理学所需要的宏大框架，也即人格心理学的核心研究中几乎完全缺失的部分。

正如本书不断提及的那样，人格理论主要关注个体的动机，以及行动和思维方式如何保持一贯性而又彼此不同。进化理论最基本的假设也是任一物种的成员都各不相同。从这个意义上说，两者的结合是顺理成章的。既然人格与进化都以个体差异为出发点，那么如此明显有关的两个主题，应该在 19 世纪中晚期达尔文提出其主张后不久就互相结合了吧。

但事实是，直到 20 世纪 90 年代，这两个主题才终于结合在了一起。事实上，正如进化心理学的两个重要支持者——托比和科斯米德斯——所指出的那样，这场结合有一个严重的问题：自然选择通常会削弱个体差异，使成功的性状和品质成为常态，使适应不良的性状灭绝。在很长的一段时期内，大自然往往会选择相同的性状。换句话说，这是一个悖论：“如果自然选择淘汰了适应不良的性状，在漫长的时间里产生了普世的人类本性，那么为何个体的思维和行为倾向会保持一贯性而又彼此不同（即具有人格）？”人类的适应是普世的、物种特有的，这意味着个体之间不应该存在显著差异。托比和科斯米德斯认为，根据定义，如果一种性状表现出明显的个体差异，那么它就不属于适应，因为适应本质上是物种特有的。具体来说，托比和科斯米德斯并没有否认人格的存在，而是否认人格是一种适应。不过，几乎没有人否认人格和个体差异的存在。那么我们如何解释这个悖论？

实际上，在进化人格心理学领域诞生之初，理论家就如何解决这一悖论产生了分歧。进化心理学家在两种答案之间争执不休：一些人认为人格差异是“噪声”，另一些人则认为它是进化的适应策略的“副产品”。最近，又有一些理论家提出，人格特质不仅仅是噪声或副产品，而是适应。在人格进化理论的发展过程中，大卫·布斯是最早也是最著名的理论家，因此本章将重点讲述布斯的理论。此外，本章也会简要介绍布斯式理论家所提出的一些扩展理论。布斯人格理论的精华在于适应性问题及其解决方案（机制）。在讨论适应及其解决方案之前，让我们先回顾一下人格的自然与养育问题。

人格的自然与养育问题

回顾一下，人格所关注的其实就是个体之间思维方式和行为方式的一致而独特的差异。问题很快变成了“是什么导致了这些个体差异？”与所有关于人类行为的问题一样，这一问题的答案也可以分为两大类：自然（先天）和养育（后天）。也就是说，行为和人格都是由内在特性或外在环境特性所塑造的。但是，很容易就可以看出这种二分法是错误的。内在的状态和性状——从生物学和生理学系统到人格特质——都受到环境的影响。尽管心理学的历史在很大程度上就是在先天与后天之间进行选择的历史，但是先天和后天两者实际上缺一不可。只考虑后天而忽略先天，被布斯称为**基本情境错误**（fundamental situational error），即倾向于认为在没有稳定内部机制的情况下，仅凭环境就可以产生行为。没有内部机制，就不可能有任何行为。只考虑先天而忽略后天，被社会心理学家称为**基本归因错误**（fundamental attribution error），即在解释他人行为时倾向于忽略情境和环境力量，而将注意力放在内部性情上。上述两种观点都不完整，因为我们无法纯粹从内部或外部来解释行为。任何行为都必须包含内部因素、外部因素及二者的相互影响。

进化后的机制是自然与养育相互作用的绝佳例子，因为这些机制之所以存在，依赖于环境的输入与内部对环境的响应。生物学因素和环境因素是无法分割的。如果没有内部响应机制，环境就无法影响行为。一般来说，进化本质上是生物学与环境（自然与养育）之间的相互作用。所有的生物结构及引申出的所有心理系统，都以特定环境及在特定环境下发生的事件为先决条件。在进化的早期阶段，有一部分个体具有在当时环境下有效的特性，因此更可能生存下来并繁衍后代。人格进化理论的一个基本假设是，适应性特性包括在特定情境下以特定方式行事的一致且独特的性情，即人格特质。

适应性问题及其解决方案（机制）

在达尔文提出进化理论之后，人们将一切生命形式所面对的基本适应性问题分成两类——生存（如食物、危险、捕食等）和繁衍。为了生存，任何生命必须应对达尔文所说的“自然敌对力量”，包括疾病、寄生虫、食物短缺、恶劣气候、捕食者和其他自然灾害。能最高效、有力地解决这些问题的个体最可能生存下来，而生存是繁衍的前提。

自然选择的进化过程为这两个基本问题提供了解决方案，这些方案被称作**机制**

（mechanisms）。更具体地说，机制具有以下特点：

- 在不同的适应性领域中按照某些原则运作；
- 数以十计或百计（甚至成千上万）；
- 是针对特定适应性问题（生存、繁衍）的复杂解决方案。

每种机制专门解决某一个问题，但不能解决其他问题。例如，汗腺解决了调节体温的问题，但不能解决疾病或伤口的问题。机制的运作方式是将输入转换为有助于解决适应性问题的特定动作或决策规则。

机制可以分为两种主要类别——生理机制和心理机制。**生理机制**（physical mechanisms）是指为解决特定生存和繁衍问题进化而来的生理器官和系统，**心理机制**（psychological mechanisms）是指为解决特定生存和繁衍问题进化而来的特定内部认知、动机和人格系统。

生理机制通常由多个物种共有，而心理机制通常是某个物种所独有的。进化生物学的研究重点是生理机制的起源，而进化心理学的研究重点是心理机制的起源。进化心理学对进化理论的主要贡献是引入并发展了心理机制。

表 15.1 给出了关于生存与繁衍问题及其生理和心理机制的例子。例如，不同物种的动物进化出了相似的感觉系统。大多数脊椎动物，尤其是哺乳动物，感觉系统依靠眼睛、耳朵、鼻子、皮肤和舌头发挥其功能。感觉的适应性表现为通过吸收外界信息使有机体做出适当反应的功能。不同物种的感觉机制也各不相同。例如，狗能够听见音高为每秒 10 到 35 000 赫兹的声音，而人类只能听见音高为每秒 20 到 20 000 赫兹的声音。又例如，人类的视网膜进化出了对三种不同波长的光敏感的感光细胞（视锥细胞），这三种波长的光分别为红色、绿色和蓝色。而像大多数哺乳动物一样，狗只进化出对两种波长的光即蓝色和绿色敏感的视锥细胞。也就是说，狗的听觉（和嗅觉）比人类的更好，而人类的视觉比狗的更好。免疫系统是一种为了

表 15.1　进化问题及其解决方案（机制）的一些例子

问题	解决方案 /（机制）
生存	
从外部世界获取信息	眼睛、耳朵、鼻子、皮肤和舌头
体温调节	变温系统、汗腺
疾病和寄生虫	免疫系统
伤口和创伤	凝血系统
捕食者和危险	四肢和运动
抵御敌人攻击	力量、攻击和速度
信任与合作	尽责性、宜人性
联盟和团队凝聚力	支配、宜人性
收集食物	创造力、智力
居住场所	创造力、智力
繁衍	
吸引伴侣	支配、进取性、创造力
选择伴侣	社会性智力、心智理论
信任	尽责性、可靠性
同性内部竞争	攻击、内驱力、成就、资源获取、美丽、亲密之爱、依恋、宜人性

Adapted from Buss, 1991 & MacDonald, 1995.

解决寄生虫和疾病问题发展而来的生理机制，凝血功能则是为了解决失血过多而死亡的问题。

繁衍问题的一个例子是同性竞争。同性竞争起源于个体必须与同性成员竞争才能获得与异性繁衍后代机会的事实。所以布斯说同性竞争的问题是：“打败同性成员，以获得与异性成员交媾的机会。”繁衍问题的一个解决方案（但不是唯一的解决方案）是支配。能够成功与同物种的同性成员竞争的个体在群体中拥有支配地位，同时在某些具体问题上能够取得普遍性的成功，如成功地取得资源、获得社会地位、建立同盟及追到潜在的配偶。

心理机制包括行为后果、策略和与之相关的行动。例如，同性竞争不仅涉及群体中作为领导的支配性成员，而且涉及个体成功地在层级中争取自己的位置、抵御敌人并吸引配偶。人格进化模型的主要任务是描述、研究和解释这些长久以来的心理机制。

进化而来的机制

心理机制是帮助解决生存和繁衍问题的内部过程。与人格相关的心理机制可以分为三大类：

- 目标、内驱力、动机；
- 情绪；
- 人格特质。

本书将略过目标、内驱力、动机和情绪，重点关注人格特质这一进化形成的机制。不过，目标、内驱力、动机和情绪都与人格紧密相关。实际上，大多数人格理论都围绕着目标、动机、内驱力展开。

动机和情绪是进化而来的机制

在目标、内驱力和动机中有两种类型属于进化形成的机制，分别是权力和亲密。这两种类型可以表现为多种不同的形式。权力动机可表现为攻击、支配、成就、地位和“层级协商”等形式。亲密动机可表现为爱、依恋、“互惠联盟”等形式。进化心理学将这些动机称作“适应”，因为它们能够直接影响人的健康和幸福感。

同样，情绪也是“适应”，因为情绪能够直接警示个体注意对健康有害或有益的情境。如果事件对个体健康有害，那么个体将体验到某种负面情绪。例如，如果伤害事件表现为亲友亡故，个体就会感到悲伤；如果伤害事件表现为受到侮辱，个体就会体验到愤怒。而如果事件对个体健康有益，那么个体将体验到某种积极情绪。例如，如果某个事件十分重要并成功了，那么个体就会感到自豪。

动机和情绪与稳定的人格特质直接相关。如果一个人习惯于在竞争中追求胜利并看重地位，那么我们就会给他贴上“支配”或“追求权力”的标签。如果一个人习惯于将人们团结在一起，那么我们就会给他贴上“宜人性”的标签。如果一个人经常会在他人毫无感触时感到悲伤、羞耻、自责或焦虑，那么我们就会说他“焦虑”。动机是人格的一部分。

人格特质是进化而来的机制

布斯的基本假设是动机、情绪和人格都是适应性的，能够为生存和繁衍问题提供解决方案。他认为，对人格五因素模型（大五人格）的最佳理解就是将其视为社交面貌。也就是说，五种人格维度向他人传递了个体解决生存和繁衍问题的能力的信号。布斯将个体差异和人格定义为解决适应性问题的策略。如果个体能够敏感地意识到这些人格差异，便会获得繁衍优势。如果一个人知道谁是合作者或主导者，那么他将比那些不了解这些的人更有优势。不同个体在生存和繁衍问题上存在着差异。能够区分这些差异的个体更为健康，且拥有选择优势。换句话说，从本质上看，人格是可评价的，即能让他人据此评价个体解决适应性问题的能力；人格向他人传递了个体具备解决生存与繁衍问题的能力的信号。例如，尽责性传递的是可以放心交予任务的信号，在这方面表现优秀的人具有选择优势（即对他人更有吸引力）。

布斯的人格模型非常接近于麦克雷和科斯塔的大五人格，但结构上有所不同。布斯提出了五种人格维度，基本上与大五人格重叠，但使用了不同的术语。除此以外，布斯认为这些行为倾向具有适应性意义：

- 进取性 / 外向性 / 支配性；
- 宜人性；
- 情绪稳定性（与神经质相反）；
- 尽责性；
- 开放性 / 理智性。

第一，**进取性**（surgency）是指个体倾向于体验积极情绪、融入周围环境、保持正常社交和自信状态。进取性的人具备追求成功的内驱力，通常倾向于支配和领导他人。进取性几乎可以说是“外向性”的同义词。在古代，进取性的人拥有很高的地位，因此对异性更有吸引力和魅力。用进化的语言来说，进取性涵盖了“等级倾向”，即人们如何协商并决定谁是支配者、谁是服从者的方式。和许多其他动物一样，这种协商表现为竞争和权力斗争。在古代，竞争通常是肢体的冲突或攻击的行为，但也可能是口头的挑衅或财富和资源的积累。领导者是主持事务、领导他人的人。不论他们的领导权是通过武力还是说服得来的，都必须是被他人认可的，并拥有支配性的社会地位。因为权力和支配地位具有吸引力，这些个体通常会有更多的孩子。进取性的人还有一个特点是喜欢冒险和体验积极情绪（如快乐），乐于建立并维持友谊和人际关系。此外，进取性的人大多发奋图强且野心勃勃。

第二个人格维度是**宜人性 / 敌意**（agreeableness/hostility）。它有两大特征，一是与他人进行合作和为团体提供帮助的意愿和能力，二是具有敌意和攻击性。有的个体为人热情、愿意合作并具有团体取向，有的个体则自私、对他人怀有敌意。宜人性的人会努力解决团体冲突，并让人们结成联盟。宜人性的人能够提升团体凝聚力，并倾向于遵守团体规范。他们能够与他人和谐相处，共同进步。简而言之，宜人性标志着一个人的合作意愿。

第三个人格维度涉及面对危险和威胁时的反应。所有动物都具有警报系统，在遇到潜在危险和伤害时发出警报。对人类或其他动物而言，警报表现为焦虑（一种情绪状态）和**情绪稳定性**（emotional stability）或**神经质**（neuroticism）（一种性情特质）。个体对伤害和威胁的警觉性或敏感性十分必要，具有适应性。情绪稳定性是指一个人有能力承受压力。有的人能够在压力下保持镇定，有的人则经常处于紧张状态。

恐惧和焦虑都是适应性的情绪。如果没有这些情绪，没有警报系统，人类很可能走向灭绝。就像在麦克雷和科斯塔那一章及艾森克那一章中所讨论的那样，神经质是一种容易体验到负面情绪（如焦虑、自责和悲伤）的倾向。举例来说，对威胁的敏感性可能在我们的祖先所居住的危险环境中具有适应性。感到焦虑传达了危险和威胁的信号，如果不会感到焦虑，物种很快就会灭绝。试想，有一名猎人在一片大草原上狩猎，听到了大型动物的咆哮声，并因此感到恐惧。在该动物意识到自己的存在之前，猎人掉头躲进了灌木丛。如果他无法感觉到焦虑，就可能不会躲藏，从而可能导致十分危险的后果。同理，如果走上了相反的极端——对威胁过于敏感——也会破坏甚至摧毁日常功能。同样是这名猎人，如果他因为听到大型动物的咆哮声而感到恐惧，与此同时也会因为听到叶子沙沙作响或风的呼啸声而感到恐惧，那么他将难以正常生活。适度的恐惧是适应性的，具有这种特性的人更容易生存下来、繁衍后代并让这种倾向传递下去。如果一种自然选择的特质能够增加生存与繁衍的概率，那它就会受到青睐。

第四，**尽责性**（conscientiousness）的核心指标是一个人的工作能力和敬业精神。尽责性的人小心谨慎、注重细节、专注而可靠。不够尽责的人则不够可靠，通常也不够专注。尽责性向他人传递了能够胜任任务、承担责任、值得依靠的信号。

第五，**开放性**（openness）是指一个人的创新倾向和解决问题的能力。开放性不仅和理智、智力密切相关，而且和尝试新事物、体验新事物的意愿相关。开放性的人是群体中的探索者——当他人犹豫不决时，他们会继续向前。在古代，这种特性可能表现为探索未知的土地以获得食物的意愿；在现代，它可能会表现在走在思想和知识前沿的艺术家和科学家身上。

布斯认为，在五个人格维度中，进取性、宜人性和尽责性是最重要的人格特质，因为它们最直接地解释了许多适应性问题。举例如下。

- 谁的社会地位更高，谁的更低？
- 谁拥有我所需要的资源？
- 我应该选择谁做配偶？
- 谁可能会伤害我或背叛我？
- 谁能在我的团队中发挥作用？
- 在需要时，我可以信任和依靠谁？

人格的功用就是为个体、为他人提供上述问题的答案，并以此解决适应性问题。在这个意义上，人格特质是健全的指标，就像雄孔雀的羽毛一样。

个体差异的起源

如前文所述，进化论在讨论起源时，其实就是在讨论起源是自然还是养育。布斯和同事海蒂·格雷林（Heidi Greiling）提出了四种不同的个体差异起源。从本质上讲，这四种来源都可以归入自然（生物遗传）和养育（环境社会）的范畴。

环境来源

环境通过多种方式影响个体的适应性差异。适应性差异提高了繁衍的成功率和个体的生存概率。人格差异的第一种环境来源被布斯称为早期经验校准（early experiential calibration），即童年经历使个体更容易采取某些行为策略，而非其他行为策略。例如，如果孩子在成长过程中没有父亲的陪伴，那么他们的性启蒙可能会更早，并且在青春期和成年之后拥有更多的性伴侣。在这种情况下，个体会养成更随意的性爱策略。因为这样他们将从父母那里得到足够的关注，并认为成年人的亲密关系不会长久。

又如，克莱因那一章（见第 5 章）首次讨论的依恋类型也是一种早期经验校准。照顾者与婴儿之间的依恋本质上是一种适应——没有这种依恋，婴儿在出生后的几周内就无法存活了。照顾者的依恋为婴儿提供了支持、保护和保障，如果婴儿把体验到的依恋当成模板，那么他们就有可能在成年后建立类似的关系，而回避型依恋则意味着父母不愿意在孩子身上投入精力。

这就是巴斯所称的“早期经验校准”。
©ERproductions Ltd./Getty Images

人格差异的第二种环境来源是替代性生态位专门化（alternative niche specialization），即不同的个体能够找到自己与众不同的长处，以引起父母或潜在配偶的注意。正如第 3 章提到的那样，出生顺序可以被看作一种生态位专门化。在家中排行不同的孩子容易养成不同的人格、兴趣和爱好，因为只有这样才能博得父母的关注。弗兰克·萨洛韦（Frank Sulloway）认为，家中的第一个孩子通过认同父母和权威人物来寻找自己的“生态位”，而第二个和后面的孩子则通过努力推翻掌权者（即他们的哥哥或姐姐）来寻找自己的“生态位”。

遗传或基因来源

正如第 13 章和第 14 章所讲的那样，遗传力是指某种性状或特质受遗传影响的程度。体型、容貌和性吸引力是个体差异的遗传来源。也就是说，与瘦弱或外表较柔弱的男性相比，肌肉发达而强壮的男性更能吸引女性的注意，也就会赢得更多性生活的机会。这些性状或特质是可遗传的，因为体型和容貌主要由遗传决定。

非适应性来源

也有一些个体差异的来源与生存和繁衍无关，因此被统称为“非适应性”来源。最常见的非适应性来源是*中性遗传变异*，通常以基因突变的形式发生。一些基因突变是中性的，因为它们对个体既无害处，也无益处。它们可能会在很长一段时期里被保留在基因库中，直到自然选择或性选择淘汰它们为止。

适应不良性来源

适应不良的性状是指对个体的生存概率或性吸引力有害的性状。这些性状可能源自遗传，也可能源自环境。遗传来源之一是*基因缺陷*，也就是基因突变对个体有害的情况。环境来源之一是*外部创伤*，例如，脑部或脊髓损伤也可能导致适应不良的个体差异。

新布斯式人格进化理论

大卫·布斯首次正式提出了一套完整的人格进化理论。其他学者在布斯之后也曾对此理论进行了改进。例如，麦克唐纳（MacDonald）就曾为布斯的理论添加了两个重要补充：第一，他加强了人格与进化出来的动机和情绪系统的联系；第二，他指出，在几个主要人格维度上表现出的差异是一种有效的替代性策略，能够使适应最大化。

麦克唐纳与布斯一样，也认为人格维度与解决适应性问题的进化策略紧密相关。这些行为策略涉及某些情境的动机，以及积极或消极的情绪。不过，麦克唐纳的理论只有四个人格维度——支配性（dominance）、尽责性（conscientiousness）、乐善性（nurturance）和神经质（neuroticism），而没有开放性。

麦克唐纳进一步指出，由于环境是不断变化的，动物对此必须做出不同的反应，因此，物种中的个体如果能够在重要问题上根据环境变化做出一系列不同反应，就有利于物种适应环境。这就是麦克唐纳所说的“使适应最大化的有效替代策略”。例如，焦虑和警觉在相对危险的环境中适应性较强，在相对安全的环境中适应性则没有那么强。在相对安全的环境中，动物可以更大胆一些。一些环境可能偏爱冒险者，另一些环境则偏爱规避风险者。其实，我们能够在其他动物中观察到它们在不同环境中的适应性差异。例如，在捕食者相对较少的环境中，孔雀鱼种群的成员大多表现得大胆；如果在环境中引入捕食者，只需要繁衍几代，大胆的特质就没有那么普遍了。还要注意的是，这些特质是可遗传的，具有基因基础，符合这一标准才是适应的。

奈特尔（Nettle）进一步扩展了人格进化理论，并指出托比与科斯米德斯之所以称人格不具有适应性，是因为他们未能理解环境变化和差异如何导致了物种行为的个体差异。奈特尔综述了关于非人类动物的大量研究，探讨了环境的突然变化（发生在短短几代的时间内）如何增加了具有适应性性状的动物比例。而当环境恢复到原始状态时，不具备该性状的动物又会再次增加。例如，一些雌山雀胆大且喜欢探索，另一些雌山雀则较为拘谨。在食物匮乏的时期，喜欢探索的雌山雀最有可能生存。但是，在食物充裕的时期，胆大且喜欢探索的雌山雀存活的可能性较小，因为它们更可能遇见危险的捕食者。简而言之，由于无法预测未来哪些特性最适应环境的变化，因此个体差异为进化过程所偏爱。

此外，奈特尔还假设，在古代的进化过程中，大五人格的每个维度都为适应带来了利和弊（见表 15.2）。例如，外向性有利于交媾、结交同盟和探索环境，但外向性也有着承担更多风险和家庭更不稳定（即外遇更多）的进化成本。开放性有利于提高创造力，但其成本是拥有更多不寻常的信念，甚至可能发展出精神疾病。尽责性有利于人们更加注意保持自己的身体健康，因此人们可以活得更长、更健康，但也增加了僵化和强迫行为的风险。

表 15.2　大五人格每个维度的利和弊

维度	利	弊
外向性	求偶的成功，社交同盟，探索环境	人身风险，家庭不稳定
神经质	对危险的警觉性，奋斗与竞争	压力与抑郁，伴有人际关系与健康后果
开放性	创造力，伴有对吸引力的影响	非同寻常的信念，精神疾病
尽责性	对长期健康的注意，寿命和符合期许的社交素质	对短期健康的忽视，强迫观念，僵化
宜人性	对他人的精神状态的注意，和谐的人际关系，宝贵的盟友	容易在社交中被欺骗，不能够最大化自私的益处

对进化理论的常见误解

20 世纪 80 年代，进化理论刚开始流行就引发了很大的争议。那些反对将进化理论应用于人类思想和行为研究的阻力不仅来自大学之内，而且来自大学之外。在最近二三十年中，这种反对的阻力已经减轻了许多，但仍然遗留下来许多误解。

常见误解一：进化暗示了基因决定论

这个误解的含义是，行为一成不变，不受环境影响。但是，归根结底，进化理论讲的是环境变化引起了身体变化。从这个意义上讲，其本质是采取了“自然与养育”相互作用的视角。进化的动力是适应与触发适应的环境输入信号之间的相互作用。布斯举了手脚长茧的例子。手掌和脚掌上长茧是一种适应，但是如果没有来自环境的输入信号（如长时间弹吉他或赤脚走路），这种适应就不会表达出来。茧的形成依赖于基因诱导的蛋白质合成，而该基因只会在接收来自环境输入信号时才会表达。

表观遗传学的研究更有力地证明了基因的影响并非从受孕时就一成不变，而是与环境输入的信号相互作用。**表观遗传学**（epigenetics）强调基因功能的变化，而非 DNA 本身的变化。也就是说，动物的经历给 DNA 的结构表面附上了标签，从而控制着基因的表达。表观遗传学从根本上改变了人们对遗传影响的看法。显然，人的经历（如进食、饮水或暴露于某些化学物质之中）导致了基因的改变。表观遗传学改变基因的一个最常见的例子就是癌症，它展现了进食、饮酒和吸烟等行为如何改变了基因活动。事实上，在漫长的时间里发生的器官、生理系统和身体的改变（即进化）不仅仅是基因突变造成的，还是表观遗传学过程造成的。简言之，DNA 不等于命运，这一观点与进化论完全相符。

常见误解二：适应的实现依赖于意识机制

虽然机制（包括认知机制和人格）之所以会进化，是为了解决生存和繁衍的重要问题，但这并不意味着机制的实现依赖于复杂的（有意识的）数学能力。例如，“整体适应度”思想的核心是，与堂兄弟姐妹相比，我们更可能帮助亲兄弟姐妹，但与帮助陌生人相比，我们更可能帮助堂兄弟姐妹。这是因为，在关系的亲疏上，亲兄弟姐妹最亲，堂兄弟姐妹次之，而陌生人最疏远。这不需要数学能力，就好比蜘蛛织网时不需要了解几何学。此外，进化心理学家所说的“策略”也不应该被视为有意识的或故意的行为。实际上，人们对这些影响毫无觉察，如果讨论起来，还常常为之后悔。“呃，我不是被他的社会地位和好身材吸引的！”“性策略”只是烦琐观点的一种简化概括，它其实是在说进化塑造了我们对配偶的偏好，我们会被能够孕育健康且适应环境的后代并能持续抚养后代的人所吸引。这是因为，这能够增加后代存活到繁衍年龄并继续传播其健康基因的可能性。

常见误解三：机制是最优的设计

有时我们会看到这样的说法：在进化过程中产生的解决方案是最优方案。但实际上，某些适应并非如此。进化改变需要几百代才会发生，所以适应总是赶不上环境的变化。人类偏爱高脂肪、高糖的食品就是一个很好的例子。在数万年前的远古时代，人类很难从环境中获得含有脂肪和糖的食物，而脂肪和糖提供了重要的营养。在过去的 100 年中，脂肪和糖开始变得廉价且充足。但是人类的偏好没有变，于是他们的腰围逐渐膨胀，如今已有 2/3 的美国成年人超重或成了胖子。如果机制都是最优的设计，那么它们本该更高效，对环境变化的响应速度更快一些。

相关研究

人格的进化模型是无法直接检验的，因为我们没有能力开展跨越数百代的研究。不过，就像进化生物学一样，人格的进化理论也有许多理论支持，大体可以分为三大领域：气质、遗传学和动物“人格”。三大领域所提供的证据都支持了人格具有生物学基础且其生物学系统经历着进化的观点。

气质与产前产后环境

有两个或两个以上孩子的父母都知道，婴儿从出生的第一天开始就会表现出与其他婴儿不同的特点。这些行为差异就是**气质**（temperament），并具有生物学基础。气质为之后呈现的人格特质确定了基调。由于气质在婴儿出生前和出生后已经呈现，意味着它主要是从生物系统发展而来的，只不过会随环境输入而有所改变。此外，生物学系统的个体差异，如有的人更活泼、有的人对感觉刺激更敏感等，是由自然和性选择压力（也就是进化）所塑造的。

有证据表明，产前胎儿的气质和人格差异也很明显。胎儿的活动和心率反映了其出生后第一年的气质差异。特别是妊娠 36 周（临近产期）时胎儿的高心率预示了其在出生后 3 至 6 个月进食和睡眠习惯较差，以及出生后 6 个月情绪比较稳定。妊娠 36 周时如果胎儿的活动水平较高，预示了其在出生后适应陌生人或新环境的速度较慢，在 3 至 6 个月时饮食和睡眠习惯较不规律，以及在 6 个月时较不易相处或烦躁。

产前环境在人格的塑造中具有重要作用。事实上，母亲在怀孕期间承受的压力可能会影响婴幼儿的压力反应。也就是说，如果母亲在怀孕期间承受了巨大的压力，通常会导致婴幼儿的抗压能力较差、压力激素的基线水平较高及面对压力时更快、更强和更明显的生理反应，这些特征会一直持续到儿童时期。

在婴儿出生后，即产后 24 小时内，新生儿已经表现出了有规律且一致的行为差异，即不同的气质。这些行为差异可以分为四个明显的气质维度：活动性、情绪性、社交性和冲动性。顾名思义，*活动性*（activity）是指新生儿的活动水平，及其做出行为时使用了多少能量，即做出行为的快或慢。*情绪性*（emotionality）表现为新生儿体验到积极或消极情绪的频率，即新生儿表现出高兴或烦躁的频率。一些研究表明，婴幼儿的精神痛苦与母亲产后不久出现的焦虑障碍相关。*社会性*（sociability）是指新生儿对他人，尤其是陌生人的反应。有些新生儿善于交际而且外向，有些新生儿则会在陌生人在场时哭闹或表现得冷淡而害羞。*冲动性*（impulsivity）是指准备就绪，迅速、不加思索地做出行为。所有的婴幼儿相对而言都是冲动的，但即使在婴幼儿期，个体之间也存在着差异。这些差异在童年和青春期往往会变得更加明显。此外，一项长期研究表明，到了 21 岁以后，在幼儿时期具有冲动性气质的人较其他人更可能犯罪或酗酒，学业成绩也较差，并在 SAT 考试中得分较低。

根据童年和青春期的气质还可以预测青少年的药物滥用情况。内博斯（Neighbors）及其同事的一项研究考察了青少年酒精研究中心招募的 400 余名青少年，他们的平均年龄为 16 岁。参与研究的青少年填写了一份关于气质的自陈式量表“气质维度调查”（Dimensions of Temperament Survey，DOT），用以测量气质的十个维度：活动性、睡眠、接近或退缩、灵活性或刚性、心境质量、睡眠规律性、饮食规律性、日常习惯、专注力及坚持。如果青少年在一些气质维度（活动性或睡眠）上得分极低，在另一些气质维度上得分极高，就会被研究人员归类为“不易相处气质”类别。青少年还参与了临床访谈，以评估其酒精滥用的情况，每具备一个“临床表现”症状就会记 1 分。根据标准，参与研究的青少年中有 70 名符合酒精滥用标准，有 66 名符合酒精依赖标准。结果表明，不论男性还是女性，具有不易相处气质的青少年更容易滥用酒精。即使将年龄作为控制变量，这一关系依然成立。也就是说，这一关系适用于 12 岁至 18 岁的所有青少年。简而言之，该研究描绘出了酒精滥用青少年的肖像，即他们的气质特点使他们在包括情绪、睡眠、专注力、进食规律和日常习惯等方面都呈现困难，并且活动性较低。

遗传学与人格

可能是由于高中生物课对遗传学的讲授过于简单，很多人都以为基因与性状之间存在简单且几乎是一一对应的关系。回想一下，你曾学过的那些按照父母的性状为显性或隐性而计算后代继承该性状概率的知识。的确，一些简单的分类性状（如眼睛的颜色）是由单个基因传递的。但是，复杂的心理特质都是连续的、从高到低渐变的，因此涉及大量的基因。严格来说，简单的分类性状是“**单基因遗传**”（monogenic transmission）的，而从高到低渐变的性状（如攻击性、身高、体重和焦虑等）是“**多基因遗传**”（polygenic transmission）的。简言之，单基因遗传是指单个基因决定了某个单一性状（表现型），而多基因遗传是指多个基因相互作用决定了某个单一性状。明白这个区别非常重要，因为它有利于我们理解现代遗传学中的一个基本概念，即基因组只是我们研究基因的表达方式（表现型）的起点，而非终点。不存在什么“聪明”基因、“害羞”基因或“攻击”基因，是几十个甚至成百上千个基因共同塑造了人格特质。

在行为遗传学领域，在考察遗传学、行为与人格之间的关系时，研究人员使用了两种主要方法。第一种方法是**数量性状基因座法**［quantitative trait loci（QTL）approach］。通过这种方法，研究人员在可能与特定行为相关的基因上寻找并定位特定的 DNA 片段。也就是说，QTL 法寻找的是行为的“遗传标记”。性状或特质是定量的，因为它们是行为的标记，而行为在从高到低的连续轴上变化。例如，焦虑就是一种定量的特质，有的人基本不焦虑，大多数人感到中等水平的焦虑，还有很少的人非常焦虑。QTL 法揭示了与特质的水平高低相关的特定基因的位置。这些位置被称为“标记”。

使用 QTL 法开展的研究已经发现了几种基本人格特质的遗传标记，如寻求新奇或刺激、冲动性、神经质或焦虑的标记。其中，寻求刺激是一种热衷冒险的特质。具有该特质的人会寻求高度刺激的活动，如蹦极、登山或潜水。寻求刺激的活动能够引起兴奋“激发”——这是一种积极的情感，可能与多巴胺（一种与生理唤醒相关的神经递质）的分泌有关。由于多巴胺与寻求刺激之间存在潜在关联，因此促成了一种理论，即认为多巴胺缺乏的人倾向于寻求刺激的情境，以增加多巴胺的分泌，弥补多巴胺的不足。

20 世纪 90 年代中期，研究者提出了能够支持这一理论的首个遗传学证据。DRD4 基因参与了边缘系统中多巴胺的生成，其基因序列越长，多巴胺的生成效率越低。也就是说，基因序列较长的 DRD4 基因与多巴胺生成效率低相关。如果这一理论正确，那么喜欢寻求刺激和新颖经历的人的 DRD4 基因序列应当较长，研究恰好证实了这一点。此外，与对人类的研究一致，在非人类动物的研究中也发现了 DRD4 差异影响诸如好奇心和寻求新颖经历等探索性行为的证据（在鸟类、猿类、狗身上有发现）。这些发现最令人兴奋之处在于 DRD4 首次证明了基因可以对正常（非病理）人格特质产生影响。

行为遗传学家用于解释遗传与环境对人格的影响的第二种方法是双生子收养研究（我们已经在第 14 章中讨论过）。这类研究已有结论认为，人类的人格差异中有 40%～60% 受遗传因素影响。也就是说，双生子收养研究表明，人格的个体差异中约有一半可归因于遗传学，而另一半可归因于环境或其他未知因素。有趣的是，回避型人格和强迫型人格等人格障碍似乎主要由遗传控制。例如，耶勒（Gjerde）及其同事报告，回避型人格有 67% 的差异、强迫型人格有 53% 的差异可由遗传因素解释。这些研究结果印证了这一观点：人格、智力、动机和其他心理特性不仅仅是生物或环境力量的产物，而是二者之间相互作用的产物。简而言之，人格差异是自然与养育共同创造的。

动物的“人格”

大多数养过宠物猫或宠物狗的人恐怕都会同意，每一只宠物都有它独特的“人格”。例如，本书的作者之一费斯特现在就养了两只猫。两只猫是一胎生的，一只是公猫（斯库特），一只是母猫（贝儿）。它们俩的行为和“人格”几乎可以说是天差地别。斯库特的好奇心很重，并且热爱社交。它来到新家的第一天，就探索了家里的每一个角落，并且积极参加主人家的每一项日常活动——吃饭、睡觉、看电视及在电脑前工作。似乎没有什么情况会让它退缩，一切事物都令它欢快和惊奇。但是贝儿刚来时表现得焦虑而害羞。它在角落里躲了整整三天，渐渐适应了这个新家，才走出自己藏身的角落。贝儿虽然也玩耍，但不会和不熟悉的人一起玩。它喜欢和斯库特一起玩，两只猫经常在一起嬉戏追逐。现在，它也能与主人家一起玩，享受主人的抚摸，但是仍然不喜欢有人突然走近。

对养宠物的人来说，动物也有“人格”这件事似乎毫无疑问——当然，动物是有独特的“人格”的。但是，对心理学家来说，这个说法似乎把人格的定义拓展得过于宽泛了。而且，即使我们能够观察到猫和狗等动物具有“人格”的证据，那么其他动物呢？如鸟类，爬行类，鱼类，虫类？

直到 20 世纪 90 年代，心理学家依然认为"人格"一词仅在用于人类时才有意义，但是随后出现的许多研究都支持非人类动物也具有迥异的"人格"，而且其维度与大五人格类似。例如，塞缪尔·戈斯林（Gosling）和奥利弗·约翰（Oliver John）于 1999 年发表了一项针对 12 种非人类物种的 19 项研究的元分析（定量综述）。结果证实了至少 14 种非人类动物具有的、可以套用人格维度的"人格特质"，其总结见表 15.3。请记住，大五人格的五个维度标签虽然通用，但这些研究中使用这些标签时所指却略有不同。例如，神经质维度有时被标记为情绪稳定性（emotional stability）、兴奋性（excitability）、恐惧（fearfulness）、情绪反应性（emotional reactivity）、恐惧回避（fear-avoidance）或情绪性（emotionality）。宜人性维度有时被标记为攻击（aggression）、敌意（hostility）、善解人意（understanding）、机会主义（opportunistic）、社会性（sociability）、感情（affection）或战斗胆怯（fighting-timidity）。此外，支配一服从不属于大五人格的任一维度，却是非人类动物中常见且常测量的一种特质。对动物"人格"进行评分，主要有以下两种行为观察方法：第一种是由对每个动物都很熟悉的动物训练员来进行观察，第二种是由没有接触过任何动物，但接受过完善的维度评估培训的观察员来进行观察。

表 15.3　不同物种的人格维度表

人格维度 物种	神经质	外向性	宜人性	开放性	尽责性
黑猩猩	✓	✓	✓	✓	✓
马①	✓	✓	✓	?	✓
恒河猴	✓	✓	✓	✓	
大猩猩	✓	✓	✓		
狗②	✓	✓	✓	✓②	
猫②	✓	✓	✓	✓②	
鬣狗	✓		✓	✓	
猪		✓	✓	✓	
长尾黑颚猴		✓	✓		
驴			✓	✓	
大鼠	✓		✓		
孔雀鱼（鱼类）	✓	✓			
章鱼	✓	✓			
北美山雀③				✓	

① 依据为 Morris，Gale，& Duffy，2002。

② 能力 / 学习是开放性和尽责性的结合。

③ 依据为 Dingemanse，Dent，Van Oers，& Van Noordwijk，2002。

Expanded and adapted from Gosling & John, 1999.

大多数动物，包括北美山雀，都有独特且稳定的行为方式，换言之，它们具有“人格”。©NPS Photo by Jim Peaco。

观察发现，灵长类动物与其他哺乳动物与人类的人格特质重叠最多。例如，与人类亲缘最近的黑猩猩也具备“尽责性”维度，该维度在动物中很罕见。这一发现表明，尽责性是一种最晚发展出的人格特质——它涉及控制冲动，因此需要高度发达、能够控制冲动的大脑区域。因此，除了黑猩猩和马以外，非人类动物都不具备控制冲动、预先安排与计划活动所需的大脑结构。即使是黑猩猩，其尽责性维度的定义也是狭义的，仅仅指注意力缺乏（lack of attention）、目标导向（goal directedness）和行为失序（disorganized behavior）。

可能让你惊讶的是，野生鸟类、鱼类，甚至章鱼，这些动物也具备与人类相似的“人格特质”。例如，在对一种类似山雀的欧洲鸟类的研究中，研究人员将新异物体（如电池或粉红豹玩偶）放进鸟笼，一些鸟会一直好奇地探索该物体，另一些鸟则一直退缩并回避该物体。研究者将这种差异称为鸟类的“大胆”与“害羞”。这种差异非常类似于心理学家将婴儿放在有陌生人的房间里时观察到的情形。人类气质之中也有“接近－大胆”与“害羞－回避”维度。

此外，研究者也逐渐认识到动物的“人格特质”的遗传基础。例如，利用前面提到的 QTL 技术，研究者发现鱼类、鸟类及狗的探索行为和冒险行为的遗传定位。

总而言之，就像眼睛、耳朵、大脑和体温调节都是进化的结果且跨越种属一样，“人格特质”也是不同种属所共有的进化方案，并且普遍存在于无脊椎动物、鱼类、爬行类、鸟类和哺乳类动物（包括灵长类动物）中。属和种越接近，系统就越相似——对“人格”而言也是如此。总体而言，灵长类动物之间具有最相似的“人格结构”，与哺乳类动物之间的相似程度略低，而与鸟类或无脊椎动物之间的相似程度更低。这种现象证明了这样一种观点，即“人格特质”早在现代人类出现之前就开始进化了，并且起源于几百万年前的共同祖先。

对人格进化理论的评价

进化心理学，尤其是进化人格心理学虽然存在很大争议，但是也引发了很多实证研究。该领域拥有专门的学会——人类行为与进化学会（Human Behavior and Evolutionary Society，HBES），还有专门的学术期刊——《进化与人类行为》（*Evolution and Human Behavior*）。该领域还和其他科学学科（如进化生物学、动物行为学、行为遗传学和神经科学）紧密相关，因此也就有了坚实的实证基础。在 GoogleScholar 上以“进化心理学”（evolutionary psychology）为关键词进行搜索，能够查到34 000多篇论文；以“进化人格心理学”（evolutionary personality psychology）为关键词进行搜索，仅在1990年至2012年之间就有660篇论文。

关于人格的进化理论是否*可以证伪*的问题，并不容易回答。从严格意义上讲，进化论一般很难证伪。进化理论的批评者通常会指出，进化理论在本质上是不可证伪和不可检验的，因为进化发生在过去，而观察动物进化的结果至少需要数千年的时间。此外，这些批评者还认为，进化心理学主要是针对给定现象（事后）的解释。简而言之，进化心理学讲的是看似可信的“就是如此”的故事，而人们总是可以编出若干个可信的故事来解释某一个进化结果。

不过，有的学者认为上述批评不够准确，也没有抓住重点。例如，进化论的捍卫者指出，以相反的事实（证伪）来否定一个理论并不是科学发展的唯一途径。除了证伪之外，科学发展还有一个标准，就是它是否能够产生新的预测和解释。按照这个标准，进化理论是相当优秀的。

人格的进化理论在*组织已有知识*方面可以得到高分。进化理论涉及范围很广、时间跨度很长，从这个意义上讲，它所提供的解释是社会科学中较为少见的一类。它不仅为所有生物系统的终极起源提供了解释，也为人类的思想、行为和人格提供了解释。

但是，在*对实践者的指导*方面，该理论只能得到较低的评价。进化理论几乎没有讨论人们应该如何抚养和教育孩子，也没有涉及如何治疗精神疾病。该理论更偏向于抽象的和纯粹的理论，而非具体的和应用的方面。

人格的进化理论在*内部一致性*方面得分中等。适应是该理论的基本原则之一，从这个核心引申出了许多观点。绝大多数学者在适应的定义上达成了共识。然而，还有少数学者对什么是适应持不同观点。最典型的例子就是人格。尽管布斯、麦克唐纳和奈特尔一致认为人格差异是一种适应，但另外两位重要的理论家——托比和科斯米德斯则不这样认为。

人格的进化理论在*简约性*方面得分很高。用适应、机制及自然选择和性选择等关键概念来解释人格，非常简单明了。

对人性的构想

很难评价进化理论是*乐观主义的还是悲观主义的*。它主要是描述性的，从这个意义上讲，它对人性的描述趋于中立。从古至今，人类能够做出英勇的、超乎想象而又激动人心的行为，能够创造出启发灵感的作品，但同时也会做出令人发指的暴力行径。这两个极端都是人性的一部分。

在*决定论还是自由意志*的问题上，进化心理学持复杂的观点。批评者通常会假设进化理论是决定论的，因为进化理论对行为的解释基于已发生的进化和遗传影响。诚然，进化心理学经常因为对传统两性角色的包容而受到批评（例如，女性容易被地位较高的男性所吸引，而男性则容易被外表性感的女性所吸引）。但是，布斯和其他进化理论家都曾明确指出，进化心理学是描述这些特质从何而来的理论，而非对这些特质进行道德评判的理论。也就是说，进化心理学关注的是描述，而不是规范。而且，和布斯对人格起源的观点一样，人格的生物解释和环境解释并不相互排斥，二者都是必要的。布斯指出，对进化后的心理机制和策略的了解和认识，其实也为人们带来了改变它们的力量。

关于因果论还是目的论的问题，进化理论明显更倾向于因果论。归根结底，通过自然选择而发生的进化是一种关于起源或原因的理论，毕竟达尔文的书名就是《物种起源》（*Origin of Species*）。

进化理论侧重于潜意识对思想、行为和人格的影响，而非意识的影响。我们的大多数行为本身超出了意识的范围，尤其是行为背后的进化起源与策略。我们不知道自己为什么被这个人而非另一个人所吸引，也不知道自己为什么喜欢甜味而不是苦味。同样，我们不知道为什么有的人遇到压力时感到焦虑而敏感，有的人却镇定而从容。

其实，人们之所以反对用进化来解释行为，就像他们反对弗洛伊德的理论一样，原因之一是这些理论让潜意识上升到了意识层面。人们本来对自己的举动、喜好和动机有一套解释，却与来自科学的证据和来自进化心理学与生物学的证据相矛盾。不过，我们的眼睛或心脏虽然是进化而来的，但我们不必知道其进化史，它们一样可以发挥作用，只需要顺其自然就好了。我们的行为、思想、感觉和动机也是如此。觉知不是必需的，并且在很多情况下其实是破坏性的。

进化心理学对人性的构想中最令人震惊的，莫过于其在“是生物因素影响还是社会因素影响”上的立场。显然，进化心理学十分强调生物影响，如神经系统、神经递质和遗传。但是，就像我们在本章中明确指出的那样，进化而来的机制想要运作，需要环境的作用。因此，进化理论在人格由生物还是在环境决定的问题上完全中立。

进化理论在人的独特性还是共性的问题上也是中立的。不同物种的进化机制结构，也就是机制的运作模式，既有相似之处，也有独特之处。但机制的内容是独特的，并具有巨大的个体差异。

重点术语及概念

- 人工选择（也叫“育种”）是指人类在繁育物种的过程中选择特定理想性状的过程。
- 自然选择是指进化发生的过程，比人工选择更为普遍，此时做出选择的是自然而非人类。
- 性选择是指异性成员由于认为某些性状比其他性状更具吸引力，因此孕育出具有这些性状的后代的过程。

- 适应是进化而来的解决重要生存和繁衍问题的策略。适应通常是自然选择或性选择的产物，必须具有遗传或继承的基础。
- 副产品是随适应而产生的性状，但并不具有适应功能。
- 噪声也叫“随机效应”，是进化造成的不影响功能的随机变化。噪声往往是偶然产生的，并非选择而来的。
- 进化心理学这一术语的定义是从进化视角对人类的思想和行为开展科学研究，其主要关注四大问题。
- 通过自然选择而发生的进化为生活的两个基本问题（生存和繁衍）提供了解决方案，它被称作机制。更具体地说，机制是针对特定适应问题的复杂解决方案，随着适应领域的不同而不同，数以十计或数以百计（甚至数以千计）。
- 生理机制是指为解决生存问题而进化出的生理器官和系统，心理机制则是指为解决特定生存和繁衍问题而进化出的内在的、特定的认知、动机和人格系统。
- 与人格相关的心理机制可以分为三大类：目标、内驱力和动机，情绪，人格特质。它们都具有适应性，因为它们都有助于解决生存和繁衍问题。
- 布斯的人格模型非常类似于麦克雷和科斯塔的大五人格理论，但结构上并不完全相同：进取性、宜人性、尽责性、情绪稳定性和开放性。布斯认为这些行为倾向都具有适应性意义。
- 人格主要有两个来源，分别是环境与遗传。
- 进化理论仍然受到许多误解。例如，有人认为进化意味着基因决定论或机制都是最优设计。

第六部分

学习–认知理论

第 16 章 斯金纳：行为分析

第 17 章 班杜拉：社会认知理论

第 18 章 罗特和米歇尔：社会认知学习理论

第 19 章 凯利：个人构念心理学

CHAPTER 16

第 16 章

斯金纳：行为分析

斯金纳 © Bachrach/Archive Photos/Getty Images.

- 行为分析概要
- B. F. 斯金纳小传
- 斯金纳科学行为主义的前身
- 科学行为主义
  - 科学哲学
  - 科学的特征
- 条件反射
  - 经典条件反射
  - 操作性条件反射
- 人类有机体
  - 自然选择
  - 文化进化
  - 内在状态
  - 复杂行为
  - 人类行为的控制
- 不健康的人格
  - 反控制策略
  - 不当行为
- 心理治疗
- 相关研究
  - 条件反射如何影响人格
  - 人格如何影响条件反射
  - 人格与条件反射之间的相互影响
- 对斯金纳的评价
- 对人性的构想

重点术语及概念

埃里克·埃里克森（见第 8 章）认为，人们经历的一系列身份危机或转折点，使他们容易做出重大改变。弗雷德就是这样一个人，他经历了至少两次这样的危机，每一次都导致了他人生中的重大转折。他的第一次身份危机发生在成年早期，当时，弗雷德从大学英语专业毕业，回到父母的家中，希望在文学领域有所建树。他的父亲很不情愿地同意让弗雷德在家里待一年，以开启弗雷德职业作家的道路。但他警告儿子必须找份工作，同时他允许弗雷德将三楼的阁楼改成书房。

每天早晨，弗雷德爬两级台阶来到书房，开始文学创作。但是什么也没发生。尝试成为作家仅三个月，弗雷德就意识到自己的作品质量很差。他将自己未能写出任何有价值的文学作品归咎于父母、家乡和文学本身。他浪费时间从事文学创作，在家里待了很长时间，“在某种紧张性的麻木中静止不动”。然而，他感到有义务继续他和父亲之间的约定，用一年时间从事文学创作。但弗雷德最终还是放弃了想在文学领域有所建树的愿望。在接下来的几年中，他将这段文学创作生涯称为“黑暗时期”。埃里克·埃里克森会把这段时间称为身份混乱的时期，这是一个人试图发现自己是谁、该去往何处及如何到达那里的时期。这个经历了“黑暗时期”的年轻人就是伯尔赫斯·弗雷德里克·斯金纳（Burrhus Frederic Skinner），他后来成为世界上最有影响力的心理学家之一，而那是在他经历了第二次身份危机之后，我们将在斯金纳小传中进行讨论。

行为分析概要

在 20 世纪初期，弗洛伊德、荣格和阿德勒仍致力于临床实践，艾森克、科斯塔和麦克雷还没有开始使用心理测量学来建构人格理论之前，一种名为**行为主义**（behaviorism）的方法在对人和其他动物的实验中产生了。行为主义的两个早期开拓者分别是 E. L. 桑代克（E. L. Thorndike）和约翰·华生（John Watson），但是最常被提及的与行为主义立场相关的却是 B. F. 斯金纳，其**行为分析**（behavioral analysis）理论与本书第 2 章至第 8 章讨论的假设性的心理动力学理论明显不同。斯金纳最大限度地减少了猜测，几乎完全专注于可观察的行为。但是，他并不认为可观察的行为仅限于外在行为，诸如思考、记忆、预期等隐秘的内在行为也可以通过经历这些行为的人观察到。斯金纳只研究可观察的行为，从而为他的方法贴上了**激进行为主义**（radical behaviorism）的标签，他的学说否认所有假设的构想，如自我、特质、动力、需求和饥饿等。

除了激进的行为主义者外，斯金纳还被视为决定论者和环境保护主义者。作为*决定论者*，他否认意志和自由意志的概念。他认为，人类行为并非源于意志的行动，而是像任何可观察的现象一样，是有规律的，可以进行科学研究。

作为*环境保护主义者*，斯金纳认为心理学不应基于有机体的生理或组成成分来解释行为，而应该基于环境刺激来解释行为。他承认遗传因素很重要，却坚持认为，由于遗传因素是固定不变的，因此对行为控制没有多大影响。个人的*历史*，而非解剖结构，为预测和控制行为提供了最有用的数据。

华生比斯金纳激进得多，他完全否认遗传因素，声称通过控制环境就能塑造人格。在一次著名的演讲中，华生承诺：

> 给我 12 个健康的婴儿，在一个特定的环境中，我来抚养、训练他们。我保证可以随机地把他们训练成任何类型的专家——医生、律师、艺术家、企业家，甚至是乞丐和小偷，而无论他们的天赋、爱好、倾向、能力、职业和祖先的种族如何。

尽管目前很少有激进的行为主义者接受这种极端立场，但华生的这一言论还是引起了广泛的争议。

B. F. 斯金纳小传

B. F. 斯金纳于 1904 年 3 月 20 日出生在美国宾夕法尼亚州萨斯奎哈纳县，是威廉・斯金纳（William Skinner）和格雷丝・曼奇・伯勒斯・斯金纳（Grace Mange Burrhus Skinner）的第一个孩子。他的父亲是一名律师，也是一位有抱负的政治家；他的母亲是一名家庭主妇，负责在家里照顾两个孩子。斯金纳生长在一个舒适、幸福的中产阶级家庭，他的父母身体力行节制、服务、诚实和勤奋的价值观。尽管斯金纳一家是长老教会员，但弗雷德（即斯金纳，他几乎从未被称为伯尔赫斯或 B. F.）在高中时期就放弃了宗教信仰，此后再也没有从事任何宗教活动。

斯金纳 2 岁半时，他父母的第二个儿子爱德华（Edward）出生。弗雷德虽然觉得父母双方都更喜欢爱德华，但并未感到自己不被爱。他只是更加独立，对父母的感情也开始变淡。不幸的是，爱德华在斯金纳上大学的第一年突然去世了，父母变得越来越不愿意“放走”他们的大儿子。他们希望他成为“居家男孩”，甚至在 B. F. 斯金纳成为美国心理学界响当当的人物之后，他们还在财务上继续资助他。

斯金纳小时候喜欢音乐和文学。从很小的时候起，他就想成为一名职业作家。但直到 40 多岁时出版了《瓦尔登湖第二》（*Walden Two*），他才实现了这一目标。

斯金纳即将结束高中生活时，他们一家搬到了距宾夕法尼亚州斯克兰顿约 50 公里处。但没过多久，斯金纳就进入了位于纽约克林顿的文理学院汉密尔顿学院学习。在获得英语学士学位后，斯金纳发现自己想成为一名创意作家的雄心。他写信给父亲，希望自己能在家里待一年，专职写作，他的要求被不情愿地接受了。父亲警告他必须要找一份谋生的工作，最后勉强同意支持他一年，条件是如果写作生涯不成功，他必须去找一份工作。收到这封冷淡的回信之后，斯金纳又收到了罗伯特・弗罗斯特（Robert Frost）的一封令人鼓舞的信，弗罗斯特读了斯金纳的一些著作。

斯金纳回到他父母在斯克兰顿的家中，把阁楼改造成书房，每天写作。但是什么也没发生。他的努力没有成果，因为他无话可说，在任何话题上他都没有坚定的立场。这个“黑暗时期”开启了斯金纳一生中反复出现的同一性危机，但正如我们稍后在这节传记中讨论的那样，这不是他的最后一次身份危机。

在这段不成功的黑暗时期结束（实际上经历了 18 个月）后，斯金纳开始寻找新职业。心理学吸引了他。阅读了华生和巴甫洛夫（Pavlov）的一些作品后，斯金纳决心成为一名行为主义者。他从未动摇过这个决心，全身心地投入激进的行为主义。埃尔姆斯（Elms）认为，这种极端的意识形态的完全投入是面临身份认同危机时人们的典型应激性反应。

尽管斯金纳从未学习过心理学本科课程，但哈佛大学接收他成为心理学的研究生。在 1931 年完成博士学位后，斯金纳获得了美国国家研究委员会的资助，继续在哈佛大学开展实验室研究。其时，他对自己作为行为主义者的身份充满信心，为自己制订了一个计划，列出了未来 30 年的目标。该计划还提醒他要严格遵守行为主义方法论，而不要“屈服于中枢神经系统的生理学”。到 1960 年，斯金纳逐一完成了这个计划中最重要的那些目标。

当斯金纳接受的资助于 1933 年结束时，他第一次面临寻找一份永久性工作的困扰。在大萧条时期，职位稀缺，前景黯淡。但是他的忧虑很快就得到了缓解。1933 年春天，哈佛大学开启了“研究员协会”计划，该计划旨在激励大学中有天赋的年轻人开展创造性工作。斯金纳成为初级研究员，并在接下来的三年中开展了诸多实验室研究。

在为期三年的初级研究员生涯之后，他再次陷入了需要找工作的困境。说来奇怪，他对传统的心理学几乎一无所知，也没有学习它们的兴趣；他获得了心理学博士学位，还从事了 5 年半的额外实验室研究；但是当他准备在心理学主流领域任教时，却发现自己“甚至从未阅读过完整的心理学专著”。

1936 年，斯金纳开始在明尼苏达大学任教并担任研究职务，他在那里工作了 9 年。在搬到明尼阿波里斯市后，经过短暂而常规的追求，他娶了伊冯·布卢（Yvonne Blue）为妻。夫妇二人生了两个女儿，大女儿朱莉（Julie）生于 1938 年，二女儿黛博拉（Deborah）生于 1944 年。在明尼苏达大学任职期间，斯金纳出版了他的第一本专著《有机体的行为》（*The Behavior of Organisms*），除此之外，他还参与了两项有趣的冒险活动：战鸽计划（Project Pigeon）和婴儿照料床项目。这两个项目都令他沮丧和失望，这些情绪导致了他的第二次同一性危机。

斯金纳的战鸽计划是一种看似聪明的尝试，旨在通过让鸽子啄食导弹的控制装置把导弹操纵到敌人的阵地上。在美国参加第二次世界大战之前的一两年，斯金纳购买了一批鸽子，目的是训练它们的这种能力。为了专职从事战鸽计划，斯金纳获得了明尼苏达大学的专项基金，并获得了位于明尼阿波里斯市的通用磨坊食品公司的资金资助。但是，他没有得到政府的资金支持。

为了获得政府的资金支持，他准备了一部关于战鸽计划的影片，展现鸽子如何啄食导弹的控制装置并将其引向运动目标。观看完电影后，政府官员表达了他们的兴趣，并向通用磨坊食品公司批拨了一笔可观的款项，以支持开发该项目。尽管如此，计划仍不顺利。1944 年，斯金纳通过训练能准确追踪移动目标的活鸽，向政府官员展示了该项目的可行性。尽管有“实战”表演，但观察者们还是不以为意，大多数人仍持怀疑态度。最终，经过 4 年的工作，其中超过两年是全职的，斯金纳收到通知，没有后续的资金支持了，该项目停止了。

放弃战鸽计划之后不久，就在他的第二个女儿黛博拉出生之前，斯金纳开始投身于另一个项目——婴儿照料床。婴儿照料床实际上是一个封闭的婴儿床，带有大窗户，可以不断提供新鲜、适宜的空气。它为婴儿提供了安全和健康的环境，也使父母摆脱了不必要的烦琐工作。斯金纳夫妇经常把黛博拉从婴儿照料床上抱出来玩，但是在一天中的大部分时间里，黛博拉都是独自一人躺在婴儿照料床上。在《妇女家庭杂志》上发表有关婴儿照料床的文章后，斯金纳因其发明而受到褒贬不一的评价。在一些父母的劝说下，他打算量产并推销该设备。但是，在获得专利方面他遇到了困难，并碰到一个没能力又不道德的商业合作伙伴，最终他放弃了商业尝试。当黛博拉 2 岁半时，婴儿照料床装不下她了，斯金纳毫不客气地将其改造成了鸽子笼。

这时，斯金纳已经 40 岁了，仍然依靠父亲的经济资助生活。他努力地想写一本关于言语举止的书，但并没有成功，他似乎还没有完全走出 20 年前的“黑暗时期”。艾伦·埃尔姆斯（Alan Elms）认为，斯金纳的战鸽计划和婴儿照料床项目的失败导致了他的第二次同一性危机，这一次发生在中年。

即使斯金纳已经成为一名成功的行为主义心理学家，但他的财务独立之路依然漫长，像小孩子那样，父母资助他买房、买车、去度假，以及他的孩子在私立学校的学费。

斯金纳在明尼苏达大学期间有一次重要的经历。如果他放弃在暑假期间教书，并将他的妻子和女儿带到斯克兰顿，他的父亲愿意向他支付暑假的薪水。斯金纳在自传中对父亲的动机提出了质疑，他说父亲只是“想多见见他所爱的孙女”。尽管如此，斯金纳还是接受了父亲的提议，去了斯克兰顿。他在地下室摆放了一张桌子（尽可能远离他在“黑暗时期”的阁楼），然后开始写作。这次经历似乎再次证明斯克兰顿是一个缺乏写作土壤的地方，直到多年之后，他的书才得以完成。

1945 年，斯金纳离开明尼苏达大学，成为印第安纳大学心理学系主任，此举带来了更多的挫败感。他的妻子因离开朋友而沮丧，他的行政职务令他厌恶，而且他觉得自己与心理学的主流格格不入。但是，他的个人危机即将结束，他的职业生涯将发生新的变化。

1945 年夏天，斯金纳在度假期间写了一部乌托邦小说《瓦尔登湖第二》，书中虚构了一个通过行为主义解决问题的社会。尽管直到 1948 年才出版，但该书给予了斯金纳即时的情感宣泄。最终，斯金纳完成了他在 20 年前的“黑暗时期”未能完成的工作。斯金纳承认，这本书的两个主要角色弗雷泽（Frazier）和伯里斯（Burris）代表了他自己个性的两个不同方面。《瓦尔登湖第二》也是斯金纳职业生涯的里程碑。他不再局限于老鼠和鸽子的实验室研究，而是在此之后将行为分析应用于塑造人类行为的研究中。他对人类状况的关注在《科学与人类行为》（*Science and Human Behavior*）中得到阐述，并在《超越自由与尊严》（*Beyond Freedom and Dignity*）中得到了哲学表达。

1948 年，斯金纳回到哈佛大学，在教育学院任教，并继续开展实验。1964 年，他 60 岁时退休了，但仍保留教职。在接下来的 10 年间，他获得了两次为期 5 年的联邦职业津贴，这使他得以继续写作和开展研究。1974 年，他以心理学教授的身份正式退休，但继续担任名誉教授，工作条件几乎没有变化。在 1964 年退休后，斯金纳写了几本关于人类行为的重要著作，这些书帮助他在美国心理学界获得了显赫的地位。除了《超越自由与尊严》外，他还出版了《关于行为主义》（*About Behaviorism*）、《对行为主义和社会的思考》（*Reflections on Behaviorism and Society*）和《再反思》（*Upon Further Reflection*）。在此期间，他还撰写了三本自传：《我一生的细节》（*Particulars of My Life*）、《行为主义者的塑造》（*The Shaping of a Behaviorist*）和《事关后果》（*A Matter of Consequences*）。

1990 年 8 月 18 日，斯金纳因白血病去世。去世前一周，他在美国心理学会大会上发表了感谢致辞，继续倡导激进的行为主义。在这次大会上，他获得了史无前例的心理学终身杰出贡献奖，他是美国心理学会历史上唯一获得该奖项的人。在其职业生涯中，斯金纳还获得过其他荣誉和奖项，例如，担任哈佛大学的威廉·詹姆斯学者、被授予 1958 年 APA 杰出科学奖，以及获得了总统科学奖。

斯金纳科学行为主义的前身

几个世纪以来，人类行为的观察者已经知道，人们通常会做那些具有愉快后果的事情，而避免做那些具有惩罚性后果的事情。第一位系统地研究行为后果的心理学家是爱德华·L. 桑代克（Edvard L. Thorndike），他最初研究的是其他动物，后来才开始研究人类。桑代克观察到，学习之所以发生是因为反应所产生的效果，因此他将这一观察结果称为**效果律**（law of effect）。正如桑代克最初设想的那样，效果律分为两个部分。在第一个部分中，紧随刺激反应而来的是*满足物*，这类行为往往会被“盖章通过”；在第二个部分中，紧随刺激反应而来的是*烦扰物*，这类行为往往会被“盖章淘汰”。桑代克后来通过降低烦扰物的重要性对效果律做出了修订。奖励（满足物）加强了刺激与反应之间的联系，而惩罚（烦扰物）通常并不会削弱这种联系。也就是说，惩罚一种行为只是抑制了该行为，但该行为不会被“盖章淘汰”。斯金纳承认效果律对于控制行为至关重要，并认为他的工作是*确保*效果确实发生并且在最佳学习条件下发生。他还同意桑代克的观点，在塑造行为方面，奖励的效果比惩罚的效果更可预测。

约翰·B. 华生（John B. Watson）对斯金纳的影响仅次于桑代克。华生曾研究过其他动物和人类，并深信意识和内省的概念在人类行为的科学研究中不起作用。华生在《行为主义者的心理学观点》（Psychology as the Behaviorist Views It）一文中指出，人类的行为和其他动物的行为或机器的行为（运行）一样，可以被客观地研究。他不仅否认意识和内省，还否认本能、感觉、知觉、动机、精神状态、思维和意象的概念。他坚称，这些概念都超出了科学心理学的范畴。华生进一步指出，心理学的目标是对行为的预测和控制，而将心理学局限于对通过刺激—反应联系形成的习惯的客观研究，可以最好地达成这一目标。

科学行为主义

像之前的桑代克和华生一样，斯金纳坚持认为，应该科学地研究人类行为。他的科学行为主义的观点是，要在不考虑需要、本能或动机的情况下研究行为。用动机来解释人类行为就像用自由意志来解释自然现象一样。风之所以会吹，不是因为它想转动风车；岩石之所以滚下山坡，不是因为它们具有重力感；鸟类之所以迁徙，不是因为它们更喜欢其他地区的气候。科学家可以轻松地接受这样的想法，即可以在不参考内部动机的情况下研究风、岩石或鸟类的行为，但是大多数人格理论家却认为人们受内驱力的驱动，所以对驱力的理解至关重要。

斯金纳不同意这些观点，为什么要假设存在一种内在的心理功能呢？人们吃东西，不是因为他们饿了。饥饿是无法直接被观察到的内在状况。如果心理学家希望增加一个人进食的可能性，那么他们必须首先观察与进食有关的变量。如果食物不足会增加进食的可能性，那么他们可以剥夺一个人的食物，以便更好地预测和控制其随后的进食行为。剥夺和进食都是明显可见的，因此属于科学领域。那些说人们因为饥饿而进食的心理学家，假设在剥夺和进食之间存在不必要且不可观察的心理状况。这种假设使心理学研究陷入了被称为**宇宙论**（cosmology）或因果论的哲学领域。斯金纳坚持认为，心理学要想成为一门科学，必须避免内在的心理因素，并将自身局限于可观察的物理事件中。

尽管斯金纳认为内部状态不在科学研究的范畴之内，但他并未否认它们的存在。诸如饥饿、情绪、价值观、自信心、侵略性需求、宗教信仰和恶意等是存在的，但它们不能用于解释行为。用它们来解释行为，不仅徒劳无功，而且会限制科学行为主义的发展。其他科学之所以取得了更大的进步，是因为它们早已放弃了用动机、需求或意志力来解释有机体和无生命物体的运动（行为）的做法。斯金纳的科学行为主义也放弃了上述做法。

科学哲学

科学行为主义允许*诠释*行为，但不能*解释其原因*。诠释允许科学家将简单的学习条件分解为更复杂的条件。例如，斯金纳从动物研究推广到儿童，再推广到成年人。任何科学，包括人类行为科学，都是从简单开始的，并最终发展为可以诠释更多的、复杂的广义原理。斯金纳用实验室研究得出的理论来诠释人类的行为，但他坚持认为，不应将这种诠释与“人们为什么以自己的方式行事”的解释相混淆。

科学的特征

根据斯金纳的观点，科学具有三个主要特征：第一，科学是累积性的；第二，科学是一种重视经验观察的态度；第三，科学是对秩序和合法关系的追求。

与艺术、哲学和文学相反，科学以*累积*的方式发展。今天的高中生所拥有的物理或化学等科学知识在质和量上，要比 2 500 年前受过高等教育的希腊人所拥有的知识复杂得多。但人文学科却并非如此。柏拉图（Plato）、米开朗琪罗（Michelangelo）或莎士比亚的智慧和天才显然并不逊色于任何现代哲学家、艺术家或作家的智慧和天才。但是，不要将累积的知识与技术进步相混淆。科学的独特性并非因为技术，而是因为其态度。

科学的第二个也是最关键的特征在于它是一种*态度*，这种态度极度重视*经验观察*的价值。用斯金纳的话说："处理事实而不是他人对事实的评论是科学的一种倾向。"值得一提的是，科学态度包括三个部分。首先，它*拒绝权威*，甚至拒绝自己的权威。如果只是一些受人尊敬的人（如爱因斯坦）说了些什么，这本身并不能使这些说法具有正确性。它必须经受观察的考验。回顾第 1 章，我们讨论了亚里士多德关于不同质量的物体下落速度不同的观点。仅仅因为是亚里士多德说的，这一观点就被接受了大约 1 000 年。直到伽利略（Galileo）科学地检验了这个想法，发现它是不正确的。其次，科学*要求知识上的诚实*，即使科学家持反对意见，他们也要接受事实。这并不意味着科学家天生就比其他人更诚实。他们并不是更诚实。众所周知，科学家会捏造数据并歪曲他们的发现。但是，作为一门学科，科学因为最终会找到正确的答案而高度重视对知识的诚实。科学家别无选择，只能报告与他们的希望和假设背道而驰的结果，因为如果他们不这样做，那么其他人也会这样做，而新的结果将表明那些歪曲数据的科学家是错误的。对与错不会那么容易或那么迅速地建立起来。最后，科学*保留判断*，直到出现明确的趋势。未经充分验证和测试的发现，会对科学家的声誉造成伤害。如果一位科学家的发现报告不能被复制，那么这位科学家会被认为是愚蠢的，而最坏的情况是会被认为不诚实的。因此，合理的怀疑态度和保留判断对于成为科学家至关重要。

科学的第三个特征是*寻求秩序和合法关系*。所有科学都始于对单个事件的观察，然后尝试从诸多单个事件中推断出一般原理和定律。简言之，科学方法包括预测、控制和描述。科学家在理论假设的指导下进行观察，提出假设（做出预测），通过受控实验检验这些假设，诚实而准确地描述结果，最后修改理论以使其与实际经验结果相符。本书的第 1 章讨论了理论与研究之间的这种循环关系。

斯金纳认为科学行为主义中的预测、控制和描述是可能的，因为行为既是确定的又是符合规律的。和物理界的行为（运动）及其他生物的行为一样，人类的行为既不是异想天开，也不是自由意志的产物。它由某些可识别的变量确定，并遵循明确的合法原则——可能是已知的。反复无常或独一无二的行为似乎超出了科学家预测或控制的能力。但是，假设可以发现这种情况发生的条件，那么就可以进行预测、控制和描述。斯金纳通过操作性条件反射的过程来研究和发现这些条件。

条件反射

斯金纳提出了两种条件反射——经典条件反射和操作性条件反射。在经典条件反射（斯金纳称其为反应性条件反射）下，通过特定的、可识别的刺激激发有机体的反应。操作性条件反射（也称为斯金纳式条件反射），使行为在立即得到加强时更有可能再次出现。

经典条件反射和操作性条件反射之间的区别是，在经典条件反射下，行为是从有机体*引发*的，而在操作性条件反射下，行为是由有机体*发出*的。引发的反应是从有机体获得的，而发出的反应只是简单出现的反应。斯金纳倾向于使用“原发”（emitted）一词，因为他认为有机体内不存在反应，因此无法被获得。原发反应不是预先存在于有机体内的反应，它们的出现仅仅是由于有机体的个体增强或物种的进化。

经典条件反射

在**经典条件反射**（classical conditioning）中，条件刺激与非条件刺激多次配对，直到产生非条件反应。最简单的例子是反射性的行为，例如，照在眼中的光刺激瞳孔收缩，放在舌头上的食物会引起流涎，鼻孔中的胡椒会让人打喷嚏。反射性的行为，对所有生物来说都是非习得、非自愿且普遍存在的。经典条件反射并不局限于简单的反射，它还会导致复杂的反射，如恐惧、害怕和焦虑等。

约翰·华生和罗莎莉·雷纳（Rosalie Rayner）在 1920 年提供了对人类进行经典条件反射的早期示例，研究对象是一名男婴——阿尔伯特·B.（Albert B.），通常被称为小阿尔伯特。小阿尔伯特是一个正常健康的孩子，在 9 个月大时，他对白色大鼠、兔子、狗、戴面具的猴子等并不感到害怕。当小阿尔伯特 11 个月大时，实验者在他面前放了一只白色大鼠。当小阿尔伯特准备去摸大鼠时，一名实验者在阿尔伯特的头部后方用铁锤敲击悬挂的铁棍。这名男婴虽然没有哭，但立即表现出恐惧的迹象。然后，他又试图用另一只手抚摸大鼠，实验者再次敲击了铁棍。小阿尔伯特再一次表现出恐惧并开始大哭。一周后，华生和雷纳重复了上述过程。最后，他们在展示大鼠时没有制造出巨大而突然的声响。但到了这个时候，小阿尔伯特已经习惯性害怕大鼠，并迅速爬离它。几天后，实验人员向阿尔伯特展示了一些木块。他没有表现出恐惧。接下来，实验人员向他展示了大鼠。小阿尔伯特表现出恐惧。然后，他们再次展示了木块。小阿尔伯特依旧没有表现出恐惧。在接下来的实验环节中，他们向小阿尔伯特展示了一只兔子。小阿尔伯特立即开始哭泣，并从兔子身边爬走。然后，他们向小阿尔伯特依次展示了木块、狗、木块、皮大衣、羊毛。除了木块之外，小阿尔伯特对其他每一样物体都表现出一定程度的恐惧。最后，华生戴着圣诞老人的面具出现，小阿尔伯特表现出恐惧的迹象。由于小阿尔伯特的母亲干预，这项实验并未完成，但它至少证明了四点。首先，婴儿几乎没有对动物的天生恐惧；其次，如果随动物之后出现厌恶刺激，婴儿就会恐惧动物；再次，婴儿可以区分毛茸茸的白色大鼠和坚硬的木块，对大鼠的恐惧不会泛化成对木块的恐惧；最后，对毛茸茸的白色大鼠的恐惧会泛化到其他动物及其他白色的、毛茸茸的物体上。

该经典条件反射实验的关键是将条件刺激（白色大鼠）与非条件刺激（对巨大而突然的响声的恐惧）配对，直到条件刺激（白色大鼠）的存在足以引发非条件反应（恐惧）。

操作性条件反射

尽管经典条件反射可以解释人类学习的某些原因，但斯金纳认为大多数人类行为都是通过**操作性条件反射**（operant conditioning）习得的。操作性条件反射的关键是反应的即时强化（immediate reinforcement）。有机体做了某事，随后被环境强化。强化反过来又增加了再次发生相同行为的可能性。这种条件反射被称为操作性条件反射，因为有机体是在某种环境下运行并产生特定作用的。操作性条件反射会改变响应的频率或发生响应的可能性。强化不会引起这种行为，但是会增加这种行为重复发生的可能性。

塑造

在大多数操作性条件反射情况下，如果没有环境的塑造，所需的行为由于太复杂而无法做出。**塑造**（Shaping）是一种过程，其中实验者或环境首先奖励目标行为的近似行为，然后奖励更接近目标行为的近似行为，最后奖励所需的目标行为本身。通过这种**逐次逼近**（successive approximations）的过程，实验者或环境逐渐塑造了最终的复杂的行为。

举一个患有严重智力障碍的男孩给自己穿衣服的例子，来说明塑造。孩子的目标行为是自己穿衣服。如果在这一目标行为发生之前父母一直不给予强化，那么孩子可能永远无法成功完成这项日常行为。为了训练男孩，父母必须将穿衣的复杂行为分解为简单的部分。首先，每当男孩做出近似将左手放在衬衫左袖内侧附近的行为时，父母就会给予孩子糖果奖赏。而一旦这种行为得到了充分的强化，父母就会停止奖赏。然后，父母会因为孩子将左臂完全穿过袖子而奖励孩子。之后，对右袖、纽扣、裤子、袜子和鞋子使用相同的步骤。孩子学会完全自己穿衣服后，每次成功的尝试后则无需再进行强化。实际上，到这个时候，穿衣能力本身就可能成为一种奖赏。很显然，只有当父母将复杂的行为分解为其组成部分并对每个响应加以强化时，孩子才能达成最终的目标行为。

甚至诸如学习使用计算机等复杂行为，也是通过塑造和逐次逼近而习得的。© BloomImage RF/Getty Images.

在此示例中，和所有操作性条件反射一样，存在三个条件：前况（A）、行为（B）

和结果（C）。前况（A）指的是行为发生的环境或情境。在此示例中，前况就是孩子可能发生穿衣服行为的任何地方，如在家里。在此示例中，第二个基本条件行为（B）是男孩自己穿衣服。这类行为必须在男孩的能力范围之内，并且不受竞争或敌对行为的干扰，例如，来自兄弟姐妹的竞争或来自电视的干扰。结果（C）就是奖赏，也就是父母给他的糖果。

如果强化增加了目标行为再次发生的可能性，那么如何将目标行为从相对分化的状态塑造为高度复杂的状态？换句话说，为什么有机体不仅是重复旧的强化反应？为什么会发出未得到强化却逐渐接近目标行为的新反应？答案是，行为不是离散的而是连续的。也就是说，生物通常会做出超出先前强化范围的反应。如果行为是离散的，那么无法对其进行塑造，因为此时生物仅能做出先前强化的反应。由于行为是连续的，因此有机体会做出超出先前强化的反应，然后稍微超出预期值的反应就成为新一轮的强化行为。（有机体的行为也可能是滞后的，或者是偏离方向的，但只有朝向目标行为的反应才会得到强化。）斯金纳将塑造行为与雕塑家用黏土塑成雕像的行为进行了类比。在这两种情况下，最终产品都与原始形态不同，但是转变的过程揭示了连续的行为，而不是离散的步骤。

操作者的行为总是在某些环境中发生，并且环境在塑造和固化行为方面拥有选择权。每个人都有过以下强化经历，即对环境中的某些元素做出反应，对另一些元素则不做出反应。这种有差别的强化经历导致了**操作性辨别**（operant discrimination）。斯金纳认为，辨别不是我们拥有的能力，而是强化经历的结果。我们来到餐桌前，不是因为我们辨识出食物已经准备好了；我们来到餐桌前，是因为我们以前的类似行为得到强化的结果。这种区分似乎过于细碎，但斯金纳认为它具有重要的理论和实践意义。第一种解释将辨别视为一种认知功能，认为它存在于人体内，而斯金纳则通过环境差异和个人的强化经历来解释这种行为。第一种解释超出了实证观察的范围，而斯金纳的解释可以进行科学的研究。

没有经历强化却对类似环境发出响应，被称为**刺激泛化**（stimulus generalization）。刺激泛化的一个例子是，一名大学生购买了一张她从未听说过的摇滚音乐会的门票，因为她被告知该摇滚乐队与她最喜欢的摇滚乐队相似。一般来说，人们不会将一种情况泛化为另一种情况，对新情况的反应一般与对早前某种情况的反应相同，因为这两种情况具有某些相同的元素。也就是说，购买一张摇滚音乐会的门票包含的元素与购买另一张摇滚音乐会的门票包含的元素相同。斯金纳说："反应的强化会增加包含相同元素的所有反应的可能性。"

强化

根据斯金纳的观点，**强化**（reinforcement）有两个作用，即强化行为和给予奖赏。因此，强化和奖赏不是同义词。并非每一种被强化的行为都会使人得到奖赏或感到愉快。例如，在工作方面的强化，许多人发现他们的工作无聊、无趣且无用。强化物存在于环境中，一般不易被人察觉。食物是强化物，不是因为它味道很好，而是因为它具有强化作用。

任何增加物种或个体生存可能性的行为都有得到加强的倾向。食物、性和父母的照料对于物种的生存是必不可少的，因此与之相关的行为都会得到强化。伤害、疾病和极端气候不利于生存，减少或避免这些状况的行为也会得到强化。因此，强化可以分为产生有利环境条件的强化和减少或避免有害环境条件的强化。前者叫作正强化，后者叫作负强化。

正强化

在某种情境中，增加特定行为发生可能性的任何刺激都被称为**正强化物**（positive reinforcer）。食物、水、性、金钱、社会认同和身体舒适度，通常是正强化物的例子。在具体行为中，每个人都有能力增加响应的频率。例如，有人打开厨房水龙头，如果这时出现清澈的水，那么该行为将得到加强，因为这是有益的环境刺激。人类和其他动物的许多行为都是通过正强化获得的。通过控制某些条件，斯金纳能够训练动物执行相对复杂的任务。

但是，对人类来说，强化常常是偶然的，因此不易习得。关于人类条件反射的另一个问题是，哪些结果能够导致强化，哪些结果不能。这取决于个人的经历——被打屁股和挨骂可能是强化性的，亲吻和夸奖可能是惩罚性的。

负强化

消除情境中的厌恶刺激也会增加先前行为发生的可能性，这被称为**负强化**（negative reinforcement）。减少或避免噪声、震动和饥饿感能够产生负强化，因为这些会强化之前的行为。负强化与正强化的不同之处在于，它要消除厌恶刺激，而正强化则是增加有益刺激。但是，负强化的效果与正强化的效果相同——两者都能加强行为。有些人因为喜欢某种食物而进食，有些人则通过吃东西来减少饥饿感。对前者来说，食物是一种正强化物；对后者来说，食物的目的是消除饥饿，是负强化物。在这两种情况下，进食的行为都会得到加强，因为结果都是有益的。

厌恶刺激可以说无处不在，消除厌恶刺激会产生负强化。例如，焦虑通常是一种令人反感的刺激，任何减轻焦虑的行为都有强化作用。例如，锻炼、压抑令人不快的记忆、为不适当的行为找借口、抽烟、喝酒，以及有意或无意地缓解焦虑的其他行为。

惩罚

负强化不应与惩罚相混淆。负强化可以消除、减少或避免厌恶刺激，而**惩罚**（punishment）是呈现厌恶刺激（如电击）或消除正刺激（如不让青少年上网、打电话）。负强化物可以加强反应，但惩罚不能。尽管惩罚并不能增强反应，但也不一定会削弱反应。在这一点上斯金纳同意桑代克的看法，即惩罚的效果比奖赏的效果更难预测。

惩罚的效果

正强化和负强化，而非惩罚，能够更好地控制人和其他动物的行为。惩罚的效果与强化的效果相反。强化的变量受到严格的控制，因此可以精确地塑造行为并准确地预测行为。但是，惩罚则不可能达到这样的准确性。这种差异的原因很简单。通常，惩罚的目的是不让人们以某种特定方式行事。如果惩罚是成功的，那么人们将不再以这种方式行事，但是他们仍然必须做点什么。他们所做的事情无法被准确预测，因为惩罚并没有告诉他们应该做什么。惩罚只是抑制了以不良方式行事的趋势。因此，惩罚的效果之一是*压制行为*。例如，如果一个男孩取笑他的妹妹，他的父母可以通过打屁股使他停下来，但不幸的是，这种惩罚并不能改变他取笑妹妹的倾向。惩罚只能暂时地抑制这种行为，或者只是当父母在场时他才不取笑妹妹。

惩罚的另一个效果是在强大的厌恶刺激与被惩罚的行为之间建立*负面情绪的条件反射*。在上面的例子中，如果打屁股的痛苦足够强烈，将引发与取笑妹妹的行为不兼容的反应（如哭泣、退缩、攻击等）。将来，当男孩想要取笑妹妹时，这种想法可能会引发经典条件反射，如恐惧、焦虑、自责或羞耻。然后，这种负面情绪可以防止不良行为再次发生。但可悲的是，它没有给孩子积极的指导。

惩罚的第三个效果是*效果的扩散*。与惩罚相关的任何刺激都可以被压制或避免。在上面的例子中，男孩可能会避开他的妹妹、远离他的父母或对打屁股和打屁股发生的场所产生负面情绪。结果是，男孩对待家人的行为变得适应不良了。而这种不当行为的目的是为了避免受到惩罚。斯金纳认为经典的弗洛伊德防御机制是避免疼痛和随之而来的焦虑的有效方法。被惩罚的人可能会幻想将感觉投射到其他人身上、使攻击行为合理化或将其转嫁给其他人或动物。

惩罚与强化的比较

惩罚与强化有几个共同特征。第一个共同特征是，正如强化有两种（正强化和负强化）一样，惩罚也有两种。第一种是呈现厌恶刺激，第二种是移除正强化物。前者的一个例子是在无人的人行道上因走得太快而跌倒引起的疼痛。后者的一个例子是因驾驶太快而对驾驶者处以重罚。第一个例子（跌倒）是自然发生的，第二个例子（被罚款）来自人为干预。这也就是惩罚和强化的第二个共同特征：两者均可源于自然后果，也可来自人为施加。第三个共同特征是，惩罚和强化都是控制行为的手段，无论人为设计的还是偶然发生的。斯金纳显然赞成有计划的人为控制，他的书《瓦尔登第二》提出了许多关于人类行为控制的想法。

条件强化物和泛化强化物

食物是人类和其他动物的强化物，因为它消除了缺乏状态。但是，不能直接消除缺乏状态的金钱，又怎么成了强化物呢？答案是，金钱是一种**条件强化物**（conditioned reinforcer）。条件强化物（有时也称次级强化物）不会自然地令人满意，但由于其与食物、水、性或身体舒适等非习得的或初级强化物有关，从而变成令人满意的强化物。金钱是一种条件强化物，因为可以用它换取诸多的初级强化物。另外，它还是一种**泛化强化物**（generalized reinforcer），因为它与多种初级强化物相关联。

斯金纳提出了五种重要的泛化强化物——关注、认同、情感、他人的服从和代用币（金钱），它们可以维持人类的大部分行为。每一种泛化强化物都有可能在某种情况下成为强化物。例如，关注是一种泛化的条件强化物，因为它与食物、身体接触等初级强化物相关联。当儿童被喂食或拥抱时，他们也会收获关注。在食物和关注经过多次匹配后，关注本身会通过反应性（经典）条件反射的过程而得到强化。儿童和成年人都会继续努力以获得关注，同时不再期望得到食物或身体接触。认同、情感、他人的服从和金钱，也会通过类似的方式获得普遍的强化价值。通过提供泛化的条件强化物，行为可以被塑造，反应也会被习得。

强化程序

任何一种行为，如果紧跟其后的是正强化或者移除厌恶刺激，都有可能出现得更加频繁。而这种行为的频率取决于训练发生的条件，具体而言，取决于各种强化程序。

行为之后的强化，既可以按照**连续式程序**（continuous schedule）进行，也可以按照间隔式程序进行。在连续式程序中，有机体会在每一次“正确”反应后得到强化。这一程序会增加反应的频率，但是对强化物的使用效率并不高。斯金纳更倾向于使用**间隔式程序**（intermittent schedules），这不仅是因为它们可以更有效地利用强化物，而且是因为它们产生的反应更不易消退。有趣的是，斯金纳最开始使用的就是间隔式程序，因为他在实验中用于奖励的谷物食丸不够用了。间隔式程序基于有机体的行为，或者基于特定的时间间隔；可以设置固定速率，也可以使用随机模式。费斯特和斯金纳提出了一系列强化程序，可以归为四种基本的间隔式程序，分别是固定比率程序、可变比率程序、固定间隔程序和可变间隔程序。

固定比率

固定比率程序（fixed-ratio schedule，FR）是根据有机体做出反应的次数来间歇性地进行强化。比率是指对强化物的反应比率。实验者可以规定，一只鸽子在圆盘上每啄五次，便用谷物食丸奖励一次，从而以 5 比 1 的固定比率训练鸽子，即 FR5。

几乎所有的强化程序都是在连续的基础上开始的，然后实验者可以从连续式奖励过渡到间隔式强化。而极高的固定比率进度表（如 200 到 1）也必须从较低的反应比率开始，然后逐步提高到较高的比率。可以训练鸽子以更快的速度啄圆盘，来换取谷物食丸，但前提是之前已经对鸽子以较低的速度啄圆盘进行了强化。

从理论上讲，人类几乎没有一种薪资标准是遵循固定比率程序或其他程序的，因为薪资通常不会从连续式程序或即时强化开始。固定比率程序的近似物是支付给砌砖工的薪水，他们为铺设的每块砖块收取固定的金额。

由于老虎机按可变比率的程序给予回报，所以有些人变成了强迫性赌徒。© Noel Hendrickson / Blend Images LLC

可变比率

在固定比率程序中，每 n 次反应后，有机体会得到强化。在**可变比率程序**（variable-ratio schedule，VR）中，有机体在平均 n 次反应后得到强化。不管是哪种程序，训练都从连续式强化开始，逐渐变成每几次反应后给予强化，然后再增加到较高的反应次数。

例如，一只鸽子在一开始是平均每三次做出反应得到一次奖赏，逐渐过渡到 VR6，然后过渡到 VR10，依此类推；但是，必须逐渐增加平均反应次数以防止消退。在达到较高的平均值（如 VR500）后，反应变得极其不易消退（下一小节将详细阐述消退。）

在我们日常生活中，玩老虎机是一个可变比率强化程序的例子。机器被设置为按照一定比率进行回报，但是这一比率必须是多变的，即可变比率，以防止玩家预测回报。

固定间隔

在**固定间隔程序**（fixed-interval schedule，FI）中，相隔指定的时间间隔后，有机体方得到一次反应的强化。例如，FI5 表示有机体每过 5 分钟的时间间隔后，有机体因其上一次反应得到奖励。打工族的薪水发放类似于固定间隔程序。他们每周、每两周或每月得到一次薪水，但此薪资程序并不是严格意义上的固定间隔程序。因为大多数打工族不会像鸽子那样在时间间隔快要结束时才爆发式地做出一系列目标反应，他们相当平均地分配自己的努力，而不是在大多数上班时间摸鱼，到快发工资的时候才爆发式地工作。造成这种情况的部分原因来自领导的监督、被解雇的威胁、晋升的希望或自发的强化。

可变间隔

可变间隔程序（variable-interval schedule，VI）是指在随机或变化的时间段之后，有机体得到强化。例如，VI5 表示有机体按照平均 5 分钟的随机时长间隔得到强化。与固定间隔程序相比，此类程序会导致每个间隔的反应增多。对人类而言，强化更多来自一个人的努力，而不是时间的流逝。因此，固定强化程序比可变强化程序更常见，而可变间隔强化程序可能在所有强化程序中是最不常见的。

消退

已经习得的反应可能会因为四个原因而消失。首先，它们可能随时间流逝而被遗忘。其次，更有可能的是，它们会因受到先前或后续学习的干扰而消失。再次，它们可能因惩罚而消失。最后，是因为消退而消失。**消退**（extinction）是指先前习得的反应在不被强化后逐渐减弱的倾向。

如果实验者系统性地不再强化先前习得的反应，直到该反应发生的可能性为零，那么**操作性消退**（operant extinction）就会发生。操作性消退的速度很大程度上取决于学习的强化程序。

与以连续式程序获得的反应相比，以间隔式程序训练习得的行为更不易消退。据斯金纳的观察，间隔式程序能够产生多达 10 000 次的非强化反应。这种行为看上去是自我延续的，实际上与*功能自主*行为没有区别——这一概念由戈登·奥尔波特提出（见第 12 章）。通常，得到强化所需的反应速度越快，消退速度就越慢；有机体得到强化所需做出的反应越少，或者强化物出现的间隔越短，消退就会越快。这一发现表明，在训练儿童时应谨慎使用夸奖或其他强化物。

除了治疗和行为矫正以外，消退很少被系统地应用。我们大多数人生活在相对不可预测的环境中，几乎从未经历过系统的强化消退的情况。因此，我们的许多行为会持续较长时间，因为它们被间歇性地强化了，即使这种强化的本质可能使我们难以理解。

人类有机体

到目前为止，我们对斯金纳理论的讨论主要涉及行为技术，该技术完全基于动物研究。那么，从大鼠和鸽子身上总结出的行为原理是否适用于人类有机体？斯金纳的观点是，对实验动物行为的理解可以推广到对人类行为的理解，就像物理学可以用来诠释在外太空观察到的现象一样，对基本遗传学的理解也可以帮助诠释复杂的进化概念。

斯金纳赞同约翰·华生关于心理学必须是对可观察到的现象（即行为）的科学研究的观点。科学必须从简单开始，然后发展为复杂。这个研究顺序可能是从动物的行为到精神疾病患者的行为，到特殊儿童的行为，再到普通儿童的行为，最后到成年人的复杂行为。因此，斯金纳认为其从动物研究开始是合理的。

根据斯金纳的观点，人的行为（和人格）受三个因素影响，即自然选择、文化习俗和个人的强化历史。然而，归根结底，还是自然选择决定的，因为操作性条件反射是一种进化过程，而文化习俗只是这一过程的特殊应用。

自然选择

人格是长期进化的产物。作为个体，我们的行为取决于基因构成，取决于我们的个人强化史。但是，作为物种，我们受到生存的偶然性的塑造。自然选择对人格的形成与塑造具有重要的作用。

得到强化的行为倾向于重复出现，得不到强化的行为则倾向于消失。同样，纵观整个历史，有益于物种生存的行为会被保留，与之相反的行为则倾向于消失。例如，自然选择偏爱瞳孔能随光线变化而扩张和收缩的个体。他们在白天和黑夜都能看见，这一优势使他们避免生命危险，生存到繁衍年龄。同样，婴儿的头会转向脸颊受到轻抚的方向，以便吮吸乳汁，增加存活的机会，这一觅食特征被传递给了后代。以上只是婴儿诸多反射中的两个例子。有些行为（如瞳孔反射）依然具有生存价值；而有些行为（如觅食反射）的益处逐渐减少。

强化的偶然性和生存的偶然性相互作用，某些行为虽然只会在个体层面得到强化，但也是有助于物种生存的。例如，一般来说，性行为虽然只会在个体层面得到强化，但它也具有自然选择的价值，因为受到性刺激时唤醒最强烈的人极有可能是具有类似行为的人的后代。

自然选择的遗存并不都具有生存价值。在人类的早期历史中，暴饮暴食是适应性的，它可使人们在食物不足的时候得以生存。现在，在食物充裕的社会中，肥胖已成为健康问题，暴饮暴食失去其生存价值。

尽管自然选择有助于塑造某些人类行为，但它起到的作用并不大。斯金纳认为，强化的偶然性，特别是那些塑造人类文化的强化，构成了人类的大多数行为。

> 我们可以追踪人类行为的一小部分……与自然选择和物种进化的关系，但是人类行为的大部分源自强化的偶然性，尤其是我们称之为文化的非常复杂的社会偶然性。只有将这些都考虑在内，我们才能解释人们为什么如此行事。

文化进化

斯金纳在晚年更全面地阐述了文化在塑造人格过程中的重要性。选择在人类进化史上发挥了关键作用，在文化习俗方面也具有关键作用，与此同时，也要看到偶然性的作用。人们没有做什么来增强本群体生存的可能性；他们之所以这么做，是因为群体让他们这么做，而这些做法使群体得以长久地生存下去。换句话说，人类没有协商并决定去做对社会最有利的事情，这样做的结果是成员间更具有合作性的群体更容易生存下来。

像工具制造和言语行为等文化习俗是个体在使用工具或发出独特声音后得到强化的结果。说到底，一种文化习俗得到进化，是因为群体在这一过程中得到了强化，而个体则并不一定会得到强化。工具制造和言语行为对任何群体而言都具有生存价值，但是现在已经很少有人会制造工具了，更没有人会制造新的语言。

像自然选择一样，文化的遗存也不都是适应性的。例如，从工业革命演变而来的分工帮助社会生产了更多商品，但也创造了很多不再直接强化的工作。另一个例子是战争，在前工业化时代，战争会使某些社会受益，但现在战争会对人类的生存构成威胁。

内在状态

尽管斯金纳拒绝对不可观察的行为进行解释，但他并没有否认内在状态的存在，如爱、焦虑或恐惧的感觉。对内在状态虽然可以像其他任何行为一样进行研究，但是对它们的观察是有限的。斯金纳在 1983 年 6 月 13 日的私人信件中写道：“我相信可以谈论私人事件，尤其是为了厘定什么是我们能够精确测量的范围。我认为这可以触及所谓的‘不可观察的范畴’。”那么，自我觉察、内驱力、情绪、目标和意图等内在状态的作用是什么？

自我觉察

斯金纳认为，人类不仅具有意识，而且能觉察到自己的意识；不仅能觉察到自己的环境，而且能觉察到自己作为环境的一部分；不仅能观察外部刺激，而且能觉察到自己正在观察该刺激。

行为是环境的函数，而一部分环境是人的自我觉察（意识）。是属于个人的，因此是私密的。每个人都能在主观上觉察到自己的想法、感受、记忆和意图。下面举例说明自我觉察和私人事件。一名女工告诉朋友说："今天我感到很挫败，所以差点儿就辞职了。"这样的陈述有什么启示？首先，告诉朋友本身就是言语行为，因此可以用与其他行为相同的方式进行研究。其次，关于她即将辞职的说法与行为无关。没有做出的反应不是反应，它们对于行为的研究没有任何意义。最后，一起私人事件正在该女工的自我觉察中发生。这起私人事件，以及对朋友的言语汇报，可以进行科学分析。当女工感觉要辞职时，她可能会观察到以下隐秘行为："我发现自己内心感觉越来越挫败，这让我越来越想告诉上司，我不干了，我要辞职。"这种说法比"我差点儿就辞职了"更加准确，即行为尽管是私人的，但属于科学分析的范畴。

内驱力

从激进行为主义的观点来看，内驱力不是行为的原因，仅仅是用于解释的假设。在斯金纳看来，内驱力仅指剥夺和满足的影响，以及有机体做出相应反应的可能性。剥夺一个人的食物会增加其进食的可能性，满足其食欲则会降低其进食的可能性。然而，与进食行为有关的并不仅仅是剥夺和满足。增加或减少进食可能性的因素还包括内在体验到的饥饿感、食物取得的难易程度，以及此前关于食物强化物的经历。

如果心理学家对行为的三个基本要素（前况、行为和后果）足够了解，那么他们就能知道一个人为什么会产生某种行为，即与特定行为相关的内驱力。只有在这种情况下，内驱力才能在人类行为的科学研究中占据一席之地。然而，就目前而言，基于虚拟的结构（如内驱力或内在需要）的解释还只是无法检验的假设。

情绪

斯金纳承认情绪的主观存在，但他坚持认为行为绝不能归因于情绪。斯金纳用生存的偶然性和强化的偶然性来解释情绪。在人类历史进程中，对恐惧或愤怒极为敏感的人是那些逃离或战胜了危险的人，因此他们能够将这些特征传给其后代。在个体层面上，与高兴、喜悦、愉悦等令人愉快的情绪紧密相关的行为往往会得到加强，从而增加了这些行为再次发生的可能性。

目标和意图

斯金纳认识到了目标和意图的存在，但他认为不能将行为归因于它们。目标和意图存在于有机体的内部，无法从外部加以观察。一个持续的目标本身可能具有强化作用。例如，如果你认为自己慢跑的目标是让自己感觉更好并且活得更长久，那么这种想法本身就可以作为一种强化刺激，特别是在慢跑遇到困难或试图向非跑步者解释慢跑的动机时。

一个人可能会在周五晚上"意图"去看电影，因为以前类似的观看电影的经历具有强化作用。当这个人"意图"去看电影时，她感觉到了身体内部的状态，并给它命名为"意图"。因此，所谓的意图或目标是发生在有机体内部、由身体感觉到的刺激，而不是引发行为的精神事件。操作性行为的结果不是行为的目标所在，它们只是塑造或维持该行为的结果。

复杂行为

人类的行为可能极其复杂，但斯金纳认为，即使是最抽象和最复杂的行为，也都受到自然选择、文化进化或个人强化史的影响。这里需要指出的是，斯金纳并不否认存在更高级的心理过程，如认知、推理和回忆；他也没有忽略复杂的人类努力，如创造力、潜意识行为、梦和社会行为。

更高级的心理过程

斯金纳认为，人类的思考是所有行为中最难分析的；但是，只要不诉诸“心灵”之类的假设和编造，思考是可以被理解的。思考、解决问题和回忆是在有机体内部而不是在心灵内部发生的隐秘行为。作为一种行为，思考与外显行为一样具有偶然性。例如，当一名女士找不到汽车钥匙时，她会到处找钥匙，因为这种寻找行为在之前已经得到强化。同样，当她无法回忆起熟人的名字时，她会隐秘地回想这个名字，因为这种回忆行为早已得到强化。需要注意的是，在她的脑海中，熟人的名字并不比汽车钥匙更加重要。斯金纳总结了这一过程，他说：“回想的技术与在一个装满记忆的仓库中搜索无关，而与增加回应的可能性有关。”

解决问题还涉及内隐行为，通常需要在有机体内部操纵相关变量，直到找到正确的解决方案。归根结底，这些变量是环境变量，不会从人的脑海中神奇地产生。例如，一名国际象棋棋手被困住了，他审视了棋盘，然后突然走了一步妙棋，挽救了他的棋局。是什么导致了这种意外的“洞察力”？并不是脑海中的灵光乍现。他操纵棋子（以内隐而不是触摸等外显的方式），拒绝未被强化的走法，选择了能够引发内在强化物的走法。该解决方案可能源自他以前阅读的国际象棋书、专家的建议或实际下棋的经验，它是由环境偶然事件引发的，而不是由精神心灵操纵的。

创造力

激进的行为主义者如何解释创造力？从逻辑上讲，如果行为只是对刺激的可预测反应，那么就不会存在创造性行为，因为人只会做出以前被强化的行为。斯金纳将创新行为与进化论中的自然选择相比较，通过这种方式回答了这一问题。突变产生的偶然性特征是通过它们对生存的贡献被选择的，同理，行为的偶然性变异是通过它们的强化后果被选择的。就像自然选择解释了物种之间的差异而没有诉诸于创造思维一样，行为主义解释了创造性的行为而没有归因于个人的创造性思维。

突变的概念对于自然选择和创造行为都至关重要。在这两种情况下，都会产生具有生存可能性的随机或偶然条件。有创造力的作家会改变他们所处的环境，从而产生可能被强化的回应。当他们的“创造力枯竭”时，他们可能会搬到其他地方、旅行、阅读、与他人交谈，或者在计算机上摆弄单词，或者内隐地尝试各种单词、句子的搭配。对斯金纳来说，创造力仅仅是*随机的*或*偶然的*行为（外显或内隐）的结果，碰巧会得到回报。有些人比其他人更具创造力，既是由于遗传禀赋的差异，也是由于之前经历对他们创造行为的塑造。

潜意识行为

作为一个激进的行为主义者，斯金纳认为不存在一个潜意识思想或情绪的贮藏库，但他承认存在潜意识行为。人们很少观察遗传和环境变量与他们自己的行为之间的关系，其实几乎所有的行为都是由潜意识推动的。更狭义地说，当人们不再考虑行为时，这种行为便是潜意识的，因为它已被惩罚所压制。具有令人厌恶后果的行为倾向于被忽略或不考虑。因为性游戏受到反复惩罚的儿童可能会压制性行为，并压制与此有关的想法或记忆。最终，孩子可能否认性行为。这种否认避免了与惩罚有关的令人厌恶的后果，是负强化物。换句话说，孩子因不去想性行为而得到奖励。

不去想厌恶刺激的一个例子是一个对母亲怀有恨意的孩子。通过不去想厌恶刺激，这个孩子将表现出较少的对抗性行为。如果仇恨母亲的行为受到惩罚，那么它将被压制并被更积极的行为所取代。最终，孩子会因爱的行为而得到奖赏，然后爱的行为就会增加。一段时间之后，她的行为变得越来越积极，甚至出现弗洛伊德所说的“反应性的爱”。这个孩子不再对母亲怀有仇恨，并且表现得格外爱她并顺从她。

梦

斯金纳将梦视为隐秘的、象征性的行为，与其他行为一样，梦也会被强化。他同意弗洛伊德的观点，梦的目标是满足愿望。当被压抑的性或攻击刺激被允许在梦中表达时，做梦的行为就有了强化作用。将性幻想付诸实际或真实地攻击他人，是与惩罚相关的两种行为，即使内隐地思考这些行为也可能会产生惩罚的效果。但是在梦中，这些行为可能是象征性的表达，没有任何伴随的惩罚。

社会行为

社会不会有行为，只有个体才有行为。个体之所以组建团体，是因为他们因这样做而获益。例如，个体组成了氏族，因此可以保护他们免受其他动物、自然灾害或敌人部落的攻击。个体也可以组成政府、建立教堂或医院，因为他们因这类行为而被强化。

作为社会团体的成员并不总是起到强化作用；但是，人们会由于至少三个原因而留在该团体中。首先，人们留在了一个并不友好的团体中，可能是因为部分团体成员强化了他们；其次，有些人，特别是儿童，可能没有能力离开团体；最后，强化可能以间隔式程序进行，将个体遭受的虐待与偶尔的回报混合在一起。如果正强化足够强大，那么它将比惩罚更加有效。

人类行为的控制

归根结底，一个人的行为受到环境突发事件的控制。这些偶然性事件可能是由社会、他人或个人自己引发的，但环境才是行为产生的原因，而非自由意志。

社会控制

个体通过趋于强化的行动形成社会群体。反过来，群体通过制定书面或口头的法律、规则和习俗来实现对成员的控制，这些法律、规则和习俗是超出个人生活能力范围的物质存在。国家的法律、组织的规则和文化习俗超越了任何个人，成为个人生活中强大的控制变量。

弗洛姆是斯金纳最激烈的批评者之一，在他们二人之间，曾发生过一件涉及无意识行为和社会控制的幽默故事。在两人同时参加的一次学术会议上，弗洛姆称，人不是鸽子，不能通过操作性条件反射来加以控制。斯金纳与弗洛姆隔桌相对，在听费洛姆长篇大论的同时，斯金纳决定强化弗洛姆挥舞手臂的行为。他给一个朋友递了一张纸条，上面写着："注意看弗洛姆的左手。我要为他塑造一个劈斩动作。"每当弗洛姆举起左手时，斯金纳都会直视他。如果弗洛姆的左臂以劈斩的姿势放下，斯金纳会微笑并点头表示赞同。如果弗洛姆的左臂保持不动，斯金纳就会把视线移开，表现得对弗洛姆的讲话不感兴趣。这种选择性强化经过 5 分钟后，弗洛姆在不知不觉中开始剧烈地挥动手臂，以至于他的手表一直在手腕上滑来滑去。

像弗洛姆一样，我们每个人都受到各种各样的社会力量和技巧的控制，这些力量和技巧可以归为以下几类：（1）操作性条件反射；（2）描述性偶然事件；（3）剥夺和满足；（4）物理约束。

第一，社会主要通过四种操作性条件反射方法来控制其成员，分别是正强化、负强化和两种惩罚技术（增加厌恶刺激和消除积极刺激）。

第二，社会通过描述强化的偶然性来控制其成员。描述偶然性通常涉及的是口头语言，主要是告知人们其尚未发出的行为的后果。描述偶然性的例子很多，如威胁和诺言。广告是一种更微妙的社会控制手段，旨在操控人们购买特定产品。在这些示例中，没有哪一个能够完全地对个人进行控制，但是每个示例都增加了控制的可能性。

物理约束是社会控制的一种手段。
©Thinkstock Images/Getty Images.

第三，可以通过剥夺或保持（满足）强化物来控制人们。需要重申的是，虽然剥夺和满足都存在于有机体的内部，但对它们的控制却源自外部环境。被剥夺食物的人更有可能进食，而得到满足的人即使有美味的食物也不太可能继续进食。

第四，可以通过物理约束来控制人们，例如，拦住儿童不让其接近深谷，或者将违法者关进监狱。物理约束可以抵消条件反射的影响，受到物理约束的人与没受到物理约束的人的行为是相反的。

有人说，物理约束是剥夺个体自由的一种手段。但斯金纳认为，行为与个体自由无关，它是由生存的偶然性、强化的影响及社会环境的偶然性所塑造的。因此，对一个人进行物理约束并不会比其他控制技术（包括自我控制）更多地剥夺这个人的自由。

自我控制

如果不存在个人自由，那么一个人是如何进行自我控制的？斯金纳认为，就像一个人可以改变另一个人的环境中的变量一样，他们也可以操控自己的环境中的变量，从而实现某种程度的自我控制。但是，自我控制的偶然性并非存在于个体内部，也不能自由选择。当人们控制自己的行为时，他们会通过操纵那些（和控制他人行为相同的）变量来进行自我控制，而归根结底，这些变量在自身之外。

斯金纳和玛格丽特·沃恩（Margaret Vaughan）讨论了人们可以用来进行自我控制的几种技术。第一，人们可以使用物理辅助工具（如工具、机器和财务资源）来改变他们所处的环境。例如，一个人可能会在去购物时多带一些钱，以使自己能够进行一些冲动购买。第二，人们可以改变他们所处的环境，从而增加期望行为出现的可能性。例如，想要集中精力学习的学生可以把电视机关掉，避免注意力被分散。第三，人们可以安排自己所处的环境，以便自己只是做出轻微的反应就可以摆脱厌恶刺激。例如，一位女士可以设置一个闹钟，只有在下床关闭闹钟时才能让令人厌恶的声音停止。第四，人们可以使用一些物质（服用药品），特别是酒精，作为自我控制的手段。例如，一个人可能会摄取镇静剂以使自己保持平静。第五，人们可以去做其他的事情，避免因做某件事产生的不快。例如，一个患有强迫症的人可能去数墙纸上的重复图案，避免思考以前发生的、会引起自责的经历。在这些例子中，替代行为都是负强化的，因为替代行为可以使人避免不愉快的行为或思想。

不健康的人格

不幸的是，社会控制和自我控制有时会产生有害的影响，从而导致不良行为和不健康的人格发展。

反控制策略

当社会控制过度时，人们可能使用三种基本策略来反抗它，即逃离、积极反抗和消极抵抗。使用*逃离*的防御策略，指的是人们从身体上或心理上逃离控制方。通过逃离来反控制的人很难建立和维持亲密的人际关系，他们往往对人不信任，宁愿过离群索居的生活。

通过*积极反抗*来反控制的人会做出更加主动的行为，会对控制方进行反击。例如，破坏公物、折腾老师、言语虐待他人、窃取雇主的设备、挑衅警察、推翻宗教或政府等设立的组织，等等。

通过*消极抵抗*来反控制的人比那些积极反抗的人更加不易察觉，比那些逃离的人更令控制方感到恼火。斯金纳认为，当逃离和积极反抗失败的时候，消极抵抗才最有可能被采用。消极抵抗最显著的特征是固执。一个没做作业的孩子能找出十几个借口为自己没做作业辩解，打工族则会通过破坏他人的工作成果来延缓工作进度。

不当行为

不当行为源于失败的反社会控制或自我控制，往往伴随着强烈的情绪波动。像大多数行为一样，不当行为或不健康的反应是习得的。塑造它们的是正强化和负强化的影响，特别是惩罚的影响。

第一种不当行为是过分激烈的行为，这些行为在当今的环境中看起来是没有道理的，但放在过往经历中来看可能是合理的。第二种不当行为是过度约束的行为，人们将其作为避免与惩罚相关的厌恶刺激的手段。第三种不当行为是通过简单地忽略厌恶刺激来屏蔽现实。第四种不当行为是由于有缺陷的自我认识，表现出自欺欺人的反应，如自夸、合理化或自称是救世主。这种行为模式属于负强化，因为当事人极力避免与自身能力不足相关的厌恶刺激。第五种不当行为是自我惩罚，表现为直接惩罚自己或操控环境变量使自己受到他人的惩罚。

心理治疗

斯金纳认为，心理治疗是阻碍心理学成为科学的主要障碍。然而，他关于塑造行为的理论不仅对行为疗法产生了重大影响，而且被扩展、被应用于描述几乎所有的治疗方法。

无论治疗理论的取向如何，治疗师都是控制方。但是，并非所有控制方都是有害的，患者必须将治疗师与惩罚性权威人物（过去和现在）区分开来。患者的父母可能是很冷酷且排斥患者的，而治疗师却是很温暖且接纳患者的；尽管患者的父母很挑剔、吹毛求疵，而治疗师却是支持患者并能够与患者共情的。

塑造任何行为都需要时间，治疗行为也不例外。治疗师通过逐步改善行为并加以强化，来塑造理想的行为。非行为治疗师可能会偶然地或不知不觉地影响行为，而行为治疗师则会专门使用这项技术。

传统的非行为治疗师通常用虚拟的构架来解释行为，如防御机制、追求优越、集体无意识、自我实现的需求等。但是，斯金纳认为，所有这些虚拟的构想都是可以通过学习原理来解释的行为。解释这些构想和内部诱因是无法达到治疗目的的。斯金纳认为，如果行为是由内在原因塑造的，那么内在原因必须是某种力量。传统理论必须要对这种原因进行解释，而行为心理治疗却跳过了它，直接处理个体的经历；而在真正的科学分析中，正是这些历史导致了虚构的内部原因。

多年来，行为治疗师已经开发了多种技术，尽管有些是基于经典（反应性）条件反射的，但其中大多数是基于操作性条件反射的。通常，行为治疗师会在治疗过程中发挥积极作用，指出某些行为的积极后果和其他行为的厌恶效果，并就长远来看将导致正强化的行为给出建议。

相关研究

在早期，操作性条件反射主要用于动物研究，以及简单的人类反应研究。近来，它被广泛地用于涉及人类行为的复杂研究中。其中一些研究关注长期行为模式（即人格）与强化的偶然性之间的关系。这些研究通常可归为三类，即条件反射如何影响人格、人格如何影响条件反射、人格与条件反射之间的相互影响。

条件反射如何影响人格

在第 1 章中，我们说过，人格的关键要素是在不同时间及不同情况下行为的稳定性。根据这一标准，当新行为在不同时间及不同情况下变得稳定时，人格就会发生变化。心理治疗可以见证人格的改变。实际上，治疗的主要目标是改变行为，如果随着时间和情况的变化，这种行为变化是稳定的，那么就可以进一步谈论改变人格。我们这样说是为了清楚地说明，尽管斯金纳讨论了改变长期行为的方式，但他从未真正讨论过改变人格。

斯金纳式条件反射的一个基本假设是，强化塑造了行为。那改变强化的因素是什么？也就是说，随着时间的推移，某些刺激是否成为对某人有更强或更弱的强化作用？这是治疗毒品成瘾患者的重要问题，因为成功的治疗要使强化物（毒品）失去其增强作用。例如，对于吸烟者，尼古丁逐渐成为一种负强化物，因为这种物质能消除轻度的紧张。

一些证据表明，精神运动兴奋剂会增加吸烟者的吸烟频率。对此有两种可能的解释：首先，精神运动兴奋剂可能强化了尼古丁的增强作用；其次，精神运动兴奋剂可能只是简单地增加了某些活动的频率，吸烟只是其中之一。为了检验这两种相互矛盾的解释，珍妮佛·提迪（Jennifer Tidey）、苏珊娜·奥尼尔（Suzanne O'Neill）和斯蒂芬·希金斯（Stephen Higgins）针对 13 位吸烟者开展了一项研究，并对他们施行了详细的测试程序（12 个单独单元，每个单元 5 小时）。在实验中，吸烟者先摄入安慰剂或右旋安非他命。90 分钟后，吸烟者需要在两种不同的强化物之间进行选择，金钱（0.25 美元）或吸烟（两口）。如果他们选择了钱，那么会在计算机屏幕上显示累计金额，并在实验结束时向他们支付该金额。如果他们选择了香烟，那么立即被允许吸两口烟。如果精神运动兴奋剂只是增加了某些活动的频率，那么不应有系统地偏爱一种强化物（与基线偏爱相比）。此外，在实验环节结束后，允许他们在一段时期内随意吸烟（自由吸烟环节）。

结果显示，在实验环节选择吸烟而非金钱及在自由吸烟环节的吸烟频率均与右旋安非他命的剂量相关。右旋安非他命的剂量越高，参与者吸烟就越多。然而，更重要的是，在选择环节中，选择吸烟而非金钱的次数与右旋安非他命的剂量成正比。因此，刺激一定是专门强化了尼古丁的强化作用，而不是其他强化物（金钱）的强化作用。简言之，对于强化剂是否可以随着时间的推移结合其他刺激改变其价值这一问题的答案是“是的”，在这种情况下，如果存在精神运动兴奋剂，尼古丁会变得更具强化效果。

人格如何影响条件反射

如果条件反射可以影响人格，那么反过来也成立吗？也就是说，人格会影响条件反射吗？对人类和其他动物的数千项研究表明，条件反射能够改变行为和人格。但对人类来说，很明显，不同的人对相同的强化物具有不同的反应，而人格可能对此做出解释。

例如，回到关于右旋安非他命和吸烟的研究，结果显示，在系统性的个体差异方面存在影响；也就是说，这种效应只发生在某些人身上，而对另一些人无效。和提迪等先前的研究一样，史黛丝·西格蒙（Stacey Sigmon）及其同事也使用两种不同的增强剂——香烟和金钱——研究了右旋安非他命对吸烟的影响。除了试图证明与金钱相比精神运动兴奋剂更提高尼古丁增强价值外，他们还想研究这种作用是否存在个体差异。如果存在个体差异，又有哪些可能的解释呢？

参与者为年龄在 18 岁至 45 岁、平均年龄 21 岁的成年吸烟者（每天平均抽 20 支香烟），欧洲裔美国人占 78%，女性占 61%。参与者必须对尼古丁以外的药物进行阴性测试，并且报告没有精神性疾病；女性必须实行医学上可接受的节育，对妊娠测试为阴性。参与者被告知他们可以接受各种药物，包括安慰剂、兴奋剂和镇静剂，研究的目的就是调查这些药物对情绪、行为和生理的影响。如果参与者完成全部 9 个单元的实验，就可以获得 435 美元的报酬。

实验程序共有 9 个单元。第一个单元时长 3.5 小时，目的是让参加者适应程序和设备；在第一个单元中，参与者不服用任何药物。第二个单元至第九个单元各持续 5 小时，进行呼气测试，以确保之前没有吸烟。基线测量包括前调查问卷和生理测量（如心率、皮肤温度和血压）。此外，每位参与者被要求点燃一支香烟，并至少抽烟一次，以确保所有参与者接触尼古丁的时间相等。然后摄入右旋安非他命或安慰剂，回答基线情绪问题，进食以防止恶心。情绪问题包括："你觉得有什么好的效果吗？""你有快感吗？""你感到紧张吗？"在这一过程中，使用双盲程序，参与者不知道自己摄入的是安慰剂还是右旋安非他命。接下来，参与者要完成多项选择测试，该测试将金钱与吸烟做了对比，以评估吸烟的金钱价值的基准水平。参与者在吸烟和逐渐增加的钱数之间有 45 项假设选择。参与者停止抽烟并选择金钱的那一点被称为"交叉点"，这个点作为标识药物的强化效果的指标。

接下来，开始 3 个小时的渐进式强化（progressive reinforcement，PR）环节。在渐进式强化过程中，逐步增加强化出现之前所需的反应次数。在这种情况下，参与者必须重复执行 n 次运动任务（从 160 次开始，一直到 8 400 次），才能选择吸两口烟或得到 1 美元。而选择哪种强化物取决于他们自己。渐进式强化程序想要检测的是一个人停止反应要花多长时间（放弃尝试抽烟或赚钱）。该断点被认为是强化物的强度。如果在药物状态下参与者的断点增加幅度大于基线水平，那么被视为对药物有反应；如果不是，那么认为他们对药物没有反应。而在提迪等的研究中，最后一个环节是让参与者自由吸烟，想吸多少就吸多少。

最后的结果是，右旋安非他命对增加吸烟的影响很小，但是，个体之间存在显著差异，当对比对药物有反应者与无反应者时，效果差异显而易见。随着右旋安非他命剂量的增加，10 位有反应者的吸烟断点变得越来越高，金钱断点变得越来越低。换句话说，随着右旋安非他命剂量不断增大，对药物有反应者更愿意获取香烟。但是，这种结果模式对 8 个对药物无反应者不成立，右旋安非他命对他们的吸烟行为没有真正的影响。从对药物效果的主观评价中可以看出产生这一问题的可能性原因：反应者表示他们感到昏沉和困倦，认为药物效果良好。但就客观指标（生理影响）而言，两组之间没有差异。

尽管这项研究没有提供直接的证据，但其他研究为右旋安非他命实验中的个体差异提供了解释：导致对神经递质多巴胺敏感性的个体差异，与感觉良好或乐观情绪的增加有关。换句话说，由于对多巴胺的敏感性更高，因此反应者更容易受到兴奋剂的影响。在某种程度上，人格具有生物学基础（见第 14 章和第 15 章），它可以影响敏感性。实际上，许多研究人员认为多巴胺属于“正强化”系统。

人格与条件反射之间的相互影响

条件反射会影响人格，人格也会影响条件反射，除此之外，二者之间还会相互影响。在行为主义中有一种关于人格的神经心理学理论，即强化敏感性理论（Reinforcement Sensitivity Theory，RST），该理论有助于解释人格与条件反射之间的相互影响。强化敏感性理论认为个体有三个情绪 – 动机系统：一个“趋近”系统，即行为趋近系统（behavioral approach system，BAS）；两个“回避”系统，即行为抑制系统（behavioral inhibition system，BIS）和战斗 – 逃跑 – 冻结系统（fight-flight-freeze system，FFFS）。BAS 会对奖励、冲动和愉悦的体验做出反应，BIS 会对惩罚和焦虑做出反应，FFFS 会对恐惧和威胁做出反应。上述系统与积极情绪（对 BAS 而言）和消极情绪（对 BIS 和 FFFS 而言）有关，因此有助于解释人格某些特征的发展和维持。强化敏感性理论认为，不同的行为是由不同的奖励和惩罚塑造的，这与斯金纳的操作性条件反射和强化理论相契合，也就是说，条件强化物会塑造人格，人格也会影响条件反射。

相关研究支持条件反射与人格之间的相互影响关系。例如，科尔（Corr）及其同事使用强化敏感性理论来研究人们为什么在许多人格特征上有所不同。在最近的一项研究中，斯德伯（Stoeber）和科尔研究了完美主义的特征，完美主义的特征是用超高标准来衡量个体的表现。完美主义有三种不同的形式：（1）自我导向的完美主义者认为完美是重要的，而当他们不能达到高标准时就批评自己；（2）他人导向的完美主义者认为他人的完美很重要，并批评不能满足高期望的他人；（3）社会导向的完美主义者认为，自己追求完美对他人来说很重要，并认为如果自己未能达到他人的高期望，他人就会批评自己。斯德伯和科尔预测，增强敏感性（条件强化物）可能有助于解释完美主义（人格）的不同形式，并且这些敏感性通过不同的情感反应而得到不同的强化。

为了证实他们的预测，斯德伯和科尔对 388 名大学生施行了三次心理测量。学生首先填写一份完美主义问卷；然后是一份测量强化敏感性的问卷，即他们是否有趋近（BAS），抑制（BIS）或战斗－逃跑－冻结（FFFS）的倾向；最后是测量过去两周中的积极情绪和消极情绪。

研究结果支持了斯德伯和科尔的预测，即强化敏感性（条件反射）的差异能够预测完美主义（人格）的不同形式。三种强化敏感性（趋近、抑制、战斗－逃跑－冻结）都与自我导向的完美主义者呈正相关，这表明一个人对环境中的正强化物和负强化物做出反应与成为自我导向的完美主义者有关。相比之下，他人导向的完美主义者与 BIS 呈负相关（并与 FFFS 不相关）。这表明他人导向的完美主义者有较高的防御能力，并且对负强化物的敏感性较低。社会导向的完美主义与行为抑制和趋近呈现正相关，与 FFFS 不相关。这表明社会导向的完美主义者拥有高度活跃的 BIS，但也容易冲动且缺乏以目标为导向的持久性。

此外，正如预测的那样，BAS 和 BIS 的强化敏感性能够解释三种完美主义是如何预判积极情绪和消极情绪的。自我导向的完美主义似乎是一把双刃剑，因为它预示着通过 BAS 产生的积极情绪和通过 BIS 产生的消极影响的水平都更高。与自我导向的完美主义者相比，其他导向的完美主义者对负强化物的敏感性更低，总体上较少出现消极情绪。这些类型的完美主义者似乎具有某种精神病态，受到攻击时具有较高的防御能力，并且对负强化物的敏感性较低。社会导向的完美主义似乎是完全适应不良的完美主义形式，对幸福等情绪有直接的负面影响。与其他完美主义者相比，这些人具有更多的消极情绪和更少的积极情绪，这可能是因为他们认为自己总是无法达到他人严格的完美标准，因此在他们的环境中也很少有回报。

为了理解人格的消极方面，科尔和他的同事扩大了这项研究，将修订后的 RST 应用于精神病态的研究。精神病态个体的特征是极端的自我中心主义、缺乏懊悔、冲动且（与斯金纳的这一章内容密切相关的是）无法从负面后果中吸取教训。虽然与精神病态有关的研究大都是针对临床患者或被监禁人群的，但这项研究对英国的 192 名在校大学生进行了调查，以便获取有关无障碍人格如何演变为病态人格的重要信息。

科尔及其同事用行为抑制系统、行为趋近系统量表（BIS / BAS）及利文森自评精神病态量表（LSRP）对学生进行了评估。后者测量的是性情态度和被认为是精神病态的基础性特征，如缺乏懊悔、撒谎倾向。该结果与科尔的神经心理学模型相一致，精神病态人群的行为抑制系统（BIS）活力不足，他们对潜在的惩罚事件没有预期或通常的反应。也就是说，那些在 LSRP 上得分较高的人也往往在 BIS 上得分较低。也就是说，精神病态人群缺乏发现目标冲突的能力，从而无法从厌恶经历中学到东西。

对强化敏感性的研究有助于人们了解，不是所有人对强化物的反应都相同。我们的人格特质是影响强化物效果的关键因素。反之，强化的习惯性反应或敏感性也会影响我们的人格特质。从这一范式中必然会生出更多的研究，这将进一步加深我们对人格与条件反射之间的相互关系的理解。

对斯金纳的评价

特立独行的心理学家汉斯·J. 艾森克（Hans J. Eysenck）曾经批评斯金纳忽略了个体差异、智力、遗传因素和人格研究。这些批评并不都是正确的，因为斯金纳其实承认遗传因素，并且尽管不积极，但他确实给出了关于人格的某种定义，称这充其量是一组有组织的意外事件所导致的行为。那斯金纳的理论能不能达到有用理论的六个标准？

第一，由于该理论产生了大量的研究，因此我们对该理论*引发研究*的能力评价很高。

第二，斯金纳的大多数思想都可以被证伪，也可以被证实，因此我们对该理论的*可证伪性*评价很高。

第三，关于组织*人格的相关已知知识*，我们只给该理论一个中等评分。斯金纳的方法是描述行为及其发生的环境突发事件。他的目的是整理这些描述性事实并对其进行概括。操作性条件反射的原理可以解释许多人格特质，如大五人格模型中的那些特质。但是其他概念，如洞察力、创造力、动机、灵感和自我效能感等，并不容易被纳入操作性条件反射的框架中。

第四，作为*行动指南*，我们对该理论给予很高的评价。斯金纳及其追随者进行了大量的描述性研究，使操作性条件反射成为极其实用的程序。斯金纳式技术已广泛应用于以下方面：帮助恐惧症患者克服恐惧，增强对医疗建议的依从性，帮助人们克服烟草和药物成瘾，改善饮食习惯并增强自信。实际上，该理论几乎可以应用于培训、教学和心理治疗的所有领域。

第五，关于*内部一致性*，我们对该理论的评价很高。斯金纳的定义既精确又有操作性，很大程度上避免了虚拟的唯心主义概念。

第六，该理论具备*简约性*吗？关于最后这一条标准，很难评估斯金纳的理论。一方面，该理论摆脱了烦琐的假设的构架。但另一方面，它用新的表达方法代替了日常用语。例如，不是说"我对我的丈夫很生气，我向他扔了一个盘子，但没扔中"，而要说"我周围环境中强化的偶然性的排列方式，使我观察到我的有机体把一个盘子扔到了厨房的墙上"。

对人性的构想

毫无疑问，B. F. 斯金纳对人性持有*决定论的观点*，诸如自由意志和个人选择之类的概念在他的行为分析中没有一席之地。人们不是自由的，而是受到环境力量控制的。它们似乎是由内在原因引起的，但实际上，这些原因都有个人之外的来源。自我控制最终取决于环境变量，而不取决于某些内部力量。当人们控制自己的生活时，他们通过操纵环境来控制自己，然后环境塑造了他们的行为。上述观点否定了诸如意志力或责任之类的假想架构。虽然人类的行为极为复杂，但是人们的行为与机器的运动和其他动物的行为一样遵循许多相同的规律。

对许多人来说，对人类行为持决定论的观念是有问题的，因为他们每天都会观察到许多自己和他人自由选择的例子。是什么导致了这种自由的幻想？斯金纳认为自由与尊严是具有强化作用的观念，因为人们从自由选择和人类基本尊严的信念中得到满足。因为这些虚构的概念在现代社会中得到了强化，所以人们的行为方式往往会增加这些虚构概念的可能性。一旦自由和尊严失去了强化的价值，人们的行为就会发生改变。

在路易·巴斯德（Louis Pasteur）发现细菌之前，许多人认为蛆虫是在已死的动物身上自发产生的。斯金纳用这一观察结果来比拟关于人类行为的描述，认为行为的自发产生和蛆虫的自发产生是一回事。偶然性或随机行为看似是自由选择的，但实际上是偶然性或随机环境和遗传条件的产物。人不是自主的，对自主的幻想是因为对个体历史的理解不够充分。当人们不了解行为时，他们会用诸如自由意志、信念、意图、价值观或动机等加以解释。斯金纳相信人们能够思考自己的天性，而且这种思考行为可以像其他任何事物一样被观察和研究。

斯金纳对人性的构想是*乐观主义的还是悲观主义的*？乍一看，确定性的立场必然是悲观的。但是，斯金纳对人性的看法却是*乐观主义的*。由于人类行为由强化原则所塑造，因此这一物种具有很强的适应性。在所有行为中，最令人满意的行为倾向于频繁发生。因此，人们学会了与环境和谐相处。物种的进化是朝着更易控制环境变量的方向发展的，这导致关于行为的技能越来越多，远远超出了单纯的生存所需。与此同时，斯金纳也对现代文化实践不能阻止核战争、人口过多和自然资源枯竭感到担心。从这个意义上说，他更像是一个现实主义者而不是乐观主义者。

尽管如此，斯金纳还是给出了乌托邦社会的蓝图——《瓦尔登湖第二》。如果遵循他的设想，那么人们可以学会如何在他们所在的环境中安排变量，从而增加正确或令人满意的解决方案出现的可能性。

人性的本质是善还是恶？斯金纳希望建立一个理想主义的社会，让人们以爱、明智、民主、独立和善良的方式行事，但人们并非天生就这样。当然人本质上也不是邪恶的。在遗传设定的限度内，人们可以灵活地适应环境，但是不应用善恶来评估个人的行为。如果一个人通常为了他人的利益而采取利他行为，那是因为这种行为无论在物种的进化史上还是在个人的经验史上都已经得到了强化。如果一个人表现得胆怯，那是因为胆怯带来的奖赏超过了厌恶变量。

在*因果论还是目的论*的维度上，斯金纳的人格理论更偏向于因果论。行为是由人的强化史、物种生存的偶然性及文化进化引起的。尽管人们在思考未来时表现得很隐秘，但所有这些想法都是由过去的经验所决定的。

环境突发事件的复杂性远远超出了人们的意识范围。人们很少关注遗传和环境变量与其行为之间的关系。因此，我们认为斯金纳在人格的*潜意识维度*上得分非常高。

尽管斯金纳承认遗传学在人格发展中具有重要作用，但他还是认为人格很大程度上受环境影响。由于环境的重要组成部分是他人，因此斯金纳的人性概念更倾向于社会性而不是生物性。作为一个物种，人类由于特定的环境因素而发展成现在的样子。气候、地理、与其他动物的体能差异等因素共同塑造了人类这个物种。但是社会环境，包括家庭结构、与父母生活的早期经历、教育制度和政府组织等，在人格发展中发挥了更加重要的作用。

斯金纳希望人能变得值得信赖、宽容、温暖、能与他人共情，他的好友兼对手卡尔·罗杰斯（见第 10 章）认为这些特征是心理健康人格的核心。罗杰斯认为这些积极的行为至少部分是人类自我指导能力的结果，但斯金纳的看法不同，他认为它们完全处于环境变量的控制之下。人类天性不是善的，但是如果他们受到适当的强化训练，他们就会变为善的。尽管对理想人的看法与罗杰斯和马斯洛（见第 9 章）的看法相似，但斯金纳认为，达成自主、热爱和自我实现的手段绝不能留待偶然，而应该专门设计。

个人的历史决定了其行为，并且由于每个人都有强化偶然事件的独特历史，因此行为和人格相对独特。遗传差异也能解释人与人之间的独特性。生物和历史的差异塑造了独特的个体，斯金纳强调人们的独特性胜于人们的相似性。

重点术语及概念

- 斯金纳的人格理论主要基于他对大鼠和鸽子的行为分析。
- 尽管存在诸如思想和感觉之类的内在状态，但是它们不能用作对行为做出解释；科学家只能研究外显行为。
- 人类行为由三个因素所塑造：（1）个人强化史；（2）自然选择；（3）文化习俗的进化。
- 操作性条件反射是改变行为的过程，其中强化（或惩罚）依特定行为的发生而定。
- 正强化物是指当被添加到情境中时会增加特定行为发生的可能性的任何事件。
- 负强化物是指当被从环境中移除时会增加某种行为的可能性的任何厌恶刺激。
- 斯金纳指出了两种惩罚类型：第一种是呈现厌恶刺激，第二种是消除积极刺激。
- 强化可以是连续式的，也可以是间隔式的，但间隔式程序的效率更高。
- 四种基本的间隔式强化程序是固定比率程序、可变比率程序、固定间隔程序和可变间隔程序。
- 社会控制通过以下方式实现：（1）操作性条件反射；（2）描述强化的偶然性；（3）剥夺或满足；（4）物理约束。
- 人们也可以通过自我控制来控制自己的行为，但是所有控制最终都取决于环境，而非自由意志。
- 不健康的行为和所有其他行为一样，都是习得的，即主要通过操作性条件反射而形成。
- 若想改变不健康的行为，行为治疗师可使用多种行为矫正技术，所有这些技术都基于操作性条件反射原理。

CHAPTER 17

第 17 章

班杜拉：社会认知理论

班杜拉 © Jon Brenneis/Life Magazine/The LIFE Images Collection/Getty Images

- 社会认知理论概要
- 阿尔伯特·班杜拉小传
- 学习
  - 观察学习
  - 亲历学习
- 三元交互因果论
  - 三元交互因果论的一个例子
  - 偶然相遇和偶然事件
- 人类能动性
  - 人类能动性的核心特点
  - 自我效能
  - 代理能动性
  - 集体效能
- 自我调节
  - 自我调节的外部因素
  - 自我调节的内部因素
  - 通过道德能动性进行自我调节
- 功能障碍行为
  - 抑郁
  - 恐惧症
  - 攻击
- 治疗
- 相关研究
  - 自我效能与糖尿病
  - 道德脱离和欺凌
  - 社会认知理论“走向全球”
- 对班杜拉的评价
- 对人性的构想

重点术语及概念

人们经常会因意外相遇或意外事件而永远地改变了自己的生活道路。这些偶然相遇和偶然事件常常决定了人们和谁结婚、追求什么职业、住在哪里，以及如何生活。

许多年前，一个名叫阿尔（Al）的年轻研究生就因为偶然机会改变了自己的人生。那是一个星期天，以勤奋刻苦著称的学生阿尔因为一份毫无趣味的阅读作业感到非常无聊，便决定去打一轮高尔夫球。阿尔联系了一位朋友，两名年轻人去了高尔夫球场。但是他们到得有点晚，没有赶上上一场开球时间，于是只好等下一场开球。很偶然，这两名男生发现自己跟在两名打得很慢的女高尔夫球手的后面。两名男生没有"越过前组"，而是紧跟在两名女生后面，于是两个两人组变成了一个四人组。由此，一份无聊的阅读作业和没赶上的开球时间使其中的两个人偶然相遇了，否则他们是没有机会相遇的。通过一系列偶然事件，阿尔伯特·班杜拉（Albert Bandura）和金妮（弗吉尼亚，Virginia）·瓦恩斯（Ginny Varns）在高尔夫球场的沙坑障碍处第一次相遇。这对情侣最终结了婚，育有两个女儿——玛丽（Mary）和卡罗尔（Carol）——而像我们大多数人一样，她们也是偶然相遇的结晶。

人格理论学家大多忽略偶然相遇和偶然事件，尽管我们大多数人都认识到这些偶然的经历极大地改变了我们的生活。

社会认知理论概要

阿尔伯特·班杜拉的社会认知理论非常重视偶然机会和偶然事件，即使这些机会和事件并不会改变人们的生活道路。对预期的见面或事件的反应通常比其本身更为重要。

社会认知理论基于以下假设。

第一，人类的突出特点是*可塑性*，也就是说，人类可以灵活地在各种情况下学习各种行为。班杜拉同意斯金纳（见第 16 章）的观点，即人们可以且确实可以通过直接经验来学习，但他更加强调替代性学习，即通过观察他人来学习。班杜拉还提出强化也可以是替代性的想法：观察他人得到奖赏，也可以使人得到强化。这种间接的强化在人类学习中的占比很大。

第二，通过行为、环境和个人因素的*三元交互因果模型*，人们有能力调节自己的生活。人类可以对偶然事件进行相对一致的评估并通过偶然事件调节其社会和文化环境。缺乏这种能力的人只能对感官体验做出反应，而不能预测事件、创造新想法或使用内部标准评估当前体验。三元交互因果模型中的环境因素有两个重要组成，分别是*偶然相遇*和*偶然事件*。

第三，社会认知理论采取*能动性的观点*，认为人类有能力对生活的本质和质量进行控制。人既是社会系统的生产者，也是其产物。三元交互因果模型中有个重要的概念，即*自我效能*。当人们具有较高的自我效能时，他们的表现通常会得到提高，也就是说，他们相信自己能够完成那些在特定情况下会产生预期行为的行为。除了自我效能，代理能动性和集体效能都可以预测表现。通过*代理能动性*，人们可以依靠他人为自己提供商品和服务，而*集体效能*是指人们可以给集体带来共同信念上的改变。

第四，人们通过外部和内部因素来调节自己的行为。**外部因素**包括人们的身体和社会环境，而**内部因素**包括自我观察、判断过程和自我反应。

第五，当人们发现自己处于道德两难的境地时，他们通常会通过**道德能动性**来规范自己的行为，具体包括重新定义行为、无视或扭曲其行为的后果、贬低或指责其行为的受害者、转移或分散自己对行为的责任。

阿尔伯特·班杜拉小传

阿尔伯特·班杜拉于 1925 年 12 月 4 日出生在曼德拉，这是加拿大亚伯达省北部平原上的一座小镇。他是家中唯一的男孩，有五个姐妹。他的父母都是在青少年时代从东欧国家移民到加拿大的，父亲来自波兰，母亲来自乌克兰。班杜拉受到他的姐妹们影响，很小就学会了独立和自力更生。镇上规模很小的学校里只有寥寥几名教师和少得可怜的教学资源，在这里他学会了自主学习。他当时所在的高中只有两名教师，都教授全部课程。在这种环境下，学习主要依靠学生的主动性，这种情况非常适合像班杜拉这样才华横溢的学生。在这种气氛下，其他学生也得到了良好的发展；几乎班杜拉的所有同学都上了大学，这在 20 世纪 40 年代初期是非常不寻常的。

高中毕业后，班杜拉在加拿大育空地区度过了一个夏天，在阿拉斯加的高速公路上工作。这次经历让他接触了各种各样的同事，其中不少是跑出来逃避债务、离婚赡养费或征兵的人。另外，他的几个同事表现出不同程度的精神病理学特征。尽管对这些工作者的观察激发了他对临床心理学的兴趣，但直到进入温哥华的英属哥伦比亚大学，他才决定成为心理学家。

班杜拉告诉理查德·埃文斯（Richard Evans），他成为心理学家的决定是偶然的；也就是说，这是一次偶然事件的结果。在大学里，班杜拉每天去上课时会和早起的预科生和工科学生同路。比起在早上无所事事，班杜拉决定参加早上的心理学课程。他发现课程很吸引人，并最终决定修读心理学专业。班杜拉后来才开始认识到偶然事件（例如，与早起的学生一起上学）对人们的生活产生了重要影响。

只用了短短 3 年，班杜拉就从英属哥伦比亚大学毕业了，他想继续学习临床心理学的研究生课程，研究生课程以学习理论为基础。导师向他推荐了爱荷华大学，于是班杜拉离开加拿大前往美国。他于 1951 年获得临床心理学硕士学位，并于次年获得博士学位。然后，他在美国堪萨斯州威奇托度过了一年的时间，在威奇托指导中心完成了博士后实习。1953 年，他获得了斯坦福大学的教职，除了有一年担任行为科学高级研究中心研究员外，他一直在那里任职。

班杜拉的早期著作大都是临床心理学的，主要涉及心理治疗和罗夏测验。在 1958 年，班杜拉与他的第一个博士生——已故的理查德·H. 沃尔特斯（Richard H. Walters）——合作，发表了有关攻击犯罪的论文。次年，他们的专著《青春期攻击》（*Adolescent Aggression*）出版。从那时起，班杜拉经常与他的研究生合作，围绕各种议题出版著作。他的最有影响力的著作是《社会学习理论》（*Social Learning Theory*）、《思想和行动的社会基础》（*Social Foundations of Thought and Action*）和《自我效能：控制的实施》（*Self-Efficacy: The Exercise of Control*）。

班杜拉在各心理学学会担任诸多职务，包括 1974 年任美国心理学会主席、1980 年任西方心理学会主席、1999 年任加拿大心理学会名誉主席。此外，他还获得了十几个世界顶级大学的荣誉学位。其他荣誉和奖项还包括 1972 年的古根海姆奖、1972 年美国心理学会第 12 分会（临床分会）的杰出科学贡献奖、1980 年的美国心理学会杰出科学贡献奖，以及行为医学会的杰出科学家奖。1980 年，他当选为美国艺术与科学院院士。此外，他还获得了国际攻击研究学会的杰出贡献奖，因在心理学方面的杰出成就而获得美国心理学科学的威廉·詹姆斯奖，获得美国心理学会授予的罗伯特·桑代克心理学教育杰出贡献奖，并获得美国心理学会 2003—2004 年度詹姆斯·麦基恩·卡特尔研究员奖。他还当选为美国国家科学院医学研究所院士。从 2004 年开始，美国心理协会与 Psy Chi 即美国国家荣誉心理学会合作，设立了奖励杰出心理学研究生的奖学金——阿尔伯特·班杜拉研究生研究奖。班杜拉于 2021 年 7 月 28 日去世。（出版者注）

学习

班杜拉社会认知理论最早和最基本的假设是，人类具有可塑性，能够学习各种态度、技能和行为，而这些学习中的很大一部分是替代性经验的结果。尽管人们可以且确实能够从直接经验中学到东西，但是他们所学到的大多数东西都是通过观察他人而获得的。班杜拉指出："如果知识只能通过自身的行动来获得，那么认知和社会发展的进程将受到极大的阻碍，变得极其烦琐。"

观察学习

班杜拉认为观察可以使人们学习而不必做出任何行为。人们观察自然现象、植物、动物、瀑布、月亮和星星的运动，等等；而对于社会认知理论特别重要的是，人们通过观察他人的行为来学习。在这方面，班杜拉与斯金纳不同。斯金纳认为，行为是心理学的基本点；他还坚信强化对于学习不是必不可少的，而这也与班杜拉的观点背道而驰。尽管强化训练有助于学习，但班杜拉说这不是学习的必要条件，因为人们可以通过观察具有强化性的模型来进行学习。

班杜拉认为，通过观察学习比从直接经验中学习要有效得多。通过观察他人，人类不必进行无数的反应，不必面对受到惩罚或得不到强化的困境。例如，孩子们观察电视上的人物，并重复他们听到或看到的内容；他们不必做出相仿的行为，并希望因此得到奖赏。

榜样作用

观察学习的核心是**榜样作用**（modeling）。通过榜样作用人们从观察到的行为中获得经验或教训，并对一个接一个的观察进行概括。换句话说，榜样作用涉及认知过程，而不仅仅是模拟或模仿。它不仅仅是学习另一个人的动作，而且学习其背后的内涵并将其存储在记忆中，以备将来使用。

在某种情况下，一个人能否从榜样身上学到什么取决于以下几个因素。首先，榜样的特征很重要。更有可能成为人们的榜样的是地位高的人，而非地位低的人；是有能力的人，而非无技能或无能的人；是有权力的人，而非无权力的人。

其次，观察者的特征会影响榜样的作用。缺乏身份、技能或能力的人最有可能以他人为榜样。儿童比老年人更容易以他人为榜样，新手比专家更容易以他人为榜样。

最后，具有榜样作用的行为的后果可能会对观察者产生影响。观察者对行为的重视程度越高，其习得该行为的可能性就越大。而且，当观察者看到榜样受罚时，更有可能学有所得。例如，看到他人因触摸电线而遭受严重的电击，这对观察者来说是极其深刻的教训。

榜样作用是一种学习新技能的有效方法 © Marc Romanelli/Blend Images LLC.

控制观察学习的过程

班杜拉指出了控制观察学习的四个过程：注意过程、表征过程、行为复现过程和动机过程。

注意过程

在仿效榜样之前，我们先得注意他。哪些因素会影响注意？首先，平时身边人和我们打交道更多，因此这些人最有可能引起我们的注意。其次，有吸引力的榜样比没有吸引力的榜样更容易被观察到——电视、体育或电影中受欢迎的人物经常被密切关注。最后，榜样行为的性质也会影响我们的注意，我们观察的是自己认为重要或有价值的行为。

表征过程

要在观察结果的基础上产生新的反应范式，必须在记忆中以符号的形式对观察加以表征。符号不一定都是言语的，因为一些观察结果会以图像的形式被保留，并且可以在没有实体榜样的情况下被唤起。该过程对于尚未发展出言语能力的婴儿尤其重要。

但是，言语极大地加快了观察学习的过程。我们可以用言语评估我们的行为，并决定我们希望放弃或希望尝试的行为。言语还有助于我们象征性地练习行为。也就是说，一次又一次地告诉自己，一旦有机会，我们将如何做出某一行为。练习可能还需要表现出榜样的反应，而这有助于学习过程。

行为复现过程

注意到榜样的行为并将其内化后，我们将做出这些行为。在将认知表征转化为行为时，我们必须问自己几个关于榜样行为的问题。首先我们要问："我该怎么做这件事？" 在使用符号练习了相关的反应之后，我们会尝试做出新的行为。在做出行为时，我们会监控自己，并问自己："我在做什么？" 最后，我们通过询问 "我做得对吗" 来评估自己的表现。最后一个问题并不容易回答，特别是当涉及运动技能（如芭蕾舞或跳台跳水等）而我们却无法即时地看到自己的表现时，因此，一些运动员会使用摄像机来帮助自己掌握或提高运动技能。

动机过程

当我们学习并做出榜样的行为时，观察学习才是最有效的。注意过程和表征过程使我们学有所得，通过激活特定行为的动机可以促进学习表现。有时候，观察他人确实可以教会我们如何做某件事，实际上我们却不会真的去做这件事。一个人可以观看另一个人用电锯或真空吸尘器，但没有尝试的动机。例如，大多数人行道管理员都不会仿效他们观察到的建筑工人的行为。

亲历学习

每个人做出的每个反应都会产生一定的后果。其中，有些令人满意，有些不令人满意，而有些根本没有被认知注意到，因此影响很小。班杜拉认为，当人们开始思考并评估其行为的后果时，意味着他在学习复杂的人类行为。

反应的后果至少具有三个功能。第一，反应的后果告诉我们行动的效果。我们将其内化并以此指导将来的行为。第二，反应的后果激发我们的预期行为，也就是说，我们能够用符号表征将来的结果，并采取相应的行动。我们不仅拥有洞察力，而且具有远见卓识。我们不必亲历寒冷之苦，就可以决定在天气寒冷时出门穿外套。更进一步，我们能够预测寒冷的天气，并且据此加减衣物。第三，反应的后果能够强化行为，这一功能已被斯金纳（见第 16 章）和其他强化理论家所证实。但班杜拉认为，尽管强化有时可能是潜意识的和自动的，但认知干预极大地促进了复杂的行为模式。他指出，当学习者在认知上意识到学习情况并知道学习的过程时，其学习会更加有效。

总之，班杜拉认为，新的行为是通过两种主要的学习方式获得的：观察学习和亲历学习。观察学习的核心要素是榜样作用，是通过观察行为、以符号的形式在记忆中表征行为、做出行为并有足够的动机来推动行为得以实现。亲历学习使人们能够通过思考和评估行为的后果，从直接经验中获取新的复杂行为范式。学习过程使人们可以对影响自己生活过程的事件进行某种程度的控制。而控制取决于个人因素、行为和环境的三元交互作用。

三元交互因果论

在第 16 章中，我们了解到，斯金纳相信行为是环境的函数，也就是说，行为最终可以追溯到人之外的力量。随着环境的偶然性的改变，行为也会改变。那是什么样的推动力改变了环境？斯金纳虽然承认行为可以对环境实施反控制，但他坚持认为，归根结底，行为是环境决定的。其他理论家，如戈登·奥尔波特（见第 12 章）和汉斯·艾森克（见第 14 章）也强调了特质或个人性情对行为塑造的重要性。这些理论家认为，个人因素与环境条件相互作用，就产生了行为。

与上述理论家不同，班杜拉采取了截然不同的立场。他的社会认知理论用三元交互因果论来解释上述问题。该理论假定人类功能是环境、行为和个人因素三个变量之间交互作用的结果。班杜拉所说的个人因素在很大程度上指的是诸如记忆、预期、计划和判断等认知因素。由于人们拥有并使用这些认知能力，因此他们具有选择或重构环境的能力，也就是说，认知至少部分地决定了人们参加哪些环境事件、他们对这些事件的重视程度及如何组织这些事件，以备将来之需。尽管认知可以对环境和行为产生强烈的因果关系，但它不是独立于这两个变量的自主的实体。班杜拉批评了那些将行为的起因归因于内部力量（如本能、内化、需要或意图）的理论家。认知本身是由行为和环境共同决定的。

图 17.1 是三元交互因果论的示意图。人类功能是由行为（B）、个人因素（P）和环境（E）相互作用的产物。个人因素包括人的性别、社会地位、身材和魅力等，以及十分重要的认知因素，如思想、记忆、判断力和远见等。

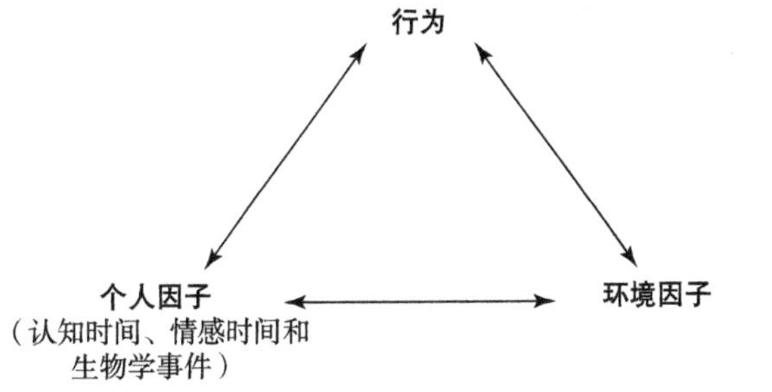

图 17.1　班杜拉的三元交互因果示意图

图片来源：阿尔伯特·班杜拉，《社会认知理论和大众传播》，J·布莱恩特 &D·齐尔曼（编辑），《媒介效果：理论与研究进展》. 希尔斯代尔，新泽西州：埃尔堡，1992，62 页。

班杜拉使用“交互”一词来表示三股力量两两间的相互作用，这不是简单的同向或反向的相互作用。这三个交互因素不必具有相同的强度或做出相等的贡献。三者的相对效能随个体和情况而变化。有时，行为可能是最重要的，如一个人弹钢琴自娱自乐时。有时，环境可能是最重要的，例如，当一条船翻了，船上的每个人都会以相似的方式开始思考和做出相似行为时。尽管有时行为和环境可能是影响表现的最重要的因素，但一般来说，认知（个人因素）才是影响表现的最重要的因素。在弹钢琴自娱自乐或船翻了的例子中，认知都可能被激活。行为、环境和个人因素的相互影响取决于在特定时刻下三者中哪个最重要。

三元交互因果论的一个例子

让我们来看一个关于三元交互因果论的例子。一个小女孩哭求父亲给她第二块布朗尼蛋糕，对父亲来说，这是一个环境事件。如果父亲自动（不加考虑）给了小女孩第二块布朗尼蛋糕，那么按照斯金纳的观点，两个当事人就对彼此的行为建立了条件反射。父亲的行为受到了环境的控制；但是他的行为反过来会对他的环境（即小女孩）产生反作用。按照班杜拉的理论，父亲有能力思考给予孩子奖励或无视孩子行为的后果。他可能会想："如果我再给她一块布朗尼蛋糕，她会暂时停止哭泣，但是下一次遇上这种事，她更有可能大哭不止，直到我屈服为止。因此，我不能让她吃第二块布朗尼蛋糕。"因此，父亲对他的环境（小女孩）和他自己的行为（拒绝女儿的要求）都产生了影响。孩子随后的行为（父亲的环境）有助于塑造父亲的认知和行为。如果孩子停止哭求，父亲可能会有其他想法。例如，他可能会通过"我是一位好父亲，因为我做对了"的想法来评估自己的行为。环境的变化也使父亲可以采取不同的行为。因此，他的后续行为在某种程度上取决于他的环境、认知和行为的相互影响。

这个例子从父亲的角度说明了行为、环境和个人因素的相互影响。首先，孩子的哭求影响了父亲的行为（E ⇒ B）；决定了父亲的部分认知（E ⇒ P）；父亲的行为有助于塑造孩子的行为，即他自己的环境（B ⇒ E）；他的行为也影响了自己的想法（B ⇒ P）；他的认知部分决定了他的行为（P ⇒ B）。在这个循环中，个人因素（P）必然影响环境（E）。父亲的认知能否在不先转变为行为的情况下直接塑造环境？答案是否定的。P 并不仅仅表示认知，它还代表个人因素。班杜拉假设："甚至在说什么或做什么之前，人们就通过身体特征如年龄、身高、种族、性别和魅力等在社交环境中唤起了不同的反应。"因此，父亲由于其父亲的角色和地位，以及他的体格和力量等因素，对孩子产生了决定性的影响。这样，最后的因果关系就完成了（P ⇒ E）。

偶然相遇和偶然事件

尽管人们可以且确实能够对自己的生活进行控制，但是他们无法预测环境变化，或者说预测所有可能的环境变化。班杜拉是唯一认真考虑这些偶然相遇和偶然事件的重要性的人格理论家。

班杜拉将**偶然相遇**（chance encounter）定义为"彼此不熟悉的人的一次意外见面"。**偶然事件**（fortuitous events）是一种在预期和计划之外的环境事件。人们的日常生活或多或少受到其偶然相遇的人及其无法预测的随机事件的影响。一个人的婚姻伴侣、职业和居住地可能在很大程度上是由未加计划也出乎意料的偶然相遇决定的。

正如偶然影响着我们所有人的生活一样，它也影响了著名人格理论家的生活和职业。其中的两个代表是亚伯拉罕·H. 马斯洛（见第 9 章）和汉斯·J. 艾森克（见第 14 章）。马斯洛年轻时就非常害羞，尤其是在女性面前。同时，他痴情地爱恋着他的表妹伯莎·古德曼。但他太害羞了，无法表达自己的爱意。有一天，马斯洛去表妹家中拜访，伯莎的姐姐将他推到伯莎面前并说："看在上帝的份上，亲吻她，好不好！"马斯洛照做了，令他惊讶的是伯莎没有抗拒，她也亲吻了他。从那一刻起，马斯洛的生活开始发生转变。

英国著名的心理学家艾森克选择心理学领域也纯属偶然。他原本打算在伦敦大学学习物理学，但首先他必须通过入学考试。在准备了一年的考试之后，他被告知他一直准备的考试不是入学考试，所以他不得不再等一年才能参加正式考试。他不想再延后一年上学，于是询问是否可以选择其他学科课程。当被告知他可以参加心理学课程时，艾森克问道："心理学是什么？"即便如此，艾森克还是开始攻读心理学专业，并成为著名的心理学家之一。

在任何预测人类行为的体系中，偶然性都是一个独特的维度，使准确的预测在实际上不可能实现。但是，偶然相遇只会通过环境（E）进入三元交互因果范式，然后参与到个人因素、行为和环境的相互影响中去。从这个意义上说，偶然相遇会像计划的事件一样影响着人们。一旦发生偶然相遇，人们会根据自己的态度、信仰体系和兴趣及对方的反应来对待新认识的人。因此，尽管许多偶然相遇和计划外事件对人们的行为影响很小或没有影响，但"有些偶然相遇会具有更持久的影响，甚至有些会将人们带入新的生活轨迹"。

偶然相遇和偶然事件并非不可控。确实，人们可以寻找机会。寻找再婚机会的离婚男士将通过采取积极主动的行动（例如，加入单身俱乐部，去可能找到单身女性的地方，或者让朋友给他介绍合适的约会对象）来增加与未来妻子见面的机会。如果他遇到一位符合条件且理想的女性，并且他提升自己对该女性的吸引力，那么他就会增加建立持久关系的可能性。班杜拉认同路易·巴斯德（Louis Pasteur）的话："机会只偏爱有准备的人。"有准备的人能够通过预测可能性并采取措施将其对未来的负面影响降到最低，以逃避不愉快的偶然相遇和偶然事件。

人类能动性

社会认知理论认为，人格具有能动性，意思是人有能力对自己的生活实施控制。的确，**人类能动性**（human agency）是人之所以为人的根本。班杜拉认为人具有自我调节、前瞻性、自我反思和自我组织的能力，并且能够影响自己的行为以产生预期的结果。人类能动性并不意味着人只是附着于一具能够做出与其自我观念相符的决策的躯体——一个自动的主体，也不意味着人会对外部和内部事件自动做出反应。人类能动性不是一个东西，而是一个探索、操纵、影响环境以达到预期结果的动态过程。

人类能动性的核心特点

班杜拉讨论了人类能动性的四个核心特征：意图性、前瞻性、自我反应性和自我反思性。

意图性是指人有意图地做出行为。意图包括计划，但也涉及行动。它不仅是对未来行动的期望或预测，而且是对实现这些行动的积极努力。意图性并不意味着一个人的所有计划都会原封不动地实现。人们在意识到自己的行动的后果后会不断地修正自己的计划。

前瞻性是指人们具有远见，可以设定目标，预期自己行动的可能结果，以及选择会产生预期结果并避免不良后果的行为。前瞻性使人们能够摆脱环境的束缚。如果行为完全是环境的函数，那么行为将更加多变，因为人们会不断地根据环境刺激做出多样性反应。如果行动完全由外部奖励和惩罚决定，人们的行为将像风向标一样，随风变动。但是人们的行为并不是风向标，不会不断地改变方向以适应当下的情况。

人们做出的不只是计划中的和指向未来的行为。在激励和调节自己行为的过程中，他们也具有**自我反应**的能力。人们不仅做出选择，而且还监控实现选择的过程。班杜拉认识到，设定目标不足以达到预期的效果。目标必须是具体的，应在个人的能力范围之内，并反映不久以后可能取得的成就。（我们将在“自我调节”一节中更全面地讨论自我调节。）

最后，人们具有**自我反思**的能力。人们是自己行为的审查员，可以思考和评估自己的动机、价值观和人生目标，并且可以反思自己的想法，以及评估其他人的行为对自己的影响。人们最关键的自我反思机制是**自我效能**，认为自己有能力执行将产生预期结果的行为。

自我效能

人们在特定情况下的行为取决于行为、环境和认知条件的对等性，尤其是那些与（认为自己能或不能做出在特定情况下产生预期结果所必需的行为的）信念有关的认知因素。班杜拉称这些认知期望为**自我效能**（self-efficacy）。根据班杜拉的观点，人们对个人效能的信念会影响其行动策略、投入的精力、面对障碍和失败时的忍耐力，以及遭受挫折时的应变能力。尽管自我效能对人们的行为具有强大的影响，但它并不是唯一的决定因素。相反，自我效能会与环境、之前的行为及其他个人变量（尤其是结果期望）结合起来，共同产生行为。

在环境、行为和个人因素构成的三元交互因果模型中，自我效能属于个人因素（P）。

什么是自我效能

班杜拉将自我效能定义为“人们相信自己拥有控制自己的机能和环境事件的能力”。班杜拉认为，自我效能信念是人类能动性的基础。那些认为自己做的事情有可能改变环境事件的人更有可能采取行动并取得成功。

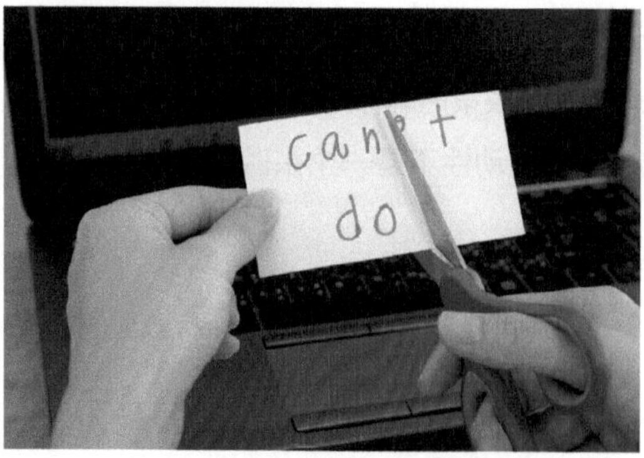

自我效能是指你在多大程度上相信自己能或不能完成某项任务 © Ekachai Lohacamonchai/Alamy Stock Photo.

自我效能不是我们对行动**结果**的期望。班杜拉对效能期望和**结果期望**做了区分。效能期望是指人们对自己有能力做出某些行为的信心，而结果期望是指人们对这种行为可能产生的后果的预测。不能将成功完成某个行为与结果相混淆；结果是指行为的后果，而不是行为本身的完成。例如，求职者在求职面试中可能对自己有信心，相信自己会表现出色，能够回答任何可能的问题，心态放松，收放自如，并表现出适度的友好。因此，可以说她在求职面试方面有很高的自我效能。但要注意的是，效能期望很高，并不意味着结果期望也高。如果她认为自己获得职位的机会很小，那么结果期望会很低。该判断可能是由于环境条件不乐观（如失业率高、经济低迷或竞争激烈）造成的。此外，其他个人因素，如年龄、性别、身高、体重或身体健康状况等，也可能对结果期望产生负面影响。

除了与结果期望相区分之外，自我效能还要与其他几个概念进行区分。首先，效能并不指做出某些基本运动技能（如走路、伸手或抓握）的能力。其次，效能并不意味着我们可以做出指定的行为而不会感到焦虑、压力或恐惧；效能仅仅是我们对自己能否做出所需行为的判断（不论正确与否）。最后，对效能的判断与对意愿的判断不同。例如，海洛因成瘾者常常怀有戒毒的意愿，但对成功摆脱这种习惯的能力可能缺乏信心。

自我效能不是一个一成不变的宽泛的概念，如自尊或自信。人们在一种情况下可能具有较高的自我效能，而在另一种情况下可能具有较低的自我效能。自我效能因情况而异，这取决于以下几点：不同行为所需的能力；是否有其他人在场；其他人的感知能力，特别是当他人是竞争对手时；个体的倾向，是表现失败还是表现成功；以及伴随的生理状态，尤其是疲劳、焦虑、冷漠或消沉。

高效能、低效能与有响应的环境、无响应的环境相结合，产生了四个预测变量。当效能较高且环境有响应时，结果最有可能是成功的。当低效能与有响应的环境相结合时，人们可能会发现在对他们来说似乎很困难的任务上其他人成功了，并因此感到沮丧。当高效能的人遇到无响应的环境时，他们通常会加大努力来改变环境。例如，他们可能会通过抗议、社会活动，甚至是武力推动变革。但是班杜拉假设，如果所有的努力都失败了，他们要么放弃原有路线，采取新的路线，要么寻求一个更有响应的环境。当低效能与无响应的环境相结合时，人们可能会感到冷漠、灰心和无助。例如，当一个自我效能较低的初级管理人员意识到自己或许永远无法当上公司总裁时，将感到灰心、决定放弃并无法将生产性努力转向新的目标。

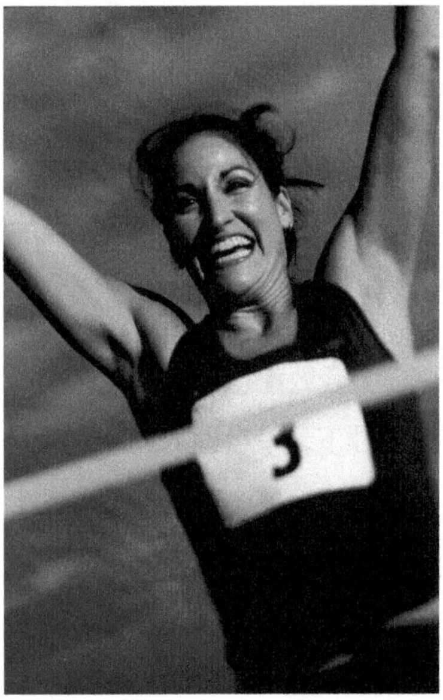

自我效能最重要的来源就是表现

什么促成了自我效能

自我效能的获得、增强或降低有以下四种途径：（1）获得性经验；（2）社会榜样；（3）社会劝说；（4）身体和情绪状态。每种途径对自己和环境的信息都需要进行认知处理，并结合以前的经验改变感知，获得新的自我效能。

获得性经验

自我效能最重要的来源是获得性经验，即过去的表现。一般而言，成功的表现会提高期望，失败的表现往往会降低期望。该一般性陈述有六个推论。

第一，成功的表现与任务的难度成比例地提高了自我效能。高水平的网球运动员通过击败明显劣势的对手获得很少的自我效能，但如果能击败优秀的对手，那他们可以获得很多的自我效能。第二，自己完成的任务比在别人帮助下完成的任务更能提高自我效能。在体育运动中，团队成就并不能像个人成就那样他能提高个人效能。第三，当我们知道自己已经竭尽全力时，失败有可能降低自我效能；当我们未尽全力时，反而不会像竭尽全力但失败时那样降低自我效能。第四，在情绪高涨或情绪低落的情况下的失败，比在心绪平静的情况下的失败，更能降低自我效能。第五，比起后来的失败，建立掌控感之前的失败对个人效能感的损害更大。第六，偶尔的失败对效能的影响很小，特别是对那些对成功抱有较高期望的人而言。

社会榜样

自我效能的第二大来源是社会榜样，即他人提供的**替代性经验**（vicarious experience）。当我们观察到一个和我们具有同等能力的人取得的成就时，我们的自我效能也会得到提高，但是当我们看到对方的失败时，我们的自我效能也会降低。当这个人与我们不相似时，社会榜样对我们的自我效能影响很小。一个上了年纪、久坐不动、怯懦的人不会因为看到一个年轻、活跃、勇敢的马戏团表演者成功地走完高索而想要复现这项壮举。

通常，社会榜样在提高效能方面效果一般，但在降低效能方面效果极强。看着同等能力的游泳者无法通过波涛汹涌的河流，很可能会阻止观察者尝试相同的行为，这种替代性经验的影响甚至可能持续一生。

社会劝说

自我效能也可以通过社会劝说来获得或削弱。尽管社会劝说的作用是有限的，但在适当的条件下，来自他人的劝说会提高或降低自我效能。首先，必须相信劝说者。来自可信来源的警告或批评比来自不可信人士的警告或批评更有效力。其次，通过社会劝说提高自我效能，只有在被鼓励尝试的行为在其能力范围内时才有效。言语劝说不足以改变一个人对自己能在 8 秒之内跑完 100 米的判断。

班杜拉假设，社会劝说对效能的影响力与劝说者的地位和权威直接相关。当然地位和权威的作用是不同的。例如，假设心理治疗师暗示恐惧症患者他们能够乘坐拥挤的电梯，那么该暗示比其配偶或孩子的鼓励更有可能提高患者的自我效能。但是，如果同一位心理治疗师告诉患者他们有能力更换故障的电灯开关，那么这些患者可能不会提高他们对此活动的自我效能。此外，当与成功的表现相结合时，社会劝说是最有效的。劝说某人尝试一项活动，如果表现成功，那么成就感和随之而来的褒奖将提高其未来的效能。

身体和情绪状态

效能的最后一个来源是人们的身体和情绪状态。强烈的情绪通常会降低表现；当人们感到强烈的恐惧、急剧的焦虑或极大的压力时，他们的效能预期可能会降低。一名学校剧目的演员在排练时熟知自己的台词，但初次上台的恐惧可能会让他想不起来。与此同时，在某些情况下，情绪唤起（即使不是太强烈）也会促进表现，因此该演员在初次上台时感受到的中度焦虑可能会提高他的效能预期。大多数人只要敢于尝试，都有成功地应对毒蛇的能力：他们只需要紧紧抓住蛇头的后面（七寸之处）就可以了。但是对许多人来说，伴随应对毒蛇而来的恐惧使其能力减弱并大大降低了其效能预期。

心理治疗师很早就认识到，减少焦虑或让身体放松可以促进表现。情绪唤起与以下几个变量有关。首先，是唤起的水平。通常，唤起水平越高，自我效能越低。其次，是唤起的感知现实性。如果人们知道恐惧是现实的，例如，在冰冷的山路上行驶，个体效能可能会得到提高。但是，当人们意识到恐惧的荒谬性（如害怕户外活动）时，情绪唤起会降低效能。最后，任务的性质是一个额外变量。情绪唤起可能有助于简单任务的完成，但可能会干扰复杂活动的执行。

尽管自我效能是“人类能动性的基础”，但它并不是人类能动性的唯一模式。人们还可以通过代理能动性和集体效能来控制自己的生活。

代理能动性

代理能动性（Proxy）是指对影响日常生活的社会条件的间接控制。班杜拉指出：“没有人有时间、精力和资源来掌控日常生活的每个领域。要想掌控生活，就要在某些领域依赖代理能动性。”在现代美国社会中，如果一个人想完全靠自己来生活，那么他将寸步难行。大多数人没有修理空调、照相机或汽车的能力。但是，通过代理能动性，他们可以依靠他人完成修理工作，从而实现其目标。这样的例子还有很多，例如，人们试图通过与国会代表或具有潜在影响力的人取得联系来改变自己的日常生活，通过导师的帮助学习有用的技能，雇一个年轻的邻居割草，依靠国际新闻服务了解最近的事件，聘请律师解决法律问题；等等。

但是，代理能动性有一个缺点。如果过多地依赖他人的能力和力量，可能会削弱其个人效能和集体效能。例如，夫妻中的一方完全依靠另一方来照顾家庭，青春期晚期或成年早期的孩子完全依赖父母的照顾，公民完全依靠政府提供生活必需品。

集体效能

人类能动性的第三种模式是集体效能。班杜拉将**集体效能**（collective efficacy）定义为“人们对集体力量能够产生预期结果的共同信念”。换句话说，集体效能是人们相信他们的共同努力将带来团体的成就。班杜拉提出了两种测量集体效能的方法。第一种是将个体成员个人能力的提升与其对团体有益的行为相结合。例如，如果每一名演员都相信自己有能力演好自己的角色，那么话剧团中演员的集体效能就很高。班杜拉提出的第二种方法是衡量每个人对团体实现预期结果的能力的信心。例如，棒球运动员可能对单个队友没有多少信心，但是对球队会表现得很有信心。这两种评价集体效能的方法略有不同，各有各的测量技术。

集体效能不是源于集体的“思想”，而是许多个体的个人效能共同运转的结果。但是，一个团队的集体效能不仅取决于其单个成员的知识和技能，还取决于成员对他们能够以协调和互动的方式一起工作的信念。人们可能具有很高的自我效能，但集体效能却很低。例如，一位女士可能对追求健康的生活方式这件事具有较高的个人效能，但集体效能却很低，即不认为自己的行为可以降低环境污染、改善危险的工作条件或减少传染病的威胁。

班杜拉指出，不同的文化具有不同的集体效能水平，并且在不同的制度下工作效率不同。例如，在个人主义文化中，在以个人为导向的制度下，人们会感觉到更高的自我效能，并且工作效率最高；而在集体主义文化中，在以团体为导向的制度下，人们会感到更高的集体效能，并表现最好。

班杜拉列举了一些可能损害集体效能的因素。首先，人类生活在全球化的世界中，全球某一地区发生的事情会影响其他国家的人们。例如，亚马逊热带雨林的破坏、国际贸易政策或臭氧层的枯竭，这些都可能影响世界各地人们的生活，并破坏他们为自己创造更美好世界的信心。

其次，虽然人们既不了解也不相信，但最新技术可能会降低他们的集体效能。例如，在过去的几年中，许多驾驶者对他们的驾驶能力充满信心。随着现代汽车中计算机控制技术的出现，许多中等熟练的汽修师不仅失去了修理汽车的个人效能，而且集体效能低下，因为他们无法扭转越来越复杂的汽车发展趋势。

再次，是复杂的社会机制、官僚阶层阻碍了社会变革。试图改变官僚结构的人通常会因目标结果与实际改变之间间隔太长而灰心。更令人沮丧的是，许多人放弃了自我的提升，而是将控制权交给了技术专家和公职人员。

最后，人类问题的广泛性和严重性会破坏集体效能。战争、饥荒、人口过多、犯罪和自然灾害只是一小部分可能使人们感到无助的全球性问题。尽管存在上述全球性问题，但班杜拉相信，只要人们坚持不懈地共同努力，不丧失信心，积极的改变是有可能发生的。

从世界范围来看，班杜拉得出结论：随着全球化深入人们的生活，对集体效能的适应性意识在促进人们的共同利益方面至关重要。

自我调节

当人们的自我效能较高，相信并依赖代理能动性并且拥有强大的集体效能时，他们将具备相当的能力来调节自己的行为。班杜拉认为人们使用被动和主动策略进行自我调节，也就是说，他们做出反应以减少他们的行为和目标之间的差异。当这些差异消除之后，他们会主动为自己设定新的、更高的目标。人们通过主动控制来激励和指导自己的行动，具体做法是为自己设定具有价值的目标，从而与现状造成失衡状态，然后根据对达成目标所需的预期来调动和分配自己的能力和努力。人们寻求不平衡状态的想法类似于戈登·奥尔波特的观点，即人们制造紧张的动机并不亚于降低紧张的动机（见第 12 章）。

哪些因素促成了自我调节？首先，虽然能力有限，但人们有能力操控进入交互范式中的外部因素。其次，人们有能力监控自己的行为，并根据近期和远期目标对其进行评估。因此，自我调节的行为源于外部和内部因素的相互影响。

自我调节的外部因素

外部因素至少以两种方式影响自我调节。首先，它们提供了评估自我行为的标准。标准不仅仅来自内部。环境因素与个人因素相互作用，形成了个人的评估标准。通过标准，我们从父母和老师那里习得诚实和友好的行事风格；通过直接的经验，我们习得温暖和干燥胜过寒冷和潮湿的常识；通过观察他人，我们发展了许多评估自我表现的标准。在上述每个示例中，个人因素都会影响我们学习的标准，但是环境因素也会发挥重要作用。

其次，外部因素通过提供强化来影响自我调节。仅仅依靠内部的奖赏是远远不够的，我们还需要来自外部因素的激励措施。例如，一位艺术家可能需要比自我满足更多的外部强化才能完成一幅大型壁画。环境支持也是必需的，如预付款或来自他人的夸赞和鼓励。

完成一个耗时很长的项目的动机通常来自环境因素，且形式通常是将动机分解成若干子目标，并在完成子目标后获得奖赏。艺术家可以在画完一个人物的手部之后享用一杯咖啡，或者在完成另一小幅壁画后休息吃午饭。但是，对不佳的表现进行自我奖励很可能引起环境因素的抵制。朋友可能会批评或嘲笑艺术家的作品，购买人可能会撤回预付款，或者艺术家可能会自我批评。当业绩不符合自我标准时，我们往往会停止对自己进行奖赏。

自我调节的内部因素

在自我调节中，外部因素与内部或个人因素相互作用。班杜拉指出了影响自我调节的三种必需的内部因素：（1）自我观察；（2）判断过程；（3）自我反应。

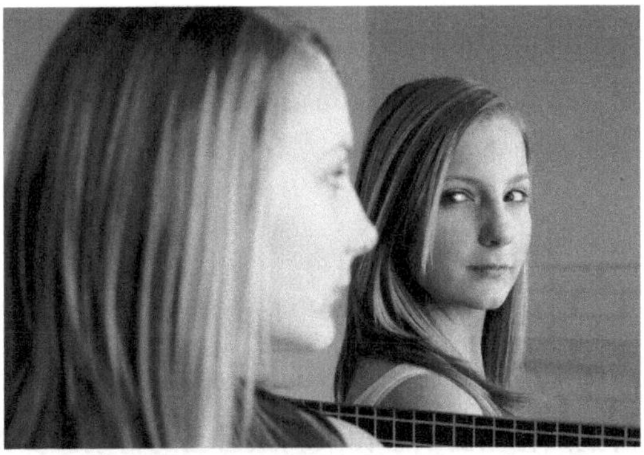

观察我们自己的表现是自我调节的第一步。
© Image Source / Getty Images.

自我观察

自我调节的第一个内部因素是对表现的**自我观察**（self-observation）。即使不必全程关注自己的表现，我们也必须对自己的表现进行监控。我们选择性地关注行为的某些方面，而完全忽略其他方面。我们观察到的内容取决于兴趣和其他先前存在的自我概念。在竞技类情境中，如绘画比赛、游戏比赛或考试，我们会注意完成的质量和数量、速度或独创性。在人际交往中，如结识新朋友或举报恶性事件，我们会监控行为的社交性或道德性。

判断过程

单凭自我观察并不能为调节自我行为提供足够的依据，我们还必须评估自己的表现。自我调节的第二个内部因素即*判断过程*（judgmental process），能帮助我们通过认知过程来调节自己的行为。我们不仅具有反思性的自我意识，而且能够根据我们为自己设定的目标判断自己的行动的价值。更具体地说，判断过程取决于个人标准、参照标准、活动评估和表现归因。

*个人标准*允许我们评估自己的表现，而无需与他人的行为进行比较。对一个 10 岁的残障儿童来说，绑鞋带的行为可能会受到高度重视。他不必仅仅因为其他孩子可以在更小的年龄就会做同样的事情而贬低自己的成就。

但是，个人标准具有局限性。对于大多数行为，我们通过与*参照标准*进行比较来评估自己的表现。例如，学生将自己的考试成绩与同班同学的成绩进行比较，网球运动员将自己的个人技能与其他运动员的进行比较。此外，我们将自己以前的表现作为评估当前表现的参照：“这些年来我的歌声有没有改善？”“我的教学能力现在比以往更好吗？”另外，我们通过与单个人（兄弟、姐妹、父母，甚至是讨厌的对手）的表现进行比较来判断我们的表现，也通过与规定的标准进行比较（如高尔夫球的标准杆或保龄球的完美得分等）来判断我们的表现。

除了个人标准和参照标准外，判断过程还取决于我们对一项活动的总体*价值*的评估。如果我们不太重视清洗碗碟或打扫灰尘的能力，那么我们将花费很少的时间或精力来提高这些能力。另一方面，如果我们高度重视在商业领域取得成功或获得 MBA 学位，那么我们将付出很多努力，以便在这些领域取得成功。

最后，自我调节还取决于我们如何看待行为表现的原因，即*表现归因*。如果我们相信我们的成功源于自己的努力，我们将为自己的成就感到自豪，并会更加努力地实现自己的目标。但是，如果我们将表现归因于外部因素，我们将不会获得那么多的自我满足，可能也不会为实现自己的目标而做出艰苦的努力。相反，如果我们认为我们应对自己的失败或表现不佳负责，那么我们将更容易朝着自我调节的方向努力，而不是确信自己的不足和恐惧是由于自己无法控制的因素造成的。

自我反应

自我调节的第三个也是最后一个内部因素是*自我反应*（self-reaction）。人们对自己的行为会做出积极的还是消极的反应，取决于这些行为是否符合其个人标准。也就是说，人们通过自我强化和自我惩罚来刺激自己的行动。例如，一个完成阅读任务的勤奋的学生可以用观看自己喜欢的电视节目作为对自己的奖赏。

自我强化并不依赖于行动后的即时反应；相反，自我强化在很大程度上取决于我们利用认知能力来调节行为的后果。人们为自己的表现设定标准，当达到标准时，往往会通过自我奖赏（如自豪）和自我满足等来调节行为；当达不到标准时，伴随而来的就会是自我不满或自我批评。

上述概念与斯金纳的观点——行为的后果是由环境决定的——形成了鲜明的对比。班杜拉假设，人们根据自己树立的标准努力获得奖励并避免受到惩罚。通常来说，奖励是有形的，但也伴随着自我调节的无形激励，如成就感。举例来说，诺贝尔奖设立了可观的金钱奖励，但对大多数获奖者而言，其更大的价值是物质奖励之外的自豪感或自我满足。

通过道德能动性进行自我调节

人们还通过道德行为标准来调节自己的行为。班杜拉认为道德行为有两个方面，即不伤害他人和主动帮助他人。但是，在我们对他人采取行动之前，我们的自我调节机制不会影响他人。我们没有自动的内部控制手段（如良心或超我）能够始终引导自己的行为，使之符合道德上始终如一的价值观。班杜拉认为，只有在道德规范转化为行动时，道德规范才能预测道德行为。换句话说，自我调节的影响不是自动的，只有在被激活时它才起作用，班杜拉称之为*选择性激活*（selective activation）。

对全人类的价值和尊严具有强烈道德信念的人，如何以不人道的方式对待他人？班杜拉的回答是："人们通常不会在没有为自己找出正当理由之前去从事会受到谴责的行为。"通过证明自己行为的道德性，人们可以使自己与行为后果分离或脱离，班杜拉将其称为**内部控制脱离**（disengagement of internal control）。

内部控制脱离让人们得以从事不人道的行为——不论独自行事还是与他人合作，同时依然保持其道德标准。例如，政客经常劝说选民相信战争的道德性。也就是说，战争是与"邪恶的"人进行的斗争，这些人应该被击败甚至被歼灭。

选择性激活和内部控制脱离让具有相同道德标准的人表现出千差万别的行为，让同一个人在不同的情境下做出不同的行为。图 17.2 展示了选择性激活和自我控制脱离。第一，人们可以通过各种方法（例如，从道德上证明其合理性，进行有利于自己的比较，或者给自己的

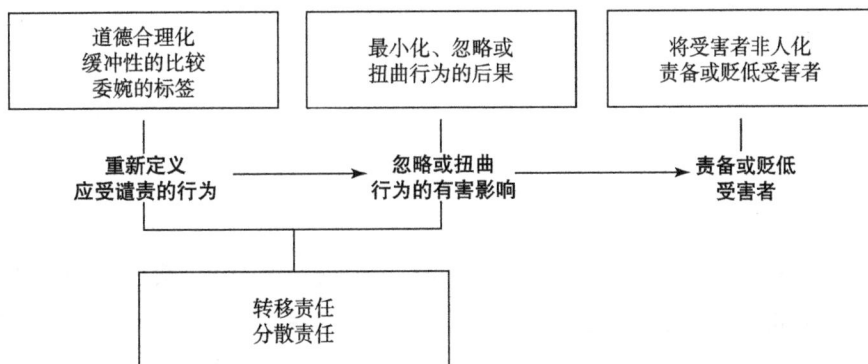

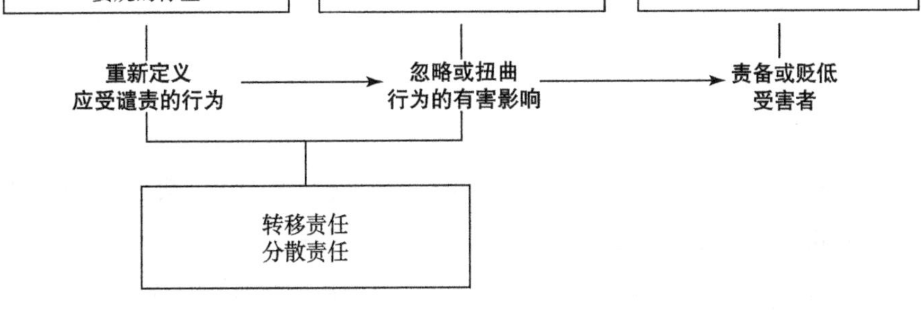

图 17.2 在自我调节过程中的不同节点上，内部控制选择性激活或脱离应受谴责行为的机制

行为加上委婉的标签，等等）来重新定义或重构行为的本质。第二，他们可以忽略或扭曲其行为的有害后果。第三，他们可以责备受害者或将受害者非人化。第四，他们可以通过掩盖自己的行为与这些行为的效果之间的关系来转移或分散对行为的责任。

重新定义行为

第一种方法是，通过重新定义行为，人们可以通过认知重组来合理化应受谴责的行为，从而将责任最小化或逃避责任。他们可以通过至少三种途径来减轻自己对行为应负的责任（见图 17.2 左上方的方框）。

第一，道德合理化。在这一过程中，原本应当受到谴责的行为似乎是种自我防卫，甚至是崇高的。班杜拉举了第一次世界大战中的阿尔文・约克（Alvin York）中士的例子。他曾是一个出于良心而拒服兵役的人，认为杀戮在道德上是错误的。在他的营长从《圣经》中找出在道德上有理由杀人的论述之后，经过长时间的祈祷和内心斗争，约克深信杀死敌方的士兵在道义上是正当的。重新定义杀戮之后，约克杀死、俘获了 100 多名德国士兵。

第二，将该行为与他人的更大的暴行进行有利于自己的或缓冲性的比较。例如，打破学校窗户的孩子会以他人打破了更多的窗户为自己辩护。

第三，给行为贴上委婉的标签。承诺不提高税收的政客会用“政府收入增加”的表述来代替税收，纳粹将对数百万犹太人的谋杀称作是“欧洲的净化”或“最终解决方案”。

忽略或扭曲行为的后果

第二种方法是忽略或扭曲或掩盖行为与有害后果之间的关系（见图 17.2 中上部的方框）。班杜拉认识到至少有三种扭曲或掩盖行为的有害后果的方法。首先，人们可以最小化其行为的有害后果。例如，驾驶员闯红灯并撞到行人，虽然行人流着血，躺在人行道上不省人事，但驾驶员说：“她伤得不重，她会没事的。”

其次，人们可以无视或忽略行为的有害后果，因为他们没有亲眼看到行为的有害影响。在战争中，国家元首和将军们很少看到他们的决定所造成的破坏和死亡。

最后，人们可能会歪曲或曲解其行为的有害后果。例如，父母殴打孩子，已经达到了严重挫伤的程度时，却解释说孩子需要管教才能正常成长。

责备或贬低受害者

第三种方法，人们可以将受害者非人化或责备、贬低他们，以此掩盖自己行为的责任（见图 17.2 右上方的方框）。

在战争中，人们经常将敌人视为次等人，因此他们在杀死敌方士兵时就不需要感到自责。在美国历史上的各个时期，犹太人、非裔美国人、西班牙裔美国人、美洲原住民、亚裔美国人、同性恋者和街头流浪者都曾是被非人化的受害者。这样一来，善良、体贴和温柔的人就可以对这些群体实施暴力、侮辱或其他形式的虐待，同时避免对自己的行为负责。

如果受害者没有被非人化对待，他们可能会受到加害者的指责和贬低。强奸犯可能责备受害者穿了性感的衣服，或者做出了挑逗的行为。

转移或分散责任

第四种方法是*转移或分散责任*（见图 17.2 下部的方框）。通过*转移责任*，人们将责任归于外部因素，从而最小化其行为的有害后果。例如，一名雇员认为老板应对其效率低下负责，一名大学生把成绩不好归咎于教授。

通过*分散责任*将责任分摊开来，以至于没有一个人对此负责。公职人员可能会在整个机构中分散自己行为的责任，例如，他可能会说："这就是在这里做事的方式。""那只是按政策办事。"

功能障碍行为

班杜拉的三元交互因果论假设，行为的习得是三个因素相互作用的结果：（1）个人因素，包括认知和神经生理过程；（2）环境，包括人际关系和社会经济状况；（3）行为因素，包括以前的强化经历。功能障碍行为也不例外。在班杜拉的概念中，功能障碍行为是指容易导致抑郁反应、恐惧症和攻击行为的行为。

抑郁

较高的个人标准和目标更容易导致成功和自我满足。但是，当人们将目标设定得太高时，他们很可能会失败。失败常常导致抑郁，而抑郁的人又经常低估自己的成就。其结果是长期的痛苦、无价值感、目标缺乏和弥散的抑郁。班杜拉认为，功能障碍性的抑郁可能存在于自我调节的三大因素中：（1）自我观察；（2）判断过程；（3）自我反应。

首先，在自我观察过程中，人们可能会误判自己的表现或扭曲对过去成就的记忆。抑郁的人倾向于夸大其过去的错误，并最小化以前的成就，这种倾向使他们的抑郁长期存在。

其次，抑郁的人可能做出错误的判断。他们为自己设置的标准高得出奇，以至于所有的个人成就都被视为失败。即使他们在他人眼中取得了成功，他们也仍然继续贬低自己。当人们设定的目标和个人标准远高于其实现目标的能力时，抑郁就特别容易发生。

最后，抑郁者的自我反应与非抑郁者的自我反应完全不同。抑郁者不仅会严厉地评价自己，而且容易因自身的缺点而虐待自己。

恐惧症

恐惧症是指十分强烈、广泛存在的害怕，它使人们在日常生活中感到极度虚弱。例如，对于蛇的恐惧使人们无法从事许多工作，也无法享受许多娱乐活动。恐惧症和害怕是因为直

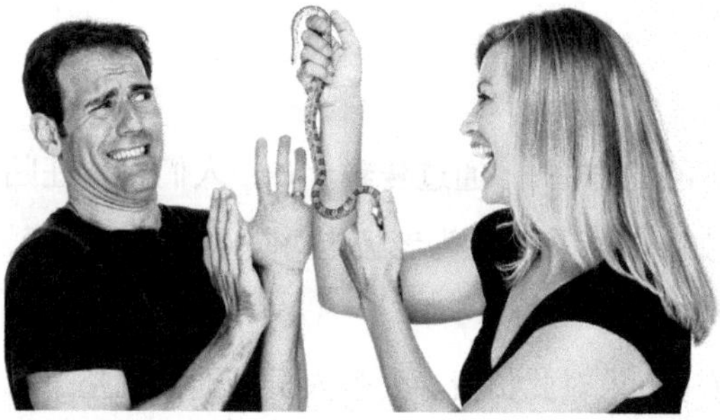
恐惧症会干扰日常功能 © Kevin Landwer-Johan/iStock/Getty Images Plus/Getty Images

接接触、不适当的概括及观察到的经验而产生的。如果仅是避开令人感到恐惧的对象，恐惧症很难完全消除。除非以某种方式战胜令人恐惧的对象，否则恐惧症将持续存在。

班杜拉认为，电视和其他新闻媒介引起了人们的诸多恐惧。广泛宣传的强奸、武装抢劫和谋杀可能让整个社区的人感到恐惧，导致人们将自己锁在的家里过着胆战心惊的生活。其实大多数人从未被强奸、抢劫，也从未遭受故意伤害，可许多人仍然担心遭到犯罪袭击。暴力犯罪行为看起来是随机发生的，因此最有可能引发恐惧反应。

一旦患上恐惧症，恐惧症将由随后的决定性因素维持，也就是说，恐惧症患者在回避引起恐惧的情境时会不断受到负强化。例如，如果人们预期步行穿过城市公园时会产生厌恶经历（被抢劫），他们将不进入公园甚至不靠近公园，以减少受到威胁的可能性。在这个例子中，功能障碍（回避）行为是由人们的期望（相信自己可能会被抢劫）、外部环境（城市公园）和行为因素（他们以前的恐惧经历）相互影响而产生并维持的。

攻击

攻击行为如果变得极端，就有可能成为功能障碍行为。班杜拉认为，攻击行为是通过观察他人、直接的正强化和负强化经验、训练或指导及异常的信念等直接经验而产生的。

攻击行为一旦建立，将因以下五个原因得以维持：（1）他们喜欢对受害者造成伤害（正强化）；（2）他们避免或抵抗遭受他人攻击的厌恶后果（负强化）；（3）他们因为没有表现出攻击行为而受到伤害（惩罚）；（4）他们通过攻击行为达到个人行为标准（自我强化）；（5）他们观察到他人因攻击行为而获得奖励或因非攻击行为而受到惩罚。

班杜拉认为，攻击行动通常会导致更多的攻击行为。这一观点源于班杜拉、多莉·罗斯（Dorrie Ross）和希拉·罗斯（Sheila Ross）曾开展的一项经典研究，该项研究发现，观察到他人攻击行为的儿童比没有观察到他人攻击行为的儿童更具有攻击性。在这项研究中，实验人员将斯坦福大学幼儿园的男孩和女孩编入了三个实验组和一个对照组。

第一个实验组的孩子在现场观看一系列演示行为，包括对玩偶等玩具的言语和身体攻击；第二个实验组的孩子观看一则短片，内容是同样的人在做同样的行为；第三个实验组的孩子观看一部科幻电影，内容是打扮成黑猫的人在对玩偶做出同样的攻击行为。对照组的孩子与实验组的孩子在实验前的攻击评分方面是匹配的，但是他们没有观看任何有关攻击的演示行为。

三个实验组的孩子观察实验人员责骂、脚踢、拳打、用棒子击打玩偶后进入另一个房间，在那里受到轻微的挫败。遭受挫败后，所有的孩子都来到实验室里。那里有一些玩具（如小一些的玩偶），可以用攻击的方式来玩。此外，实验室里还有一些非攻击性的玩具（如茶具和着色材料）。观察者通过单向镜观察孩子对玩具的攻击或非攻击反应。

和设想的一样，暴露于攻击性人员前的孩子比未暴露于攻击性人员前的孩子表现出更多的攻击反应。但与预期不同的是，研究者发现，三个实验组中孩子表现出的攻击总量并没有差异。观察过短片攻击行为的孩子与暴露在现场示范人员或电影示范人员下的孩子一样具有攻击性。总体而言，每个实验组的孩子表现出的攻击行为数量大约是对照组的两倍。此外，孩子表现出的攻击行为的类型与示范人员所展现的非常相似。孩子们责骂、脚踢、拳打并用棒子击打玩偶，十分接近示范人员的行为。

这项研究已经过去 40 多年了，当时，人们主要在争论电视中的暴力镜头对儿童和成年人的影响。有些人认为，观看电视中的攻击行为能对孩子产生宣泄影响。也就是说，拥有攻击的替代经验的孩子没有动机在现实中再采取攻击行为。而班杜拉、多莉·罗斯和希拉·罗斯的研究第一次通过实验证据表明，电视中的暴力镜头并不能遏制攻击行为，相反，它会引发更多的攻击行为。

治疗

班杜拉认为，功能障碍行为是在社会认知学习原则的基础上形成的，它们之所以存在，是因为能够在某些方面达成目标。因此，考虑到它们能够满足人的需求，想要通过治疗改变功能障碍行为是困难的。例如，吸烟、饮酒、暴食等在最初通常会产生积极效果，且其长期的厌恶后果通常来说又不足以让人回避这些行为。

社会认知疗法的最终目标是自我调节。为了达到这个目标，治疗师可以使用各种策略，诸如诱导特定的行为改变、在其他情境中泛化这些改变、维持这些改变并防止复发等。

治疗的第一步是促使行为发生某些变化。例如，如果治疗师能够消除患有恐高症的人对高度的恐惧，那么变化就已经发生，这个人将能够爬上六米高的梯子而不感到害怕。更重要的是治疗的第二步，泛化这种特定的改变。例如，恐高的人不仅需要爬上梯子，而且还要能从飞机或高层建筑的窗户向外看。有时通过治疗能够引起改变并促进泛化，但随着时间的流逝，治疗效果会逐渐丧失，患者的功能障碍行为可能会再次出现。人们在戒烟、戒酒和戒除暴食的过程中，很容易会复发。所以有效的治疗还有第三步，即维持改变，防止复发。

班杜拉提出了几种基本的治疗方法。第一种方法是*外显的或替代的示范作用*。人们观察到现场的或影像中的人做出了具有威胁性的行为，通常能够降低自身的恐惧和焦虑，并且能够做出相同的行为。

第二种方法是*内隐的或认知的示范作用*，即人们幻想他人做出了令他们害怕的行为。不管外显的还是内隐的示范作用，都要付诸实践才最有效。

第三种方法叫作*亲历掌握*（enactive mastery），要求患者做出那些会让自己产生巨大恐惧的行为。不过，亲历通常不是治疗的第一步。患者通常会从观察他人开始，或者通过系统性脱敏来降低情绪唤醒，也就是通过自我引导或治疗师的引导来使自己放松，以消除焦虑或恐惧。在系统性脱敏中，治疗师和患者共同协作，将引起恐惧的情境按照威胁性从小到大的顺序进行排列。患者在放松的同时，先亲历威胁性最小的行为，然后按照排列顺序逐级上升，直到他们可以做出威胁性最大的行为，同时始终保持较低的情绪唤起状态。

班杜拉已经证明，上述这些策略都是有效的，并且在结合使用时能够发挥最大的作用。班杜拉认为，这些策略之所以有效，源于这些方法的共同机制，即*认知的中介性作用*。当人们通过认知提高了自我效能时，也就是说，当他们确信自己可以执行艰巨的任务时，他们就能够在现实中应对以前令他们害怕的情况了。

相关研究

阿尔伯特・班杜拉的社会认知理论在心理学的多个领域中引发了大量研究，仅关于自我效能的研究每年就多达数百项。自我效能已广泛应用于诸多领域，包括学业表现、工作成果、抑郁、避免无家可归状况、反恐怖主义及人类健康等的研究。下面我们将聚焦自我效能对促进健康、避免欺凌和控制人口这三方面的影响。

自我效能与糖尿病

班杜拉的社会认知理论对许多人的日常生活产生了巨大的影响，尤其在促进健康和预防疾病方面。班杜拉本人就十分鼓励人们应用社会认知理论来开展增加社会福祉、促进人类健康、延长人类寿命的研究。

最近，威廉・萨科（William Sacco）及其同事研究了班杜拉的自我效能与 2 型糖尿病的关系。糖尿病是一种慢性疾病，需要非常仔细地加以控制，包括特殊的饮食和运动习惯。糖尿病给人们带来了各种各样的身体困扰，同时也带来了重大的心理健康问题，糖尿病患者的抑郁障碍发病率是普通人的两倍。抑郁障碍的标志性特征之一是缺乏动力，考虑到糖尿病患者必须遵守严格的饮食和运动计划，抑郁障碍对于试图控制糖尿病的患者尤成问题。患者对疾病控制行为的依从性越差，糖尿病的症状就越严重，最终导致螺旋式下降，对身心健康产生负面影响。

因此，萨科及其同事将自我效能作为一个变量，研究其能否促进对疾病管理计划的依从性并减少负面的身心健康症状。他们的预测是，患者的自我效能越高，他们遵循疾病管理计划的可能性就越大，因此他们的感觉也就越好。

为了检验这些预测，萨科及其同事招募了一组被确诊为 2 型糖尿病的成年人参与者。参与者完成了自评量表，用来测量他们的饮食、运动、血糖测试和服药情况，以及抑郁水平和自我效能水平——该量表用于评估患者在糖尿病管理方面的自我效能。此外，参与者完成了对糖尿病症状发生频率和严重程度的测量，并根据他们的病历资料计算了他们的身体质量指数（body mass index，BMI）。

这项研究的结果清楚地表明了自我效能对于控制慢性疾病的重要性。较高的自我效能与较低的抑郁水平、较高的医嘱依从性、较低的 BMI 及较轻的糖尿病症状相关。鉴于研究结果明显地指向自我效能的重要性，研究者进一步考察了自我效能在糖尿病管理中的作用。在研究中，萨科及其同事发现，BMI 与抑郁水平呈正相关，而遵循医嘱与抑郁水平呈负相关。

自我效能会在这些关系中发挥作用吗？为了回答这个问题，研究人员进行了更复杂的分析，他们的发现进一步表现在控制像糖尿病这样的疾病时，患者对自己健康的控制是多么重要。自我效能直接影响 BMI 与抑郁水平之间的关系，以及依从性与抑郁水平之间的关系。具体而言，BMI 较高的人自我效能感较低，并导致了抑郁水平的升高。相反，能够遵循疾病管理计划的人，其自我效能得到了提高，而正是这种对疾病的控制感的提高使抑郁水平降低。

道德脱离和欺凌

当做坏事的时候，我们可以让自己相信这些行为其实不是坏的或不道德的——通常的道德标准并不适用于现在的情境。这就是社会心理学家所说的“道德脱离”。班杜拉最近出版了一本书，名为《道德脱离：人们如何施害并自处》（*Moral Disengagement: How People Do Harm and Live with Themselves*）。在这本书里，班杜拉提出了通过道德能动性进行自我调节的理论，并回顾了数十年来的研究、新闻证据和干预举措。

与道德脱离有关的广受社会关注的问题之一是青少年群体的欺凌行为。我们通常认为“坏的”或具有攻击性的孩子缺乏道德判断，因此他们无法理解是与非。但是，班杜拉认为，行为的自我调节所涉及的不仅仅是理论判断，道德行为是通过一系列自我调节机制，通过道德能动性而产生的。然而，这种道德能动性在我们内部并不是一成不变的，而且许多心理机制和社会机制使“坏的”行为能够摆脱自我约束或自我制裁。这样，欺凌者就可以攻击他人，而不会感到其道德上的“错误”。班杜拉描述了道德脱离的机制：

（1）从积极的角度重新定义自己的行为或者在认知上重构自己的行为；

（2）最小化自己在伤害中扮演的角色；

（3）忽视或扭曲伤害行为对他人造成的恶劣后果；

（4）剥夺受害者的人类属性，或者让受害者承担其受伤害的责任。

班杜拉及其同事研发了一系列自陈式量表，用来测量与上述机制挂钩的道德脱离倾向，而且，这些量表还被调整以适合各种人群（如道德脱离量表，the Moral Disengagement Scale MDS）。

研究者进行了一项重要的综合分析，囊括 27 项发展心理学研究，以便考察班杜拉的道德脱离预测因素与学龄儿童和青少年的欺凌行为之间的关系。他们得出结论，男生的道德脱离和攻击行为的总体水平通常高于女生，但是道德脱离与欺凌行为之间的关系在男女之间是一样的。总体而言，汇总分析显示，儿童和青少年在MDS上的得分越高，他们的行为就越恶劣。

其他研究则探讨了为何更常见的欺凌不是由个体发出的，而是由群体发出的。这就是集体道德脱离，即同学或队友以一种令人费解的方式相互影响；在某种程度上，群体道德脱离比个体道德脱离的叠加更强烈。例如，研究者研究了意大利城市和郊区的 49 所公立学校的 6 至 10 年级的学生，样本共包含 918 名初中生和高中生。这些学生完成了关于自己的攻击行为、防御行为和消极旁观行为的问卷，也填写了 MDS。另外，研究者要求学生对 17 项使用了“在你所在的班级中，有多少孩子认为……”框架进行提问的问题进行评分，从而评估了集体道德脱离。其中一些问题是“殴打那些对你的家人口出恶言的人是可以的”“受到虐待的孩子通常是罪有应得”。

这项研究的结果表明，个人道德脱离或集体道德脱离都能导致对欺凌受害者的攻击行为。他们发现，更可能欺凌他人的学生不仅在个体层面倾向于对欺凌受害者的行为采用脱离的辩护（如受害者罪有应得或咎由自取），而且会在群体层面认为班级中的其他人也会普遍采用相同的合理化辩护。而且值得注意的是，在个人道德脱离与防御、消极旁观行为之间仅存在弱相关。相反，集体道德脱离与防御、消极旁观行为之间却存在着显著的正相关。如果学生在个体层面认为自己的同班同学倾向于道德脱离，那么他们更有可能保护攻击性欺凌行为的受害者。基尼（Gini）及其同事指出，为保护受害者免受欺凌而站出来的同龄人能够抵抗集体的压力，不会变得消极，或者接受欺凌行为，甚至为欺凌行为辩护。这些保护者不知为何更有个人责任感，愿意站出来制止不良行为，因为没有他人这样做。最后，班级层面的集体道德脱离会导致更严重的欺凌和消极旁观，而集体道德脱离程度较低的班级则更容易出现保护者。

不幸的是，同龄人站出来保护或防护欺凌受害者的积极干预行为非常罕见，但是从班杜拉理论出发的其他研究表明，就算是旁观者也并非全都一样。例如，索恩伯格（Thornberg）和荣格特（Jungert）对瑞典的 300 多名青少年进行了研究，发现学生的道德脱离程度预测了他们在目睹欺凌行为时会如何应对。那些在道德脱离上得分特别高的人所做的比消极旁观者所做的更多，他们实际上更有可能支持或鼓励欺凌者。相反，认为欺负受害者应该得到谴责的年轻人更有可能施以援手。特别是那些具有较高自我效能感，认为自己有能力当一个协调者和平息欺凌者怒气的旁观者，伸出援手的可能性更高。

班杜拉在个人和集体层面的道德脱离机制和效能理论为开展制止欺凌的干预工作提供了良好的基础。在挪威，一个大规模的反欺凌项目在学生、家长、班级、学校乃至整个社区层面处理了这一问题，经过评估，该项目展现了良好的效果。

社会认知理论“走向全球”

班杜拉最新的研究将社会认知理论推向了全新的应用方向，旨在提供应对人口激增等全球性问题的解决方案。人口传媒中心是一个以改变社会为目标、把娱乐性教育引入非洲、亚洲和拉丁美洲的团队。班杜拉与人口传媒中心合作，协助制作了一系列电视连续剧。有证据表明，这些连续剧可以鼓励电视观众和广播听众通过观察学习而做出积极的行为改变。已有研究证明，它可以提高观众认为自己有能力解决家庭人口问题的自我效能感，提高避孕手段的使用率，以及提高妇女在家庭、社会和教育生活中的地位。合作双方的最新成果是探索这类电视连续剧在促进环境保护行为方面的效果。

2009 年，班杜拉在英国心理学会作了关于这一非常有效的理论应用的演讲，在演讲的最后，他号召大家行动起来。

全球问题让人们感到无能为力。人们感觉自己无力减少此类问题。口号为“全球思考，本地行动”的项目是全球问题本地化的一种尝试。我们在全球范围内应用社会认知理论，拓宽了这一理论的应用规模与范围，以促进个人和社会的改变。这些应用反映了集体努力——将多方的专业知识相结合——能够对那些看似无法解决的问题产生广泛的影响。作为一个集体，前人通过合作改变了社会，让我们获益并生活得更好。而我们自己的集体效能将决定我们是否能将一个适宜生存的星球留给我们的子孙后代。因此，当你运用我们的知识和你的个人影响力去拯救我们濒危的星球时，自我效能的力量将与你同在！

这一激动人心的合作项目很好地说明了人格理论如何为解决全球性的社会问题提供了方案。显然，自我效能这一概念具有深远的影响，不止影响了我们的个人生活，也影响着集体行动。有鉴于此，不难理解为什么班杜拉的理论能够不断地引发具有广泛影响的研究和应用。

对班杜拉的评价

在理论建构方面，班杜拉以创新的推测和准确的观察为基础，最终发展出社会认知理论。他的理论推测很少超出他的资料的范围，但经过了缜密的推论，又比观察结果更进一步。这种合理的科学程序增加了他的假设产出积极结果的可能性，也增加了他的理论引发其他可检验假设的可能性。

与其他人格理论一样，班杜拉的人格理论是否有用，取决于其引发研究、可以证伪和组织知识的能力。此外，它应该可以被当作行动的实用指南，保持内部一致性且具有简约性。班杜拉的理论在这六个标准上的评分如何？

班杜拉的理论已经引发了数千项研究，因此在**引发研究**的能力方面，它应该得一个高分。班杜拉和他的学生已经完成了许多研究，此外还有很多其他研究者也在应用该理论。班杜拉可能是所有人格理论家中最缜密的作家，他的结构严谨的系统阐述非常有利于产生大量的可检验假设。

在**可证伪性**的标准上，班杜拉的理论也应该得到高分。自我效能理论认为：“人们对个人效能的信念会影响他们如何选择行动方案、在行动上投入多少精力、面对障碍和失败时坚持多长时间，以及他们面对挫折时的适应能力。”这句话指出了自我效能理论可证伪的几个研究领域。

在组织知识的能力上，班杜拉的理论可以得高分。心理学研究的许多发现可以运用社会认知理论来进行组织。三元交互因果模型是一个综合的概念，为大多数可观察的行为提供了可行性解释。与斯金纳的激进行为主义（主要依赖于环境变量）相比，三元交互因果范式包含了三个变量，让班杜拉的理论在组织和解释行为方面更具灵活性。

班杜拉的社会认知理论是否实用、可指导行动？对治疗师、老师、父母或任何对获得和维持新行为感兴趣的人，自我效能理论都提供了有用的、具体的指导。除了提供促进个人效能和集体效能及对代理能动性的有效使用的方法外，班杜拉的理论还提供了通过观察学习和榜样作用来掌握行为的方法。

班杜拉的理论具有内部一致性吗？由于班杜拉的社会认知理论的空想并不多，因此其具有出色的内部一致性。班杜拉善于推论，但他的推论从来没有超出可用的经验资料。最终形成一个精心编排、严格撰写且具有内部一致性的理论。

有用理论的最后一个标准是简约性。同样，班杜拉的理论达到了很高的水准。他的理论简单、直接，并且不受假设或虚构的解释的拖累。

对人性的构想

班杜拉认为人有能力做出各种各样的行为，而这些行为中的大多数是通过示范作用习得的。如果人类的学习依赖于试错法提供的直接经验，那么将是极其缓慢、乏味且危险的。幸运的是，人类已经发展出用于观察学习的高级认知能力，使他们能够通过示范作用的力量来塑造和构建生活。

班杜拉相信人们具有强大的可塑性和灵活性，而可塑性和灵活性是人性的根本。由于人类已经进化出符号化自己经历的神经生理机制，因此人的天性是非常灵活的。人们有能力存储过去的经验，并在此基础上规划未来的行动。

人们使用符号的能力为他们提供了了解和控制环境的强大工具。这种能力让人们无需诉诸低效率的反复试错就能解决问题，还能想象自己行动的后果，并为自己设定目标。

人类是受目标引导的、有目的性的生物，可以通过了解未来行为的可能后果来审视未来并赋予其意义。人类可以预见未来，并相应地调整当下的行为。未来并不能决定行为，但是其认知表征可以对当前行为产生强大的影响。人们为自己设定目标，预期可能采取的行动的后果，并选择和制定可能产生预期结果并避免有害后果的行动方案。

尽管人们基本上是面向目标的，但班杜拉认为人们的意图和目标是独特的，而非普遍的。人们不是由追求优越或自我实现等单一的首要目标所推动的，而是由多个目标所推动，其中有近期目标，也有远期目标。但是，个体的意图通常也不是散漫的，而是具有一定的稳定性和秩序性。认知使人们有能力评估可能的后果，并限制那些不符合其行为标准的行为。因此，个人标准也能够让人的行为具有一定程度的一致性，即使该行为缺乏推动它的首要动机。

班杜拉的人性概念是*乐观主义*的而非悲观主义的，因为该概念主张人们有能力在一生中不断学习新的行为。而与此同时，由于人们自我效能较低或者感知到强化，导致其功能失调的行为可能会持续存在。然而，这些不健康的行为可能不会持续太久，因为大多数人有能力通过模仿他人富有成效的行为及运用自己的认知能力来解决问题并做出改变。

当然，班杜拉的社会认知理论更强调*社会因素*，而非生物学因素。不过，它也承认遗传因素对三元交互因果范式中的个人因素（P）的影响。但是即使在这一范式中，认知也处于支配地位，因此生物学因素就变得不那么重要了。此外，显然社会因素对其他两个变量——环境（E）和行为（B）要更重要一些。

我们认为，班杜拉更倾向于*自由选择*而非决定论，因为他相信人们可以对自己的生活拥有很大程度的控制。尽管人们会受到环境和强化经验的影响，但他们还是有能力对这两个外部条件加以塑造。在某种程度上，人们可以管理那些会影响未来行为的环境条件，并且可以选择忽略或增强以前的经历。人类的能动性表明其具有较高的自我效能、集体效能，并且能够有效利用榜样作用的人，使其在很大程度上影响自己的行为。但是，一些人比其他人拥有更多的自由，因为他们更擅长调节自己的行为。班杜拉将自由定义为“人们拥有的选择的数量和执行其选择的权利”。因此，个人自由是有限的；它受到法律、偏见、法规和他人权利等物理约束的限制。此外，个人因素，诸如较低的自我效能感或缺乏信心，也限制了个人自由。

至于*因果论还是目的论*的问题，班杜拉的立场是中立的。人类功能是环境因素、行为和个人因素（尤其是认知活动）相互作用的产物。人们有目的地趋向既定目标，但是人们的动机既不来自过去，也不来自将来，而是就存在于当下。尽管未来的事件无法成为动机，但人们对未来的构想可以且确实在调节当前的行为。

社会认知理论强调*有意识*的思考，而不是行为的无意识的决定因素。行动的自我调节依赖于自我监控、判断和自我反应，所有这些在学习过程中通常都是有意识的。人们在学习过程中不会停止思考。他们会对自己的行为如何影响环境做出有意识的判断。经过学习，某种行为变得根深蒂固之后，它们可能会变成无意识的，如运动行为。人们在走路、吃饭或开车时也不必觉知自己的一举一动。

班杜拉认为，*生物因素还是社会因素*的划分是错误的二分法。尽管人们受到生物力量的限制，但人们拥有显著的可塑性。社会环境让人们可以执行多种行为，包括将他人当作榜样。每个人都生活在许多社会网络中，因此受到各类人的影响。计算机网络和网络媒介等形式的现代技术促进了社会影响的传播。

由于人们具有非凡的灵活性和学习能力，因此人与人之间存在着巨大的个体差异。但是，班杜拉强调，人的*独特性*既受到生物因素的调节，也受到社会因素的调节，而这两种因素在不同的人之间多少有些相似之处。

重点术语及概念

- 观察学习使人们无须做出任何行为即可学习。
- 观察学习需要（1）对榜样的注意；（2）观察的组织和保持；（3）行为复现；（4）执行榜样行为的动机。
- 当我们的反应产生了后果时，亲历学习就会发生。
- 人的功能是环境事件、行为和个人因素相互影响的产物，这一模型被称为三元交互因果模型。
- 偶然相遇和偶然事件是两个重要的环境因素，它们以计划外和意想不到的方式影响人们的生活。
- 人类能动性意味着人们可以且确实能够对自己的生活施加一定程度的控制。
- 自我效能是指人们相信自己在特定情况下能够执行一些可以产生预期结果的行为。
- 代理能动性是指人们有能力依靠代理方，让他们提供商品和服务。
- 集体效能是指人们相信团体中的成员能够共同努力并引起社会变化。
- 人们具有一定的自我调节能力，他们使用外部和内部因素进行自我调节。
- 外部因素为我们提供了评估自己行为的标准，并（以从他人那里获得奖赏的形式）得到外部强化。
- 自我调节的内部因素包括自我观察、判断过程和自我反应。
- 通过选择性激活和内部控制脱离，人们可以将自己与行为的有害后果分离。
- 选择性激活和内部控制脱离的四种主要技术是：（1）重新定义行为；（2）无视或扭曲行为的后果；（3）将受害者非人化或将伤害原因归咎于受害者；（4）转移或分散责任。
- 功能障碍行为，如抑郁、恐惧症和攻击行为，是通过环境、个人因素和行为的相互影响而产生的。
- 社会认知疗法强调认知的中介过程，尤其是感知到的自我效能。

CHAPTER 18

第 18 章

罗特和米歇尔：社会认知学习理论

米歇尔
由米歇尔·迈尔斯提供。

- 社会认知学习理论概要
- 朱利安·B.罗特小传
- 罗特的社会学习理论绪论
- 预测具体行为
  - 行为潜能
  - 期望
  - 强化值
  - 心理情境
  - 基础预测公式
- 预测一般行为
  - 泛化期望
  - 需要
  - 一般预测公式
  - 强化的内部控制和外部控制
  - 人际信任量表
- 适应不良行为
- 心理治疗
  - 改变目标
  - 消除低期望
- 米歇尔的人格理论绪论
- 沃尔特·米歇尔小传
- 认知–情感人格系统的背景
  - 一致性悖论
  - 人–情境交互作用
- 认知–情感人格系统
  - 行为预测
  - 情境变量
  - 认知–情感单元
- 相关研究
  - 控制源和大屠杀中的英雄行为
  - 人–情境交互作用
  - 棉花糖与终生自我调节
- 对社会认知学习理论的评价
- 对人性的构想
- 重点术语及概念

两个选项中的哪一个最符合你的信念？请在 a 或 b 上打钩。

1. a. 运气是人们成功的主要原因。
   b. 人们自己创造运气。
2. a. 想要遇到雷暴天气，有一种方法是计划一次野餐或其他户外活动。
   b. 天气与人们的意愿无关。
3. a. 学生的成绩主要是偶然的结果。
   b. 学生的成绩主要是努力的结果。
4. a. 人们无法控制污染环境的大型工业。
   b. 人们可以共同努力，防止大型工业将废物倾倒到环境中。
5. a. 受欢迎的高中生是由于无法控制的事情，如漂亮的外表。
   b. 受欢迎的高中生是由于学生自身的努力。
6. a. 因车祸受伤是无法避免的。落到你头上，只能认倒霉。
   b. 事实证明，系好安全带、在汽车中装备安全气囊及在限速范围内驾驶是减少机动车碰撞伤害的有效方法。

上述项目与朱利安·罗特（Julian Rotter）在内部 – 外部控制量表（Internal-External Control Scale）中使用的项目类似，该量表通常被称为控制源（Locus of Control）量表。我们将在强化的内部控制和外部控制小节中讨论这一广受欢迎的量表，并对这些项目的含义进行分析。

社会认知学习理论概要

朱利安·罗特和沃尔特·米歇尔（Walter Mischel）提出的社会认知学习理论基于这样一个假定，即*认知*因素塑造了人们受到环境力量影响时的反应方式。两位理论家都反对斯金纳的观点（即行为由即时强化塑造），指出人们对未来事件的*期望*是行为的主要决定因素。

罗特认为，最好的预测人类行为的路径是理解人与其充满意义的环境之间的*相互作用*。作为一名*互动主义者*（interactionist），他认为环境本身和人类个体都不对行为负完全责任。相反，他认为人们的认知、过去的历史及对未来的期望是预测行为的关键。从这一点来看，罗特与斯金纳（见第 16 章）的观点是不同的，斯金纳认为强化归根结底来源于环境。

米歇尔的社会认知理论与班杜拉的社会认知理论、罗特的社会学习理论有很多共同点。像班杜拉和罗特一样，米歇尔认为，诸如期望、主观感知、价值观、目标和个人标准等认知因素在人格的塑造中具有重要作用。他对人格理论的研究从对**延迟满足**（delay of gratification）的研究开始，一直到关于人格一致性或不一致性的研究，目前他正与正田佑一（Yuichi Shoda）合作开发认知 – 情感人格系统。

朱利安·B. 罗特小传

朱利安·B. 罗特（Julian B. Rotter）于 1916 年 10 月 22 日出生于美国纽约市的布鲁克林，是作为犹太移民的父母的第三个儿子，也是最小的儿子，研发了控制源量表。罗特回忆道，他是阿德勒描述的那种爱竞争、爱“战斗”的最小的孩子。尽管父母信奉犹太人的宗教习俗，但他们并不是很虔诚。罗特将其家庭的社会经济状况描述为“在大萧条之前一直是安乐的中产阶级，但大萧条时我父亲的批发文具业务破产了，我们全家就加入了失业大军，这种日子持续了两年”。大萧条引起了罗特对社会不公的关注并持续终生，也让他理解了情境条件影响人类行为的重要性。

在小学和中学阶段，罗特是一位狂热的阅读爱好者，在高中三年级时他几乎读遍了当地公共图书馆所有的小说。在这种情况下，有一天，他来到了心理学的书架前，并在那里发现了阿德勒的《理解人类本性》（*Understanding Human Nature*）、弗洛伊德的《日常生活的精神病理学》（*Psychopathology of Everyday Life*）和卡尔·门林格（Karl Menninger）的《人类精神》（*The Human Mind*）。阿德勒和弗洛伊德的书给他留下了特别深刻的印象，很快他就又回到这个书架前寻找更多的相关书籍。

在考入布鲁克林学院时，他已经对心理学产生了浓厚的兴趣，但是他选择了化学专业，因为在 20 世纪 30 年代大萧条时期，化学专业似乎具有更高的就业率。在布鲁克林学院读大三时，他得知阿德勒是长岛医学院的医学心理学教授。于是，他参加了阿德勒的医学讲座和几次临床演示。最终，他与阿德勒相识并受其邀请参加了个体心理学学会的会议。

1937 年，罗特从布鲁克林学院毕业，此时他在心理学上修得的学分比在化学上修得的学分更多。而后，他进入爱荷华大学心理系攻读研究生，并于 1938 年获得硕士学位。他在马萨诸塞州的伍斯特州立医院完成了临床心理学实习，在那里他遇到了未来的妻子克拉拉·巴恩斯（Clara Barnes）。1941 年，罗特在印第安纳大学取得了临床心理学博士学位。

同年，罗特成为康涅狄格州的诺威奇州立医院临床心理学专家，他的主要职责是培训来自康涅狄格大学和卫斯理大学的实习生和助手。在第二次世界大战来临之际，罗特应召入伍，作为一名陆军心理医生服役三年多。

第二次世界大战结束后，罗特回到诺威奇，但只过了很短的时间，他就接受了俄亥俄州立大学的教职，并在那里培养了许多优秀的研究生，包括沃尔特·米歇尔。此后的十多年里，罗特和乔治·凯利（George Kelly）（见第 19 章）一直是俄亥俄州立大学心理学系的两位核心成员。然而，罗特不满于俄亥俄州立大学的麦卡锡主义政治风气，1963 年，他到康涅狄格大学任职，担任临床培训计划主任，并一直担任该职位到 1987 年退休，成为名誉教授。罗特和他的妻子克拉拉（于 1986 年去世）育有两个孩子——女儿琼（Jean）和儿子理查德（Richard）（于 1995 年去世）。2014 年 1 月 6 日，朱利安·罗特在他位于康涅狄格州的家中去世，享年 97 岁。

罗特最重要的著作包括与 J. E. 钱斯（J. E. Chance）和 E. J. 法尔斯（E. J. Phares）合著的《社会学习和临床心理学》(*Social Learning and Clinical Psychology*)、《临床心理学》(*Clinical Psychology*)、《社会学习人格理论应用》(*Applications of a Social Learning Theory of Personality*)，与 D. J. 胡海兹（D. J. Hochreich）合著的《人格》(*Personality*)、论文选集《社会学习理论的发展与应用》(*The Development and Application of Social Learning Theory: Selected Papers*)；“罗特完形填空”（the Rotter Incomplete Sentence）；以及“人际信任量表”（the Interpersonal Trust Scale）。

罗特曾担任东方心理学会主席，以及美国心理学会社会与人格心理学分会主席和临床心理学分会主席。他还曾在美国心理学会教育和培训委员会任职。1988 年，他获得了享有盛誉的美国心理学会杰出科学贡献奖。次年，他获得了大学临床心理学主任理事会颁发的临床培训杰出贡献奖。

罗特的社会学习理论绪论

罗特的社会学习理论基于五个基本假设。第一个基本假设是*人类与充满意义的环境是相互作用的*。人们对环境刺激的反应取决于其赋予事件的意义或重要性。强化不只依赖于外部刺激，更重要的是它被个体的认知能力赋予了意义。同样，单纯的需要或特质之类的个人特征本身也不会引发行为。确切地说，罗特认为，人的行为源于环境因素和个人因素的相互作用。

第二个基本假设是*人格是习得的*。由此可以推出，人格在不同的年龄阶段是不固定的或不确定的，只要人们能够学习，人格就有可能发生改变。尽管我们积累了早先的经历，使我们的人格具有一定的稳定性，但我们能够通过新的经历使人格发生变化。我们从过去的经历中学习，但是这些经历并不是绝对不变的；它们受其他经历的影响，这些经历反过来对现在的感知形成影响。

第三个基本假设是*人格具有基本的整体性*，这意味着人格具有相对的稳定性。人们会以过去的强化经历为基础来评估新的经历。这种相对一致的评估进一步促进了人格的稳定性和整体性。

第四个基本假设是*动机由目标引导*。这一假设否定了人们的首要动机是减轻紧张或寻求快乐的观点，认为对人类行为的最佳解释在于人们的期望，即自己的行为促使自己朝目标达成前进。例如，大多数大学生都有毕业的目标，且愿意为之承受压力，投入紧张而刻苦的学习中。他们预见到大学四年的诸多课程将会加剧紧张，而不会减轻紧张。

在其他条件相同的情况下，能让人们朝着预期目标进发的行为会得到最强烈的强化。这就是罗特的**经验效果律**（empirical law of effect），即“将强化定义为任何影响着个体朝目标前进的行动、条件或事件”。

第五个基本假设是*人们有预测事件的能力*。此外，人们将其感知的朝预测事件前进的行为当作评估强化物的一个标准。以这五个基本假设为前提，罗特建立了一种人格理论，以期预测人类的行为。

预测具体行为

罗特最关心的问题是对人类行为的预测，他认为在预测的过程中存在四个重要变量。这四个变量分别是行为潜能、期望、强化值和心理情境。*行为潜能*是指在特定情况下特定行为会发生的可能性，*期望*是指个人对得到强化的期望，*强化值*是指个人对特定强化的偏爱程度，*心理情境*是指个人在特定时间段内所感知的形式复杂的提示。

行为潜能

简要来说，**行为潜能**（behavior potential，BP）是指在特定的时间和地点发出特定反应的可能性。在任何一种心理情境下，都存在着诸多强度不同的行为潜能。例如，梅根走在去餐馆的路上，她就有好多种行为潜能。她可能经过了餐馆，却没有注意到它；她可能主动忽略了它；她可能会进去用餐；她可能考虑要去用餐，但并没有进去；她可能仔细查看了餐馆的建筑及内部设施，考虑把它买下来；或者她停下来，走进餐馆，然后抢劫了收银台。对梅根来说，在去餐馆的路上这一情境中，一些行为发生的可能性接近于零，另一些行为发生的可能性则非常大，还有一些行为则处于两者之间。那么，如何预测一个人的哪种行为最有可能发生或最不可能发生呢？

在任何情境下，行为潜能都是期望和强化值的函数。例如，如果想知道梅根抢劫收银台的可能性，以及不购买餐馆、不进去吃饭的可能性，我们可以将期望视为一个常数，把强化值视为一个变量。如果这些行为潜能得到强化的期望都是 70%，那么我们就可以根据每种行为的强化值来预测其发生的相对概率。如果抢劫收银台的正强化值高于购买餐馆或用餐的正强化值，那么这一行为就具有最大的发生潜能。

第二种预测方法是把强化值视为一个常数，让期望成为变量。如果每种可能行为的总强化值是相等的，那么强化期望最大的行为就最有可能发生。更具体地说，如果抢劫收银台、购买餐馆和用餐的强化值相等，那么最有可能产生强化的反应的行为潜能最大。

罗特使用的是行为的广义定义，指任何反应，包括内隐的和外显的，能够被直接或间接观察或测量的。这种广义概念使罗特可以把诸如概括、解决问题、思考和分析等假设概念都纳入行为的范畴。

期望

期望（expectancy，E）是指一个人在特定的情境中对特定强化或特定的一组强化的期望。它并不是像斯金纳所主张的是由个体的强化史所决定的，而是由个体的主观所决定的。个人史当然是影响因素，但只要这个人真诚地相信特定的一个或一组强化受到特定反应的影响，那么不切实际的想法、在缺乏信息的基础上产生的期望和幻想也都是影响因素。

期望可以是泛化的，也可以是具体的。泛化期望（generalized expectancies，GE）是通过先前对特定反应或类似反应的经验而习得的，并且基于一个信念，即某些行为将伴随正强化。例如，以前的刻苦学习得到了高分的正强化后，大学生便会对将来可能的高分奖赏产生泛化期望，并且会在各种学术情境下刻苦学习。

具体期望写作 E'。在任何情境中，对特定强化的期望是由具体预期（E'）和泛化期望（GE）共同确定的。例如，一名学生可能拥有的泛化期望是刻苦学习能够换来好成绩，与此同时又相信刻苦学习在法语课程上换不来好成绩。

一个人对成功的总体期望是泛化期望和具体期望的函数。总体期望决定人们为实现其目标付出的努力。以争取一份声誉较高的工作为例。如果一个人对成功的总体期望很低，那么他就不太可能提出工作申请；而如果一个人对成功的总体期望很高，那么他将会付出许多努力，遇到挫折也会坚持不懈，以达成在他看来有可能实现的目标。

强化值

强化值（reinforcement value，RV）是指当多个不同的强化出现的概率相等时，人们对任一强化的偏爱程度。

以一位女士在自动售货机前购买零食为例。这台自动售货机包含多种可能的选择，每种选择的价格相同。这位女士来到自动售货机前，她能够并且想要花 5 元钱买一份零食。自动售货机运行良好，因此这位女士的选择会伴随某种强化的可能性为 100%。如果她对得到强化的期望是相等的，无论强化物是棒棒糖、玉米片、薯片、爆米花还是丹麦酥，那么她的反应（即选择购买哪种零食）就取决于每种零食的强化值。

当期望和情境变量保持恒定时，行为将取决于个人对可能的强化的偏爱程度，即强化值。当然，在大多数情境中，期望不是恒定的，所以预测并不容易，因为期望和强化值都在变化。

是什么决定了事件、条件或行动的强化值？首先，个人的感知赋予了事件或正或负的价值。罗特将这种感知称为**内部强化**（internal reinforcement），并将之与**外部强化**（external reinforcement）加以区分。外部强化是指一个人身处的社会或文化为事件、条件或行动赋予价值。内部强化和外部强化可以是一致的，也可以是互不相同的。例如，如果你喜欢流行电影，或者说大多数人都喜欢的电影，那么在观看这些类型的电影时，你的内部强化和外部强化就是一致的。但是，如果你在电影上的品味与你的朋友等他人完全不同，那么你的内部强化和外部强化就是不同的。

另一个影响强化值的因素是个人的需要。通常，某种特定强化所满足的需要越强烈，那么该强化的强化值就越高。一碗汤在一个饥肠辘辘的孩子眼中，比在一个有点儿饿的孩子眼中更有价值。（本章稍后的“需要”小节将更全面地讨论这一问题。）

人们对将来的强化的预期后果也会影响强化值。罗特认为，人们有能力使用认知来预测一系列朝向某一未来目标的事件，而最终目标将影响这一系列事件中每一事件的强化值。强化很少会独立于未来的相关强化而发生，而是更可能会出现在强化－强化序列中，罗特将这种序列称为强化簇。

人类以目标为导向，他们预期自己按一定的方式行事，就能实现某一目标。在其他条件相同的情况下，强化值最高的目标就是人们最希望达成的目标。但是，仅凭希望不足以预测行为。任何行为潜能都是期望和强化值的函数，也是心理情境的函数。

心理情境

心理情境（psychological situation）是使一个人做出反应的外部和内部世界。心理情境并不是外部刺激，尽管物理事件通常对心理情境来说很重要。

行为既不是环境事件也不是个人特征的结果，而是一个人与某个充满意义的环境*相互作用*的结果。如果单凭物理刺激就能决定行为，那么不同个体将对同样的刺激做出完全相同的反应。如果单凭个人特质就能决定行为，那么一个人将始终以一致且有特征的方式做出反应，即使是在应对不同的事件时。因为这两种假设都不成立，所以塑造行为的除了环境或个人特质之外，还有其他因素。罗特的社会学习理论假设，人与环境之间的相互作用是塑造行为的关键因素。

心理情境是“在任何特定时间段内对个体起作用的一组复杂的交互提示”。人们并非在真空中活动；相反，他们会对自己所感知到的环境提示做出反应。这些提示帮助人们确定其对行为－强化序列及强化－强化序列的特定期望。提示持续的时间段可能会很短，也可能会很长，因此，心理情境不受时间的限制。例如，一个人的婚姻情境可能在很长一段时间内都是相对恒定的，而驾驶员在冰冷的道路上失控时所面对的心理情境可能非常短暂。在预测特定反应的可能性时，除期望和强化值外，心理情境也必须被纳入考虑。

基础预测公式

罗特提出了一种预测特定行为的假想方法，即一个包含上述四个预测变量的基本预测公式。该公式代表了一种理想的预测方法，而不是实际的预测方法，因此无法插入任何精确的数值。以胡安为例，她是一名很有学术天赋的大学生，正在听一位教授的乏味而冗长的课。在无聊的内部提示和同学睡着场景的外部提示下，胡安将做出趴在桌子上试图入睡的反应的可能性有多大？心理情境无法独自决定胡安的行为，但是心理情境会和她对强化的期望及在特定情境下睡眠的强化值相互作用。胡安的行为潜能可以通过罗特的基础预测公式来估计，这一公式可用于预测目标导向的行为：

$$BP_{x_1,s_1,r_a} = f(E_{x_1,r_a,s_1} + RV_{r_a,s_1})$$

该公式的读法是：行为 x 在情境 1 中和强化 a 下发生的潜能是行为 x 将在情境 1 中伴随强

化 *a* 出现的期望和强化 *a* 在情境 1 中的强化值的函数。

应用到我们的示例中，该公式表明，胡安在沉闷无聊且其他学生已睡着的课堂上（心理情境，即 s_1）是否会趴在桌子上（行为，即 x）并以入睡（强化，即 r_a）为目标的可能性（行为潜能，即 BP），是她在该教室情境（s_1）中趴在桌子上的行为（x）将伴随入睡（r_a）的期望（E_x）与她在该情境（s_1）中对入睡的渴望（强化值，即 RV_a）的函数。由于对上述变量进行精确测量超出了人类行为的科学研究范围，因此罗特提出了一种预测一般行为的方法。

预测一般行为

让我们先来看一个在霍夫曼先生的五金店工作了 18 年的戴维的例子。戴维被告知，由于业绩下滑，霍夫曼先生必须裁员，所以戴维可能会失业。我们怎样预测戴维接下来的行为呢？他会乞求霍夫曼先生让他留在五金店吗？他会以暴力打砸五金店或殴打霍夫曼先生吗？他会把他的愤怒转移到妻子或孩子身上，并攻击他们吗？他会开始酗酒，并对找新工作完全不上心吗？他会立即开始积极寻找新的工作吗？

泛化期望

如果上述可能的行为对戴维来说都是第一次，那么我们该如何预测他的行为呢？这时，需要用到罗特理论中的**泛化**（generalization）和**泛化期望**（generalized expectancy）的概念。如果戴维在以前因提高社会地位的行为而得到过奖赏，那么他去乞求霍夫曼先生给他工作的可能性很小，因为这种行为与提高社会地位的行为相矛盾。如果戴维以前负责、独立的行为得到过加强，并且他具有*行动自由*，即有机会申请另一份工作，那么在他需要一份工作的时候，他很可能会申请另一份工作，或者做出其他自力更生的行为。尽管这种预测不像预测大学生在无聊的课上睡觉的可能性那样具体，但在无法严格控制相关变量的情况下，这种预测也是有用的。预测戴维对可能失业的反应，就得先知道他如何看待可能的选择及其当前的*需要*。

需要

罗特将需要（need）定义为人们认为可以推动自己朝目标方向前进的任何一种或一组行为。需要不是剥夺或唤起的状态，而是行为方向的指示。需要和目标（goal）之间只有语义上的区别。当关注的是环境时，罗特会使用目标一词；当涉及人时，他会使用需要一词。

与构成基础预测公式的四个变量相比，需要的概念允许更加泛化的预测。通常，人格理论都会涉及对人类行为的大致预测。例如，一个对支配有强烈需求的人通常会试图在大多数人际关系中及其他各种情况下掌握权力。而在具体情境下，支配者可能会表现出非支配甚至顺从的行为。基础预测公式能够预测具体情境下的行为，但前提是已经获得了全部相关信息。基础预测公式更适用于人为可控的实验室实验，但是无法预测日常行为。因此，罗特引入了一组关于需要的概念，以及由它们构成的一般预测公式。

需要的类别

罗特与胡海兹罗列了六种类别的需要，每一类别代表一组在功能上相关的行为。也就是说，每一类别下的行为会导致相同或相似的强化。例如，人们可以在各种情境中、由不同的人满足自己被认可的需要。因此，他们可以通过一组功能相关的行为得到强化，所有这些行为都可以满足他们被认可的需要。六种类别的划分虽然并不详尽，却指出了对人类来说最重要的需要。

认可－地位

对大多数人来说，得到他人的认可和在他人眼中拥有地位是很强劲的需要。认可－地位类需要包括在个人认为重要的事情（如学业、运动、职业、爱好和外表等）上表现出色的需要；以及对社会经济地位和个人声誉的需要，如打得一手好桥牌。

支配

控制他人行为的需要称为支配类需要。这类需要包括任何意在对朋友、家人、同级、上级和下属进行控制的行为。支配类需要的一个例子是让同事接受自己的想法。

独立

独立类需要是不被他人支配的需要。这类需要包括那些想要获得决策自由、依靠自己、在没有他人帮助的情况下实现目标的行为。独立类需要的一个例子是拒绝他人帮助自己修理自行车。

保护－依赖

与独立类需要相反的一类需求是保护－依赖类需要。这类需要包括那些想要被照顾、被保护，以免自己受到挫败和伤害，以及满足其他类别需要。保护－依赖类需要的一个具体例子是，要求配偶在自己生病时请假不去上班，留在家里照顾自己。

爱与感情

大多数人对爱和感情都有强烈的需要。也就是说，需要被他人接纳，这超出了认可和地位的范畴，并要求他人对自己表现出温暖、正面的情感。这类需要包括那些希望得到他人的友爱、关怀和奉献的行为。这类需要的一个例子是帮助他人并预见自己将会得到对方的感激与感谢。

因自身成就得到他人的认可是我们的普遍需要。

身体舒适

身体舒适类需要可能是最基本的需要，

其他类需要的习得都与它有关。这类需要包括旨在确保食物、健康和人身安全的行为。其他类需要都是身体舒适类需要的衍生物。身体舒适类需要的两个例子分别是打开空调和拥抱他人。

需要的构成要素

需要由三个要素构成——*需要潜能、行动自由和需要值*——类似于行为潜能、期望和强化值等更具体的概念。

需要潜能

需要潜能（Need potential，NP）是一组功能上相关的行为发生的可能性，这些行为皆朝向相同或相似的目标。需要潜能的概念类似于行为潜能，但行为潜能更具体。二者的区别在于，需要潜能是一组功能上相关的行为发生的可能性，而行为潜能是在给定情境中和特定强化下某一特定行为发生的可能性。

需要潜能不能只靠观察行为来衡量。即使观察到不同人表现出明显相同行为，如在同一家高档饭店就餐，也并不能得出他们在满足相同的需要潜能的结论。这些人中有的可能在满足身体舒适类需要，即对食物的需要；有的在满足爱与感情类需要；还有的可能主要是在满足认可－地位类需要。在高档饭店吃饭能满足六类主要需要中的任何一类。但是，一个人是否实现了自己的需要潜能，取决于强化对这个人而言的价值或偏好程度，还取决于人在做出朝向该强化的反应时是否有行动自由。

行动自由

我们的行为部分取决于我们的期望，也就是我们对做出特定反应之后会出现特定强化的最良好的预测。在一般预测公式中，**行动自由**（freedom of movement，FM）与期望类似。行动自由是一个人对做出某些行为——这些行为朝向某种一般需要的满足——并因这些行为得到强化的总体期望。举例来说，一个人若拥有强烈的支配类需要，则可以采取各种方式来满足这类需要。他可能会选定配偶的衣服，决定儿子大学的课程，指导戏剧演员的表演，组织有数十名同事参加的专业会议，或者做出其他行为，以确保自己的支配类需要得到强化。在支配类需要上，其行动自由，这可以由对这些行为带来的满足的期望水平来衡量。

如果保持需要值不变，那么行动自由可以通过观察一个人的需要潜能来确定。例如，如果一个人对支配、独立、爱与感情和其他每一类需要赋予完全相等的价值，那么这个人就会选择某一类他认为最有希望得到强化的行为。例如，如果这个人的行为会带来身体舒适，那么比起其他类的需要，身体舒适类需要就拥有更多的行动自由。当然，需要值通常并不是恒定不变的，因为大多数人总是会更喜欢某种需要得到满足。

需要值

一个人的**需要值**（need value，NV）是指其对某组强化的偏爱程度。罗特、钱斯和法尔斯将需要值定义为“对一组功能上相关的强化的平均偏好值”。在一般预测公式中，需要值与强化值类似。当行动自由保持恒定时，人们将选择那些能够满足其最偏爱的需要的行为。如果人们对满足任何一类需要的行为获得正强化的期望相同，那么他们的行为将主要由他们对某类需要的赋值决定。如果人们在各类需要中最偏爱独立类，而且对每一类需要所带来的强化有相同的期望，那么他们的行为就会偏向独立。

一般预测公式

基础预测公式只适用于可控性高的情境，需要期望、强化值和心理情境都相对简单且离散。但是，在大多数情况下，行为的预测要复杂得多，因为行为和强化通常发生在功能上相关的序列中。让我们回顾一下胡安，一名在沉闷而无聊的课堂上难以保持清醒的学生。关于在无聊的课堂这一特定情境中胡安趴在桌子上睡觉的可能性，基础预测公式给了我们一些提示。但是，如果胡安有认可 – 地位类需要，而这种需要可以通过以最高荣誉毕业来获得，那么想要预测胡安的需要潜能，则需要一个更通用的预测公式。胡安满足这一需要的可能性取决于一组功能上相关的行为。为了对旨在满足需要的一组行为进行一般预测，罗特引入了一般预测公式：

$$NP = f(FM \,\&\, NV)$$

该公式表示需要潜能（NP）是行动自由（FM）和需要值（NV）的函数。这个公式类似于基础预测公式，并且每个要素都与基础预测公式的相应要素对应。为了解释一般预测公式，我们可以从胡安将来的学业成绩出发来考虑她的情境。为了预测她以最高荣誉毕业的*需要潜能*，我们必须衡量她的*行动自由*，即她对为达成目标所选择的行为得到强化的平均期望，以及这些强化的*需要值*，即她赋予认可 – 地位类需要和其他与学业荣誉相关需要的价值。由胡安赋予认可 – 地位类需要的价值（需要值），以及她对一系列必须行为得到强化的平均期望（行动自由），可以推测出她追求一系列必要行为的可能性（需要潜能）。基础预测公式与一般预测公式的比较如图 18.1 所示。

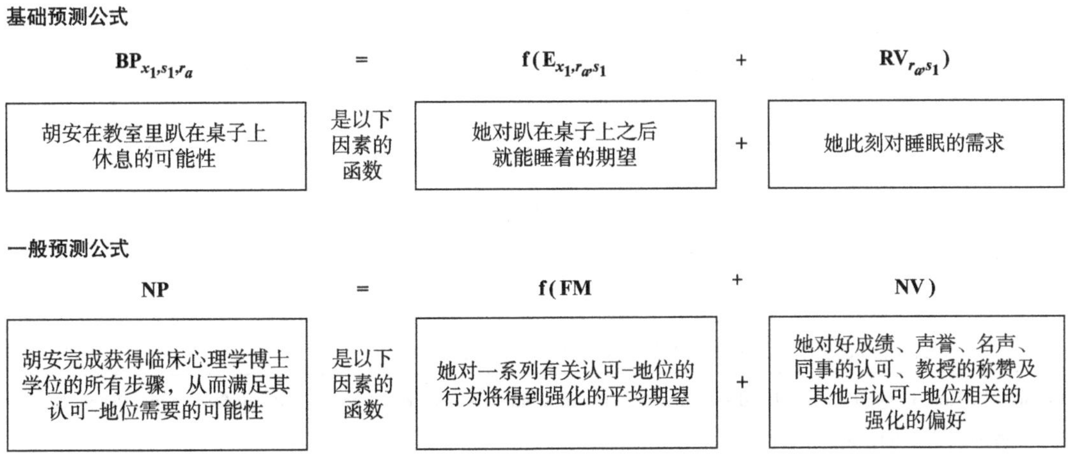
基础预测公式
BP_{x_1,s_1,r_a} = $f(E_{x_1,r_a,s_1}$ + $RV_{r_a,s_1})$
胡安在教室里趴在桌子上休息的可能性
是以下因素的函数
她对趴在桌子上之后就能睡着的期望
+
她此刻对睡眠的需求
一般预测公式
NP = f(FM + NV)
胡安完成获得临床心理学博士学位的所有步骤，从而满足其认可–地位需要的可能性
是以下因素的函数
她对一系列有关认可–地位的行为将得到强化的平均期望
+
她对好成绩、声誉、名声、同事的认可、教授的称赞及其他与认可–地位相关的强化的偏好

图 18.1　基础预测公式与一般预测公式的比较

罗特的一般预测公式允许人们使用相似的经验来预测当前的强化。也就是说，人们具有对成功的*泛化期望*。罗特用来衡量泛化期望的两个被广泛接受的量表是“内部－外部控制量表”和“人际信任量表”。

强化的内部控制和外部控制

罗特的社会学习理论的核心思想强调，强化不会自动变成行为，而是要注重行为与强化之间的因果关系。人们之所以努力实现自己的目标，是因为他们持有这样的*泛化期望*，即付出努力就能取得成功。

在 20 世纪 50 年代及 60 年代初期，罗特观察到很多人在经历成功后，其自我控制感并没有提高，而在反复失败后，其期望也没有降低。也就是说，有些人倾向于将成功归结于运气或偶然因素，而另一些人在经历了没有强化的行为后仍保持高度的个人控制感。当人们处于模棱两可或全新的情境中，或者当人们不清楚是能力还是偶然因素导致了其行为的结果时，这一趋势似乎尤为明显。罗特认为，情境和人都会影响个人控制感。因此，在一种情境中对成功具有泛化期望的人在另一种情境中可能会缺乏个人控制感。

为了评估强化的内部控制和外部控制，即**控制源**（locus of control），罗特根据他的两个学生 E. J. 法尔斯和威廉・H. 詹姆斯（William H. James）的博士论文，制定了“内部－外部控制量表”。“内部－外部控制量表”共由 29 个必选项目组成，其中 23 个可用于评分，6 个是为了掩饰量表目的而设计的无关选项。这一量表在外部控制的方向上对项目进行评分，所以最高可以评 23 分，最低则为 0 分。表 18.1 列出了“内部－外部控制量表”中的几个项目示例。被试必须从每个必选项目的一对描述中选择“a”或“b”。尽管这些描述指向内部还是外部似乎很明显，但罗特认为，该量表的测量分数与社会期许量表之间只存在中等强度的相关。

表 18.1　罗特的内部－外部控制量表的项目实例

1. a. 人们的不幸缘于运气不好
   b. 人们的不幸是由他们自己犯的错造成的
2. a. 之所以会有战争，原因之一是人们对政治没有足够的兴趣
   b. 无论人们多么努力地想要阻止战争，战争还是会发生
3. a. 从长远来看，人们会得到他们应得的尊重
   b. 不幸的是，一个人的价值经常会被忽略，无论其如何努力
4. a. 普通公民可以对政府决策产生影响
   b. 这个世界是由少数掌权者掌控的，没有权力的人没有多少话语权
5. a. 老师对学生不公平的想法是荒谬的
   b. 大多数学生都没有意识到自己的成绩会在多大程度上受到意外事件的影响
6. a. 无论你多么努力，总是会有一些人不喜欢你
   b. 人们无法让他人喜欢是因为他们不知道如何与他人相处

From J. B. Rotter, 1966. Generalized expectancies for internal versus external control of reinforcement. Psychological Monographs, 80 (Whole No. 609), p. 11.

“内部－外部控制量表”意在衡量人们能在多大程度上感知到自己的努力与环境之间的因果关系。内部控制得分高的人通常认为控制源位于内部，并且在大多数情境中他们都会拥有高度的个人控制感。在外部控制上得分高的人通常认为他们的生活在很大程度上受到外部力量的控制，如机会、命运或他人的行为（见表 18.2）。在本章伊始，我们请读者在六个项目中选择“a”或“b”，这些项目就是用来衡量内部或外部控制源的。除了第 2 项以外，选“b”都意味着内部控制源。但是，正如罗特所指出的那样，过多的内部控制并不总是社会所需要的。例如，第 2 项关注人们对全能的泛化期望，这在社会上并不是一种理想的状态。

表 18.2　强化的内部控制和外部控制

内部控制源：总体而言……	外部控制源：总体而言……
• 我让事情发生	• 事情落到我头上
• 我控制自己的生活	• 我的生活被外部力量所控制
• 我通过努力和技巧来解释个人结果	• 我会用运气、机会、上帝、他人或情境来解释我的个人结果

Source：J. B. Rotter, 1966. Generalized expectancies for internal versus external control of reinforcement. Psychological Monographs, 80 (Whole No. 609), p 11.

罗特的“内部－外部控制量表”在心理学及其他社会科学中已成为被研究得最充分的议题之一，与之相关的研究著作有成百上千种。尽管很受欢迎，但内部和外部控制的概念并不总是能被清楚地理解。尽管罗特指出了关于强化的内部和外部控制的几种常见误解（他很少称其为“控制源”），但人们仍在误用和误解这一量表。第一个误解是，量表的评分是行为的决定因素。罗特认为，量表的评分不应该被视为行为的原因，而应将其视为*泛化期望*（GE）的指标。因此，在预测行为潜能时，必须将量表的评分与*强化值*（RV）结合考虑。

第二个误解是，控制源是具体的，能够预测特定情境中的行为。事实上，控制源指的是对强化的*泛化期望*，并表示了人们通常在多大程度上相信自己能控制自己的生活。

第三个误解是，量表将人分为两种不同的类型：内部控制型与外部控制型。罗特认为，泛化期望隐含了不同的泛化*梯度*，而且在某些特定情境中，内部控制感较高的人也可能认为其行为的结果取决于命运、机会或有权势的他人的行为。

第四个误解是，许多人认为内部控制得分高是符合社会需要的特征，而外部控制得分高是不符合社会需要的特征。实际上，在任一方向上的极端得分都是不可取的。高外部控制得分可能与冷漠和绝望有关，并且认为自己无法控制自己的环境；而高内部控制得分则意味着人们要对自己遭遇的一切——生意失败、孩子犯罪、他人的苦难和因雷暴天气打乱了户外活动计划——负责。得分位于两个极端之间，稍微倾向于内部控制，可能是最健康或最理想的。

人际信任量表

泛化期望（GE）引起广泛关注和研究的另一个议题是**人际信任**（interpersonal trust）的概念。罗特将人际信任定义为“一个人所持有的泛化期望，即认为另一个人或另一个团体的言论、承诺及口头或书面陈述可以依赖”。人际信任并不是指相信人们天性善良或相信自己生活在至善至美的世界中。它也不等同于轻信。罗特认为，人际信任是在没有证据表明对方不可信任时相信对方提供的信息，而轻信则是愚蠢或幼稚地相信他人的言语。

由于我们的奖赏或惩罚多来自他人，因此我们产生了一种泛化期望，即某些类型的强化将会随他人的口头承诺或威胁而来。有时这些承诺和威胁成真了，有时则没有。于是，每个人都学着去信任或不信任他人的言语。因为我们在他人的承诺方面有不同的经历，所以人际信任也存在个体差异。

为了衡量人际信任的差异，罗特开发了“人际信任量表”。该量表共包含 40 个项目，被试被要求对每一个项目回答是否同意，其中 25 个项目被设计用于测量人际信任，另外 15 个则是为了掩饰量表目的而设计的无关项目。量表采用 5 级评分法，一端为十分同意，另一端为十分不同意，其中 12 个测量项目若选择十分同意或同意则表示信任，另外 13 个测量项目则在选择十分不同意和不同意时表示信任。

表 18.3 列出了罗特的“人际信任量表”中的几个项目。最后将 25 个项目的得分相加，总分较高表示存在人际信任，总分较低表示对人际不信任。

表 18.3　罗特的“人际信任量表”的项目实例

1. 与陌生人打交道时，最好还是保持谨慎，除非他们提供证据来证明他们值得信赖
2. 父母通常是可以信赖的，会信守诺言
3. 父母和老师可能会说出他们自己相信的内容，而不仅仅是说出他们认为对孩子有益的内容
4. 大多数当选的公职人员在竞选时的承诺确实是真诚的
5. 在这个竞争激烈的时代，必须保持警惕，否则可能会遭人利用
6. 可以指望大多数人言出必行
7. 大多数推销员都很诚实地描述他们的产品

From J. B. Rotter, 1967. A new scale for the measurement of interpersonal trust. *Journal of Personality*, 35, p. 654; M. R. Gurtman, 1992. Trust, distrust, and interpersonal problems: A circumplex analysis. *Journal of Personality and Social Psychology*, 62, p 997.

是得分高更好，还是得分低更好？是人际信任更好，还是人际不信任更好？如果信任的定义不同于轻信，而是像罗特所主张的那样，那么较高的信任不仅是十分必要的，而且对于文明的延续也是必不可少的。人们相信自己购买的食物没有被下毒，相信自己汽车里的汽油不会在点火时爆炸，相信航空公司的飞行员知道如何驾驶他们搭乘的飞机，也相信邮政服务会帮助他们寄信而不篡改信件的内容。只有当人们彼此之间至少有中等程度的信任时，社会才能顺利运转。

罗特总结了一些研究成果，这些研究表明，与人际信任得分低的人相比，人际信任得分高的人具有以下特点：（1）说谎的可能性较小；（2）不太可能作弊或偷窃；（3）更可能给他人第二次机会；（4）更有可能尊重他人的权利；（5）不太可能感到不快乐、冲突或适应不良；（6）更讨人喜欢和受欢迎；（7）更值得信赖；（8）既不容易受骗，也没有更难骗；（9）既没有更聪明，也没有更不聪明。换句话说，人际信任得分较高的人并不轻信他人或更加幼稚，他们没有因为信任的态度而受到伤害，反而拥有许多积极可取的特征。

适应不良行为

在罗特的社会学习理论中，适应不良行为是指无法使人更接近理想目标的持续行为。一般来说，它源于高需要值和低行动自由的结合。也就是说，与一个人实现目标的能力相比，其目标不切实际地高。

例如，对爱与感情的需要是现实的，但是有些人不切实际地设定了被所有人爱的目标。因此，他们的需要值几乎肯定会超过他们的行动自由，从而导致他们的行为更可能具有防御性或适应不良。当人们将目标设定得太高时，他们将无法习得能达成目标的行为，因为他们的目标无法实现。在这个过程中，他们习得的是如何避免失败或如何为失败带来的痛苦辩护。例如，一位以得到所有人的爱为目标的女士几乎不可避免地会被他人忽略或拒绝。为了获得爱情，她可能会生出社会攻击性（即一种非生产性的、自欺欺人的策略），或者远离人群，以防自己受到他人的伤害，而这也是非生产性的。

设定过高的目标只是产生适应不良行为的可能性原因之一。另一个常见原因是行动自由过低。人们对成功的期望可能较低，因为他们缺乏信息或能力，难以做出那些能够伴随正强化的行为。例如，一个重视爱的人可能缺乏获得爱所必需的人际交往能力。

人们具有低行动自由还可能是因为他们对目前的状况做出了错误的评估。例如，人们有时会低估自己的智力，因为之前有人说过他们很愚蠢。即使他们的需要值并没有超出现实范围，他们对成功的期望也很低，因为他们错误地认为自己没有能力在学校表现得更好或在工作中争得更高职位。

人们的行动自由低还可能是由于他们将自己确实不擅长的情境泛化到了其他情境中，而在其他情境中他们本拥有足够的能力。例如，一名身体虚弱的青少年缺乏成为一名优秀运动员的能力，他可能会错误地认为自己无法竞争学校里的职务或无法成为社团的领导者。他不恰当地将自己在运动领域的不足泛化为在无关领域的能力不足。

总之，适应不良的人的特征是目标不切实际、行为不当、能力不足或对能够执行正强化所需的行为的期望过低。他们可能习得了不足以解决社交中的问题的方法，对此他们可以选择忘记，也可以在心理治疗提供的受控制的社交环境中习得更恰当的行为。

心理治疗

罗特认为："心理治疗是通过一个人与另一个人的互动来引起行为的改变。也就是说，它是一个人如何在社交情境中学习的问题。"尽管罗特在心理治疗中采用了问题解决的方法，但他并没有将关注局限于快速解决眼前的问题。他对治疗的兴趣更为广泛，并涉及患者生活态度的改变。

通常，罗特心理治疗的目标是使行动自由和需要值相匹配，从而减少防御和回避行为。治疗师扮演着积极的老师角色，并尝试通过两种基本方式实现治疗目标：（1）改变目标的重要性；（2）消除对成功的不切实际的低期望。

改变目标

许多患者由于歪曲或扭曲了追求的目标而无法解决生活中的问题。治疗师的作用是帮助这些患者了解他们目标的错误本质，并教给他们追求现实目标的建设性方法。罗特和胡海兹列出了不当目标之所以会造成问题的三个源头。

首先，两个或以上的重要目标可能导致冲突。例如，一般来说，青少年既重视独立，也重视保护 - 依赖。一方面，他们希望摆脱父母的主导和控制；但另一方面，他们仍然需要父母照顾他们并保护他们以避免痛苦经历。他们的矛盾行为常常使自己和父母感到困惑。在这种情况下，治疗师可以尝试帮助青少年了解特定行为与这两类需要值之间的关系，并和他们一起改变一类或两类需要值。通过改变需要值，患者逐渐开始表现得更具一致性，并在追求目标时体验到更大的行动自由。

其次，破坏性的目标也会带来问题。一些患者持续朝向自我伤害性的目标不可避免地导致失败和惩罚。治疗师的工作是指出这些行为的有害本质，以及这些行为可能伴随的惩罚。在这种情况下，治疗师可以使用的方法是对远离该破坏性目标的行动施加正强化。罗特同时采取了实用主义和折中主义的态度，对每个问题都不会局限于某组特定的方法。罗特认为，对特定患者来说，合适的程序才是有效的程序。

最后，许多人发现自己陷入了困境，是因为他们将目标设定得过高，且因为无法达到或超越目标而感到沮丧。高目标会导致失败和痛苦，因此人们不会从中习得达成目标的建设性方法，而是会习得非生产性的逃避痛苦的方法。例如，一个人可能会通过身体上的逃开或心理上的压抑来避免痛苦的体验。由于这些方法确实能够避免痛苦，因此这个人学会了在各种情境中使用逃避和压抑。在这种情况下，治疗师要帮助患者降低这些目标的强化值，让患者根据实际重新评估，降低过高的目标。由于高强化值通常是通过泛化习得的，因此治疗师要教会患者区分过去合理的价值和当前错误的价值。

消除低期望

除了改变目标之外，治疗师还可以试着消除患者对成功的低期望及低行动自由。人们的行动自由低至少有三方面原因。

首先，可能是缺乏成功实现其目标所需的技能或信息。面对这类患者，治疗师就成了老师，要温暖而有力地指导他们使用更有效的方法来解决问题和满足需要。例如，如果患者在人际关系上有困难，那么治疗师就要提供相应的方法，如通过简单忽略来消除不当行为；利用治疗师与患者的关系作为有效的人际交往模型，然后泛化到治疗以外的情况；建议患者采取特定的行为，让他们在最友善、最包容的他人面前进行尝试。

其次，是对目前状况的错误评估。例如，一位成年人可能在面对同事时缺乏自信，因为在童年时期，她曾因与兄弟姐妹竞争而遭受惩罚。该患者必须学会区分过去和现在、区分兄弟姐妹和同事。治疗师的任务是帮助其进行区分，并在各种适当的情境下教其自信的技巧。

最后，低行动自由可能源于泛化不足。患者通常会因为在一种情境中失败，而认为自己在其他情境中也无法成功。以身体羸弱的青少年为例，由于他在运动方面并不成功，因此就把这种失败泛化到了非运动领域。他的问题是由错误的泛化导致的，治疗师必须在社会关系、学术成就和其他可能的情境中对他的哪怕是很小的成功进行强化。患者最终将学会区分某种情境中的失败行为与其他情境中的成功行为。

罗特认为治疗师应当灵活运用各种技术，针对不同患者采用不同的治疗方法，他也推荐了一些他认为有效的技术。第一种技术是教给患者寻找替代行为。患者经常抱怨他们的配偶、父母、子女或雇主不了解他们、不公正地对待他们，而且认为这就是他们面临的问题的根源。在这种情况下，罗特会教患者改变他人的行为。其方法是检查患者自己的行为，看一看哪些通常会导致配偶、父母、子女或雇主的负面反应。如果患者可以找到对重要他人行事的另一种方法，那么这些人就可能会改变他们对待患者的行为。于是，患者就会因为自己的行为更合适而获得正面对待。

罗特还提出了一种技术来帮助患者了解他人的动机。许多患者对他人持怀疑或不信任的态度，他们认为配偶、老师或老板故意且恶意地企图伤害他们。罗特会试着教这些患者审视他们误以为是防御或消极行为的那些举动，帮助他们认识到，他人可能不是人坏心恶，而是可能感受到了患者的惊吓或威胁。

治疗师还可以帮助患者了解其行为的长期后果，并了解适应不良行为所产生的微不足道的好处远超患者当前的挫败感。例如，一名女士可能扮演一个无助的孩子的角色，以控制自己的丈夫。她向治疗师抱怨，她对自己的无助感到不满，为了自己和丈夫的利益，她希望变得更加独立。然而，她可能没有意识到，她目前的无助行为正在满足她的支配需要。她表现得越无助，她对丈夫的控制就越强，因为丈夫必须回应她的无助。她从丈夫的顺从中得到的正强化比她感到的负面情感更强。另外，她可能没有清楚地看到自信和独立从长远来看的积极影响。治疗师的任务是训练患者延迟当下的微小满足，放眼更重要的将来。

罗特提出的另一种技术是让患者进入让他们感到痛苦的社交情境，但是不像平常那样行事，而是尽量保持安静，只是去观察。通过观察他人，患者能够对他人的动机有更好的了解。根据这些信息，患者可以改变自己的行为，从而改变他人的反应，降低将来与其他人社交时的痛苦。

总之，罗特认为治疗师应该积极地与患者互动。高效的治疗师具有温暖和接纳的特征，不仅仅是因为这些态度会鼓励患者说出问题，还是因为来自温暖、接纳的治疗师的强化要比来自冷漠、拒绝的治疗师的强化更有效。通过帮助患者改变他们的目标或通过教给患者实现这些目标的有效方法，治疗师最大限度地减少患者的需要值和行动自由之间的矛盾。尽管治疗师是积极的问题解决者，但罗特相信，患者最终一定能够学会自己解决自己的问题。

米歇尔的人格理论绪论

一般而言，人格理论分为两种类型。一种将人格视为由内驱力、感知、需要、目标和期望推动的动态实体，一种将人格视为相对稳定的特质或个人性情的函数。第一种类型包括阿德勒（见第 3 章）、马斯洛（见第 9 章）和班杜拉（见第 17 章）的理论。这些理论强调，认知情感动力和环境相互作用产生了行为。

第二种类型则强调了相对稳定的特质与个人性情的重要性。奥尔波特（见第 12 章）、艾森克（见第 14 章）及麦克雷和科斯塔（见第 13 章）的理论都属于第二种类型。这些理论认为人受到有限的内驱力或个人性情的推动，这些内驱力或个人性情往往会使人的行为保持某种程度的一致性。沃尔特 · 米歇尔最初反对用个人性情理论来解释行为。相反，他支持认知活动和特定情境在行为的决定中起主要作用的观点。不过后来，米歇尔及其同事主张应当在动力学方法和个人性情方法之间进行调和。这种**认知 – 情感人格理论**（cognitive-affective personality theory）认为，行为源于相对稳定的个人性情和认知 – 情感过程与特定情境的相互作用。

沃尔特 · 米歇尔小传

沃尔特 · 米歇尔是一个中产阶级家庭中的次子，于 1930 年 2 月 22 日在奥地利的维也纳出生。他和哥哥西奥多（Theodore）（后来成了一位科学哲学家）在舒适的环境中长大，他们的家离弗洛伊德的家不远。然而，1938 年纳粹入侵奥地利，打破了他们宁静的童年。同年，米歇尔一家逃离奥地利，移居美国。他们在美国辗转多地，最终定居在布鲁克林，沃尔特在那里上完了小学和中学。在他上大学之前，他的父亲突然生病，沃尔特不得不休学打工。最终，他进入了纽约大学，并在那里对艺术（绘画和雕塑）产生了浓厚的兴趣，所以在格林尼治村时，他把时间投入到艺术、心理学和日常生活中。

在大学里，米歇尔选修了一门以大鼠为研究对象的心理学入门课程，这让他大受震惊因为在他看来，这与人类的日常生活相距甚远。在阅读了弗洛伊德、存在主义思想家和诗人的作品后，他更坚定了自己的人文倾向。毕业后，他参加了纽约城市学院的临床心理学硕士课程。在攻读硕士学位期间，他在下东区的贫民窟中当社会工作者。这一工作使他开始质疑精神分析理论的有用性，并认为应该使用实证证据来评估所有的心理学观点。

1953 年至 1956 年，米歇尔在俄亥俄州立大学攻读博士学位，在此期间的研究进一步促使米歇尔走上社会认知心理学的道路。当时，俄亥俄州立大学的心理学系以两位最有影响力的教授——朱利安·罗特和乔治·凯利——为核心，且私下分成了两派。大多数学生都会强烈地支持某一派，但米歇尔不同，他对罗特和凯利都十分钦佩，从两个人身上都学到了许多。所以，米歇尔的社会认知理论同时受到罗特的社会学习理论及凯利的基于认知的个人构念理论（见第 19 章）的影响。罗特教给米歇尔研究设计对于改进评估技术和衡量治疗效果的重要性；凯利则教给米歇尔心理学实验的参与者与研究他们的心理学家是一样的，都是会思考、有感觉的人类。

从 1956 年到 1958 年，米歇尔大部分时间都住在加勒比海地区，研究施行灵魂附身的宗教信仰，并在跨文化背景下研究延迟满足。他决定要进一步了解为什么人们会选择未来的、有价值的奖赏而非当下的、不那么有价值的奖赏。他后来的许多研究都围绕这个问题展开。

1958 年以后，米歇尔在科罗拉多大学任教两年。而后，他加入了哈佛大学社会关系学系，在那里他与人戈登·奥尔波特（见第 12 章）、亨利·默里（Henry Murray）、大卫·麦克利兰（David McClelland）等人的讨论进一步激发了他对人格理论和评估的兴趣。1962 年，米歇尔到斯坦福大学任职，成为阿尔伯特·班杜拉（见第 17 章）的同事。在斯坦福大学工作 20 多年后，米歇尔回到纽约，在哥伦比亚大学任教，他仍然是一位活跃的研究者，继续研究他的社会认知学习理论。

在哈佛大学期间，米歇尔与一名认知心理学研究生哈莉特·内洛夫（Harriet Nerlove）结了婚。虽然他们最终分道扬镳，但他们有了三个女儿，还合作了若干科研项目。米歇尔早期最重要的著作是《人格及评估》（*Personality and Assessment*），该书基于他对美国和平部队的研究。在美国和平部队中担任顾问的经验告诉他，在适当的条件下，人们对自己行为的预测不比标准测验的预测差。在《人格及评估》中，米歇尔指出，人格特质在各种情境中预测表现的水平都很差，而与人格特质相比，情境对行为的影响更大。这本书遭到了许多临床心理学家的质疑，他们认为，个人特质（性情）无法预测各种情境中的行为，是由于测量特质的工具不够可靠和精确造成的。有些人认为，米歇尔想要否定人格特质相对稳定的概念，甚至想要否认人格的存在。之后，米歇尔对此做出回应，说自己反对的并不是相对稳定的人格特质，而是那些磨灭每一个人的个体性和独特性的概括性的特质。

米歇尔的大部分研究工作都是和他的研究生合作开展的。近年来，他的许多出版物都是与正田佑一合著的。正田佑一于 1990 年获得哥伦比亚大学博士学位，目前在华盛顿大学任教。米歇尔最受欢迎的著作《人格导论》（*Introduction to Personality*）最初出版于 1971 年，2004 年进行了第 7 次修订，新增正田佑一和罗纳德·D. 史密斯（Ronald D. Smith）作为合著者。米歇尔曾多次获奖，包括 1978 年获得美国心理学会临床心理学分会的杰出科学家奖，以及 1982 年的美国心理学会杰出科学贡献奖。

认知 – 情感人格系统的背景

诸如汉斯·艾森克（见第 14 章）和戈登·奥尔波特（见第 12 章）等理论家认为，行为主要是相对稳定的人格特质的产物。但是，沃尔特·米歇尔反对这一假设。他的早期研究使他相信，行为在很大程度上取决于情境。

一致性悖论

米歇尔观察到，外行人士和专业心理学家似乎都凭直觉相信人们的行为是相对一致的，但是实证证据表明，行为存在很大的变化性，米歇尔称这种情况为**一致性悖论**（consistency paradox）。在许多人眼中，像好斗、诚实、贪婪和守信等全局性的人格特质决定了人们的绝大部分行为，这似乎是不证自明的。人们之所以会选某一位政治人物上台，是因为认为他们具有诚实、守信、果断和正直等特质；雇主和人事经理选拔员工时，会选择守时、忠诚、合群、勤奋、有组织纪律和善于交际的人。有的人整体性人格特质是友好而合群的，有的人整体性人格特质是不友好、沉默寡言的。心理学家和普通人长期以来都使用诸如此类的描述性特质名称来总结人们的行为。因此很多人假定，全局性的人格特质会在一段时期内和不同的情境中得到体现。米歇尔认为，这些人充其量只说对了一半。他指出，某些基本特质确实会随着时间的流逝而持续存在，但是几乎没有证据表明它们可以从一种情境推广到另一种情境。米歇尔强烈反对将行为归因于这些全局性的人格特质。任何试图将个性归为友善、外向、尽职尽责的尝试，虽然是定义人格的一种方法，却是一种不合理的分类法，无益于行为的解释。

多年来，研究一直未能支持人格特质具有跨情境的一致性。1928 年，休·哈茨霍恩（Hugh Hartshorne）和马克·梅（Mark May）开展了一项经典的研究，他们发现，在一种情境中表现诚实的小学生在另一种情境中则会撒谎。例如，有的孩子会在考试中作弊，但不会偷拿小礼品；有的孩子会在体育比赛中违反规则，但不会在考试中作弊。诸如西摩·爱泼斯坦（Seymour Epstein）等一些心理学家认为，哈茨霍恩和梅的这类研究过于具体。爱泼斯坦认为，研究者必须对行为进行综合衡量，而不是依靠单一的行为；也就是说，研究者必须得到多种行为的总和。爱泼斯坦的意思是，即使人们并不总是表现出强烈的个人特质，如尽责，但他们的行为总和仍将反映出整体上尽责的核心特质。

但是，米歇尔早期的一项研究发现，在汇总了各种分数的信息之后，一个三人评估小组依然无法可靠地预测美国和平部队中教员的表现。评估小组的判断与教员的表现之间的相关系数只有 0.2，而且极不显著。此外，米歇尔认为，同一特质的不同测量方法之间的相关系数只有大约 0.3，特质评分与后续行为之间的相关系数也大约在 0.3，这表示特质的一致性受到外部的限制。因此，人格特质与行为之间相对较低的相关性并不是由评估工具不可靠造成的，而是由行为的不一致导致的。米歇尔认为，即使采用了完全可靠的测量方法，人格特质也无法准确预测特定的行为。

人 – 情境交互作用

随着时间的推移，米歇尔逐渐发现，人们并非不具有持久的人格特质。他承认大多数人的行为具有一定的一致性，但他坚持认为情境对行为有强大的影响力。米歇尔反对用人格特质来预测行为，并非由于人格特质在一段时间内不稳定，而是由于其跨情境的不一致性。他认识到许多基本特质（性情）可以在很长一段时间内保持稳定。例如，一名学生可能一向在学业上态度认真，但是在打扫公寓或保养汽车的时候就不认真了。他打扫公寓不认真的原因可能是因为不感兴趣，而他对汽车保养的疏忽可能是由于知识不足所致。因此，特定情境与人的能力、兴趣、目标、价值观、期望等相互作用，共同预测人的行为。对米歇尔而言，人格特质或个人性情尽管对预测人类行为很重要，却忽略了人们所处的特定情境的重要性。

个人性情只会在某些条件下和某些情境中影响行为。这种观点表明，行为不是由整体的个人特质决定的，而是由特定情境下人们对自己的感知决定的。例如，一名年轻人通常在年轻女性面前非常害羞，而在与男性或年长女性在一起时则表现出外向或外倾的行为。这名年轻人是害羞的还是外向的？米歇尔会说他既是害羞的又是外向的——取决于在特定情境中的影响条件。

米歇尔认为，行为是由个人性情及个人的特定认知 – 情感过程共同决定的。人格特质理论认为，全局性的人格特质能够预测行为；而米歇尔则认为，人的信念、价值观、目标、认知和感觉会与这些人格特质相互作用，共同塑造行为。例如，传统人格特质理论认为具有尽责性的人通常会以尽责的方式行事。但是米歇尔指出，在各种情境中，尽责的人可能会通过他的尽责性及其他认知—情感过程来达成特定的结果。

为了测试这一模型，杰克·怀特（Jack Wright）和米歇尔开展了一项探索性的研究，采访了 8 岁和 12 岁的儿童，以及成年人，要求他们报告对“目标”儿童群体的所有了解。成年人和儿童都认识到了他人行为的可变性，但成年人对特定行为发生的条件更加确定。儿童会以“卡洛（Carlo）有时会打其他孩子”这样的话来限定自己的描述，而成年人会更具体一些，例如，“卡洛在受到挑衅时会打人”。这些发现表明，人们很容易意识到情境与行为之间的交互作用，并且他们直觉地认为特质（性情）受到条件的左右。

情境和稳定的人格特质都不能单独决定行为。相反，行为是二者的共同产物。因此，米歇尔和正田佑一提出了认知—情感人格系统，试图调和这两种预测人类行为的方法。

认知 – 情感人格系统

为了解决一致性悖论，米歇尔和正田佑一将情境的变化性与人行为的稳定性相结合提出了**认知 – 情感人格系统**（cognitive-affective personality system，CAPS，也称认知 – 情感加工系统）。人的行为明显具有不一致性，但这不是由于随机误差或仅由情境决定的。这些行为都是可以预测的，它们反映了一个人的稳定的变化模式。认知 – 情感人格系统预测一个人的行为会因情境而改变，但这种改变遵循某种有意义的模式。

米歇尔和正田佑一认为，可以通过以下框架将行为的变化性概念化：*如果 A，那么 X*；但*如果 B，那么 Y*。例如，如果马克（Mark）被妻子挑衅，那么他会做出攻击性的反应。但是，当“如果”改变时，“那么”也会改变。例如，如果马克被他的老板挑衅，那么他会做出顺从的反应。马克的行为似乎不一致，因为他对同一刺激的反应明显不同。但是，米歇尔和正田佑一认为，由两个不同的人发出的挑衅并不是相同的刺激。马克的行为并非前后不一致，反而反映出了马克稳定的终身反应模式。米歇尔和正田佑一认为，这种解释解决了一致性悖论，既考虑了长久以来观察到的行为的变化性，又考虑了心理学家和普通大众的直觉信念，即人格是相对稳定的。经常观察到的行为的变化性只不过是人格的统一稳定性的重要组成部分。

这一理论表明，行为不是稳定的全局性的人格特质的产物。如果行为是整体的个人特质（性情）的结果，那么行为的个体差异就会微乎其微。换句话说，马克就会对不同人的挑衅做出几乎相同的反应，而不管具体情境如何。但是，马克的行为变化性的长期模式证明了单一的情境理论和人格特质理论的不足。他的变化模式是他人格的行为标记，也就是他在特定情境中改变行为的一贯方式。虽然行为发生了变化，但是他的人格具有一种跨情境的稳定性。米歇尔认为，适当的人格理论应尝试预测和解释这些人格标记，而不是消除或忽略它们。

行为预测

在第 1 章中，我们主张有效的理论应该在“*如果……那么……*”的框架中陈述，但是真正这样做的人格理论家并不多，而米歇尔就是这些为数不多的理论家之一。他预测和解释行为的基本理论立场如下：“如果人格是一个稳定的系统，能够处理有关外部或内部情境的信息，那么当个体遇到不同的情境时，其行为应随情境而变化。”这一理论立场可以产生许多关于行为结果的假设。它假定人格可能具有时间上的稳定性，并且行为可能因情境而异。它还假定对行为的预测取决于对各种认知 – 情感单元的了解，诸如怎样激活及何时激活它们。这些认知 – 情感单元包括编码、期望、信念、能力、自我调节的计划和策略，以及情感和目标。

情境变量

米歇尔认为，可以通过观察人们在给定情境中反应的一致性或多样性来确定情境变量和个人特性的相对影响。如果不同的人以非常相似的方式行事，那就表明情境变量比个人特性更有影响力，例如，在观看一部引人入胜的电影中的情感场景时，大家都被感动。另一方面，看起来相同的事件可能会让不同的人产生截然不同的反应，这时个人特性就胜过了情境变量。例如，数名工人可能会同时被解雇，但是个体差异将导致不同的反应，这取决于工人感知的对工作的需要、对技能水平的信心及重新找到工作的能力。

米歇尔在职业生涯的早期做过一些研究，证明了情境与个人特性之间的相互作用是行为的重要决定因素。例如，在一项研究中，米歇尔和欧文·斯托布（Ervin Staub）考察了哪些条件会影响人们对奖赏的选择，并发现了两个重要因素——情境及个体对成功的期望。研究包括了言语推理任务和一般信息任务。首先，研究者要求 8 年级的男生对自己能成功完成任务的期望打分。接着，在学生们完成某项任务之后，第一组学生被告知他们成功了，第二组学生被告知他们失败了，而第三组则没有获得任何反馈。然后，研究者要求学生们在“即时的、价值较低的、不变的奖赏”和“延迟的、价值较高的、依表现而定的奖赏”之间进行选择。结果与米歇尔的交互理论一致，那些得知自己在早先的任务中取得成功的学生更有可能选择延迟的、价值较高的、依表现而定的奖励；那些得知自己在早先的任务中失败的学生倾向于选择即时的、价值较低的、不变的奖励；而那些没有得到反馈的学生会根据他们最初对成功的期望做出选择，也就是说，如果一个学生最初对成功的期望高，那么他们做出的选择与那些被告知成功的学生相似，如果一个学生最初对成功的期望低，那么他们做出的选择就与那些被告知失败的学生相似。图 18.2 显示了情境反馈如何与对成功的期望相互作用，从而影响奖赏的选择。

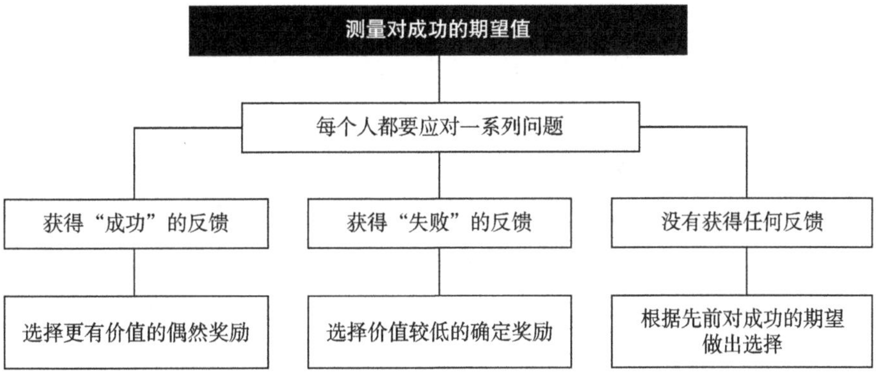

图 18.2　米歇尔和斯托布使用的模型

米歇尔及其同事还证明，孩子们可以利用自己的认知过程将一种困难的情况变成一种容易的情况。例如，米歇尔和埃贝·B. 埃贝桑（Ebbe B. Ebbesen）发现，一些孩子能够利用他们的认知能力将不愉快的等待转变为愉快的等待。在这项延迟满足的研究中，一些幼儿园的孩子被告知，他们将在短时间后获得少量奖赏，但是如果他们可以等待更长的时间，就可以获得更多的奖赏。那些一心想着这份奖赏的孩子很难等待，而能够延长等待时间的孩子选择通过自我娱乐而避免想着奖赏。后者把视线从奖赏上移开，闭上眼睛，或者唱起歌，把令人厌恶的等待情境转变成一种愉快的情境。上述研究结果使米歇尔得出结论，情境和人格中的认知－情感成分在行为的决定中具有重要作用。

认知－情感单元

1973 年，米歇尔提出了一组五个互相重叠、相对稳定的人格变量，这些变量与情境的交互作用决定了行为。经过 30 多年的研究，米歇尔及其同事拓展了对这些变量的认识，他们将这些变量称为认知 – 情感单元。这些变量将重点从人有什么（即全局特征）转移到了人（在特定情境中）做什么上。行为不仅包括行动，还包括认知和情感特性，如思考、计划、感觉和评估。

认知 – 情感单元包含了所有使人以相对稳定的变化模式与环境交互的心理、社会和生理因素。这些单元分别是人们的编码策略、能力和自我调节策略、期望和信念、目标和价值观及情感反应。

编码策略

最终会影响行为的一个重要的认知 – 情感单元，是人们的个人构念和**编码策略**（encoding strategies），即人们对从外部刺激中接收的信息进行分类的方式。人们使用认知过程将这些刺激转化为个人构念，包括他们的自我概念、对他人的看法及观察世界的方式。不同的人以不同的方式对同一事件进行编码，这反映了个人构念的个体差异。例如，一个人在受到侮辱时可能会做出愤怒的反应，而另一个人受到相同的侮辱时可能会选择忽略。另外，同一个人在不同情境中可能会对同一事件进行不同的编码。例如，一位女士通常会将最好的朋友打来的电话界定为愉快的经历，但在某种情境中，她可能会将之归为讨厌的事情。

外部刺激总会因为各种因素而发生改变，这些因素包括人们选择注意的内容，人们如何诠释自己的体验，以及人们对外部刺激的归类方式。米歇尔及其博士生发现，孩子们可以通过将注意力集中在外部刺激的特定方面来转化环境事件。在这项研究中，只是观看奖赏图片（零食或钱）的孩子比被鼓励在观看图片时运用认知建构（想象）真实的奖赏的孩子等待的时间更长。此前的一项研究表明，在等待时，看到真实奖赏的孩子比没有看到真实奖赏的孩子更难以等待。两项研究的结果表明，至少在某些情况下，刺激的认知转变可能具有与实际刺激大致相同的效果。

能力和自我调节策略

我们的行为部分取决于我们的潜在行为、对能够做某事的信念、关于行为的计划和策略及对成功的期望。我们相信自己能做某事，与我们的**能力**（competencies）有关。米歇尔使用“能力”一词代指我们获得的关于世界及我们与世界关系的大量信息。通过观察自己和他人的行为，我们知道在特定情境中可以做什么及不能做什么。米歇尔同意班杜拉的观点，即我们不会注意到环境中的所有刺激；相反，我们有选择地构建或生成自己版本的真实世界。因此，我们获得了关于自己的表现能力的信念，即便这种表现能力在实际情况下并未发生。例如，优秀的学生可能会相信自己有能力在美国研究生入学考试（Graduate Record Exam，GRE）中取得好成绩，即使她从未曾参加该考试。

一般来说，认知能力（如在 GRE 上能取得好成绩）在跨时间和跨情境的稳定性方面，远超其他的认知 – 情感单元。也就是说，人们的智力测验分数通常不会在一次测量和下一次测量之间、一种情境和另一种情境之间发生太大波动。实际上，米歇尔认为，个人特质从表面来看具有一致性的原因之一是智力的相对稳定性，智力是许多个人特质（性情）的基础。他认为，通过传统的心理能力测验测得的认知能力是预测社交和人际适应能力的最佳指标，它赋予了社交和人际特质以一定的稳定性。此外，米歇尔指出，运用非传统的心理能力测验方法对智力进行评估，也就是增加对一个人发现问题、解决问题潜力的评估，能够解释更多的人格特质的一致性。

在第 17 章中，我们讨论了班杜拉的自我调节概念，人们可以通过它来控制自己的行为。同样，米歇尔也相信人们使用**自我调节策略**（self-regulatory strategies）来控制自己的行为，这种控制是通过自我设定的目标和自我预期的后果而实现的。人们不需要外部的奖赏和惩罚来塑造自己的行为，他们可以为自己设定目标，然后根据自己的行为是否在朝着这些目标前进而奖励或批评自己。

自我调节系统使人们在环境支持薄弱或缺失的情况下也可以计划、发起并维持行为。像亚伯拉罕·林肯和莫汉达斯·甘地这样的人能够在没有支持和充满敌意的环境中调节自己的行为，如果我们也有强大的自我目标和价值观，我们也可以在没有环境鼓励的情况下坚持下去。但是，不适当的目标和无效的策略会增加焦虑并导致失败。例如，拥有一成不变的、过高的目标的人可能会坚持努力去实现这些目标，但是由于缺乏能力和环境支持，他们无法实现这些目标。

期望和信念

任何情境都蕴含巨大的行为潜能，但是人们最终的行为取决于他们对不同行为的可能后果的特定*期望和信念*。与行为潜能相比，人们对不同情境的后果的假设或信念更能预测其行为。

通过以前的经历和对他人的观察，人们学会了采取何种行为，并期望这些行为能够带来主观价值最高的后果。当对某一行为缺乏明确的期望时，人们将采取那些曾在类似情境中得到最大强化的行为。例如，一名从未参加过 GRE 考试的大学生拥有为其他考试做准备的经验。该学生为 GRE 考试所做的准备，将部分受到先前准备考试时产生了最大价值结果的行为所影响。如果这名学生曾经通过自我放松策略来准备考试并获得奖赏，那么他将期望自我放松策略也能够让他在 GRE 考试中取得良好的成绩。米歇尔将这类期望称为*行为－结果期望*。人们通常用“如果……那么……”框架来分析行为－结果期望。“如果我使用自我放松的备考策略，那么我有望在 GRE 考试中取得好成绩。”“如果我告诉老板我对她的真实想法，那么我可能会失业。”

此外，还有一类期望——*刺激－结果期望*，即刺激条件能够影响可能的后果，不论行为模式如何。刺激－结果期望能够帮助我们预测某些刺激之后可能发生的事件。最明显的例子就是在观察到闪电（刺激）之后，我们预测会听到响亮且恼人的雷声。米歇尔认为，通过刺激－

结果预期可以更好地理解经典条件反射。例如，如果一个孩子将医院护士与疼痛建立条件反射联系，那么当她看到护士拿着皮下注射器出现时，就会开始哭泣并表现出恐惧。

米歇尔认为，行为不一致的原因之一是我们缺乏预测他人行为的能力。在给他人贴上人格特质标签时，我们往往是毫不犹豫的；但当注意到他们的行为与这些特质不一致时，我们就不太确定该如何做出反应了。我们的期望越恒定，我们跨情境的行为就越一致。但是我们的期望不是恒定的，而期望之所以变化，是因为我们可以辨别和评估给定情境中的多种潜在强化物。

目标和价值观

人们不是被动地对情境做出反应，而是积极主动、以目标为导向地做出反应。人们确立目标，制订实现目标的计划，并且部分地创造了他们自己的情境。人们的主观目标、价值观和偏好构成了重要的认知 – 情感单元。例如，两名本科生可能具有相同的学术能力，他们对在研究生院取得成功的期望也相同。但是，第一名学生认为进入职场比继续读研究生更有价值，而第二名学生则选择进入研究生院而非直接步入职场。他们在本科期间可能有很多相似的经历，但是由于有不同的目标，因此他们做出了非常不同的决定。

价值观、目标和兴趣，再加上能力，都是稳定的认知 – 情感单元。造成这种稳定性的一个原因是，这些单元具有引发情绪的特性。例如，一个人可能会对某种食物抱有负面情绪，因为他将这种食物与他曾经食用该食物时的恶心经历联系了起来。如果他没有对抗条件反射作用，那么这种厌恶可能会一直存在，因为该食物引发了其强烈的负面情绪。同样，爱国的价值观可能会持续一生，因为它与积极情绪（如安全感、对家的依恋及对母亲的爱）相关联。

人们行为不一致的原因之一是他们无法预测他人的行为。© ThinkStock / SuperStock

情感反应

在 20 世纪 70 年代初期，米歇尔的理论主要是一种认知理论。其基本假设是，人的想法和其他认知过程与特定情境交互作用，决定了人的行为。之后，米歇尔及其同事将情感反应添加到认知 – 情感单元的列表中。情感反应包括情绪、感觉和生理反应。米歇尔认为情感反应与认知是分不开的，并认为这一认知 – 情感单元比其他认知 – 情感单元更基础。

情感反应并不是孤立存在的，它不仅与认知过程密不可分，而且还会影响其他认知 – 情感单元。例如，一个人的自我观的编码策略包含积极或消极的感觉。“我认为自己是一名有能力的心理学学生，这使我感到高兴。”“我不太擅长数学，所以我不喜欢数学。”同样，人们的能力和应对策略、信念和期望，以及目标和价值观都受到情感反应的影响。

米歇尔和正田佑一指出：

认知－情感表征不是孤立离散的，也不只是简单的被动“反应”：这些认知表征和情感状态是动态交互且相互影响的，它们之间的关系构成了人格结构的核心，引导并限制着它们的影响。

总而言之，相互关联的认知－情感单元在与稳定的人格特质和感知到的环境交互作用，共同决定了行为。其中，最重要的变量包括：（1）编码策略，即人们对事件的解读或分类方式；（2）能力和自我调节策略，即人们能做什么，以及他们实现目标行为的策略和计划；（3）期望和信念，即针对特定情境的行为－结果期望、刺激－结果期望和信念；（4）目标和价值观，一定程定上决定了对事件的选择性关注；（5）情感反应，包括感觉、情绪及与之相伴的生理反应的影响。

相关研究

罗特的内部控制和外部控制概念引发了大量心理学研究，被应用于许多其他领域。米歇尔的认知－情感人格系统模型是一个相对新颖的人格模型（20 世纪 90 年代中期才首次全面提出），与问世的时长相比，它已经产生了广泛的影响，尤其是它的“如果……那么……”框架受到了普遍关注。

控制源和大屠杀中的英雄行为

人格变量可用于预测行为结果。有的结果日常而普通，如胡安是否会在沉闷的课堂上趴下睡觉；有的结果超出了日常，如胡安能否取得心理学博士学位。但无论哪种结果都比不上心理学家伊丽莎白·米德拉斯基（Elizabeth Midlarsky）及其同事研究的结果那样意义重大。米德拉斯基试图使用人格变量来预测在第二次世界大战中谁是大屠杀中的英雄，谁又是旁观者。纳粹种族灭绝了 600 万犹太人，这件事是如此极端、如此可怕，以至于很难想象，在纳粹占领区中，只有占 0.5% 的人在看到他们的犹太人邻居陷入水深火热时决定提供援助。援助犹太人者所面临的危险与身为犹太人所面临的危险是一样的，因此，非犹太人冒着生命危险来帮助受迫害的犹太人邻居，这种行为确实是罕见而英勇的。

为了研究是人格中的哪种力量能够预测大屠杀中罕见的英雄行为，米德拉斯基及其同事招募了一组与众不同的样本，其中包括 80 名在第二次世界大战期间援助过犹太人的救助者、73 名在第二次世界大战期间没有援助犹太人的旁观者，以及 43 名在第二次世界大战之前就从欧洲移民到北美的对照样本。在研究进行时，参与者的平均年龄约为 72 岁，这意味着他们中的大多数人在第二次世界大战期间只有 20 多岁。大屠杀幸存者的证词证实了救助者的身份，这些幸存者实际上的确是由该研究的参与者救出的。

研究者为了预测谁是英雄、谁是旁观者，采用了几个人格变量，变量之一就是控制源。研究者推测，具有内部控制倾向与成为大屠杀中的英雄相关，因为这样的人认为他们对生活事件具有控制力，成功并不是由于运气或机会决定的（而具有外部控制倾向的人持相反的观点）。用罗特的话说，那些具有内部控制源的人抱有一种泛化期望，即他们的行为将成功地挽救受迫害的邻居的生命。米德拉斯基及其同事采用的其他变量包括自主性（具有独立感）、冒险、社会责任、独裁主义（与对少数群体持偏见态度并反对宽容相关）、共情和利他道德推理（高水平的利他道德推理要求运用内在价值观进行抽象推理）。所有人格变量都使用标准的自陈式测量方法进行测量，并且在参与者完成这些测量时，会有一名研究者来到参与者家中，与参与者进行一对一的访谈。

研究人员发现，内部控制感与所测量的其他人格变量均呈正相关，这意味着具有高内部控制感的人也更加自主、更能承担风险、具有更强的社会责任感、更宽容（独裁主义程度较低）、更能共情并表现出了更高水平的利他道德推理。

为了检验初步推测，即人格可以预测英雄的身份，研究者使用了一种统计程序，使他们可以汇集所有参与者（英雄、旁观者和战前移民对照），然后用每个人在各种人格量表上的得分来预测他们所属的组别。结果支持了研究人员的假设，在 93% 的时候（情况下），人格都能准确预测谁是英雄和谁不是英雄。对这种类型的分析来说，这一准确率是非常高的。

进一步的分析表明，与那些未提供援助者相比，那些冒着生命危险救助受迫害的邻居者具有更高的内部控制感。如果一个人具有外部控制感，并且相信事件的结果全凭偶然，那么他们为什么要冒着自己的安全风险采取行动来确保他人的安全呢？拥有“行动能导致积极作用”的泛化期望，并且相信事件的结果并非全凭偶然，这些是在极端条件下能够帮助他人的关键因素。

人 – 情境交互作用

米歇尔对与人格、情境、行为相关的复杂因素进行了大量研究。他的研究和社会认知学习理论又引发了该领域中其他学者的大量研究。其中最重要的当属关于人 – 情境交互作用的研究。这一研究的本质可以总结为行为与场景的情境偶然性，可以这样陈述：“如果我处于这种情境中，那么我做 X；但如果我处于那种情境中，那么我做 Y。”就像我们在认知 – 情感人格系统一节中所讨论的那样，米歇尔和正田佑一通过简单地让参与者对“如果……那么……”情况做出反应，提出了研究人 – 情境交互作用的概念方法和实证方法。

在最近的一项研究中，米歇尔的一位学生坎普拉斯（Kammrath）和她的同事清晰地论证了“如果……那么……”框架。该研究的目标是证明人们知道“如果……那么……”框架，并会运用这一框架对他人进行判断。这项研究的参与者在知道了某位虚构的女性的某个特质后，被要求预测该女性在几种不同情境中的行为是否热情。参与者被告知的某个特质是从以下几项中随机选出的：友善的、爱讨好的、有吸收力的、害羞的、不友善的。参与者将听到这些特质中的某一个，然后预测这位虚构的女性将如何与同龄人、上司、女性、男性、熟人、陌生人相处。

研究者发现，结果完美地支持了人－情境交互的“如果……那么……”框架。例如，当虚构的女性被描述为“爱讨好的”时，参与者预测她会对上司非常热情，而对同伴则不会特别热情。换句话说，*如果*互动的对象有很高的地位（上司），*那么*这位女性会很热情；但是*如果*互动的对象地位不是很高（同伴），*那么*这位女性就不会太热情。同样，当虚构的女性被描述为“不友善的”时，参与者预测她会对熟人表现得热情，而对陌生人则不会特别热情。这些发现清楚地表明，普通人能够理解人们在不同情境中的行为方式各不相同——人们会根据情境调整行为。

米歇尔等人得出的结论是，与传统的“脱离语境的”的人格观念相比（即人以特定方式行事，与周围环境无关），从社会认知互动角度出发的人—情境交互概念是理解人类行为的更恰当的方式。

棉花糖与终生自我调节

正如前文曾提到的，米歇尔对人格心理学的最早研究内容是关于延迟满足的。早期米歇尔与埃贝桑合作研究发现，能够抵御诱惑的孩子（也就是在实验中能够不吃眼前的棉花糖，而是等待稍后吃两个棉花糖）之所以能抵御诱惑，是因为使用了多种认知和行为策略。在这一早期研究之后的数十年中，米歇尔继续跟踪这些孩子的生命历程，通过纵向研究来探索实现有效自我调节的机制。

在最近的一篇关于后续研究的综述中，米歇尔、正田佑一及其同事证明了“棉花糖实验”对预测整个生命历程中重要的社会、认知和心理健康结果有着惊人的显著的预测效度。它能够显著预测的结果有很多。例如，学龄前儿童为了得到两个棉花糖而愿意等候的时间越长，越能显著预测他们在高中时能取得更高的 SAT 分数，以及后来在总体上获得更高的教育成就、更高的自我价值、更好的应对压力的能力。此外，比起那些能够等待延迟满足的儿童，那些屈服于眼前诱惑的儿童在 11 岁时超重的可能性增加了 30%，并且在成年后更容易出现边缘人格特征。

棉花糖实验是一项经典的测量实验，能够衡量儿童的自我调节，并能预测许多长期结果，如高中和大学的学业表现。© Bill Aron/PhotoEdit—All rights reserved.

是什么使我们中的一些人（而非全部）拥有惊

人的意志力？米歇尔及其同事针对此问题撰写了多篇论文，并得出结论，那些能够抵制诱惑而支持长期目标的人可以通过两大策略来实现，即注意力转移和认知重构。移开视线或注意诱惑物以外的物体能够帮助人们延迟满足。对情境进行重构，从米歇尔及其同事所说的“热”特征（如棉花糖的美味）转向“冷”特征（如棉花糖的形状），也可以提高延迟满足的能力。

大多数人都曾听说过现在已经家喻户晓的棉花糖实验，而且许多人都看过实验视频：小孩独自痛苦地坐在餐桌旁，把自己蜷成蝴蝶饼的形状，努力不去吃棉花糖。《芝麻街》（*Sesame Street*）栏目甚至编出了饼干怪兽学习如何延迟满足以求加入“饼干鉴赏家俱乐部”的节目。但大众媒体在运用这些研究成果时，往往会丢失其细节和基本原理。许多不明真相的观众认为，纵向研究的结果是说某些孩子早在 20 世纪 60 年代就拥有了可延迟满足的“毅力”，而这种毅力预测了他们成功的一生，这意味着这种自我控制的特质是高度遗传的，一个人要么有毅力，要么没有毅力。但是米歇尔的认知 – 情感人格理论始终是关于人在给定情境下的认知、情感、行为的动态相互作用。因此，自我控制与技能有关，这些技能可以在某些情境中得到训练，并且可以进行教授，从而得到提高。

米歇尔最近出版了一本书，回顾了他数十年来对意志力和自我调节的研究，并以对话的方式总结了这项研究的要点，书名为《棉花糖实验：掌握自控力》（*The Marshmallow Test: Mastering Self-Control*）。他认为，自我控制和延迟满足的能力就像一块肌肉，我们可以通过训练来加强它，我们可以选择使它收紧或放松。米歇尔及其同事发现，两种重要的策略（即注意力转移和认知重构）可以使我们抵制诱惑，以实现长期目标。在最初的棉花糖实验中，一些孩子成功地使用这些策略实现了延迟满足，而我们也都可以学习这样做。不论我们面对的是棉花糖，还是在戒烟时面对商店收银台处的香烟，我们都可以转移视线，去注意除了诱惑物以外的东西。我们也可以将情境重构，从由我们的情绪、边缘系统编码的“热”特征（即棉花糖美味的嚼劲和香烟的镇静作用）转移到由我们的前额叶皮层负责的“冷”特征（“棉花糖的形状像云一样”或“我还能用买一包香烟的钱买什么呢”），以增强我们的延迟满足能力。而最终目标是通过练习获得“冷”认知系统，接管平时活跃的“热”情绪系统。米歇尔在最近的一次采访中说：“‘冷’系统使我们能够调节情绪恒温器，这样在‘热’的情境中，我们的反应就是经过思考的，能更‘冷’，不是更热，不是由反射决定的。制订‘如果……那么……’实施计划会有所帮助，这样当面对甜点时，我会选择水果，而不是摄入很多糖。”

人们可以学习这些简单的策略，以提高自己的延迟满足能力，并提高自我调节能力，从而改善自己的生活。米歇尔关于早期自我调节能力的论证看似简单，但已被证明可以有效预测成年之后的健康而灵活的人格。

对社会认知学习理论的评价

关注社会认知学习理论的人重视学习理论的严格性及其理论假设，即人是具有前瞻性和认知性的生物。罗特和米歇尔提出了各自的学习理论，都以思考、评价、目标导向的人类，而不是实验动物为研究对象。像其他理论一样，社会认知学习理论的价值在于它是否符合评价有用理论的六个标准。

罗特和米歇尔的理论是否*引发了大量研究*？根据这一标准，社会认知学习理论已经产生了质和量俱佳的研究。例如，罗特的控制源概念一直并将继续是心理学研究中最受关注的主题之一。但是，控制源并不是罗特人格理论的核心，并且该理论本身还没有引发能与控制源相当的研究。与罗特的控制源概念相反，米歇尔的理论所引发的研究较少，但该研究与其核心思想更为相关。

社会认知学习理论*可以证伪*吗？罗特和米歇尔著作的实证性质使这些理论很容易被证实或证伪。但是，罗特的基础预测公式和一般预测公式完全是假设性的，无法进行精确的测试。相比之下，米歇尔的理论更符合可证伪的标准。关于延迟满足的研究使米歇尔更加注重情境变量，而较少关注行为的不一致。通过降低延迟满足的重要性，米歇尔避免了早期研究中使用的狭隘方法论。

从*组织知识*的标准来看，认知社会理论的得分略高于平均水平。至少从理论上讲，罗特的一般预测公式及需要潜能、行动自由、需要值等概念可以为理解人类行为提供有用的框架。当行为被视为这些变量的函数时，它将呈现出不同的倾向。米歇尔的理论在这一标准上的得分高于平均水平，因为他不断地拓宽其理论的范围，使他的理论既包括个人特质（性情），又包括能够预测和解释行为的动态认知－情感单元。

社会认知学习理论是否为行动提供了*有用的指南*？在此标准上，我们仅给该理论评中等分数。罗特关于心理治疗的思路非常明晰，对治疗师是有帮助的指导，但是他的人格理论并不实用。他的预测公式可作为组织知识的有用框架，但是它们并未为从业者提供任何具体的行动建议，因为无法通过数学确定性来了解公式中每个因素的值。同样，米歇尔的理论对治疗师、老师或父母仅有中等水平的用处。它建议实践者应该期望人们在不同情境中，甚至同一情境每一次出现时，都有不同的行为，但是并未提供具体的行动指南。

社会认知学习理论是否具有*内部一致性*？罗特在定义术语时尽量避免使同一术语有多个含义。此外，他的理论的各个组成部分在逻辑上是兼容的。其基础预测公式的四个具体变量、一般预测公式中的三个更广义的变量，在逻辑上是一致的。像班杜拉（见第 17 章）一样，米歇尔从可靠的实证研究中演化出一种理论，这一过程极大地确保了理论的一致性。

社会认知学习理论具有*简约性*吗？可以说，它是相对简单的，它并不想为所有人格问题提供解释。此外，对研究而非哲学思辨的重视，确保了罗特和米歇尔的社会认知学习理论的简约性。

对人性的构想

罗特和米歇尔都将人视为认知的动物，人对事件的感知比事件本身更重要。人们能够以各种方式来分析事件，并且在确定强化物的价值方面这些对认知的感知通常比环境更具有影响力。认知使不同的人能够以不同的方式看待相同的情况，并为他们的行为之后伴随的强化赋予不同的价值。

罗特和米歇尔都将人视为目标明确的动物，人不仅会对环境做出反应，而且还会在心理上充满意义地与环境互动。因此，比起因果论，社会认知学习理论更倾向于*目的论*，或者以未来为导向。人们对那些他们认为能使自己更接近目标的事件赋予正值，而对那些使他们无法实现目标的事件赋予负值。目标是用于评估事件的标准。人们较少受到过去强化经历的推动，而更多地受到对未来事件期望的推动。

社会认知学习理论认为，人们朝着自己建立的目标前进。但是，这些目标随着人们对强化的期望及他们对一种强化而非另一种强化的偏好而改变。因为人们一直在设定目标的过程中，所以他们在指导自己的生活方面有一定的选择权。但是，*自由选择*并不是无限的，因为过去的经历和个人能力的局限性部分地决定了行为。

由于罗特和米歇尔讲究实际、十分务实，因此很难在*乐观主义*还是*悲观主义*维度上对其进行评分。他们相信，可以教给人们解决问题的建设性策略，并且人们在生命中的任何时刻都能够学习新的行为。但是，他们并不认为人们具有内在的固有力量，能够不懈地推动人们朝着心理成长的方向发展。

关于*有意识动机*还是*潜意识动机*的问题，社会认知学习理论通常倾向于有意识动机。人们可以有意识地为自己设定目标，有意识地努力解决新的和老的问题。但是，人们并不总是知道其当前行为的基本动机。

在人格被*社会因素影响*还是*生物因素影响*的问题上，社会认知学习理论强调社会因素。罗特特别强调了在社会环境中学习的重要性。米歇尔也强调了社会的影响，但他并没有忽略遗传因素的重要性。他和正田佑一认为，人们既有遗传倾向，也有社会倾向。遗传倾向源于其遗传禀赋，而其社会倾向则源于其社交史。

在对*独特性*还是*相似性*的强调上，我们认为罗特处于中间位置。人们有各自的历史和独特的经历，可以设定个性化的目标，但是人们之间也有足够的相似之处，可以构建预测公式，如果有足够的信息，就可以对行为进行可靠而准确的预测。

相比之下，米歇尔显然更强调独特性而非相似性。人与人之间的差异是由于每个人的行为特征及每个人行为的独特变化模式导致的。总之，社会认知学习理论将人视为具有前瞻性、目的性、统一性、认知性、情感性和社会性的动物，能够根据自己选择的目标评估当前经历并预测未来事件。

重点术语及概念

- 罗特和米歇尔的社会认知学习理论都试图将“强化理论”的优势与“认知理论”的优势加以结合。
- 罗特认为，人们在特定情况下的行为是他们对强化的期望及这些强化所满足的需要的强度的函数。
- 在具体情境中，可以通过基础预测公式对行为进行预测。这一公式表明，特定行为发生的可能性是人的期望与强化值的函数。
- 一般预测公式指出，需要潜能是行动自由与需要值的函数。
- 需要潜能是指一系列功能上相关的行为发生的可能性，这些行为朝向一个目标或一组类似目标的满足。
- 行动自由是指一系列功能上相关的行为得到强化的平均期望。
- 需要值是指一个人偏爱一组强化而不是另一组强化的程度。
- 在许多情境中，人们会发展出对成功的泛化期望，因为以前的类似经验曾得到强化。
- 控制源是一种泛化期望，指人们对自己能或不能控制自己生活的信念。
- 人际信任是一种对他人的承诺是否可靠的泛化期望。
- 适应不良行为是指那些无法使人接近预期目标的行为。
- 罗特的心理治疗方法旨在改变目标和消除低期望。
- 米歇尔的认知－情感人格系统（CAPS）表明，人的行为在很大程度上由稳定的人格特质和情境的交互作用决定，其中涉及许多个人变量。
- 个人特质（性情）具有一定的跨时间的一致性，却只具有微弱的跨情境的一致性。
- 相对稳定的人格倾向与认知－情感单元交互作用，产生了行为。
- 认知－情感单元包括编码策略，即对信息进行解读和分类的方式；能力和自我调节计划，即人们能做什么及他们的策略；期望和信念，即人们对自己的行动后果的预期；目标和价值观；情感反应。

CHAPTER 19

第 19 章

凯利：个人构念心理学

凯利 © Science Source.

- 个人构念理论概要
- 乔治 · 凯利小传
- 凯利的哲学立场
  - 作为科学家的人
  - 作为人的科学家
  - 构念替换论
- 个人构念
  - 基本假设
  - 辅助推论
- 个人构念理论的应用
  - 异常发展
  - 心理治疗
  - Rep 测验
- 相关研究
  - 性别作为个人构念
  - 将个人构念理论应用于自我身份认同
  - 个人构念与大五人格
- 对凯利的评价
- 对人性的构想

重点术语及概念

阿琳是一名 21 岁的工程专业大学生，同时兼顾着繁重的学业和一份全职工作。最近，她那辆用了 10 年的汽车抛锚了，这让她的生活一下子变得更加紧张忙碌起来。现在，她需要做一个重要的决定。她发现自己有若干个选择：她可以把旧车修好；可以借钱购买一辆几乎全新的二手车；可以步行上下学和上下班；可以搭朋友的车；可以退学，回父母家；或者其他选择。

阿琳（或任何人）做出决策的过程与科学家解决问题时所遵循的过程是类似的。像一位优秀的科学家一样，阿琳在做决策时遵循了以下步骤。第一步，她观察了自己的环境（“我发现我的车不能行驶了”）。第二步，她问了自己几个问题（“如果我的汽车不能行驶，我该如何一边上学一边工作？”“我应该把车修好吗？”“我应该买一辆新一些的车吗？”“我还有其他选择吗？”）。第三步，她预想了几种答案（“我可以修好我的车，或者买一辆新一些的车，或者搭朋友的车，或者退学”）。第四步，她意识到事件之间的关系（“退学意味着搬回父母家，推迟或放弃成为工程师的目标，并丧失大部分独立性”）。第五步，她对解决困境的若干方案进行了假设（“如果我选择修车，花费可能会超过这辆车的价值，但是如果我买一辆几乎全新的二手车，我就得借钱”）。第六步，她问了更多问题（“如果我要买二手车，我想要什么品牌、型号和颜色”）。第七步，她预测了潜在的结果（“如果我买了一辆可靠的车，我将能够继续上学并继续工作”）。第八步，也是最后一步，她试图控制事件（“通过购买这辆车，我就能开车去上班，赚钱让自己继续上学”）。稍后我们将继续分析阿琳的困境，但先让我们了解一下乔治·凯利（George Kelly）提出的个人构念理论。

个人构念理论概要

乔治·凯利提出的个人构念理论和其他的人格理论都不同。它曾被人们称为认知理论、行为理论、存在主义理论和现象学理论。但是，每一种名称都不贴切。也许最合适的术语是“元理论”，或者关于理论的理论。根据凯利的观点，所有人（包括那些提出人格理论的人）预测事件，都取决于他们赋予该事件的意义或对于该事件的解读。这些意义或解读被称为构念（construct）。人们存在于现实世界中，但是他们的行为受到他们对世界的解释或构念的影响。他们用自己的方式来解读（construe）世界，每一种解读或构念（construction）都不是一成不变的，都可以被修正或替换。人们在环境面前不是被动无助的，而是形成各自对世界的诠释，每一种诠释都可被修正或替换。凯利称这种哲学立场为构念替换论。

凯利的个人构念理论基于构念替换论。个人构念理论包含一个基本假设和 11 个辅助推论。基本假设认为，人一直是活动的，人的活动为人预测事件的方式所引导。

乔治·凯利小传

在本书讨论的所有人格理论家中，乔治·凯利在教育方面拥有最不寻常的复杂经历，无论作为学生还是作为老师。

乔治·亚历山大·凯利（George Alexander Kelly）于 1905 年 4 月 28 日出生在美国堪萨斯州珀斯附近的一个农场，珀斯位于威奇托市以南 50 多千米，是一座在地图上几乎小到不存在的小镇。乔治是曾任学校老师的埃尔芙莱达·M. 凯利（Elfleda M. Kelly）和长老教牧师西奥多·V. 凯利（Theodore V. Kelly）的独生子。凯利出生时，他的父亲放弃了牧师职位，转而成为堪萨斯州的农民。父母双方都受过良好的教育，在儿子接受正规教育之余能够给他一些辅导。由于凯利上学没有规律，这样的家庭环境对他来说很有帮助。

凯利 4 岁时，一家人搬到了科罗拉多州东部，他的父亲获得了那里最后一块自由土地的所有权。在科罗拉多州时，凯利不定期地去上学，很少会一次连续几个星期去上学。

后来由于缺水，一家人搬回了堪萨斯州。凯利在四年内前后去了四所不同的中学。一开始他走读，到了大约 13 岁时，他被送到了威奇托市的寄宿学校。从那以后，他大部分时间都不在家住。毕业后，他在威奇托的富兰滋大学待了 3 年，又去密苏里州帕克维尔市的帕克学院待了 1 年。这两所大学都有宗教传统，这可以解释为什么凯利后来的许多著作中都有与《圣经》有关的参考文献。

凯利是一个兴趣广泛的人。他大学本科所学专业是物理学和数学，他还是大学辩论队的成员，因此非常关注社会问题。这种兴趣让他进入了堪萨斯大学，在那里他获得了教育社会学（主修）和劳动关系与社会学（辅修）双硕士学位。

在接下来的几年中，凯利辗转多地，从事过各种工作。他先去了明尼阿波利斯市，在一所专门为劳工开设的学院里教授街头演讲课，还为美国银行家协会讲授演讲课，并帮政府开设了针对移民的美国化课程。1928 年，他移居爱荷华州谢尔登，在两年制专科学校任教，并执导戏剧。在那里，他遇到了他未来的妻子格拉迪斯·汤普森（Gladys Thompson），她是同一所学校的英语老师。一年半后，他回到明尼苏达州，在明尼苏达大学教授夏季课程。接下来，他回到威奇托市当了几个月的航空工程师。之后，他以交换生的身份去了英国苏格兰的爱丁堡大学，完成了教育学的高级专修课程。

此时，凯利涉猎了教育学、社会学、经济学、劳动关系学、生物统计学、言语病理学和人类学，并主修心理学 9 个月之久。从爱丁堡回来后，他开始认真地从事心理学。他就读于爱荷华州立大学，并于 1931 年完成了博士学位，博士论文的主题是言语和阅读障碍的常见因素。

之后，凯利再次回到堪萨斯州，于 1931 年在堪萨斯州海斯市的海斯堡州立大学教授生理心理学，开始了他的学术生涯。然而，经历了黑色风暴事件和大萧条之后，凯利很快相信，他应该追求比生理心理学更具人道主义的事业。因此，他决定成为心理治疗师，为海斯市社区的大学生和高中生提供咨询服务。凯利回顾自己的职业经历时，十分忠于自己提出的个人构念心理学。他指出，自己的决定不是由环境决定的，而是由自己对事件的诠释决定的；也就是说，他自己对现实的构念改变了自己的人生历程。

如果我们留心，我们周围的一切都会“呼唤”。而且，我从来没有完全感到满意，甚至不确定成为一位心理学家究竟是不是一个非常好的主意……关于我的心理学职业道路，唯一显而易见的事情是我让自己进入这一领域的，是我主动追求它的。

凯利作为一位心理治疗师，在堪萨斯州为一个心理门诊巡回项目争得了立法支持。他和他的学生到堪萨斯州各地巡回门诊，在经济困难时期为人们提供心理服务。在此期间，他发展了自己的治疗方法，放弃了以前使用的弗洛伊德式技术。

在第二次世界大战期间，凯利以航空心理学家的身份加入了海军。第二次世界大战后，他在马里兰大学任教一年，然后于 1946 年开始在俄亥俄州立大学担任临床心理研究中心的教授和主任。在那里，他与朱利安·罗特（见第 18 章）成为同事，罗特后来接替他成为临床心理研究中心主任。1965 年，他接受了布兰代斯大学的教职，在此期间，他曾与 A. H. 马斯洛（见第 9 章）是同事，虽然时间很短暂。

从海斯堡州立大学时期开始，凯利就在发展自己的人格理论。最终，在 1955 年，他发表了最重要的个人著作《个人构念心理学》（*The Psychology of Personal Constructs*）。这本书共分两卷，于 1991 年重印，包含了凯利的全部人格理论，是他一生中出版的仅有的几部著作之一。

凯利曾在芝加哥大学、内布拉斯加州大学、南加州大学、西北大学、杨百翰大学、斯坦福大学、新罕布什尔大学和纽约城市学院等处担任客座教授。在第二次世界大战后的岁月里，凯利成为美国临床心理学的领军人物。他曾担任美国心理学会临床和咨询分会的主席，并且是美国专业心理学考试委员会的创会会员，还曾担任该委员会的主席。

凯利于 1967 年 3 月 6 日去世，未能完成对个人构念理论的修订。

凯利拥有丰富的生活经历，从堪萨斯州的麦田到世界一流的大学，从教育学到劳动关系学，从戏剧、辩论到心理学，各种各样的生活经历与他的人格理论相一致，他的理论强调要从各种角度诠释事件的可能性。

凯利的哲学立场

人类行为是基于现实，还是基于人们对现实的感知？对此，凯利有自己的观点。一方面，他不同意斯金纳的观点（见第 16 章），即行为是由环境（即现实）塑造的。另一方面，他也拒绝极端的**现象学**（phenomenology），即认为唯一的现实就是人们的感知。凯利相信宇宙是真实的，但是不同的人以不同的方式来解读宇宙。因此，人们的**个人构念**（personal constructs）或解释和说明事件的方式，成为预测其行为的关键。

个人构念理论并不试图解释世界，而只是关于人们对事件的一种解读，也就是人们对世界的个人探究。它是“关于人的探究的一门心理学。它不会说已经找到或将要找到什么，而是提出了如何去寻找的方法”。

作为科学家的人

在你决定吃什么午餐、看什么电视节目、从事什么职业时，你的行为与科学家的行为大致相同。也就是说，你提出问题、形成假设、检验假设、得出结论并尝试预测未来事件的过程，与所有其他人（包括科学家）一样，你对现实的感知也受你的个人构念的影响，即你如何看待、说明和解释在你的世界里发生的事件。

所有人在追求意义的过程中，都具有相似的经历：观察、建构事件之间的关系、阐述理论、形成假设、检验假设的合理性、得出结论。像科学家的研究结果一样，一个人得出的结论也不是固定不变的或不可更改的。人们愿意对结论进行重新考虑并加以修正。凯利希望个体和集体都能找到更好的方法，通过想象和远见改变他们的生活。

作为人的科学家

如果普通人可以被视为科学家，那么科学家也可以被视为普通人。因此，我们应该以怀疑的态度来看待科学家的研究。每位科学观察都可以从不同的角度去看待。每种理论都可以稍微变通，并从新角度进行考虑。当然，这意味着凯利的理论也可能被颠覆。凯利将自己提出的理论描述为一组半真半假的陈述，并承认其解释的不准确性。像卡尔·罗杰斯（见第 10 章）一样，凯利希望自己提出的理论能够被推翻，并被更好的理论所取代。的确，凯利比其他任何人格理论家都更希望自己提出的理论消亡。正如我们普通人可以通过想象以不同的方式看待日常事件一样，人格理论家也可以运用其独创性来构建更好的理论。

构念替换论

凯利的假设是，宇宙是真实存在的，并且作为一个整体发挥其功能，其各部分之间保持着精妙的互动。此外，宇宙不断地变化，所以随时都有什么事在发生。在这些基本假设之上，人的思想也是真实存在的，人们在努力地从不断变化的世界中获取意义。不同的人以不同的方式解释现实，而同一个人也能够改变自己对世界的看法。

换句话说，人们总是有可替换的看待事物的方式。凯利假设我们目前对宇宙的所有解释（构念）都可能会被修改或替换。他将这一假设命名为**构念替换论**（constructive alternativism），并用一句话概括了这一概念：“我们今天所面对的事件受制于各种构念，这些构念则受制于我们的才智。”构念替换论的哲学假设是，事实的逐项积累并不等于真理；相反，它假设可以从不同的角度看待事实。凯利同意阿德勒（见第 3 章）的观点，即一个人对事件的解释比事件本身更重要。但是，与阿德勒相反，凯利强调解释在时间维度上的意义，在一个时间点上有效的解释，在另一个时间点上可能就变得不再正确。例如，当弗洛伊德（见第 2 章）最初听到他的患者关于童年时期被诱惑的回忆时，他认为早期的性经历是患者后来罹患癔症的原因。如果弗洛伊德继续以这种方式诠释患者的说法，那么整个精神分析的历史将大不相同。但是，由于种种原因，弗洛伊德重新诠释了患者的说法，并放弃了诱惑假说。此后不久，他将解释稍加调整，发现了一个完全不同的视角。从这一视角出发，他得出结论，患者所说的诱惑仅仅是其童年时的幻想。他的替代假设是俄狄浦斯情结，与他最初提出的诱惑理论相比，这个概念发生了 180 度的转变，且目前依然存在于现代的精神分析理论中。如果我们从另一个角度来看弗洛伊德的观察，如埃里克森的观点（见第 7 章），那么我们可能会得出另一种截然不同的结论。

凯利相信，人而非事实，掌握着个体未来的钥匙。事实和事件并不能决定结论，相反，它们携带着意义，等待我们去发现。我们所有人面前始终摆着可替换的构念，只要我们愿意，就可以探索这些构念，但不管怎样，我们都要对我们如何解读世界负责。无论我们面对的是历史还是当前的境况，我们都不是被动无助的。这并不是说我们可以随心所欲地创造我们的世界。我们受限于自身才智和对熟悉事物的依赖。我们并不总是欢迎新观点。像大多数科学家，尤其像人格理论家一样，我们经常会发现重新建构令人不安，所以会坚持令人舒适的想法和已被人们所公认的理论。

个人构念

凯利的哲学假设，人们对统一的不断变化的世界的解释构成了他们的现实。在本章的开头部分，我们提到了阿琳，代步汽车刚刚抛锚的一名大学生。阿琳对通勤问题的看法并不是一成不变的。在与汽车修理师、二手车经销商、汽车经销商、银行雇员、她的父母或其他人的交谈中，她对现实的解释也会不断变化。同样，所有人都在不断地修正自己对世界的看法。有些人比较顽固，很少改变自己看待事物的方式。即使现实世界发生了变化，他们仍坚持自己对现实的已有看法。例如，神经性厌食症患者坚持认为自己很胖，即使体重在持续下降，甚至到了危及生命的程度。有些人对世界的解释与众不同。例如，精神病院的精神病患者可能会与他人看不见的人交谈。凯利相信，这些人和其他所有人一样，通过他们创造的用来应对现实世界的“透明范式或模板”来看待他们的世界。尽管这些范式或模板并不总是适宜的，但它们是人们从世界中提取意义的方法。凯利将这些透明范式或模板称为个人构念。

> 它们是解释世界的方式。它们使人类及低等动物能够描绘出行为过程：或者外显地表达，或者内隐地表现；或者言传，或者意会；或者与其他行为过程一致，或者不一致；或者经过理智的推理，或者像植物那样直接感知。

个人构念是指个人看待事物的方式，即一些事物（或人）是如何相似的，又如何与另一些事物（或人）有所区分。举例来说，你可能会看到张三和李四是相似的，又看到她们与王五是不同的。但这种类比和对比必须在同一维度中进行。例如，如果你说张三和李四相似是因为她们都具有吸引力，而王五的不同是因为她有宗教信仰，这就不属于个人构念，因为吸引力和宗教信仰不属于同一个维度。如果你说张三和李四相似是因为她们都具有吸引力，而说王五不同是因为她没有吸引力，或者你说张三和李四没有宗教信仰，而王五有宗教信仰，那么就形成了个人构念。同一维度上的类比和对比是必不可少的。

无论清晰的感知还是模糊的体会，个人构念都塑造着个人的行为。以阿琳和她抛锚的汽车为例。在她的汽车不能行驶之后，她的个人构念决定了她随后的行动方针，但并不是她的所有构念都有明确的定义。例如，她可能决定购买一辆新款汽车，因为她将汽车经销商的友好和推销解释为新款汽车是可靠的。阿琳的个人构念可能准确或不准确，但无论哪种情况，它们都是她预测和控制自己所处环境的方法。

阿琳试图通过增加自己的信息存储量来提高自己的预测（即新型汽车将提供可靠、经济和舒适的驾驶体验）的准确性。她进行了调研，询问了其他人的意见，试驾了汽车，并请机械师对汽车进行了检查。与之类似，所有人都会尝试验证自己的构念。他们寻找更合适的模板，从而尝试改善自己的个人构念。但是，个人进步并不是必然的，因为人们之前的已有构念会阻碍其向前发展。世界在不断变化，因此在一个时间点上准确的构念在另一时间点上可能是不正确的。阿琳小时候曾骑过一辆质量很好的蓝色自行车，但她不应认为所有蓝色的车都是可靠的。

基本假设

个人构念理论包含一个基本假设（postulate 或 assumption）和 11 个辅助推论（corollaries）。基本假设认为，*在心理层面，“人的过程”受（此人）预测事件的方式所引导*。换句话说，人的行为（思想和行动）由其看待未来的方式引导。该假设并不是对真理的绝对阐述，而只是一个愿意接受质疑和科学检验的暂定假设。

凯利为了澄清这一基本假设，对关键术语进行了定义。*“人的过程”*（person’s process）是指一个活生生的、变化的、运动的人。凯利在这里并不关心其他动物、社会，或者人的单独任何部分或功能。他不认为动机之下隐藏着动力、需要、内驱力或本能等力量。生命本身导致了一个人的运动。

凯利使用*“引导”*（channelized）一词，暗示人的运动沿着某个网络、路径或渠道朝某个方向行进。不过，这个网络非常灵活，既能够拓宽也能够限制人的行动范围。另外，该术语避免了将某种能量转化为行动的歧义。人本来就在运动；人们只是引导或指导自己向着某个目的或目标前进。

另一个关键词是*“预测事件的方式”*（ways of anticipating events），表明人们根据自己对未来的预测指导自己的行动。过去和未来本身都不能决定人们的行为。相反，人们现在对未来的看法决定了人们的行为。阿琳不会因为小时候曾有过一辆蓝色自行车就买一辆蓝色的新汽车，虽然蓝色自行车质量很好这一事实可能会影响她对当前情况的解读，并让她预期蓝色的新型汽车将来也会很安全。凯利认为，吊人们胃口的不是过去，而是他们对未来的看法。人们不断地透过现在看向未来。

辅助推论

为了详述个人构念理论，凯利提出了 11 个辅助推论，所有这些推论都可以从基本假设中推出。

事件之间的相似性

没有两个事件是完全相同的，但是由于我们解释了相似的事件，于是事件被感知为相似的。没有哪两次日出是相同的，但是我们对黎明的构念传达了我们对事件的某些相似性或某些可复制性的认识。尽管每天的日出从未完全相同，但它们足够相似，以至于我们将它们解释为同一事件。凯利将这种事件的相似性称为*建构推论*（construction corollary）。

建构推论认为，*一个人通过建构事件的复制物来预测事件*。这一推论再次指出了人们具有前瞻性，人们的行为是由他们对未来事件的预测决定的。它还强调了人们根据反复出现的主题或复制物来解读或说明未来事件的观点。

建构推论比较接近常识：人们看到事件之间的相似性，并使用单个概念来描述其共同特性。凯利认为，在建构理论时，有必要将这些显而易见的内容纳入其中。

人之间的差异

凯利的第二个推论同样显而易见。*人们对事件的解读各不相同*，凯利称这种对个体差异的强调为*个体推论*（individuality corollary）。

由于人们的经历各不相同，因此他们用不同的方式解读同一个事件。正因为如此，没有两个人会用完全相同的方式来解读同一种经历。人们的构念从实质到形式都不相同。例如，一位哲学家可能将*真理*归入永恒价值的原则之下；一位法学家可能将真理视为相对的概念，为特定目标服务；一位科学家可能将真理解释为一个虚幻的目标，一直追求却永远无法达成。对哲学家、法学家和科学家来说，*真理*具有不同的实质和不同的意义。而且，每个人以不同的方式得出自己的构念，因此也就使它有了不同的形式。即使生活在几乎相同环境中的同卵双生子，对事件的构念也不会完全相同。例如，双生子 A 的部分环境超出了双生子 B 的环境，是双生子 B 所没有的经历。

尽管凯利强调个体差异，但他指出经历是可以分享的，人们可以找到一个共同基础来理解经历。这使人们可以通过言语或非言语的方式交流。但是，由于个体差异，沟通永远都不是完美的。

构念之间的关系

凯利的第三个推论，即**组织推论**（organization corollary），强调了构念之间的关系，认为人们为了方便预测事件，有特色地发展出了一套包含构念之间的顺序关系的构念系统。

凯利的前两个推论讨论了事件之间的相似性和人之间的差异性，第三个推论则强调，不同的人在组织相似的事件时，会将不兼容和不一致尽可能地降到最低。我们对构念进行组织，好让自己能够有序地从一个构念转到另一个构念，这使我们在预测事件时能够超越矛盾并避免不必要的冲突。

组织推论还假设构念之间存在一种有序的关系，因此一个构念可以建构在另一个构念之下。图 19.1 展示了构念的层级结构。以就读于工程专业的阿琳为例。在汽车抛锚后决定自己的行动方针时，阿琳可能会用二分的上级构念（如好与坏）来看待自己的处境。在生命中的这个节点上，阿琳认为独立（于朋友或父母）是好的，而依赖是坏的。而在她的个人构念系统中，其实包括各种好与坏的构念。例如，阿琳可能认为聪明和健康是好的，而愚蠢和疾病是坏的。此外，阿琳关于独立和依赖的看法（就像她对好与坏的构念一样）也会有许多下级构念。在这种情况下，阿琳认为待在学校是独立的，而和父母同住是依赖的。为了留在学校并继续自己的工作，阿琳需要交通工具。有很多可能的交通方式，但阿琳只考虑了四种：乘坐公共汽车、走路、搭朋友的车或自己开车。自己开车的构念又包含了三个下级构念：修好自己的旧车、购买一辆新车、购买一辆二手车。阿琳的例子表明，构念之间不仅存在复杂的顺序关系，而且存在二分关系。

构念的二分

现在，我们来看一个不那么显而易见的推论——**二分推论**（dichotomy corollary）。二分推论认为，人的构念系统由有限数量的二分构念组成。

凯利认为，构念是一种二选一命题——非黑即白，没有灰色。在自然界中，事物不一定是非黑即白的，但自然事件本身没有意义，除非个体的个人构念系统为它们赋予意义。在自然界中，蓝色可能没有对立的颜色（除了在比色图表上），但是人们给蓝色赋予了对比的性质，如浅蓝对深蓝、好看的蓝对难看的蓝。

要形成一个构念，人们必须能够看到事件之间的相似性，但他们也必须将事件与其对立面进行对比。凯利是这样说的："在最低限度上，构念中至少要有两个元素相似，并与第三个元素形成对比。"依然以图 19.1 为例。智力和独立为什么相同？除非与一个相反的元素进行对比，否则将它们放在一起是没有意义的。如果与锤子或巧克力棒对比，智力和独立并没有重叠之处。通过将智力与愚蠢、独立与依赖进行对比，就能明白它们为何相同，以及如何被组织在了"好"而不是"坏"的构念之下。

二分之间的选择

如果人们以二分的方式来解读事件，那么就可以推出，人们会在接下来的二选一的行动

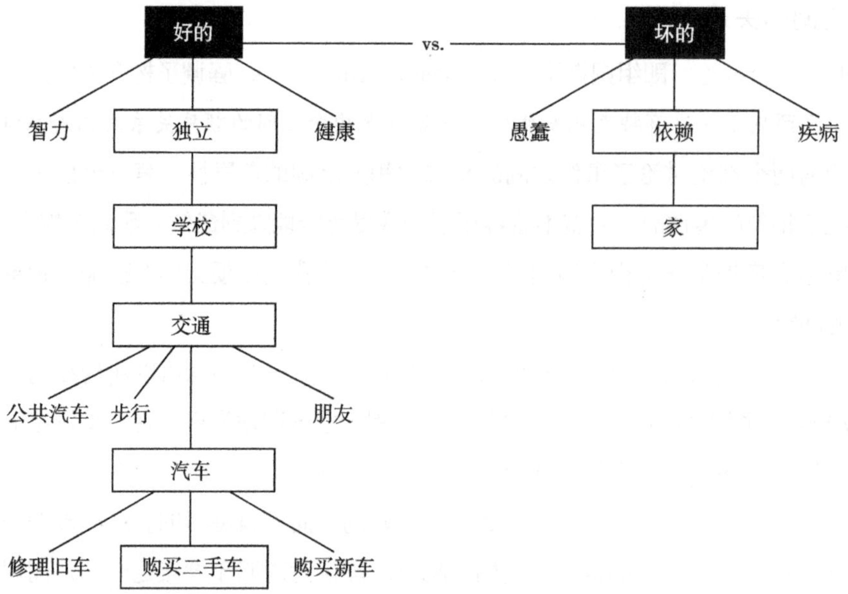

图 19.1　构念之间的关系的复杂性

方案中做出选择。这就是凯利的**选择推论**（choice corollary），即人们依据二分的构念、在二选一的选项中为自己选择行动方案并预测自己所选的方案更有可能扩大并定义将来的构念。

这一推论包含了凯利的基本假设和上述大部分推论。人们根据对事件的预测做出选择，而这些选择是在二分的选项之间进行的。此外，选择推论假设，人们会选择最有可能扩大其未来选择范围的那些行动。

阿琳决定购买二手车基于一系列选择，每个选择都是在二分的选项之间进行的，每一次选择都扩大了她的未来的选择范围。首先，她选择在学校独立生活，而不是回家与父母住在一起。其次，买车比搭朋友的车、乘坐公共汽车或步行（她认为这很费时间）提供了更多的自由。再次，与购买二手车相比，维修旧车的费用和风险更大。最后，与相对便宜的二手车相比，购买新车就太贵了。每个选择都是在二分构念的二选一的选项中进行的，并且在每一次选择时，阿琳都预测有更大的可能性去扩大和定义将来的构念。

人们根据对未来事件的预测，在二选一的方案之间进行选择。© Erik Isakson/Getty Images

便利范围

凯利的**范围推论**（range corollary）假设，个人构念是有限的，并非与所有事物都有关。他指出，构念便于预测有限范围的事件。换句话说，构念被限定在一定的便利范围内。

当阿琳决定买一辆车时，*独立*的构念就在阿琳的便利范围内；但在其他情况下，独立的构念可能就不在其便利范围内。独立与依赖形影相随。阿琳继续上学的自由、继续工作的自由及在不依赖他人的情况下快速通勤的自由，都落在了她关于独立与依赖的便利范围内。但是，阿琳的独立构念也排斥了所有不相干的构念，如上与下、明与暗或湿与干等；也就是说，它只便于预测有限范围的事件。

凯利使用范围推论区分了*概念*（concept）和*构念*。概念包括具有共同属性的所有元素，并且排除了不具有该属性的元素。例如，高这一概念包括所有具有延伸的高度的人和物体，并且不包括所有其他概念，甚至那些超出其便利范围的概念。因此，快、独立或黑暗都被从高的概念中排除了，因为它们没有延伸的高度。但是，这种排除是没有尽头的，也是不必要的。而构念则对比了高与矮，从而限定了它的便利范围。超出构念的便利范围的事物，就不被纳入对比范围之内，从而成为不相关的领域。于是，二分限制了构念的便利范围。

经历与学习

个人构念理论的基础是对事件的预测。我们看向未来，并猜测将会发生什么。然后，随着事件的发生，我们要么验证了我们现有的构念，要么重组这些事件，以匹配我们的经历。重组事件使我们可以从经历中学习。

经历推论（experience corollary）认为：“*一个人的构念系统随着其接连地解释事件的复制物而变化。*”凯利用“接连地”一词指出，我们一次只关注一件事。在我们的建构中，事件沿着时间路径，排成一列纵队前进。

经历是由人对事件的接连的构念组成的。事件本身并不构成经历，是人们赋予事件的意义改变了人们的生活。为了说明这一点，再回到阿琳和她的独立构念的例子。当她的旧车（父母给她的高中毕业礼物）发生故障时，阿琳决定继续上学，而不是回到父母家中，回到安全和依赖状态。由于阿琳随后遇到了接连发生的事件，她不得不在没有向父母咨询的情况下做出决定，这一任务迫使她重新调整了对独立的认识。早些时候，她将独立理解为不受外界干扰的自由。而在决定购买一辆二手车后，她赋予独立的意义开始有所改变——她向其中加入了责任和焦虑。上述事件本身并没有推动重组。阿琳本来可以成为她周围发生事件的旁观者，但她现有的构念足够灵活，让她可以适应新的经历。

适应经历

阿琳的灵活性反映了凯利的**调整推论**（modulation corollary）。一个人构念系统的可变性受到构念的渗透性限制，这些变化都在构念的便利范围之内。该推论源自经历推论，并扩展了经历推论。它假设人们修改其构念的程度与他们现有构念的渗透性有关。如果可以向其中添加新元素，那么构念是可渗透的。不可渗透的或凝缩的构念不能容纳新的元素。例如，如果一位男性认为女性比男性低一等，那么与之相矛盾的观点就不会进入他的便利范围。相反，他会将女性的成就归功于运气或社会对女性的保护。只有构念是可渗透的，事件的变化才意味着这些构念会发生变化。

阿琳关于独立与依赖的个人构念具有足够的渗透性，可以吸收新元素。在没有和父母商量的情况下，她决定购买二手车，这时成熟与幼稚的构念渗入了独立与依赖的构念，为其原本的构念添加了新的元素。以前，这两种构念是分开的，阿琳的独立构念仅限于按自己选择的方式行事，而依赖则与父母的控制有关。现在，她将独立性理解为成熟的责任，将依赖性理解为幼稚地依靠父母。用类似的方式，所有人都可以调节或调整他们的个人构念。

不相容的构念

尽管凯利假设一个人的构念系统具有整体上的稳定性或一致性，但他提出的**分裂推论**（fragmentation corollary）考虑了特定元素之间的不相容性，即*一个人可能会接连地采用在推论上彼此不相容的构念子系统*。

乍一看，个人构念似乎必须相容，但是如果我们观察自己的行为和思想，就很容易发现不一致的地方。在第 18 章中，沃尔特・米歇尔（凯利的学生）指出，行为通常比心理学家想让我们相信的更不一致。通常来说，孩子在一种情境中可能很有耐心，而在另一种情境中则缺乏耐心。同样，一个人在面对凶恶的狗时可能很勇敢，但面对上司或老师时则可能很胆怯。尽管我们的行为经常看起来不一致，但凯利在我们大多数行动中看到了潜在的稳定性。例如，一位男士可能对妻子保护有加，但同时也鼓励她变得更加独立。保护和独立可能在一个层面上彼此不相容，但在更大的层面上，两者都被包含在爱的构念中。因此，男人保护妻子、鼓励妻子更加独立的行为与更大、更高层级的构念是一致的。

更高层级的构念也可能发生变化，但是这些变化发生在更上一级的构念中。仍以这位保护妻子的男士为例，他对妻子的爱有可能会逐渐转变为恨，但是这种改变仍然在一个更大的自利的构念之内。他对妻子的情感，不论是以前的爱还是现在的恨，都与他自利的观念相一致。如果不相容的构念无法共存，那么人们将被局限在某个固定的、一成不变的构念中。

人与人之间的相似性

尽管凯利的第二个推论假定人是不同的，但他的**共性推论**（commonality corollary）却假设人与人之间是相似的。他对共性推论进行修订后的概念是："*如果一个人所采用的经历构念与另一个人所采用的构念相似，那么*［*这个人的*］*过程在心理上与另一个人的过程也相似。*"

要想两个人的过程在心理上相似，他们不必经历同一事件，甚至不需要经历相似的事件，他们只需要以相似的方式*构念*他们的经历。由于人们通过"提出问题、形成假设、得出结论，然后提出更多问题"来主动地解读事件，因此具有广泛不同经历的不同人可能以非常相似的方式来解读事件。例如，两个人可能背景迥异，但他们可能会得出相似的政治观点。一个人可能来自一个富裕的家庭，生活悠闲而安稳；另一个人可能经历了贫穷的童年，不断为生存而挣扎。然而，两个人都采取了同样的自由主义的政治观点。

尽管背景不同的人也可能有相似的构念，但具有相似经历的人更有可能以相似的思路来解读事件。在特定的社会群体中，人们可能会拥有类似的构念，但是解读事件的始终是个人，而不是社会。这类似于阿尔伯特・班杜拉的集体效能概念：个人，而非社会，具有不同程度的或高或低的集体效能（见第 17 章）。凯利还假设，没有两个人会对经历给出完全相同的解释。美国人可能具有类似的民主构念，但没有两个美国人看待民主的方式完全相同。

社会过程

凯利指出，人们同属于某个文化群体，不仅因为他们呈现出相似的行为或对他人有一样的期望，而是因为他们以同样的方式来解读自己的经历。

凯利的最后一个推论是**社会性推论**（sociality corollary），即*人们在理解他人的构念系统时，可能在他人的社会过程中扮演了角色*。

人们不会仅仅基于共同的经历，甚至是相似的构念就彼此进行交流；他们之所以进行交流，是因为他们相互构建了彼此的构念。在人际关系中，人们不仅观察对方的行为，而且解释该行为对他人有何意义。当阿琳与二手车经销商讨价还价时，她不仅意识到对方的言行，而且意识到了其言行的意义。她意识到，在对方眼里，她是潜在买家，可以让对方获得丰厚的佣金。她把对方的话解读为夸张，同时认为，对方对自己态度冷淡，表明对方的动机与自己的动机不同。

上述这些都有些复杂，凯利只是想表达，人们都在主动地参与人际关系，并意识到自己是他人构念系统的一部分。

凯利在社会性推论中引入了**角色**（role）的概念。角色是指一种行为模式，产生于一个人对（和自己合作开展任务的）他人构念的理解。例如，当阿琳与二手车经销商讨价还价时，她将自己的角色解读为潜在买家，因为她理解那是对方对自己的期望。在其他时间和其他人在一起时，阿琳将自己的角色构念为学生、员工、女儿等。

凯利从心理学而非社会学的角度解释角色。一个人的角色并不取决于一个人在社会环境中的地位，而是取决于一个人如何诠释这一角色。凯利还强调了这样一个观点，即一个人扮演一个角色时，其对角色的构念不必是准确的。

阿琳作为学生、员工和女儿的角色可以被看作*外围角色*，而位于中心的是其*核心角色*。通过**核心角色**（core role），我们定义自己，即“我自己是谁”。它给了我们一种同一感（sense of identity），并为我们的日常生活指明方向。

个人构念理论的应用

像大多数人格理论家一样，凯利从他作为心理治疗师的实践中逐渐总结而形成了自己的理论。他用了 20 多年的时间潜心于心理治疗实践，在 1955 年才出版了《个人构念心理学》。在本小节中，我们将探讨凯利对异常发展的看法、对心理治疗的态度及他的“角色构念库测验”（Role Construct Repertory Test，下文简称为“Rep 测验”）。

异常发展

在凯利看来，心理健康的人会根据自己在现实世界中的经历来检验自己的个人构念。他们就像有能力的科学家一样，测试合理的假设，接受结果而不是加以否认或歪曲，为适应现实的情况而乐于改变自己提出的理论。健康的个体不仅可以预测事件，还可以在事情与预期不符时做出令人满意的调整。

心理不健康的人则顽固地坚持自己的个人构念，不对任何新构念进行检验，担心这样做会破坏自己已有的对世界的看法。这些人与无能的科学家类似，他们检验不合理的假设，拒绝或歪曲合理的结果，拒绝修改或放弃不再有用的旧理论。凯利将障碍（disorder）定义为“尽管持续无效，但仍在重复使用的个人构念”。

一个人的构念系统存在于现在，而不是过去或将来。因此，心理障碍也存在于现在，它们既不是由童年经历，也不由未来事件引起的。由于构念系统是个人的，因此凯利反对传统的对异常情况的分类。他认为，使用《精神疾病诊断与统计手册》作为判断依据时，我们可能会曲解这个人独特的构念。

和其他人一样，心理不健康的人也拥有复杂的构念系统。但他们的个人构念通常无法通过渗透性考验，它们要么过于不可渗透，要么过于灵活。在前者中，新的体验不会渗透到构念系统中，因此这个人也就无法适应现实世界。例如，被虐待的儿童可能会认为，与父母的关系亲密是坏的，而孤独是好的。当孩子的构念系统否认任何亲密关系的价值并坚持认为回避或攻击是解决人际关系问题的首选方式时，心理障碍就产生了。另一个示例是一位严重依赖酒精的男士，虽然他的喝酒问题越来越严重，导致工作和婚姻已岌岌可危，但他依然不肯承认自己酒精成瘾。

在后者中，过于宽松或灵活的构念系统会导致混乱、行为模式不一致及价值观变化太快。这样的人太容易受意料之外的日常小事的影响。

凯利没有使用传统的概念来描述心理病理学病症，而是使用了大多数人都曾经历过的四个元素：威胁、恐惧、焦虑和自责。

威胁

当人们意识到其基本构念的稳定性可能会动摇时，他们就会体验到**威胁**（threat）。凯利将威胁定义为“意识到即将到来的核心构念的全面变化”。一个人可能会单纯受到人或事的威胁，也可能会受到人和事的双重威胁。例如，在心理治疗期间，来访者经常会因变化而感到威胁，即使是向着好的方向变化。如果他们将治疗师视为变化的可能性诱因，他们就会将治疗师视为威胁。来访者经常抵制变化，并以消极的方式解读治疗师的行为。这种抵制和“负性移情”是降低威胁并维持现有个人构念的方法。

恐惧

按照凯利的定义，威胁涉及人的核心构念的全面变化，而恐惧（fear）则更为具体和偶然。凯利用了一个例子来说明威胁与恐惧之间的区别。一位男士可能由于生气或亢奋而危险驾驶。如果这位男士意识到自己可能因撞到人或超速行驶而被捕并成为被告，那么冲动驾驶就构成了威胁。在这种情况下，他的个人构念将受到威胁。然而，如果他突然想到撞车的可能性，他将感到恐惧。威胁面临的是整体而全面的重构，而恐惧面临的则是具体而偶然的重构。当威胁或恐惧持续地使人感到不安时，就会产生心理障碍。

焦虑

凯利将**焦虑**（anxiety）定义为“认识到自己对所面对的事件超出了自己构念系统的便利范围”。人们在经历全新事件时可能会感到焦虑。例如，当工程系学生阿琳与二手车经销商讨价还价时，她不确定该做什么或说什么。她之前从未曾就这么贵的东西讨价还价，因此这一经历超出了她的便利范围。结果，她感到焦虑，但只是正常程度的焦虑，并没有导致失去功能。

当一个人无法再忍受不相容的构念，且整个构念系统崩溃时，病理性焦虑就出现了。回想一下凯利的分裂推论：人们可以发展出互不相容的构念子系统。例如，如果一个人拥有的构念是“所有人都值得信赖”，那么当他被同事公然欺骗时，这个人可能在一段时间内要同时忍受两个不相容的子系统。但是，当他人不可信的想法具有压倒性时，这个人的构念系统可能会崩溃，结果就是相对持久的、令人衰弱的焦虑经历。

内疚

凯利的社会性推论假定，人们构建了一个核心角色，使他们在社会环境中具有同一感。如果这一核心角色被削弱或消失，一个人就会感到内疚。凯利将**内疚**（guilt）定义为“失去一个人的核心角色构念的感觉”。也就是说，当人们以与自己的身份不一致的方式行事时，就会感到内疚。

从未建立起核心角色的人永远不会感到内疚。这些人可能会感到焦虑或困惑，但若没有个人同一感，则他们无法体验内疚。例如，一个身心没有得到发展的人几乎没有或没有完整的自我意识，其核心角色构念也很弱或根本不存在。这样的人没有必须坚守的准则，因此即使对堕落和可耻的行为也不会感到内疚。

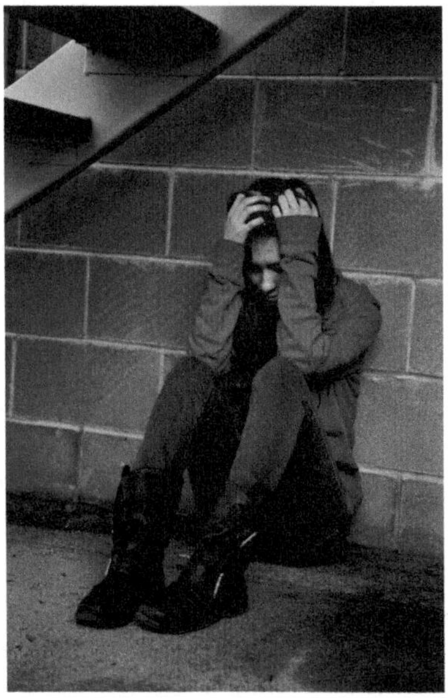

当我们的行为与我们的核心角色不一致时，我们就会产生内疚。© Eric Simard/Alamy.

心理治疗

当人们难以验证其个人构念、预测未来事件、控制当前环境时，心理压力就会出现。当压力变得难以控制时，人们可能会以接受心理治疗等形式寻求外部帮助。

凯利认为，人们应该可以自由选择与他们对事件的预测最一致的行动方案。在心理治疗中，这种方法意味着由来访者而非治疗师制定目标。来访者是治疗过程的主动参与者，治疗师的作用是帮助他们修正自己的构念系统，以提高该系统的预测效率。

为了帮助来访者改变其构念，凯利采用了**固定角色疗法**（fixed role therapy）。固定角色疗法的目的是通过让来访者扮演预定角色，帮助其改变看待生活的观点（个人构念）。这一疗法是让来访者在几个星期的时间内持续扮演预定角色，首先是在相对安全的治疗环境中，然后转移到治疗以外的日常生活中。来访者与治疗师一起制定某一角色，该角色的态度和行为目前尚不包含在核心角色中。在确定预定角色的大概形象时，来访者和治疗师要谨慎地将他人的构念系统纳入其中。来访者的配偶、父母、老板或朋友将如何理解并应对这一角色？他们的反应会帮助来访者更有效地重新解读事件吗？

然后，来访者在日常生活中尝试扮演这个角色，就像科学家谨慎而客观地检验假设一样。在实际操作中，预定角色通常是以第三人称的方式，来访者更像是一名演员，将以一个新的身份出演该角色。来访者并不是要成为另一个人，而只是在扮演另一个人。角色扮演不必太过当真，这仅仅是一种扮演，可以根据实际情况加以调整。

固定角色疗法的目的不是解决特定问题或修复已有的构念。它是一个创造性的过程，可以让来访者逐渐发现自己之前隐藏的方面。起初，来访者的角色扮演只是形似；当他们适应了人格结构的微小变化之后，他们才开始尝试新的核心角色，追求神似，以实现更深刻的人格变化。

在提出固定角色疗法之前，凯利偶然发现了非常类似于固定角色疗法的与众不同的治疗干预方法。在对弗洛伊德式方法感到不适之后，他决定为来访者提供“荒谬的解释”。其中一些是牵强附会的弗洛伊德式解释，但尽管如此，大多数来访者还是接受了这些“解释”，并将其用于未来行动的指南。例如，凯利可能告诉来访者，在严格的如厕训练中，他可以以教条的僵化方式来诠释自己的行为，但他不必继续以教条的僵化方式去看待事物。令凯利感到惊讶的是，许多来访者都能更好地执行功能了。改变的钥匙与固定角色疗法相同——来访者必须开始从不同的角度诠释自己的生活，并看到自己扮演的不同角色。

Rep 测验

凯利所使用的另一种干预方法——可以在治疗时或非治疗时使用——是角色构念库（Rep）测验。Rep 测验的目的是观察人们如何在生活中解释生命中的重要他人。

在 Rep 测验中，被试将看到一个“角色名称”列表，并被要求在一张卡片上写下符合这些角色名称的人的名字。例如，对于“你喜欢的老师”这一角色名称，被试必须提供一个具体的人名。角色名称的数量可以变化，凯利在一次测试中曾采用 24 个角色名称（其示例见表

19.1）。凯利的 Rep 测验已被应用到了许多不同的情况中，并且从原始测验中演变出了许多变体。图 19.2 的上半部分展示了一个例子。实验者提供某些角色名称，被试或评估者提供角色的具体姓名。角色包括自己、母亲、父亲、配偶或伴侣等。在这个例子中，共有 15 种不同的角色。

表 19.1　Rep 测验中的角色示例

- 老师（你喜欢的）
- 老师（你不喜欢的）
- 丈夫或男友
- 一个女孩（在高中时和你相处融洽的）
- 姐妹（与你年龄最接近的）

姓名	自己	母亲	父亲	配偶/伴侣	兄弟姐妹	兄弟姐妹的配偶/伴侣	前男友/前女友	最好的朋友	疏远的朋友	拒绝者	威胁者	成功人士	快乐的人	道德人士	邻居	构念
	1	2	3	4	5	6	7	8	9	10	11	12	13	14	15	
E.g.	X	O	X	O	X	X	O	O	O	X	O	O	O	X	X	害羞（X）vs 自信（O）
1																______ vs ______
2																______ vs ______
3																______ vs ______
4																______ vs ______
5																______ vs ______
6																______ vs ______

图 19.2　库格测验示例

Source: J. Silvester and M. McDermott, “Kelly’ s Repertory Grid,” All in the Mind, BBC Radio 4, October 9, 2002.

该测验的主要目标是让一个人（评估者）就生命中的重要他人建立构念。首先要让评估者一次从列表中任意选出三种角色。然后，评估者考虑三种角色中的哪两个有何种相似之处，以及这两种角色与第三种角色有何不同。例如，如果评估者认为自己和父亲是害羞的，而母亲是不害羞的，那么第一个构念就是“害羞”。接着，评估者将“害羞”写在最右侧。然后，他们从列表中拿出另外三种角色，并创建第二个构念。例如，他们的父亲和母亲可能是“自信的”，而他们的某个兄弟姐妹不是。评估者此时就有了两个构念——害羞和自信。按照这一流程所产生的构念数量取决于评估者，但建议至少产生六个构念。三个一组的角色及其构念的一个例子如下。

角色	构念
你、母亲、父亲	害羞
母亲、父亲、某一兄弟姐妹	自信
你、伴侣、最好的朋友	友善
你、最好的朋友、前任	聪明
伴侣、前任、最好的朋友	敌意
拒绝的人、威胁的人、最好的朋友	温暖
成功的人、快乐的人、道德的人	快乐

这样一来，这些构念就可以告诉评估者（及施测者），他们是如何看待世界的。在这个例子中，害羞、自信和友善是评估者看待自己的世界和周围的人的重要方式。

Rep 测验的一个主要步骤是非强制的，如图 19.2 下半部分的网格所示。这个步骤要求评估者就每种构念对每种角色进行评估。在对所有构念进行此项操作之后，评估者通过检查构念被标记为 X 或 O 的模式，看到不同构念之间的相似或不同。例如，如果被评估为“害羞的人”很少被评估为“自信的人”，那么就说明被评估者认为这两种构念是不同的。

Rep 测验和库格（repertory grid）有几种版本，但所有版本的目的都是评估个人构念。例如，一位女士可以看到她的父亲和老板是怎样的相似或不同；她对母亲是否认同；她的男朋友和父亲是不是很像；或者她在整体上如何看待男性。这些测验可以在治疗一开始进行，然后在结束时再次进行。个人构念的变化揭示了治疗期间发生的变化的性质和程度。

凯利及其同事已经多次使用过 Rep 测验，并且没有设定评分规则。这种工具的信度和效度都不是很高，其实用性在很大程度上取决于施测者的技巧和经验。

相关研究

尽管乔治·凯利仅写过一部重要著作，但他对人格心理学的影响却是巨大的。他的个人构念理论已经引发了大量的实证研究，其中包括近 600 项关于 Rep 测验的实证研究。这表明他的理论在引发研究方面表现良好。因为他是最早强调诸如图式（schema）等认知模式的心理学家之一，所以凯利的个人构念的概念在实际意义上促成了社会认知领域的形成，这一领域目前是社会和人格心理学中最具影响力的研究视角之一。社会认知考查了人的感知的认知和态度基础，包括图式、偏见、刻板印象和偏见行为。例如，社会图式是对他人品质的有序的心理表征，被认为包含着重要的社会信息。尽管社会认知领域的许多研究者仍在使用传统的问卷，但也有一些研究者选择凯利的方法，使用现象学或表述性的评估，如 Rep 测验及其修订版本。最近，Rep 测验方法就被应用于分析曾遭受性虐待和未曾遭受性虐待的人的不同构念系统。

在下面的三个小节中，我们将着重介绍性别作为个人构念的研究、通过个人构念理论来理解内化偏见的研究及个人构念与大五人格的关系的研究等内容。

性别作为个人构念

马塞尔·哈珀（Marcel Harper）和威廉·斯科曼（William Schoeman）认为，尽管性别也许是人的感知中最基本、最普遍的图式之一，但并非所有人在组织自己对他人的信念和态度时都是一样的。也就是说，人们对性别的文化观念的内化程度存在个体差异。此外，哈珀和斯科曼假设，与那些不使用性别来组织其社会感知的人相比，那些使用性别来组织其社会感知的人更容易有刻板印象。因此，性别成了解决社会问题的主要手段。他们预测，一个人对另一个人的信息了解得越少，就越有可能使用刻板的性别模式来评估和感知另一个人。换句话说，我们对个体越熟悉，就越期望会有更加复杂的态度和更少的刻板印象。

在哈珀和斯科曼的研究中，参与者主要是来自南非一所大学的女学生。研究人员使用 Rep 测验，要求参与者说出给定的肖像更倾向于描述女性、更倾向于描述男性，还是两性皆可。在 Rep 测验程序的第一阶段中，参与者写下了最能代表 15 种不同角色名称的人的名字，如“喜欢的讲师或老师”“一个曾共事过的人”“认识的人中最成功的一个”等。在第二阶段中，将填在角色名称下的人以三人一组的方式相互比较，其中两人与第三人形成对比。在第三阶段中，参与者评估每一个角色名称是更倾向于描述女性、更倾向于描述男性，还是对两性同样具有或不具有描述性，并进行评分。描述女性或描述男性被记为 1 分，对两性同样具有或不具有描述性被记为 0 分，得分范围为在 0 分到 20 分之间。除了 Rep 测验外，参与者还完成了有关性别刻板印象、是否将性别刻板印象应用于社交场合中的陌生人的问卷及关于性别歧视态度的问卷。

结果表明，对所有参与者来说，性别都是一个基本的分类依据，没有人在第三阶段中得 0 分，所有参与者的平均得分略低于 10 分。另外，那些经常使用性别对他人进行分类的人也更有可能在社交场合中将性别刻板印象应用于陌生人。哈珀和斯科曼总结道：“经常使用性别刻板印象的参与者也用性别来组织他们的个人图式。这表明，使用性别刻板印象来感知陌生人的参与者也倾向于按照性别划分他们对家庭成员和熟人的看法。”

将个人构念理论应用于自我身份认同

凯利的 Rep 测验最初旨在评估个人如何看待其生活中的重要他人。作为人际比较的测试，Rep 测验可以揭示有意义的个人构念，如上述例子所显示的那样。最近，邦妮·莫拉迪（Bonnie Moradi）及其同事提出了一种使用 Rep 测验的新方式，以评估个人如何识别或区分自我。也就是说，该研究使用 Rep 检验来检验个人内在的身份认同。运用个人构念理论和 Rep 测验，莫拉迪及其同事研究了身为同性恋的参与者内化的恐同症，并探讨了哪些因素能够预测大学生认同于女性主义者。

通过个人构念理论理解内化的偏见

作为被污名化的群体的一员，之所以会表现出隐伏的特征，或许是因为群体内的个体内化了他人的偏见，并对自己抱有负面看法。例如，研究表明，内化的反对男同性恋和女同性恋的偏见（通常称为内化的恐同症），与同性恋个体本身的压力大和不良心理健康状况有关。鉴于此，了解内化的偏见是很重要的，有助于临床心理学家和咨询师有效地治疗个体的痛苦。

2009 年，邦妮·莫拉迪、雅各布·范登伯格（Jacob van den Berg）和弗朗兹·埃普坦（Franz Epting）采用了凯利的个人构念理论来研究这一现象。内化的恐同症包含两个特征：身份认同分离和身份认同诋毁。研究者将凯利的威胁和内疚的概念应用于内化恐同症的两个特征的研究。也就是说，凯利的威胁概念，即感知自己的基本构念极不稳定的经历，可能导致同性恋者将同性恋身份与自己的身份区分开来，避免可怕的自我构念的变化。凯利将内疚定义为人们感知到自己内在的核心方面与其应有的样子不一致，而内疚可能会导致同性恋者诋毁同性恋身份。

该研究包括 102 名年龄在 18 岁至 73 岁之间的参与者，他们认为自己是同性恋者。他们填写了一系列问卷，进行了印象管理、内化的反同性恋偏见及 30 对正负两极化的个人构念的测量。关于个人构念的测量采用的是 Rep 测验方法。参与者圈出了与他们最相关的那一极，并将这一过程重复三次：第一次是关于他们如何看待自己，第二次是关于他们希望自己如何看待自己，第三次是关于他们如何看待作为男同性恋或女同性恋的自己。对自己或希望中的自己与作为同性恋者的自己的不同构念进行计数，得到的分数就是威胁的分数。对希望中的自己与自己或作为同性恋者的自己的不同构念进行计数，得到的分数就是内疚的分数。

他们发现与凯利的威胁和内疚概念一致，研究反映了二者在内在偏见中所起的不同作用。凯利认为个体会将自己从威胁性的构念中移除，这一想法在此得到了验证，因为研究结果显示，威胁得分与对同性恋性取向的低偏爱相关。与凯利的观点一致的还有以下两个结果：当个体感知到自己不受欢迎的一面时，他们会感到内疚；这些同性恋参与者之中，有较高内疚的人也更强烈地诋毁对同性恋者的身份认同。

莫拉迪（Moradi）及其同事提出了一些建议，在使用个人构念疗法时，要注意处理有内化偏见的个体的威胁和内疚。例如，咨询师从来访者的解释中提取构念，让来访者想象什么样的人不会因为自己是同性恋者而感到焦虑，从而使一种无法被接受的自我构念转变为一种可以被接受的自我构念。减少内疚的方法是用更多积极的自我构念取代消极的自我构念。减少威胁的方法是使同性恋者看到，将“自己是同性恋者”融入他们想要的自我构念中并不意味着他们必须从根本上改变自己是谁。这项研究是凯利的人格理论在现实中的有效应用，对于那些因为内化了文化偏见构念而感到痛苦的人们有积极的治疗效果。

降低对女性主义者身份认同的威胁

在关于社会正义的研究中，有一个令人费解的现象，即很多人认可女性主义价值观，却不认为自己是女性主义者。这一现象被称为“我不是女性主义者，但是……”现象，个体先否认自己的女性主义者身份，但紧接着表达对女性主义价值观的认同，例如，认为男性和女性、男孩和女孩应该拥有平等的机会和选择。为什么这个现象很重要？研究表明，认同女性主义与许多心理社会利益有关。与那些自称非女性主义者相比，那些自称女性主义者拥有更低的社会支配性、更少的敌意和更少的性别歧视态度，以及更高的自我效能，并且更有能力拒绝性别歧视和身体物化。

莫拉迪、马丁（Martin）和布鲁斯特（Brewster）试图利用个人构念理论的威胁概念来预测谁会或谁不会认同女性主义。为了理解这一点，研究者举了一个例子，如果一个人认为自信是一种理想的人格特质，且将自己视为自信的，并认为女性主义者是自信的，那么将女性主义者身份整合到自我概念中就不会构成威胁。反之，如果一个人认为自信不是理想的人格特质，且与其理想自我不一致，并认为女性主义者是自信的，那么将女性主义者身份融入自我概念时就会引发凯利所说的威胁，因为这是对核心自我结构的不可容忍的挑战。

在他们的第一项研究中，莫拉迪及其同事使用了与他们之前研究内化恐同症时相同的 Rep 测验方法。共有 91 名大学生参与者对 30 个两极化的构念进行三次评分：第一次根据实际的自我，第二次根据他们偏好的或理想的自我，第三次则根据“如果你是女性主义者”。研究假设存在一个构念，其两极是“自私”与“无私”。学生首先根据与实际的自己的相关程度圈出“自私”或“无私”。接下来，他们根据是否愿意将自己与“自私”或“无私”一词联系在一起而圈出二者中的一个。最后，他们根据如果自己是女性主义者，是否会将自己与“自私”或“无私”联系在一起，再圈出二者中的一个。与之前的研究一样，通过计算学生的实际自我与理想自我相一致但与女性主义自我相异的次数，得出威胁的分数。结果发现，和假设一样，现实自我、理想自我和女性主义自我之间的差异越大（对自我构念的“威胁”越大），对女性主义者的身份认同就越低。换言之，一个人的实际自我和理想自我与他们对女性主义自我的看法相距越远，他认同女性主义者的可能性就越低。

接下来，莫拉迪及其同事开展了干预研究，通过改变学生对“女性主义者”的威胁性构念的理解来降低威胁。用凯利的话说，他们试图扩大威胁性构念的便利范围和渗透性。在这项研究中，有 115 名大学生被分为干预组和对照组。两组都在干预前后接受了关于女性主义威胁和女性主义认同的测量。干预的内容是在上课期间与一群自我认同的女性主义者互动，这些女性主义者的年龄、性别、种族、民族、宗教信仰、性取向和生活经历各不相同。干预组的参与者还参加了鼓励学习这种多样性的活动（他们讨论了 20 个问题，以找出谁是小组中的女性主义者，并最终发现所有小组成员都是）。结果表明，干预是有效的，与对照组相比，干预组的学生感到威胁的程度降低了，对女性主义者的认同程度提高了。莫拉迪及其同事的研究表明，凯利的人格理论可以应用于改变内化的文化偏见的构念，并鼓励认同社会正义的框架，以促使社会朝着更加公平的方向发展。

个人构念与大五人格

研究者研究了凯利的个人构念与大五人格（见第 13 章）之间的关系。在现代人格研究中，大五人格（神经质、外向性、开放性、宜人性和尽责性）受到了广泛的关注，而凯利的个人构念理论只受到中等程度的关注。并非所有的人格心理学家都认同两者之间差距悬殊的研究比例及对两者的赋值。例如，詹姆斯·格里斯（James Grice）及其同事就将凯利的个人构念理论与大五人格进行了直接比较。

虽然这两种看待人格的方法非常不同，但是这种比较却很有意义，值得注意。大五人格列表通过将数千种对个体的描述提炼为更简短、更易于管理的列表，抓取最常见的主题，试图在同一个连续体中描述每个人。相反，凯利的库格测验试图抓取个体的独特性。大五人格很难抓取独特性，因为每个人都只能从五个维度进行描述；而库格测验的评估者创建了自己的连续体，在此基础上可以对人们进行描述。如本章前面所述，在图 19.2 中，库格测验描述的第一个连续体是害羞 – 自信，因此对该评估者而言，害羞 – 自信是一个重要的维度，但是大五人格的测量方法就无法直接抓取这一维度。

格里斯（Grice）的研究试图通过与大五人格相比，确定库格测验在抓取独特性方面的表现如何。为此，格里斯让参与者完成了修订版的库格测验和标准版的大五人格自陈式问卷。参与者通过库格测验和大五人格量表对自己和他们认识的人进行了评分。通过复杂的统计程序，研究者测量出参与者的库格测验得分和大五人格得分中的重叠部分。

他们发现的结果令人震惊：只有大约 50% 的重叠。这意味着库格测验所测得的某些人格是大五人格所不能包括的，反之亦然。库格测验所测得的那些独特方面包括身体类型、种族、财富、吸烟状况和政治倾向等。这些方面会影响人与人之间的交互方式，都是很值得考量的，但它们并未被大五人格量表所反映。尽管如此，作为研究人格的框架，大五人格仍然具有巨大的价值。在科学研究中，很重要的一点是，即使不是必需的，研究者也必须具有通用的工具和通用的描述维度，以比较他们的研究目标（人格心理学的研究目标就是人）。大五人格框架就提供了这种有助于大量研究的通用描述维度。但是，人格心理学这门学科研究的是个体差异的重要性，与大五人格相比，凯利的个人构念理论在强调个体的独特性及个体如何以自己的方式定义自己和周围人的方面做得更好。

对凯利的评价

凯利的职业生涯大部分是与正常的、聪明的大学生一起度过的。因此，他的理论似乎也更适用于这类人。他没有试图阐明童年的早期经历（像弗洛伊德一样）及成年期和老年期

（像埃里克森一样）对人的影响。对凯利来说，人们只生活在当下，并始终注视着未来。凯利的这种观点是乐观的，但没有涉及发展和文化对人格的影响。

凯利的理论在有用理论的六个标准上得分如何？第一，在引发研究的数量方面，个人构念理论能得中等偏上的分数。虽然美国的心理学家较少使用 Rep 测验和库格测验，但它们被用于大量研究中，尤其是在英国。

第二，尽管凯利的基本假设和 11 个辅助推论都相对简约，但该理论并不容易将其自身引向证实或证伪。因此，我们认为个人构念理论的可证伪性较低。

第三，个人构念理论是否能组织有关人类行为的知识？根据这个标准，个人构念理论只能得低分。凯利认为，我们的行为与我们当下的感知一致，这有助于组织知识。但是他回避了诸如动机、发展的影响和文化的力量等问题，这就限制了他的理论的应用范围，使之无法深度参与到当前关于人格的复杂性的讨论之中。

第四，在指导行动方面，这一理论只能得低分。凯利关于心理治疗的想法颇具创新性，并向实践者提供了有趣的技术。扮演一个虚构的、来访者想要认识的角色，的确是一种不同寻常且实用的治疗方法。凯利在运用这种治疗方法时非常倚赖常识，因此，对他来说有用的方法可能对其他人来说用处不大。但是，这种差异对凯利来说是可以接受的，因为他将治疗视为科学实验。治疗师就像科学家一样，利用想象力来检验各种假设，也就是尝试新的技术，然后探索看待事物的可替代性方法。但是，凯利的理论没有给父母、治疗师、研究者及其他试图了解人类行为的人提出具体建议。

第五，该理论是否具有内部一致性，并具备一系列有操作性定义的术语？对于前半个问题，个人构念理论的得分很高。凯利在解释一个基本假设和 11 个辅助推论时，在选择术语和概念上非常谨慎。他的语言虽然有时难懂，却既优雅又精确。《个人构念心理学》有 1 200 多页，但是整个理论像一块精细编织的织物一样紧密相连。凯利对于自己已经说了什么和将要说什么，十分在意。对于后半个问题，个人构念理论却不尽如人意。因为像本书涉及的大多数理论家一样，凯利并未在操作上定义他的术语。但是，他在界定基本假设和辅助推论时，几乎对所有术语都给出了全面而严格的定义。

第六，该理论的简约性如何？尽管凯利的两卷专著篇幅很长，但个人构念理论却异常直白和简约。个人构念理论以一项基本假设进行陈述，然后通过 11 个辅助推论进行详述。而所有其他概念和假设都围绕这一个基本假设和 11 个辅助推论展开。

对人性的构想

凯利对人性从本质上持乐观态度。他认为人能够预测未来，并在当下根据这种预测过活。人们有能力在生命的任何时刻改变自己的个人构念，但是这些改变通常不容易发生。凯利的调整推论表明，构念是可渗透的或灵活的，这意味着构念可以接纳新的经历。但是，并非所有人的构念都具有相同的渗透性。有些人接纳新的经历，并相应地调整自己的解释，有些人的构念则是固化的，很难改变。凯利相信治疗可以帮助人们提高生活质量，从这一点来看，他十分乐观。

在决定论还是自由选择的维度上，凯利的理论倾向于自由选择。在个人构念系统中，我们可以做出自由的选择。我们从自己构建的构念系统中在二选一的方案之间进行选择。我们根据对事件的预测做出这些选择。而我们选择的是那些看上去能够为我们提供更多机会、进一步完善我们的预测的方案。凯利将这一观点称为**精心选择**（elaborative choice），也就是说，在做出当前选择时，我们面向未来，从二选一的备选方案中选择那个可以增加我们未来的选择范围的方案。

凯利在解释人格时倾向于目的论，而非因果论。他一再强调，童年本身并不影响当前的人格。我们当前对过去经历的解读可能会对当前的行为产生一定的影响，但是过去事件的影响是非常有限的。而我们目前对未来事件的预测却有可能影响人格。凯利的基本假设（即所有推论和假设所基于的假设）是，人的一切活动都由人们预测事件的方式所决定。毫无疑问，凯利的理论本质上是目的论。

与潜意识相比，凯利更强调有意识的过程。但是，他不强调有意识的动机，因为动机不在个人构念理论中。凯利谈及了认知觉知的水平。高水平的觉知是指那些很容易用文字表达且可以准确地传达给其他人的心理过程。低水平的觉知则无法完全用符号表示，也难以甚至完全无法与他人交流。

经历之所以只能被低水平地觉知，有以下几个原因。首先，有些构念是非言语的，因为它们是在一个人获得有意义的语言之前形成的，所以它们对这个人本身来说是无法符号化的。其次，某些经历的觉知水平较低是因为一个人只看到了相似之处，而没有做出有意义的对比。例如，一个人可能认为所有人都是值得信赖的，然而不可信赖的情况被隐藏并否认了。由于这个人的上级构念系统是固化的，因此他无法采用可信赖或不可信赖的现实构念，并且倾向于将他人的行为视为完全可以信赖的。最后，由于上级结构正在发生变化，某些下级结构可能只有较低水平的觉知。例如，即使在一个人意识到并非每个人都值得信赖之后，这个人仍可能不愿意将一个特定的人视为不可信赖的。这种犹豫意味着下级结构未能跟随上级结构变化的脚步。最后，由于某些事件可能不在一个人的便利范围内，因此某些经历无法成为这个人的构念系统的一部分。例如，心跳、血液循环、眨眼和消化等非自主过程通常超出了人们的便利范围，而且人们通常不会觉知到这些过程。

在人格是受生物性影响还是社会性影响的问题上，凯利更倾向于社会影响。他的社会性推论认为，在某种程度上，我们受到他人的影响，进而对他人产生影响。当我们准确地解读了另一个人的构念时，我们可能会在另一个人的社会过程中发挥作用。凯利认为，我们对重要他人（如父母、配偶和朋友）的构念系统的解释可能会对我们将来的构念产生影响。在固定角色疗法中，来访者采用虚构人物的身份，当他们在各种社交背景中尝试扮演该角色时，他们的个人构念可能会发生一些变化。但是，并不是他人的行为影响了来访者的行为，而是来访者对事件的解释改变了他们的行为。

在人性构想的最后一个维度——独特性还是相似性上，凯利强调人格的独特性。不过，他的共性推论削弱了这种强调，该推论假定来自相同社会文化背景的人往往具有某些相似的经历，因此对事件的理解也相似。不过，凯利认为我们对事件的个人解释至关重要，而且没有两个人拥有完全相同的个人构念。

重点术语及概念

- 凯利理论的基础是构念替换论，也就是认为我们目前的解释可能会发生变化。
- 凯利的基本假设是，所有心理过程都由我们预测事件的方式所决定。11 个辅助推论都源自并阐述了这一基本假设。
- 建构推论认为，人们根据对重复发生事件的解释来预测未来的事件。
- 个体推论认为，人们有不同的经历，因此以不同的方式解读事件。
- 组织推论认为，人们将自己的个人构念按层级结构加以组织，其中一些构念处于上级位置，而其他构念处于下级位置。这种组织可以使人们最小化不相容的构念。
- 二分推论认为，所有个人构念都是二分的，也就是说，人们以一种“二选一”的方式来建构事件。
- 选择推论认为，人们在二分的构念中选择了他们认为能够扩大他们未来选择范围的选项。
- 范围推论认为，构念被限定在一定的便利范围内，也就是说，它们并非与所有情境都相关。
- 经历推论认为，人们会根据经历不断修正自己的个人构念。
- 调整推论认为，某些新经历不能导致个人构念发生改变，是因为这些个人构念过于固化或不可渗透。
- 分裂推论认为，人们的行为有时是不一致的，因为他们的构念系统很容易纳入不相容的元素。
- 共性推论认为，我们的经历与他人的经历在某种程度上是相似的，我们的个人构念与他人的构念系统也在某种程度上是相似的。

- 社会性推论认为，人们之所以能够与他人交流，是因为他们可以解释他人的构念。人们不仅观察他人的行为，而且还解释他人的行为对他人有何意义。
- 凯利的固定角色疗法要求来访者扮演预定的角色，直到他们的外围和核心角色发生变化，同时来访者的重要他人也开始对他们做出不同的反应。
- 凯利的 Rep 测验的目的是研究人们如何解释他们生活中的重要他人。

版权声明

Jess Feist，Gregory J. Feist and Tomi-Ann Roberts

Theories of Personality(Ninth Edition)

ISBN: 978-0-07-786192-6

北京市版权局著作权合同登记号：01-2019-3960